中国供热蓝皮书 2019

——城镇智慧供热

中国城镇供热协会　编著

中国建筑工业出版社

图书在版编目(CIP)数据

中国供热蓝皮书 2019——城镇智慧供热/中国城镇供热协会
编著. —北京：中国建筑工业出版社，2019.6
ISBN 978-7-112-23637-4

Ⅰ.①中…　Ⅱ.①中…　Ⅲ.①供热-研究报告-中国-2019
Ⅳ.①TU833

中国版本图书馆 CIP 数据核字(2019)第 071724 号

　　智慧供热是当前供热行业发展的新兴热点方向，本书共分为两篇，上篇是理论与技术篇，系统论述智慧供热的背景意义、概念、技术与系统等理论，以及各项供热业务的智慧化内容，以便于统一行业的观念和认识；下篇为实践案例篇，涵盖供热企业、生产厂商的观点以及最佳实践经验。其中，上篇又分为 8 个章节，第 1 章是总报告，系统论述智慧供热的发展背景、意义、理念、技术、价值等内容；第 2 章是技术章节，论述和研究智慧供热的相关技术；第 3 章论述和研究支撑智慧供热的信息系统；第 4 章研究保障智慧供热的信息安全问题；第 5、6、7、8 四个章节分别研究智慧供热与规划建设、生产管理、用户管理、政府管理等各项业务结合的具体内容。

责任编辑：毕凤鸣　齐庆梅
责任校对：李美娜

中国供热蓝皮书 2019——城镇智慧供热
中国城镇供热协会　编著
＊
中国建筑工业出版社出版、发行（北京海淀三里河路 9 号）
各地新华书店、建筑书店经销
北京红光制版公司制版
北京圣夫亚美印刷有限公司印刷
＊
开本：787×1092 毫米　1/16　印张：33½　字数：652 千字
2019 年 6 月第一版　　2019 年 8 月第二次印刷
定价：**88.00** 元
ISBN 978-7-112-23637-4
　　　(33928)

本 书 编 委 会

主　任：刘　荣
副主任：钟　崴、牛小化
委　员：方修睦、孙圣斌、邓晓祺、王　淮、朱咏梅、郭维圻

参 编 单 位

北京市热力集团有限责任公司
浙江大学
哈尔滨工业大学
大连海心信息工程有限公司
北京华热科技发展有限公司
吉林阳光能源开发建设有限公司
中国市政工程华北设计研究总院有限公司
天津能源投资集团有限公司
太原市热力集团有限责任公司
清华大学
大连理工大学
北明天时能源科技（北京）有限公司
北京博达兴创科技股份公司
济南热电有限公司
河北工大科雅能源科技股份有限公司
北京硕人时代科技股份有限公司
唐山市热力总公司
泰安市泰山城区热力有限公司
山东科大中天电子有限公司
沈阳惠天热电股份有限公司
郑州市热力总公司

作者名单与编写分工

上篇：智慧供热的理论与技术
统稿：钟 崴

第1章 中国城镇智慧供热发展总报告

主笔：钟 崴；

参编：刘 荣、牛小化、林小杰、陆烁玮、方修睦、陈嘉映

第2章 智慧供热的技术架构

主笔：方修睦；

参编：韩向明、顾孔满、张 辉、刘兰斌、刘海燕

第3章 支撑智慧供热的信息系统

主笔：孙圣斌；

参编：王延敏、杨华翼、韩向明、王凯润、王天鹏

第4章 智慧供热的信息安全

主笔：邓晓祺；

参编：殷国强、诸葛凌啸、李更生、王占海、李仲博、孙思维

第5章 智慧供热的系统规划、设计和建设

主笔：王 淮；

参编：牛小化、燕勇鹏、夏建军、陈 飞、端木琳、刘洪俊、刘百韬、
　　　王 欣

第6章 智慧供热的生产管理

主笔：朱咏梅；

参编：裴连军、郭 华、张建伟、张昌豪、史 凯、张黎明、方大俊

第7章 智慧供热与用户管理

主笔：郭维圻；

参编：齐承英、戴斌文、韩向明、何迎纳、李 淼、丁 鑫、王 磊

第8章 智慧供热与政府管理

主笔：郭维圻；

参编：刘 荣、韩向明、杨 健、赵永芳、綦京峰、刘斌斌

下篇　智慧供热的实践案例
统稿：牛小化

第9章　智慧供热之城市建设案例

9.1　李　淼、邓晓祺、王占海、何迎纳、李仲博

9.2　姚　远、闫智博

9.3　张建伟、樊　敏、石光辉

第10章　智慧供热之企业建设案例

10.1　史　凯、董玉峰、张广新、叶　强

10.2　李艳杰、李建飞、彭　军、张建良、吴建中

10.3　杨立新、齐承英

第11章　智慧供热专项技术应用

11.1　黄复涛、顾孔满、陈　楠、葛舒舒、徐敬玉

11.2　徐明业、傅　江、汪　瑾

11.3　李更生、王　磊、田　鲁、朱艳丽

11.4　苏敬轩、李仲博、孙　波、王延敏

11.5　韩向广、李　鹏、张　伟

11.6　刘焕志、童若冰、屈艳良

11.7　李仲博、郭　伟、高庆伟、林小杰、谢金芳、方大俊

序

党的十九大报告指出，要推进能源生产和消费革命，构建"清洁低碳、安全高效"的现代能源体系。

新时代的能源革命需要物联网、大数据、人工智能等新一代信息技术与能源系统的深度融合。2012 年，中国工程院启动了重大咨询研究项目"中国智能城市建设与推进战略研究"，我们组织研究并提出了"智慧能源"的理念，随后开始积极探索相关理论与技术。

结合中国国情，为了建立现代能源体系，当前特别需要做好以下几方面工作：一、发展煤炭清洁高效发电供热新技术；二、实施大型燃煤机组超低排放改造；三、解决采暖及工业窑炉散煤的严重污染问题；四、充分利用生物质实现高效低碳；五、建立煤炭既作为能源又作为资源的新理念，推进煤炭分级利用新技术；六、大力发展"互联网＋"智慧能源技术。

"互联网＋"智慧能源是实现多能互补、清洁供热的重要途径。加快推动能源生产、输配、消费、存储各个环节的智慧升级，在原始排放控制、超低排放、先进测量、供热管网调控等各环节充分运用"模型"和系统工程技术，构建信息系统与能源系统融合的调控体系，统筹优化配置多种资源要素，友好满足各能源消费主体的需求，具有重大意义。

本书是我国供热行业、企业、科研院所开展智慧供热理论技术研究与工程应用实践的阶段总结，将对我国能源革命发挥积极有益的作用。

中国工程院院士

2019 年 4 月于浙江大学求是园

前　言

当前，中国正从国家战略高度推进运用"互联网＋"、物联网、大数据、人工智能等新一代信息技术赋能各行业的转型升级，"智慧"已普遍成为描述这类转型升级特征的关键词。城镇集中供热系统是支撑我国人民生产生活的重要能源基础设施，是构建生态文明社会和中国特色新型城镇化的重要内容。在"智慧城市"、"智慧能源"、"能源互联网"、"工业互联网"、"中国制造2025"等相关概念的带动下，"智慧供热"已被正式提出，并已成为中国供热行业的关注焦点。

智慧供热的发展处于中国能源生产与消费革命的大背景之中。2016年，国家发改委、能源局发布的《能源生产和消费革命战略（2016－2030）》指出："要坚持安全为本、节约优先、绿色低碳、主动创新的战略取向，全面实现我国能源战略性转型"。为构建"清洁低碳、安全高效"的现代能源体系，需要以"互联网＋"为手段，提升能源生产与消费的智能化水平，促进多种能源形式的协同互补，推动以煤炭为主的化石能源清洁高效利用，加快可再生能源的跨越式发展，为实现我国从能源大国向能源强国转变奠定坚实基础。

2017年底，中国政府十部委联合印发了《北方地区冬季清洁取暖规划（2017－2021）》，明确指出"温暖过冬、减少雾霾"是重大民生、民心工程，并提出了到2021年底，综合清洁取暖率需从2016年的34％提升到70％的重大任务。面向清洁供暖，我国城镇供热系统发展呈现出以下趋势：供给侧，因地制宜地采用多元化清洁供热方案，比如：在人口密集的大型城市，充分发挥热电联产集中供热的优势，借助长距离输热技术接入城市外围热电联产机组余热，同时利用热泵技术深度挖潜运用电厂烟气余热和循环水余热，在中小型城市或乡镇，优先使用低碳可再生能源并通过多源互补提升供热可靠性；热网进一步向互联、互通结构发展，从而支撑大范围源、荷要素的统筹优化配置，低温供热技术也正在逐步推广；用户侧，按需、精准、舒适供热的要求日益提高。此外，积极探索运用储热技术实现供热负荷的"削峰填谷"。总体上看，供热系统"源-网-荷-储"全过程的动态性和复杂性显著增强，内在迫切需要借助新一代信息技术构建智慧供热系统以提升系统全过程的动态协同、协调能力。

与此同时，伴随中国特色社会主义进入新时代，创造和支撑人民美好生活已成为供热行业发展的主要目标。供热生产服务应秉承"以人为本"的核心理念，更加注重提升人民群众的获得感和幸福感，提供优质化、便民化的供热服务。"互联网＋"为连接供热企业和广大百姓提供了技术手段，将显著提升供热服务能力和水平，促进城镇和谐发展。

借鉴相关行业"互联网＋"的成功应用经验，并结合中国城镇供热行业近年来的积极探索实践，我们认为，发展和运用智慧供热具有以下重要技术价值：一是通过将供热系统中的人、机、物，"源-网-荷-储"全过程要素连接在一起，实现系统全局综合分析和统筹优化调控；二是基于物联网的供热系统泛在感知与精细化治理能力，综合运用多源数据，全面提升供热系统管控能力，解决规模大与精度细之间的矛盾；三是实现供热专业知识和生产经验的软件化和自动化，借助信息系统承载知识和经验，辅助和提升人的思考和决策水平，实现系统状态分析、故障诊断、优化调控等人工智能功能。智慧供热的这些技术价值，将显著提升供热生产管理和用户服务的能力和水平。

中国城镇供热协会成立于 1987 年，是由住房和城乡建设部指导，由城镇供热企业、有关企业事业单位和社会团体自愿结成的全国性、行业性、非营利性的社会组织。协会秉承充分发挥联系政府与企业的桥梁纽带作用、提供服务、反映诉求、规范行为、自律发展、维护会员合法权益、加强行业规范、推进我国城镇供热事业持续发展的宗旨，以国家"清洁供热"的相关政策为指引，严格把握供热行业发展风向标，在供热行业发展的理念、技术、模式、标准上发挥了重要的引领作用。本次，协会组织行业专家、学者编写《中国供热蓝皮书 2019——城镇智慧供热》，向大家展示了中国城镇智慧供热的发展理念、技术和经验。我们相信通过"互联网＋"与"城镇供热"的深度融合，必将给"中国城镇供热"这一传统工业行业带来转型升级的良机，未来的"中国城镇供热"一定会朝着更加清洁、更加高效、更加智慧的方向发展，为我国的能源经济、生态环境和人民群众的美好生活做出更大的贡献！

衷心感谢所有参加此书编写的各位专家同仁们和各个单位。一年多的时间里，大家通力合作、孜孜不懈，文稿繁简数易，以飨读者。

我们充分认识到，"智慧供热"的理念、技术、方法以及实践都还处于飞速的发展过程之中，使得本书的编写难免存在不完善、不成熟之处，恳请读者批评指正。

目　　录

上篇　智慧供热的理论与技术

上篇　智慧供热的理论与技术

第1章 中国城镇智慧供热发展总报告

1.1 中国城镇供热行业发展

1.1.1 中国城镇供热行业发展历程

中国城镇供热行业从 20 世纪 50 年代参考苏联模式开始起步，经历了从无到有、从小到大、从弱到强的发展历程。20 世纪 80 年代以前，我国城镇供热行业发展缓慢，技术、设备和经营管理都比较落后，采用中小型热电联产机组和区域锅炉房零散建设了一些小型集中供热系统。根据国家能源局的统计资料，1980年，全国单机容量 6000kW 及以上的供热机组容量为 443.41 万 kW，"三北"（东北、西北、华北）地区集中供热的建筑面积为 1124.8 万 m^2，普及率仅为 2%。改革开放以后，城市集中供热获得了社会和政府的重视。1986 年，国务院发布了 22 号文件《关于发展城市集中供热的意见》，集中供热模式进入了快速发展期。到 1990 年底，供热机组容量已发展到 998.93 万 kW，年供热量为 56481万 GJ，全国有 117 个城市建设了集中供热设施，供热面积达 2.13 亿 m^2，"三北"地区集中供热普及率提升到了 12%[1]。20 世纪 90 年代以来，集中供热已成为中国北方地区城镇冬季采暖的主导模式，伴随中国城镇化率由 1990 年的 26.41% 加速上升到 2015 年的 56.1%[2]，截至 2016 年底，我国北方地区城镇集中供热总面积已达约 130 亿 m^2[3]。与此同时，中国的整体能源消费规模也由 1990 年的 98703 万 t 标准煤上升到 2015 年的 430000 万 t 标准煤[4]，增幅达 336%。

当前，在我国正处于全面建成小康社会，开启建设社会主义现代化国家新征程的重要时期。城镇化是全面建成小康社会、实现现代化的必由之路，《国家新型城镇化规划（2014—2020）》明确提出要加快绿色城市建设，将生态文明理念全面融入城市发展，构建绿色生产方式、生活方式和消费模式。城镇集中供热系统等能源供应基础设施对于资源节约、环境友好的新型城镇化建设发展具有特别重要的作用，是实现生产、生活、生态三大布局统筹的关键环节，是实现新型城镇化由"量"的增长转变为"质"的提升的重要内容。优质的供热服务有助于提升人民群众获得感和幸福感，是落实以人为核心的新型城镇化建设的重要举措。

2

相较于分散式供热形式，集中供热具有提供高品质民生服务，并满足新型城镇化建设中的环保水平、协同性、可持续性等发展要求的条件，是发挥中国特色社会主义集约化优势的重要途径。2017 年，住房和城乡建设部国家发展和改革委员会印发的《全国城市市政基础设施建设"十三五"规划》明确了集中供热系统作为市政基础设施对城镇化发展的重要地位，并具体提出："大力发展热电联产集中供热和天然气、电能、可再生能源等清洁能源供热；加大现有热电联产机组供热潜力挖掘；实施燃煤锅炉节能改造，取消集中供热管网覆盖范围内分散采暖燃煤小锅炉，将其供热面积接入城市集中供热系统；对集中供热管网暂未覆盖的分散采暖燃煤小锅炉，因地制宜采用电能、浅层地能及其他清洁能源供热方式进行热源替代。"这一规划为新时期城镇供热行业的发展指明了方向，即借助更加清洁、高效的集中供热形式来突破环境约束对城镇发展的限制。

1.1.2　国外供热行业发展情况

19 世纪 80 年代，美国工程师霍利率先利用工厂排汽进行加热。1893 年，德国汉堡的市政大楼接收中心电站的热能用于供暖。1903 年，圣·彼得堡（列宁格勒）根据 A.K. 巴普洛夫斯基工程师和 B.B. 德米特里也夫教授的设计，建成了俄罗斯第一个利用发电厂凝汽的供热系统，以当地热电站排汽废余汽供热给儿童医院的 13 栋楼房。1905 年，英国制造了世界上第一台热电联产汽轮发电机组，开启了汽轮机热电联产的历史。1907 年，美国西屋电气公司（WestingHouse）制造出可以调节抽汽压力的抽汽式热电联产汽轮发电机组。此后，由于工业经济的迅速发展，电力需求和热能需求同时增加，热电联产供热由于相比热电分产表现出技术与经济上的优势，在欧洲和美国得到了快速的发展。1930 年之前建设的区域集中供热系统，大多采用蒸汽供热技术。由于蒸汽供热热损失高，凝水回收率低，目前已经很少应用。但在纽约曼哈顿区和巴黎，蒸汽现在仍被用做供热系统的主要介质，并在哥本哈根部分使用。在欧洲，蒸汽供热系统在未来仍有可以应用的市场，它将主要向服务业以及其他需要较高品位热能的用户供给热量。

集中供热系统使用加压的热水作为热媒（水温大部分高于 100℃）最早出现在圣·彼得堡。1924 年 11 月 25 日由 B.B. 德米特里夫教授和 Л.Л 金吉尔工程师设计的同时生产电和热水的热电联产系统投运，将热供给城市中的各类热用户。此后，热电事业随着汽轮机技术进步发展起来，供热汽轮机的参数走过了中压—次高压—高压—超高压—临界—超临界的路程。供热汽轮机的功率也从几千瓦增长到现在的几百兆瓦。

自 20 世纪 70 年代，世界能源危机后，热电联产受到了西方国家的重视，不少国家开始因地制宜地发展多种形式的集中供热系统。此外，全球气候问题也进一步推动了热电联产的发展。总体趋势是：热电联产普遍化（采用热电联产的国家增加，热电装机容量占总装机容量比重加大），机组容量大型化，使用燃料清洁化（大力推广清洁煤技术，开发利用天然气、煤层气、地热等），能源系统新型化（分布式能源系统、冷热电连联供系统），热媒参数低温化，热量消费计量化，供热运行智能化，投资经营市场化。

20 世纪 90 年代中期，美国政府出台了一系列措施来促进热电联产的发展。美国热电联产装机容量在 1980～1995 年的 15 年间增加了 2 倍，2000 年已经占总装机容量的 7％，并计划 2020 年达到占总装机容量的 29％。除了继续坚持发展小型热电联产之外，美国还积极发展高效利用能源的小型冷热电三联产。20 世纪 70 年代，纽约世界贸易中心采用新技术向建筑群集中供冷供热，成为当时世界上规模最大供冷供热工程。欧共体在 20 世纪 90 年代支持了 45 项热电联产工程，2000 年热电联产发电量占总发电量的 9％。1992 年，丹麦热电联产供热已经占到区域供热的 60％，热电装机容量占总装机容量的 56％。在日本的能源供应领域，主要以热电联产系统为热源的区域供热（冷）系统是仅次于燃气、电力的第三大公用事业。

苏联和东欧国家长期重视发展热电联产集中供热。在很长一段时期内，世界上极少有与莫斯科和圣·彼得堡相似的大型城市集中供热系统。1940 年，苏联开始不断地对大城市的热电厂进行更新换代。1958 年开始向超高压汽轮机转换。1969 年，世界上直径最大（DN1400）的热力管道由莫斯科第 22 号热电厂引出。1972 年，世界上最大的超临界参数汽轮机组（进汽压力 24MPa、温度 540℃）在莫斯科第 22 号热电厂投入运行。1981 年，莫斯科市居住建筑的集中供热率就超过 99％。目前，在俄罗斯大多数超过 10 万人口的城市中都具有集中供热系统。2011 年，俄罗斯供热管网长度超过 25 万 km，居住建筑的集中供热率达到 81％。在热源结构上，俄罗斯 72％的供热热能由热电厂和区域锅炉房等集中式热源生产，18％由核能与局部热源生产，4.5％由工业设备余热回收利用生产，可再生能源生产的热能所占比例很小。

北欧地区是世界上较早使用以区域供热为主的区域能源手段解决能源供给问题的地区，也是如今可再生能源在供热行业终端能源应用中所占份额最高的地区[5]。芬兰从 20 世纪 50 年代开始即大力发展集中供热，至今已形成了一套适合国情、行之有效的供热体系。2006 年，集中供热已经占芬兰供热市场份额的 49％，电力供暖占 17.5％，轻油燃料供暖占 14％，木材燃料供暖占 11.4％，其他燃料供暖占 8.1％。截止到 2015 年，芬兰 46％的建筑采用集中供热的形式，其他建筑采用壁炉、热泵、电暖气等分散采暖的形式[6]。因此，不断扩大热电联产规模，通过热电联产实现集中供热已经成为芬兰的国策。随着 1903 年丹麦建成第一座通过垃圾焚烧来实现热电联产的电站，区域供暖开始在丹麦大型城市被逐步推广。2016 年，丹麦已拥有 6 个大型集中区域供暖区和约 400 个小型分散区域供暖区，通过总距离达到 160km 的输热管道为 63％以上的丹麦家庭提供每年总量约为 10000GWh 的生活热水和空间采暖服务。其中，丹麦约 70％的区域供热由热电联产机组完成[7]。瑞典区域供暖发展于 20 世纪 50 年代，当时其热能的配送介质为高温热水，同时为客户提供供暖与生活热水。在瑞典 290 个城市中，270 个城市使用区域供热系统。瑞典 55％的供热需求都是通过区域供热系统来实现的，其供热埋地输配管线总长度超过 1.8 万 km。区域供热覆盖面积大约 2.8 亿 m^2，区域供热系统连接建筑能耗均值为 140kWh/m^2 [8,9]。

近年来，北欧学者提出了"第四代供热技术"的概念，旨在更充分地利用太阳能、地热能、风能、生物质能等可再生能源，并进一步降低化石能源在供热中的使用比例。第四代区域供热技术提升供热系统效率和灵活性的途径在于：采用低温供热技术（如 55℃供水，25℃回水，甚至是 35～45℃的供水，问题）以减少输运中的热损耗；大量使用生物质燃料，并充分利用太阳能、地热、风能等其他可再生能源；进一步推广各类型的热泵、电锅炉等电转热手段并用于一次和二次加热；对供热系统"源—网—储—荷"全过程运用智能化的能量管理[10]。

基于"第四代供热技术"，北欧地区进一步提升了可再生能源供热份额。2015 年，丹麦以煤、生物质（如秸秆和木屑）、天然气、垃圾等为燃料的热电联产机组提供了约 73％的热量，余下热负荷由工业余热和各类锅炉以及热泵等转化手段提供，全球超过 80％的大型太阳能区域供热项目都位于丹麦。2016 年，瑞典生物质供热量为 520 亿 kWh，在区域供暖的能源来源中，生物质的比重达到 62％，其主要形式是生物质热电联产，也包括垃圾热电联产，工业余热的占比为 8％。

1.1.3　中国能源生产与消费革命

2014 年 6 月，习近平总书记在中央财经领导小组第六次会议上，正式提出推动能源消费、供给、技术、体制四个革命和全方位加强国际合作等重大战略思想，为我国能源发展改革指明了方向，为能源领域工作开展确立了行动纲领。作为世界第一人口大国和第二大经济体，我国的能源消费体量巨大，且伴随城镇化进程带来的人均能源消费水平提高，工业规模扩大带来的能耗提升，我国能源消耗仍处于进一步增长之中。国家统计局发布的《2016 年国民经济和社会发展统计公报》显示，2016 年，我国全年能源消耗总量 43.6 亿吨标准煤，其中煤炭消费量占能源消费总量的 62％，水电、风电、核电、天然气等清洁能源消费量占能源消费总量的 19.7％，合计 8.6 亿吨标煤。同时，我国一次能源消费总量较

2016 年增长 3.1％，高于全球 2.2％的平均增长率，呈上涨趋势。一次能源开发利用给环境造成了巨大的压力。资料显示[11]，2014 年我国二氧化碳排放量高达 97.6 亿 t，占全球的 1/4 以上。2015 年 12 月 12 日，《巴黎协定》在巴黎气候变化大会上通过，该协定为 2020 年后全球应对气候变化行动做出安排。《巴黎协定》主要目标是把全球平均气温升幅控制在工业化前水平 2℃以内，并尽一切努力使其不超过 1.5℃，从而避免更灾难性的气候变化后果。2016 年 9 月，中国正式加入《巴黎气候变化协定》，承诺使二氧化碳的排放量 2030 年左右达到峰值并争取尽早达峰，确定了一系列行动目标。随着我国生态文明建设加快推进，大幅削减能源生产与消费过程的污染物排放将成为改善生态环境质量的重要手段。坚决控制化石能源总量，优化能源结构，也是应对气候变化、主动控制碳排放的必然途径。面对能源供需格局新变化以及国际能源发展新趋势、2016 年 12 月 29 日，国家发展改革委、能源局正式发布《能源生产和消费革命战略（2016—2030)》，提出："要坚持安全为本、节约优先、绿色低碳、主动创新的战略取向，全面实现我国能源战略性转型。"这一能源战略转型的指导思想是：坚持以推进供给侧结构性改革为主线，把推进能源革命作为能源发展的国策，筑牢能源安全基石，推动能源文明消费、多元供给、科技创新、深化改革、加强合作，实现能源生产和消费方式根本性转变，为全面建设社会主义现代化国家、实现中华民族伟大复兴中国梦提供坚强保障。

这一战略指出[12]，今后十余年是我国现代化建设承上启下的关键阶段，我国经济总量将持续扩大，人民生活水平和质量全面提高，能源保障生态文明建设、社会进步和谐、人民幸福安康的作用更加显著，我国能源发展将进入从总量扩张向提质增效转变的新阶段。在这个阶段中，我国能源消费将持续增长，为实现全面建设小康社会和现代化目标，人均能源消费水平将不断提高；另一方面，为了推进生态文明建设，需大幅削减各种污染物排放，改善生态环境质量，应对气候变化，要求能源与环境绿色和谐发展，优化能源结构，建立清洁低碳的能源新体系，从根本上转变我国以往粗放式能源消费。

这一战略还指出[12]，为构建清洁低碳的能源体系，应当立足资源国情，推进传统化石能源清洁高效利用，大力发展可再生清洁能源，完善能源输配网络和储备系统，实施能源供给侧结构性改革。一方面，要推进煤炭转型发展，实现煤炭集中使用与清洁利用，促进煤炭绿色生产；另一方面，要提高非常规油气规模化开发水平，大力发展非化石能源，完善输配网络和储备系统，优化能源供应结构，形成多轮驱动、多能互补、安全可持续的能源供应体系。

这一战略特别指出[12]，要全面建设"互联网＋"智慧能源。促进能源与现代信息技术深度融合，推动能源生产管理和营销模式变革，重塑产业链、供应链、价值链，增强发展新动力。在能源生产智慧化方面，鼓励风电、太阳能发电等可再生能源的智能化生产，推动化石能源开采、加工及利用全过程的智能化改造，加快开发先进储能系统。加强电力系统的智能化建设，有效对接油气管网、热力管网和其他能源网络，促进多种类型能流网络互联互通和多种能源形态协同转化，建设"源—网—荷—储"协调发展、集成互补的能源互联网。在能源消费智能化方面，需要发展基于能源互联网的新业态，推动多种能源的智能定制，合理引导电力需求，鼓励用户参与调峰，培育智慧用能新模式。依托电子商务交易平台，实现能源自由交易和灵活补贴结算，推进虚拟能源货币等新型商业模式。构建基于大数据、云计算、物联网等技术的能源监测、管理、调度信息平台、服务体系和产业体系。

1.1.4 新时代清洁供热的挑战

随着中国特色社会主义进入新时代，人民生活水平和质量全面提高，我国社会主要矛盾已经转化为人民日益增长的美好生活需要和不平衡不充分的发展之间的矛盾。在新需求的驱动下，新旧动能加快转换，产业格局发生深刻调整，能源行业保障生态文明建设、社会进步和谐、人民幸福安康的作用更加显著。供热行业作为保障人民生活品质、优化工业用能模式、推动社会经济可持续发展的关键支柱，也将进入总量扩张与存量优化并重的新阶段，肩负起新形势下的重要历史使命。

伴随我国城镇化进程的加速和人们对冬季供暖需求的提升，冬季供热产生的大气污染物排放（包括烟尘、二氧化硫、一氧化碳、氮氧化合物等）总量也处于增长之中。目前，我国居民供热年消耗约 4 亿吨标煤（tce）[13]，致使供热成为冬季雾霾的叠加成因。有案例研究表明[14]：供暖期北方城市的空气污染水平较非供暖期严重约 30%。例如，2015 年北京 PM2.5 月均浓度值在供暖期间直线上升，其中 12 月比 11 月增加了 $50\mu g/m^2$ 有余[15]。2017 年西安市供暖前的 35 个典型日中雾霾污染天气过程发生率为 31.43%，而供暖后概率增长至 86.2%[16]。破解冬季供暖引发的雾霾、环境污染问题已经到了刻不容缓的程度。如何解决好供热"保民生"与"减雾霾"的矛盾，已成为社会关注的焦点。2016 年，习近平总书记在中央财经领导小组第十四次会议上，强调"推进北方地区冬季清洁取暖，关系北方地区广大群众温暖过冬，关系雾霾天能不能减少，是能源生产和消费革命、农村生活方式革命的重要内容"，供热问题已上升为关乎民生保障的国家问题。2017 年，李克强总理在政府工作报告中再次强调，"坚决打好蓝天保卫战，全面实施散煤综合治理，推进北方地区冬季清洁取暖"。

2017 年 12 月，中国政府十部委联合印发了《北方地区冬季清洁取暖规划

(2017—2021 年)》，明确了"温暖过冬、减少雾霾"是广大群众迫切需要解决的问题，是重大的民生工程、民心工程，也是供热行业要坚定信心、明确方向、全力推进的要务。要求因地制宜地综合利用燃煤（超低排放）、天然气、电能、地热、生物质、太阳能、工业余热、核能等多形式清洁能源，实现低排放、低能耗取暖，具体涉及清洁热源（供给）、高效输配管网（输运）、节能建筑（需求）等全过程环节，并明确提出了"到 2021 年底，综合清洁取暖率需从 2016 年的 34% 提升到 70%"的重大任务目标。

随后，我国各地方政府也纷纷响应中央号召，出台了一系列有关"清洁供热"的政策、管理方法和指导意见。例如，河北省住建厅印发的《河北省城镇供热"十三五"规划》提出，到"十三五"末，全省县城及以上城市集中供热和清洁能源供热基本全覆盖，清洁供热率达到 95% 以上，加快"智慧热网"建设，推动供热发展转型升级，鼓励各地加快向智慧供热方向发展，实现热源、管网、热用户终端计量装置等能效系统的信息化，到 2020 年，供热面积 200 万 m² 以上的供热企业基本配套建设智慧热网调度系统，无人值守换热站达到 90% 以上。山东省政府发布的《山东省打赢蓝天保卫战作战方案暨 2013—2020 年大气污染防治规划三期行动计划（2018—2020 年）》，要求大力推动清洁能源采暖，到 2020 年，全省 17 个市完成省清洁取暖规划确定的各项目标任务，并进一步健全能源计量体系，持续推进供热计量改革。陕西省发改委等十部门发布的《陕西省冬季清洁取暖实施方案（2017—2021 年）》，要求积极推广热电联产供热面积，稳步推进天然气供暖，有效推进可再生能源供暖及电供暖（到 2021 年全省可再生能源供暖、电供暖面积分别达到 8000 万 m² 和 3000 万 m²），有效推进工业余热供暖，加强建设高效热网系统。

在能源转型及清洁供热的新时代背景下，我国城镇集中供热系统呈现出如下发展趋势：在热源供给侧具有更多元化的选择，清洁燃煤热电联产的基础性地位在相当长的时间内不会改变，同时，因地制宜的推进"煤改气"，大力推进工业过程余热供热、生活垃圾及生物质能供热，并积极探索风能、太阳能、地热、核电供热等新技术，这些多元化的热源形式内在需要通过多源或多能互补技术实现供热系统的动态能量平衡和集成优化；在热网输配侧，长距离输热技术不断取得突破，同时热网进一步向互联、互通结构发展以提升供热可靠性，增加调度灵活性，并包容波动性低碳清洁热源接入；在负荷需求侧，热计量提升了负荷侧的自动化水平，室温测量等物联网技术为按需精准供热提供了基础条件，分布式综合能源的发展带来了更多灵活选择，需求侧响应技术也处于探索之中；此外，还正在积极探索大规模储热技术，以实现热负荷的"削峰填谷"并支撑热电解耦。总体上看，互联互通为实现更大地域范围内的资源整合提供了可能，热电气多能流之间协同优化的要求不断提高，"源-网-荷-储"全过程的动态性和复杂性显著增强，这些新趋势给城镇供热系统的全局统筹和动态调控能力提出了重大挑战。

1.2 新一代信息技术发展与 "智慧供热" 的提出

1.2.1 新一代信息技术发展及其工业应用

信息技术是当今社会发展最活跃的生产力。党的十六大提出了"以信息化带动工业化，以工业化促进信息化"的重要命题。此后，十七大提出"大力推进工业化和信息化融合"的战略思想，十八大报告又进一步指出，要坚持"四化同步发展，两化深度融合"。工业和信息化部在《信息化和工业化融合发展规划（2016—2020）》中指出，我国两化融合整体意识日益提高，两化融合政策体系日臻完善，对传统产业提升作用显著增强，制造业智能化发展取得新进展，基于互联网的新模式、新业态不断涌现，信息技术产业支撑服务能力进一步夯实，发展成效不断显现，为制造强国建设奠定了坚实基础。当前，以云计算、大数据、物联网、移动互联网为代表的新一代信息技术正在加速向工业领域渗透融合，工业云、工业互联网、智能设备逐步成为工业发展新基础，个性化定制、服务型制造成为生产方式变革新趋势，融合创新、系统创新、迭代创新、大众创新等正在成为工业转型升级的新动力。

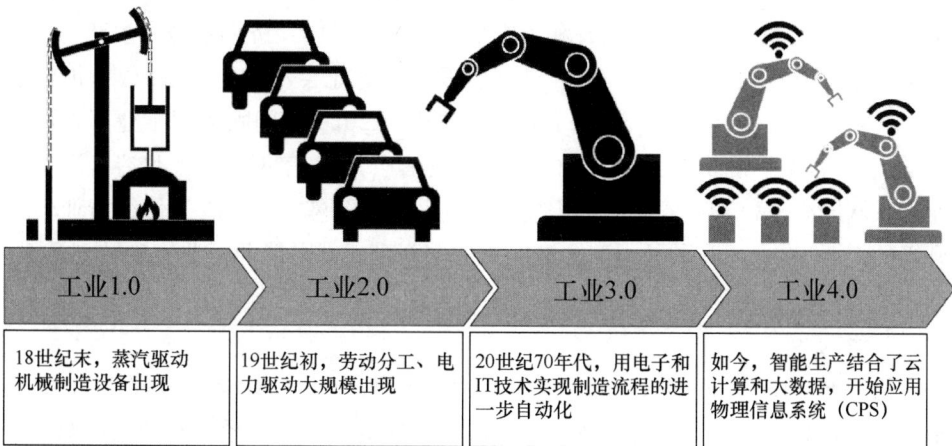

图 1-1 四次工业革命发展历程

2011 年，德国在汉诺威工业博览会上提出了"工业 4.0"概念，拉开了第四次工业革命的序幕（图 1-1），所提出的主要发展目标是：定制化和可重构的生产系统、生产流程的透明化、设备状态的可监控、具备自主决策能力的自动化、供应链和市场信息的融合、智能运维调度和企业资产管理等。李杰教授认为[17]，第四次工业革命主要解决以下问题：随着生产力的进一步解放升级，工业生产过程活动的复杂性和动态性已经超越了人脑能够分析和优化的水平，必须依靠信息系统的智能辅助或代替人的智能，进行业务流程管理、大数据分析、决策优化，从而利用机器智能创造工业价值。第四次工业革命以信息物理系统为核心技术，实现信息技术、生物技术、新材料技术、新能源技术的广泛渗透，将带动几乎所有工业领域的智能化、绿色化。《行业数字化转型方法论白皮书（2019）》中指出[18]，新一代信息通信技术将成为传统行业的新型生产要素，数字化资产将成为创造价值的新源泉。

1. "互联网＋"

"互联网＋"是针对传统行业转型所提出的概念，即以互联网平台为基础，利用信息通信技术与各行业的跨界连接与融合，从而打破信息不对称、降低交易成本、促进专业化分工、优化资源配置、提升劳动生产率、推动产业转型升级，并不断创造出新产品、新业务与新模式，构建连接一切的新生态。基于系统要素的实时连接，可以进一步实现系统全局的自律、协同等高级功能。

李克强总理在《2015 年政府工作报告》中首提"互联网＋"行动计划，正式把"互联网＋"纳入国家发展战略。《国务院关于积极推进"互联网＋"行动的指导意见》指出，"互联网＋"是把互联网的创新成果与经济社会各领域深度融合，推动技术进步、效率提升和组织变革，提升实体经济创新力和生产力，形成更广泛的以互联网为基础设施和创新要素的经济社会发展新形态。《智能制造发展规划（2016-2020 年）》提出了我国在 2016～2020 年期间的"工业互联网建设重点"，其中明确指出：利用 5G 实现对现有公用电信网的升级改造，满足工业互联网网络覆盖和业务开展的需要。目前，"互联网＋"已成为传统行业转型升级的主要引擎。"互联网＋"智慧能源的创新模式就是能源行业实现转型升级、创新发展的重要途径。

2. 物联网

物联网（Internet of Things，IoT）由麻省理工学院 Ashton 教授于 1999 年率先提出，其通过感知设备，按照约定协议，连接物、人、系统和信息资源，实现对物理和虚拟世界的信息进行处理并做出反应的智能服务系统。物联网作为新一代信息技术的重要组成部分，被誉为继计算机、互联网之后，世界信息产业的第三次浪潮。2009 年，温家宝总理在视察中科院传感网工程中心时明确要求尽快建立中国的传感信息中心或"感知中国"中心。2012 年工信部发布了《"十二五"物联网发展规划》，自此物联网成为我国经济发展的又一个新动力。针对物联网发展现状，《物联网白皮书 2016》指出，当前全球物联网技术体系、商业模式、产业生态仍在不断演变和探索中，物联网发展呈现出平台化、云化、开源化的特征，并与移动互联网、云计算、大数据融为一体，成为信息通信技术（ICT）生态中重要的一环。物联网系统将逐步具备开放应用接口能力，在统一架构和开放平台下支持多种应用的分发和部署，支持各类人与物的接入，实现信息共享和融合协作。在新一轮物联网发展布局的关键窗口期，我国应坚持明确产业发展方向，加快战略布局，加强产业链和创新链协同，打造产业生态系统，推进我国物联网发展进入新的阶段。

工业物联网是物联网技术在工业领域的应用。中国电子技术标准化院发布的《工业物联网白皮书（2017 版）》指出，工业物联网是支撑智能制造的一套使能技术体系，它通过工业资源的网络互连、数据互通和系统互操作，实现制造原料的灵活配置、制造过程的按需执行、制造工艺的合理优化和制造环境的快速适应，达到资源的高效利用，从而构建服务驱动型的新工业生态体系。工业物联网的本质如图 1-2 所示。

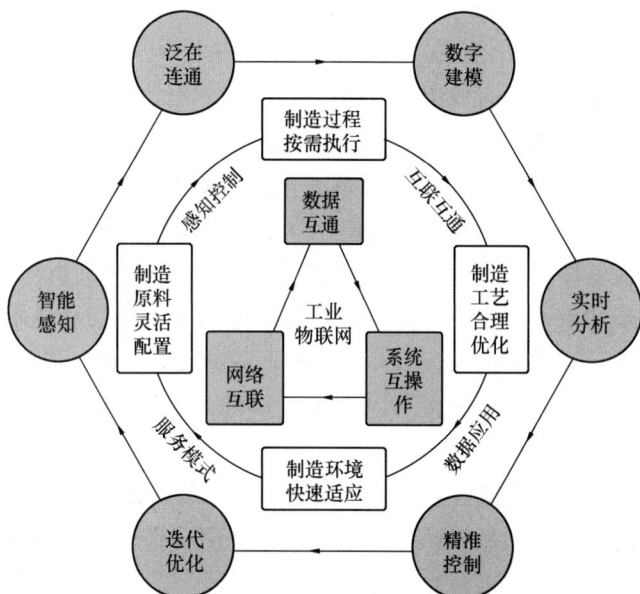

图 1-2　工业物联网的本质

3. 工业互联网

"工业互联网"概念[19]最早由美国 GE 公司于 2012 年提出，它通过工业系统与高级计算、数据分析、传感技术以及互联网技术的高度融合，构建人、机、物之间的泛在互联，实现虚拟信息技术与实体经济各领域全面结合，实现智能交互，最终完成制造业与互联网融合发展，完成工业体系的全面升级。工业互联网是构建工业环境下人、机、物全面互联的关键基础设施，对于促进工业数据的开放流动与深度融合、推动工业资源的优化集成与高效配置、支撑工业应用的创新升级与推广普及，推动工业体系与实体经济的转型升级，实现我国工业"弯道超车"具有重要意义。

近些年，工信部相继印发了《工业互联网发展行动计划（2018—2020 年）》《工业互联网专项工作组 2018 年工作计划》《工业互联网网络建设及推广指南》等指导文件，明确提出，到 2020 年，形成相对完善的工业互联网网络顶层设计，初步建成工业互联网基础设施和技术产业体系，包括建设满足试验和商用需求的工业互联网企业外网标杆网络，建设一批工业互联网企业内网标杆网络；建成各有侧重、协同集聚发展的工业互联网平台体系；建成一批关键技术和重点行业的工业互联网网络实验环境，初步形成工业互联网网络创新基地；形成先进、系统的工业互联网网络技术体系和标准体系；构建工业互联网标识解析体系；建立工业互联网安全保障体系等。

4. 大数据

"大数据"一词最早出现在《第三次浪潮》一书中。随着"大数据时代"的到来，大数据的发展以及有效运用将引起人类生产生活的巨大变革。如何充分理解与运用大数据并将其转化为决策信息，已经成为在未来市场以及科技竞争中取得胜利的关键。2015 年，国务院印发的《促进大数据发展行动纲要》指出，大数据是以容量大、类型多、存取速度快、应用价值高为主要特征的数据集合，正快速发展为对数量巨大、来源分散、格式多样的数据进行采集、存储和关联分析，从中发现新知识、创造新价值、提升新能力的新一代信息技术和服务业态。信息技术与经济社会的交汇融合引发了数据迅猛增长，数据已成为国家基础性战略资源，大数据正日益对全球生产、流通、分配、消费活动以及经济运行机制、社会生活方式和国家治理能力产生重要影响。

工业大数据来源于供应链和制造流程等众多环节，相比于互联网大数据，表现出更强的目的性。李杰教授认为[17]，工业大数据的分析技术核心要解决数据特征隐匿性、数据碎片化以及数据低质性三大问题，需围绕智能的感知、数据到信息的转化、网络的融合、自我的认知和自由的配置五个方面进行展开。

5. 云计算与超级计算

云计算并不是一个全新的概念，早在 20 世纪 60 年代，美国科学家约翰·麦卡锡（John McCarthy）就提出将计算能力作为一种公共设施提供给公众。根据工信部《云计算综合标准化体系建设指南》的诠释，云计算通过网络将分散的计算、存储、软件等资源进行集中管理和动态分配，使信息技术能如同水和电一样实现按需供给，具有快速性、可拓展性、资源池化、广泛网络接入和多租户等特征，是信息技术服务模式的重大创新。云计算借助通信网络将计算变成了一种服务，实现了计算资源（设备、数据）与计算需求在空间上的分离，给一系列创新业务带来了可能性。云计算是中国战略性新兴产业的重要组成部分，推进云计算健康快速发展，对加速产业转型升级、促进信息消费、建设创新型国家具有重要意义。国务院《关于促进云计算创新发展培育信息产业新业态的意见》阐述了发展云计算的重要意义，认为云计算是推动信息技术能力实现按需供给、促进信息技术和数据资源充分利用的全新业态，是信息化发展的重大变革和必然趋势。发展云计算，有利于分享信息知识和创新资源，降低全社会创业成本，培育形成新产业和新消费热点，对稳增长、调结构、惠民生和建设创新型国家具有重要意义。互联网研究所发布的《云计算发展白皮书 2017》阐述了云计算发展趋势，指出，近年来云计算市场规模继续保持较高速增长，云计算政策环境持续优化，国际巨头争相抢滩国内云计算市场，中国云计算企业加速推进海外布局。云计算发展趋势为云计算企业将强化云生态体系建设，价格战可能带来产业洗牌，针对多云服务的管理服务将会出现，云计算与大数据、人工智能、区块链等融合更为紧密。近年来，我国主要 IT 领域公司都大力发展云计算业务，阿里巴巴公司推出了阿里云解决方案，华为公司推出了华为云解决方案。

　　云计算解决了计算资源与计算需求在空间上分离的问题，而在满足计算需求的规模和速度方面，则依赖于超级计算的发展和应用。超级计算是超级计算机及有效应用的总称，其中超级计算机是能够执行一般个人电脑无法处理的大资料量与高速运算的电脑[20]。超级计算机是支撑大系统、大工程、大科学的重要工具，它可有效支撑计算机模拟甚至虚拟现实的实现，突破现代科技理论与实验研究的极限，加速研发进程，并在对社会经济的不断渗透过程中逐渐成为现代社会至关重要的信息基础设施。同时，超级计算通过云计算、物联网和智能设备等先进技术相结合，可形成泛在的超级计算网络，进一步驱动智能制造、智慧系统、虚拟现实等技术的发展[21]。美国总统信息技术咨询委员会（PITAC）曾多次强调：计算科学是继理论和实验之后的第三科学支柱，21 世纪最伟大的科学突破将从计算科学中获得[22]。美国能源部也曾指出 E 级（Exaflops）计算将改变全球经济[23]。根据《国家中长期科学和技术发展规划纲要（2006—2020 年）》可知，超级计算已被列为国家重点发展的技术方向和重点培育的信息产业群。以"曙光星云""天河"等为代表的超级计算机的相继问世也标志着我国超级计算技术取得的重大突破。

6. 人工智能

人工智能的概念诞生于 1956 年，由于理论水平以及设备性能等因素的限制，其发展与应用经历了半个多世纪的跌宕起伏。2006 年以来，以深度学习为代表的机器学习算法在诸多领域的研究与应用取得重大成功，使人工智能迎来了蓬勃发展期。国务院在《新一代人工智能发展规划》（国发［2017］35 号）中指出，人工智能作为新一轮产业变革的核心驱动力，将进一步释放历次科技革命和产业变革积蓄的巨大能量，并创造新的强大引擎，重构生产、分配、交换、消费等经济活动各环节，形成从宏观到微观各领域的智能化新需求，催生新技术、新产品、新产业、新业态、新模式，引发经济结构重大变革，深刻改变人类生产生活方式和思维模式，实现社会生产力的整体跃升。当前我国经济发展进入新常态，深化供给侧结构性改革任务非常艰巨，必须加快人工智能深度应用，培育壮大人工智能产业，为我国经济发展注入新动能。此外，国家还相继出台了《促进新一代人工智能产业发展三年行动计划（2018-2020 年)》（工信部科［2017］315 号)、《人工智能标准化白皮书 2018》等政策文件，积极推动人工智能的技术研发和产业化发展。

近年来，人工智能蓬勃发展主要得益于以下新条件：①计算力的增长，计算机的单次计算能力已经达到每秒万亿次的级别；②海量数据的积累，不管是在图像、语音识别领域，还是在传统工业如电力、热力领域，每天都会积累海量数据，而数据是如今各行各业最有价值的资源之一，也是实现人工智能任务的基础；③算法的进步和优化，自从 20 世纪 60 年代以来，不断对算法进行改进和新算法的提出，如今参与人工智能的研究人员越来越多，促进了算法的进一步优化和应用。

人工智能的研究主要分为三类方向，一是以人工神经网络为代表的联结主义，主要处理数据；二是以强化学习为代表的行为主义，主要处理信息；三是以知识图谱和专家系统为代表的符号主义，主要处理知识和推理。从可应用性方面，人工智能可分为专用人工智能和通用人工智能。面向特定任务（比如下围棋）的专用人工智能系统由于任务单一、需求明确、应用边界清晰、领域知识丰富、建模相对简单，已形成了一些领域的单点突破，在局部智能水平的单项测试中可以超越人类智能。通用人工智能如同人的大脑，能举一反三、融会贯通，可处理视觉、听觉、判断、推理、学习、思考、规划、设计等各类问题，目前仍未见有效突破的可能性。当前的人工智能系统在信息感知、机器学习等"认知智能"方面进步显著，但是在概念抽象和推理决策等"决策智能"方面的能力还很薄弱。

1.2.2　"智慧供热"的提出

"智慧供热"的提出处于我国全面推进能源生产与消费革命，大力发展清洁供热，积极推进两化融合的多重背景之中。2015 年 7 月，国务院发布《关于积极推进"互联网＋"行动的指导意见》，特别将"互联网＋"智慧能源列为重点行动之一，提出全力推进能源生产智能化，建设分布式能源网络，探索能源消费新模式等战略性举措，将推进智慧能源发展上升为国家战略，这为智慧供热的发展指明了总体方向。2016 年以来，我国又陆续发布了《能源生产和消费革命战略（2016-2030）》《能源技术革命创新行动计划（2016-2030 年）》《国民经济和社会发展"十三五"规划纲要》《能源发展"十三五"规划》等战略规划，以及《关于推进"互联网＋"智慧能源发展的指导意见》《关于推进多能互补集成优化示范工程建设的实施意见》《关于组织实施"互联网＋"智慧能源（能源互联网）示范项目的通知》等相关系列专题文件。上述战略规划和政策文件着眼于能源产业全局和长远发展需求，指出了为构建"清洁低碳、安全高效"的现代能源体系推进能源生产和消费革命，需要促进能源信息深度融合，推动智慧能源新技术、新模式和新业态发展。2017 年以来，国家发改委、能源局积极部署和着力推进"多能互补集成优化示范工程""'互联网＋'智慧能源示范项目"等系列行动，并启动了第一批多能互补集成优化示范工程建设（23 个），公布了首批"互联网＋"智慧能源（能源互联网）示范项目（55个），标志着我国智慧能源技术从政策层面的铺开正式步入全面技术和实践探索推进阶段。

《关于推进"互联网＋"智慧能源发展指导意见》指出："互联网＋"智慧能源是一种互联网与能源生产、传输、存储、消费以及能源市场深度融合的能源产业发展新形态，具有设备智能、多能协同、信息对称、供需分散、系统扁平、交易开放等主要特征，通过推进信息系统与物理系统在量测、计算、控制等多功能环节上的高效集成，实现能源互联网的实时感知和信息反馈，建设信息系统与物理系统相融合的智能化调控体系。新一代信息技术与传统行业结合已形成了一系列创新型价值应用。在能源领域的智慧型系统建设方面，电力行业走在前列。智能电网是电力行业实现能源信息化、智慧化的创新尝试，是将信息技术、通信技术、计算机技术和原有的输、配电基础设施高度集成而形成的新型电网[24]，它具有提高能源效率、减少对环境的影响、提高供电的安全性和可靠性、减少输电网的电能损耗等诸多优点。早在2000 年，美国电科院 EPRI 便提出了 Intelligrid 的未来电网发展概念，随后，欧洲采用智能电网的概念加以延伸。奥巴马政府成立后，美国进一步提出发展智能电网产业，最大限度发挥美国国家电网的价值和效率，逐步实现太阳能、风能、地热能的统一入网管理，全面推进分布式能源管理[25]。IBM 的智能电网解决方案是 IBM "智慧城市"战略的重要组成部分，提出为电力产业实现清洁发电、高效输电、动态配电和合理用电提供全面的系统支持[26]。中国在智能电网建设方面走在世界前列，截至 2014 年年底，国家电网公司累计建成智能电网项目 32 类 305 项，重点攻克了接纳大规模可再生能源、智能输变电、智能配用电、智能调度控制系统、通信与信息支撑平台五大领域的一系列重大科学技术问题，电网智能化水平大幅提升，取得了丰硕的研究成果与实践经验，达到了国际领先水平[27]。此外，在与能源紧密关联的交通领域，网约车、共享单车的广泛应用促进了大众对"互联网＋"思想的理解。智慧交通成为提高交通运输效率，实现"人-车-路-基础设施"的供需对接、协同配合和统筹优化，促进交通运输生产、管理、服务方式转型的重要途径[28]。

　　2017 年 5 月，中国城镇供热协会在大连组织了首届智慧供热论坛，对"智慧供热"的相关概念开展了研讨。2017 年 12 月，中国城镇供热协会启动了《中国供热蓝皮书——城镇智慧供热》的编写组织工作，通过多次工作会议的讨论，逐渐厘清了智慧供热的理念、技术与价值。2018 年 4 月，中国城镇供热协会主办的《区域供热》杂志出版了"智慧供热专刊"。此后的一些学术会议和行业论坛上，越来越多的采用"智慧供热"作为分论坛的主题。目前，2019 年 4 月，中国城镇供热协会在合肥举办的七届七次理事会上，审议通过了成立"城镇智慧供热专业委员会"的提案。"智慧供热"已发展成为中国供热行业高度关注的重要技术概念。

1.3　智慧供热的定义与内涵

1.3.1　智慧供热的定义

　　智慧供热尚处于快速发展当中，概念不断演化，一些研究人员从不同角度给出了不同的定义。2006 年，哈尔滨工业大学邹平华等提出了由供热管网信息子系统、供热调度信息子系统、供热营业及收费子系统及供热企业办公管理子系统组成的数字化供热系统，并以 GIS、通信及数据库等技术组合作为供热数字化实现的技术路线[32]，为借助信息化手段转变传统供热管理模式提供了思路。2015 年，哈尔滨工业大学姜情情等提出了智能供热的信息化体系架构，探讨了智能供热在信息获取、信息资源利用与辅助决策等方面的典型特征[33]。2016 年，张伟[29]等提出了基于用户室内温度测量实现供水温度

PID 控制的一种智慧供热系统概念。赵爱国等[30]指出智慧供热是基于互联网、云计算等信息技术以及供热运行的大数据、综合集成法、虚拟技术等工具和方法的应用，依托互联网实现各环节信息共享，具有人"大脑"的一种高级的综合分析判断能力，实现供热系统全面透彻的信息化管理；2017 年，张浩[31]提出智慧供热需在应用物联网、大数据和云计算等信息化手段的基础上，建设供热运营一体化平台。

《北方地区冬季清洁取暖规划（2017-2021 年）》提出[3]："利用先进的信息通信技术和互联网平台的优势，实现与传统供热行业的融合，加强在线水力优化和基于负荷预测的动态调控，推进供热企业管理的规范化、供热系统运行的高效化和用户服务多样化、便捷化，提升供热的现代化水平。"这为智慧供热的发展提出了具体技术要求。

综合各方的观点，我们认为[34]：智慧供热是在中国推进能源生产与消费革命，构建清洁低碳、安全高效的现代能源体系，大力发展清洁供热的新时代背景下，以供热信息化和自动化为基础，以信息系统与物理系统深度融合为技术路径，运用物联网、空间定位、云计算、信息安全等"互联网＋"技术感知连接供热系统"源-网-荷-储"全过程中的各种要素，运用大数据、人工智能、建模仿真等技术统筹分析优化系统中的各种资源，运用模型预测等先进控制技术按需精准调控系统中各层级、各环节对象，通过构建具有自感知、自分析、自诊断、自优化、自调节、自适应特征的智慧型供热系统，显著提升供热政府监管、规划设计、生产管理、供需互动、客户服务等各环节业务能力和技术水平的现代供热生产与服务新范式。

智慧供热旨在解决城镇集中供热系统联网规模扩大、清洁热源接入带来系统动态性增加、环保排放约束日益严格、按需精准供热对供热品质和精细化程度要求不断提高所带来的一系列难题，全面提升供热的安全性、可靠性、灵活性、舒适性，降低供热能耗，减少污染物与碳排放，同时，显著提升供热服务能力和水平，使城镇供热系统成为承载人民美好生活的智慧城市的重要组成部分。

发展智慧供热，对于促进化石能源清洁高效利用、支撑可再生能源消纳、提升能源应用综合效率、实现全面清洁供热具有重要意义，其将成为加速新型城镇化建设、支撑能源革命战略的重要手段。主要表现在：第一，通过信息系统与供热系统的深度耦合，赋予供热系统"神经"和"大脑"，加强供热系统的智能化建设，有助于推动热网与电网、油气网和其他能源网络的有效对接，促进多种类型能流网络互联互通和多种能源形态协同转化，建设"源-网-荷-储"协调发展、集成互补的能源互联网；第二，基于新一代信息技术与供热行业融合的新业态，可推动供热服务的智能定制，合理引导供热需求，培育智慧用能新模式；第三，依托"互联网＋"平台实现智能收费和智能客服，构建基于大数据、云计算、物联网等技术的供热监测、管理、调度信息平台，提升生产管理水平；第四，供热系统作为城镇的重要基础设施，其智慧化升级将推进智慧城市建设，提升资源利用与配置效率，优化城市治理。

1.3.2　智慧供热的内涵

1. 智慧供热是支撑清洁供热的核心技术

清洁供热主要通过以热电联产为代表的能源梯级利用技术提高能源系统的综合能效（图1-3），同时，因地制宜的运用可再生能源等多元化的热源形式来实现综合效益最大化。能源梯级利用技术源自吴仲华先生倡导的"温度对口、梯级利用"的用能理念。根据 IEA 国际能源署发布的《中国区域清洁供暖发展研究报告》[35]，2014 年，我国北方采暖地区热电联产机组装机容量达到 211GW，占全国火电装机容量的 30%，占北方采暖地区火电装机容量的 43%。随着近年来长距离输热技术的逐渐成熟，这一占比还在不断提高当中，将进一步替代城镇中热水锅炉的高成本供热方式。同时，我国集中供热市场中增加可再生能源占比的潜力巨大，具备发展固体生物质集中供热的资源潜力及因地制宜发展太阳能、地热能等可再生能源供热的条件。2015 年，我国可再生能源集中供热占比为 1%，而国际可再生能源机构认为，到 2030 年时，将该比例提高到 24% 是可行的[35]。

热电联产作为大规模能源转换中能效极高的技术方式，应当在我国发展清洁供热的技术路线中承担基础性的作用。付林等[36,37]还提出了通过吸收式热泵进一步回收热电联产机组冷凝余热而提升能效的方法。此外，常见的清洁能源供热方式有电采暖、天然气锅炉、太阳能采暖地源热泵、空气源热泵、污水源和水源热泵等。为解决可再生能源热源波动性和不稳定性问题，可从多能互补、互联互通的"源-网-荷"一体化综合调度角度考虑：在可再生能源足够时，可由可再生能源独立满足周边供热面积的需求；当存在多余热量时，可向供热管网反向提供富裕的热量；当可再生能源系统供热量不足时，优先采用效率比较高的市政大网补充供热。多元化清洁供热方案中，借助"互联网＋"平台实现多能、多源互补的优化调度控制尤为重要。国家能源局《关于推进"互联网＋"智慧能源发展指导意见》明确指出："建设信息系统与物理系统相融合的智能化调控体系，以'集中调控、分布自治、远程协作'为特征，实现能源互联网的快速响应与精确控制，将有效应对可再生清洁能源接入带来的动态调控问题。"

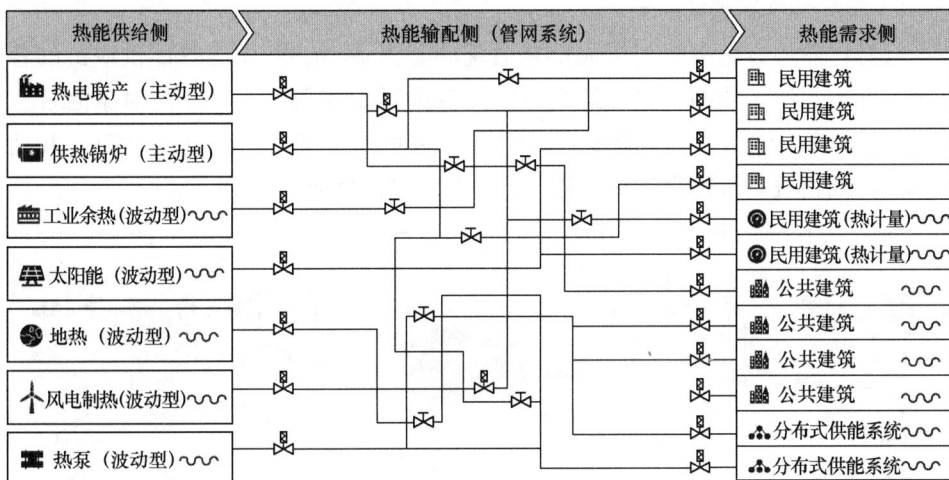

图 1-3 清洁供热背景下的供热系统结构图

清洁供热需求为热源供给侧带来了多元化和波动性条件，加之负荷侧的波动性、网侧的复杂性，以及储热技术的应用，多源互补型城市供热系统的安全、可靠、环保、均衡、节能运行调度和控制面临着新问题和新挑战，主要表现为：多源互补联网运行条件下，单独"调质"无法实现均衡、节能供热，而需要进行"质"和"量"的联合动态调整，全网不再处于阶段性的定流量运行模式，调度控制的复杂性大幅度提高；为与被动性、波动型热源形成互补，各可主动调节型热源所承担的负荷也处于动态调整之中，需要从全过程协调的角度实时确定并调整调节型热源的供热负荷及具体供热参数；热网中的储热装置需要依据系统全局工况条件，主动调度最优的储热和放热策略；在设备或系统故障等特殊工况条件下，能够快速形成最优的应急调度方案；在供热系统热源、一级网、热力站内已较好实现自动化的前提下，需要以更短周期（例如数十分钟或数小时）提供"源-网-荷-储"全过程协调调度与控制的优化方案，实现供热系统自感知、自分析、自优化、自调节的智慧化运行。

总之，随着经济的发展与国民生活水平的提高，单一化的供热技术路线难以满足多样化、个性化供热需求，随着清洁供热概念的提出，多能互补的技术路线得到广泛认同，其中的核心问题是如何统筹兼顾，实现清洁供热。智慧供热技术恰在这一背景中诞生，通过物联感知将状态数据实时传输到平台层进行分析，优先发挥可再生能源的动态供热能力，基于供热系统各要素的链接，对"源-网-荷-储"全过程进行统筹协调，实现热源高效转化、热网高效传输、热力站经济运行、建筑节能用热，从而成为支撑清洁供热的核心技术途径。

2. 智慧供热涵盖的对象

智慧供热的概念贯穿于组成供热系统的"源-网-站-线-户"热能供应链的各环节，涵盖热源、热网、热力站及热用户各种对象（图1-4）。不同对象的智慧升级依据对象特征及功能而针对性地实施，各对象之间的智慧化互为关联、相辅相成、协同增益，最终服务于智慧供热的总体建设目标。

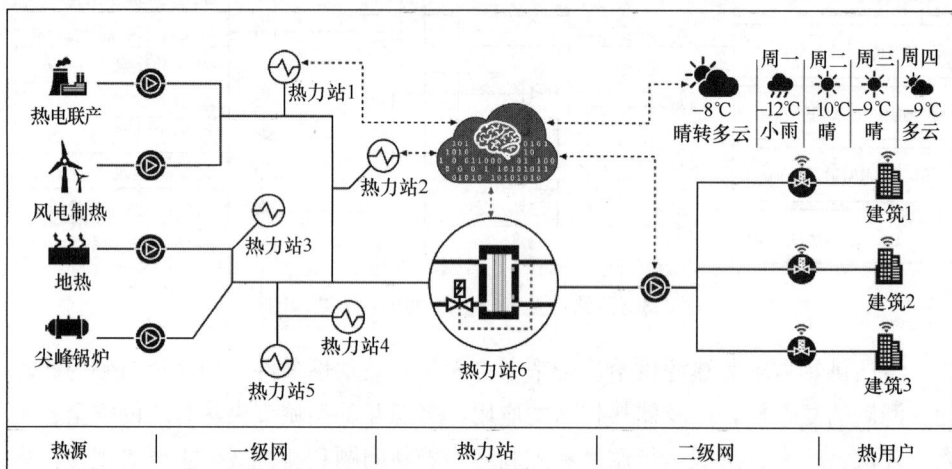

图 1-4　智慧供热涵盖对象图

（1）智慧的热源

以热电联产机组为代表的集中供热热源，其智慧化以子系统或设备的智慧化形式延伸为智慧电厂、智慧锅炉、智慧热泵系统等，进而支撑智慧供热目标的实现。

智慧的热源能够实现系统及设备的全生命周期（设计、制造、建设、运营、退役）的智能管理。在智慧热源的建设、运行过程中，由数据流、控制指令流、业务流等组成的信息流成为维系系统智慧化运行的价值资源。通过把握各类信息的流向，发掘和整合数据的价值，利用物联网技术，实现热源设备的数据融合。同时，利用云计算、互联网技术进行数据分析与处理，并结合实时供热管理要求，调整供热生产计划和生产任务，并利用智慧化控制手段将管理要求实时反映到生产控制层，根据调度要求和生产资料情况，调整供热生产控制策略，实现热源生产的优化配置。

（2）智慧的热网

智慧的热网是以"工业互联网"结合供热技术为基础，依照智慧供热"源-网-站-线-户"的协同调控、优化管理的整体模式对传统热网系统进行智慧升级改造，以机理模型、数据模型等代替人工经验实现精准化按需供热调控。

供热系统中的热网运行调控问题具有大规模、高延迟、强耦合、多约束、时变和非线性的技术特征，需要调控热网中各泵、阀的工作点状态组合以保证安全、均衡、高效地向热用户输送热能。智慧的热网具备更加可靠灵活的管网运行调控优化能力，可在不同供需条件下，通过快速确定诸多可调泵、阀的动态逻辑组合，重构所需的全网流量分布形态而实现热能灵活输运，支撑供热系统中热能在供需两端的高效输配。

（3）智慧的热力站

智慧的热力站是链接一级网与二级网的关键对象，借助信息化及自动化手段，可靠、高效地衔接热能供给与需求，实现系统的联动调控。

由于各热力站所辖小区的建筑结构、室内供暖方式（地暖、散热器）不尽相同，表现为不同的滞后特性及室温变化规律，对应的热力站优化调节控制规律也各异。为综合考虑室内温度、昼夜人体热舒适度需求、室内温度控制目标要求（恒温、阶段性温度变化）等因素，提供高品质供热服务，需要构建智慧化的闭环调控体系，以热用户供水温度等为控制参数开展换热站的多目标优化控制。此外，智慧的热力站可基于数据挖掘技术对站内设备运行状态进行异常判断和智能排查，通过历史运行数据分析得出各热力站调控习惯，并依此实现运行工况下的故障诊断和最佳工况的偏离分析。

（4）智慧的热用户

智慧的热用户是通过对建筑的智能化升级，准确、便捷地采集供热效果参数，反馈到供热生产与输配环节，实现按需精准供热。

智慧供热的能效问题是如何在满足各热用户用热需求前提下，最大限度地减少热能输出并保证系统安全平稳运行。由此，确定各热用户在特定气象条件下的合理热量需求是实现智慧供热的前提，这意味着系统不仅要获知全网用户的总负荷特性，还需要知道热网区域、主要分支、每栋建筑物乃至每户的负荷特性。考虑到热网系统的滞后性与热惰性，应考虑通过负荷预测实现预测性控制，从而达到供热过程和耗热过程的动态匹配，最大程度的降低能耗和污染物排放。

3. 智慧供热涵盖的业务

（1）智慧供热的系统规划建设

智慧供热业务覆盖供热系统规划、设计与建设的全流程，旨在对供热规划和建设提供有效的技术支撑，为智慧供热系统高效优化运行奠定基础。

智慧供热规划总体依照"顶层设计—问题研究—技术手段"的思路推进，通过工程建设加以实现，需满足新时期我国民生保障及经济发展的综合用能需求。同时，智慧供热规划需落实清洁供热的总体目标，将各类低品位热源、余热废热、可再生能源供热纳入系统，与传统供热热源协调互补，实现灵活、可靠的热网规划设计，为热能输送以及多端供需互动提供必要条件。在智慧供热规划的方法方面，基于模型的供热规划设计将成为能源决策者制定并实施顶层供热发展战略的重要工具。借助各类能源模型来辅助分析，综合考虑能源、经济与环境模型，对系统全局规划方案进行优化。

智慧供热的工程设计建设以物联网、大数据为代表的信息技术为支撑，构建具备信息基础和产业基础的智慧化工程建设体系，具备数据贯通性、基于数据的方案模拟评估、设计与建设的可视化、多流程的协同性等特征。利用供热系统全生命周期模型等数据化工具，通过整合供热工程各类信息，在工程策划、设计、建造、运行和维护的全生命周期中进行信息的共享和传递，提供可靠的决策依据。同时，通过构建统一、集成的智慧化工程协同管理平台，降低人的行为不确定性，提升环境与条件变化响应的实时性与准确性，使供热工程管理更加扁平化、标准化迅速提升，实现工程建设项目数字化、精细化、智慧化，实现对建设过程、人员设备和工程质量安全的高效管控。

（2）智慧供热的生产运行管理

供热生产运行管理是体现供热调度控制水平、创造供热价值的核心业务内容。智慧供热的生产运行管理借助物联网、大数据、工业互联网、人工智能等技术手段建立与物理供热系统的供热信息系统，通过信息层与物理空间的映射交互进行供热系统调度与管理。智慧供热的生产运行管理主要包括智慧供热的设备管理、调度管理、运行管理和运行安全四方面内容。

设备管理是供热运营的基础管理工作，即对供热设备全生命周期过程中的实物形态和价值形态的规律进行分析、控制和实施管理。智慧化的供热设备管理利用信息化及大数据、通信、定位等技术，实现对设备从采购、安装、投运、维护、检修及报废的全生命周期管控，并可应用信息层的设备管理系统实现设备全生命周期的管理工作数字化、信息化，快速、高效、有序地进行设备管理工作，提高设备生命周期的利用率，进而提升供热系统运行的安全性和经济性。

调度管理发挥着供热生产调度指挥中枢的作用。在物联感知和自动控制的基础上，运行调度人员借助智慧供热调度平台实施科学调度，确保供热系统运行的安全稳定和经济合理。智慧供热调度平台的子系统主要包括：地理信息系统、热网在线水力分析系统、调度决策指挥系统、实时数据监控及能耗分析系统等。

运行管理的核心目标是在保证供热系统安全稳定运行的基础上，满足供热系统中各个用户正常用热需求、提高节能降耗水平，包含运行监测、运行调控、能效管理等方面。基于物联感知及建模仿真技术，可以搭建覆盖热源、热网、热用户的供热系统全过程仿真模型，用于运行调控。同时，基于供热系统的历史运行数据，并考虑热用户特性分析负荷影响因素，可实现供热系统的预测性调节控制，达到按需供热、精准供热的目标。

　　智慧供热的安全管理涵盖了供热企业的日常安全管理和应急管理两部分内容，可借助智能安全管理系统开展工作，实现各供热企业在安全管理方面的标准化、规范化、信息化、制度化建设。

　　（3）智慧供热与用户管理

　　热用户是供热企业所服务的最终对象。智慧供热有助于使面向按需供热的热计量、热费收缴、客户服务等业务实现创新升级。智慧供热将使得满足热用户舒适性采暖需求的按需个性化供热成为可能。通过智慧供热系统对用户侧供回水温差和流量等数据的采集与分析，可进行智慧热计量，从而可形成更加合理的供热收费机制。

　　（4）智慧供热与政府管理

　　智慧供热的建设离不开政府的合理引导与支持，同时，智慧供热也可成为提高政府管理效率和决策科学性的重要手段。政府对城镇供热管理的主要职责涵盖供热行业管理、供热行业地方性法规政策研究制定、发展规划和年度计划制定、相关机构组织实施引导、供热方面政府投资或非经营性建设项目的可行性研究、申报立项和竣工验收工作、供热企业的市场准入与市场监管、供热行业的技术、运营、服务、供热等行业标准与规范制定、供热行业的安全管理和服务工作监督检查等。政府对智慧供热的管理目标是通过构建安全、清洁、高效、经济的供热系统和高素质的现代供热企业，确保城镇安全稳定供热，实现系统节能减排，提供便捷优质服务，满足用户基本和日益增长的生活和生产需求。

1.3.3　智慧供热的主要特征

　　1. 友好包容和消纳清洁低碳能源

　　清洁低碳能源的利用能够有效解决能源需求、能源安全、环境保护等诸多现实问题，是具备产业和技术前瞻性的能源转型方向，可带动一系列相关产业的发展，促进经济结构转型升级。未来，清洁低碳能源必将在供热行业中占据越来越高的比重。然而，工业余热、风能、太阳能、地热能等清洁低碳能源的波动性和间歇性特性，使得其利用和消纳具有较大技术难度。

　　借助信息系统与物理系统的融合调控，智慧供热可通过多能、多源互补实现清洁低碳能源的有效利用，提高能源转化效率，提升管网输配灵活性和可靠性，通过负荷预测实现供需动态平衡，对供热系统内的各种要素进行统一智能调度，从而建立传统化石能源与低碳清洁能源互补，分布式和集中式热能供应协同的多元化现代热能供应体系。此外，智慧供热还将储能技术包含在广义需求侧的范围内，将需求侧资源由自变因素转变为因变因素并纳入到系统调控运行中，积极地引导需求侧主动响应低碳清洁能源出力变化，从而在满足供热安全保障和用户供热需求的前提下增强系统对各类低碳清洁供热资源的消纳能力。

2. 供热系统的智能性

智慧供热以供热信息化和自动化为基础，目标是赋予供热系统自感知、自分析、自决策、自调节的智慧能力。智慧供热一方面借助多样化的智能传感器对供热系统全过程的运行状态进行感知，形成大数据资源库，进而利用大数据方法寻求多源异构数据中的隐藏关系、规律趋势，寻求历史数据中可重用的经验信息；另一方面，基于供热系统"源—网—荷—储"全过程的机理仿真，借助计算机系统的大规模计算能力实现调度控制方案的推演和决策，从而形成对供热技术人员的智力支撑。

智慧供热的智能性综合体现在：①自愈性，即在减少甚至免除人为干预的情况下，通过连续进行系统状态的检测、分析、评估与响应，实现供热系统中问题部件的隔离或修复，使系统损失降至最低；②交互性，即将用户端视为供热系统的完整组成部分，通过与包括用户设备和用户在内的用户端的友好交互，充分调动用户端对系统优化的积极作用，实现供热系统稳定运行、协调可靠、经济环保等多方面的效益；③高效性，即通过引入先进的智能技术从设备个体层和系统层展开优化，有效提高供热生产、输配和利用效率，降低运行维护成本和投资成本；④兼容性，即通过精确的负荷预测以及智能优化调度，实现供热系统对多种低碳清洁能源的友好消纳；⑤优质性，即在智慧智能的运营管理下，供热服务的品质能够得到更优质的保障。

3. 基于大数据的决策

智慧供热借助先进的传感网络技术、分析计算技术和软件服务程序，将生产、传输、转换、存储和消费各个环节的设备连接起来，将各个用户端、换热器、热网和热源等的全生命周期信息进行统一管理，形成供热大数据。进而通过数据挖掘、融合，并采用可视化技术，对供热系统中不断发展变化的参数进行态势预估与趋势展现，并基于大数据分析和评估结果为业务部门或用户提供有针对性价值的信息，从而有效辅助供热部门的供热决策和用户端的用热决策。所发挥的作用应该覆盖规划设计、检修维护、需求侧管理、需求响应、用户能效分析和管理、运行调度、计量收费等各个业务环节，为提升供热企业的治理能力和服务水平、保障供热安全提供数据支撑。

举例来说，针对用户侧的供热大数据，可根据不同的建筑面积和建筑功用等信息将用户进行分类；针对每一类热用户绘制其不同用热设备的日负荷曲线，分析其主要用热设备的用热特性，包括热负荷出现的时间区间，影响热负荷的因素，以及热负荷允许波动范围、是否可削减或转移等；分析不同热用户和用热设备对热价、天气、季节的敏感性及其随时间的变化规律。通过整合分类分析的结果，可得到某一片区域或某一类用户在不同条件下的需求响应能力。这些基于用户侧供热大数据的分析结果可为制定需求侧管理方案和响应激励机制提供有效依据，也是智慧供热用于实现按需精准供热的基础。

4. "互联网＋"的业务模式

智慧供热要求以"全连接"重构供热系统的互联网思维模式，从用户思维、极致思维、流量思维、社会化思维、大数据思维、平台思维、跨界思维等方面影响并改造供热行业，包括供热企业与热用户之间、供热企业和能源供应企业之间，以及政府主管部门和热用户之间等各方面[38]。同时，智慧供热也要求运用"互联网＋"技术改造供热产业，推动移动互联网、大数据、云计算、物联网等技术与供热行业进行全方位、全系统的深度融合，将互联网的创新成果融于供热产业的各环节中，充分发挥互联网在供热资源配置中的优化和集成作用，推动技术进步、效率提升和组织变革，提升供热产业创新力和生产力。要以客户需求为导向，提升供热创新模式，让服务更优质，客户更便利，企业与客户之间的距离更近。

在"互联网＋"的创新模式下，智慧供热将显著提升供热水平。例如，借助网络信息系统，可将热网实时运行状态信息、用户热能消费信息等及时发送至相关供热主管部门，用户及管理人员可利用移动终端设备及时查看有关信息，从而打破信息的不对称格局，实现供热信息透明化、公开化。供热部门借此可快速实现供热质量的调查，可通过"互联网＋"的远程运维方式确保热能供应的经济、安全、智慧化运行，供热系统各参与方也可在开放共享的环境下进行多种类型的交易。

例如，全球领先的家庭能源管理企业 Opower 公司充分运用了"互联网＋"的业务模式。Opower 与公用电力公司合作，获取家庭消费者的能源使用数据，结合大数据方法和行为科学理论，进行消费者用电行为分析，并为用户提供节能减耗的方案，推动节能的互联网应用。Opower 公司在上游与电力公司连接，为电力公司提供全面详细的电力消费数据、分析客户电力消费行为、提供需求侧数据界面、设计和改善电力营销策略等；在下游与用户连接，为用户提供个性化能耗分析、邻里能耗对比、用能建议等服务。在电力高峰期，通过节能和经济分析帮助用户降低用能，给电网稳定性带来重大经济和运营效益。

5. 从局域优化提升到系统优化

城镇集中供热系统的发展趋势是通过多源互补、互联互通实现系统整体优化。供热系统的调度不再局限于"源—源互补""源—网协调""网—荷—储互动"，也不再局限于单个供热主体、单个供热片区的热能供应，而是需要通过多种能量转换技术及信息流、能量流交互技术，实现横向多个供热主体与供热片区多种热能资源之间的互补协调，实现纵向能源资源的开发利用和资源运输网络、能量传输网络之间的相互协调，将用户的多品质用能需求统一为一个整体，扩大化、广义化热能需求侧管理，使其成为多域全系统"综合能源管理"，进一步提升广义需求侧资源在促进清洁能源消纳、保障系统安全高效运行方面的作用。

1.3.4　智慧供热的关联概念

"智慧供热"概念的建立借鉴了各类智慧关联概念，同时也填补了各类智慧概念在供热这一重要民生领域的空白。城镇供热系统是城市能源系统的重要子系统，"智慧供热"自然成为"智慧能源"的重要子集。"智慧能源""智慧交通""智慧医疗"等城市公用事业的智慧化升级共同推动着"智慧城市"建设目标实现，而更深层次的"城市大脑"则是支撑"智慧城市"可持续发展的核心基础设施形式，因此，以构建城市供热大脑为目标的"智慧供热"将成为"城市大脑""智慧城市"的重要功能区之一。在城市次级的社会聚落形式中，社区继承了城市服务与管理的属性，"智慧社区"因而成为"智慧城市"的重要组成。依据社区独立的服务和管理模块结构，"智慧社区"同样需要"智慧能源"与"智慧供热"等基础设施创新升级的支撑。同时，在社区、小镇层级区域构建"区域综合能源系统"是"智慧能源"及"能源互联网"的重要形式，"智慧供热"将成为由特性各异能源形式组成的"区域综合能源系统"的关键一环。"智慧供热"的提出源于城市对能源基础设施更高阶的需求，将推动能源生产和消费的智能互动，"智慧供热"在技术理念上与"中国制造2025"及"工业4.0"具有很强的关联，特别是与流程工业的智慧升级十分相似。此外，"智慧供热"的实施以供热信息化及自动化为基础，并在供热系统热源侧、热网侧及用户侧的不同环节，分别延伸出"智慧电厂""智慧管网"与"智慧建筑"的子集概念。上述相关概念之间的关系如图 1-5 所示。

1. 智慧城市

在 2008 年全球性金融危机的影响下，IBM 首先提出了"智慧地球"这一新理念，它认为世界的基础结构正在朝智慧的方向发展，可感应、可度量的信息源无处不在，互联网的平台让这一切互联互通，让一切变得更加智能[39]。随后，中科院、思科等纷纷提出了"智慧城市""感知中国"或"智能互联城市"的理念和发展方略，进而引发了智慧城市建设的热潮。

IBM 给出的"智慧城市"定义为：通过利用以物联网、云计算等为核心

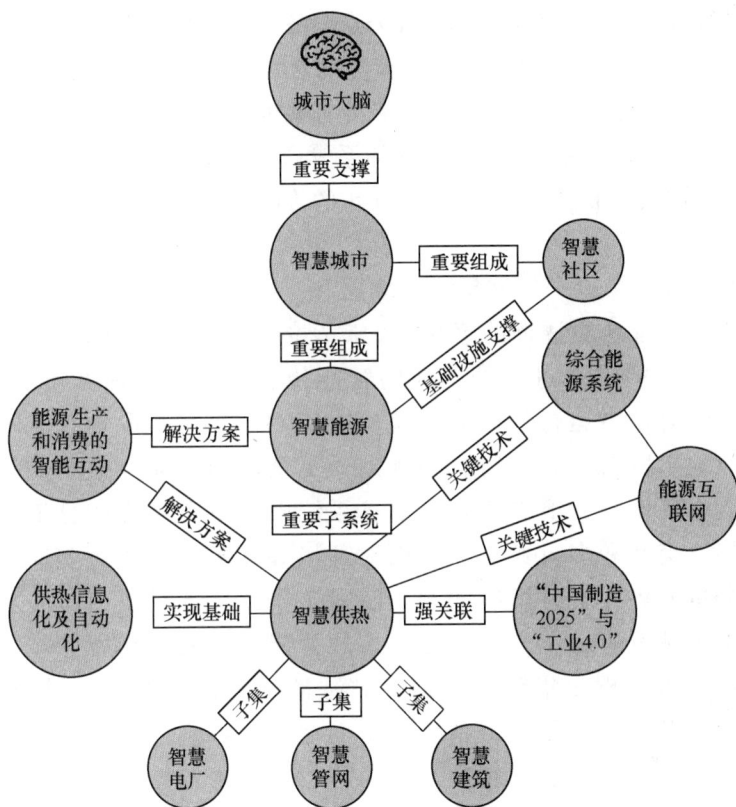

图 1-5　智慧供热相关概念图

的新一代信息技术，更加智慧地感测、分析、整合城市运行核心系统的各项关键信息，从而对包括民生、环保、公共安全、城市服务、工商业活动在内的各种需求做出智能响应，提高城市运行效率，为居民创造更美好的城市生活[40]。

智慧城市是数字城市信息化的产物，是信息化功能的延伸、拓展和升华，通过物联网把数字城市与物理城市无缝连接起来，利用云计算等信息化技术对实时感知数据进行即时处理并提供智能化服务。

2017 年 7 月 8 日，国务院印发了《新一代人工智能发展规划》，标志着人工智能已上升为当前历史时期内的重要国家战略。2017 年 10 月，党的十九大报告亦明确提出了"数字中国"和"智慧社会"理念。在智慧城市的概念剖析方面，辜胜阻等[41]在《当前我国智慧城市建设中的问题与对策》中将智慧城市解读为一场以技术创新引导的城市经济社会发展、生产生活方式的变革，认为是城市经济转型发展的转换器。李德仁等[42]在《智慧城市的概念、支撑技术及应用》中

27

提出智慧城市可理解为在数字城市建立的基础框架上，通过物联网将现实世界与数字世界进行有效融合，为城市管理和公众服务提供更智能化的服务。《2019 中国智慧城市发展报告》[43]指出，智慧城市建设是一个长期系统工程，需要众多行业的共同支撑，智慧城市的总体架构涉及业务架构、数据架构、应用架构、基础设施架构、安全体系、标准体系和产业体系等内容，依此架构可构建覆盖公共、商业等领域的智慧城市应用，实现智慧城市的价值创造，解决城市治理的复杂性问题。

智慧城市概念可以分感知层、网络层和应用层，如图 1-6 所示，分别对应以下三方面特征：更透彻的感知、更广泛的互联互通、更深入的智能化。更透彻的感知指的是通过无处不在的智能传感器，对物理城市实现全面、综合的感知和对城市运行的核心系统实时感测，实时获取物理城市的各种信息，相应地采取措施和进行长期规划；更全面的互联互通指的是通过物联网将个人电子设备、组织和政府信息系统中收集和储存的分散信息及数据进行连接、交互和多方共享，从而对环境和业务状况进行实时监控，从全局角度分析形势并实时解决问题，使得工作和任务可以通过多方协作完成，改变整个城市的运作方式；更深入的智能化指的是在智慧城市信息设施基础上，深入分析收集到的数据，对海量时空数据进行实时处理管理、融合与分析，以便更加创新、系统且全面地解决特定问题，以支持城市发展决策和行动。目前，已经有通过与地理信息技术的结合，通过结合人工智能机器学习、深度学习等算法等对城市内的交通流、物流等进行实时分析与测算的应用。

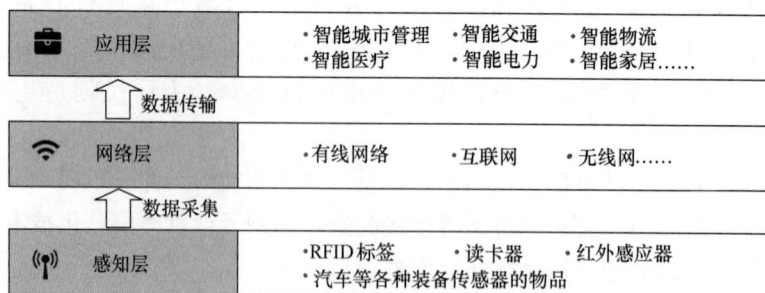

图 1-6　智慧城市三层结构示意图[44]

当前，智慧城市建设各领域仍有数据割裂的问题，随着技术与政策推进，未来"数据孤岛"将被打破，可以实现不同领域数据的交叉与融合，各系统之间实现数据联通，产生数据的协同效应，打造智能化系统生态圈（图 1-7）。

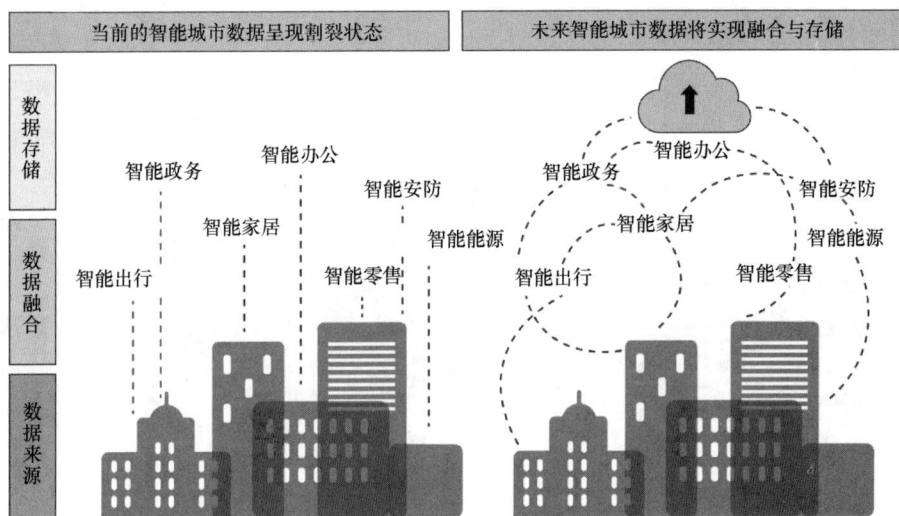

图 1-7　城市数据融合[45]

2015 年至今，阿里巴巴、腾讯纷纷与各地市签署智慧城市战略合作协议。结合智慧城市发展以及互联网的深入，城市不断形成不同的功能区块，像大脑一样逐步形成自己神经系统。在 2016 年的杭州云栖大会上，阿里巴巴提出了"城市大脑"的概念，其技术人员表示："城市大脑的内核采用阿里云 ET 人工智能技术，可以对城市进行全局实时分析，自动调配公共资源，修正城市运行中的缺陷，成为治理城市的超级人工智能。"

"城市大脑"将成为支撑未来城市可持续发展的全新基础设施，其基于五大系统——超大规模计算平台、数据采集系统、数据交换中心、开放算法平台、数据应用平台，利用大数据和大计算来挖掘大量城市异构数据的价值，利用实时全量的城市数据资源全局优化城市公共资源，将散布在城市各个角落的数据连接起来，通过对大量数据的分析和整合，即时修正城市运行缺陷，对城市进行全域的即时分析、指挥、调动、管理，从而实现对城市的精准分析、整体研判、协同指挥，实现城市治理模式突破、城市服务模式突破、城市产业发展突破。

城市大脑基于新一代信息技术构建起类脑式的城市智慧化管理体系，拥有以云计算为代表的城市中枢神经系统、以物联网为代表的城市感觉神经系统、以"工业 4.0"为代表的城市运动神经系统、以边缘计算为代表的城市神经末梢发育及以大数据、人工智能为代表的城市智慧的产生与应用。

供热系统是城市的基础设施和公共服务的组成子系统，这使得智慧供热系统的建设必然成为智慧城市建设的组成部分，而"城市供热大脑"也必然将成为

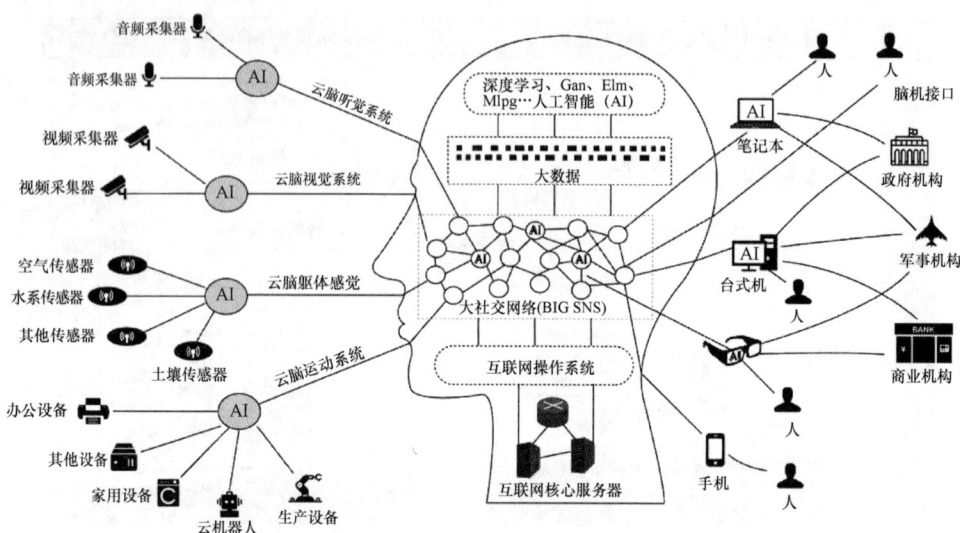

图1-8　城市大脑（云脑）架构图[46]

"城市大脑"的一个功能区。智慧供热的发展是能源基础设施从产业形态、社会管理模式等维度支持智慧城市建设的重要环节，将加快统筹城市发展的物质资源、信息资源和智力资源利用，推动物联网、云计算、大数据、5G等新一代信息技术创新应用，实现能源生产、消费与城市经济社会发展深度融合。

2. 智慧社区

从图1-9可以看出，智慧社区的基本组成包括传感器层、公共数据专网、应用系统、综合应用界面和数据库。

智慧社区是智慧城市的一个有机组成部分，是智慧城市所涉及的虚拟政务、公共服务和安全监控等系统的延伸；同时，智慧社区也有自己独立的服务、管理模块和结构。智慧社区的基础是现实生活中的各个社区，社区的基本结构决定着智慧社区的基本部分，智慧社区的运行由具有一定智能属性的各类服务、管理系统有机构成，具体如图1-9所示。

智慧社区涉及智能楼宇、智能家居、路网监控、智能医院、城市生命线管理、食品药品管理、票证管理、家庭护理、个人健康与数字生活等诸多领域。当前，应把握新一轮科技创新革命和信息产业浪潮的重大机遇，充分发挥ICT产业发达、RFID相关技术领先、电信业务及信息化基础设施优良等优势，通过建设ICT基础设施、认证、安全等平台和示范工程，加快产业关键技术攻关，构建社区发展的智慧环境，形成基于海量信息和智能过滤处理的新的生活、产业发展、社会管理等模式，面向未来构建全新的城区（社区）形态。

智慧供热的二次侧系统与智慧社区具有紧密联系。传感器层是智慧供热系统

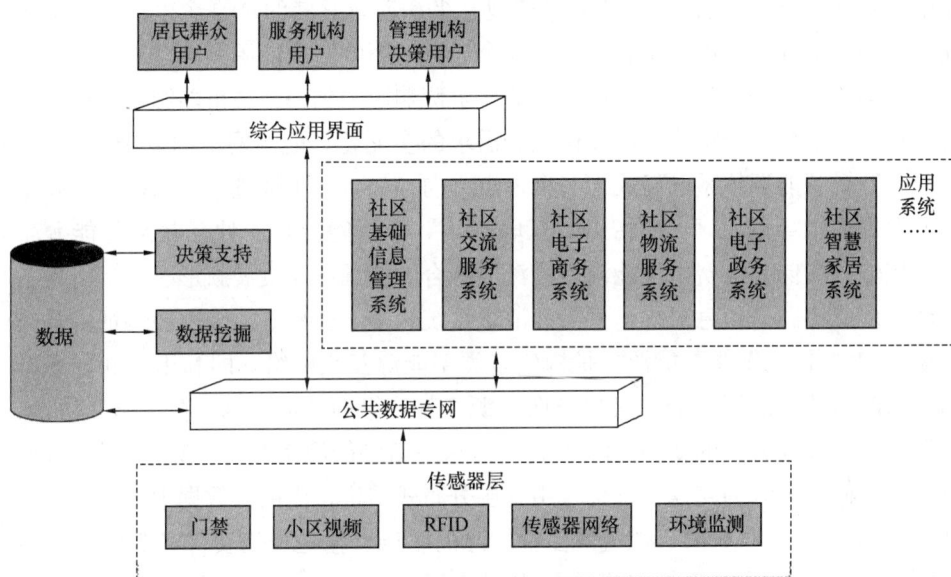

图 1-9　智慧社区的基本组成

的数据来源，利用安装在用户端的物联网测温装置，对建筑物室温参数的感知、存储，形成智慧供热系统的基础数据；室温大数据分析系统是智慧供热系统的关键，利用二次侧数据，该系统可以进行对于供热效果的整体分析，进而优化热网运行调控。另外，居民群众用户与供热综合服务应用界面之间的联系是供热领域十分重要的环节。

3. 智慧能源

2015 年 3 月 15 日，李克强总理在政府报告中提出落实"互联网＋"行动计划[47]，如何利用先进的互联网思维和技术来改造传统能源工业，引起了能源和信息行业的普遍关注。同年 7 月 4 日，国务院发布了《关于积极推进"互联网＋"行动的指导意见》，对积极推进"互联网＋"行动提出指导意见，具有重要的战略意义。为推动能源互联网的产业升级发展，国家发改委、国家能源局先后出台了多项支持政策。2016 年 2 月出台《关于推进"互联网＋"智慧能源发展的指导意见》，进入 2017 年后，《完善电力辅助服务补偿（市场）机制工作方案》《关于开展分布式发电市场化交易试点的通知》《推进并网型微电网建设试行办法》《关于促进储能技术与产业发展的指导意见》四项政策的颁布，在源网协调、市场化商业模式开发方面给智慧能源和能源互联网的发展带来显著的促进作用。

"互联网＋"是把互联网的创新成果与经济社会各领域深度融合，推动技术进步、效率提升和组织变革，提升实体经济创新力和生产力，形成更广泛的以互联网为基础设施和创新要素的经济社会发展新形态。在科技革命和产业变革的浪潮中，"互联网＋"智慧能源是实现转型升级、创新发展的重要途径，同时也正在对我国经济社会发展产生着战略性和全局性的影响，在能源领域，随着我国能源系统的快速发展，从面向都市居民的需求侧响应，到一个城市能源网的低碳动态优化调度平衡，能源构成的多样化、需求的多元化、能源网络的复杂化，"互联网＋"智慧能源体系已经成为一个重点方向。如《关于推进"互联网＋"智慧能源发展的指导意见》[48]中指出"互联网＋"智慧能源是一种互联网与能源生产、传输、存储、消费以及能源市场深度融合的能源产业发展新形态，具有设备智能、多能协同、信息对称、供需分散、系统扁平、交易开放等主要特征。具体来说，"互联网＋"智慧能源，是构建多类型能源互联网络，即利用互联网思维与技术改造传统能源行业，实现横向多源互补，纵向"源—网—荷—储"协调，能源与信息高度融合的新型能源体系[49]。这一新型能源系统以大数据、物联网、移动互联网技术等为支撑，系统采用分层分布式结构，借助云数据中心，对"感知"来的电力、热（冷）、燃气等多种能源的生产、输送、消费等各类信息进行智能处理，创新需求侧消费模式，实现能源供需互动，其概念表达如图 1-10 所示。

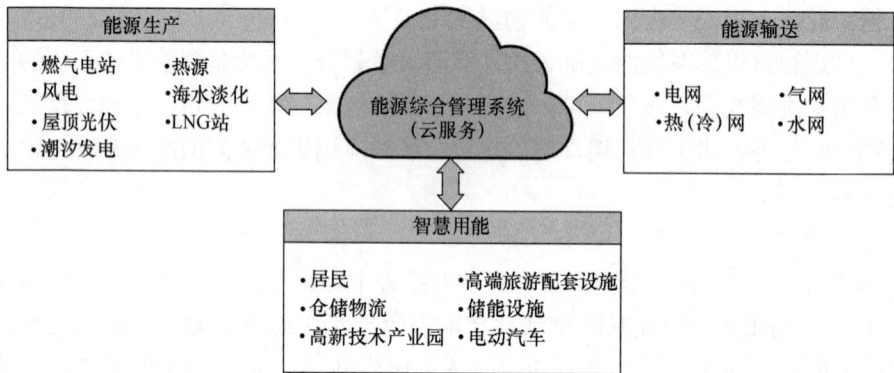

图 1-10　智慧能源综合系统[50]

智慧能源基础架构主要由能源管理平台、通信系统、终端三部分组成。终端部分是依据管理平台的信息及控制需要，装设数据采集及自动化控制设备，实现对能源网络各环节的信息采集以及用能设备的物联接入。通信系统部分是建设能源系统全覆盖的通信网络，实现信息的传输与控制[51]，通过通信网络将能源系统的状态信息远传至监控中心，以便于调度运行人员全面掌握能源的运行状态，并进行科学决策，确保生产运行的科学性和及时性。EMS 能源管理系统部分宜采用分布自治、集中协同的架构[52]，在功能架构上，多能流能源管理系统需包含实时建模与状态估计、安全分析与安全控制、优化调度等核心模块，并着力解决多能流能源管理的"多能流耦合、多时间尺度和多管理主体"的三个方面的挑战,从而保障智慧能源系统的安全高效运行[53]。

鉴于城镇供热系统是城市能源系统的重要组成子系统,智慧供热也自然而然成为智慧能源的重要子集,智慧供热将推动以多能流为对象的智慧能源系统的耦合协同,从而构建能源与信息高度融合的新型能源体系。

4. 能源互联网

美国著名经济学家杰里米·里夫金在 2015 年底的全球互联网大会上发表了《第三次工业革命——智慧能源产业实践》的主题演讲,提出能源互联网五大支柱:向可再生能源转变、分散式生产、储能、零排放的交通、通过能源互联网分配(表 1-1)。他还在其著作《第三次工业革命》中首先提出"能源互联网"的概念。他指出未来能源体系的特征是能源生产多元化、能源分配分享互联网化,即组建以"可再生能源+互联网"为基础的能源共享网络,在能源通过分散的途径被生产出来之后,利用互联网创造新的能源分配模式[54]。

里夫金能源互联网五大支柱[54]　　　　　　　　　　　　表 1-1

能源互联网元素	能源互联网五大支柱具体内容
可再生能源	以化石能源为主的生产模式向可再生能源为主的生产模式转型
分布式发电	把全世界的每栋建筑变为微能源生产工厂,以便就地收集可再生能源
分布式储能	每一栋建筑和每一个基础设施装备储能装置,如氢存储,用以存储间歇式能源发电
能源互联	利用互联网技术将每一大洲的电力网转化为能源共享的互联网络
零排放交通运输	运输工具将转向插电式以及燃料电池动力车,这种电动车所需要的电可以通过洲与洲之间共享的电网平台进行买卖

能源互联网涵盖了智能电网、物联网、交通网络以及石油、天然气网络等,是一个庞大的系统范畴。狭义的全球能源互联网由刘振亚等[55]提出,即以特高压电网为骨干网架(通道)、以输送清洁能源为主、全球互联的坚强智能电网。这一概念凸显了能源构成要素的主次关系,在能源配置上强调了二次能源。而广义的能源互联网则强调未来能源构成要素广泛性、平等性、协同性,构成多能流网络,实现多源互补、多能互补,其目的是要实现能源的优化配置,所倡导的是能源低成本消费,并且借助新一代信息技术实现复杂多能流系统的动态调控,加快实现能源转型。

能源互联网和"互联网+"智慧能源两个概念有理念相通之处,故而有些文献中将两者统称为能源互联网。无论广义或狭义,能源互联网的一大特征是通过先进的电力电子技术、信息技术和智能能量管理技术，将大量的微电网互联互通起来，最大限度地实现能量和信息的流动以及能量对等交换与网络共享。能源互联网是能源的互联，而不是信息的互联。它的拓扑结构可类比信息互联网，但不是简单地信息互联网加上现有的能源体系[38]。其基本架构如图 1-11 所示，大致可分为"能源系统的类互联网化"和"互联网＋"两层：前者指能量系统，是互联网思维对现有能源系统的改造；后者指信息系统，是信息互联网在能源系统的运行过程中的融入[52]。

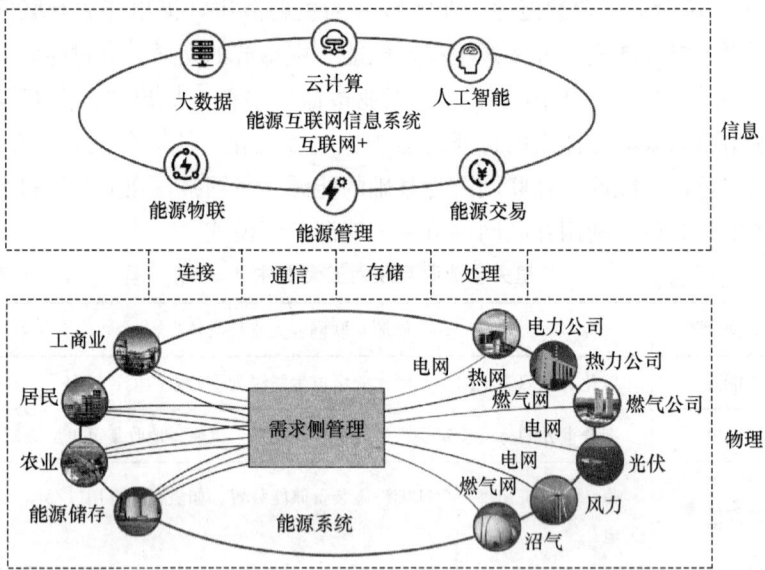

图 1-11　能源互联网的基本架构[52]

"互联网＋"智慧能源则是基于互联网已经形成的成功经验管理模式，逆向整合传统能源企业，通过互联网思维和创新，重新塑造传统能源行业。如果把智慧能源比喻成能源系统的大脑和神经网络，那么在其指导下的能源系统就是所谓的能源互联网。由此我们可以认为能源互联网是"互联网＋"能源的重要组成部分[49]。

现阶段，能源互联网作为第四次工业革命的技术支柱和解决能源危机和环境危机的重要手段，已经成为当前国际学术界和产业界关注的新焦点。这一概念存在诸多问题亟待突破，亦给相关领域的研究带来了前所未有的挑战。周孝信院士认为[56]，能源互联网以多能协同能源网络为物理基础，以信息物理能源系统为实现手段，以创新模式能源运营为价值实现。此外，还需要对能源互联网的物理架构、体系结构、标准协议、协同控制方法等关键问题深入研究，揭示能源互联网的控制、运行和演化机理。华北电力大学曾鸣[57]提出：能源互联网最重要的核心内涵是实现可再生能源，尤其是分布式可再生能源的大规模利用和共享，是提升能源智能化、灵活化的有效途径。同时，能源互联网建设需要云端大数据分析、信息能量交互分析、广域综合能源协同集成调度等关键技术的支撑。

智慧供热是能源互联网建设中的关键一环。智慧供热在能源信息化融合的探索也将支持能源互联网云数据分析、信息能量交互及广域协同调度技术的突破。

5. 综合能源系统

曾鸣在《人民日报》撰文指出[58]："综合能源系统，是指一定区域内的能源系统利用先进的技术和管理模式，整合区域内石油、煤炭、天然气和电力等多种能源资源，实现多异质能源子系统之间的协调规划、优化运行、协同管理、交互响应和互补互济，在满足多元化用能需求的同时有效提升能源利用效率，进而促进能源可持续发展的新型一体化能源系统。多能互补、协调优化是综合能源系统的基本内涵。多能互补是指石油、煤炭、天然气和电力等多种能源子系统之间互补协调，突出强调各类能源之间的平等性、可替代性和互补性。协调优化是指实现多种能源子系统在能源生产、运输、转化和综合利用等环节的相互协调，以实现满足多元需求、提高用能效率、降低能量损耗和减少污染排放等目的。构建综合能源系统，有助于打通多种能源子系统间的技术壁垒、体制壁垒和市场壁垒，促进多种能源互补互济和多系统协调优化，在保障能源安全的基础上促进能效提升和新能源消纳，大力推动能源生产和消费革命。"

在能源需求快速增长与环境问题日益突出的压力下，欧美发达国家首先提出了综合能源系统是未来能源发展的重要方向。2007 年，美国颁布的能源独立和安全法[58]中，明确强调了包括电力和天然气等社会主要供能系统必须开展综合能源规划。2009 年，加拿大为提高能源利用效率、响应节能减排、增强多能源协同效益，颁布了助推综合能源系统研究和发展的指导意见[60]，推出了覆盖全国的社区多能源系统（ICES），计划在 2050 年之前完成技术、信息、政策的革新，实现温室气体减排等目标。而在区域综合能源系统实践方面，美国能源部提出了构建用户侧综合能源系统的发展计划[61]，启动了 Chevron Energy、ecoEN-ERGY 等多个示范性工程建设。德国政府启动了 E-Energy 计划[62]，通过运用需求响应、智能调度、储能等技术，依托电力市场互动激励，消纳高比例可再生能源，并根据各区域资源特性建立了 6 个特色示范区。日本 NEDO 建立了智能工业园区示范工程，将电力、燃气、供热供冷等多种能源系统有机结合，通过多能源协调调度，提升企业能效、满足用户多种能源梯级利用[63]。

区域综合能源系统一般由社会供能网络、能源交换环节和广泛分布的终端综合能源单元系统构成。它将电力、燃气、供热供冷、供氢等多种能源环节与区域内交通、信息、医疗等社会基础支撑系统有机结合，通过该多种能源之间的耦合互补、科学调度，实现能源高效利用、社会供能安全可靠等目标；同时，基于区域综合能源系统的能源调配模式，可有效消除输配供电系统瓶颈，提高各能源设备利用效率，为极端工况下的稳定供应、快速恢复提供保障。

区域综合能源系统作为"互联网＋"智慧能源实现的重要物理载体，支持未来能源清洁化、高效化转型升级的重要路径之一，也逐渐成为国内政府学界的关注焦点。2017 年，科技部发布的国家重点研发计划"变革性技术关键问题"重点专项 2017 年度项目申报指南中，提出了"多能流综合能量管理与优化控制"的专项计划，旨在针对多能流的综合能源系统具有的多能协同互补、多端供需互动、信息能量融合等核心挑战，突破多能流综合能量管理与优化控制瓶颈问题。

供热系统是区域综合能源系统中的子系统，相比了传统的集中供热系统，区域综合能源系统中的供热系统在形式上与多种能流系统的耦合协调，在规模上更趋向区域化，在能源服务上需在满足多元、细致的用能需求的基础上，提供安全可靠的能源供应，减少温室气体排放，实现社会用能效率最优，其价值目标与智慧供热相符。而由于区域综合能源系统的建设面临着电、热、冷、气、水等多能流耦合协同的挑战，特性各异的多能流建模机理不尽相同，综合能源管控有赖于各能源子系统的信息化、智能化水平，智慧供热系统即成为支撑区域综合能源系统实现的关键子系统。

6. 能源生产和消费的智能互动

随着新能源、分布发电、分布式储能、充电汽车等不断快速发展，传统能源管理手段和技术无法完全满足多元主体和多维系统的预测、互动、优化与控制的挑战，这一挑战集中表现为如何实现能源生产和消费环节的智能互动。我国政府颁布的相关文件中明确提出要加快建设智慧能源管理系统，增强需求侧响应能力，实现能源生产和消费智能互动。

刘建平等[65]在《智慧能源——我们这一万年》中将智慧能源推动能源生产和消费互动描述为"在能源开发利用、生产消费的全过程和各环节融合人类独有的智慧""拥有自组织、自检查、自平衡、自优化等人类大脑功能，满足系统、安全、清洁和经济要求的能源形式"。安建伟[66]在《什么是智慧能源产业创新与能源互联网》中提出智慧能源以能源工业为基础，通过互联网开放平台实现对创能、储能、送能、用能系统的监测控制、操作运营、能效管理的综合服务系统。王毅[67]在《智慧能源》中提出智慧能源可理解为"低碳技术＋IT 技术"的耦合，是贯穿在能源生产、配送、供给、使用各个环节的综合性解决方案。顾为东[68]认为以互联网技术将非并网多能源协同与高耗能产业实现智能化深度融合、通过大数据云计算形成智慧能源体系是第四次能源革命和战略定位的理论思想，其核心是通过智慧能源建立全球化的产业能源互联网体系，从而推动我国引领全球重塑经济结构。总之，智慧能源是通过新一代信息技术手段，在能源生产到消费各个环节融合人类智慧，通过互联网理念，建立涵盖"源—网—荷—储"各个环节、包含区域化、全球化各个层次的能源体系，实现多能协同各个环节的智慧化综合解决方案，达到能源生产消费环节的有机互动。

基于信息化、智慧化演变的能源生产和消费端供需互动，其一大特征即为大规模跨时空维度的供热大数据分析与智能决策。IEA就此专题展开了数据化调查，其报告[69]中提到，信息化使得更多信息和数据被收集，分析能源需求，便能得出最佳匹配之后供应能源。在能源供应短缺或能源网络拥挤的时段，智能电热器、空调、工业锅炉、智能家电等连接设备可自动关闭或以较低负载运行，当能源供应充足时，这些连接设备可以减少或将消耗转移到其他时段，如图1-12所示。

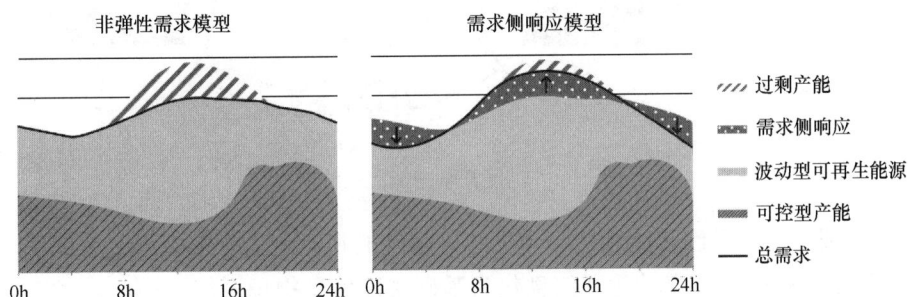

图1-12 能源智能响应[69]

IEA同时指出，随着信息化的发展，逐步形成高度互联的系统，模糊了传统供应商和消费者之间的区别，增加了更多的本地能源和能源网络之间的贸易机会。信息化系统的高连通性与能源的分散化相结合，可建立一个高度互联的系统，改变能源的供应和消费方式，这一理念可展示如图1-13所示。

供热热源侧与用户侧的智能互动是提升智慧供热高效性、环保性、可靠性的有效模式。江亿等人提出了在农村地区采用空气源热泵结合需求侧相应实现可负担的清洁供热，消除冬季燃煤燃烧引起的严重污染，提高农村地区供热舒适度，并指出利用该供热方式可同时进行电力的峰谷调节[70]。基于物联网的供需端数据信息互通、分布式需求侧响应手段，智慧供热可突破现有系统单纯依靠集中式热源的调控瓶颈。

7. "中国制造2025"与"工业4.0"

虽然供热行业通常被归属在公用事业，而非制造业或一般工业，但是智慧供热在技术理念上与"中国制造2025"以及德国的"工业4.0"有非常强的关联性，特别是与流程工业的智慧升级具有非常多的相似性。

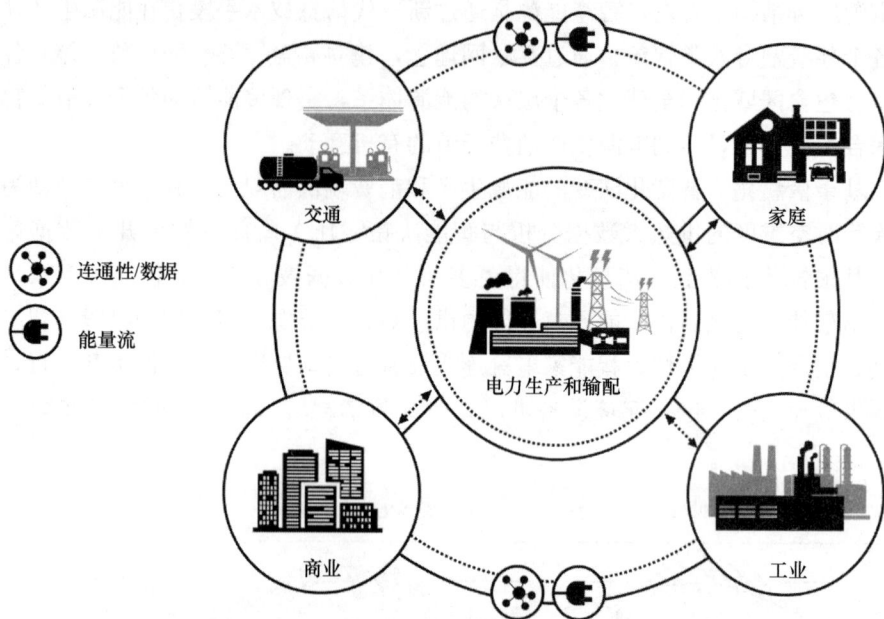

图 1-13　高度互联的能源系统[69]

　　"工业 4.0"是以智能制造为主导的第四次工业革命，德国"工业 4.0"战略的本质是以机械化、自动化和信息化为基础，以信息物理系统为核心技术支撑，建立智能化的新型生产模式和产业结构[71]。"工业 4.0"以智能工厂和智能制造为两大主题，前者涉及智能化生产系统、过程以及网络化分布生产实施的实现，后者涉及整个企业的生产物流管理、人机互动及 3D 技术在工业生产过程中的应用等[72]。"中国制造 2025"是在全球制造业格局面临重大调整、我国经济与工业发展环境发生重大变化的背景下提出并发展的。"中国制造 2025"战略方针是促进制造业创新发展，为制造业提质增效，加快新一代信息技术与制造业深度融合。战略将围绕着中国特色新型工业化道路、工业技术与信息技术结合、绿色低碳发展等方面开展实施[73]。

　　智慧供热的概念同时蕴含了多维度、多层面的智慧化。作为一种特殊的智慧工业系统，智慧供热也是热能生产与供应过程的智慧化，即智慧供热对清洁供热的支撑同时也是热能生产制造模式的变革，一方面可促进供热行业创新，另一方面可加快新一代信息技术与供热行业深度融合，推进热能的智能生产，从而与"中国制造 2025"及"工业 4.0"等概念紧密相关。

　　在实际应用中，智慧供热的物理基础体现为各类智慧设备，即包含了智慧能源网络监测控制转换各个环节的核心单元与各关键能量自律子系统，智慧阀门、智慧的泵、智慧的换热站等。利用这些智慧设备可以将能源网的节点数据测量智慧化，实现能量输配与节点用能需求的平衡，实现物联网与通信技术超集成，提高能源系统能效。举例而言，智慧的阀门无需现场调试，即通即用，提供标准的通信接口，能实现对流量、压力、压差、水温等的就地控制，同时还具有温控闭环控制、能量计量、气候补偿等功能。智慧的水泵应采用先进的无线通信技术、嵌入式单片机技术和工程测量与控制技术，稳定性强、可靠性高，具有遥测、遥信、遥控和 RS485 通信等功能，用户可以通过手机（APP）或计算机界面，实时观察、故障报警、监控及配置。智慧的换热站可以采用通用控制系统，将信号采集并转换，并通过有线或无线通信方式，将工艺数据传送到监控中心。监控中心通过对各个换热站实现生产参数调整、远程控制等功能，实现无人值守的控制要求。

只有基于智慧设备的集成，智慧供热系统才能够实现供热运行能耗智能分析、用户热量远程抄表、供热安全预警管理、应急预案管理和辅助决策管理等功能，从而实现统一指挥调度的智慧调度控制平台，实现按需精准智慧化供热。

8. 供热信息化及自动化

"智慧供热"的概念提出并非平地而起，供热自动化和信息化是智慧供热的技术基础条件。供热自动化在感知和执行层利用机器设备代替人的操作，而智慧供热在全环节利用机器辅助或替代人类智慧，这使得供热自动化的推广和普及成为智慧化实现的基本条件。由于满足了供热生产便捷操作、节约人力的需求，供热系统的控制自动化也成为数字化供热及智慧供热的初级阶段。

目前，自动化技术已经逐步应用于供热系统的各个部分。供热自动化实现了供热设备设施更精准、便捷的远程操作。在实现供热系统自动化控制的基础上，信息化需要对上位控制管理系统实行有效的系统调整，更好地完成自动化控制的运用，从而全面提升系统的控制承载能力，确保整个自动控制系统的整体良好运行，这一过程既包括对提升原有信息系统级自动化系统的智能性，也包括构建新的智能决策系统。

供热信息化是一系列信息和通信技术（ICT）在供热系统中的应用。数字技术几十年来一直致力于完善能源系统，例如，数字电力基础设施和软件的全球投资，近年来以每年 20％的速度增长。数字连接设备的迅速普及物联网的出现，使能源使用效率更高。

9. 智慧电厂

智慧电厂是智慧供热在热源侧的子集。依据中国自动化学会发电自动化专业委员会在《智能电厂技术发展纲要》一书中的描述，智慧电厂（smart power plant，SPP）是指在广泛采用现代数字信息处理技术和通信技术基础上，集成智能的传感与执行、控制和管理等技术，实现更安全、高效、环保运行，与智慧电网及需求侧互相协调，与社会资源和环境相互融合的发电厂[75]。

智慧电厂具备泛在感知、自适应性、智能融合与人机互动的特征。基于信息物理系统技术，通过先进的传感测量及网络通信技术，实现对电厂生产和经营管理的全方位监测和感知。智慧电厂利用各类感知设备和智能化系统，识别、立体感知环境、状态、位置等信息的变化，对感知数据进行融合、分析和处理，并能与业务流程深度集成，为智能控制和决策提供依据。基于电厂全方位状态感知，采用先进控制和智能控制技术，根据环境条件、环保指标、燃料状况的变化，自动调节控制策略和管理方式，以适应机组各种运行工况，使电厂生产过程长期处于安全、经济和环保运行状态。基于全面感知、互联网、大数据、可视化等技术，深度融合电厂的多源数据，实现对海量数据的计算、分析和深度挖掘。最终，智慧电厂支持实现设备与设备、人与设备、人与人、电厂与用户、电厂与环境之间的实时互动，增强电厂作为自适应系统信息获取、实时反馈和智能控制的能力。

智慧电厂以统一的管控一体化平台作为支撑，围绕智能生产控制和智能管理两个中心，通过智能控制、智能安全、智能管理三个功能，融合智能设备层、智能控制层、智能生产监管层以及智能管理层，最终借助可视化、云计算与服务、移动应用等技术，为电厂带来更高设备可靠度、更优出力与运行、更低能耗排放、更强外部条件适应性、更少人力需求和更好企业效益[76]。

智慧电厂建立的具备自趋优全程控制、自学习分析诊断、自恢复故障（事故）处理、自适应多目标优化、自组织精细管理等特征的电厂智能生产运行控制与管理模式，是实现智慧供热"源—网—荷—储"协同调控管理的基础，可进一步支撑智慧供热目标实现。此外，智慧电厂作为热电协同的枢纽单元，将推动以智能电网、智慧供热为核心形式的综合能源系统建设。

10. 智慧管网

智慧管网是智慧供热在热网侧的子集。随着我国经济的发展与城市化进程的加速，城市管线建设规模不断扩大，种类、密度和复杂程度也在增加，所承担的功能也越来越多。全国 600 多个城市中有将近 300 个城市完成了地下管线普查工作，建立了地下管线数据库和管理系统，各种新技术和新工艺也被运用到城市管网的建设和管理中。但近几年来，燃气爆炸事故、热力爆管事故、漏水、漏气、管道腐蚀等问题依然时有发生[77]。因此，以供热为代表的城市管网基础设施正积极寻求变革，借助计算机信息技术逐渐提升基础设施建设管理智慧化水平，结合已有 SCADA 系统、管网 GIS、压力管理系统等技术的应用，构建了充分发挥各系统信息应用价值的智慧管网技术体系。

智慧管网是智慧城市与智慧供热的重要内容，被形象的比喻为智慧供热的

"动脉"。相关学者对其的定义为：智慧管网是以云计算为基础，以管线数据中心为核心，以行业用户为节点，包括地下管网信息采集、监控、数据应用服务为一体的综合地理信息管理系统，实现城市地下管网的数字化、智能化管理和服务[78]。具体而言，智慧管网在精确探测、定位地下地上管线的基础上，利用SCADA 系统实时监测感知管线运行状态，获取标准化、智能化、共享化的城市管网数据库，并建立供热管网动态更新机制与有效的管理运行机制，提供管网的数据分析与传递、管网管控与改建决策支持等服务。

智慧管网可以基于云 GIS 服务架构设计，对应的系统架构包含感知层、传输层、云平台、服务层和应用层五个层面，涵盖数据信息获取、传输、处理、应用、展示等方面。其中，感知层主要由各种采集各类信息的传感器及视频图像采集器等组成，包括摄像机、照相机、温度传感器、压力传感器、流量计、液位计等数据采集设施；传输层主要用于数据的汇聚、信息数据的交互、分发等，目前，传输手段主要有有线网络和无线网络；云平台提供数据分布式存储服务、分布式并行计算服务、分布式流程调度管理服务和泛在网络信息采集服务等基础服务；服务层主要提供管线数据管理服务和管网信息监控服务；应用层主要与用户进行交互，为用户提供应用服务[79]。

智慧管网的建设目标是在五层架构体系下，基于"数字孪生"概念构建智慧管网综合管理平台，并实现以下功能[80]：①管道设计，基于高保真动态三维模型，关联各种属性和功能定义，可反馈现实世界管道系统实际施工、运行、维护等数据，实现线路、工艺、设备、控制、电力、建筑等全要素、全过程仿真模拟。②调度优化，基于数字孪生体的管网调度模式，通过物理实体管道系统与管道数字孪生体进行交互融合及相互映射，使管道数字孪生体通过高度集成虚拟模型进行管网运行状态仿真分析和智能调度决策，形成虚拟模拟和实体模型的协同工作机制。③设备运行维护，根据实体设备的 SCADA 系统、设备检测系统、运行历史等数据，实现基于 RCM、RBI、SIL 的可靠性安全评估及基于故障案例库的诊断，预测设备故障原因及剩余寿命，给出维护策略。④全生命周期管理，记录整个生命周期内全部对象、模型及数据，反映其在全生命周期各阶段的特征、行为、过程及状态等，可实现管道全业务、全过程信息化、可视化统一管理。

基于新一代信息技术实现供热管网的数字化、智能化管理和服务，将支撑智慧供热的多端协同调控，从而实现供热生产的精细化管理。

11. 智慧建筑

智慧建筑是智慧供热在热需求侧的子集。2016 年 2 月，国务院发表《中共中央国务院关于进一步加强城市规划建设管理工作的若干意见》提出依法规划、建设和管理城市，贯彻"适用、经济、绿色、美观"的建筑方针，着力转变城市发展方式，塑造城市特色风貌，提升城市环境质量，创新城市管理服务。同年8月，中国住房和城乡建设部发布《2016—2020年建筑业信息化发展纲要》，提出增强BIM、大数据、智能化、移动通讯、云计算、物联网等信息技术集成应用能力，建成一体化行业监管和服务平台，形成一批具有较强信息技术创新能力和信息化应用达到国际先进水平的建筑企业。

我国建筑行业经历了从传统建筑到智能建筑，再到智慧建筑的发展演变历程。我国建设部发布的《智能建筑设计标准》GB/T 50314—2006对智能建筑的定义是"以建筑物为平台，兼备信息设施系统、信息化应用系统、建筑设备管理系统、公共安全系统等，集结构、系统、服务、管理及其优化组合为一体，向人们提供安全、高效、便捷、节能、环保、健康的建筑环境"[81]。阿里巴巴公司认为智能建筑的核心在于信息物理系统（CPS）、信息化、自动化技术和建筑的深度融合；相比之下，智慧建筑的关键在于智能化信息的综合应用，强调感知、推理、决策等的综合智慧能力，将全面感知和永远在线的"生命体"、拥有大脑的自我进化智慧平台和人机物深度融合的开放生态系统与国标智慧建筑深度融合。中国建筑科学研究院认为智慧建筑是智能建筑在全生命周期内，结合物联网与服务网络、人物交互、认知计算与智能计算等技术形成的"AI＋新型建筑"。总而言之，智慧建筑是自动化、信息化、数字化的，具有交互性和灵活性，依靠大数据技术、物联网技术和云平台技术的智能建筑重构概念。

智慧建筑主要面向办公楼、商业综合楼、文化、媒体、学校、体育场馆、医院、交通、工业建筑、住宅小区等新建、扩建或改建工程。它将计算机技术、通信技术、控制技术、生物识别技术、多媒体技术和现代建筑艺术有机结合，通过对建筑内设备、环境和使用者信息的采集、监测、管理和控制，实现建筑环境的组合优化，从而为使用者提供满足建筑物设计功能需求和现代信息技术应用需求，并且具有安全、经济、高效、舒适、便利和灵活特点的现代化建筑或建筑群。其系统构成如图1-14所示。

以智慧建筑为代表的供热需求侧信息化、智慧化升级，是实现智慧供热按需精准调控的基础。建筑侧供热需求数据及信息的获取将推动更精细化的智慧供热需求响应，支持热源侧、热网侧的协同调控，并为智慧建筑提供更优质的能源服务。

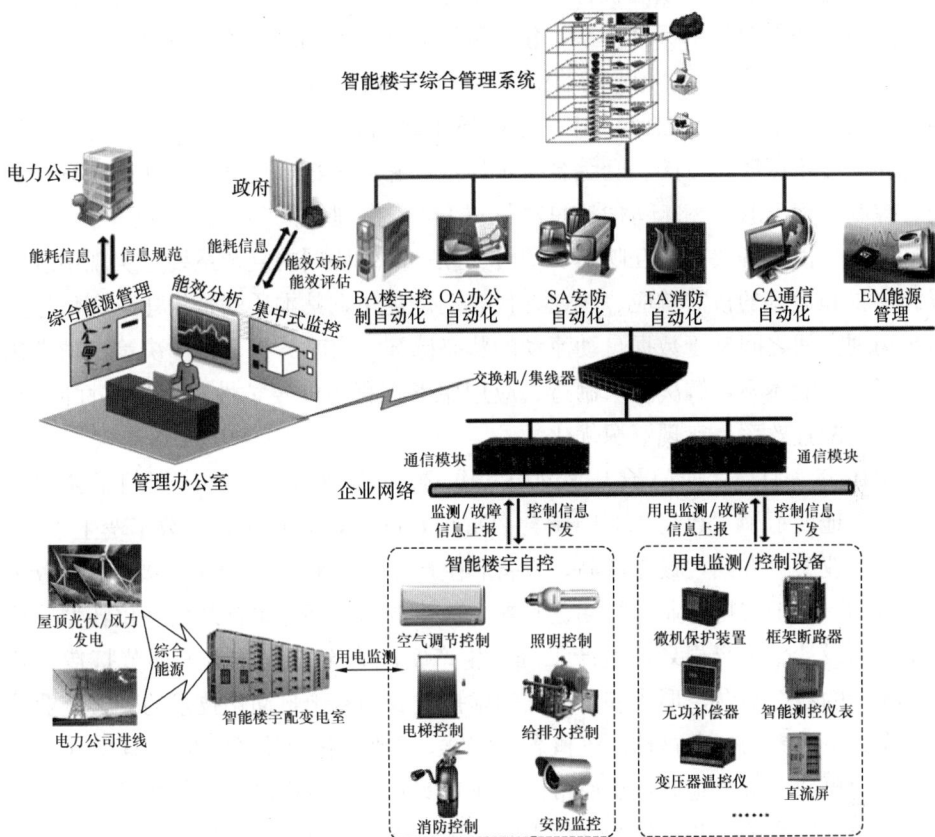

图 1-14　智慧建筑系统架构[82]

1.4　智慧供热的总体技术路线

1.4.1　基于信息物理系统的智慧供热

1. 信息物理系统的概念

信息物理系统最早由美国国家航空航天局（NASA）于 1992 年提出。2006 年，美国国家科学基金会（NSF）组织召开了第一个关于信息物理系统的研讨会，并对信息物理系统（CPS）概念做出了详细描述。此后，CPS 越来越受到各国的广泛重视。《中国制造 2025》指出，"基于信息物理系统的智能装备、智能工厂等智能制造正在引领制造方式变革"，要围绕控制系统、工业软件、工业网络、工业云服务和工业大数据平台等，加强信息物理系统的研发与应用。《国务院关于深化制造业与互联网融合发展的指导意见》明确提出，"构建信息物理系统参考模型和综合技术标准体系，建设测试验证平台和综合验证试验床，支持开展兼容适配、互联互通和互操作测试验证。"《信息物理系统白皮书（2017）》从定位、定义、本质三个层面给出了对 CPS 的理解，认为信息物理系统是支撑信息化和工业化深度融合的一套综合技术体系，它通过集成先进的感知、计算、通信、控制等信息技术和自动控制技术，构建了物理空间与信息空间中人、机、物、环境、信息等要素相互映射、适时交互、高效协同的复杂系统，实现系统内资源配置和运行的按需响应、快速迭代、动态优化，其本质就是构建一套信息空间与物理空间之间基于数据自动流动的状态感知、实时分析、科学决策、精准执行的闭环赋能体系，解决生产制造、应用服务过程中的复杂性和不确定性问题，提高资源配置效率，实现资源优化。

2016 年 7 月，"西门子工业论坛（IFS2016）"在北京举办，西门子公司全面、翔实地展示了"数字化双胞胎"（Digital Twin，亦翻译为"数字孪生"）的数字化企业解决方案，覆盖产品、设备和生产工艺流程等工业生产要素。"数字化双胞胎"用于支持企业进行涵盖其整个价值链的数字化整合及数字化转型，旨在从产品设计、生产规划、生产工程、生产实施直至服务的各个环节打造一致的、无缝的数据平台，形成基于模型的虚拟企业和基于自动化技术的现实企业镜像。作为工业界的信息物理系统概念的实践，"数字化双胞胎"完整真实地在数字化平台再现了整个企业，从而帮助企业在实际投入生产之前即能在虚拟环境中优化、仿真和测试，并在生产过程中同步优化整个企业流程，最终实现高效的柔性生产，构建企业持久竞争力。

2. 基于信息物理系统的智慧供热

供热系统与信息物理系统的深度融合是实现智慧供热的核心技术路线，信息物理系统为智慧供热多层次构想的实现搭建了广阔而坚实的平台。智慧供热信息物理系统的构建目标是将现代信息和通信技术、智能控制和优化技术与供热生产、储运、消费技术深度融合，使供热系统具有数字化、自动化、信息化、互动化、智能化、精确计量、广泛交互、自律控制等功能，实现资源的优化配置及系统的优化决策、广域协调。实现这一目标需要在供热"源—网—荷—储"全流程物理设施的基础上，构建由自动化层和智慧层组成的可相互映射、实时调控的供热信息系统。依靠物联感知技术从物理空间获取数据，在信息系统流动过程中数据经过不同的环节，在不同的环节以不同的形态（隐性数据、显性数据、信息、知识）展示出来，在形态不断变化的过程中逐渐向外部环境释放蕴藏在其背后的价值，为物理空间实体赋予实现一定范围内资源优化的"能力"，并通过控制系统精确执行。

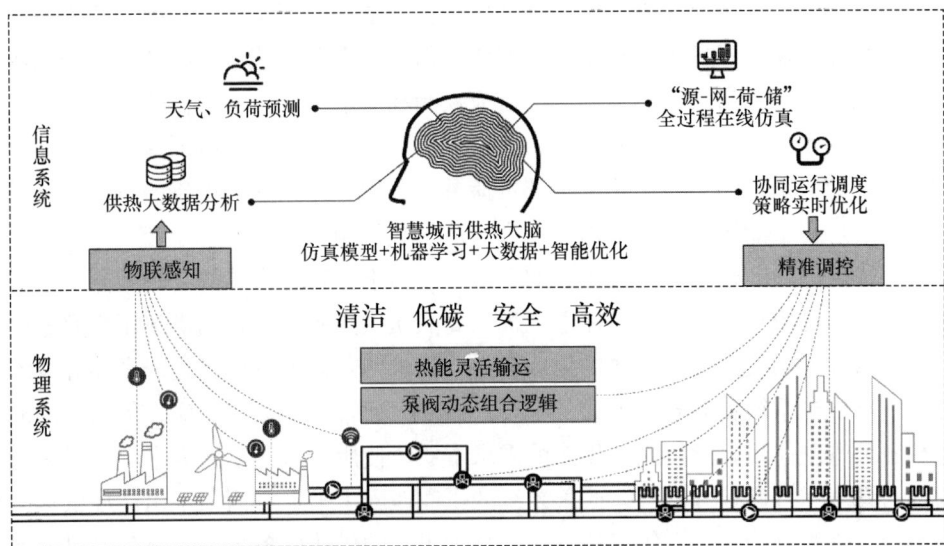

图 1-15　基于信息物理系统的智慧供热架构图

基于智慧供热的功能需求，结合信息物理系统的层次架构和运行逻辑，供热系统与信息系统融合的智慧供热技术路线可分为感知网络层、平台层和应用层 3 个层次展开。

感知网络层为供热系统"源—网—荷—储"连接成网提供了便捷和高效的基础服务，智慧供热系统的可拓展性因此增强，应用智慧供热系统满足用户的精细化需求成为可能。通过开发智能终端高级量测系统及其配套设备，可实现供热消费的实时计量、信息交互与主动控制；优化能源网络中传感、信息、通信、控制等元件的布局，可实现供热系统中各设施及资源的高效配置。感知网络层的建设与系统架构和标准的统一可产生协同促进的积极效应，规范智能终端高级量测系统的组网结构与信息接口，以实现和用户之间安全、可靠、快速的双向通信，可降低新用户的联网成本，有助于推动供热需求侧响应。因而，感知网络层是在智慧供热系统内建立具有统一构架的互联网络的基础，也是智慧供热建设的基础。

平台层是建立在感知控制基础之上的智慧供热的功能集成。基于信息物理系统的精准量测、互联互通、数据挖掘、优化控制等不同类型的功能支持，供热系统运行将更加精细化、系统化、智能化，运行效率将得到进一步提升，这会在供热系统内的各个环节得到体现。在生产环节，基于系统状态的实时感知与系统运行的调控决策支持，通过多热源间的负荷优化分配，提高供热机组运行效率，赋予机组可靠自治、自愈控制的功能；在输运环节，信息物理系统的融合将很大程度提高供热管网的调节控制能力，降低供热输配损耗，切实提升系统的稳定性和安全性；在终端消费环节，热用户能够依托信息化手段，获得分时和实时的用热信息，依此支持分布式供热及用户的负荷控制和需求响应，实现供热生产者和消费者之间的信息与能源的双向流动；通过"源—网—荷—储"协调优化的运营模式，实现储能系统的策略优化配置及负荷灵活调配，达到削峰填谷的目的，同时充分消纳可再生能源的供热输出，提升清洁供热份额。

服务层的功能模块是智慧供热的上层建设需求。智慧供热的终端服务对象为热用户，满足用户个性化用热需求、提供高品质供热服务是智慧供热用户服务层的核心目标。从技术发展趋势的角度考虑，需求侧管理与响应将是未来能源技术进步带给供热系统服务管理模式最主要的改变。通过建立需求响应、供需互动的供热服务管理体系，解析用户用热的需求本质，使用户侧在下达需求的同时也能够参与系统运行调控和管理，改善系统的供需匹配水平，进而衍生出诸如供热服务平台、需求侧管理平台等以信息化工具为媒介的供热服务主体，充分且迅速地满足用户不断增长的高品质用热需求。

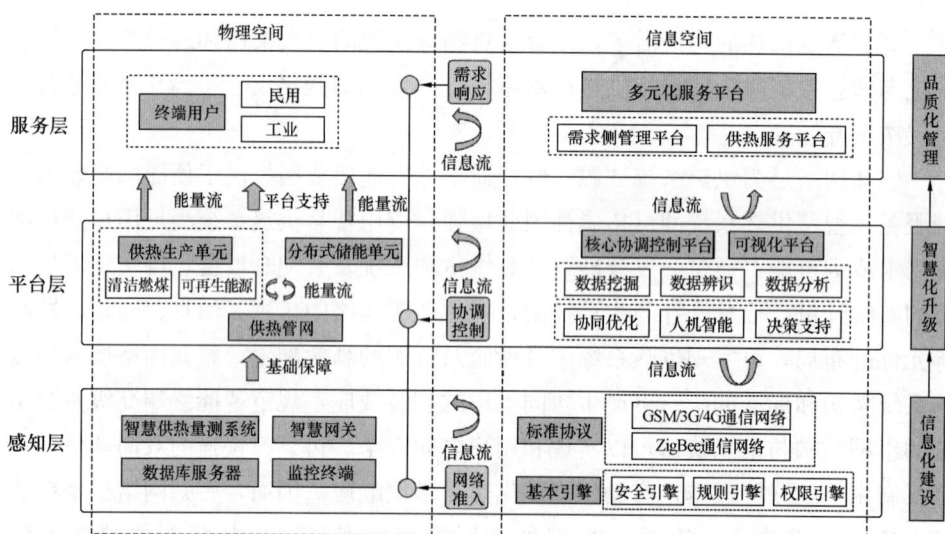

图 1-16　基于信息物理系统的智慧供热技术路线

1.4.2　基于模型预测的供热过程控制

智慧供热的对象覆盖了"热源侧—热网侧—负荷侧—储能侧"全过程，为实现多源互补条件下供热系统"源—网—荷—储"全过程运行控制优化，需借助实时优化（Real-time Optimization，RTO）技术。RTO 技术源自化工生产过程控制，是指在生产系统的运行过程中，结合工艺机理、运行状态、内外部条件的变化，通过计算机系统周期性的反复执行在线优化分析，对生产系统各子系统及装置的设定参数进行动态调整和规划，使其始终保持对环境、原料、需求、设备、技术等各方面因素的适应性，并持续工作在安全、高效、低耗、环保的最优工作状态。在技术层次上，实时优化在控制执行层之上，处于系统运行的整体决策与调度层，一般属于复杂非线性规划问题，提供的是各子系统和设备在下一实时优化周期内的控制目标及设定值，而具体执行这些控制目标和设定值的，则是各被控对象的复杂、多元、异构、分散的控制系统。概念上，如果将系统 RTO 的目标理解为系统的总体控制目标，将 RTO 的周期理解为系统层的控制周期，并把 RTO 与依据其结果所执行的系统调度与控制全过程一并来看，也可以在广义上把 RTO 理解为是一种系统级的模型预测控制。

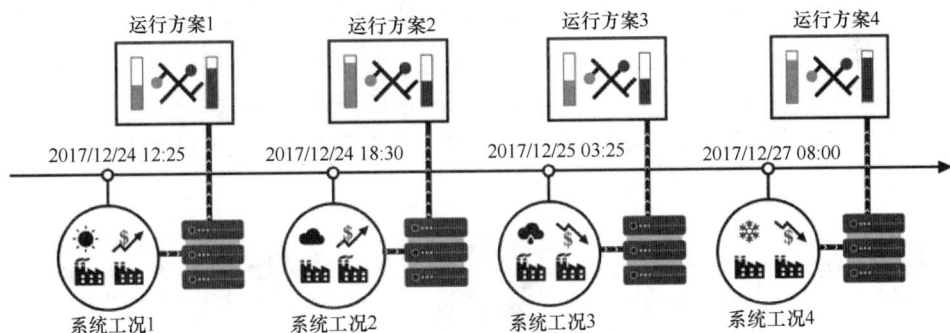

图 1-17　供热过程实时优化控制流程图

基于模型预测的供热过程控制技术路径从系统建模、状态分析及调控优化三方面展开，实现大滞后、强耦合供热系统的预测性调控及运行实时优化。

针对复杂供热系统建模，可采用机理建模和数据建模协同方法建立供热系统多尺度耦合模型，重点在于建立涵盖"源—网—荷—储"各环节不同时间尺度、不同空间层次的全过程模型，从而支持系统状态定量评估与实时优化。其中，机理层面模型包括供热管网传输结构与拓扑模型、换热站传热模型及各环节热工水力时域延迟模型等。数据层面模型包括供热管网热工水力阻力特性模型、管网设备运行特性辨识模型、热源动态特性辨识模型等。最后，针对供热系统输配热惰性强、调控耦合性高、响应时间尺度多元等问题，可根据供热系统热源侧和热网侧的热力水力系统结构和调控机制，综合运用机理与数据建模技术，建立全过程动态控制模型。

供热系统状态分析的目标是在供热系统多时间、多空间、多环节特性条件下，分层级估计供热各环节的实时状态，并在多种不确定性因素累积、传播的共同作用下，准确分析供热系统的供需态势。供热系统状态分析基于设备层数据采集与监控系统交互获取的供给侧和需求侧生产消费各环节实时数据，结合供热区域环境条件及供热历史数据，建立供热系统全过程状态分析模型。从供热系统各环节的关联特性出发，量化分析整体供热系统在天气条件、输入热源波动以及热用户需求变动等客观扰动下系统整体实时供需状态变化。

调控优化是基于模型预测的供热过程控制的输出环节，将用户侧精准需求响应反溯至源侧、网侧的运行调控方案。在供热系统全环节多尺度耦合模型建立和实时状态感知及供需态势分析的量化分析基础上，结合历史运行数据与实时数据，以供热系统机理分析为基础，构建从输出数据到实时控制变量变化规律模型，从而推导实现用户侧最佳需求响应的各环节实时控制参数。最后，在考虑系统级需求侧响应、供热能耗目标、经济目标等多优化目标的前提下，结合供热系统运行过程中涉及的约束条件，如：工艺流程中源侧可调度容量与响应速度约束、热网传输过程中热惯性与热设备运行约束、需求侧自发性用户行为与随机性环境条件等客观约束，推导供热系统最优实时调度参数，建立全环节实时优化方法，从而实现容纳安全、环保、能效、成本、舒适等指标的系统最优化综合调控策略。

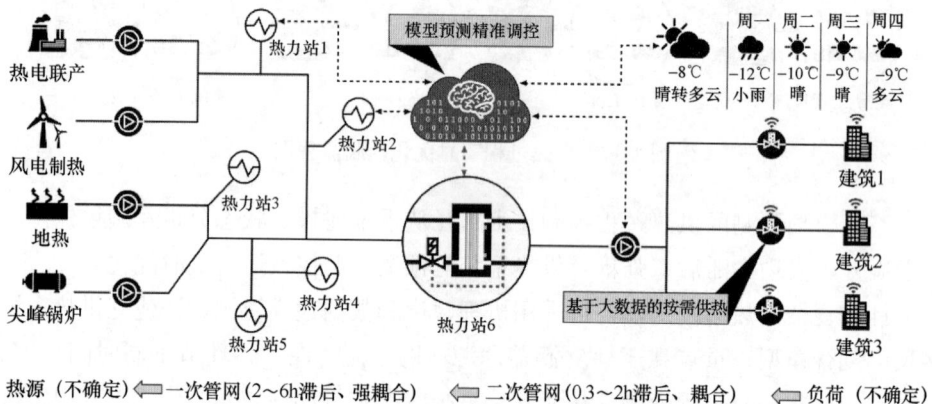

图 1-18　基于模型预测的智慧供热精准调控

为达到供热系统全过程协同运行调度实时优化的目标，基于模型预测控制的智慧供热精准调控技术路线需要解决以下四个方面问题：源侧，多热源机组的模拟仿真方法、负荷优化分配及供热参数优化方法；网侧，复杂供热管网的热工水力计算模型及求解算法；荷侧，结合气象条件对热力站进行负荷预测；储侧，对储热系统储放热过程的建模与优化。在运行策略方面，形成涵盖"源—网—荷—储"各个层面的整体运行调控方案，实现按需供热、智慧供热。其总体功能逻辑如图 1-20 所示。

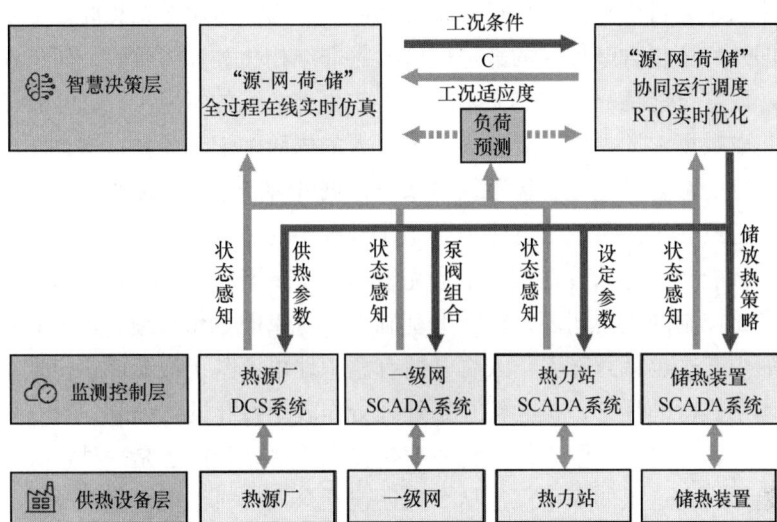

图 1-19　供热系统运行调度实时优化功能逻辑

简而言之，智慧供热对象范围覆盖供热系统"源—网—荷—储"各个环节，通过建立覆盖热源、热网、热用户的全过程仿真模型，可采用实时优化技术为运行调度人员提供定量决策依据。智慧供热可以通过建模仿真、状态分析与调控优化得到热源侧负荷实时分析优化分配运行控制策略、热网侧节能安全输配的运行调控策略等，实现基于模型预测的供热生产全过程协调优化运行。

1.4.3　基于人机融合智能的智慧交互

供热系统智慧化升级的高阶目标是通过人机融合智能技术真正意义上赋予系统人的智慧，即通过信息物理系统技术将供热系统的物理实体与信息空间构建相互映射、实时交互与高效协同的融合体系的基础上，把人的经验与智慧在供热系统中自动转化并实现。

人机融合智能是一种跨物种越属性结合的新一代智能科学体系[83]。它充分结合了人工智能与人的智慧的优势，在发挥机器快速计算、海量存储的功能特质的同时，利用人的意向性灵活自如地帮助人机协调各种智能问题中的矛盾和悖论。尽管近年来人工智能系统取得了骄人的绩效，但仍有不少缺陷和不足之处，其距离人擅长的概念产生和理论建立相距甚远，尤其是在情感化表征、非公理性推理和直觉决策等方面机器更是望尘莫及。而单纯人的智慧在单个领域落后于人工智能已成为现实，对跨领域超级智能的期待仍无依据，但是人机融合智能则可以更快、更好、更灵活地同化外来信息和顺应外部变化，也是蕴含丰富人工先验知识与海量数据处理需求的供热领域的智慧化方向。

供热系统运行中除了包含可测量的温度、压力、流量等结构化、归一量化的标准数据外，还包含诸如人的舒适度体验等非结构化、非一致性、不同量纲种类的数据，通常仅能依靠人的刺激输入获得。另外，人的智慧可以基于价值取向有选择地获取数据，即在信息处理中输入了人的先验知识和条件，有助于客观数据与主观信息的融合，避免了坏数据对系统数据处理产生的不良影响。这就使得人的理解与智慧在供热系统信息化、智慧化进程中的表征格外重要。智慧供热中有效的人机智能融合意味着在信息平台完整建立了基于状态感知、模型仿真、数据分析及优化控制的机器闭环执行链的基础上，将人的思想与经验带入到信息层的运行决策中，这也就意味着：人将开始有意识地思考基于嵌套混合贯通联合的复杂经验体系执行的任务；机器将开始处理合作者个性化的习惯和偏好；两者随着供需条件、客观环境等因素的变化而变化。人机融合智能也是一种广义上的"群体"智能形式，这里的人不仅包括个人还包括众人，机不但包括机器装备还涉及机制机理，除此之外，还关联自然和社会环境、真实和虚拟环境等。着重解决上述人机融合过程中产生的诸多形式的数据和信息表征、各种逻辑或非逻辑推理、混合性的自主优化决策等方面的智能问题。

供热系统智慧交互的技术路径将以信息物理系统为基础，进一步构建由人、机、环境系统互相作用的人机融合智能系统。其突出特征体现在三个方面：首先是在感知网络层，智能输入端将把设备传感器客观采集的数据与人主观感知的信息结合起来，形成一种新的输入方式；其次是在平台层的数据和信息中间处理过程中，将机器数据计算与人的信息认知融合起来，构建起一种独特的理解途径；最后是在决策控制时把机器运算结果与人的价值决策相互匹配、智能输出，形成概率化与规则化有机协调的优化判断。

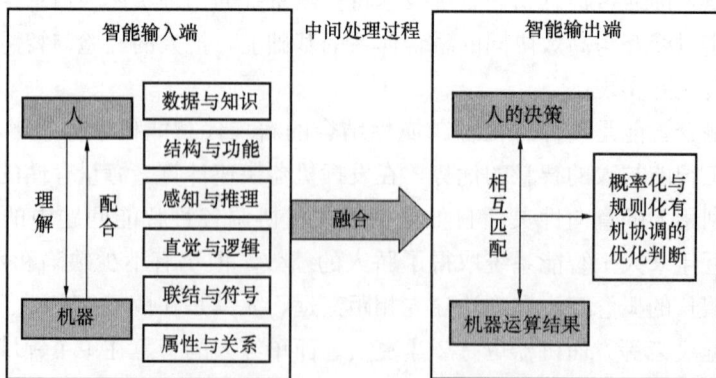

图 1-20　基于人机融合智能的智慧供热技术路线

1.4.4　支撑智慧供热的信息系统

供热信息系统是支撑智慧供热资源整合和流程完善，推进供热企业标准化、精细化管理，实现智慧供热目标的基础。供热信息系统建立在供热管网空间数据库、设备属性数据库及收费、生产运行、办公数据库的基础上，利用各种先进的软件技术等建立起来的信息化业务管理平台，包括生产管理、收费管理、客户信息管理等核心功能，不仅可保持各个子系统的相互独立运行、数据共享，还能建立起关键信息的相互联系。紧密结合供热企业的业务流程，有机整合供热企业的生产站点、管网检修、调度、客服部、计划部、财务收费部等各个部门的职能，属于一整套完善的供热企业管理信息系统。保证供热信息化系统各环节能够协调运作，实现供热企业管理的科学化、自动化和规范化[74]。

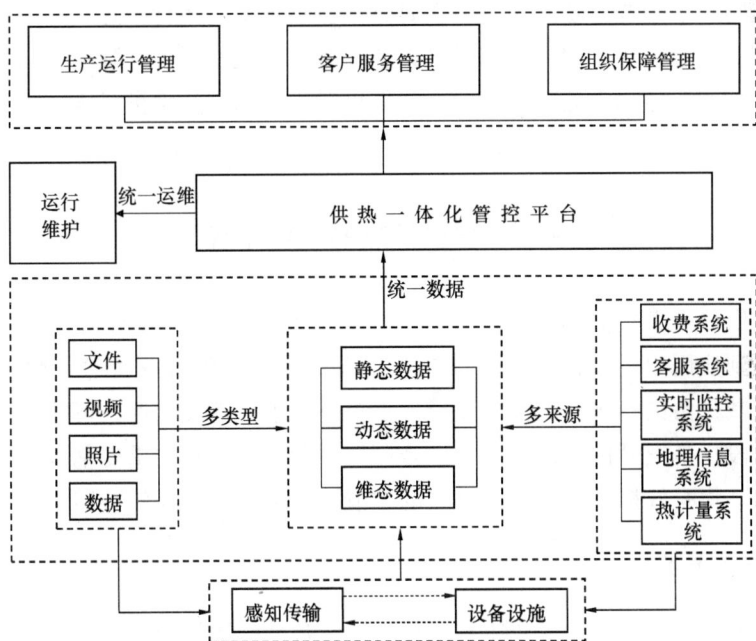

图 1-21　供热信息化系统[74]

智慧供热信息系统在供热信息化基本架构的基础上，具备如下发展趋势：在信息系统管控维度上，依靠供热企业信息化的总体规划制定，实现基于数据中心的信息系统管控一体化，减少信息系统的中间冗余，降低运营管理成本；在供热设备设施及热用户两类对象管理上，基于唯一编码设置，解决信息孤岛问题，确保各子系统数据的关联性；在信息系统建设途径上，发挥云计算技术优势，将云计算与智慧供热结合，搭建智慧供热云平台，作为信息系统基础平台；建立围绕客户服务管理、生产运行管理、组织保障管理的信息系统架构，客户服务管理体系以热用户为中心，实现基于工作流的服务全过程信息管理，生产运行管理体系以供热设备设施为中心，实现精细化、安全化调度控制，组织保障管理体系以人、财、物为中心，实现供热职责标准化、信息化；多终端应用模式不断丰富，形成计算机、移动终端、大屏幕和触摸屏的联动信息化应用，提供更加便捷的广域信息系统的接入方式。

面对信息系统自身脆弱性及信息安全的双重风险，智慧供热信息系统结合信息安全管理制度采用适当的安全策略，针对设备、控制、网络、应用、数据采用一系列信息安全、工控安全的技术和管理手段，并通过持续改进的安全运营保障措施来实现。

总之，智慧供热信息系统的建设在供热领域的各个环节全面深入的整合和集成"互联网＋"的各种新兴技术，实时感知供热系统的运行状态，并采用可视化的方式有机整合供热管理部门与供热设备设施，形成"供热物联网"与"供热互联网"交织的一体化供热信息系统，降低供热生产的运营维护成本，提升供热服务质量。

1.5　智慧供热的建设路径

智慧供热是大数据和"互联网＋"技术在供热领域的垂直行业应用。从热源、热网到热用户全过程的智慧供热，是促进热能资源优化配置、降低热能损耗、实现减少污染物排放的重要途径；是提高城镇供热安全性、可靠性和舒适性的有效手段；是提升供热保障能力、企业管理和服务水平的重要基础。大力发展智慧供热，将有效推动中国城镇供热的"清洁低碳、安全高效"转型升级。

1.5.1　总体要求

城镇智慧供热的建设工作应在智慧城市、智慧能源等相关建设工作的总体设计框架下进行，以标准化为引领，以信息化和自动化为基础，以热源、热网和热用户全系统节能、降耗、减排，实现安全、可靠、舒适供热为目标，注重新技术应用，因城因企施策，发挥市场机制作用，加强政策引导扶持，全面提升城市供热生产管理能力和公共服务水平。

1.5.2　建设内容

城镇供热智慧化建设要在企业级和城市级两个层面展开，企业级要建设智慧供热生产管理、环保监控、安全保障、供热服务和企业管理等系统，城市级还应该建设城市智慧供热监管指挥系统。

1. 生产管理系统

主要内容包括：供热系统要逐步实现热源互备、多能互补、多源联网、智慧化调度、按需供热等；热网要实现压力、流量和温度智慧化调节和监控、在线水力分析计算等；换热站要实现水泵变频控制、流量自动调节、气候自动补偿、有人巡检无人值守等。目的是促进热源、热网和用热全过程资源配置优化和能效提升，降低供热运行成本，提高供热能源有效利用率。

2. 环保监控系统

主要功能包括集中供热系统污染物排放超标监测预报、自动达标调控和统计汇总报告，目的是确保污染物达标排放，提高城镇清洁供热能力。

3. 安全保障系统

主要功能包括集中供热系统事故和故障监测预报、应急响应调度、故障处置和事故抢险指挥等。目的是实现供热系统安全运行智慧化监控、调度和指挥，提高供热安全保障能力。

4. 供热服务系统

主要功能包括智能化收费、退费、用户报修等用户服务和管理。目的是实现供热服务的数字化管理，提高供热服务能力和水平。

5. 企业管理系统

供热企业在建设智慧供热和供热服务管理系统的同时，还要建设与之相衔接的人力资源、设备材料、经营管理等企业管理系统，实现供热企业管理运行精细化、供热服务精准化、供热节能最大化，促进供热企业转型升级，提高供热企业管理水平。

6. 城市供热监管指挥系统

主要功能包括供热企业监管、供热服务投诉、能源消耗监控、热源调度指挥、应急抢险抢修和指挥等，在智慧城市的框架下与数字化城市管理、城市地下综合管线等系统相衔接，数据资源共享。目的是建设与城市发展和清洁供热发展相适应的城市供热保障体系，提高政府供热主管部门监管调度能力。

1.5.3　重点工作

供热主管部门要制定本地供热智慧化建设实施方案，积极协调相关部门制定支持政策，规划建设好城市级智慧供热管理指挥系统，指导各供热企业按照统一技术标准，有序推进供热系统智慧化建设。

相关部门和中国城镇供热协会要加快制定智慧供热的相关标准规范，形成统一的标准规范体系，指导和引导智慧供热建设工作，解决数据信息采集、数据传输接口以及数据库架构不统一等问题，实现数据共享和交换，以及跨系统功能和应用集成。

要充分利用供热计量用户终端数据，建设智慧热网整体自适应调节能力。一要实现热用户能够自行调节温度，还要做到管网热平衡；二要实现整体供热能源消耗随终端热用户用热量调节。真正做到终端热用户和供热企业热源双调节、双节能。

加强智慧供热建设水平评价，选出一批在智慧供热建设架构、数据分析、节能降耗效果、供热安全保障和供热服务，以及城市智慧供热系统建设方面达到领先水平的单位和城市作为典型样板，全面推进城镇供热智慧化建设工作。

1.6 智慧供热的价值实现

智慧供热作为当前中国经济新旧动能转换升级过程中的重要驱动力，其价值主要体现在使供热行业加速实现"两化融合"与智慧升级，顺应新时代社会经济发展需求，主动融入"数字经济"和新型城镇化建设，突破供热行业自身发展瓶颈，满足人民群众对美好生活的需求。具体价值如下所述。

1. 支撑清洁供热，提高供热系统能效

智慧供热技术能够综合分析供热系统的运行工况条件，面向环保、成本、安全等多重优化目标形成"源—网—荷—储"全过程协同调度运行方案，实现动态供需平衡；能够提高供热生产运行调控决策的科学性和及时性，支撑清洁供热，提升系统综合能效；能够降低检修维护人员的工作量，实现设备状态检修和预测性维护。

2. 提升供热生产的安全性和可靠性

城镇供热事关城镇居民的人身及财产安全，实现供热系统的安全稳定运行是智慧供热的重要价值体现。智慧供热能够通过"数字孪生"模型的预测分析，显著提升供热调控操作的预见性和科学性，避免人为经验主观判断可能带来的误操作；能够显著提升应急事件及运行故障的处置能力；能够借助物联感知系统全面及时地掌握供热运行中存在的危险因素，闭环跟踪监督安全相关工作的执行情况；能够优化供热系统的规划、设计、扩建、整合、改造的技术方案。

3. 提升用户服务水平实现按需舒适用热

智慧供热能够更好满足热用户对热的多样化需求，提高供热系统对动态热负荷需求的灵活响应能力，实现"按需舒适用热"；还能够支持能源系统的需求侧响应，应对智慧能源、能源互联网发展，实现供需互动。

4. 优化供热企业和政府管理水平

智慧供热能够运用信息通信技术感测、分析、整合供热企业运行中各核心系统的关键信息，从而对各种需求做出智能响应，实现全面感知、智慧融合，大幅提升供热企业管理水平；能够使政府主管部门实现基于大数据的供热行业优化治理。

总而言之，智慧供热将通过设备系统、信息化、自动化、智能化多层面的建设工作，显著提升城镇供热企业生产管理及用户服务水平，显著增强政府的行业治理能力，实现新一代信息技术对传统供热行业的赋能，推动供热行业的转型升级发展，为我国城镇居民创造更美好的生活！

参 考 文 献

[1]　黄以明. 集中供热管网优化设计. 西安理工大学，2007.

[2]　黄哲. 中国新型城镇化质量评价研究. 广东财经大学，2017.

[3]　国家发展改革委. 北方地区冬季清洁取暖规划(2017—2021 年). 2017.

[4]　赵迪. 节能减排政策对我国能源-经济-环境系统的影响效果. 华北电力大学(北京)，2017.

[5]　Renewables 2017 Global Status Report. Renewable Energy Policy Network for the 21st Century. http：//www. ren21. net/gsr-2017/.

[6]　王萌，夏建军. 中芬集中供热现状对比. 供热制冷，2015，(1)：28-30.

[7]　尤石，宋鹏翔. 丹麦区域能源互联网发展综述. 供用电，2017，(12)：6-11.

[8]　何继江，戚永颖，杨守斌. 瑞典能源转型：Fossil Free 的目标与探索. 风能，2018，104(10)：13-18.

[9]　伯恩特，安德森. 瑞典区域能源发展概况. 区域供热，2015，(6)：104-105.

[10]　Lund H，Werner S，Wiltshire R，et al. 4th Generation District Heating (4GDH)：Integrating smart thermal grids into future sustainable energy systems. Energy，2014，68(4)：1-11.

[11]　肖新建. 我国能源革命亟待跨越三大障碍. 宏观经济管理，2016，(12)：43-45＋56.

[12]　国家发展改革委. 能源生产和消费革命战略(2016—2030). 2016

[13]　北方地区冬季清洁取暖规划(2017—2021)解读. 资源节约与环保，2018，(2).

[14]　陈强，孙丰凯，徐艳娴. 冬季供暖导致雾霾？来自华北城市面板的证据. 南开经济研究，2017，(4)：25-40.

[15]　杨羽捷. 雾霾产生的根源——热源污染. 环境与发展，2018，30(03)：253-254.

[16]　吴涛，张康平. 西安市 2017 年供暖前后雾霾污染天气过程分析. 中国科技信息，2018(06)：42-43.

[17]　李杰. 工业大数据，工业 4.0 时代的工业转型与价值创造. 北京：机械工业出版

社，2016.

[18]　华为. 行业数字化转型方法论白皮书（2019）[2019-03-21]. http：//www. logclub. com/articleInfo/NDkwMS1jNzc5ODZmMA==.

[19]　张金龙，门震江. 工业互联网发展现状分析研究. 辽宁经济，2018，(9)：16-17.

[20]　廖湘科. 超级计算机：现代传播与未来传播的引擎动力. 浙江传媒学院学报，2018，25(4)：2-6.

[21]　葛蔚，郭力，李静海，陈左宁，胡苏太，刘鑫. 关于超级计算发展战略方向的思考. 中国科学院院刊，2016，31(06)：614-623.

[22]　Report to the President on Computational Science：Ensuring America's Competitiveness，2005. [2016-2-20]. https：//www. nitrd. gov/Pitac/Reports/20050609 _ computational/computational. pdf.

[23]　Ashby S, Beckman P, Chen J, et al. The Opportunities and Challenges of Exascale Computing. The ASCAC Subcommittee on Exascale Computing，USA，2010.

[24]　宋菁，唐静，肖峰. 国内外智能电网的发展现状与分析. 电工电气，2010，(3)：1-4.

[25]　李兴源，魏巍，王渝红等. 坚强智能电网发展技术的研究. 电力系统保护与控制，2009，37(17)：1-7.

[26]　王砚泽. 智能电网技术的发展简史. 山西大学，2012.

[27]　宋璇坤，韩柳，鞠黄培，陈炜，彭竹弈，黄飞. 中国智能电网技术发展实践综述. 电力建设，2016，37(07)：1-11.

[28]　王少飞，杨翠. 论智慧交通. 中国交通信息化，2015，(6)：18-23.

[29]　张伟，刘家明. 智慧供热系统技术及应用. 节能与环保，2016，(4)：56-57.

[30]　赵爱国，邓树超，王淑莲等. 智慧供热技术策略研究及应用. 建设科技，2016，(12)：84-85.

[31]　张浩. 浅谈供热企业信息化——智慧供热运营平台的建设. 区域供热，2017，(6)：12-19.

[32]　邹平华，唐好选，方修睦等. 城市供热数字化系统的研究. 煤气与热力，2006，26(4)：70-73.

[33]　姜倩倩，方修睦，姜永成等. 智能供热基础研究与信息化体系架构. 煤气与热力，2015，35(2)：12-16.

[34]　钟崴，陆烁玮，刘荣. 智慧供热的理念，技术与价值. 区域供热，2018，2：1-5.

[35]　International Energy Agency. District Energy Systems in China[2018-1-23]　https：//webstore. iea. org/district-energy-systems-in-china-chinese

[36]　付林，江亿，张世钢. 基于Co-ah循环的热电联产集中供热方法. 清华大学学报(自然科学版)，2008，48(9)：1377-1380.

[37]　李岩，付林，张世钢等. 基于吸收式换热的热电联产集中供热系统的运行调节. 区域供热，2013，(3)：1-4.

[38]　刘世成，韩笑，王继业，张东霞，朱朝阳，邓春宇，王晓蓉. "互联网＋"行动对电力工业

的影响研究. 电力信息与通信技术, 2016, 14(04)：27-34.

[39]　IBM 商业价值研究院. 智慧的城市在中国. 2009. 02, http：//www. Ibm. corn/cn/ services/bcs. iibv.

[40]　张永民, 杜忠潮. 我国智慧城市建设的现状及思考. 中国信息界, 2011, (2)：28-32.

[41]　辜胜阻, 杨建武 , 刘江日. 当前我国智慧城市建设中的问题与对策. 中国软科学, 2013, (1)：6-12.

[42]　李德仁, 姚远, 邵振峰. 智慧城市的概念、支撑技术及应用. 工程研究——跨学科视野中的工程, 2012, 4(4)：313-323.

[43]　艾瑞咨询. 2019 年中国智慧城市发展报告. [2019-03-27]. https：//baijiahao. baidu. com/s? id=16291431042350307966&wfr=spider&for=pc.

[44]　巫细波, 杨再高. 智慧城市理念与未来城市发展. 城市发展研究, 2010, 17(11)：56-60.

[45]　泰一数据. 突破传统智慧城市禁锢, 超级智能城市来了. [2018.04]. http：//www. sohu. com/a/229374157 _ 99987923.

[46]　刘锋. 城市云脑, 基于互联网云脑的智慧城市新架构. [2017-09-05]. https：//blog. csdn. net/zkyliufeng/article/details/77850118.

[47]　李克强. 政府工作报告. 2015.

[48]　国家发展改革委, 国家能源局, 工业和信息化部. 关于推进"互联网＋"智慧能源发展的指导意见. 2016

[49]　郭永伟, 程傲南. "互联网＋"智慧能源：未来能源发展方向. 经济问题, 2015, (11)：61-64.

[50]　张丹, 沙志成, 赵龙. 综合智慧能源管理系统架构分析与研究. 中外能源, 2017, 22 (04)：7-12.

[51]　詹姆斯. 科尔斯泰德, 尼雷·夏. 城市能源系统：一种综合方法. 北京：机械工业出版社, 2019.

[52]　孙宏斌, 郭庆来, 潘昭光. 能源互联网：理念、架构与前沿展望. 电力系统自动化, 2015, (19)：1-8.

[53]　孙宏斌, 潘昭光, 郭庆来. 多能流能量管理研究：挑战与展望. 电力系统自动化, 2016, 40(15)：1-8.

[54]　田世明, 栾文鹏, 张东霞等. 能源互联网技术形态与关键技术. 中国电机工程学报, 2015, 35(14)：3482-3494.

[55]　刘振亚. 构建全球能源互联网推动能源与环境协调发展. 中国电力企业管理, 2014, (12)：12-17.

[56]　周孝信, 曾嵘, 高峰等. 能源互联网的发展现状与展望. 中国科学：信息科学, 2017, (2)：5-26.

[57]　曾鸣. 能源互联网背景下分布式能源未来发展关键支撑技术. 电气时代, 2018, (1)：36-37.

[58]　曾鸣. 构建综合能源系统. 中国电力企业管理, 2018, No. 523(10)：59-61.

[59] Energy independence and security ACT of 2007 . [2014-10-09]. http：//frwebgate. access. gpo. gov/cgibin/getdoc. cgi? dbname = 110 _ cong _ bills&docid = f：h6enr. txt. pdf.

[60] Integrated community energy solutions—a roadmap for action. [2014-10-09]. http：//oee. nrcan. gc. ca/sites/oee. nrcan. gc. ca/files/pdf/publications/cem-cme/ices _ e. pdf.

[61] Smith M，Ton D. Key connections：The U. S. department of energy's microgrid initiative . IEEE Power & Energy Magazine，2013，11(4)：22-27.

[62] E-Energy model region. (2016 - 06 - 28)[2017 - 03 - 01]. http：// www. digi-tale -technologien. de / .

[63] Nakanishi H. Japan's approaches to smartcommunity . (2014-10-09)[2017-03-01]. http：// www. ieee-smartgridcomm. org / 2010 / down-loads/Keynotes/nist. pdf.

[64] 贾宏杰，王丹，徐宪东等. 区域综合能源系统若干问题研究. 电力系统自动化，2015，(7)：198-207.

[65] 刘建平，陈少强，刘涛. 智慧能源：我们这一万年. 北京：科学技术文献出版社，2013.

[66] 安建伟. 什么是智慧能源产业创新与能源互联网?. 互联网周刊，2015，(7)：64-65.

[67] 王毅. 智慧能源. 北京：清华大学出版社，2012.

[68] 顾为东. 能源 4.0：重塑经济结构——互联网技术与智慧能源. 中国工程科学，2015，(3)：4-9.

[69] IEA. Digitalization& Energy 2017. https：//www. iea. org/eemr16/.

[70] 乐慧，李好玥，江亿. 用空气源热泵实现农村采暖的"煤改电"同时为电力削峰填谷. 中国能源，2016，38(11)：9-15.

[71] 乌尔里希·森德勒. 邓敏，李现民，译. 工业 4.0：即将来袭的第四次工业革命. 北京：机械工业出版社，2014.

[72] 杜传忠，杨志坤. 德国工业 4.0 战略对中国制造业转型升级的借鉴. 经济与管理研究，2015，(7)：82-87.

[73] 贺正楚，潘红玉. 德国"工业 4.0"与"中国制造 2025". 长沙理工大学学报(社会科学版)，2015，(3)：103-110.

[74] 中国自动化学会发电自动化专业委员会，电力行业热工自动化技术委员会. 智能电厂技术发展纲要. 北京：中国电力出版社，2016.

[75] 刘吉臻，胡勇，曾德良等. 智能发电厂的架构及特征. 中国电机工程学报，2017，37(22)：6463-6470.

[76] 朱帅领. 智慧管网及其构建途径研究. 智能城市，2018，(16)：166-167.

[77] 廖俊，梁继东，苑志刚. 智慧管网在城市发展中的运用性分析. 黑龙江科技信息，2015，(4)：50-51.

[78] 周岩，池宜航，罗登瀚. 基于云 GIS 架构的"智慧热网"系统研究. 测绘科学与工程. 2016，36(4)：61-65.

[79] 李柏松，王学力，王巨洪. 数字孪生体及其在智慧管网应用的可行性. 油气储运. 2018，

37(10)：1081-1087.

[80] 中华人民共和国建设部. 智能建筑设计标准 GB/T50314-2006. 北京：中国计划出版社，2006.

[81] 中国高新技术产业经济研究院有限公司. 智慧建筑规划-智慧建筑解决方案. http：//www. achie. org/zhihui/20150909456. html，2018-04-08/2019-02-16.

[82] 刘伟. 人机智能融合的哲学思考. 2017. 11，http：//blog. sciencenet. cn/blog-40841-1087539. html.

第2章 智慧供热的技术架构

智慧供热是以信息化、数字化、网络化、自动化、智能化的信息技术设施为基础，以用户为目标，以低碳、舒适、高效为主要特征，以透彻感知、广泛互联、深度智能为技术特点的现代供热方式。在实现供热智能化的过程中，信息化和数字化是前提，网络化是路径，自动化和智能化是手段，智慧化是目标。在信息化和数字化基础上实现供热感知；在网络化基础上实现供热设备互联；在自动化和智能化基础上实现智慧供热，以实现用户舒适满意、系统安全可靠、能源利用高效、低碳清洁经济的总体目标。

智慧供热的实现，涉及智慧供热的总体技术架构、智慧供热的物联感知技术、智慧供热的数据分析技术、智慧供热的科学决策技术以及智慧供热的智能调控技术。

2.1 智慧供热的总体技术架构

2.1.1 信息物理系统

供热系统中设备分散在城市的每一个角落，给设备的操作、监测、管理和维护等带来诸多困难。此外，因设备与设备之间的不能通信而造成供热过程缺乏协同性；由于缺乏数据传导渠道和工具，增加了运行过程中的状态、数据、信息的传输和分析的难度。物联网将物理设备连接到互联网上，但人并没有介入其中，物联网中的物品不具备控制和自治能力，通信也大都发生在物品与服务器之间，物品之间无法进行协同。信息物理系统作为计算过程和物理过程的统一体，让物理设备具有计算、通信、精确控制、远程协调和自我管理的功能，实现虚拟网络世界和现实物理世界的融合，是集成计算、通信与控制于一体的下一代智能系统（物联网可以看作信息物理系统的一种简单形式）。它能够打破供热过程的信息孤岛现象，实现设备的互联互通，实现生产过程监控，合理管理和调度各种供热资源，优化供热计划，以安全、可靠、高效和实时的方式控制物理实体，达到资源和运行协同的目标，实现"运行"到"智慧运行"的升级。

1. 信息物理系统概念

信息物理系统（Cyber-Physical Systems，CPS）是支撑信息化和工业化深度融合的综合技术体系。信息物理系统通过集成先进的感知、计算、通信、控制等信息技术和自动控制技术，构建了物理空间（物理实体和物理实体之间的关系形成的多维空间）与信息空间（由信息虚体组成，由相互关联的信息基础设施、信息系统、控制系统和信息构成的空间）中人、机、物、环境、信息等要素相互映射、适时交互、高效协同的复杂系统，实现系统内资源配置和运行的按需响应、快速迭代、动态优化[1]。

信息物理系统本质上是具有控制属性的网络，但又有别于现有的控制系统。其意义在于将物理设备连接到互联网上，让物理设备具有计算、通信、精确控制、远程协调和自治等五大功能。通过硬件、软件、网络、工业云等一系列信息通信和自动控制技术的有机组合与应用，构建起一个能够将实体和环境精准映射到信息空间并进行实时反馈的智能系统，作用于供热全行业（供热系统设计及建造企业、供热运行企业、系统集成企业、设备制造企业、热用户、人才培养等）、全过程（全生命周期，包括规划设计、系统建造、运行维护管理等），解决供热行业全过程中的复杂性和不确定性问题，提高资源配置效率，实现资源优化。

信息物理系统构建了一套信息空间与物理空间之间基于数据自动流动的状态感知、实时分析、科学决策、精准执行的闭环赋能体系，实现数据的自动流动（图 2-1）。

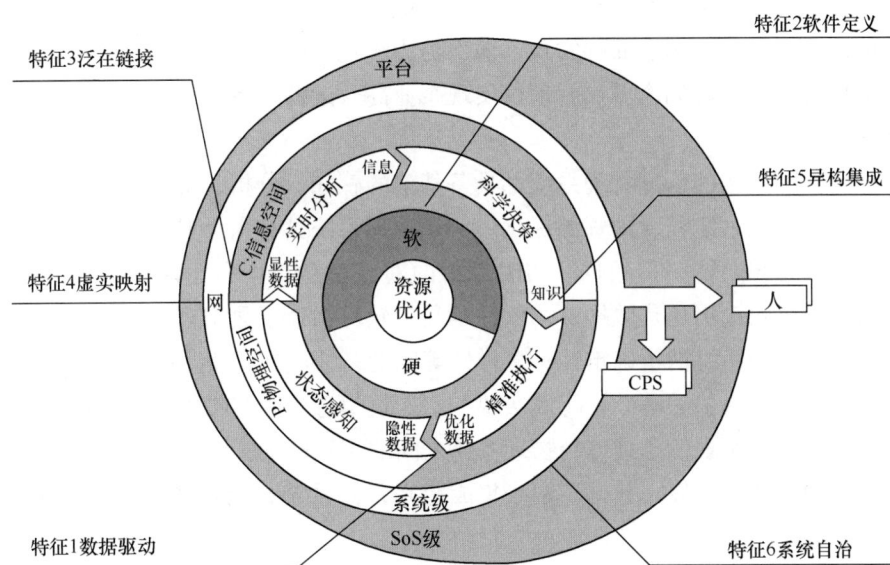

图 2-1　CPS 的本质及体系[1]

自然界中各种物理量的变化绝大多数是连续的，而信息空间数据则具有离散性。从物理空间到信息空间的信息流动，通过多种类型的传感器将各种物理量转变成数字量，从而为信息空间所接受。状态感知是将大量蕴含在供热物理空间中的隐性数据（温度、压力、流量等）通过传感器、物联网等数据采集技术，将这些蕴含在供热系统背后的数据不断的传递到信息空间，使得数据不断"可见"，变为显性数据。

大量的显性数据并不一定能够直观的体现出物理实体的内在联系。实时分析是利用数据挖掘、机器学习、聚类分析等数据处理分析技术对数据进一步分析估计使得数据不断"透明"，将感知的数据（显性数据）转化成认知的信息、对原始数据赋予意义、发现物理实体状态在时空域和逻辑域的内在因果性或关联性关系，将显性化的数据进一步转化为直观可理解的信息。

科学决策是对不同系统的信息进行处理，权衡判断当前时刻获取的所有来自不同系统或不同环境下的信息，形成在一定的条件约束下对外部变化的最优决策，用来对物理空间实体进行控制。这个环节不一定在系统最初投入运行时就能产生效果，往往在系统运行一段时间之后逐渐形成一定范围内的知识。对信息的进一步分析与判断，使得信息真正的转变成知识，并且不断地迭代优化形成所需的知识库。最后以更为优化的数据作用到物理空间，构成一次数据的闭环流动。

精准执行是将信息空间产生的决策转换成物理实体（控制器、执行器）可以执行的命令，进行物理层面的实现。输出更为优化的数据，使得物理空间设备运行的更加可靠，资源调度更加合理，实现企业高效运营，各环节智能协同效果逐步优化。

任何一种层次的信息物理系统都具备基本的感知、分析、决策、执行的数据闭环，都要实现一定程度的资源优化。信息物理系统具有六大典型特征：①数据驱动，状态感知的结果是数据，实时分析的对象是数据，科学决策的基础是数据，精准执行的输出还是数据；②软件定义，软件构建了数据自动流动的规则体系，解决了复杂系统的不确定性、多样性等问题；③泛在连接，强大的泛在网络连接是实现顺畅通信的基础；④虚实映射，构筑信息空间与物理空间数据交互的闭环通道，能够实现信息虚体与物理实体之间的交互联动；⑤异构集成，能够将大量的异构硬件、软件、数据、网络集成起来；⑥系统自治，能够实现自组织、自配置、自优化。

信息物理系统四大核心技术要素是"一硬（感知和自动控制）、一软（软件）、一网（网络）、一平台（云和智能服务平台）"。云和智能服务平台是高度集成、开放和共享的数据服务平台，是跨系统、跨平台、跨领域的数据集散中心、数据存储中心、数据分析中心和数据共享中心，基于工业云服务平台推动专业软件库、应用模型库、知识库、测试评估库、案例专家库等基础数据和工具的开发集成和开放共享，实现供热全要素、全流程、全产业链、全生命周期管理的资源配置优化，以提升生产效率、创新模式业态，构建全新供热产业生态。

2. 信息物理系统体系

信息物理系统建设的过程就是从单一部件、单机设备、单一环节、单一场景的局部小系统不断向大系统、巨系统演进的过程，是从部门级到企业级，再到产业链级，乃至产业生态级演进的过程，是数据流闭环体系不断延伸和扩展的过程，并逐步形成相互作用的复杂系统网络，突破地域、组织、机制的界限，实现对人才、技术、资金等资源和要素的高效利用。

信息物理系统具有明显的层级特征，小到一个智能部件、一个智能产品，大到整个智慧供热系统，都能构成信息物理系统。信息物理系统分为单元级、系统级、系统之系统级三个层次。

单元级是具有不可分割性的信息物理系统最小单元。可以是一个部件或一个产品，通过"一硬"（如具备传感、控制功能的阀门等）和"一软"（如嵌入式软件）就可构成"感知—分析—决策—执行"的数据闭环，具备了可感知、可计算、可交互、可延展、自决策的功能。每个最小单元都是一个可被识别、定位、访问、联网的信息载体，可实现在其工作能力范围内的优化运行。单元级 CPS 体系架构见图 2-2。在这一层级上，感知和自动控制硬件、软件及基础通信模块主要支撑和定义产品的功能。信息物理系统的技术需求主要包括：状态感知能力；对物理实体的控制执行能力；对数据的计算处理能力；对外交互和通信能力。

系统级是"一硬、一软、一网"的有机组合。多个单元级的信息物理系统汇

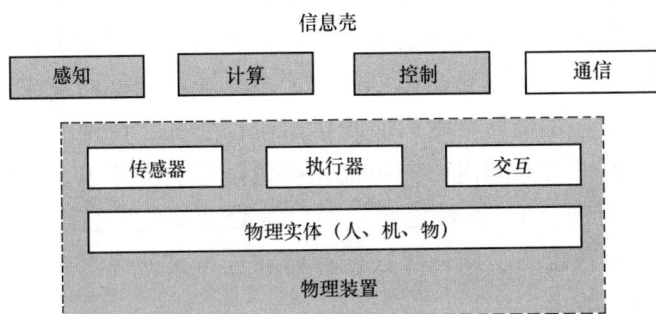

图 2-2　单元级 CPS 体系架构

聚到统一的网络，基于多个单元级最小单元的状态感知、信息交互、实时分析，对系统内部的多个单元级信息物理系统进行统一指挥，实体管理，实现了热用户的自组织、自配置、自决策、自优化，提高了各设备间协作效率，实现热网范围内的资源优化配置。系统级 CPS 体系架构见图 2-3。系统级信息物理系统技术要求为：①实现单元级信息物理系统技术要求；②信息物理系统之间的互联互通能力；③系统内各组成信息物理系统的管理和检测能力；④系统内各组成信息物理系统的协同控制能力。

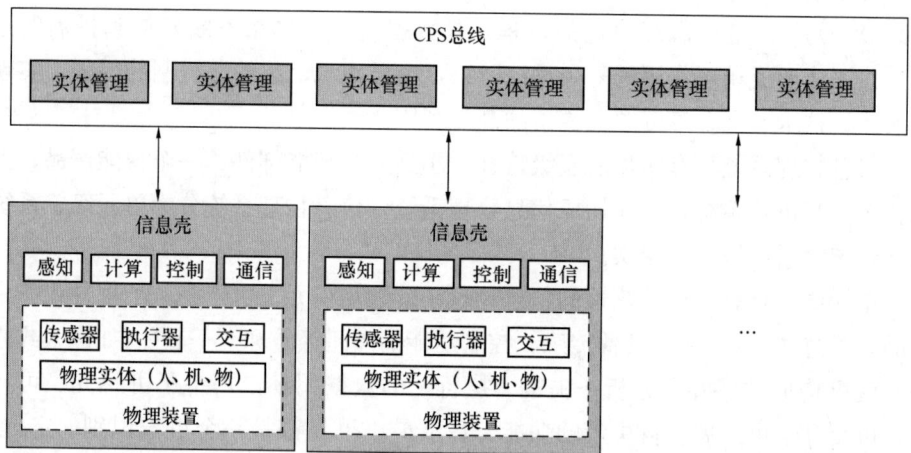

图 2-3 系统级 CPS 体系架构

系统之系统级（即 SoS 级）是多个系统级信息物理系统的有机组合，涵盖了"一硬、一软、一网、一平台"四大要素。SoS 级信息物理系统通过大数据平台，将多个系统级信息物理系统工作状态统一监测，实时分析，集中管控。利用数据融合、分布式计算、大数据分析技术对多个系统级信息物理系统统一监管，实现企业级远程监测、供应链协同、预防性维护。实现跨系统、跨平台的互联、互通和互操作，促成了多源异构数据的集成、交换和共享的闭环自动流动，在全局范围内实现信息全面感知、深度分析、科学决策和精准执行。实现更大范围内的资源优化配置，避免资源浪费。系统之系统级 CPS 体系架构见图 2-4。系统之系统级信息物理系统的技术要求是：①实现系统级信息物理系统的功能；②数据存储和分布式处理能力；③对外可提供数据和智能服务能力。

信息物理系统的技术体系见图 2-5。

3. 智能系统的层级划分

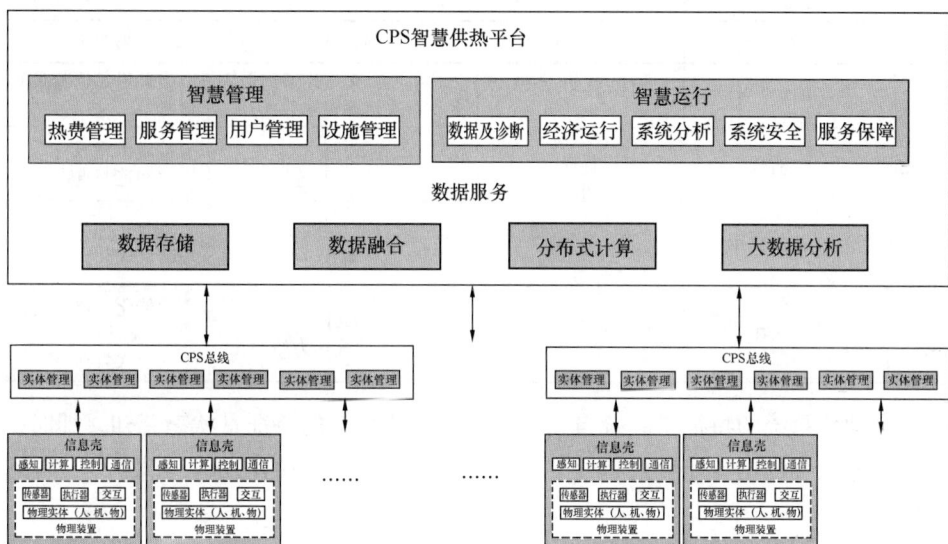

图 2-4　系统之系统级 CPS 体系架构

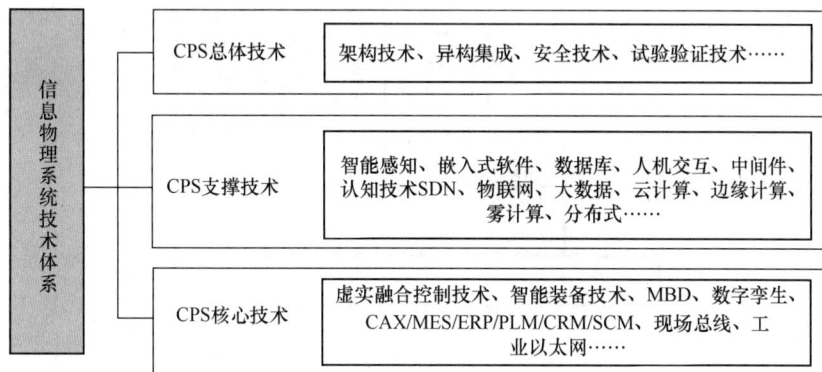

图 2-5　信息物理系统的技术体系

注：SDN—软件定义网络；MBD—基于模型的定义；CAX—计算机辅助设计（CAD）、
计算机辅助工程（CAE）、计算机辅助制造（CAM）等各项技术之综合叫法；
MES—制造执行管理系统；ERP—企业资源计划；PLM—产品生命周期管理；
CRM—客户关系管理；SCM—供应链管理

　　我国的供热行业由第一代分散小锅炉房直连供热以及人工运行调节，逐步走
向自动化和信息化。供热技术的进步，为智慧供热的实施奠定了物质基础。如表
2-1 所示。

我国的供热时代划分[2]   表 2-1

	第一代	第二代	第三代	第四代
热源	分散小锅炉房	热电联产区域锅炉房	热电联产大型区域锅炉房 多种形式热源相互独立	多种形式热源联网运行
热网	直连	枝状网 直连 间连	环网 间连＋直连	城市能源网 间连＋直连
调节方式	热源集中	热源、热力站独立调节	热源、热力站联合调节 用户独立调节	热源、热力站、用户联合调节
运行	人工	自动化	物联网 无人值守热力站	智能化、智慧化 云服务 大数据

自动化系统的特征是系统自动执行，信息化系统的特征是状态感知、即时执行。智能系统依据智能化的程度，可以划分为三个纵向的层级，如图 2-6 所示，分别是：

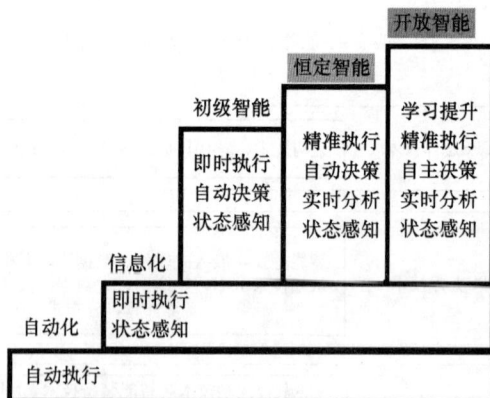

图 2-6　智能系统的三个层级

（1）初级智能系统，即具备状态感知、自动决策、即时执行，即有感知、自决策、善动作的系统。

（2）恒定智能系统，即具备状态感知、实时分析、自主决策、精准执行四个特征，在初级智能的基础上强调了系统的分析与决策能力。

（3）开放智能系统，即具备智能的全部特征，状态感知、实时分析、自主决策、精准执行、学习提升。系统具有一定的认知能力，并具备了自我改善、学习提升的持续发展能力。

2.1.2　智慧供热的总体技术架构

供热企业的自动化及信息化系统经历了长期的建设历程，为智能热网实施奠定了的基础，并有多种应用系统实施，如热网自动化系统、能源管理系统、调度指挥系统、应急指挥系统、设备管理系统、在线水力模拟仿真系统、GIS 地理信息系统、热计量及收费系统、客服系统、财务系统、人事管理系统、办公自动化系统等。随着应用系统规模的不断扩大，逐渐出现了一些集成带来的系统性难题，主要表现在下述三个方面：

（1）基础建设缺乏统筹规划。企业各个部门分别投资建设基础设施；硬件投资没有标准化、型号多、牌子杂、高中低硬件设施共存，维护困难；因应用系统的硬件投资，只满足单个系统的需求，存在着资源不足和资源闲置两极分化状况，无法实现硬件资源共享和负载均衡；没有形成统一的数据集中备份体系；没有形成网络安全的体系架构。

（2）数据共享差。单个项目规划，缺乏整体数据互通规范；形成信息孤岛，信息共享困难；应用之间的数据交换，忽略延展性数据利用；没有公共数据库，无法支撑跨项目、多参量的大数据分析和企业统一应用（如微信、手机 APP、门户网站）。

（3）应用局限性大。缺乏跨项目、多参量的大数据分析；缺乏整体解决方案；存在应用孤岛，业务流程、权限等公共组件重复建设，流程再造困难等问题；应用建设注重功能开发，页面展示与操作简便性考虑不够；无法实现企业统一应用。

供热行业实现由热网自动化、信息化向智能化、智慧化的升级，必须解决基础建设、数据共享、业务应用方面的问题，必须在现有基础上，实现资源融合、数据融合和业务融合[3]。

1. 资源融合

资源融合是指将现有体系下的信息化基础设施、计算资源、存储资源、网络资源、桌面资源等高效、安全融合，扩展升级整合为一个安全、灵活、共享的大数据中心，以部署智慧供热各个应用服务支撑系统，实现智慧供热系统的信息共享、应用协同、基础支撑和安全保障；建立和健全标准规范体系和安全体系，建立一个业务和数据集中管理、安全规范、充分共享、全面服务的、实现集约化管理的智慧供热整合系统。

资源融合要遵循的三个原则是：①开放共享原则，需对现有体系下的信息化基础设施、设备、网络资源采用云计算平台架构进行高效融合，遵循开发共享原则构建智慧供热的基础设施层；②高效灵活原则，采用云服务的一键部署、自定义的多级管理技术以及丰富的云服务标准兼容性，使得资源融合的过程更加高效灵活；③安全可靠原则，逐步建立和完善三级等级保护制度，保证全模块、全流程可靠上云，在条件允许的情况下可实现多级容灾系统。如图 2-7 所示。

图 2-7　智慧供热的资源融合

2. 数据融合

数据融合是将热源、热网、热力站、热用户、热计量、地理信息、收费、客服等各类系统进行数据集约整合，建立具有智能性、开放性、可扩展性的数据融合架构，按照统一数据标准、统一接入服务，对数据进行清洗、过滤、转换、共享，进而整合所有相关业务数据。

采用面向服务的先进架构，建立智慧供热统一服务平台，通过企业服务总线（Enterprise Service Bus，ESB）实现服务的整合、集中和流程，借助标准的接口灵活地连接各个应用子系统。ESB 提供了一种开放的、基于标准的消息机制，通过简单的标准适配器和接口，来完成应用和其他组件之间的互操作，能够满足大型异构企业环境的集成需求。它可以在不改变现有基础结构的情况下让几代技术实现互操作。ESB 的出现改变了传统的软件架构，可以提供比传统中间件产品更为高效的解决方案，同时，它还可以消除不同应用之间的技术差异，让不同的应用服务协调运作，实现不同服务、不同模块之间的数据共享与整合。

数据融合需遵循的三个原则是：①数据共享原则，基于开放性大数据架构实现多维度用户数据服务和数据库服务；②数据安全原则，基于符合三级等级保护的大数据平台实现数据共享交换安全；③数据集约原则，采用 ESB 数据总线，制定统一标准规范，统一安全保障，采用一对多的数据共享模式、去除信息孤岛、减少系统之间耦合，实现统一框架下的信息服务平台，实现数据结构标准化、数据交换服务标准化、数据共享服务标准化。如图 2-8 所示。

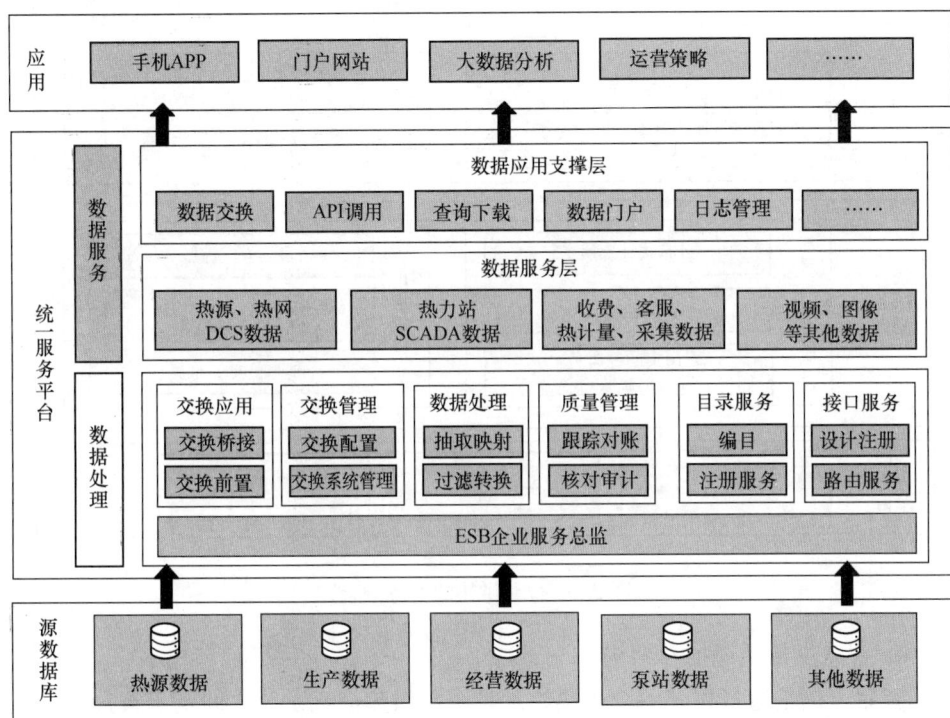

图 2-8　智慧供热的数据融合

3. 业务融合

根据智慧供热的业务特点，整合现有供热业务应用系统数据库，建立基于云部署的、满足多源异构供热数据高效存储、处理、共享、服务的大数据系统，强化业务数据的协同共享，提高辅助决策的能力和公共服务能力，在构建智慧供热数字模型基础上，利用业务应用系统进行信息汇集加工，为各项供热业务提供决策支撑。构建"大数据＋云平台"的运营模式，进一步完善各个应用系统，满足不同用户、不同场景、不同应用的需要。

业务融合要遵循的三个原则是：①业务关联，基于企业统一服务平台的开放应用架构，规划各业务模块之间的关联关系，实现跨部门共享应用服务；②业务安全，建立和优化多域资源隔离和安全容器，保障各个业务模块的安全，降低业务联动风险；③业务统筹，通过业务流程设计和规划，实现业务模块的双向导流，并对统一数据汇集沉淀实现数据多维分析。如图 2-9 所示。

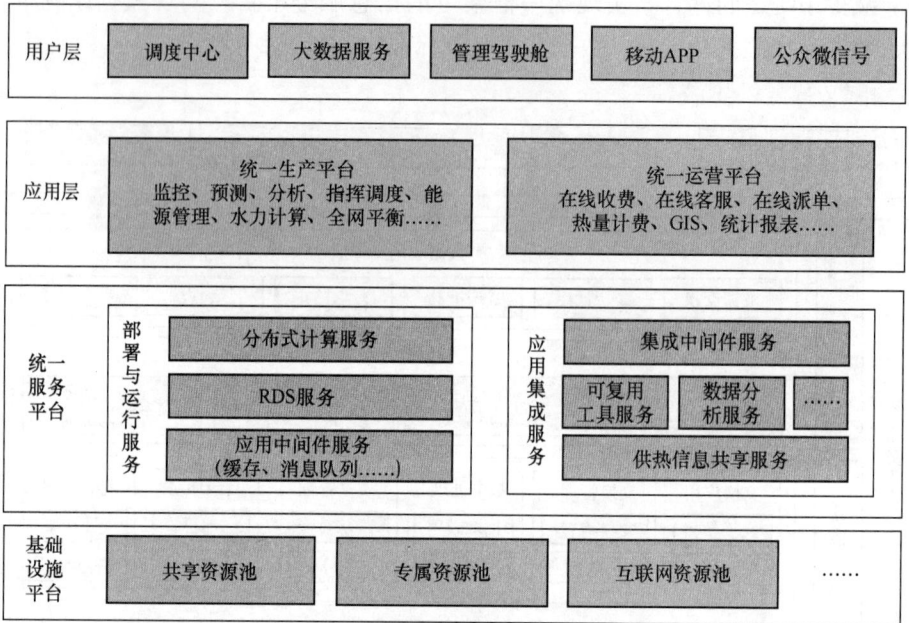

图 2-9 智慧供热的业务融合

4. 智慧供热系统推荐架构

智慧供热是通过构建一套供热物理系统与供热信息系统之间基于数据与信息自动流动的"状态感知—实时分析—优化决策—精准执行"的闭环赋能体系（图2-10），从而解决供热生产、运营服务过程中的复杂性和动态性问题，提高供热

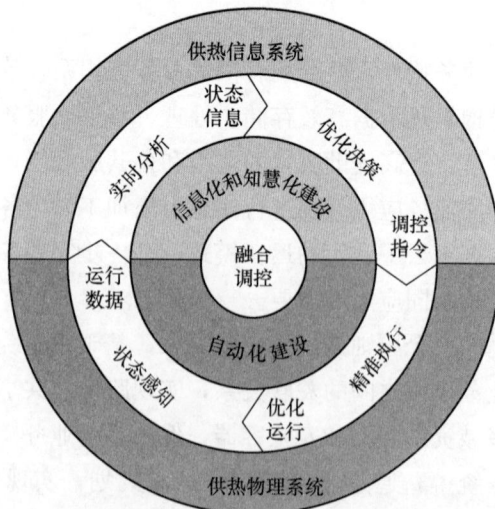

图 2-10 基于信息物理系统的智慧供热技术架构[4]

生产效率和供热品质，提升供热服务能力，实现供热物理系统与供热信息系统的融合调控。

广义智慧供热涵盖供热系统规划设计、供热系统建造、供热系统运行、供热系统维护管理、供热产品建造、智能化系统集成以及供热人才培养等诸多方面。智慧供热涵盖供热全过程及全寿命内容，目前大家所关心的供热系统运行及供热系统维护管理内容，是狭义的智慧供热。

狭义智慧供热系统框架层次有不同的分法，图 2-11 为 5 层的智慧供热推荐框架。

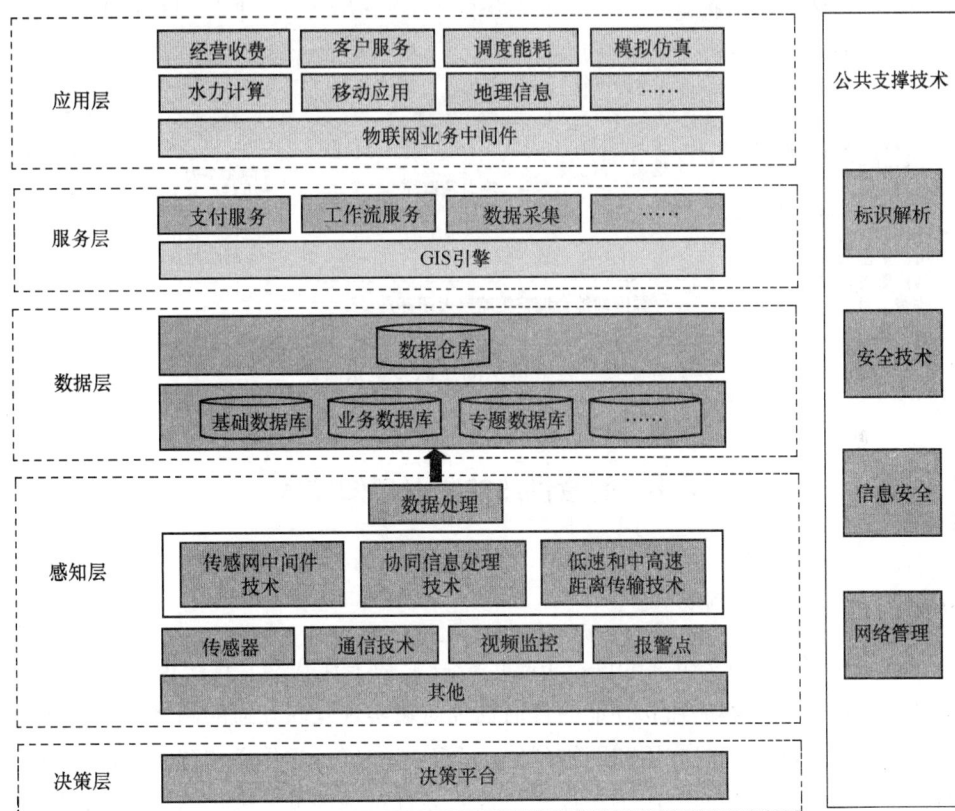

图 2-11　智慧热网系统推荐架构示意图

供热系统包括了"源、网、站、户"等各个环节，智慧供热的建设是整个供热服务者及所有使用者共同参与完成的，涉及投资、建设、运营、使用、维护等多项内容。智慧供热平台集数据采集、汇集、分析服务于一体（图 2-12），通过数据采集、汇集、分析、描述、诊断、预测、决策来提高供热资源配置效率，降低供热运行成本。

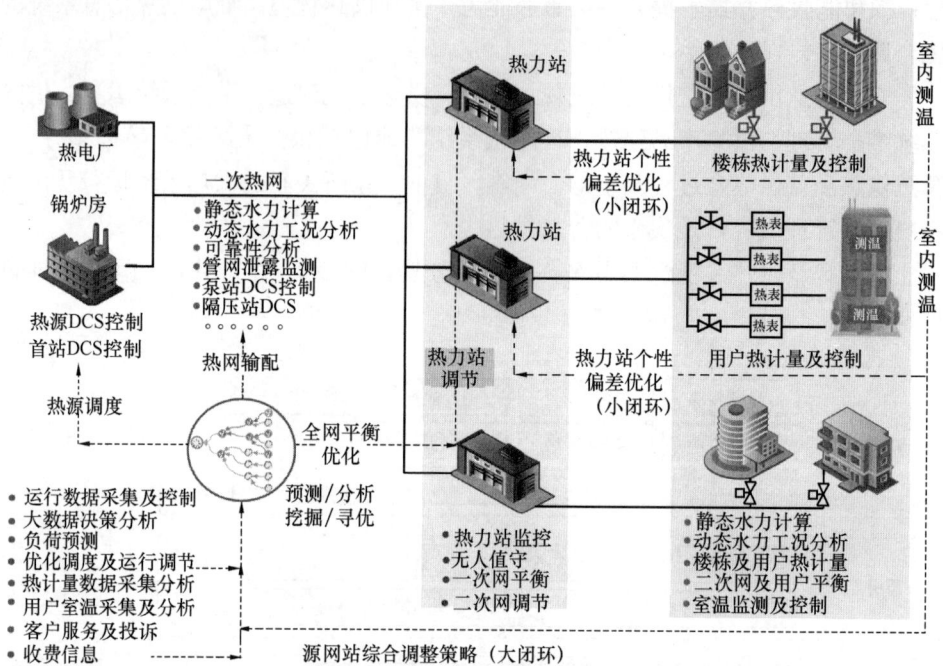

图 2-12 智慧供热的总体逻辑示意图

2.2 智慧供热的物联感知技术

2.2.1 物联网技术构成

物联网（Internet of Things，IoT）是一个基于互联网、传统电信网等信息承载体，让所有能够被独立寻址的普通物理对象实现互联互通的网络。物联网是通信网和互联网的拓展应用和网络延伸，全面感知、可靠传递和智能处理是物联网的三个特征。物联网利用感知技术与智能装置对物理世界进行感知识别，通过网络传输互联，进行计算、处理和知识挖掘，实现人与物、物与物信息交互和无缝链接，达到对物理世界实时控制、精确管理和科学决策目的。物联网与互联网的技术基础相同（图 2-13），两者的区别在于：①数据获取方式不同，互联网数据是通过人工方式获取的，物联网数据是通过自动方式获取的；②虚拟与现实的结合不同，互联网构建了网络虚拟世界，构建了人与人信息交互与共享的信息世界，其服务对象是人；物联网是为物而生，让物自由地交换信息，主要是为了管理物，间接为人服务，是虚拟与现实的结合，实现了信息世界与物理世界的融合；③智能服务方式不同，在互联网时代，一切都交给计算机云端；物联网时代，计算机装到物体中，由计算机自动完成一切。

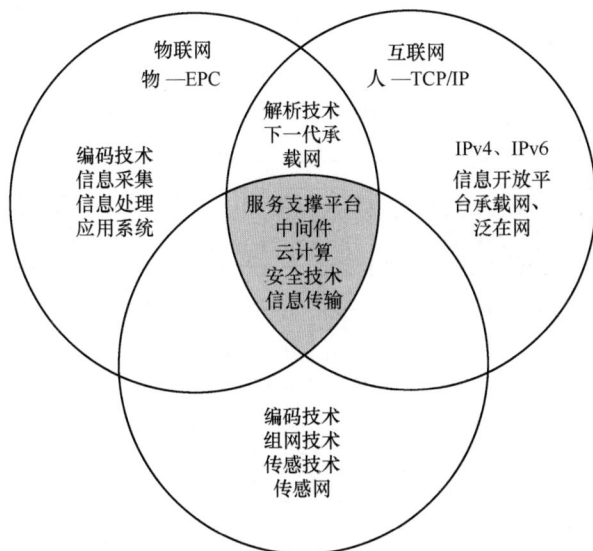

图 2-13　物联网、互联网及传感网之间的关系

EPC—工程、采购、建设；TCP—传输控制协议；IP—网络之间互连的协议；
M2M—机器与机器的对话

接入物联网中的物体应是无缝地嵌入了计算、通信、传感和效应能力的人工物体（智能物体），它可以是一种嵌入式电子装置，或者是装备有嵌入式电子装置的人、动物或物体。物体可以实现与物体间自主的数据交流、环境感知、自主反应、智能控制。纳入物联网范围的物要满足下述条件：①要有相应信息的接收器；②要有数据传输通路；③要有一定的存储功能；④要有 CPU；⑤要有操作系统；⑥要有专门的应用程序；⑦要有数据发送器；⑧遵循物联网的通信协议；⑨在世界网络中有可被识别的唯一编号。

一般认为物联网由感知层、网络层和应用层组成。物联网技术架构见图 2-14。感知层主要通过传感器技术与无线传感网络（WSN）实现对现实世界的信息采集与物体识别，主要用于采集物理世界中发生的物理事件和数据，涉及传感器、射频识别（RFID）、全球定位、多媒体信息采集、二维码和实时定位等技术。网络层通过互联网、移动互联网各类通信协议与技术实现物理世界与虚拟世界的对接。网络层实现更加广泛的互联功能，能够把感知到的信息无障碍、高可靠性、高安全性地进行传送，需要传感器网络与移动通信技术、互联网技术融合。应用层主要包括应用支撑平台子层和应用服务子层。支撑平台子层用于不同系统、不同应用间的信息协同、共享和互通。应用服务层是物联网智慧的源泉，人们通常将物联网应用冠以"智能"的名称，如智能热网，其中的智慧就来自这一层。

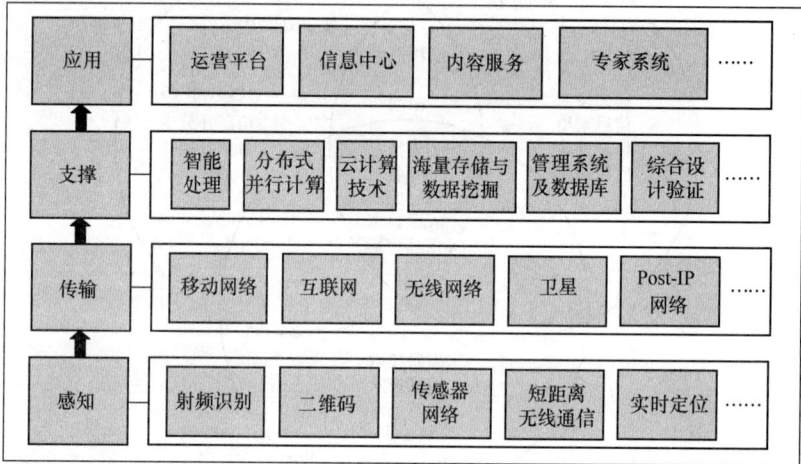

图 2-14　物联网技术架构

物联网支持技术包括嵌入式系统、微电机系统、软件和算法、电源和储能、新材料技术等。嵌入式系统是满足物联网对设备功能、可靠性、成本、体积和功耗的综合要求，可以按照不同应用定制裁剪的嵌入式计算机技术，是实现物体智能的重要基础。微电机系统可实现对传感器、执行器、处理器、通信模块、电源系统等的高度集成，是支撑传感器节点微型化、智能化的重要技术。软件和算法是实现物联网功能、决定物联网行为的主要技术，重点包括各种物联网技术形态的感知信息处理、交互与优化软件与算法、物联网计算形态体系结构与软件平台研发等。电源和储能是物联网关键支撑技术之一，包括电池技术、能量储存、能量捕获、恶劣情况下的发电、能量循环、新能源等技术。新材料技术指应用于传感器的敏感元件实现的技术。新敏感材料的应用可以使传感器的灵敏度、尺寸、精度、稳定性等特性获得改善。

2.2.2　智能供热的感知技术

在智慧供热系统中，需要对供热物联网的管道及设备的位置及属性（如管道长度、焊口及补偿器位置，供热管网爆裂、泄露、腐蚀位置定位等）进行感知，需要对供热物联网的运行状况（如压力、温度、流量、热量、燃料消耗量、电量、补水量、泄露、污染物排放等）进行感知，需要对环境信息（如无人值守站的内外环境、设备运行环境等）进行感知。目前，智能供热使用的传感器大多为传统传感器，实现某一参数测量。在传统传感器构成的应用系统中，传感器所采集的信号通常要传输到系统中的主机进行分析处理（图 2-15）。传统的传感器要向智能化方向发展。在智慧供热系统中，各种新兴的传感器的价格低、体积小、重量轻、功耗少，具有通信及自检能力，可实现对多种物理信号、化学信号的测量，从而得到广泛应用。

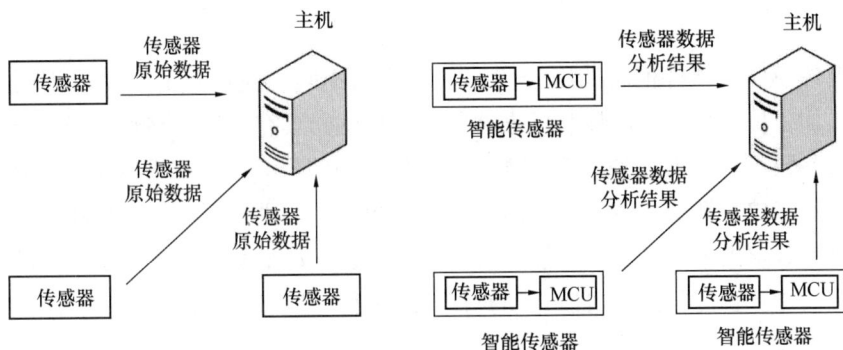

图 2-15　传统传感器与智能传感器
MCU—微控制单元（单片机）

1. 多参数集成传感器

传统传感器为单参数传感器，如温度传感器、湿度传感器、流量传感器、压力传感器、振动传感器、噪声传感器、电流/电压传感器、气敏传感器等。智慧供热系统中感知的参数相对固定，将这些参数适当的组合，则可减少传感器的安装工作量，降低设备及施工成本。图 2-16 为一种将温度、压力集成的传感器。传感器采用模块化配置，低功耗，采用电池供电。主传感器模块有多至三个模块插孔，可根据需求，自由搭配温度、压力传感器模块，实现温度、压力的灵活测量，并兼容多种物联网协议，实现数据的无线传输。

图 2-16　多参数集成
传感器

2. 智能传感器

智能传感器（intelligent sensor）是一种带有微处理机的，兼有信息检测、信息传输、信息处理、信息记忆、逻辑思维与判断功能的传感器，是传感器集成化与微处理机相结合的产物。

典型的智能传感器原理见图 2-17。敏感元件是感受被测量的基本单元，它可以感受如压力、温度、流量、湿度、气体浓度、PH 等物理参数。微处理器是智能传感器的数据处理核心。在智能传感器中设置有多种模块化的硬件（检测、放大、A/D、通信接口）和软件，用户可以通过微处理器颁布指令，改变智能传

75

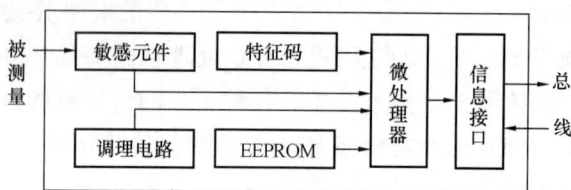

图 2-17 智能传感器原理

感器硬件模块和软件模块的组合状态，以达到不同的应用目的，完成不同的功能，增加了传感器的灵活性和可靠性。智能传感器具有信息存储和记忆功能，能把测量参数、状态参数通过 RAM（随机存取存储器）和 EEPROM（只读存储器）进行存储。智能传感器不仅能对各个被测量参数进行测量，而且能够根据已知被测参数求出未知参数，并能实现自动调零、自动平衡、自动补偿、自动量程变换等功能。智能传感器可以自动对传感器进行定期和不定期地检验、测试，及时发现故障，并给予操作提示。

智能传感器与传统的传感器相比，具有以下几个优点：①具有自校零、自标定、自校正功能；②具有自动补偿功能；③能够自动采集数据，并对数据进行预处理；④能够自动进行检验、自选量程、自寻故障；⑤具有数据存储、记忆与信息处理功能；⑥具有双向通信、标准化数字输出或者符号输出功能；⑦具有判断、决策处理功能。

智能传感器减小了传感器与主机间的通信量，简化了主机软件的复杂程度，可多参数集成，使得包含不同类别的传感器应用系统易于实现。智能传感器易于安装与维护，集成度高、体积小、重量轻，将大幅度降低同类传感器安装工作量，保证感知数据的可靠。随着智慧供热的发展，需要更多具备智能感知技术的多参数集成传感器、传感器与控制系统集成的终端设备，为供热智能化积累原始的、可识别的结构化数据，以便对这些结构化数据进行更高层次的碰撞、分析和利用，保证用于分析和判断的资料更为丰富，最后的判断结果也更为准确。

2.2.3 全球卫星导航系统

全球卫星导航系统（the Global Navigation Satellite System），也称为全球导航卫星系统，是能在地球表面或近地空间的任何地点为用户提供全天候的三维坐标和速度以及时间信息的空基无线电导航定位系统[6]。

目前全球四大卫星导航系统分别为：美国的 GPS 卫星导航系统（Global Positioning System），俄罗斯的格洛纳斯卫星导航系统（GLONASS），欧盟的伽利略卫星导航系统（GALILEO），中国的北斗卫星导航系统（Bei Dou Navigation

Satellite System，BDS）。

全球卫星导航系统，由空间系统、地面控制系统和用户系统三大部分组成。空间系统是由多颗卫星（包括工作卫星和备用卫星）构成的空间导航网，用于发送导航定位的卫星信号。地面控制系统由监测站、主控制站、地面天线所组成；地面控制站负责监测和控制卫星运行，收集由卫星传回的信息，保持系统时间并计算卫星星历（导航电文）、相对距离，大气校正等数据。用户部分包含卫星接收器等设备，用于接收、跟踪、变换和测量卫星信号，计算用户的位置坐标和速度矢量分量。卫星定位系统是一种使用卫星对某物进行准确定位的技术，它从最初的定位精度低、不能实时定位、难以提供及时的导航服务，发展到现如今的高精度全球定位系统，实现了在任意时刻、地球上任意一点都可以同时观测到 4 颗卫星，以便实现导航、定位、授时等功能。全球卫星导航系统已经在市政建设等多领域得到广泛使用。

GPS 空间系统主要由 24 颗 GPS 卫星构成，其中 21 颗工作卫星，3 颗备用卫星。24 颗卫星运行在 20200km 高的 6 个轨道平面上，运行周期为 12 个小时。保证在任一时刻、任一地点高度角 15 度以上都能够观测到 4 颗以上的卫星。GPS 导航系统的基本原理是测量出已知位置的卫星到用户接收机之间的距离，然后综合多颗卫星的数据就可知道接收机的具体位置。卫星的位置可以根据星载时钟所记录的时间在卫星星历中查出。而用户到卫星的距离则通过记录卫星信号传播到用户所经历的时间，再将其乘以光速得到（由于大气电离层的干扰，这一距离并不是用户与卫星之间的真实距离，而是伪距）：当 GPS 卫星正常工作时，会不断地用 1 和 0 二进制码元组成的伪随机码（简称伪码）发射导航电文。当用户接收到导航电文时，提取出卫星时间并将其与自己的时钟做对比便可得知卫星与用户的距离，再利用导航电文中的卫星星历数据推算出卫星发射电文时所处位置，用户在 WGS-84 大地坐标系中的位置、速度等信息便可得知。

中国北斗卫星导航系统是继美国 GPS、俄罗斯格洛纳斯、欧洲伽利略之后的全球第四大卫星导航系统。北斗空间系统由 5 颗静止轨道卫星和 30 颗非静止轨道卫星（27 颗中地球轨道卫星、3 颗倾斜同步轨道卫星）组成，如图 2-18 所示。5 颗静止轨道卫星定点位置为东经 58.75°、80°、110.5°、140°、160°，地球轨道卫星运行在 3 个轨道面上，轨道面之间为相隔 120°均匀分布。35 颗

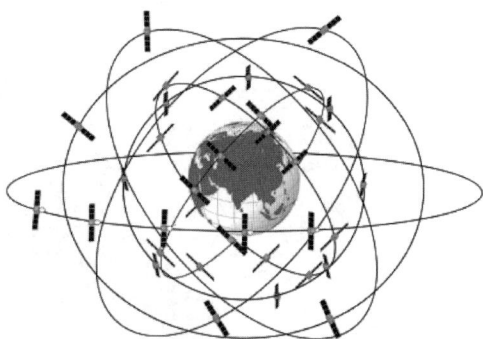

图 2-18　北斗卫星导航系统

卫星在离地面 2 万多千米的高空上，以固定的周期环绕地球运行，使得在任意时刻，在地面上的任意一点都可以同时观测到 4 颗以上的卫星。北斗系统提供两种服务方式，即开放服务和授权服务。北斗卫星具有实时导航、快速定位、精确授时、位置报告和短报文通信服务五大功能。主要用于国家经济建设，为中国的交通运输、海洋渔业、水文监测、气象预报、测绘地理信息、森林防火、通信时统、电力调度、救灾减灾、应急搜救，石油及天然气管道、热力管道定位等提供高效的导航定位服务。

北斗系统与 GPS 系统的原理大体一致，用的是无源定位，但是细节上有差异。GPS 是全球定位，北斗目前是区域定位，将逐步扩展为全球卫星导航系统。GPS 坐标系为 WGS84，北斗系统为 2000 这个大地坐标系。两个坐标系标准不同，但是坐标系可以互换。北斗系统还具有短信通信功能，一次可传送 120 个汉字的信息，在没有电信地面基站的地方，通过它可以实现发短信。

国家北斗精准服务网，是由中国卫星导航定位协会和中国位置网服务联盟主导建设的国家北斗精准服务基础设施[9]，面向城市生命线、智能交通及社会生活等领域提供北斗精准位置服务。截至 2016 年，国家北斗精准服务网已经在全国 3 个直辖市，16 个省，超过 300 个城市完成了覆盖工作，为智慧供热的发展奠定了基础，在市政管网的基本建设以及安全运行可靠性方面提供必要的保障。

城镇供热行业各企业结合已有国家北斗精准服务网信号覆盖的热力业务区域，可直接应用国家北斗精准服务网提供的厘米至亚米级精准服务信号，接入企业热力管网定位硬件设备，通过精准位置信息数据融合，在热力行业的规划建设、运行管理、应急抢修、大数据积累等方面获取精准位置信息，建立管线及设施的大数据信息的基础信息及数据，及时进行收集、整理与更新，为城市整体安全、稳定、可靠运行提供有力保障，为构建智能化热网系统打下坚实的基础。为处理地下管线以及基础设施的安全隐患及突发应急事件、确保系统安全运行提供基础条件（图 2-19）。

图 2-19　北斗在热力行业中的应用

北斗系统的精准定位能力可用于下述工作：

（1）应急车辆的定位与事故点导航。在突发事故时，依据数据中心提供的数据共享功能，结合 GIS 数据和监控系统，抢险人员可快速定位事故发生地点及相关影响范围，通过增加北斗系统的精准定位能力卫星通信模块实现应急抢修人员车辆定位、故障位置导航、地图轨迹查询。

（2）热力管网精准定位。在施工测量、工程放样、埋设位置、焊口定位、属性回传及管网复测等环节随时采集和应用厘米级精准位置信息，再通过智能终端和订制 App 的开发，使得后台 GIS 及各个应用系统可以实时、准确获取到现场施工的第一手信息和材料，保障管网施工的高效开展和精准数据的有效采集。

（3）管线寻件。在直埋地下管线的拆、改、移和抢修等开挖作业过程中，快速、准确的掌握直埋地下管线、管件及焊口等关键部件的位置信息，缩短寻件时间，提升现场作业的效率与管理决策的有效性。

（4）热力管线巡检。结合各类管线巡检业务流程，使得巡检人员实现监控实时与管线位置后台比对、巡线到位率精确分析，并将现场事件实时采集拍照回传，实现巡检业务高效、精准可量化，确保输送管道的安全可靠性。

2.2.4 智慧供热的通信传输技术

物联网最终的目的是要做到把需用物体都连接起来，都能够有址可循，从各个设备到传感器都被连成一个整体，将物理世界和信息世界联系起来。在这个过程中，信息的采集和处理，到决策的制定和执行均需要在网络中高效、准确的完成，因此高速、可靠、方便快捷的信息传输手段将扮演重要的角色。

通信系统在智慧热网系统中，有着显著并且举足轻重的地位，其负责连接各个专业的子系统。通信系统，按照地域性划分，一般分为局域网络系统、广域网络系统两部分。调度中心、热源厂、热力站之间用户自行铺设通信线路的专线形式，为局域网系统，该系统搭建投资较大。广域网系统，分为有线、无线两种通信方式，有线通信方式，鉴于其维护、运营的专业性、复杂性，热力企业一般不会完全自行建立，需要委托通信运营商负责建立。大多数情况下，有线、无线都会存在，互为补充。

1. 无线传感器网络

物联网的出现使得各种物体之间的无缝连接成为可能，也标志着更加全面的互联互通成为可能。它意味着互联互通的对象从较高智能的计算机和手机，到低智能的一般物体，连接方式也从不断追求更高速向高速与低速相结合转变。

传感器网络是一种由传感器节点组成的网络，其中每个传感器节点都具有传感器、微处理器，以及通信单元，节点之间通过通信联络组成网络，共同协作来监测各种物理量和事件。已经出现的传感器网络使用各种不同的通信技术，其中又以无线传感器网络（Wireless Sensor Network，WSN）发展最为迅速。

通常情况下，无线传感器网络系统结构如图 2-20 所示[10]。无线传感器网络综合了传感器、嵌入式计算、计算机及无线通信、分布式信息处理等技术，利用分布于无线传感器网络的各个部分的传感器节点，对数据感知和采集；大量的微型传感计算节点，以自组织和多跳的方式构成的无线网络，将数据发送至汇聚节点。汇聚节点与监控或管理中心通过公共网络等进行通信，并最终把这些信息发送给网络所有者。无线传感器网络的微型传感器具有感知、计算和通信能力，分布在需要监测的区域，监测特定的信息、物理参量，如温度、压力、流量等。网关节点将监测现场中的许多传感器节点获得的被监测量数据收集汇总后，通过传输网络传送到远端的监控中心。

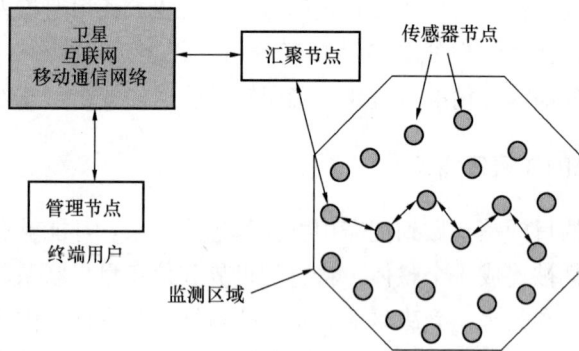

图 2-20　无线传感器网络系统架构

2. 无线通信

随着智能城市、大数据时代的来临，无线通信将实现万物连接。而实现万物互联的基础，是无处不在的网络连接。物理网通信技术很多，常见的有蓝牙、ZigBee、Sigfox、LoRa、GSM 和 NB-IoT。前三种用于短距离物理网通信技术，后三种是低功耗广域网的技术代表。

（1）短距离无线通信技术

物联网对应的短距离传输的无线网络需求可以分为两类：一类是以蓝牙、ZigBee 为代表的低速无线网络传输协议；另一类是以 WiFi 为代表的无线宽带网络。

蓝牙（blue tooth）是一种无线数据与数据通信的开放式标准，作为一种短距离低功耗传输协议，在物联网时代优势明显，其主要目的是为了替换一些个人用户携带的有线设备。蓝牙工作频率为 2.4GHz，覆盖范围为 10m。它以低成本、近距离无线连接为基础，为固定设备或移动设备之间的通信环境建立通用的无线接口，广泛使用在移动设备（手机、PDA）、个人计算机与无线外围设备，同时蓝牙技术还被大量地应用于 GPS 设备等领域。

ZigBee 协议是最早出现在无线传感网领域的无线通信协议，是无线传感网领域最为著名的无线通信协议，工作频率为 2.4GHz，采用跳频技术。基本速率为 250kb/s，覆盖范围为 30~300m，每个 ZigBee 设备可以与 254 个设备相连接。ZigBee 最大的特点是低功耗、自组网、可靠性高，在室温测量等方面优势明显。

无线高保真（Wireless Fidelity，WiFi）技术是一种无线通信协议，传输速率最高可达 20Mb/s，覆盖范围可达 100m 左右，工作频率为 2.4GHz。WiFi 是当今社会应用最为广泛、为大众最为熟知的一种通信技术，同样也是物联网背景下重要无线通信方式之一，是无线宽带技术的代表。WiFi 相对于蓝牙和 ZigBee 两种通信方式，优势在于有更大的带宽，能够实现更快的交互功能，对于物联网中需要进行大量信息传输的地方，WiFi 则成为最佳选择。

（2）低功耗广域网通信技术 NB-IoT

代表性的低功耗广域网通信技术有 LoRa、GSM 和 NB-IoT（Narrow Band Internet of Things，窄带蜂窝物联网）。LoRa 使用非授权频谱，由于任何人皆可使用此频段，可能形成不可控的干扰问题。NB-IoT 使用授权频段（消耗大约 180kHz 的频段），可以在原本的蜂巢式网络设备上快速部署 NB-IoT 的建置。NB-IoT 系统采用了基于 4G LTE（Long Term Evolution，长期演进）演进的分组核心网（EPC）网络架构，并结合 NB-IoT 系统的大连接、小数据、低功耗、低成本、深度覆盖等特点对现有 4G 网络架构和处理流程进行了优化。

NB-IoT 的网络架构如图 2-21 所示，包括：NB-IoT 终端、演进的统一陆地无线接入网络（E-UTRAN）基站（即 eNodeB）、归属用户签约服务器（HSS）、移动性管理实体（MME）、服务网关（SGW）、公用数据网（PDN）网关（PGW）、服务能力开放单元（SCEF）、第三方服务能力服务器（SCS）和第三方应用服务器（AS）。和现有 4G 网络相比，NB-IoT 网络主要增加了业务能力开放单元（SCEF）来优化小数据传输和支持非 IP 数据传输。为了减少物理网元的数量，可以将 MME、SGW 和 PGW 等核心网网元合一部署，称之为蜂窝物联网服务网关节点（C-SGN）。

为了适应 NB-IoT 系统的需求，提升小数据的传输效率，NB-IoT 系统对现有 LTE 处理流程进行了增强，支持两种优化的小数据传输方案，包括控制面优化传输方案和用户面优化传输方案[11]。控制面优化传输方案使用信令承载在终

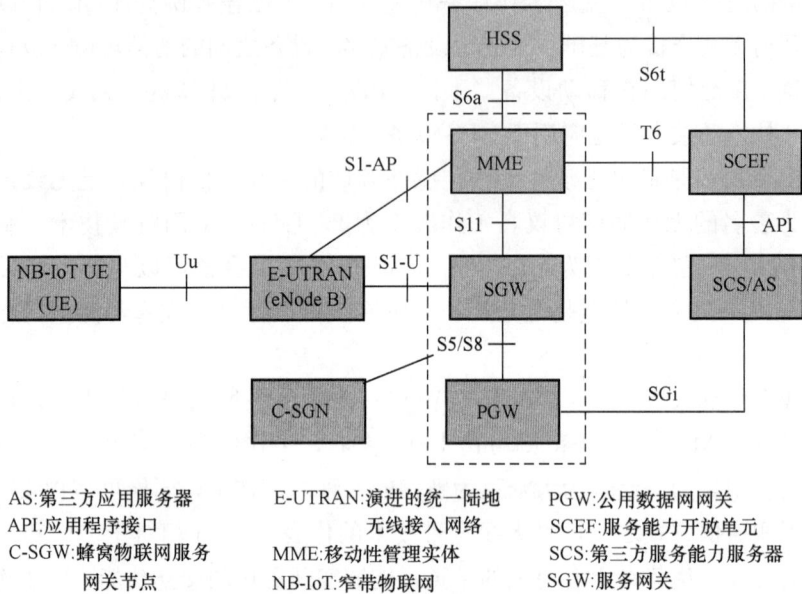

AS:第三方应用服务器　　　　　E-UTRAN:演进的统一陆地　　　　　PGW:公用数据网网关
API:应用程序接口　　　　　　　　　　无线接入网络　　　　　　　　SCEF:服务能力开放单元
C-SGW:蜂窝物联网服务　　　　　MME:移动性管理实体　　　　　　　SCS:第三方服务能力服务器
　　　网关节点　　　　　　　　　　NB-IoT:窄带物联网　　　　　　　SGW:服务网关

图 2-21　NB-IoT 网络架构

端和 MME 之间进行 IP 数据或非 IP 数据传输，由非接入承载提供安全机制；用户面优化传输方案仍使用数据承载进行传输，但要求空闲态终端存储接入承载的上下文信息，通过连接恢复过程快速重建无线连接和核心网连接来进行数据传输，简化信令过程。

NB-IoT 比 GSM 功耗低（电池寿命超过 10 年）、成本低（每个模块不超过 5 美元）、覆盖广（能覆盖到地下，比现有的网络增益 20dB，相当于提升了 100 倍覆盖区域的能力）及容量大（单个小区能支撑 10 万连接，未来还可以进一步升级满足 5G 要求），使其成为当前新的热门的物联网通信技术，并且将成为未来物联网的主流通信网之一。NB-IoT 网络可以广泛应用于远程抄表、室内温度检测、阀门控制等方面。

（3）射频技术

射频技术（Radio Frequency Identification，RFID）技术，又称无线射频识别，是一种非接触式的自动识别技术，可通过无线电信号识别特定目标并读写相关数据，而无需识别系统与特定目标之间建立机械或光学接触。RFID 系统至少包含电子标签和阅读器两部分。电子标签是射频识别系统的数据载体，电子标签由标签天线和标签专用芯片组成。阅读器（读写器）通过天线与 RFID 电子标签进行无线通信，可以实现对标签识别码和内存数据的读出或写入操作。典型的阅读器包含有高频模块（发送器和接收器）、控制单元以及阅读器天线。

工作频率是 RFID 最重要的特点之一，工作在不同频段或频点上的电子标签具有不同特点。RFID 应用占据的频段或频点在国际上有公认的划分。典型的工作频段有：LF（低频，30～300kHz）、HF（高频，3～30MHz）、UHF（超高频，300～1200MHz）、微波（2.45GHz 或 5.8GHz）。

HF 频段标签是目前最成熟的应用，而 UHF 频段相比于 HF 频段具有读取距离远，抗冲撞多标签同时读取（一次读取多个标签）；识别速度快，高速移动物体识别；寿命长；高可靠性和保密性；读写性能更加完善等多种特点，从而可应用于智慧供热中器械管理、身份识别、资产管理和智能抄表等方面。

（4）第五代移动通信（5G）技术

移动通信的发展已经经历了几代。第一代为蜂窝式模拟移动通信（1G），只能提供语音服务；第二代蜂窝式数字移动通信（2G），可提供分组数据通信，最高理论速率为 2.36kbps，网速仅为 9.6kbit/s；2.5 代数字移动通信（GPRS），允许用户在端到端分组转移模式下发送和接收数据，为无线数据传输提供了一条高速公路，多用于集中供热领域的数据传输、远程监控等方面，GPRS 理论带宽可达 171.2kbit/s，实际应用带宽在 40～100kbit/s，第三代为宽带多媒体蜂窝通信（3G），在 2G 的基础上，发展了诸如图像、音乐、视频流的高带宽多媒体通信，解决了部分移动互联网相关网络及高速数据传输问题，最高理论速率为 14.4Mbps；第四代移动多媒体通信（4G），是专为移动互联网而设计的通信技术，从网速、容量、稳定性上相比之前的技术都有了跳跃性的提升，传输速度可达 100Mbit/s 以上，其峰值速率可达 1Gbit/s；第五代移动多媒体通信（5G），是面向 2020 年以后移动通信需求而发展的新一代移动通信系统，5G 移动网络也成为全球各个国家关注的热点之一；5G 可提供超级容量的带宽，任何时候、任何地点至少达到 1Gbit/s，峰值速率可达 50Gbit/s。5G 有以下六大关键技术：高频段传输、新型多天线传输技术、同时同频全双工技术、D2D（Device to Device）通信技术、密集组网和超密集组网技术、新型网络架构。5G 网络不仅传输速率高，而且在传输中呈现出低时延、高可靠性、低功耗的特点，能更好地支撑供热中多种数据传输，尤其是管网节点的数据传输[12,13]。

图 2-22 为 5G 网络架构图，该架构分为三个模块：网络部署场景、接入网和核心网。

近年来，全球物联网正在向着"跨界融合、集成创新"的方向发展，5G 移动网络的低时延、低能耗、广覆盖、超密集组网的特点，能满足物联网未来的发展需求。5G 移动通信技术的应用符合未来物联网发展的需求，也会推动物联网向前发展，使其功能更为强大。

当前物联网是通过 Wi-Fi、ZigBee 连接到网络的，连接数以及传输数据量比

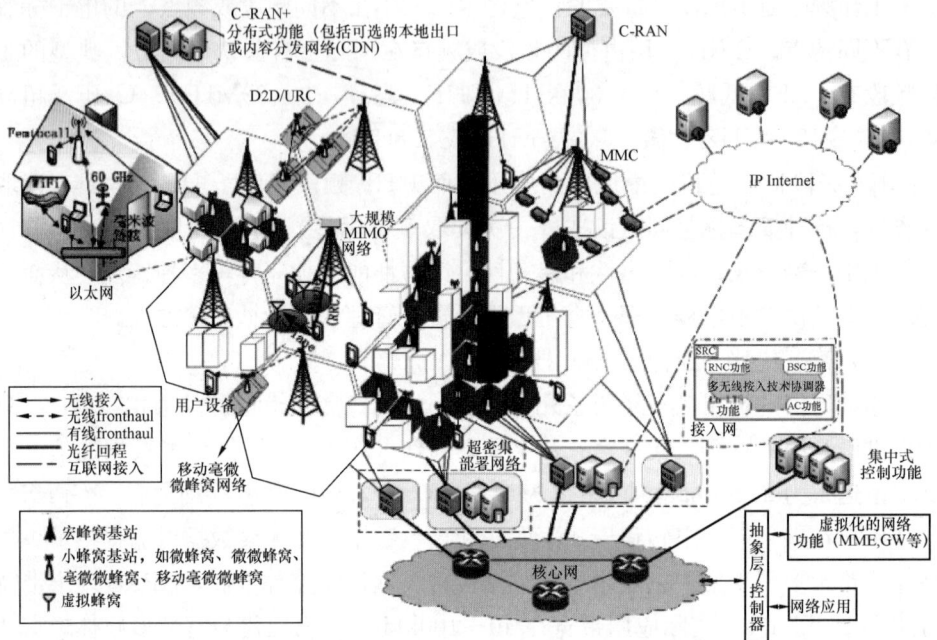

图 2-22 5G 网络架构

较大的时候，常常会造成网络堵塞的现象发生。5G 移动通信与物联网的融合，将会很大程度提高物联网的应用质量，能够使物联网充分利用 5G 网络的优势，扩大覆盖面积，降低了物联网的成本。很大程度减少网络层设备的使用，从而节省设备的安装以及维护等相应的费用。在 5G 应用下，物联网对新网络的搭建以及维护比较方便，智能终端设备以及用户能通过携带的 5G 手机直接连接，不需要新的布线规划。各个用户不需要去构建单独的联系网络，可以借助现有的功能较全的物联网体系，实现自己的目的。

（5）无线光通信技术

无线光通信技术是光通信技术和无线通信技术相结合的产物，由于光波的频率比无线电波的频率高，波长比无线电波的波长短，因此，无线光通信带宽是 WiFi 的 104 倍，是 4G 移动通信的 100 倍，信息传输速率为 10～155Mbit/s，支持任何一种协议传输，满足短距离和长距离无线通信应用，可以解决各种业务高速接入的"最后一公里"问题，随着无线光通信技术的研究应用，未来可以在物品中嵌入含有无线路由器、通信基站、WiFi 接入功能的无线光通信装置芯片，物品便具有高速无线接入的功能，无论在日常生活、工程施工场所和任何恶劣的环境下，只要有光源就可以通信。无线光通信网络作为无线传感网汇聚信息的传输通道更接近物联网在任何时间、任何地点、任何人、任何物都能顺畅地通信的泛在网目标，将成为物联网所采用的主要无线通信技术之一，同时，对于传统的电信网络运营商来讲，无线光通信网络系统可以作为其光缆传输系统的补充和基站间的互联与回传链路。

物联网中的光纤技术应用非常灵活，既可以体现在感知层中的传感器应用，也可以体现在网络层的传输系统应用，还可以"感""传"合一；既可以在小区域范围内组网应用，也可以在长途干线中起作用。物联网未来的智能化发展趋势意味着其可作为辅助各行各业发展的重要助手，推动多个行业智能化发展与升级，尤其是光纤嵌入各种工程、设备之中可与光缆连接形成广域光纤传感网络，与无线网络、互联网、移动通信网络相融合。与此同时，配合云计算平台和大数据技术，无论是物联网的泛在化还是智能化水平都将不断提升，最终达到"智慧"状态，使物联网真正成为经济进步、社会发展的最好服务管理助手。

通信传输技术在智慧供热方面有以下应用：

1）现场数据采集终端采用无线通信传输技术可现场接入多路模拟量、开关量、干触点信号等信号，然后将现场数据与远程控制中心连接，将采集数据实时发送到远程数据库服务器，并存储到数据库中。由于采用无线通信传输技术，可以灵活的采用表达时进行流量计量组态，满足不同客户不同的能源计量要求。

2）可选定不同管道，选择流量、温度或者压力，利用通信传输技术选择不同的时间范围从而查询该时间范围内的各种能源参数曲线。可以直观的观察在该时间范围内能源参数的变化情况。历史数据的存储时间可以根据客户的要求进行设定，在存储时间范围内的任一时间段内的曲线均可查询[14]。

2.3 智慧供热的数据分析技术

供热企业随着信息化水平的提高，聚集的数据量越来越大，供热企业引入大数据平台能够帮助供热企业进行资源和信息的整合。基于大数据分析的智慧供热平台集数据采集、汇集、分析服务于一体，通过数据采集、汇集、分析、描述、诊断、预测、决策来提高供热资源配置效率，降低供热运行成本。平台的核心是"数字化模型"，即将大量供热基本原理、行业知识、模型工具等规则化、软件化、模块化，并封装为可重复使用的组件。数字化模型可以分为两种，一种是机理模型，包括基础理论模型、流程逻辑模型、设备模型、组件模型、故障模型、仿真模型；另一种是大数据分析模型，大数据分析模型包括数据采集、数据整合和数据分析模型。

2.3.1 大数据及大数据分析

大数据（big data）是指无法在一定时间内用常规软件工具对其内容进行抓取、管理和处理的巨量数据集合，是需要新处理模式才能具有更强的决策力、洞察发现力和流程优化能力的海量、高增长率和多样化的信息资产。大数据技术，是指从各种各样类型的海量数据中，快速挖掘并获得有价值信息的能力。

大数据由巨型数据集组成，必须借由计算机对数据进行统计、比对、解析方能得出客观结果。大数据有 4 个特点（4V）：①数据体量大（volume）；②数据类型繁多（variety），如视频、图片、地理位置、数据信息等；③处理速度快（velocity），可从各种类型的数据中快速获得高价值的信息；④只要合理利用数据并对其进行正确、准确的分析，将会带来很高的价值回报（value）。

大数据的"大"不仅仅体现在数据的海量性，还在于数据的复杂性。大数据技术的战略意义不在于掌握庞大的数据信息，而在于对这些含有意义的数据进行专业化处理。在大数据环境下需要解决的是海量数据的存储和海量数据的运算问题。从技术上看，大数据与云计算密不可分。大数据无法用单台的计算机进行处理，必须采用分布式架构。大数据处理关键技术一般包括：大数据采集、大数据预处理、大数据存储及管理、大数据分析及挖掘、大数据展现和应用（大数据检索、大数据可视化、大数据应用、大数据安全等）。

大数据采集主要包括数据传感器体系、网络通信体系、传感适配体系、智能识别体系及软硬件资源接入系统。实现对海量的结构化数据（即行数据，可以用二维表结构来逻辑表达实现的数据）、半结构化数据（指介于完全结构化数据和完全无结构的数据之间的数据，如 XML、HTML 文档）、非结构化数据（不方便用数据库二维逻辑来表现的数据，包括所有格式的办公文档、文本、图片、XML、HTML、各类报表、图像和音频/视频信息等）的智能化识别、定位、跟踪、接入、传输、信号转换、监控、初步处理和管理等[15]。实时数据处理流程见图 2-23。数据收集器负责采集实时数据，此后需要经过预处理、处理队列和

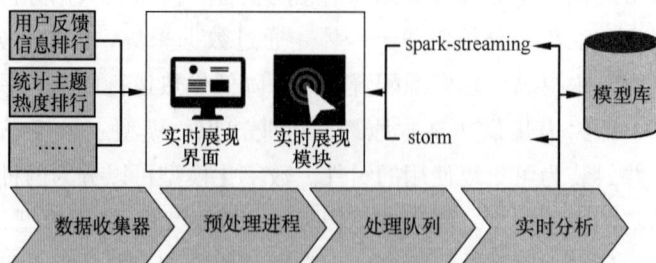

图 2-23 实时数据处理流程

实时分析模块对数据进行初步加工，这些数据作为流式处理框架（如 storm）、实时流数据处理（spark-streaming）和用于大数据分析的模型库的数据源。离线数据处理流程见图 2-24。

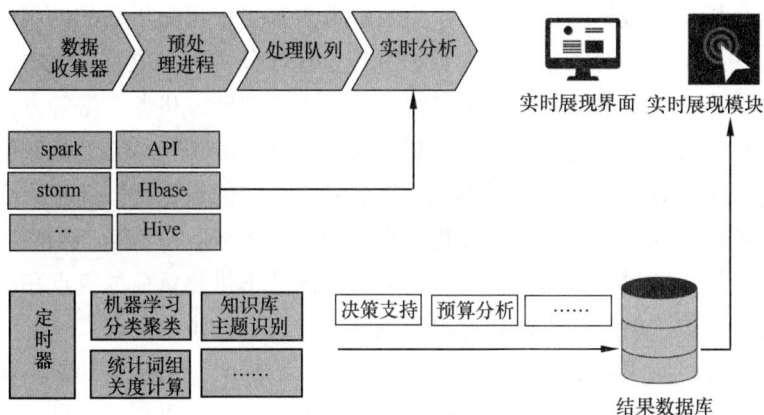

图 2-24 实时数据处理流程

大数据预处理主要完成对已接收数据的辨析、抽取、清洗等操作。抽取是将多种结构及类型的复杂数据转化为单一的或便于处理的构型，以达到快速分析处理的目的。实际的数据大体上是不完整、不一致的"脏"数据，无法直接进行数据挖掘，通过数据的预处理工作，使残缺的数据完整，并将错误数据纠正、多余的数据去除，进而将所需要的数据挑选出来，并进行数据集成。数据清洗原理是利用有关技术如数理统计、数据挖掘或预定义的清理规则将"脏"数据转化为满足数据质量要求的数据（图 2-25）。数据清洗从数据的准确性、完整性、一致性、唯一性、适时性、有效性几个方面来处理数据的丢失值、越界值、不一致代码、重复数据问题。

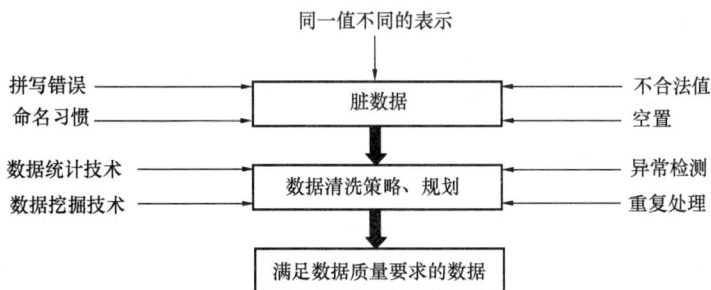

图 2-25 数据清洗原理

采集到的大数据要用存储器存储起来，建立相应的数据库，并进行管理和调用。传统的关系数据库经过近 40 年的发展已经成为一门成熟同时仍在不断演进的数据管理和分析技术，但是关系数据管理系统的扩展性在互联网环境下遇到了前所未有的障碍，不能胜任大数据分析的要求。需要采用新的方法，以解决大数据可存储、可表示、可处理、高可靠性及有效传输的问题。

数据分析是大数据处理的核心。大数据分析是指根据分析目的，用适当的数据分析方法及工具，对收集来的大数据进行处理与分析，提取有价值的信息。大数据挖掘是指从大量的数据中，通过统计学、人工智能、机器学习等方法，挖掘出重要的且有价值的信息和知识的过程。大数据分析的理论核心就是数据挖掘算法。数据挖掘的算法多种多样，不同的算法基于不同的数据类型和格式会呈现出数据所具备的不同特点。大数据分析最重要的应用领域之一就是预测性分析。以负荷预测为例，通过大数据分析，挖掘某特定区域下供热负荷的特点和趋势，可以帮助运行人员了解目前供热状况以及确定下一周期的供热方案。

不论是分析专家，还是普通用户，在分析大数据时，最基本的要求就是对数据进行可视化分析。经过可视化分析后，大数据的特点可以直观地呈现出来，让用户以直观交互的方式实现对数据的观察和浏览，发现数据中隐藏的特征、关系和模式。将单一的表格变为丰富多彩的图形模式，简单明了、清晰直观，更易于使用者接受。

2.3.2 云计算的体系架构及云平台

云计算是一种基于互联网的计算方式，通过这种方式，共享的软硬件资源和信息可以按需提供给计算机和其他设备。云计算系统由云平台、云存端、云终端和云安全四部分组成（图 2-26）。云平台从用户的角度可分为公有云、私有云和混合云等。公有云为第三方提供商为用户提供服务的云平台，用户可通过互联网访问公有云中的服务，但不能长期独占，云端提供的服务具有通用性。私有云是为一个用户单独使用而组建的云平台，用户对自己的云计算平台具有自主权，可以根据自己的需要进行自主创新。混合云为结合了公有云和私有云的优点而组建的云平台，用户对私有云具有自主权，但对公有云没有自主权，用户可以在公有云提

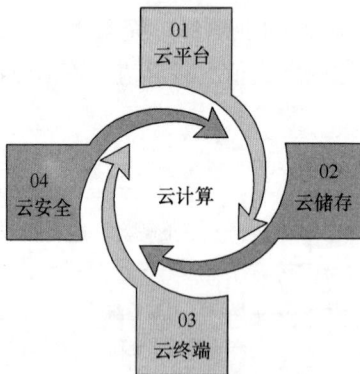

图 2-26　云计算系统

供的通用服务基础上，运用自己的私有云，开发具有针对自己需求的混合云。

云计算技术体系结构分为物理资源层、资源池层、管理中间件层和面向服务的体系结构（SOA）层（图 2-27）。

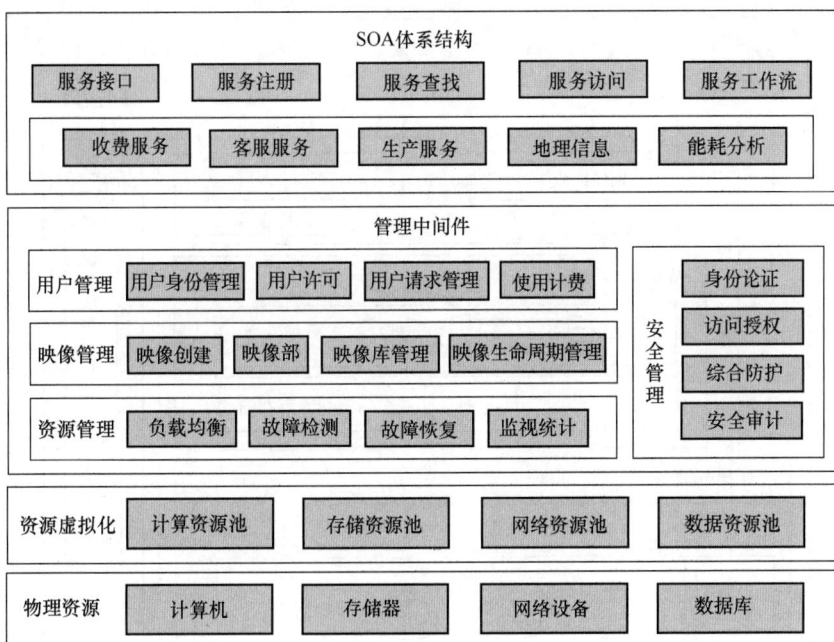

图 2-27　云计算技术体系结构

物理资源层包括计算机、存储器、网络设施、数据库和软件等。资源池层是将大量系统类型的资源构成同构或接近同构的资源池，如计算资源池、数据资源池等。管理中间件层负责对云计算资源进行管理，并对众多应用任务进行调度，使资源能高效、安全地为应用提供服务。SOA 构建层将云计算能力封装成标准的 Web Services 服务，并纳入到 SOA 体系进行管理和使用，包括服务注册、查找、访问和构建服务工作流等。管理中间件和资源池是云计算的最关键部分，SOA 构建层的功能更多依靠外部设施提供。

供热云计算可以按需提供弹性资源，它的表现形式是一系列服务的集合。其体系架构可分为核心服务、服务管理、用户访问接口 3 层，如图 2-28 所示。核心服务层将硬件基础设施、软件运行环境、应用程序抽象成服务，这些服务具有可靠性强、可用性高、规模可伸缩等特点，满足多样化的应用需求。服务管理层为核心服务提供支持，进一步确保核心服务的可靠性、可用性与安全性。用户访问接口层实现端到云的访问。

供热云计算的目的是以低成本的方式提供高可靠、高可用、规模可伸缩的个性化服务。为达到这个目标，需要虚拟化技术、分布式技术、数据中心构建技术、云计算安全技术、云计算变成模式等关键技术加以支持。

智慧供热大数据架构有很多种形式，类似 MapReduce、Spark、HBase、Im-

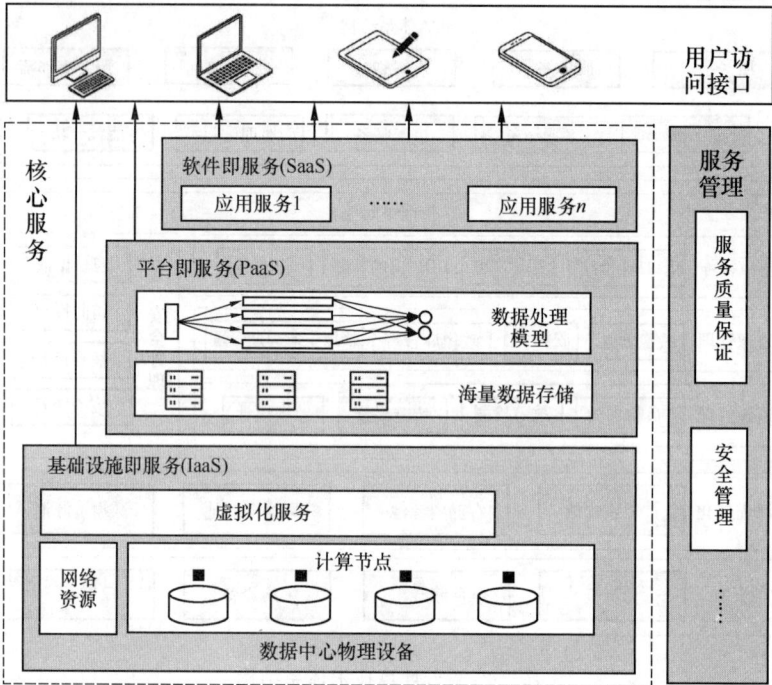

图 2-28 供热云计算体系架构

pala 等等，每种框架都各有其特点，而且大多数框架中的具体服务组件可被替换，不同的架构之间可以相互融合。图 2-29 为一典型方案的软件功能架构。

云平台从服务的角度可分为基础设施即服务（IAAS），平台即服务

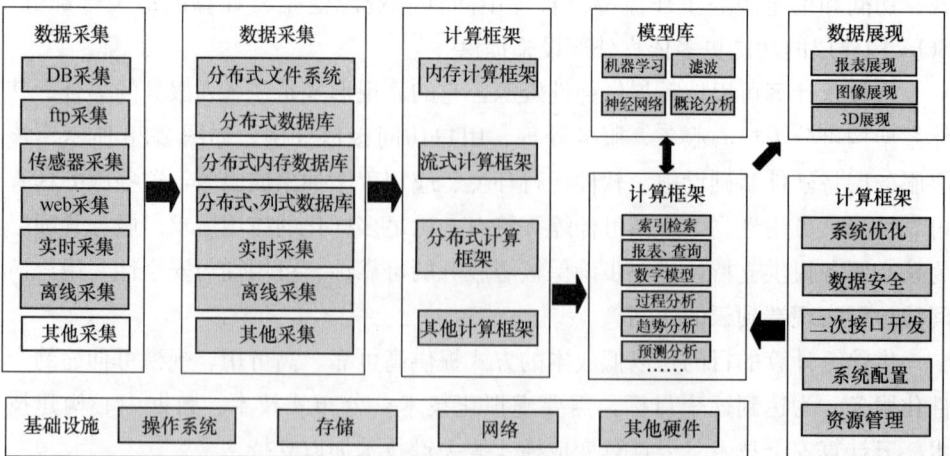

图 2-29 大数据方案软件架构示意图

（PAAS）和软件即服务（SAAS）。IAAS 通过互联网提供给用户的是出租处理能力、存储、网络和其他基本的计算资源，用户能够部署和运行任意软件，包括操作系统和应用程序。用户不管理或控制的底层的云计算基础设施，但能控制操作系统、存储、部署的应用，也有可能选择网络组建（如防火墙等）。PAAS 提供给用户的是将用户用供应商提供的开发语言和工具创建的应用程序部署到云计算基础设施上去。用户不需要管理或控制的底层的云计算基础设施，包括网络、服务器、操作系统、存储，但用户能控制部署的应用程序，也可能控制应用的托管环境配置。SAAS 是一种通过互联网络提供软件的模式，提供给用户的服务是服务商运行在云计算基础设施上的应用程序，用户无需购买软件，不需要管理或控制的底层的云计算基础设施，包括网络、服务器、操作系统、存储，而是向提供商租用基于 WEB 的软件，来管理企业的经营活动。图 2-30 为大数据云平台的一种模式。

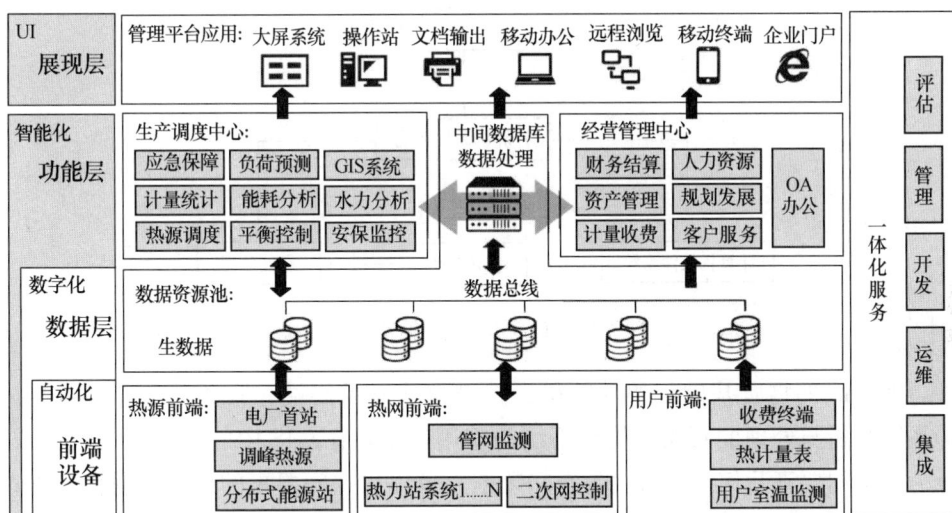

图 2-30 大数据云平台

2.3.3 地理信息系统

在智慧供热系统中，往往采用时空数据（带有地理位置标签与时间标签的数据）可视化与地图学相结合，对时间与空间维度，以及与之相关的信息对象属性建立可视化表征，对与时间和空间密切相关的模式及规律进行展示。

地理信息系统（Geographic Information System，GIS）是以地理空间数据为基础，采用地理模型分析方法，适时地提供多种空间的和动态的地理信息，对各种地理空间信息进行收集、存储、分析和可视化表达，是一种为地理研究和地理决策服务的计算机技术系统。GIS 与北斗卫星导航系统（BeiDou Navigation Satellite System，BDS）或全球定位系统（Global Positioning System，GPS）及遥感图像处理系统（RS）合称为 3S 技术，是信息化和数字化的重要手段。

地理信息系统实质是一个具有集中、存储、操作和显示地理参考信息，以地理研究和地理决策为目的的人机交互式的空间决策支持系统。它具有以下三个方面的特征：①具有采集、管理、分析和输出多种地理空间信息的能力，具有空间性和动态性；②以地理研究和地理决策为目的，以地理模型方法为手段，具有区域空间分析、多要素综合分析和动态预测能力，产生高层次的地理信息；③由计算机系统支持进行空间地理数据管理，并由计算机程序模拟常规的或专门的地理分析方法，作用于空间数据，产生有用信息，完成人类难以完成的任务。

一个完整的地理信息系统由四部分组成（图 2-31）：①软件，即支持数据采集、存储、加工、回答用户问题的计算机程序系统，软件层次见图 2-32；②硬

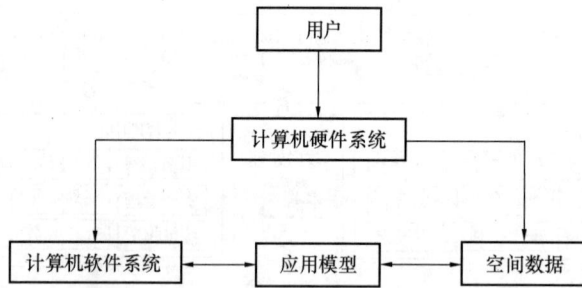

图 2-31 GIS 的基本结构

件，即 GIS 的物质基础，如计算机、扫描仪、显示终端、服务器等；③数据，即系统分析与处理的对象、构成系统的应用基础，在 GIS 中的两种地理数据成分为与空间要素几何特性有关的空间数据以及提供空间要素的信息的属性数据；

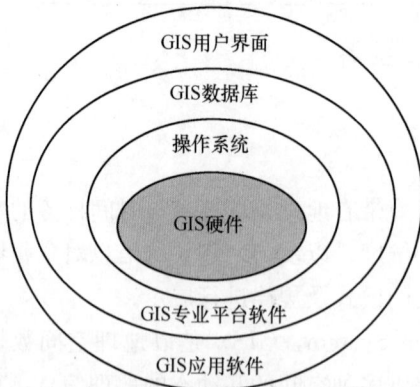

图 2-32 GIS 软件层次

④用户，即 GIS 的服务对象。计算机软硬件系统提供工作环境，空间数据是 GIS 应用优劣的核心，应用模型提供了解决专门问题的理论及方法，用户决定了系统的工作方式。

随着信息技术的发展和 GIS 理论、技术方法的进步，GIS 的应用早已渗透到人类社会的多方面（科学调查、资源管理、财产管理、供热规划、供热设计等），形成多层次、不同尺度的应用格

局。目前形成了以数据和应用需求为驱动、以 GIS 平台为核心的各种应用系统。供热地理信息系统可基于 GIS 的强大的空间分析功能和计算功能与其他系统结合，实现供热智能化或供热信息化。

供热设施一般都具有时间跨度长、数量大、变化多、隐蔽性强、覆盖面广、与地理位置密切关联等特点。热力企业在管网的建设过程中，以往对这些信息的保存、调用均以图纸档案的方式。由于种种原因，各种图纸和档案繁多，很多数据不完整、不准确，这就使得图档的查询、管理相对困难。供热设施的基础资料变化，跟不上城市建筑、道路等基础设施的更新，归档不能做到迅速及时，遗漏、破损、老化、信息重复等问题较多。由于管线资料的缺乏或不精确，易造成地下管线施工时、发生意外事故时，由于无法提供准确的管线资料，而造成调度、指挥和决策迟缓，以致在地下管线设施管理中，直接和间接的经济损失严重。供热地理信息系统则是解决这一问题的最佳方法。

供热地理信息系统建立在 GIS 平台上，根据供热系统形式以及企业的需求进行设计开发[16]。供热地理信息系统的数据源分为两类，一类为基础数据库，包括城市基础地形图和用于反映地形、标高、交通、水系、境界、房屋和人口等信息的属性数据；另一类是与供热系统相关的专题数据库，包括热力管网的热源、热力站、管网、检查井等热力设施的空间数据及相关专业技术信息、运行记录等属性数据（图 2-33、图 2-34）。

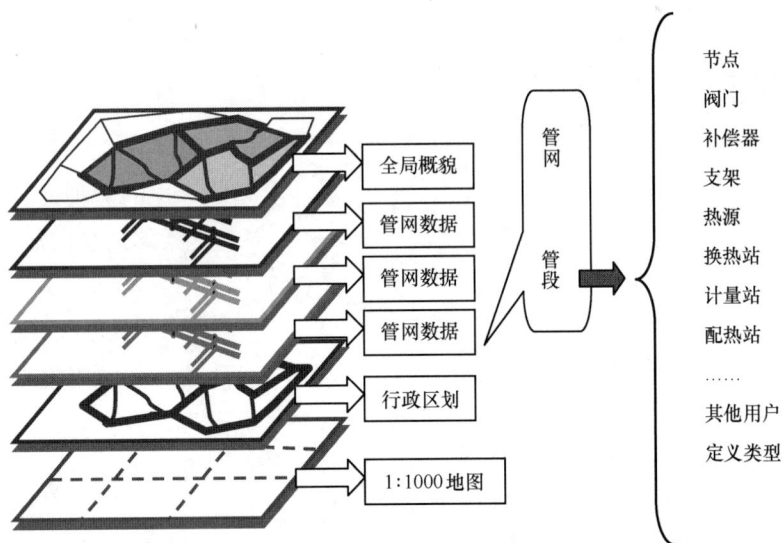

图 2-33　供热地理信息系统管网数据模型图

供热地理信息系统不仅能用电子地图形式直观地表现背景地理信息，而且能将数据库中信息进行直观的可视化分析，挖掘隐藏在结构化数据中的有用信息，并可作图文互查、综合分析等。智慧供热地理信息是整个城市供热管网运营监控平台的基础，通过 GIS 技术、热网水力计算分析技术和供热管网模型进行集成开发，提供将供热设施管网的统一存储和综合管理，能够分析供热管网内的温度、压力、流量等变化过程，并同时具有热网运行工况诊断分析、热网规划设计等功能，实现整个供热系统的过程管理和运行管理。结合地理信息系统（GIS）和三维展示应用技术，直观展示厂区内、厂区外的地下以及地上管线的空间层次和位置以及主要设备的情况，以不同场景展现地下管线的埋深、材质、形状、走向以及管井结构和周边环境。建立基于 GIS 的、以各种管网设备为表现实体对象、可视化的生产管理模式，将供热管网的生产和经营数据、业务信息与地理信息有机的结合起来，实现供热管网可视化的生产和经营管理、决策分析等，可以极大的提高供热生产和经营的管理效率，实现供热信息动态管理、供热设施的空间定位及特定属性查询（如管道构造、敷设深度、建设年代、维修记录等）、供热网路分析（管网运行的水力工况分析，事故工况下的最佳维修路径分析）、管网运行空间决策支持、管网信息发布等功能，实现集中供热优质、高效运行、提高工作效率、降低运营成本。供热地理信息系统如图 2-34 所示。

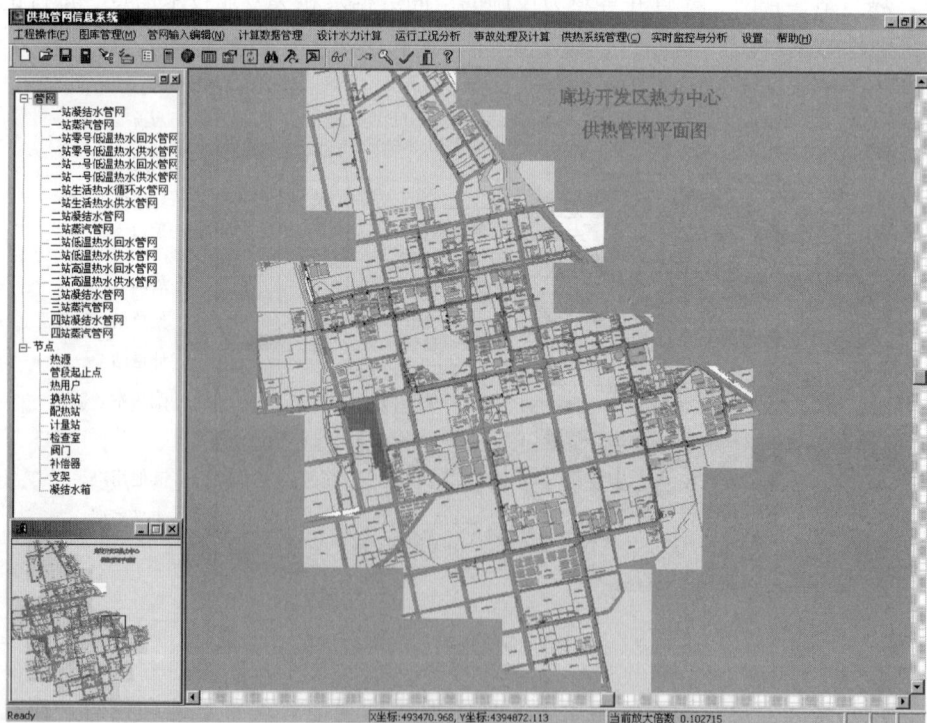

图 2-34　供热地理信息系统

2.3.4　虚拟现实与增强现实

数据采集技术和计算机技术的进步，使得人们可以容易地获得大量的实测数据或计算数据。人们希望能在获得的数据的基础上解释数据、理解数据，把得到的数据信息转换为直观的、用视频或声频信息表示的、随时间和空间变化的物理现象或模拟的物理现象。并且希望在观察计算所得的数据的基础上，能感受计算所得的形象结构和全局观念。同时希望能沉浸在计算所得、计算所创建的三维空间中，能交互地控制、驾驭和修改所"看见和感受到"的计算结果。这种信息处理系统已不再是建立在单维的数字化空间上，而是建立在一个多维的信息空间中。虚拟现实技术就是支撑这个多维信息空间的关键技术。

虚拟现实（Virtual Reality，VR）是采用计算机构造一个视景真实、动作真实、声音真实、感觉真实的虚拟环境，用户从自己的视点出发，借助专用的输入输出设备，以自然的方式与虚拟环境中的物体进行交互作用、相互影响，从而获得亲临等同真实环境的感受和体验[17]。

一般来说，一个完整的虚拟现实系统由虚拟环境、以高性能计算机为核心的虚拟环境处理器、以头盔显示器为核心的视觉系统、以语音识别、声音合成与声音定位为核心的听觉系统、以方位跟踪器、数据手套和数据衣为主体的身体方位姿态跟踪设备，以及味觉、嗅觉、触觉与力觉反馈系统等功能单元构成（图 2-35）。

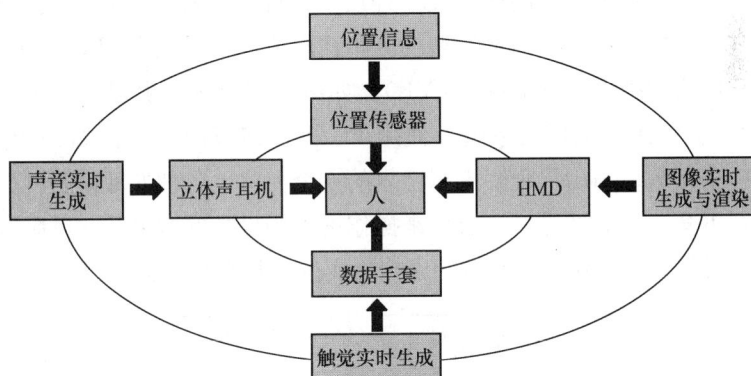

图 2-35　虚拟现实体系结构

虚拟现实分为五类：

（1）沉浸式虚拟现实（immersive VR），也称为最佳虚拟现实，选用了完备先进的虚拟现实硬件和虚拟现实软件技术支撑，提供参与者完全沉浸的体验，使用户有一种置身于虚拟世界之中的感觉。其明显的特点是利用头盔显示器把用户的视觉、听觉封闭起来，产生虚拟视觉，同时，它利用数据手套把用户的手感通道封闭起来，产生虚拟触动感。系统采用语音识别器让参与者对系统主机下达操作命令，与此同时，头、手、眼均有相应的头部跟踪器、手部跟踪器、眼睛视向跟踪器的追踪，使系统尽可能的达到实时性。临境系统是真实环境替代的理想模型，它具有最新交互手段的虚拟环境。常见的沉浸式系统（图 2-36）有基于头盔式显示器的系统、投影式虚拟现实系统。该种形式系统的设备投资较高。

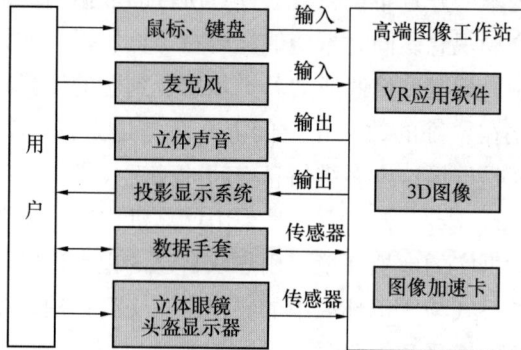

图 2-36　沉浸式虚拟现实系统体系结构

（2）分布式虚拟现实（distributed VR），是在基于网络虚拟环境中，将位于不同物理位置的多个用户或多个虚拟现实环境通过网络连接，或者多个用户同时参加一个虚拟现实环境，共同体验虚拟经历，对同一虚拟世界进行观察和操作，以达到协同工作的目的。目前最典型的分布式虚拟现实系统是 SIMNET。

（3）桌面式虚拟现实（desktop VR）。如图 2-37 所示，其基本上是一套普通 PC 平台的消息桌面虚拟现实系统。使用 PC 机或初级图形工作站去产生仿真，计算机的屏幕用来作为用户观察虚拟境界的一个窗口，各种外部设备（鼠标、追踪球、数据手套、力矩球等）一般用来操作虚拟场景中的对象，立体眼镜可以在 360°范围内浏览虚拟世界。桌面级的虚拟现实的参与者是不完全沉浸的，但是成

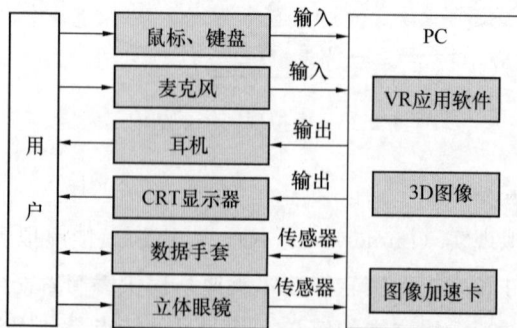

图 2-37　桌面式虚拟现实系统体系结构

本也相对低一些。常见桌面虚拟现实技术有基于静态图像的虚拟现实 QuickTime VR、虚拟现实造型语言 VRML、桌面三维虚拟现实、MUD 等。

（4）纯软件虚拟现实技术，是在无虚拟现实硬件设备和接口的前提下，利用传统的计算机、网络和虚拟现实软件环境实现的虚拟现实技术。投资少，效果显著。

（5）增强现实性的虚拟现实（augmented reality，AR），是将真实环境和虚拟环境无缝结合在一起的一种系统，它既允许用户看到真实世界，同时也可以看到叠加在真实世界的虚拟对象，从而达到超越现实的感官体验。这种系统不仅可以减少对构成复杂真实环境的计算，而且可以对实际物体进行操作，达到亦真亦幻的境界，利用它来增强参与者对真实环境的感受，也就是增强现实中无法感知或不方便感知感受。

虚拟现实是一种先进的计算机用户接口，它通过给用户同时提供视、听、触等各种直观而又自然的实时感知交互手段，具有沉浸感（immersion，是指用户置身于计算机虚拟环境中的真实程度）、交互性（interaction，是指参与者对虚拟现实场景中物体的可操作程度已经从虚幻环境所得到的反馈的自然程度和实时性）、想象力（imagination，是指在虚拟现实世界开发并寻找合适的场景和对象，以及充分发挥人类的想象力和创造力）等重要特征（3I 特征）。

虚拟现实技术并不是一项单一的技术，而是多种技术综合后产生的。它利用计算机及各种传感设备构造一种信息环境，使人能够高效、自然地对此信息环境进行感知、交互、产生沉浸感或达到某种信息传达的目的。使得人们能在通过数据采集设备或通过分析计算而获得的数据的基础上解释数据、理解数据，把得到的数据信息转换为直观的、用视频或声频信息表示的、随时间和空间变化的物理现象或模拟的物理现象。并且可在观察所得的数据的基础上，能感受数据结果的形象结构和全局观念，沉浸在一个多维的信息空间中，能交互地控制、驾驭和修改所"看见和感受到"的分析结果[17]。其核心的关键技术主要有动态环境建模技术（包括实际环境三维数据获取方法、非接触式视觉建模技术等）、立体显示和传感器技术（包括头盔式三维立体显示器、数据手套、力觉和触觉传感器技术）、系统开发工具应用技术（包括虚拟现实系统开发平台、分布式虚拟现实技术）、实时三维图形生成技术、系统集成技术（包括数据转换技术、语音识别与合成技术等）等五大项。

虚拟现实不仅是一个演示媒体，而且可以应用到智慧供热的各个环节。在供热设计中，可通过视觉形式反映设计者的思想，把设计目标变成看得见的虚拟物体和环境，实现设计建造、维护、设备使用、客户服务等全寿期分析，即看即所得，很大程度提高设计和规划的质量与效率。

在供热设备开发中，虚拟现实将使工业设计的手段和思想发生质的飞跃，对企业提高开发效率，加强数据采集、分析、处理能力，减少决策失误，降低企业风险起到了重要的作用。

在供热运行中，可使在操作室中的运行人员漫游系统或城市各个角落，直观地看到生动逼真的设备、管道及城市街道景观，如身临其境，场景和运行人员之间能实现交互（图 2-38）。虚拟现实的产生为应急分析提供了一种全新的开展模式，将事故现场模拟到虚拟场景中去，在模拟突发现场环境时，虚拟现场各种事故情况，如爆管分析、人员去哪些地方关闭阀门、疏散哪些人群、调集哪些人群进行抢修和指挥，并组织参演人员做出正确响应。这样的推演很大程度降低了投入成本，提高了推演实训时间，从而保证了人们面对事故灾难时的应对技能，并且可以打破空间的限制，方便的组织各地人员进行推演。还可以人为的制造各种事故情况，受训者可以将自身置于各种复杂、突发环境中去，从而进行针对性训练，提高自身的应变能力与相关处理技能和人们面对事故灾难时的应对技能，并且可以打破时间、空间的限制，方便的组织各地人员进行在相同的虚拟演练场所进行实时的集中化演练。

图 2-38　供热首站的 VR 展示

在供热设备维修方面，通过虚拟现实技术与计算机仿真结合，可以实现逼真的设备拆装、故障维修等操作，真实展现装备的维修过程，增强装备寿命周期各阶段关于维修的各种决策能力，包括维修性设计分析、维修性演示验证、维修过程核查、维修训练实施等。当巡检人员遇到难以做出决策的巡检项目或者遭遇紧急事故需要处理，而以其自身的知识经验和现有的数据信息无法解决现场问题时，巡检人员可以采用远程 AR 协助。通过智能眼镜摄像头以其第一视角将现场复杂的情景直接传送到远程专家处，专家可通过平板、手机、PC 等设备随时随地进行援助，由于获得是巡检人员第一视角就如亲临现场进行观察，远程专家通过语音，增强现实电子白板，直观的将数字信息远程直接叠加在巡检人员的视野中的操作对象上，现场巡检人员犹如获得现场专家的指导一样处理棘手问题，极大的减少了沟通和交流成本。管理人员可以随时随地使用移动设备、PC、平板等设备观察巡检人员的工作状态（如其工作轨迹），或者远程查看巡检人员第一视角的工作状况。当有紧急任务需要优先执行或者突发事件需要进行快速响应支援时，管理人员可以通过 PSS 系统（网络视频监控系统）将信息推送给附近最适宜进行援助或者执行紧急任务的巡检人员，巡检人员第一时间做出回应，管理人员能快速反应和了解现场状况并进行协调，做出最优化的决策。

在供热人才培养方面，虚拟现实技术能够为学生提供生动、逼真的学习环境，提供无限的虚拟体验，从而加速和巩固学生学习知识的过程。虚拟现实的沉浸性和交互性，使学生能够在虚拟的学习环境中扮演一个角色，全身心地投入到学习环境中去，这非常有利于学生的技能训练。学生在虚拟学习环境中亲身去经历、亲身去感受比空洞抽象的说教更具说服力，主动地去交互与被动的灌输，有本质的差别，学习过程形象化，学生更容易接受和掌握。虚拟现实通过虚拟培训，不但可以加速学员对产品知识的掌握，直观学习，提高从业人员的实际操作能力，还很大程度降低了企业的教学、培训成本，改善培训环境。

2.4　智慧供热的科学决策技术

2.4.1　人工智能

人工智能是最新兴的科学与工程领域之一。其正式的研究工作在第二次世界大战结束后迅速展开，1956 年创造了"人工智能"（Artificial Intelligence，AI）这个名称。如今人工智能迎来了第三次高速成长（图 2-39）。

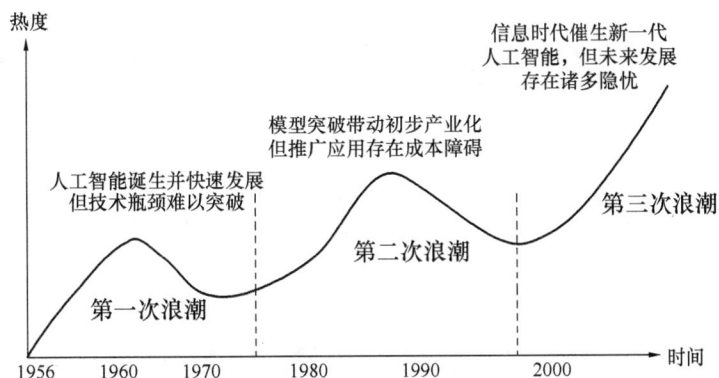

图 2-39　人工智能发展历程示意图

99

人工智能的定义有多种，表 2-2 中列出人工智能的若干定义[19]。上部的定义关注思维过程与推理，而下部的定义强调行为。左侧的定义根据与人类表现的逼真度来衡量成功与否，而右侧的定义依靠一个称为合理性的理想的表现量来衡量。一个系统若能基于已知条件"正确执行"，则它是合理的。从本质上来讲，人工智能是研究、设计和应用智能机器或智能系统，来模拟人类智能活动的能力、以延伸人类智能的科学。因此有人认为，人工智能是研究人类智能活动的规律，构造具有一定智能的人工系统，研究如何让计算机去完成以往需要人的智力才能胜任的工作，也就是研究如何应用计算机的软硬件来模拟人类某些智能行为的基本理论、方法和技术。

人工智能的若干定义 表 2-2

像人一样思考的系统	理性思考的系统
"要使计算机能够思考……意思就是：有头脑的机器"（Haugeland，1985 "与人类的思维相关的活动，诸如决策、问题求解、学习等活动"（Bellman，1978）	"通过利用计算模型来进行心智能力的研究"（Chamiak 和 McDermott，1985）"对使得知觉、推理和行为成为可能的计算的研究"　（Winston，1992）
像人一样行动的系统	理性地行动的系统
"一种技艺，创造机器来执行人需要智能才能完成的功能"（Kurzweil，1990）"研究如何让计算机能够做到那些目前人比计算机做得更好的事"（Rich 和 Knight，1991）	"计算智能是对设计智能化智能体的研究"（Poole 等，1998）"AI……关心的是人工制品中的智能行为"（Nilsson，1998）

计算机科学与技术的飞速发展和广泛应用，为人工智能的研究和应用奠定了良好的物质基础。人类的智能活动过程主要是一个获得知识并运用知识的过程，知识是智能的基础。人工智能是在控制论、信息论和系统论的基础上诞生的，和人工智能有关的学科及人工智能的研究和应用领域见图 2-40[20]。

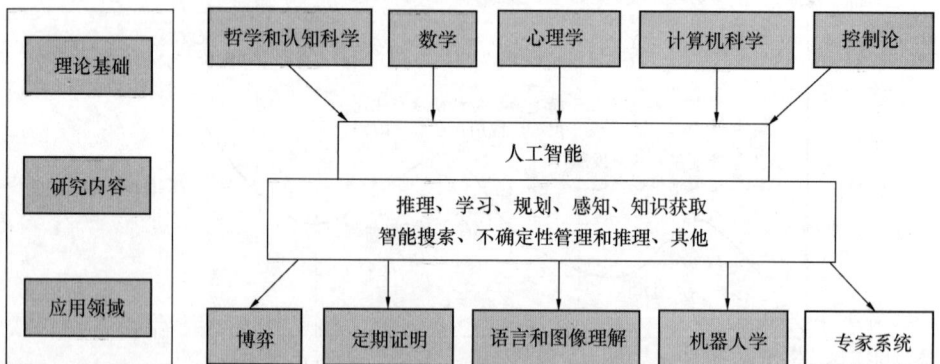

图 2-40　人工智能的研究与应用

　　人工智能的研究内容涉及知识表示、搜索技术、机器学习、求解数据和知识不确定问题的各种方法。人工智能的应用领域包括专家系统、博弈、定理证明、自然语言理解、图像理解和机器人等。

　　1. 专家系统

　　人工智能旨在研究如何利用计算机等现代工具设计模拟人类行为的系统。在众多的人工智能应用领域中，专家系统是目前人工智能中最活跃、最有成效的智能应用系统。专家系统是一种在特定领域内具有专家的大量知识与经验、达到专家水平的解决问题能力的程序系统。它旨在研究如何设计基于知识的计算机程序系统来模拟人类专家求解问题的能力。它从人类专家那里获取知识，运用专家们多年积累的经验与专门知识，模拟人类专家的思维过程，用来解决只有专家才能解决的困难问题，因而可供非专家们用来增进问题解决的能力，同时专家们也可把它视为具备专业知识的助理。其水平可以达到甚至超过人类专家的水平。

　　(1) 专家系统应该具备的三个要素

　　1) 具有专家水平的专门知识

　　一个专家系统为了能像人类专家那样地工作，就必须具有专家级的知识，知识越多、质量越高，解决问题的能力就越强。

　　一般来说，专家系统的知识可分为三个层次：数据级、知识库级和控制级。数据级知识是指具体问题所提供的初始证据以及问题求解过程中所产生的中间结论、最终结论等，例如供热系统的状态、运行数据、供热运行调度方法等。知识库级知识，是指专家的知识，如专家供热运行调度的经验等。一个专家系统性能的高低，取决于这部分知识的质量和数量。要集中本领域内多数专家的意见，以避免片面性及失误，避免由于人类专家水平差异或专家的某些知识是错误或不全面而导致的专家系统犯相同的错误。控制级知识是关于如何运用前两种知识的知识，它体现了系统的"智能"程度。

　　2) 能进行有效的推理

　　专家系统的任务是求解领域内的现实问题。问题的求解过程是一个思维过程，即推理的过程。不仅能做一般的逻辑推理，而且还能利用问题的启发性信息进行启发式的搜索，试探性推理以及不精确推理、不完全推理等，以做出决策和判断。

　　3) 具有获取知识的能力

　　专家系统的基础是知识。通过建立知识的自动获取工具，使得系统自身具有学习能力，能从系统运行的实践中不断总结出新和更新老知识，使知识库中的知识越来越丰富、完善。

专家系统与传统的计算机程序的主要区别如表 2-3 所示。

专家系统与传统的计算机程序的主要区别[19]　　　　表 2-3

项目	传统的计算机程序	专家系统
处理对象	数字	符号
处理方法	算法	启发式
处理方式	批处理	交互式
系统结构	数据和控制集成	知识和控制分离
系统修改	难	易
信息类型	确定性	不确定性
处理结果	最优解	可接受解
适用范围	无限制	封闭世界假设

（2）专家系统的基本结构

专家系统的基本结构如图 2-41 所示，其中箭头方向为信息流动的方向。专家系统通常由人机接口、知识库、数据库、知识获取、推理机、解释器等 6 个部分构成。

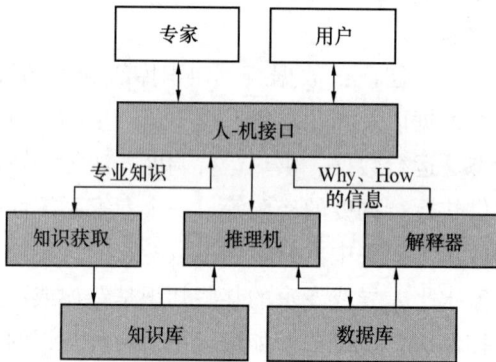

图 2-41　专家系统的基本结构

人机接口是专家系统与专家及用户进行交流的界面，用于完成输入、输出工作。

知识库是知识的存储器，用于存储问题求解所需要的知识，包括基本事实、规则和其他有关信息。知识库中的知识源于领域专家，知识库中知识的质量和数量决定着专家系统的质量水平。

数据库是用于存放系统运行过程中所产生的所有信息，以及所需要的原始数据，包括用户输入的信息、推理的中间结果、推理过程的记录等的工作存储器。数据库中由各种事实、命题和关系组成的状态，既是推理机选用知识的依据，也是解释机制获得推理路径的来源。

知识获取是专家系统中获取知识的结构，负责建立、修改和扩充知识库，它把问题求解的各种专门知识从人类专家的头脑中或其他知识源那里转换到知识库中。

推理机是专家系统的"思维"机构，是实施问题求解的核心执行机构。其任务是模拟专家的思维过程，控制并执行问题的求解。它根据当前已知的事实，对按一定策略找到的知识进行解释执行，求得问题的答案或证明某个结论的正确性。推理机可以采用正向推理、逆向推理及双向推理等各种策略。

解释器用于对求解过程做出说明，并回答用户提出的"why"和"how"。它让用户理解程序正在做什么和为什么这样做，向用户提供了关于专家系统的一个认识窗口。

随着互联网应用的快速发展，专家系统在传统的基于规则的基础上，涌现出一些新型专家系统，如分布式专家系统、协同式专家系统、神经网络专家系统、基于互联网的专家系统等，对于扩大专家系统的应用范围，加快专家系统的开发过程，将发挥重要促进作用[21]。

（3）专家系统分类

用于供热行业的专家系统可分为下述几类[22]。

1）诊断型专家系统：根据系统运行状态，推导出系统的问题或原因以及解决问题方法的一类系统，如故障诊断。

2）解释型专家系统：根据表面信息，解释系统内部情况的一类系统，如水力工况分析。

3）预测型专家系统：根据现状预测未来情况的一类系统，如负荷预报。

4）设计型专家系统：根据给定的目标进行工程设计的一类系统，如热网设计、供热产品设计等。

5）决策型专家系统：对可行方案进行综合评判并优选的一类专家系统，如调度方案。

6）规划型专家系统：用于制定行动规划的一类专家系统，如自动控制程序设计。

7）教学型专家系统：能够辅助教学的一类专家系统。

8）监视型专家系统：对运行工况进行监测并在必要的时候进行干预的一类专家系统。

（4）专家系统的评价

随着专家系统应用的日益广泛以及专家系统原型的日益增多，专家系统的评价变得日益重要。往往从以下几个方面评价专家系统。

1）知识的完备性

专家系统是否具有完善的知识，知识是否一致、完整，知识是否与领域专家的知识保持一致。

2）表示方法及组织方法的适当性

专家系统是否充分表达领域知识，尤其是对不精确知识的表示是否准确、合理；是否有利于知识的利用，有利于提高搜索速度及推理的效率；要求用多种模式表示知识时，其表示方法与组织方法是否便于对这种知识的表示与组织；是否便于知识的维护与管理。

3）系统所作的决定和建议的质量

评价一个专家系统时，不仅要看其"符合率"的高低（专家系统推出的结论与人类专家得出的结论的符合程度），更要看它的"准确率"程度（专家系统推出的结论与客观实际情况符合的程度）。当两者不完全一致时，以专家的结论作为衡量的标准。

4）系统的效率

搜索及推理的效率以及对系统资源的利用率要高。

5）人和计算机之间对话的质量

专家系统人机交互方式要便利，解释它如何做出决策的基本能力以及使系统的解释适合于使用者专门知识水平的能力要强。当使用者需要帮助时，专家系统对使用者提供帮助的能力要强。

6）系统的可维护性

系统要便于修改与扩充，特别是知识库更改要方便。

7）成本效果

专家系统的开发或使用成本以及社会效益与经济效益。

2. 机器学习

学习是一个有特定目的的知识获取过程，其内部表现为新知识的不断建立和知识更新，而外部表现为系统的性能的改善。学习能力是人类智能的根本特征，人类通过学习来提高和改进自己的能力。学习的基本机制是设法把在一种情况下是成功的表现行为转移到另一类似的新情况中去。学习过程在本质上是学习系统把专家提供的学习实例或信息转换成能被学习系统理解并应用的形式存储在系统中。任何具有智能的系统都必须具备学习的能力。

机器学习解决的是如何使计算机具有学习能力。它是通过数据和算法在机器上训练模型，并利用模型进行分析决策与行为预测的过程。机器学习目前广泛应用在专家系统、认知模拟、数据挖掘、图像识别、故障诊断、自然语言理解等领域。机器学习是人工智能最为重要的通用技术，几乎与人工智能中每一个研究领域都有直接或间接的关系，都需要得到机器学习的支持和帮助，一个不具有学习能力的智能系统难以称得上是一个真正的智能系统。机器学习的主要目的是为了从使用者和输入数据等处获得知识，从而可以帮助解决更多问题，减少错误，提高解决问题的效率。其最终目标是要使计算机能像人一样进行学习，并且能通过学习获取知识和技能，不断改善性能，实现自我完善。用机器学习解决问题过程如图 2-42 所示。

图 2-42　机器学习解决问题过程

知识获取是前面所介绍的专家系统的困难问题。在专家系统中，为了获取知识建立知识库，需要由知识工程师从供热专家那里抽取知识，但是供热专家一般习惯于提供具体事例，不善于提供知识，这就加大了抽取知识的难度。要求知识工程师直接与供热专家对话，并在理解的基础上进行形式化，然后经编码送入知识库中。这就要求知识工程师从头学习一门本来陌生的专业知识，稍有疏忽或者由于理解上的不全面、不准确就会造成知识错误。机器学习可以从大量事例中归纳出专家系统需要的知识，为知识的自动学习提供了方法。机器学习中的概念分析、概念聚类等技术，可以缓解专家系统中知识组合爆炸问题。

从学习形式的角度，机器学习可分为监督学习（对标记样本进行学习）、无监督学习（对没标记样本进行学习）、半监督学习（同时使用标记样本和没标记样本学习）和增强学习（通过与环境的测试性交互来优化和估计实际动作，来实现序列的决策，输入数据同时作为对模型的反馈），机器学习的主要共用技术见表 2-4[23]。

机器学习的主要共用技术　　　　　　　　　　　表 2-4

名称	分类	定义描述
监督学习技术	线性回归技术	学习预测模型首选的技术之一。自变量可以是连续的也可以是离散的，回归线的本质是线性的
	逻辑回归技术	用来计算"事件＝Success"和"事件＝Failure"的概率，应用于变量类型属于二元变量时
	神经网络技术	大量神经元之间相互联接构成的计算模型，表现出良好的智能特性
	支持向量机技术	与相关的学习算法有关的监督学习模型，可以分析数据和识别模式
	决策树算法	根据数据属性采用树状结构建立决策模型，常用来解决分类和回归问题
非监督学习技术	K 均值算法	一种集群分析的算法，其主要是来计算数据聚集程度，寻找点群中心
	异常检验算法	能够有效区分系统的非随机偏差
	主成分分析法	利用降维思想，把多指标转化为集合综合指标（即主成分）

名称	分类	定义描述
半监督学习技术	迁移学习	通过迁移已有的知识解决目标领域中仅有少量标签样本数据甚至没有的学习问题。放宽了传统机器学习中所要求的要有足够的训练样本和训练样本要满足同分布条件的两个基本假设
	基于自训练的 EM 算法	在每一步迭代中将当前中间分类器把握性最大的文本直接加入到标注样本集合。可加快 EM 算法的迭代速度，提高最终分类器的准确性

从学习方法角度，机器学习可以分为归纳学习、类比学习、分析学习、发现学习、遗传学习和连接学习。

归纳学习是通过给定关于某个概念的一系列已知的正例和反例，推导出一般规则的学习方法。其目标是形成合理的解释已知事实和预见新事实的一般性结论。归纳学习由于依赖于经验数据，因此也称为经验学习；由于归纳依赖于数据间的相似性，所以也称为相似性学习。常用的算法有变型空间法和决策树法等。归纳学习中的变型空间学习可以看作是在变型空间中的搜索过程，决策树学习是应用信息论中的方法对一个大的训练集做出分类概念的归纳定义。由于归纳推理通常是在实例不完全情况下进行的，因此归纳推理是一种主观不充分置信的推理。

类比学习是通过目标对象与源对象的相似性，从而运用源对象的求解方法来解决目标对象的问题。类比学习把两类或两类事物或情形进行比较，找出它们在某一抽象层上的相似关系，并以这种关系为依据，把某一事物或情形的有关知识加以适当整理（或变换）对应到另一事物或情况，从而获得求解另一事物或情形的知识。常用的方法有转换类比学习方法、基于案例的推理方法、迁移学习方法等。基于案例的推理方法将人类经验以案例形式表示，并通过案例的调整和改造来获得当前问题的解。

分析学习是在领域知识指导下进行实例学习。其推理策略主要是演绎，而非归纳。分析学习的目的是改善系统性能，而不是新的概念描述。分析学习包括基于解释的学习、演绎学习、多级结构组块及宏观操作学习等技术。基于解释的学习是从问题求解的一个具体过程中抽取出一般的原理，并使其在类似情况下也可利用。将学到的知识放进知识库，简化了中间的解释步骤，可以提高今后的解题效率。

发现学习是根据实验数据或模型重新发现新的定律的方法。遗传学习起源于模拟生物繁衍的变异和达尔文的自然选择，把概念的各种变化当作物种的个体，把向量的每一个元素作为基因，并利用目标函数对群体中的每一个个体进行评价，根据评价价值对个体进行选择、交换、变异等遗传操作，得到新的群体。遗传算法适用于带有大量噪声和无关数据、事物不断更新、问题目标不能冒险和精确定义，已经通过很长的执行过程才能确定当前行为的价值等复杂困难环境。

连接学习是一种非符号的学习方法，它是一种基于神经网络及网络间的连接机制通过典型实例的训练，识别输入模式的不同类别。它采用自底向上的学习，能从训练事例中自动获取知识。人们只要为它提供大量的经验数据进行训练，它就能从这些数据中总结出能区分各种不同可能性的典型特征。一旦对它训练完成后，它就可以快速地执行。一个连接模型一般是由一些简览的类似神经元的单元及单元间带权的联接组成，学习主要表现在调整网络中的联接权。

3. 数据挖掘

现在的人生活在数据时代。快速增长的海量数据收集、存放在大量的大型数据库中。由于决策者缺乏从海量数据中提取有价值知识的工具，使得重要的决策常常不是基于数据库中含有丰富信息的数据，而是基于决策者的经验。海量的数据变成了"数据坟墓"。尽管在开发专家系统和知识库系统方面已经做出很大的努力，但是这种系统通常依赖用户或领域专家人工地将知识输入知识库。而这一过程常常有偏差和错误，并且费用高、耗费时间。数据挖掘（Data Mining，DM）又称数据库中的知识发现（Knowledge Discover in Database，KDD），为有效地消除数据与信息之间的鸿沟提供了有效地方法。人们将数据挖掘定义为：从大量的、不完全的、有噪声的、模糊的、随机的实际应用数据中，提取隐含在其中的、人们事先不知道的，但又是潜在有用的信息和知识的过程。

数据挖掘是一门交叉学科，它把人们对数据的应用从低层次的简单查询，提升到从数据中挖掘知识，提供决策支持。数据挖掘是一种决策支持过程。它吸纳了诸如统计学、机器学习、模式识别、数据库和数据仓库、信息检索、可视化、算法、高性能计算和许多应用领域的大量技术（图 2-43），高度自动化地分析获得的数据，做出归纳性的推理，从中挖掘出潜在的模式，帮助决策者调整策略，减少风险，做出正确的决策。利用数据挖掘进行数据分析常用的方法主要有分

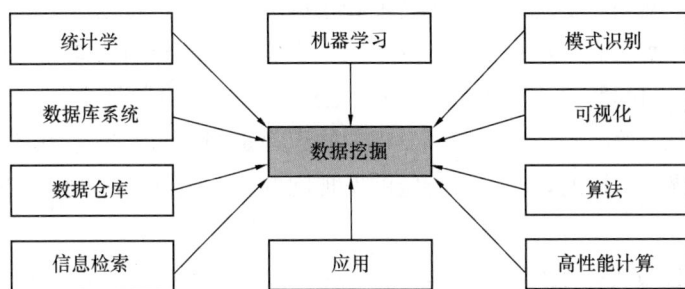

图 2-43　数据挖掘从其他许多领域吸纳技术

107

类、回归分析、聚类、关联规则、特征、变化和偏差分析、Web 页挖掘等，它们分别从不同的角度对数据进行挖掘（表 2-5）[24]。数据挖掘的基本过程和主要步骤见图 2-44。

数据挖掘的常用方法　　　　　　　　　　　　　　表 2-5

方法	定义描述
分类	找出数据库中一组数据对象的共同特点，并按照分类模式将其划分为不同的类，其目的是通过分类模型，将数据库中的数据项映射到某个给定的类别
回归分析	反映的是事务数据库中属性值在时间上的特征，产生一个将数据项映射到一个实值预测变量的函数，发现变量或属性间的依赖关系，其主要研究问题包括数据序列的趋势特征、数据序列的预测以及数据间的相关关系等
聚类分析	把一组数据按照相似性和差异性分为几个类别，其目的是使得属于同一类别的数据间的相似性尽可能大，不同类别中的数据间的相似性尽可能小
关联规则	描述数据库中数据项之间所存在的关系的规则，即根据一个事务中某些项的出现可导出另一些项在同一事务中也出现，即隐藏在数据间的关联或相互关系
特征分析	从数据库中的一组数据中提取出关于这些数据的特征式，这些特征式表达了该数据集的总体特征
变化和偏差分析	偏差包括很大一类潜在有趣的知识，如分类中的反常实例，模式的例外，观察结果对期望的偏差等，其目的是寻找观察结果与参照量之间有意义的差别

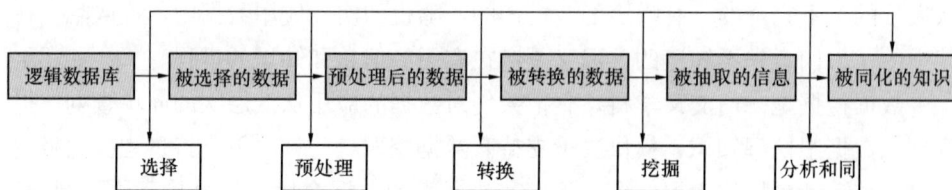

图 2-44　数据挖掘的基本过程和主要步骤

数据挖掘常用技术有人工神经网络、决策树、遗传算法、近邻算法、规则推导等。数据挖掘利用了统计和人工智能技术的应用程序，它把这些高深复杂的技术封装起来，使人们不用自己掌握这些技术也能完成同样的功能，并且更专注于自己所要解决的问题。一般认为，"数据挖掘"是从海量数据中挖知识，而机器学习是从数据中挖经验。数据挖掘发现的知识都是相对的，是有特定前提和约束条件、面向特定领域的，仅支持特定的发现问题。要能够易于被用户理解、要可接受、可运用。

4. 智能决策支持系统

决策是人们针对某一问题，根据确定的目标及当时的实际情况制定多种候选方案，然后按照一定的标准从中选出最佳方案的过程。

将经常重复发生，能按照已规定的程序、处理方案和标准进行的决策称为结构化决策；将决策过程复杂、决策过程和决策方法没有固定的规律可遵循、没有固定的决策规则和通用规则可依、决策者的主观行为对各阶段的决策效果有相当影响的决策问题称为非结构化决策；将决策过程和决策方法有一定规律可循，但又不能完全确定，有所了解但不全面，有所分析但不确切，有所估计但不确定的问题，称为半结构化问题。

智能决策支持系统（Intelligence Decision Supporting System，IDSS）是决策支持系统（Decision-making Support System，DSS）与人工智能（Artificial Intelligence，AI）相结合的产物，它是将人工智能技术引入决策支持系统而形成的一种新型信息系统。它是以信息技术为手段，应用管理科学、计算机科学及有关学科的理论和方法，针对半结构化和非结构化的决策问题，通过提供背景材料、协助明确问题、修改完善模型、列举可能方案、进行分析比较等方式，为管理者做出正确决策提供帮助的智能型人机交互式信息系统。

传统的智能决策支持系统是由决策支持系统与专家系统组成。决策支持系统由处理与人机交互系统（包括语言系统和问题处理系统）、模型库系统（包括模型库管理系统和模型库）和数据库（包括数据库管理系统和数据库）三部分组成。专家系统由知识库、推理机和知识库管理系统组成[21]。

在传统智能决策支持系统基本结构基础上增加数据仓库和数据开采机构，并将基本结构中综合集成的"问题与人机交互系统"改为"问题综合与交互系统"，则构成了图 2-45 所示的新的智能决策支持系统。在该结构体系中包含了两个有

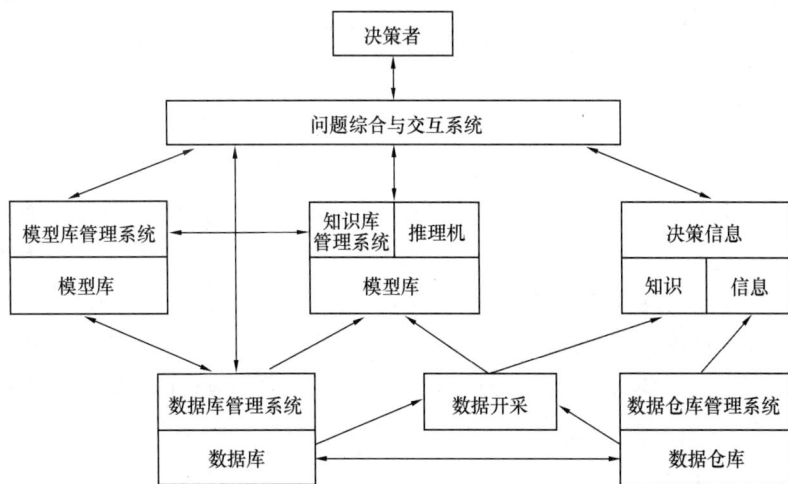

图 2-45　智能决策支持系统的结构

机结合为决策者提供较强的辅助决策手段的主体，一个是知识库系统和模型库系统（以知识推理形式解决定性分析问题和以模型计算为核心解决定量分析问题），另一个是数据仓库和数据开采（从数据库、数据仓库中提取各种反应数据内在联系的有用信息的知识）。

知识库子系统的组成由知识库管理系统、知识库及推理机组成。知识库管理系统的功能是回答对知识库知识增、删、改等知识维护的请求以及回答决策过程中问题分析与判断所需知识的请求。知识库是知识库子系统的核心。知识库中存储的是那些既不能用数据表示，也不能用模型方法描述的专家知识和经验，即决策专家的决策知识和经验知识，同时也包括一些特定问题领域的专门知识。知识库包含事实库和规则库两部分。推理机是一组程序，它针对用户问题去处理知识库（规则和事实）。

智能的决策支持技术为：专家系统、神经网络、遗传算法、机器学习、自然语言理解。智能决策支持系统具有如下特点：

1）基于成熟的技术，容易构造出实用系统。

2）充分利用了各层次的信息资源。

3）基于规则的表达方式，使用户易于掌握使用。

4）具有很强的模块化特性，并且模块重用性好，系统的开发成本低。

5）系统的各部分组合灵活，可实现强大功能，并且易于维护。

6）系统可迅速采用先进的支撑技术，如 AI 技术等。

2.4.2　智能设计及智能运行

智能供热有广义及狭义之分。广义智能供热，应包括供热系统的智能设计、供热系统的智能建造、供热系统的智能运行及服务等。狭义的智能供热，是指供热系统的智能运行。

1. 智能设计

智能设计是指应用现代信息技术，采用计算机模拟人类的思维活动，提高计算机的智能水平，从而使计算机能够更多、更好地承担设计过程中各种复杂任务，成为设计人员的重要辅助工具。智能设计以设计方法学为指导，以人工智能为手段，借助于专家系统在知识处理上的强大功能，结合人工神经网络和机器学习技术，较好地支持设计过程自动化。它以传统 CAD 技术为数值计算和图形处理工具，对设计对象进行优化设计，仿真分析；面向集成智能化，不但支持设计全过程，而且考虑与仿真系统集成，提供统一的数据模型与交换接口，提供强大的人机交互功能[25]。

智能设计的发展与 CAD 的发展联系在一起，在 CAD 发展的不同阶段，设计活动中智能部分的承担者是不同的。传统 CAD 系统以产品结构性能分析和计算机辅助绘图为主要特征，只能处理计算型工作，却难以胜任符号的知识模型和符号处理等推理型工作，设计智能活动是由人类专家完成的。

智能 CAD 系统（ICAD）把人工智能技术与优化设计、有限元、计算机绘图等技术结合，使计算机较多地参与方案决策、结构设计、性能分析、图形处理等设计全过程。在 ICAD 阶段，智能活动由设计型专家系统完成，但由于采用单一领域符号推理技术的专家系统求解问题能力的局限，设计对象的规模和复杂性都受到限制，如设计型专家系统，可以模拟某一领域专家设计的过程，采用单一知识领域的符号推理技术，解决单一领域内的特定问题。ICAD 系统完成的产品设计主要还是常规设计，不过借助于计算机支持，设计的效率很大程度提高。

计算机集成智能设计系统（I2CAD），智能活动由人机共同承担。I2CAD 以智能 CAD 系统为基础，以各种智能设计方法作为理论依据，能对设计的各阶段工作以及运行工作提供支持、有唯一且共同的数据描述，具有发现错误、提出创造性技术方案和进行运行工况分析等智能特性，它不仅可以胜任常规设计，还可支持创新设计。I2CAD 有良好的人机智能交互界面，同时能自动获取数据并生成方案，能对设计过程和设计结果以及设定工况的运行结果进行智能显示。

2. 智能运行及服务

在智能供热系统中，供热系统智能运行通过智能决策系统来实现，涉及供热系统安全、供热优质高效服务及供热系统经济运行问题（图 2-46）。

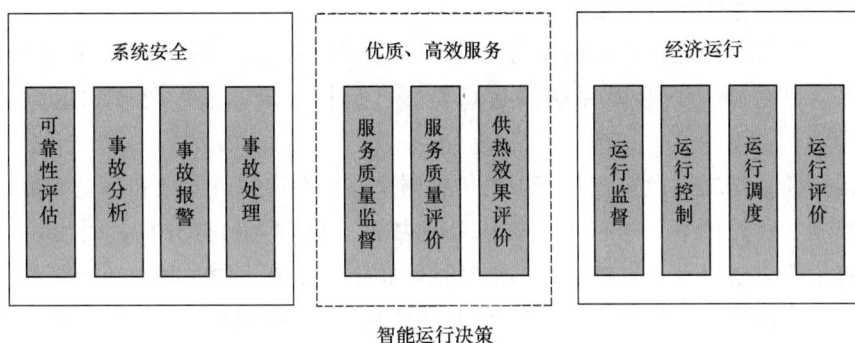

图 2-46　智能运行决策系统功能要求

（1）供热系统安全

大型集中供暖系统是涉及民生的公用系统，供热系统安全涉及热源、热网、热力站及热用户系统的运行安全。供热系统发生事故有其自身的规律，尽管供热系统事故不能完全杜绝，但通过对事故发生原因分析、事故处理方法的自学习，可以制定出更加合理的事故处理方案和维护管理方法，减少事故发生的次数和事故处理时间及影响范围，并可对供热系统异常发出报警，提高供热安全。

事故分析大多是基于对供热系统水力工况分析的基础上进行的。运行状态下的水力工况分析与管网设计时进行的静态或动态水力工况分析是完全不同的。这是由于实际建成的供热管网由于现场条件的变化（如长度、局部阻力构件等），实际运行管网的状态（如管道的腐蚀及管中的沉积物、管道的使用年限、流速）等其与设计时所假定的条件完全不同，因此需要通过测量数据，辨识出实际运行管网的特性参数，分析出管网实际运行时的水力工况，评估供热系统的可靠性，快速诊断并准确地提出解决任何运行质量事件的方案。

供热管理系统中传统的事故报警多采用固定阈值法进行判断，在智慧供热系统中则基于人工智能技术进行事故报警，通过对供热系统水力工况分析数据以及历史故障数据进行挖掘，建立故障预警模型，从而对运行数据进行实时监测分析，对异常数据发出报警。智慧供热平台在事故处理时可对关阀方案、事故处理时间和影响范围进行分析，有效提高事故处理的效率。

（2）供热的优质高效服务

服务是供热行业的基本任务，服务的目标是要达到或超越热用户的期待，其优劣直接影响到供热企业的生存和发展。将服务评价渗透到基本服务全过程的每一个环节，使得决策、管理、绩效评价和监督问责的科学化、精细化和透明化得以实现，通过对供热服务的监督、评价，有利于建立起高素质的服务队伍，提供企业的供热服务水平。

（3）供热系统的经济运行

供热系统经济运行的目的是为了提高企业运行效率，降低企业的运行成本。供热系统的经济运行涉及系统的运行监督、运行控制、运行调节和运行评价（图 2-47）[6]。

运行监督是通过设置在系统中的传感器来监督系统运行参数和环境参数，为运行控制、运行调节和运行评价提供基础数据。通过大数据分析，得出每个热源、每个热力站以至于每栋建筑的热特性，预报出未来一段时间内在预测的室外温度下，为保证室内目标温度，需要由供热系统提供的热量。根据预报的供热量，系统的设备配置状况，制定出优化的运行调节方案；在保证系统不出现热力失调的情况下，优化系统的热力工况；在给定供热负荷的情况下，根据供热系统的实时运行工况，确定今后一个调度周期内对运行设备进行优化调度策略；对运行设备实施控制：①为实现调度目标，以提高能源转换效率为目的而对于能源转换设备的优化控制。②为实现调度目标，以降低运行能耗为目的对于动力设备的优化控制。③为系统运行调节提供条件，而对管网系统进行的平衡调节。④为节约能源，热用户根据自身的需求而进行的室温调节及控制。从而实现能源转换设

运行监督	运行控制	运行调节	运行评价

运行监督：
运行参数监督
- 供热量
- 流量
- 供回水温度
- 供回水压力
- 补水压力
- 补水量
- 电量
- 电流

环境参数监督
- 室外温度
- 室内温度

运行控制：
能源转换设备优化控制
- 热电厂
- 调峰锅炉
- 锅炉房
- 换热站

动力设备优化控制
- 循环水泵
- 补给水泵
- 中继泵
- 加压泵
- 管网平衡调节
- 用户平衡控制

运行调节：
- 供热负荷预报
- 运行调节方案优化
- 热力工况优化

运行调度
- 锅炉经济运行调度
- 水泵经济运行调度
- 多热源经济运行调度
- 事故工况运行调度

运行评价：
设备评价
- 锅炉运行效率
- 水泵运行效率

系统评价
- 补水率
- 输送效率
- 水力平衡度
- 室内温度
- 耗电量指标
- 耗热量指标

经济运行

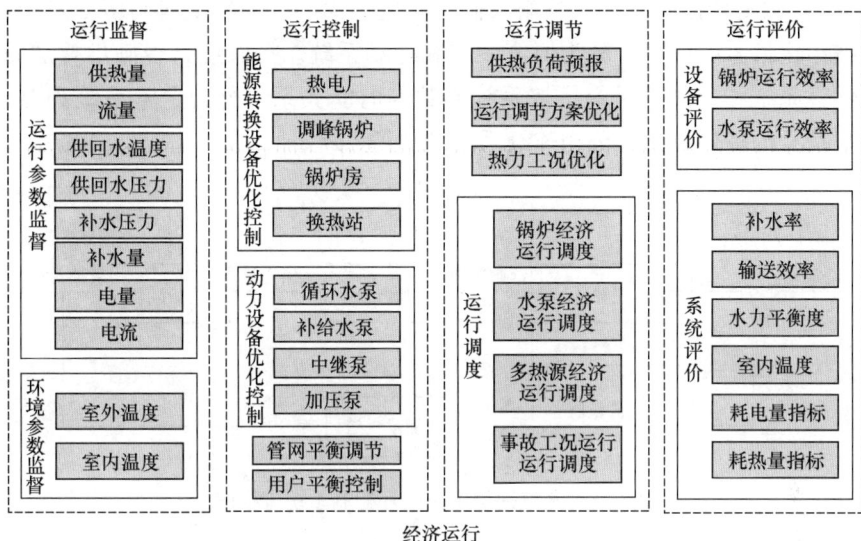

图 2-47 智能供热系统经济运行功能

备的高效运行，能源输送系统输送成本最小。每一个运行周期，要对运行效果进行评价，主要对运行的系统设备效率和系统运行成本进行评价。

2.5 智慧供热的调控技术

2.5.1 经典控制技术

自动控制是在没有人直接参与的情况下，利用外加的设备或装置（控制装置），使热力设备或生产过程（控制对象）的某个工作状态或参数（被控量）自动地按照预定的规律运行。为实现某一控制目标，所需要的所有物理部件的有机组合称为自动控制系统。按照发展的过程，我们通常把自动控制分为经典控制技术和现代控制技术两个部分。

经典控制技术是经典控制论的技术实现应用，是通过具有一定控制功能的自动控制系统，来完成某种控制任务，保证某个过程按照预想进行，或者实现某个预设的目标。

经典控制理论也称为自动控制理论。以传递函数作为描述系统的数学模型，以时域分析法、根轨迹法和频域分析法作为主要分析设计工具，构成了经典控制理论的基本框架。经典控制理论的研究对象是单输入单输出的自动控制系统。自动控制系统有多种分类方法，按控制方式分为开环控制系统、闭环控制系统

（图 2-48）和复合控制系统。按输入输出变量多少，分为单变量与多变量控制系统。按给定信号的形式，分为恒值系统和随动系统。按系统是否满足叠加原理，分为线性系统和非线性系统。按系统参数与时间关系，分为定常系统和时变系统。按信号的传递方式，分为连续系统和离散系统。

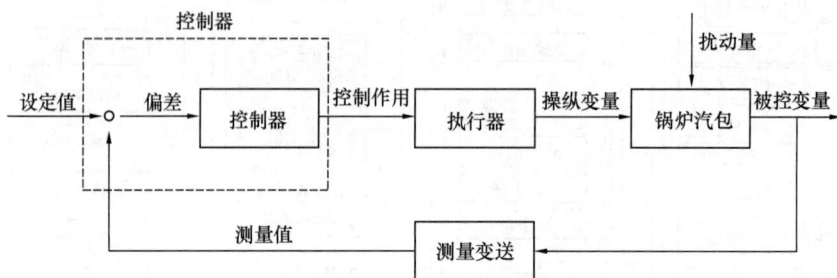

图 2-48　蒸汽锅炉水位闭环控制系统方框图

　　控制系统的数学模型是描述系统内部各物理量（或变量）之间关系的数学表达式、图形表达式或数字表达式。在经典控制理论中，对于一个线性定常系统，可采用常微分方程或者传递函数加以描述。可将某个单变量作为输出，直接和输入联系起来。典型的经典控制理论包括 PID 控制、Smith 控制、解耦控制、Dalin 控制、串级控制等。目前基于经典理论的 PID 控制器仍然在智慧热网控制中发挥重要作用。对控制系统性能的基本要求是：控制系统要具有稳定性（动态过程的震荡倾向及系统重新恢复平衡状态的能力）、快速性（动态过程进行的时间长短）和准确性（过渡过程结束到新的平衡状态以后或系统受干扰后重新恢复平衡，最终保持的精度）。

　　经典控制理论虽然有很大的实用价值，但也有着明显的局限性。经典控制系统只适用于单输入单输出线性定常系统，推广到多输入多输出线性定常系统非常困难，对时变系统和非线性系统则无能为力，只能反映输入与输出间的外部特性，难以揭示系统内部的结构和运行状态。用经典控制理论设计控制系统一般根据幅值裕度、相位裕度、超调量、调节时间等频率域里讨论的指标来进行设计和分析。这些指标并不直观，与通常讨论的性能指标难于建立直接对应关系。经典控制理论在系统设计分析时无法考虑系统的初始条件，这对于高精度的位置、速度等控制系统设计难以达到要求。经典控制系统在进行控制系统设计和组合时，需要丰富的经验进行试凑以及大量的计算。

2.5.2　现代控制技术

　　现代控制技术是现代控制论的技术实现应用，是通过具有一定控制功能的自动控制系统，来完成某种控制任务，保证某个过程按照预想进行，或者实现某个预设的目标。现代控制技术应用现代控制理论与计算机的最新技术进行系统设计，受到工程界越来越多的重视并得到广泛应用。近些年位于现代控制理论前沿的智能控制技术也得到了发展。

1. 现代控制理论

现代控制理论是在 20 世纪 60 年代发展起来的。现代控制理论主要特点是以多变量（线性和非线性）为研究对象，以状态空间法为主要研究方法，着眼于系统的状态；以矩阵、向量空间理论为主要数学基础，以线性代数和微分方程作为主要分析手段，以计算机为主要分析、设计工具。采用系统化分析和综合方法，实现系统的可控性、客观性及其稳定性，其综合目标是要揭示系统的内在规律（系统对控制和初始状态的依赖关系，指出其可能影响的性质和长度），实现系统在一定意义下的最佳化。

现代控制理论不仅适用于单输入单输出系统，而且适用于多变量、非线性、时变系统。利用时间域法容易给人以时间上的清晰性能指标；易于考虑系统的初始条件，使得所设计的控制系统有更高的精度和更佳的性能品质指标；易于利用计算机进行系统分析和实现计算机控制，实现性能指标最优、多个性能指标综合最优。

现代控制技术的基本理论及技术主要包括[26]：

1）线性系统理论。着重于研究线性系统中状态的控制和观测问题，其基本的分析和综合方法是状态空间法。所采用的数学工具包括基于几何概念和方法的几何理论；基于抽象代数方法的代数理论；基于复变量方法的频域理论。

2）非线性系统理论。主要研究系统的运动稳定性、双线性系统的控制和观测问题、非线性反馈问题。20 世纪 70 年代中期以来，由微分几何理论得出的某些方法对分析某些类型的非线性系统提供了有力的理论工具。

3）最优控制理论。是在给定限制条件（约束条件）和评价函数（目标函数）下，寻找使系统性能指标最佳的控制规律和方法。解决最优控制问题的方法有变分法、庞特里亚金的极大值原理和贝尔曼的动态规划等。

4）随机控制理论。随机控制理论的目标是解决随机控制系统的分析和综合问题。维纳滤波理论和卡尔曼-布什滤波理论是随机控制理论的基础之一。随机控制理论的一个主要组成部分是随机最优控制，这类随机控制问题的求解有赖于动态规划的概念和方法。

5）系统辨识。通过观测一个系统或者一个过程的输入、输出光纤来确定其数学模型的方法。在许多实际系统中，由于根据物理化学定律推导建立的机理模型比较复杂，不便寻求一个最优控制方案，或者由于没有足够的有关系统及其环境的先验知识，无法对其设计一个最优控制情况，通过试验或运行数据来估计出控制对象的数学模型及参数，以实现系统的最优控制或自适应控制。

6）自适应控制。通过不断地测量系统的输入、状态、输出或性能参数，逐渐了解和掌握对象，然后根据所得的信息按一定的设计方法，做出决策去更新控制器的结构和参数以适应环境的变化，达到所要求的控制性能指标。自适应控制系统的类型主要有自校正控制系统、模型参考自适应控制系统、自寻最优控制系统、学习控制系统等。

7）鲁棒控制。鲁棒控制主要解决模型的不确定性问题。鲁棒控制认为系统的不确定性可用模型集来描述，系统的模型并不唯一，可以是模型集里的任一元素，但在所设计的控制器下，都能使模型集里的元素满足要求。鲁棒控制在设计控制器时尽量利用不确定性信息来设计一个控制器，使得不确定参数出现时仍能满足性能指标要求。

8）预测控制。预测控制是在工业实践过程中独立发展起来的一种新型控制方法，它以计算机为实现手段，采取在线实现方式；建模方便，不需深入了解过程的内部机理，对模型精度要求不高；采用滚动优化策略，在线反复进行优化计算，使模型失配、外界环境的变化引起的不确定性及时得到弥补，提高控制质量。它不仅适用于供热系统这种"慢过程"的控制，也能适用于快速跟踪的伺服系统这种"快过程"控制。实用的预测控制方法有动态矩阵控制（DMC）、模型算法控制（MAC）、广义预测控制（GPC）、模型预测启发控制（MPHC）以及预测函数控制（PFC）等。

2. 智能控制技术

智能控制系统是一种能在各种复杂的不确定环境中，以一个或多个常规控制系统为执行机构，以这种复杂过程为控制对象，面向目标任务的闭环自动控制系统。智能控制的注意力放在对任务和模型的描述、符号和环境的识别以及知识库和推理机的设计开发上。智能控制用于生产过程，让计算机系统模仿专家或熟练操作人员的经验，建立起以知识为基础的广义模型，采用符号信息处理、启发式程序设计、知识表示和自学习、推理与决策等智能化技术，对外界环境和系统过程进行理解、判断、预测和规划，使被控对象按一定要求达到预定的目的。智能控制技术主要有以下几种：

1）模糊控制。模糊控制以模糊集合、模糊语言变量、模糊推理为其理论基础，以先验知识和专家经验作为控制规则。其基本思想是用机器模拟人对系统的控制，就是在被控制对象的模糊模型基础上运用模糊控制器近似推理等手段，实现对复杂对象的控制。模糊控制的特点是不需要精确的数学模型，鲁棒性强，控制效果好，容易克服非线性因素的影响，控制方法易于掌握。

2）神经网络控制。神经网络控制是利用神经网络这种工具从机理上对人脑进行简单结构模拟的新型控制和辨识方法。神经网络在控制系统中可充当对象的模型，还可充当控制器。神经网络控制的主要特点包括可以描述任意非线性系统；用于非线性系统的辨识和估计；对于复杂不确定性问题具有自适应能力；快速优化计算能力；具有分布式储存能力，可实现在线、离线学习。

3）实时专家控制。实时专家系统应用模糊逻辑控制和神经网络理论，融进专家系统自适应地管理一个客体或过程的全面行为，自动采集供热运行过程变量，解释控制系统的当前状况，预测过程的未来行为，诊断可能发生的问题，不断修正和执行控制计划。

4）定性控制。定性控制是指系统的状态变量为定性量时（其值不是某一精确值而只知其处于某一范围内），应用定性推理对系统施加控制变量使系统在某一期望范围。定性控制方法主要有三类：①基于定量模型的定性控制，其特点是系统的定量模型假定已知，以定量模型为基础推导定性模型；②基于规则的定性控制，其特点是构成定性模型的规则凭人们经验的定性推理即可得到，或通过状态的穷举得到；③基于定性模型的定性控制，其特点是直接通过对定性模型的研究来导出定性控制。

在供热领域中，采用智能控制技术可以较好的解决供热系统非线性、时变性和较大的随机干扰问题，对比传统的控制方法，能够达到更好的控制效果。通过进一步探索智能控制技术在供热系统中的应用，有利于改进与完善现有技术，不断提高供热质量和效果[27]。

2.5.3　智慧供热的监控系统

智慧供热系统按照结构和功能可以分为源、网、站、户四个部分。其中"户"是指终端用户系统，其系统内容主要为房间温度、用户热量等信号的采集、分户的热计量和目标控制，系统的结构简单但是数量巨大，适合采用多种类型的数据采集系统或 SCADA 系统；"站"是指热力管网的各热力站系统，作用为站内换热控制和调节，系统的复杂度不高，数量较多，适合采用 SCADA 系统；"网"主要是指供热一次输配管网，还包括热力输送所需的中继泵、定压、管道检测等控制系统，适合采用 DCS 系统（Distributed Control System 分布式控制系统/集散控制系统）；"源"是指供热系统的热力生产、转换或与上游工况的隔离系统，因其系统需采集和控制的参数较多，系统由多个独立部分组成，并且各部分耦合性较强，系统安全性要求较高，因此通常需要采用 DCS 系统。

1. 智能热网的监控系统

热网运行监控系统是智能热网的基础，其基本任务就是为了实时监控热网的运行状态，预防生产事故发生及在突发事故时及时、正确处置，提高换热站管理的数字化与信息化程度，保证供热管网的安全、稳定、节能运行。通过该系统可实现一级管网、二级管网、电动阀、泵的实时生产数据的监控管理，可直观、高效的调整各种参数，准确、及时的发现管网的异常，从而达到科学调度、节能增效、减少事故的效果。在智能热网中，常用的监控系统有 SACDA 和 DCS 系统。

（1）SCADA 系统

SCADA（Supervisory Control And Data Acquisition）系统，即数据采集与监视控制系统。它以计算机为基础，可以对分布距离远又分散的热力站等的运行设备进行监视和控制，以实现数据采集、信息显示、设备控制、测量、参数调节、各类信号报警、历史数据存储及显示（趋势）等各项功能，可实现在无人值守的环境下进行远程控制，在集中供热系统中应用较广泛。

SCADA 系统由监控中心、通信系统及数据采集控制器组成（图 2-49）。现场的运行数据、报警信号实时的传送到监控中心，监控中心收集过程数据并向现场连接的设备发送控制命令，指导热力站运行，从而实现热网的水力平衡和热力站运行的智能化控制。在大型 SCADA 系统中，监控中心可能包含多台托管在客户端计算机上的人机界面软件（HMI），多台服务器用于数据采集、分布式软件应用程序以及灾难恢复站点。为了提高系统的完整性，多台服务器通常配置成双

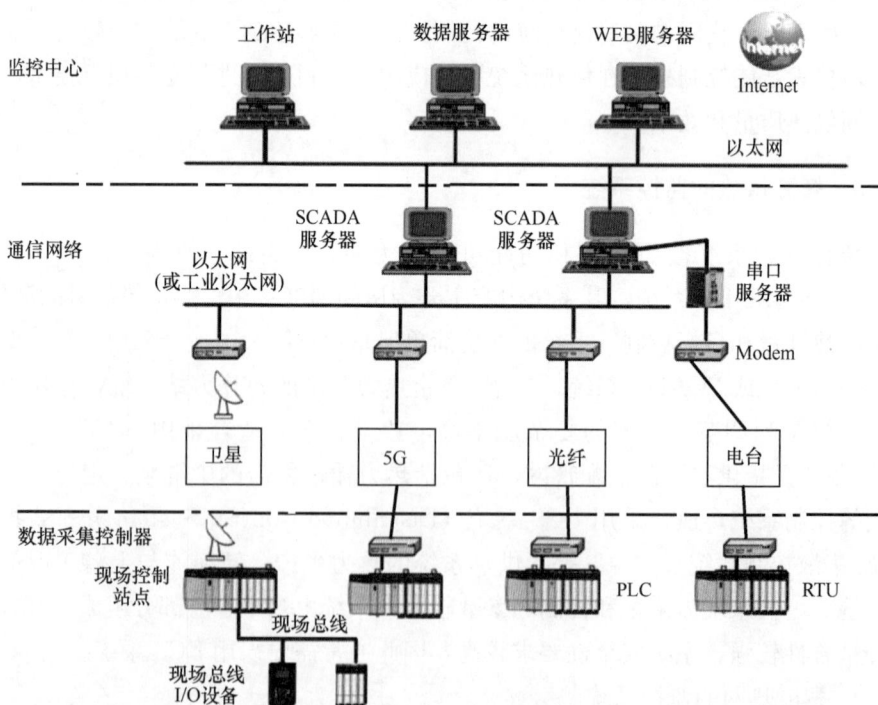

图 2-49　SCADA 系统结构

冗余或热备用形式，以便在服务器出现故障或故障的情况下提供持续的控制和监视。HMI 是操作员的图形用户界面，监测现场站点，收集来自外部设备的所有数据，下发控制命令进行控制，并完成工况图、统计曲线、报表、报警等功能。

数据采集控制器的任务是进行数据采集及本地控制。它具有多个 I/O 通道和多个通信端口，支持多个通信链路，完成现场数据采集，接收中心站的监控，并且向中心站传输各种现场数据。常用的数据采集控制器有可编程控制器（Program Logic Controller，PLC），远程控制单元（Remote Terminal Unit，RTU）。PLC 适用于工业现场的测量控制，现场测控功能强，性能稳定，可靠性高，技术成熟，使用广泛，价格合理。RTU 是"智能 I/O"，并且通常具有嵌入式控制功能。RTU 和 PLC 都使用监控系统提供的最后一个命令，在过程的实时控制下自主运行。远程控制中心将希望达到的控制目标（如温度值）下发到热力站控制器，由控制器闭环控制，这样即使网络出现暂时的不稳定，下位控制器也可以依据原参数运行，而不会因此影响运行的安全性。而且在恢复通信时，操作员可以继续进行监视和控制。系统的通信网络主要用于本站数据采集控制器与中心站通信及与其他数据采集控制器的通信。链路种类有无线、有线、微波、光纤等。

图 2-50 是热力站 SCADA 系统结构示意图，图 2-51 是热力站自控设备连接示意图。热力终端站点类型多、数量大、分布地域广、依托公共网络平台通信的

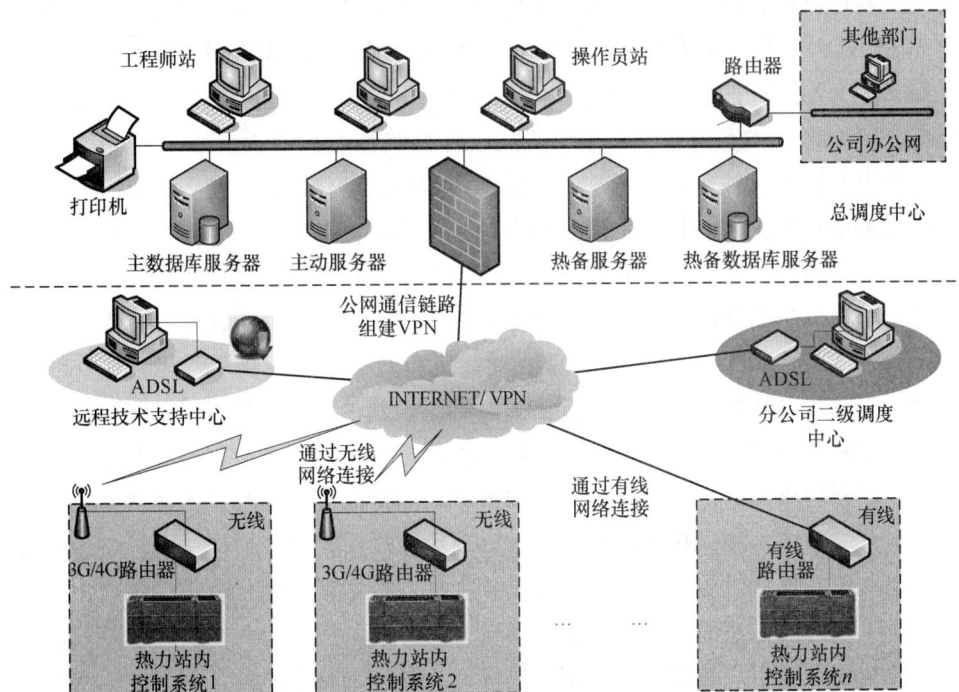

图 2-50 热力站 SCADA 系统结构示意图

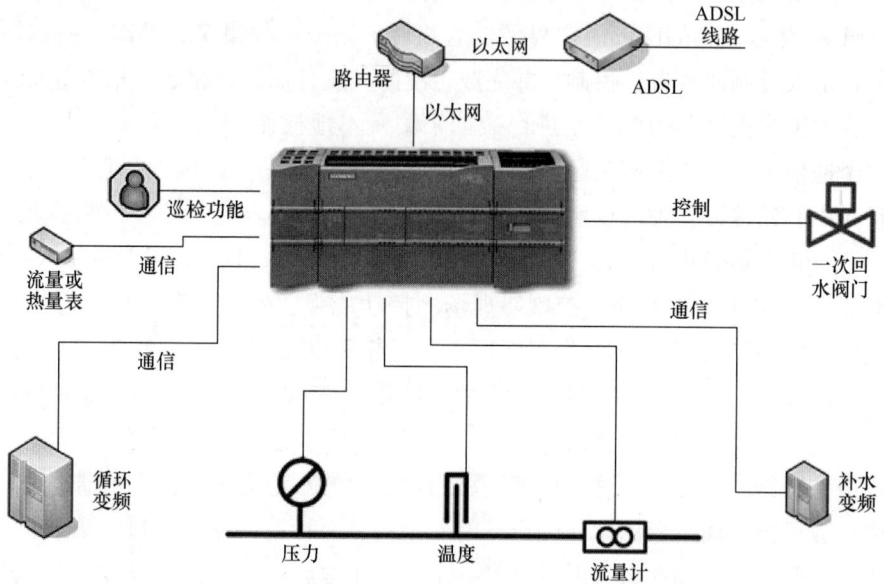

图 2-51　热力站自控设备连接示意图

特性，要求控制系统必须具有模板化、对象化、极强的扩展性、高度安全性和保密性、高可靠性、高抗干扰能力、实施及运行成本低、易维护等特点。其功能在常规 SCADA 监控、报警等功能基础上，着重实现热力站无人值守、热网的水力平衡和热力站运行的智能化控制。热力站站点数量多、范围分布广，大都采用无线或公用网络方式通信。为减小无线或公用网络通信的瞬时不稳定性带来的问题，热力站控制往往采用"远程参数给定，本地自动化"的方法，就是远程控制中心将希望达到的控制目标下发到热力站控制器，由控制器闭环控制。这样即使网络出现暂时的不稳定，下位控制器也可以依据原参数运行，而不会因此影响运行的安全性。热力站的控制权按管理方式的不同，可采用多级优先权控制。

　　SCADA 系统使用标准的软件驱动功能进行数据采集和控制。当系统在线运行时，能够对系统所有的部分进行组态而不影响其他通道的数据采集和控制。

　　在正常的管网运行状态下，整个供热管网进行均匀性调节，实现热量的均匀分配。在通信故障时，按照提前制定的策略，保持原阀位运行。各换热站也可单独解列自成系统，根据热用户的热需求，现场控制单元对各换热站内设备进行闭环控制，保证热量供应；在量调节阶段，中央监控站根据用户流量变化，按照末端用户压差协调首站的流量，保证不利点有足够的可用压头。在质调节阶段，中央监控站要根据用户热需要，协调供热量，从而使供热与热需求相适应，实现优化调节、经济运行。

（2）DCS 系统

DCS（Distributed Control System）系统，即分布式控制系统或集散控制系统。它是以微处理器为基础，按系统概念设计，具有控制功能分散、监视操作集中特点的控制系统。它将一个庞大的监控任务，分配给各个承担不同控制要求的微处理机来执行，通过数据通信网来实现监控任务及信息管理，从而实现其分散控制、集中管理、分级配置、灵活组合的目标。

DCS 系统按照功能层级可以分为操作级、控制级和过程级三个层级（图2-52）。操作级系统主要完成系统的组态、维护和操作功能，主要设备包含操作员站、工程师站和 HMI 人机界面软件系统。控制级主要体现 DCS 系统的集中特性，包括冗余的集中控制主站、总线及实时数据库等部件。控制级主要负责系统数据、功能的整合，完成系统的整体控制功能的协调。过程级主要体现 DCS 系

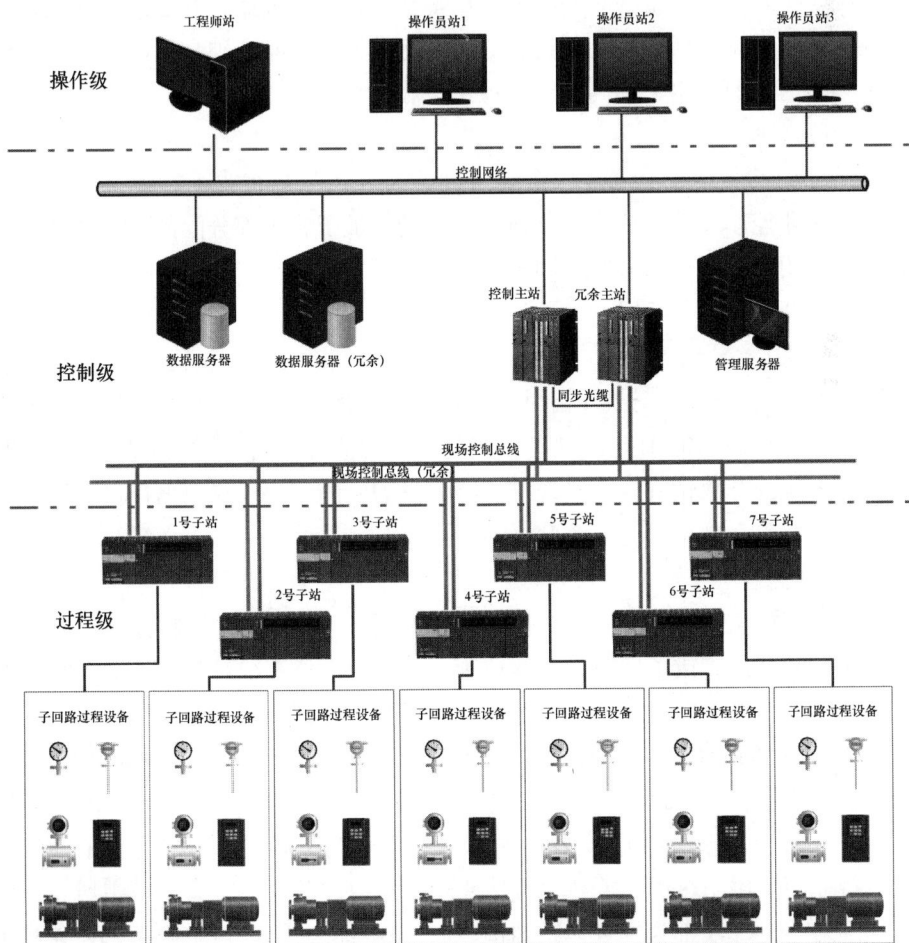

图 2-52　DCS 系统结构图

统的分布式特性。过程级是系统控制功能的主要设施部分，主要完成整个控制系统各个子回路的数据采集和控制逻辑的实现。过程级的主要设备为子站控制器、I/O 模块和自控仪表和执行器。从控制功能上来看，过程级的各个子回路，都是一套具备全部控制逻辑和功能的自控系统。

DCS 系统硬件积木化，软件模块化，组网通信能力、测控功能强，具备以下四个特性：

1) 高可靠性

DCS 系统的高可靠性主要体现在采用容错结构设计上，DCS 系统应用冗余配置来提高系统整体的容错性，并通过控制功能分散的方式来提高系统的抗冲击能力。DCS 系统的冗余配置有：主控系统冗余、总线冗余、电源冗余、I/O 冗余等多种形式。控制功能的分散布置体现在：将各个独立的控制回路分布于独立的子站系统，子站系统采集独立回路的数据，独立运算和控制，并通过总线连接主站系统与其他子站和回路互动。这种结构能有效回避因某一独立回路故障造成整个系统异常的情况发生，提高系统的稳定性和可靠性。

2) 开放性好

DCS 系统的主站及上位处理系统通过总线方式与分布式子站连接，总线采用标准的工业控制总线协议。这种通信方式既保证了各个部分间的通信速率和安全，同时通用的协议可以兼容不同硬件和系统厂家的产品，使整个系统具有很好的兼容性和开放性。

3) 易维护

由于 DCS 系统的各个部分相对独立，让系统的调试和维护可以分部、分项进行，某一系统的功能调整、启用和剪除不会对整个 DCS 系统造成大的影响。同时由于系统的开放性好，在系统维护时，只需要确认协议和数据接口兼容，就可以方便的对单一部分进行系统升级和更换。

4) 协调性好

在 DCS 系统的主站和上位控制系统中，各个分布子站的控制功能协调方便。由于各个子站已经完成了回路的基本控制，主站和上位系统对其进行接入时，不需要了解子系统具体的工艺和控制逻辑，只需要采集其状态、发布其控制目标就可以完成系统的协调控制，系统的各种控制逻辑组合和连锁、联动非常容易协调。

DCS 系统适用于测控点数多、测控精度要求高、测控速度要求快的现场，在供热行业中多用于热源、首站、泵站或隔压站中。

DCS 和 SCADA 都为一种体系结构。DCS 是由控制器＋IO 采集＋网络＋软件等组成的系统，多用于比较大的系统中和一些控制要求高的系统中；SCADA

的重点是在监视、控制，可以实现部分逻辑功能，多用于生产管理级的上位监控；而 PLC 是一种单一的控制器，单纯的实现逻辑功能和控制，用于实现单机及简单控制。

2. 企业服务数据总线

企业服务总线（Enterprise Service Bus，ESB）是传统中间件技术与 XML、Web 服务等技术结合的产物，用于实现企业应用不同消息和信息的准确、高效和安全传递，让不同的应用服务协调运作，实现不同服务之间的通信与整合。ESB 提供了网络中最基本的连接中枢，是构筑企业神经系统的必要元素。ESB 采用了"总线"这样一种模式来管理和简化应用之间的集成拓扑结构，以广为接受的开放标准为基础来支持应用之间在消息、事件和服务级别上动态的互连互通，是一种在松散耦合的服务和应用之间标准的集成方式。

ESB 的出现改变了传统的软件架构，可以提供比传统中间件产品更为廉价的解决方案，同时它还可以消除不同应用之间的技术差异，让不同的应用服务器协调运作，实现了不同服务之间的通信与整合。ESB 技术架构详见图 2-53。

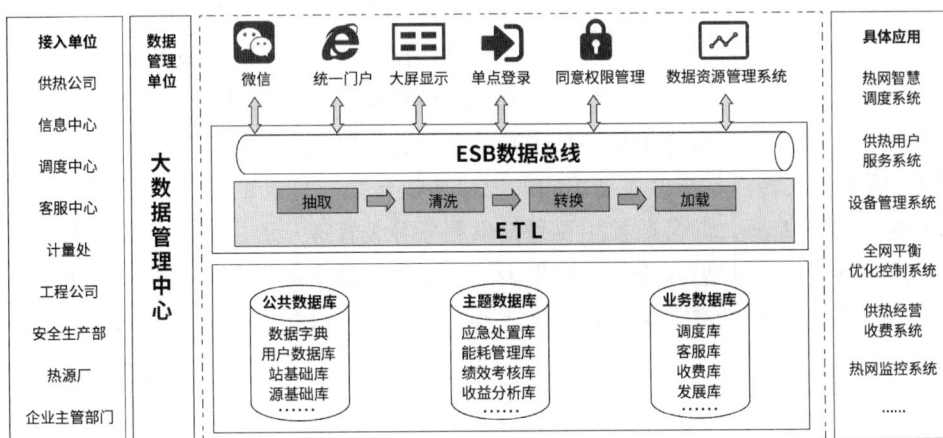

图 2-53　ESB 技术架构图

ESB 企业服务总线消除了异构系统的底层差异，利用 ETL（Extraction-Transformation-Loading，数据抽取、转换和加载）工具对接入的系统进行数据的抽取、数据清洗转换，并对数据进行加载和整合，形成 ESB 企业服务总线的公共服务组件和三大数据库：

1）业务数据库：根据底层接入系统的数据整合后形成相关的调度、客服、收费等数据库，为后续业务规划和统筹打好基础。

2）主题数据库：由 ESB 企业服务总线依据业务数据库的数据，进行数据分析和挖掘形成的主题数据库，如能耗管理数据库、应急处置库等，并通过数据可视化系统展示给相关用户，如统一服务平台等。

3) 公共数据库：主要分两个部分：①ESB 企业服务总线管理平台的数据库，用于存放 ESB 管理平台的内容管理、权限管理、资源管理、数据字典等功能数据。②ESB 企业服务总线利用 ETL 工具对业务数据库数据进行整合后，形成的公共数据库，如用户基础库、站基础库等公共数据库。

图 2-54 ESB 常用功能示意图

ESB 提供了事件驱动和文档导向的处理模式，以及分布式的运行管理机制，它支持基于内容的路由和过滤，具备了复杂数据的传输能力，并可以提供一系列的标准接口。ESB 常用功能一般包括服务统一管理、集成服务、公用服务、服务协议转换、服务监控和安全体系几部分（图 2-54）。服务统一管理是为整个系统提供一个统一的、标准的、可靠的、可扩展的服务管理平台。集成服务是指提供基础的服务与定制的服务；支持集成服务模式；支持服务的分解，服务调度和路由，服务封装，服务组合。公用服务是指提供各种内置的各种公用服务（如认证服务、日志服务等）。服务协议转换是指通过把不同的通信协议转换成标准的报文，屏蔽异构系统的底层技术差异。服务监控主要是提供服务等级管理及流量管理；提供多角度的服务实时监控、报警与交易分析报表。安全体系是指提供多种安全机制并支持和第三方安全系统的有效集成，提供有效的安全监控机制。

参 考 文 献

[1] 中国信息物理系统发展论坛. 信息物理系统白皮书(2017)[M]. 2017. 3.

[2] 方修睦，周志刚. 供热技术发展与展望. 暖通空调[J]，2016，46(3)：14-19.

[3] 李必信，周颖. 信息物理融合系统导论[M]. 北京：科学出版社，2016.

[4] 钟崴，陆烁玮，刘荣. 智慧供热的理念、技术与价值[J]. 区域供热，2018. 2：1-5.

[5] 郭亚军，王亮，王彩梅. 物联网基础[M]. 北京：清华大学出版社，2013.

[6] 姜倩倩，方修睦，姜永成等. 智能供热基础研究与信息化体系架构[J]. 煤气与热力，2015，35(2)：A12～A16.

[7] 王爽. 浅谈视频监控系统在工业生产中的应用发展[J]. 网络与信息，2009，2：25.

[8] 白舰. 利用"国家北斗精准服务网"为热力行业安全运行提供保障[J]. 区域供热，2017，3：111-115.

［9］　宁津生，姚宜斌，张小红. 全球导航卫星系统发展综述［J］. 导航定位学报，2013，1（1）：4-7.

［10］　张少军. 无线传感器网络技术及应用［M］. 北京：中国电力出版社，2010.

［11］　张万春，陆婷，高音. NB_IoT 系统现状与发展［J］. 中心通信技术，2017，23（1）：10-14.

［12］　余莉，张治中，程方，胡昊南. 第五代移动通信网络体系架构及其关键技术［J］. 重庆邮电大学学报（自然科学版），2014，26（4）：429-432.

［13］　周一青，潘振岗，翟国伟，田霖. 第五代移动通信系统 5G 标准化展望与关键技术研究［J］. 数据采集与处理，2015，30（4）：714-724.

［14］　韩海强，杨天金. GPRS 无线通信在能源计量的应用［J］. 无线互联科技，2011，（6）：22-24.

［15］　刘鹏. 大数据［M］. 北京：电子工业出版，2017.

［16］　邹平华，方修睦，王芃，倪龙编著. 供热工程［M］. 北京：中国建筑工业出版社，2018.

［17］　安维华. 虚拟现实技术及其应用［M］. 北京：清华大学出版社，2014.

［18］　黄心渊. 虚拟现实技术与应用［M］. 北京：科学出版社，1999.

［19］　Stuart J. Russell，Peter Norving. 人工智能一种现代方法（第 3 版）［M］. 殷建平等译. 北京：清华大学出版社，2013.

［20］　史忠植. 人工智能［M］. 北京：机械工业出版社，2017.

［21］　尹朝庆，尹浩. 人工智能与专家系统［M］. 北京：中国水利水电出版社，2002.

［22］　王永庆. 人工智能原理·方法·应用［M］. 西安：西安交通大学出版社，1994.

［23］　周志华. 机器学习［M］. 北京：清华大学出版社，2016.

［24］　Jiawei Han，Mieheline Kamber，Jian Pei. 数据挖掘概念与技术［M］. 范明，孟小峰译. 北京：机械工业出版社，2018.

［25］　张晶莹. 智能设计综述［J］. 装备制造技术，2003，3.

［26］　李少康. 现代控制理论基础［M］. 西安：西北工业大学出版社，2005.

［27］　迟柯新. 探究智能控制技术在小区供热系统中的应用［J］. 电子技术与软件工程，2017，（6）：135-135.

第3章　支撑智慧供热的信息系统

3.1　供热信息系统规划

3.1.1　供热信息系统建设现状

信息技术推动了供热行业的整体技术进步，促进了行业管理模式和生产方式的变革。通过充分利用信息技术，供热企业能够整合企业资源，对管理流程进行梳理和优化，推进企业的标准化和精细化管理。

图 3-1 所示为供热行业信息化发展历程示意图。20 世纪 90 年代初期，自动化技术开始进入供热行业，并逐渐代替人工操作。20 世纪 90 年代末期，以收费软件为标志的信息技术融入供热行业，供热行业开始实现数字化。随后，IT 产业全面发展，管理模式开始逐步实现管控一体化，供热行业开始进入智能化。2015 年后，随着"互联网＋"的提出，物联网、大数据、人工智能在各行业获得了广泛应用，智慧供热成为供热行业的关注焦点。

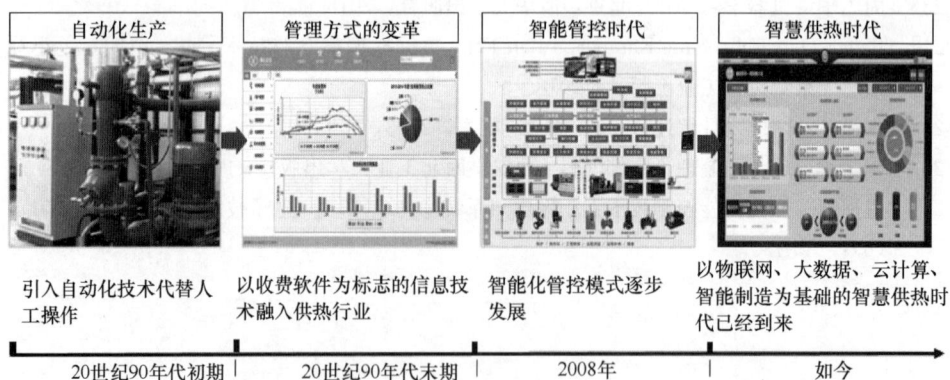

自动化生产	管理方式的变革	智能管控时代	智慧供热时代
引入自动化技术代替人工操作	以收费软件为标志的信息技术融入供热行业	智能化管控模式逐步发展	以物联网、大数据、云计算、智能制造为基础的智慧供热时代已经到来
20世纪90年代初期	20世纪90年代末期	2008年	如今

图 3-1　供热行业信息化发展历程

近年来，供热企业的集中度不断提高、规模不断扩张、经营业务多元化发展，但所建设各种信息系统通常是孤立的、各部门分别建设的，虽能满足基本的业务运作要求，但对于企业级信息系统的集成，跨系统的综合业务应用和提高供热生产管理水平还存在许多不足，表现在：

1. 信息系统统一规划偏弱，信息化对企业整体发展战略支撑不足

许多供热企业缺少统一的信息系统平台，难以实现对下属各部门及业务单元的有效监控，不能实时获取下级部门的状况，给企业管理带来了一定困难。无法实现信息共享，信息传递、反馈不及时，容易失真，难以为科学决策提供依据。

2. 信息系统应用范围窄，管理基础薄弱，效率较低

供热企业部分关键业务领域还存在信息系统建设不足或空白，系统功能不全面，并且各信息系统没有集成，信息传递不通畅，难以追溯信息源。现有系统对日常工作的支持效果有限，业务流程审批不完善，难以满足企业管理的信息化需求。

3. 企业信息系统缺乏整体规划，资源优势没有得到充分发挥

目前的信息系统建设和应用主要是面向单项业务的，系统建设时间不同、供应厂商不同、技术标准不同、成熟度不同，各系统独立运行，数据存储分散，数据的一致性也无法得到统一，很难满足公司应用集中统计与分析数据的要求，"信息孤岛"现象严重，对各业务部门的支持不够，各部门难以有效利用系统数据，管理工作有广度无深度。

4. 信息系统管理体系薄弱

信息中心没有规范化的信息化管理流程，专业人才缺失，不能站在信息技术发展的高度对整个企业的信息系统建设进行规划，而且对已有信息系统的维护不到位。

为解决上述问题并支撑智慧供热，必须加强供热企业的信息系统建设。通过信息系统整体规划，积极推进供热企业信息系统建设。

3.1.2　供热信息系统规划方法

企业信息系统规划是在理解企业发展战略目标与业务规划的基础上，诊断、分析、评估企业管理和 IT 现状，优化企业业务流程，结合所属行业信息化方面的实践经验和对最新信息技术发展趋势，提出企业信息系统建设的远景、目标和战略。

企业信息系统规划的路径如图 3-2 所示。首先确定基于企业战略的市场与客户需求；分析信息系统现状，将现状分析结果作为需求来源之一；与行业最佳实践对标，作为需求来源之二；借助需求分析方法，形成企业发展新需求；研究国内外最佳实践及架构设计的原则、方法等，作为系统目标架构设计的依据；从业务过程、信息、应用、数据、集成、技术、部署、安全等视角定义系统目标架构；对比信息系统现状架构与系统目标架构，进行差距分析并给出演进建议[1]。

企业信息系统规划一般包括业务架构、应用架构、数据架构、技术架构、基础设施。业务架构是指组织领导者确定的组织使命、长期发展目标、组织环境约束和政策条件、组织的业务计划及其指标等。应用架构是企业架构和 IT 战略规划中

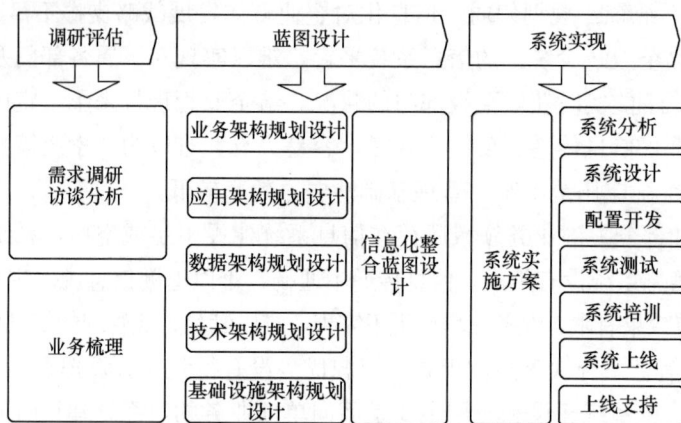

图 3-2 企业信息系统规划路径

的一种技术架构，以网络为基础，搭建信息平台，统一应用标准，集成业务应用，在企业范围内定义整体的 IT 应用系统和功能，奠定企业信息化发展格局。

信息工程方法论（IEM）认为：任何信息系统都是以数据为中心的，而不是以处理为中心的。以此为出发点，数据架构是为实现企业数据的标准化、一致性、准确性和可靠性，充分发掘数据价值，有效支撑企业信息数据管理和经营决策分析，实现企业数据的统一管理和信息的透明共享而制定的规划体系。数据架构管理聚焦于三个层面：宏观层面——数据总体视图，关注各应用系统中数据分类、分布归属等；微观层面——具体应用系统中数据结构，关注表空间、数据库设计等；治理层面——数据管理政策、原则、规范、标准等，为宏观和微观因素的变更提供指引。

3.1.3 供热信息系统规划依据

供热信息系统的规划应该基于行业的业务特点，例如管理内容、服务对象、业务模式等为依据，应遵循供热行业智慧化发展趋势，保持前瞻性。供热行业的业务特点如下[2]：

1. 供热行业的管理内容

城镇供热是将一次能源转换成热能，并将热能以商品的形式销售给终端用户综合性能源服务产业，也可以理解为是一种制造销售服务业。供热系统由热源、热网和热用户三部分组成，包含产能、储能、输能、用能、节能等环节。

2. 供热行业的服务对象

供热企业的服务对象主要为两类：热用户和设备设施。供热企业通过设备设施生产热，又通过设备设施将热传递给最终的受热用户，热用户是最终的服务体验者。供热企业的进步和供热行业的发展是设备设施运行能力优化和热用户服务水平逐步提高的过程。

3. 供热行业的业务模式

供热企业的核心业务是针对供热生产运行与客户服务，过程中涉及"人、财、物"等资源的支撑。生产运行与客户服务是供热企业经营管理的主线，从每个供热周期开始到供热周期结束，其中的工程管理、计费管理、客户服务和生产运行等业务内容，都是围绕这条主线展开的。为保证生产运行与客户服务过程，"人、财、物"是必需的资源支撑。

4. 供热行业的发展趋势

伴随智慧供热的快速发展，用智慧供热技术推动传统供热产业发展成为新的趋势。整合现有资源打造智慧供热，是供热产业发展的未来方向。

3.1.4 供热信息系统总体架构

根据供热行业的业务特点，结合其他行业信息系统总体规划的经验，供热信息系统的总体架构可归纳为：一个平台、两个对象、三大体系和四屏联动。为了保证智慧供热系统的生产安全，还必须充分考虑信息安全风险，结合信息安全管理制度采用适当的安全策略，针对设备、控制、网络、应用、数据采用一系列信息安全、工控安全的技术和管理手段，并通过持续改进的安全运营保障措施来实现。供热信息系统的总体架构如图 3-3 所示。

图 3-3 供热信息系统的总体架构

1. 信息系统的建设模式

供热企业的业务内容，主要包括客户服务和生产运行，还包括人、财、物的管理。由于企业内部的员工有各自的专业分工，不同的业务系统分别满足不同业务处理要求。同时，很多应用系统的供应商，也只有专项的业务能力，如专门从事生产调度系统、客户服务系统开发的供应商，还有专门从事管理人财物的ERP系统供应商。

上述业务应用系统，在处理单独业务时通常能够满足各自的业务要求，但在需要数据集成时，就需要做很多工作。常见的做法是先分别建设各业务系统，然后再建设一个统一的数据中心，实现各个业务系统的数据交换。另一种模式是，在制定信息化总体规划时，基本原则就是管控一体化，将管理软件和生产软件集于一体，一套软件管理尽可能包含多的业务内容，减少中间环节，减少人力、物力的投入。

2. 数据唯一性问题

供热行业的管理对象包括两类：设备设施和热用户。"信息孤岛"问题的产生，经常是由于设备设施和热用户在各个不同的系统中的数据不唯一引起的。要解决"信息孤岛"问题，必须保证设备设施和热用户的数据唯一性。首先是要给设备设施和热用户做唯一编码；其次，要保证唯一的数据来源，各应用系统都是唯一数据来源的使用方。

3. 针对三大体系的管理模式

供热行业的业务管理内容，都是围绕生产经营和客户服务过程展开的，企业人、财、物的管理作为辅助，对应可以归纳为三大管理体系。

（1）客户服务管理体系

客户服务管理体系以热用户为中心，强调服务规范化。包括建设一站式客户服务平台，实现基于工作流的服务全过程管理；更加丰富的客户服务方式与服务手段，实现自助服务；实现客户信息分析挖掘与服务效果分析，包括客户满意度分析、服务质量分析等。

（2）生产运行管理体系

生产运行管理体系以设备设施为中心，目标是调度控制精细化。包括实现对热网的调度、预警及控制；提供能耗分析、负荷预测、全网平衡、在线水力计算、运行优化等高级应用；提高供热管网的安全系数和生产运行的整体管理能力。

（3）组织保障管理体系

组织保障管理体系以人、财、物为中心，目标是职责标准化。促进供热企业从"人找事"到"事找人"的转变；从管理模糊到业务过程透明化的转变；从管控每一件具体事务到管控关键要素的转变。

（4）四屏联动的应用方式

随着信息技术的发展，应用系统的使用人员所能使用的终端也越来越丰富。目前包括计算机、移动终端、大屏幕和触摸屏。计算机是各种信息化应用最常见的使用方式；移动终端也可以实现移动办公、移动作业、移动监控、移动服务等；在调度中心和客服大厅，通常使用大屏幕；通过应用触摸屏，换热站可以实现就地控制；用户终端如计量设备的控制，客服大厅的自助终端等。

这些终端的应用，无论使用地点和使用界面如何，都要基于统一的数据、统一的业务流程，实现多屏联动。如流程的审批，第一个节点的操作人员可以在计算机上进行提交，第二个节点的审批人员可以在移动终端上进行审批，不同人员审批的数据是统一的，审批的前后关系是一致的。

3.1.5　供热信息系统建设技术选择

1. 技术目标

供热信息化技术选择的目标，可以总结为高可用和高并发。高可用 HA（High Availability）是分布式系统架构设计中必须考虑的因素之一，它通常是指通过设计减少系统不能提供服务的时间。高并发 HC（High Concurrency）是分布式系统架构设计中必须考虑的因素之一，它通常是指通过设计保证系统能够同时并行处理很多请求。高并发常用的一些相关指标有响应时间（Response Time）、吞吐量（Throughput）、每秒查询率 QPS（Query Per Second）、并发用户数等。

2. 建设阶段的技术选择

建设阶段的技术选择，主要针对供热行业发展对技术的要求。当前，供热生产的数据规模越来越大，数据准确性要求越来越高，安全性越来越重要，移动终端、VR 等新的表现形式层出不穷，集成性应用越来越多。针对这些技术要求，需要在数据存储、展现方式、并发处理、网络传输、程序实现、交付方式等方面尽可能考虑先进、实用的技术手段。

3. 运维阶段的技术选择

在进行信息化规划时，还需要考虑供应商将信息系统交付给企业后的长期运维问题。运维的主要目标是及时发现潜在的风险和问题，及时处置风险和解决问题。

按重要性来区分，运维需要考虑 3 个级别的风险。一是服务器方面，包括服务器 CPU、内存、进程数量、服务端口、网络、交换区、磁盘空间等；二是应用软件、中间件级别的，包括数据库、应用中间件、定时任务等；三是业务级别的，如各种自动运行的程序、接口程序等，这些程序都是无人值守的，一旦出现问题更难发现。在进行信息化规划时，对运维阶段的考虑，主要指如何采用技术手段实现上述内容的监控。

3.2 智慧供热的信息系统架构

近年来，供热企业加大了在自动化、信息化方面的投入，建立了大量的企业生产和经营的信息化应用，有效地提高了企业生产效率，降低了运营成本，提升了服务品质，为供热企业发展做出了一定贡献。随着智慧供热建设的不断推进，供热信息化进入了一个快速发展的时期，出现了传统系统架构和新兴系统架构并存、过渡的阶段，如何做到在用的各类应用系统安全、高效、融合是智慧供热系统架构设计必须解决的问题。

3.2.1 传统信息系统架构

传统的供热信息系统主要采用 Windows DNA 分布式集成网络应用体系结构，按照典型的 3 层体系结构（"表现层/事务逻辑层/数据服务层"）框架，建立全方位的分层支撑平台，从平台层到应用层为用户提供了可移植性、开放性、可扩展性和分布性，方便用户功能的可持续拓展，能够为用户提供系统不断发展的扩展空间。

传统的供热信息系统架构如图 3-4 所示，一般是按照应用划分的，每个应用软件系统都有独立的应用服务器、数据库服务器，各自搭建冗余备份服务器，主机系统、存储系统，自成体系；系统之间通过网络建立联系，没有统一的标准，

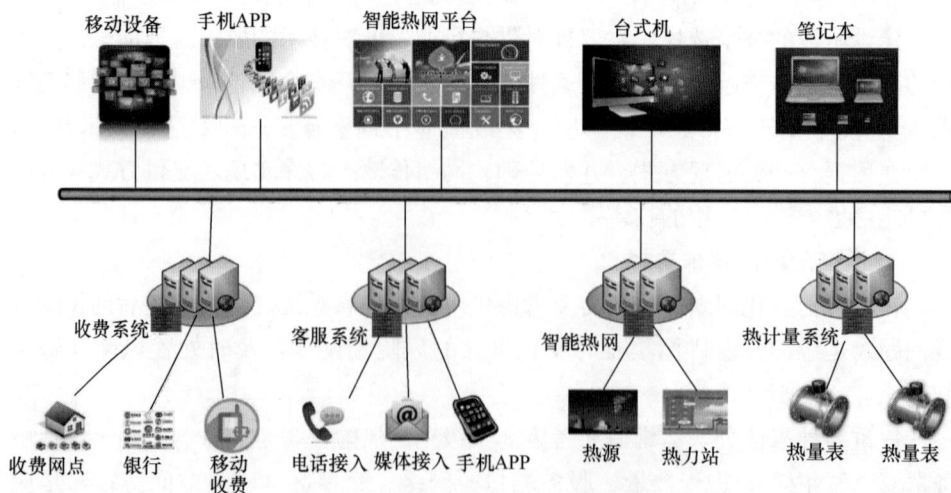

图 3-4 传统信息系统架构示意图

组织结构等基础数据很难统一，系统间数据共享比较困难；系统搭建需要从存储、服务器和网络一直贯穿到客户端；从安装硬件、配置网络、安装软件、应用、配置存储等，许多环节都需要一定的技术力量储备；当业务流程、物理环境发生改变时，整个过程需要重复进行；将应用和专门的资源捆绑在一起，为了应对少量的峰值负载，往往需要超额配置计算资源，导致资源利用率低下。

当单一应用系统规模巨大，单台服务器和数据库的计算、存储和处理能力不能及时完成业务任务时，普遍采用分布式系统来解决，即将一组孤立的计算机通过网络连接在一起，共同完成某一任务。分布式系统可以动态地分配任务，互为冗余，分散的物理和逻辑资源通过计算机网络实现信息共享与数据交换，如图 3-5分布式系统架构。

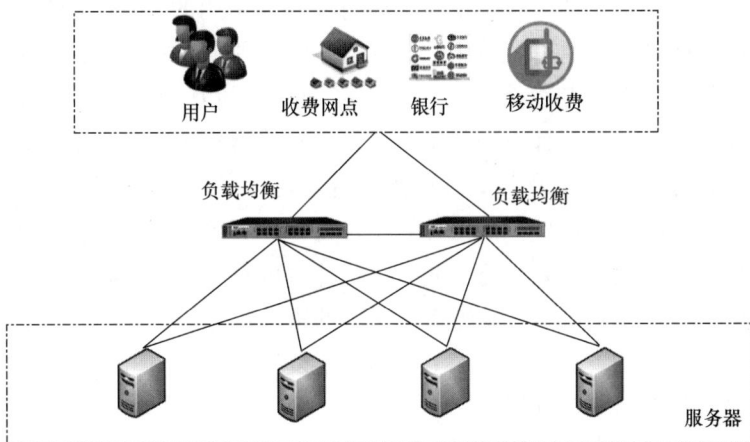

图 3-5　分布式系统架构

分布式系统有它自身优势，但也有一些缺陷和不足：1）架构设计变得复杂；2）系统部署复杂；3）系统任务量变大或者网络饱和时，响应时间会变长；4）维护和运维复杂；5）测试和查错的复杂度增大；6）数据的安全性降低。

3.2.2　云计算平台架构

1. 云计算的概念

云计算（Cloud Computing）是一种基于网络的新型信息系统服务交付模式，通过网络来提供安全、动态、易扩展的计算、存储、网络等系统资源。云计算是分布式计算、并行计算、效用计算、网络存储、虚拟化、负载均衡、高可用等传统计算机和网络技术发展融合的产物[3]。云计算技术是信息系统的优化架构，实现了从"系统竖井"到"IT 资源池"的过渡，大大提高了资源利用效率，提升了对业务改变的响应能力，其超高稳定性、高效率及强大的可扩展性使得云计算技术得到了快速发展。云计算平台的主要特征包括：1）基于互联网，开放、自助、全球可接入；2）多节点集群；3）弹性扩展；4）资源共享；5）动态分配。

　　2. 云计算服务优势

　　云计算平台通过虚拟化技术，将计算设备、网络设备、存储设备虚拟化并构建成统一的资源池向企业以及个人提供服务，实现资源集中化管理与调度。在这种模式下，各类资源可以做到横向的灵活扩展，无实施人员操作的情况下随时获取各类资源，根据实际使用情况按需分配资源。同时，面向更高层，云计算可以将智慧供热系统内的各子系统功能模块打包，将资源设备以应用的形式对外提供服务，这使得系统模块更加结构化，且易于编排发布和统一管理。

　　（1）系统资源调度与复用

　　传统模式下供热企业上线一个新应用时，通常采用的IT架构模式为采购或调配特定的软硬件资源给每个应用，会造成软硬件种类多样，差异较大，有时甚至需要开发特定接口来整合多个应用，对各资源之间互用带来了许多困难。另外，在分配资源时，为保证应用的正常运行，需要为其分配该应用在最大负荷状态下所需的资源数目。在最大负荷状态过后，则存在大量空闲资源被占用的情况，造成许多不必要的浪费。而云计算架构将各类资源集中在一起以资源池形式对应用提供服务，消除了差异化。同时，云计算可对所分配资源自动进行弹性伸缩，既可以保障应用最高负载状态下所需要的资源，又能在非峰值状态下按需使用资源，转而投入在更需要的应用上，提高了复用率，节约了设备成本。

　　（2）系统整合与快速部署

　　在供热企业各信息系统整合或系统升级时，传统架构下需要对业务进行中断，手动在服务器端安装配置新系统、重新搭建网络拓扑等。而在云架构下，可对目标系统进行打包发布，以云主机形式对外提供服务。通过云编排构建路由器、网络拓扑、负载均衡与各子系统关系模板，一键发布整套信息系统，实现秒级部署，灵活应对各种变更[4]。同时，在发布升级过程中可将旧有业务无缝热迁移至备用资源池中，保证业务的正常运行，在新系统平台部署完成后进行切换。

　　（3）数据与服务的高可用保障

　　传统环境下，信息系统的高可用性受到了很大考验，在复杂的内部子系统环境内，面对机柜掉电、硬盘设备损坏等突发情况容易导致业务的中断甚至数据丢失，而云平台的高可靠性特性大大提高了应对风险的能力。在云平台内部，实现了从控制到数据存储、计算以及服务的各个层面的高可用设计。云服务控制层，采用多控制节点且以多活的形式对外提供计算服务。当某一控制节点出现故障后，其他控制节点会自行接管故障控制器之前的工作。数据存储层，使用分布式存储技术将所有存储资源抽象为共享存储且保持多副本状态，任一存储节点数据的丢失都可通过算法从其他节点恢复，保证数据的完整性与一致性[4]。计算层面的高可用性则借助了共享存储的特性，在计算节点掉电或损坏时，自动将承载任务漂移至其他计算节点，并从共享存储继续获取数据服务。应用服务层面云平台内置负载均衡、监听器等插件，可自定义各类服务分发策略。

（4）数据安全

云平台在常规安全防范的基础上，额外增加了内置防火墙、安全组、云主机密钥管理、磁盘加密、策略管理等几层安全防护手段，大大提高了系统的安全性。

（5）开放性与兼容性

云平台作为承载各类系统与应用的底层架构，以云主机为载体，几乎支持所有信息技术服务的环境要求。在平台的搭建和异构方面，云计算可以将底层各个厂家、各种技术和功能迥异的资源设备融合至虚拟化层面，消除了品牌与技术独占的隐患，降低了管理的复杂度，实现资源与设备的统一调度管理。

3. 云计算平台的通用架构

目前，公认的云计算架构划分为基础设施层、平台服务层和软件服务层，分别为 IaaS（Infrastructure-as-a-Service 基础设施即服务）层、PaaS（Platform-as-a-Service 平台即服务）层和 SaaS（Software-as-a-Service 软件即服务）层[4]。

IaaS 主要包括计算机服务器、通信设备、存储设备等，能够按需向用户提供计算能力、存储能力或网络能力等 IT 基础设施类服务，也就是能在基础设施层面提供的服务[5]。该层利用虚拟化技术统一将云内的资源虚拟化为资源池，并按照实际需求从资源池中划分计算与存储等资源提供给应用模块。

PaaS 云计算的平台层提供类似操作系统和开发工具的功能，定位于通过网络为用户提供一整套开发、运行和运营应用软件的支撑平台。便于开发人员快速开发新产品，简化了运维人员工作难度，减少了运行中出现的问题。

SaaS 是一种通过网络提供软件服务的软件应用模式，在这种模式下向最终用户提供各类软件服务。由于服务基于云技术，因此用户无需考虑冗余、灾备与负载均衡等问题。云计算平台典型架构详见图 3-6 所示。

4. 智慧供热云平台架构

将云计算技术与智慧供热系统结合，搭建成为智慧供热云平台，充分发挥云计算的技术优势，为智慧供热提供坚实的信息系统基础平台。智慧供热云平台整体可划分为负责传输热网数据的传输层以及获取设备信息的感知层、平台内部的应用层和支撑层、对外提供服务的接入层，智慧供热云平台整体架构如图 3-7 所示。

（1）感知传输层

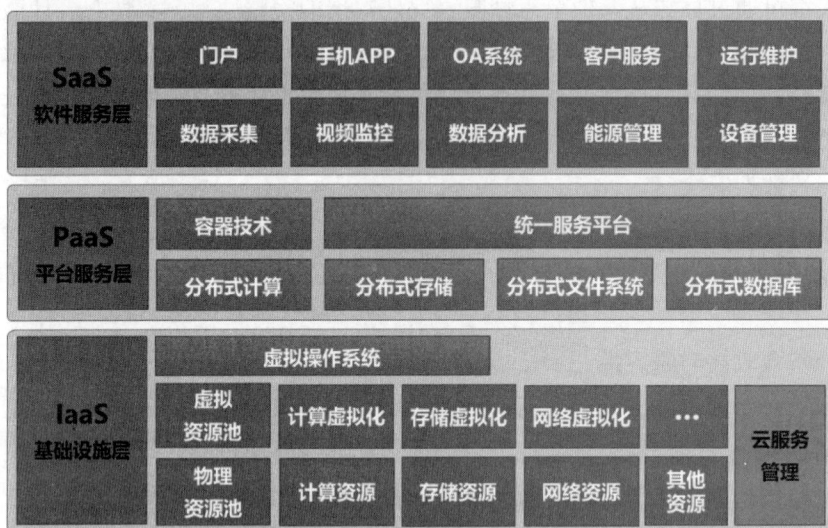

图 3-6　云计算平台典型架构

图 3-7　智慧供热云平台参考构架图

感知层即数据采集层，是热源、热网、热力站、末端用户等供热环节中的各类监控系统和管理服务的整合，其中包括 DCS 系统、SCADA 系统、数据采集系统、数据交互系统、用户交互系统、地理信息系统、设备监控管理系统、视频监控系统等业务模块，将物理、交互、音视频等各类型信息按照统一标准化对数据进行清洗、过滤、转换，通过传输层将数据传输中心平台。

智慧供热主要基于互联网和物联网进行数据交换和数据共享，既包括用于广覆盖、短数据、分散点的信息传输网络（如：GPRS、3G、4G、IOT、NB-IOT、ADSL 等），也包括用于大数据量、系统间交换的高速专网，组建系统级 VPN（Virtual Private Network）虚拟专有网络系统，保障数据传输的可靠性和安全性。

（2）基础设施层（IaaS）

基础设施层 IaaS 是系统业务的底部支撑载体，内部又分别包括物理资源层、资源虚拟化层和云服务管理层[4]。其架构如图 3-8 所示。

图 3-8 云平台基础设施内部架构图

1）物理资源层：物理资源层指的是计算服务器集群、存储集群、网络设备等的底层物理资源，能够组成多节点资源池架构，每个节点都有计算、存储和网络通信的能力。

2）资源虚拟化层：资源虚拟化层是云计算的根本技术支撑，通过虚拟化技术将计算服务器、存储集群、网络形成统一虚拟资源池对上层云服务进行支持。智慧供热云平台支持多类计算虚拟化技术，存储方面则主要使用分布式存储架构共享存储集群，网络的虚拟化实现二层到三层及以上，利用多租户多 VLAN（虚拟局域网）的方式进行网络隔离，灵活构建复杂的子网关系。

3）云服务管理层：云服务管理层为 IaaS 架构中最为关键的一层，通过云服务管理可以对资源进行开关控制、动态分配、权限设置、故障恢复等管理。同时平台可以为使用者提供自助申请虚拟资源的服务，热网工作人员可以自行对云平台租户的虚拟架构进行编辑，增添删除服务器、配置相关参数、存储容量和种类、网络拓扑等等。

（3）平台服务（PaaS）

PaaS平台一般情况下包含两部分内容，即：通用平台服务和专用平台服务。通用平台服务用于支持中间件的弹性伸缩，使用户应用在运行时可以降低人工干预，系统会根据实际业务运行情况自动调节中间件服务器节点。现在大部分人都开始采用容器技术，通过微服务的方式使服务颗粒度变得更细，以便于充分利用系统资源。专用平台服务一般指根据业务需要通过SOA（Service Oriented Architecture，面向服务架构）模式将各种专有业务应用按照服务的方式细化，通过ESB提供专有服务组件，使开发者可以通过这些服务快速构建新型应用。

ESB企业服务总线是一个具有标准接口，实现了互连、通信、服务路由，支持实现SOA的企业级信息系统基础平台。它提供消息驱动、事件驱动和文本导向的处理模式，支持基于内容的服务路由。SOA架构将各应用服务器（包括异构的服务器）上的各种服务连接到服务总线上，支持分布式的存储及分布式的处理、异步处理。为信息系统的真正松耦合提供了架构保障，简化了企业整个信息系统的复杂性，提高了信息系统架构的灵活性，降低企业内部信息共享的成本[6]。

（4）软件服务层（SaaS）

在PaaS层之上，构建"大数据+云平台"的运营模式，建设成为"一个平台，两个中心"的智慧供热体系，即基于云平台的智能供热生产调度中心和供热经营管理中心。将智慧供热系统下的各功能子系统包括热网监控系统、全网平衡分析系统、热网指挥调度系统、气候模型专家系统、调度决策支持系统、在线热网水力分析系统、调度任务单系统、热网能耗分析系统与供热地理信息系统、热用户室内测温、热计量系统、气象数据、供热收费、客户服务系统进行打包封装，以服务的形式发布在云平台之上，便于企业更好地规划系统模块结构，进行及时调整和快速部署。同时系统依托大数据分析功能，能够对历史数据进行挖掘、整理、分析，并充分使用气象数据作为引导，不断总结、自我学习、自我优化。

3.2.3　统一服务平台

由于智慧供热系统功能的不断丰富，自身软、硬件数量增加，各类系统越来越多样化，逐渐出现了各子系统相对独立、资源设备分散、版本升级影响较大、数据不能有效共享、技术平台异构等难题，制约了热网系统的有效发展，影响了决策层对整个供热设备设施的管控。因此需要对智慧供热系统进行高效的整合，优化系统架构，充分利用现有设备、设施、软件及服务，避免"推倒重来"，造成资源浪费。

1. 智慧供热系统架构的演变

智慧供热系统的建设从最初局部的自动化、信息化，到基于网络的数字化，再到目前的智慧化，系统经历了 3 个发展阶段，逐步从传统的基于消息传递的模式，到企业应用整合过渡架构，再到面向服务体系的先进架构，详见图 3-9。

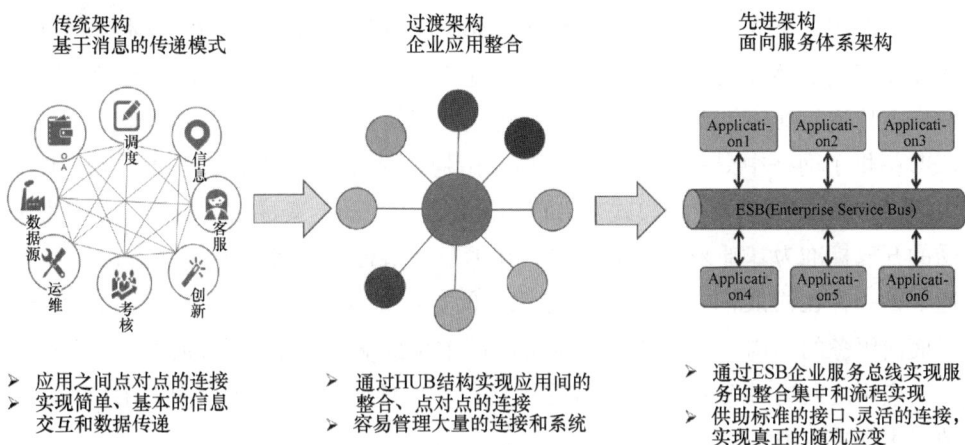

传统架构
基于消息的传递模式

调度　信息

数据源　客服

运维　考核　创新

过渡架构
企业应用整合

先进架构
面向服务体系架构

| Applicati-on1 | Applicati-on2 | Applicati-on3 |

ESB(Enterprise Service Bus)

| Applicati-on4 | Applicati-on5 | Applicati-on6 |

➤ 应用之间点对点的连接
➤ 实现简单、基本的信息交互和数据传递

➤ 通过HUB结构实现应用间的整合、点对点的连接
➤ 容易管理大量的连接和系统

➤ 通过ESB企业服务总线实现服务的整合集中和流程实现
➤ 供助标准的接口、灵活的连接，实现真正的随机应变

图 3-9　系统架构演变示意图

（1）传统架构基于消息传递的模式，应用之间点对点连接，可以实现简单、基本的信息交互和数据传递，因各子系统都有自己独立的数据信息存储结构，当两个系统需要共享数据时，会设置相应的信息接口，相互存取信息。相同的信息会在各个系统中重复输入，比如自动化、设备管理、指挥调度、GIS、收费系统中都需要站名和面积信息，都需要各自输入和变更，各系统经常发生站名不统一、面积不一致情况。此种信息构成模式被形象地称为"信息孤岛"，因为信息被存储在各系统中，管理多套信息和同步多套信息，浪费了大量的计算、存储、网络资源和人力资源。

（2）整合过渡架构通过 HUB 模式实现应用之间的整合，容易管理大量的连接和系统[7]，但是，系统间的耦合过于紧密，当其中某一个子系统在改造和升级时，就需要与之有关联的其他子系统同时更新，难以重用特定的关联模块，增加了操作的复杂性，浪费了大量时间。由于各系统之间存在复杂的逻辑结构，其稳定性、易维护性大打折扣。

（3）面向服务的先进架构通过云计算及统一服务平台实现服务的整合集中和流程控制[7]，借助 ESB（Enterprise Service Bus）企业服务总线标准的接口灵活地连接各个应用子系统，提供了一种开放的、基于标准的消息机制，通过简单的标准适配器和接口，来完成应用和其他组件之间的互操作，能够满足大型异构企业环境的集成需求。它可以在不改变现有基础结构的情况下让几代技术实现互操作。ESB 的出现改变了传统的软件架构，可以提供比传统中间件产品更为高效的解决方案，同时它还可以消除不同应用之间的技术差异，让不同的应用服务协调运作，实现不同服务、不同模块之间的数据共享与整合[8]。

2. ESB 企业服务总线

企业服务总线（Enterprise Service Bus，ESB），是传统中间件技术与 XML、Web 服务等技术结合的产物，用于实现企业应用不同消息和信息的准确、高效和安全传递。让不同的应用服务协调运作，实现不同服务之间的通信与整合。ESB 提供了网络中最基本的连接中枢，是构筑企业神经系统的必要元素。ESB 采用了"总线"这样一种模式来管理和简化应用之间的集成拓扑结构，以广为接受的开放标准为基础来支持应用之间在消息、事件和服务级别上动态的互联互通，是一种在松散耦合的服务和应用之间标准的集成方式[8]。它可以作用于：①面向服务的架构——分布式的应用由可重用的服务组成；②面向消息的架构——应用之间通过 ESB 发送和接受消息；③事件驱动的架构——应用之间异步地产生和接收消息。

企业服务总线需要具有以下功能[6]：①服务统一管理：为整个系统提供一个统一的、标准的、可靠的、可扩展的服务管理平台；②集成服务：提供基础的服务与定制的服务；支持集成服务模式；支持服务的分解、服务调度和路由、服务封装、服务组合；③公用服务：提供内置的各种公用服务，例如提高认证服务、日志服务等；④服务协议转换：通过把不同的通信协议转换成标准的报文，屏蔽异构系统的底层技术差异；⑤服务监控：提供服务等级管理及流量管理，提供多角度的服务实时监控、报警与交易分析报表；⑥安全体系：提供多种安全机制并支持和第三方安全系统的有效集成、提供有效的安全监控机制。

3.3 信息资源规划与管理

3.3.1 信息资源规划与管理的目标

信息资源规划及管理的目标涵盖以下几个方面：

1. 统一编码

企业信息化建设的首要任务即是对企业信息进行统一分类与编码，统一编码是对同一种信息资源使用唯一性编码，该编码在系统中不会被其他资源所使用，能够起到稳定的唯一标识作用并满足易于扩展的要求。其目的是为了在系统集成过程中使用统一的编码方式来标识信息资源，同时能够通过统一的解码方式来识别具体的信息资源，是检索和处理信息的依据，统一编码将会关联各个应用系统并贯穿在信息化建设的整个过程中。

2. 统一存储

统一存储架构是在一个单一存储平台上整合基于文件和基于块的访问，其优点在于能够整体规划存储容量，支持多协议存储，存储利用率可以得到提升并能够提供足够灵活性。

3. 数据一致

当有多个独立服务存在时，通常需要将强一致性需求转换成最终一致性的需求，也就是要求在经过一个数据不一致的时间窗口后，最终能保证数据一致。保证在没有后续更新的前提下，最终返回上一次更新操作的值。在没有故障发生的前提下，不一致窗口的时间主要受通信延迟、系统负载和复制副本的个数影响。

4. 数据共享

在企业信息化过程中，数据共享就是让各个应用系统及不同用户角色能够读取其他应用系统、业务中或者由其他权限用户操作产生的数据，并且能够对这些共享数据进行各种操作运算和分析。其优点是能够快速整合业务，不同业务之间能够互联互通，便于扩展。

5. 统一接口

建立统一标准数据接口即是对当前各应用系统或者业务规定统一的数据输入、输出格式，制定标准协议。其中，输入、输出的信息包括企业信息化建设所必需的信息，数据接口规范的统一有利于应用系统或者业务模块由紧耦合模式向松耦合模式过渡，同时利于各系统和模块间的数据交互，利于业务扩展，提高信息化效率。

3.3.2　企业信息资源规划概念及内涵

信息资源（Information Resources）是企业生产及管理过程中所涉及的一切文件、资料、图表和数据等信息的总称。它涉及企业生产和经营活动过程中所产生、获取、处理、存储、传输和使用的一切数据和业务，贯穿于企业管理的全过程[9]。信息资源与人力、财力、物力和自然资源一样，都是企业的重要资源。

信息资源规划（Information Resource Planning，IRP）是指对企业生产经营所需要的信息，从采集、处理、传输到使用的全面规划。在企业的生产经营活动中，无时无刻都有信息的产生、流动和使用。要使每个部门内部，部门之间，部门与外部单位的频繁、复杂的信息流畅通，充分发挥信息资源的作用，不进行统一的、全面的规划是不可能实现的[10]。

3.3.3　供热企业信息资源规划的方法

1. 信息资源基础

设备设施和热用户是供热企业生产经营的两大管理服务对象，同时也是信息资源规划的出发点，供热企业的对标应该围绕设备设施和热用户所涉及的相关业务和标准进行展开。供热企业服务的热用户通常包含城镇居民、商业、工业、蒸汽等几个类型，供热设备设施通常涵盖热源、热网、换热站等几大部分。供热企业内部员工从事生产和经营活动，企业内部的日常业务由热用户和设备设施两者发生的变化和服务管理构成。

2. 信息资源分类

在管理热用户和设备设施方面，针对供热企业的实际情况，可以将企业信息资源中热用户和设备设施相关的数据归纳为静态数据、动态数据和维态数据。其中，静态数据是表示实体本质特征的基本数据；动态数据是表示实体业务过程中的动态数据，需要自动采集；维态数据是表示实体状态变更的记录数据，需要人工维护。

（1）设备设施

1）热源

静态数据：热源基本资料、锅炉基本资料；

动态数据：锅炉运行、电厂出口计量、热源厂出口计量；

维态数据：维修记录、保养记录。

2）热网

静态数据：维修记录、保养记录；

动态数据：管网测漏、管网计量；

维态数据：抢修记录、维修记录。

3）热力站

静态数据：热力站基础资料、设备资料；

动态数据：热力站运行、热力站计量；

维态数据：巡检记录、维修记录、保养记录。

（2）热用户

静态数据：用热地址、小区、楼栋、用热设备；

动态数据：锁闭阀控制、室温测量、热计量；

维态数据：收费数据、客服数据、测温数据、停用热数据。

3. 信息资源统一编码

通过采用统一编码体系对供热企业信息资源进行编码，对信息资源编码的过程同时也是对信息资源进行归纳的过程。设备设施和热用户是供热企业管理的两个对象，因此对设备设施和热用户进行统一编码是信息资源规划的基础。

设备和房屋编码就是对设备设施和热用户信息进行分类和编码，统一管理，赋予具有一定规律、易于计算机和人识别处理的符号，为信息系统提供唯一的、标准的数据，为信息系统底层数据规划和各种业务系统数据之间关系对应奠定基础。

（1）设备编码

集中供热项目设备标识是指对供热工程中所有系统、设备、部件，按照其内在联系、功能关系等进行统一分类、统一编码、统一标识的过程和方法，使各种对象的相关信息在供热工程全生命周期内都具有唯一的标识[11]。

集中供热项目标识采用"工艺相关标识"、"安装点标识"和"位置标识"三类编码来标识供热系统的机组、系统、设备和部件[12]。工艺相关标识可以单独使用，并可在需要的情况下与安装点标识和/或位置标识结合使用，以便使供热系统的任何物理对象都有唯一的、可表示其功能及逻辑位置和安装位置的标识。

（2）房屋编码

集中供热项目房屋编码是指对热用户房屋统一编码，确定房屋代码的编码对象、代码结构及编码规则，使每一个编码对象均获得一个始终不变的唯一代码。

房屋代码要求具有唯一性、适用性、规范性、简明性。所有房屋均应赋予幢代码、单元代码、层代码及户代码，其中幢代码、单元代码、层代码与户代码采用相同结构。

3.3.4 供热企业的数据整合

供热企业内部通常具有多套信息系统，这些系统一般由各个业务部门分别建设且相对独立，在业务处理中存在数据来源不统一、数据格式不规范甚至是业务间缺少关联性等问题，这些问题随着信息化建设的不断增多而更显得突出。这时候就需要通过数据整合技术从源数据层面进行业务数据重组、拼接，实现数据层面的互联互通，可保证数据统一性及解决"信息孤岛"的问题。数据整合将各个业务系统数据根据一定的规则、有序地存放在统一平台中，形成业务数据仓库，再通过在数据仓库中建立有效的、实时的数据流向关联关系，最终行成业务数据关系网，为业务系统相互调用、相互关联起到支撑作用；通过数据挖掘、清洗手段可实现跨业务系统的大数据分析，为生产运行及综合分析提供实时有效的基础数据[13]。

1. 系统架构

如图 3-10 所示，数据整合平台利用先进的 ETL 抽取、数据同步等数据同步手段，将各个业务系统中业务数据有序地同步到公共数据平台中，在同步过程中可根据业务数据变化规律定制不同的同步频度及同步次数减少资源浪费；同步后的数据将作为基础数据对外提供数据支撑服务，可实现单系统大数据挖掘、清洗、筛选；也可实现多系统数据联合分析；通过大量标准接口服务可以对外提供丰富数据共享接口，方便系统扩展，并为后续持续开发做好准备工作。

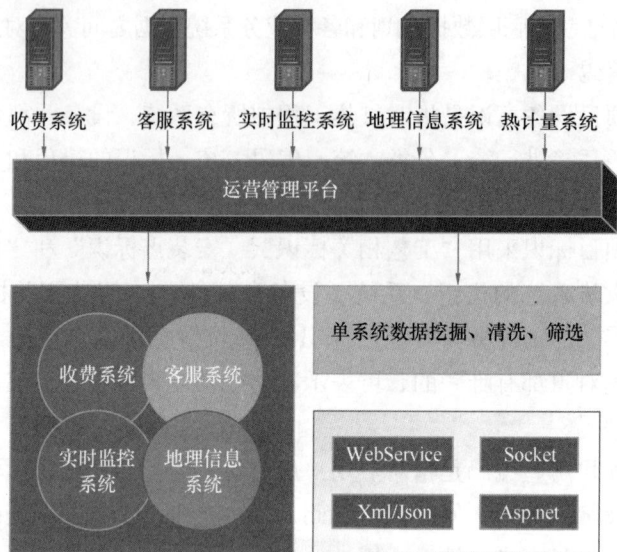

图 3-10 系统架构图

2. 数据架构

在数据架构上，分为四个层级：数据源系统、数据抽取层、数据存储层、数据展示层[14]，如图 3-11 所示。

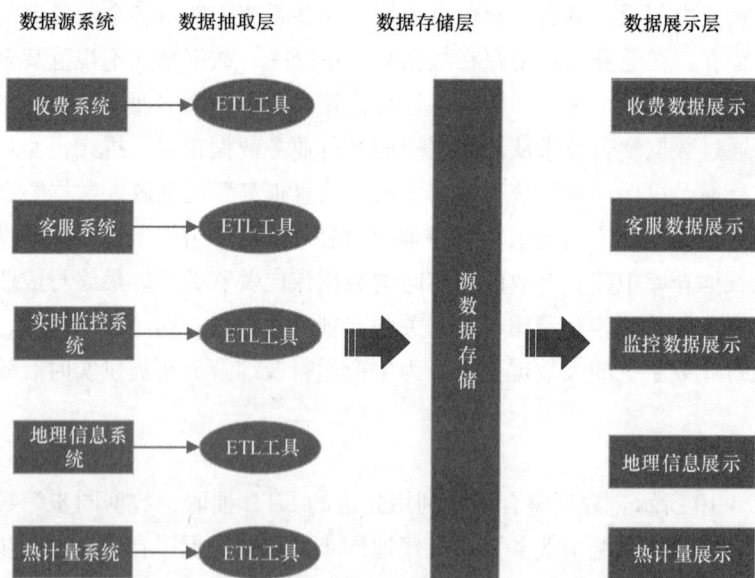

图 3-11 数据架构图

（1）数据存储架构

数据整合平台由于是将各个业务系统数据统一存放，在数据存储设计上要考

144

虑高可用性和高性能，建议采用 ORACLE RAC 进行数据库结群搭建，RAC 可以支持 24×7 有效的数据库应用系统，在低成本服务器上构建高可用性数据库系统，并且自由部署应用，无需修改代码，结构图如图 3-12 所示。

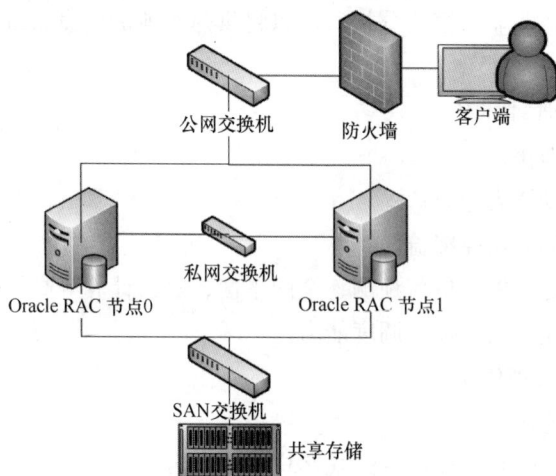

图 3-12　数据存储架构图

（2）数据获取

采用 ETL 抽取工具来实现数据的获取；ETL 是构建数据仓库的重要一环，用户从数据源抽取出所需的数据，经过数据筛选、清洗，最终按照预先定义好的数据仓库模型，将数据加载到数据仓库中[15]，如图 3-13 所示。

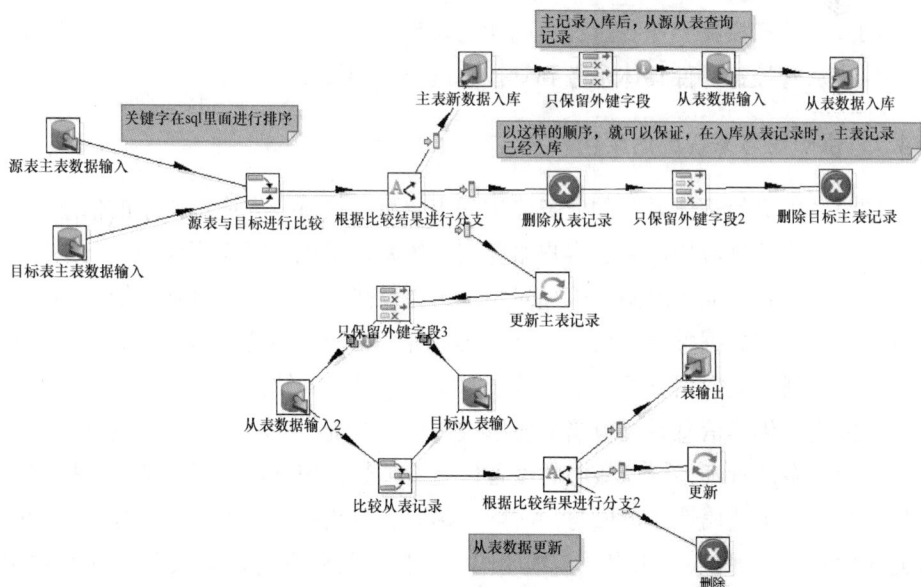

图 3-13　数据获取流程图

3.4　供热行业信息系统应用架构

通过对供热企业业务模式分析，可以将供热企业的信息系统架构归纳为"三大管理体系"：

1. 生产运行管理体系

（1）调度精细化；

（2）以设备设施为中心；

（3）进一步扩大监控覆盖面；

（4）提升能耗分析、负荷预测、全网平衡、水力计算等高级应用水平；

（5）全面增强热网监控、调度能力。

2. 客户服务管理体系

（1）服务规范化；

（2）以客户为中心，建设一站式客户服务平台；

（3）更加丰富的客户服务方式与服务手段；

（4）增加与客户、市场的接触点；

（5）借助信息化提升客户服务质量和水平。

3. 组织保障管理体系

（1）职责标准化；

（2）以人、财、物为中心；

（3）从管理模糊到业务过程透明化的转变；

（4）从管控每一件具体事务到管控关键要素的转变。

3.4.1　供热信息系统应用架构

围绕"三大管理体系"的业务应用需求，可以进行三大应用体系的信息化建设，即：生产管理应用体系、客户服务应用体系、组织保障应用体系。

供热信息系统应用以两个管理对象（房屋及热用户、设备设施）统一编码工作为起点，奠定数据整合集成的基础，实现各业务应用系统数据信息的关联、共享、交互，通过大数据分析、挖掘等技术手段，进而为智慧供热提供可靠的信息化支撑能力。供热信息系统应当形成以收费管理系统为核心的热用户基础数据信息，以设备资产管理系统为核心的设备设施基础数据信息，热用户基础数据应当依据供热系统工艺属性，形成与一次网（热源、换热站、机组）、二次网（井室、单元阀门）、三次网（户用表计、锁闭阀、温控、测温设备）等设备设施的对应关系，各业务系统的业务数据应围绕核心数据的统一编码方式进行数据结构设计及接口的开发工作。

供热信息系统应用架构如图 3-14 所示。

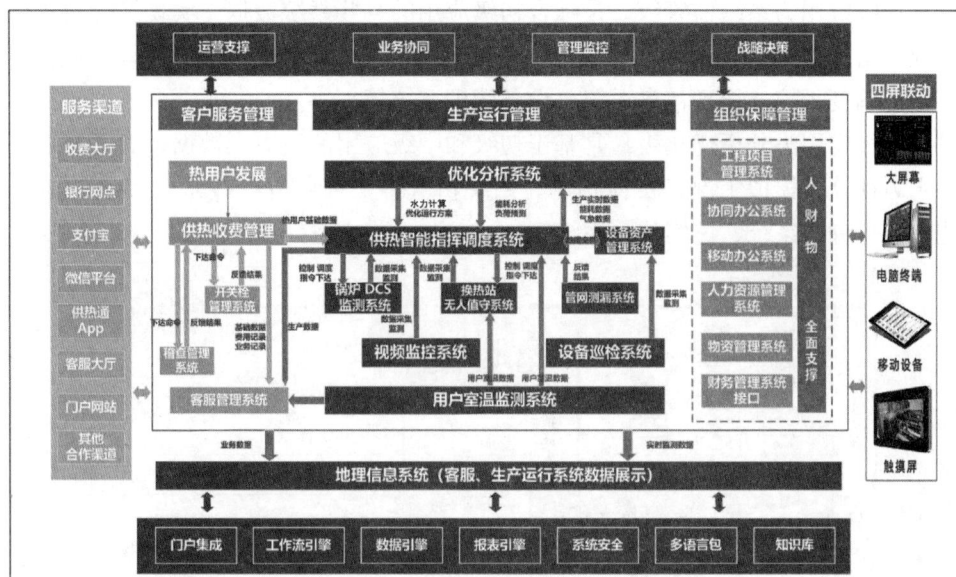

图 3-14　供热行业信息系统应用架构

供热行业整体信息化系统建设应从以下 3 个方向展开工作：

（1）构建统一的企业集成数据中心

构建统一的网络架构，建立信息数据管理标准和数据接口规范，建设企业大数据中心，实现信息共享、消除"信息孤岛"。

（2）搭建统一信息化集成平台和主数据管理平台

搭建公司统一的信息化集成平台，建设一个功能强大的、可延伸的企业管理信息平台，部署来自不同系统的信息或服务模块，部署各种源于不同系统的交互操作模块，部署各种跨平台运营的协同流程，实现业务流程化与审批流程集成管理。

（3）打造企业信息门户

打造企业信息门户，包括外网及内网门户，外网门户主要面向热用户服务及对外展示、宣传，内网门户用于向企业的员工提供最准确、最直接、最有效的系统信息、报表和其他的管理数据，同时把企业全部的信息系统资源加以集中展现。

3.4.2　生产管理应用体系

供热企业生产管理信息化应用方面，有 3 个级别的应用，如图 3-15 所示。

147

初级应用为现场监控级，包括锅炉 DCS 系统、管网泄漏监测系统、换热站无人值守系统、井室监测系统、视频监控系统、语音对讲系统等。

中级应用为系统监管级，是综合初级应用的一些系统数据，实现综合的运行工况、指挥调度、运行评价等功能，实现生产运行多维对比分析管理，主要有生产指挥调度系统、地理信息系统、设备管理系统等。

高级应用为分析优化级，是基于初级和中级应用的历史大数据，做更加复杂的水力计算、模拟工况、负荷预测、系统仿真等，主要有在线水力平衡调节系统、能耗分析系统、三维仿真系统等。

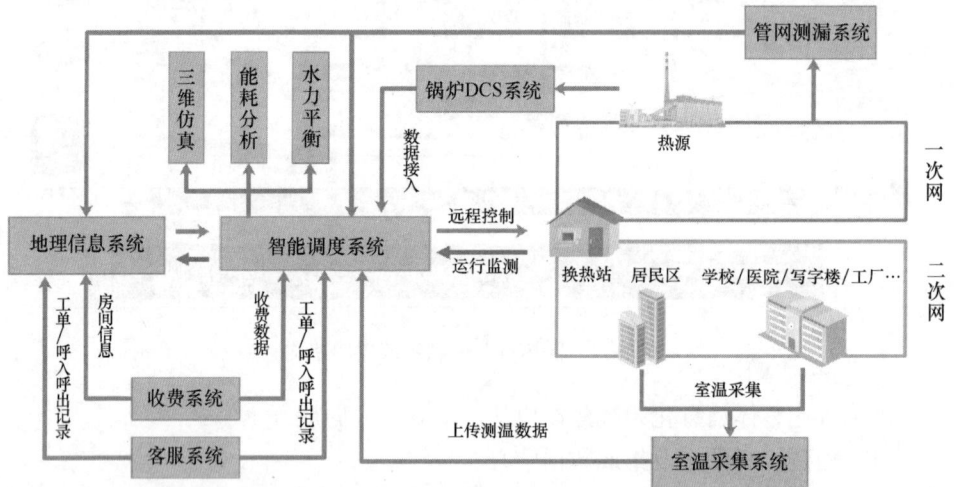

图 3-15　供热生产管理信息化应用示意图

1. 设备管理系统

设备管理系统是一个以设备为中心，对设备从采购到报废的一个全生命周期中所发生的各种事件进行跟踪的管理信息系统。系统可以为企业提供简便实用的管理平台，将设备全生命周期的管理工作信息化，有效地进行设备管理工作，以提高设备生命周期的利润率，直接为企业创造价值。

2. 供热能耗分析与统计系统

供热能耗分析与统计系统，是将采集的数据进行归纳、分析和整理，计算热用户的能耗和能耗平衡，计算换热站的热耗、水耗、电耗及各项的单耗，实现热力数据的统计和分析。可以通过连续分析曲线，找到供热异常的换热站和建筑，及时发现供热问题，及时解决问题，为热力企业节约能源，降低运行费用。基于历史大数据对供热系统进行更加精细化和智能化的调节和控制。

3. 供热负荷预测系统

负荷预测是以历史数据、算法公式以及气象预测为基础，进行能耗的预测。

以预测为依据，制定运行方案，指导生产运行。然后将实际的运行数据同预测值比较，进行反复的修正和改进，进而提高供应时间的有效性和供应量的准确度，以达到供应量和用户需求量准确匹配的目的。

系统通过对气象、生产负荷、热源基本信息、换热站运行参数以及用户室内温度等生产运行相关的各类历史信息的分析、挖掘，按照科学的计算方法，进行多种方式的负荷预测，建立热源、站以及用户各级包括水、电、热等各类能源消耗的指标，为科学核算供热成本及节能降耗工作提供依据。

根据历史气象对新的采暖期进行运行方案的制定，同时对负荷、能源消耗量、能源成本做出预测，作为新采暖期调度运行的参考依据。

根据气象预报以及实际负荷等信息，可以制定未来三天或者一周的供暖经济运行方案，进行科学的调度运行。

4. 供热的状态监测系统

完成运行管理人员对热源、热网和热力站的供热运行状态的了解，显示整个供热系统运行状态，包括当前换热站的主要运行参数、经济参数指标及目标值与偏差值、安全性参数指标等生产运行管理人员需要关注的参数；同时对系统的压力报警、断电报警、温度报警等报警状态进行分析。

5. 在线水力平衡调节系统

根据实时数据，对全网进行在线水力平衡分析，计算全网最不利点及其参数。可以对全网所有站进行综合分析；可以查询全网热源、热力站、公共建筑、管道的运行数据，包括压力、温度、流量、热量、压降、管网热损失等数据。找到全网供热参数最高的站，找出全网不符合供热参数条件的站，为管网自动调节、控制提供基础数据。

系统能够根据在线水力平衡分析计算结果，确定全网综合调节控制方案。分析计算出在当前热源输出条件下全网最佳的平衡控制方案，确定每个热力站参数，自动将控制数据下达到每个控制器中，实现全网自动平衡控制。

在供暖准备期，系统能够根据全网负荷、管网特性、热源参数等，自动进行全网初调节计算，计算出每个热力站阀门初始开度，自动将阀门初调节参数下达到控制器中，在较短的时间内建立起管网初始水力工况，保证所有用户都能够得到及时准确的供热服务。

6. 供热运行调度决策支持系统

运用人工智能方法实现智慧运行，运用数据分析的方法为生产调度人员提供科学、精准、可靠的运行方案，辅助运行调度人员的思考。代替人工方案比对分析，自动得出理论最优方案。这有利于系统硬件控制策略实现，并实现高效、稳定的热力站在无人值守下智慧运行。

7. 调度指挥管理系统

调度指挥管理作为集实时监控、运行调度、供热设备设施管理和应急指挥为一体的综合生产调度指挥系统，从能源的存储、转换、输配、使用的全生命周期角度实现灵活可靠的过程监控，做到及时监测参数、了解系统工况，合理匹配工况、保证按需供热，及时诊断故障、确保安全运行，进而达到均匀调节流量、消除冷热不均的目标，保证用户的用能舒适度和能源的使用效率。

8. 地理信息系统

供热地理信息系统是供热各种业务信息系统的集成系统，更是图形化地展示分析系统，以房屋用户（地名编码）和设备设施（KKS 编码）为基础数据，形成供热区域和热源、供热管网、换热站、用户一体化的图形系统。地理信息系统的发展正从传统展示物体在空间上的位置向未来展示物体在时间、空间和状态（静态、动态和维护）的多维角度演变，成为大数据图形化分析系统，为不同层级的使用者带来时空物位状态分析。

9. 3D 运维系统

3D 运维系统，运用三维仿真技术实现信息感知、智能调度、主动式运维，有效提高供热系统的运行水平和供热保障能力，实现热网运维的协调发展。

3D 运维系统适用于监控调度人员、应急指挥人员及供热系统学习人员。系统可为使用者提供供热系统整体布局；为监控调度人员提供生产监控、实时监测等运行状况，可实现工况查看、场景巡游、设备定位、教学演示、模拟演练及人员定位等功能。

3.4.3 客户服务应用体系

供热企业客户服务信息化应用方面主要以热用户为核心，辅以便捷高效的交互渠道，为热用户提供计费、缴费、业务办理、咨询、报修、测温、投诉等众多业务服务，供热客户服务信息化应用示意图如图 3-16 所示。

1. 供热计量管理系统

供热计量管理系统将企业所属的所有热量表数据统一采集、存储、分析。系统将企业所有热计量系统进行整合，并建设供热计量监控中心，实现所有供热计量系统通过无线通信方式将数据统一上传至服务器，并提供热计量软件平台，方便运行管理人员随时查看热计量用户相关数据，为供热节能运行提供有力数据保障。

热计量监视平台系统以"表计数据采集→数据管理→热耗分析"为主线，以全面的基础信息管理、相关参数设置、异常数据报警、热用量汇总及分析为支

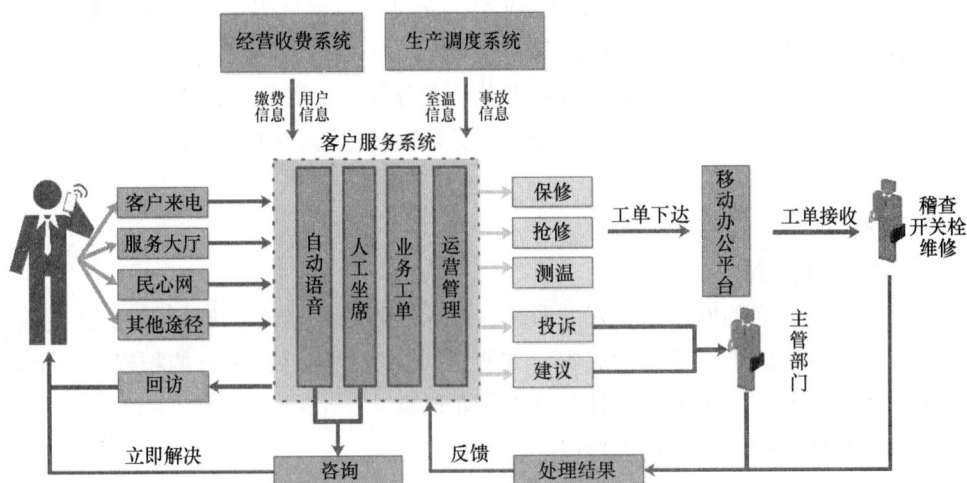

图 3-16　供热客户服务信息化应用示意图

撑，可灵活地同企业其他信息系统对接。

2. 用户室温监测系统

室温监测作为支持供热生产的一种有效措施，在各供热公司普遍存在，测温管理信息系统将技术先进的测温设备、灵活的通信手段、丰富的业务管理方式相结合，提供了实时和定时测温功能。掌握用户室温的数据，有效处理生产和用户投诉问题，保证供热质量及服务质量；促进热费收费率的提高和指导供热生产运行。

3. 客户服务管理系统

客户服务系统在数据库和知识库的支持下，通过流程化方式回应主叫方（客户）诉求。针对每家客户诉求，系统都建立了唯一的服务档案，并进行实时监控，直至诉求得以解决。

客户服务系统提供包括自动语音服务、人工服务和互联网服务等多种形式综合性信息服务。实现用户报修、业务受理、咨询反馈、投诉建议、催费通知、记录查询和客户回访等具体业务，实现客服维修全程跟踪服务管理。

客户服务系统应提供多种渠道服务办理方式，以电话呼入座席受理为主，辅以窗口接待、线上办理（网站、APP 应用、微信公众平台等）。

4. 计费管理系统

计费管理为供热企业提供一站式供热收费解决方案，包含热用户基础数据维护、应收管理、票据管理、收费管理、热计量管理、预付费管理、开关栓、稽查、计划管理、欠费管理等，缴费渠道涵盖收费大厅、银行代缴、自助缴费机、移动 POS 机、门户网站、公众 APP 应用、支付宝、微信等，辅助以税控接口、高拍仪、智能卡、身份证、锁闭阀等手段。

彻底解决供热企业用户基础资料混乱、业务处理不规范、财务账目不清、收费率低下等头疼问题，实现多样化跨部门运行联动计费管理，极大提高收费效率和用户满意度。

5. 高效服务渠道

（1）银行代缴

借助银行众多的网点、良好的形象、高标准的服务，省去快速扩展必须建收费大厅的困扰，降低企业运营成本，方便客户交费。同时在银行的积极配合下，能够扩大采暖收费宣传工作，提升供热企业形象。

银行代收供热费，常用包括以下几种方式：

1）柜员收费：用户到储蓄柜员直接缴纳；

2）手机银行：用户可以通过银行的手机 APP 缴纳；

3）网上银行：网上可以缴纳采暖费。

（2）自助缴费机

自助缴费机可实现热用户基本信息查询、欠费信息查询、自助缴费和缴费记录查询、发票打印等功能。缴费机通过专线与供热收费系统连接，保证数据的读取安全。

（3）门户网站

建设一个高效、友好的热力公司门户系统，是建设良好客户服务支撑体系的一个重要方面。

（4）微信平台

微信平台作为收费与客户服务方面的补充，无疑是一个良好的载体。

微信平台的主要特点包括：

1）订阅方式简单快捷；

2）精准消息推送；

3）丰富的内容推送；

4）运维简单；

5）与企业内部平台无缝对接；

6）自助服务；

7）手机 APP。

随着手机设备和移动通信技术的发展，智能手机已经基本实现了全面普及，人们对手机的使用也从之前的语音和短信服务，扩展到社交、购物、学习、娱乐、理财、旅行等生活的方方面面。

基于此背景，可以通过部署手机 APP 来提升面向热用户的服务品质，获得更高的用热满意度和经济效益。通过对接收费系统、客服系统和企业门户，为热用户提供缴费、投诉报修等服务的便利方式，主动式的推送公告消息，并在平台运营期间能够实时与热用户互动，了解真实状态，对企业内部运营也能提供更好的数据支持。

（5）移动支付平台缴费

当前人们的消费行为发生根本性的改变，人们已经习惯足不出户，在电脑上或手机上购物、订餐、缴纳水电煤气费。这些新型的消费形式，不仅极大地方便了用户，而且技术的发展也非常成熟。

开辟移动支付缴费渠道，可实现用户缴费渠道的多元化，方便了用户，也减轻了企业的收费压力。

6. 热用户发展系统

热用户发展（并网管理）指新用户发展业务，通常指一个新的片区接入供热公司管网，包括入网费的收取和工程实施两条主线业务。热用户发展系统把供热并网过程以流程化的方式展现在相关人员的面前，对每个申请并网用户信息在业务部门之间的流转进行全程跟踪，对每个关键点进行监督和控制，并建立相关统计报表，堵住各种管理漏洞。

7. 新技术的应用

（1）税控接口

税控接口是收费系统与国家税务系统的桥接软件，可实现在收费系统中直接完成发票的打印、作废、负票等操作，避免用户基本信息资料的二次输入，使开票工作更简化，同时减少人为操作产生错误的几率。

（2）一键快拍

供热企业存在大量的纸面材料，如入网图纸、各种供热合同、房产证件、换热站设计图、管网图纸等。传统的管理模式是采用纸面复印或扫描仪扫描的方式保存，其缺点一是搜集困难，复印或扫描都是一种烦琐的方式；二是纸面资料保存不易，易污损、老化；三是分类不清，很难梳理明白；四是查找困难，检索不便。

供热管理信息系统结合技术先进的高拍仪设备，实现了纸面资料的快速电子化，直接进入信息系统，并在信息系统中实现分类、管理、检索等功能，方便了企业管理人员完善、查找资料，解决了纸张不易保存、检索不便等难题。

（3）触摸屏业务系统

利用触摸屏多媒体信息手段，可以让用户自助查询、办理相关业务，并了解到供热的方方面面，增加用户交互渠道和方式。

（4）智能一卡通

采用一卡通技术，给热用户发放收费卡，热用户持卡到柜台办理业务，这样就避免了确定用户编号的麻烦，极大地提高了工作效率。同时可以在卡的背面印刷精美的图案，能够提升企业形象。常用于一卡通的卡主要包括磁卡、条码卡、ID 卡及 IC 卡。同时，随着二代身份证的推广普及，采用二代身份证作为供热收费的唯一标识也可以作为一种推广的手段。

3.4.4　组织保障应用体系

组织保障管理体系主要指涉及企业运营的人、财、物的管理。人的管理包括人力资源、协同办公和移动办公。财务管理主要包括资金管理、全面预算、财务核算等。物的管理涉及物资管理、固定资产、供应链管理等。供热组织保障信息化应用示意图如图 3-17 所示。

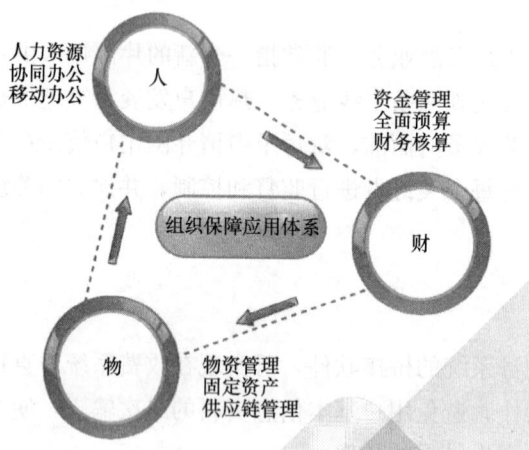

图 3-17　供热组织保障信息化应用示意图

1. 协同办公系统

协同办公管理系统通过有效的资源共享和信息交流、发布，达到提高工作效率，降低劳动强度，减少重复劳动的目的。它强调人与人之间、各部门之间、企业之间的协同工作，以及相互之间进行有效的交流、沟通。协同办公系统可以辅助企业人工管理，帮助企业建立便捷、规范的办公环境，迅速提升企业的管理和信息化应用水平。

2. 人力资源管理系统

人力资源管理系统是包含组织管理、人事信息、变动管理、人员合同、薪资管理、福利管理、时间管理、招聘管理、绩效管理、培训管理、任免管理、政策制度、能力管理、员工自助、经理自助和决策支持，是企业提高人力资源管理水平，提升企业人力资本，改善经营业绩的重要支撑。

3. 移动办公系统

利用智能手机终端加移动通信网，可为企业搭建一套移动办公的手机平台，使得企业的信息系统可以由 PC 端扩展到手机端，方便那些不便使用 PC 电脑进行办公的工作人员接入到企业管理平台中进行工作。

移动办公平台允许用户从家庭、公司、公共场所等使用无线设备（手机、平板等）安全地接入到企业信息化平台中，实现移动办公业务。平台功能覆盖通知查看、流程审批、工单处理、供热监管、热源及换热站运行监控、用户测温、现场稽查、收费等应用场景。

4. 财务管理系统

构建集中式财务管理信息化平台（包括全面预算、总账、票据、固定资产、成本控制与核算、应收、应付、资金集中管理和投融资管理等模块），从而实时掌握经营情况，掌控管控风险。

5. 物资管理系统

物资管理系统是针对供热公司的物资采购、库存、使用以及设备的日常维修保养等业务应用，能够帮助企业建立一个规范准确的库存数据库，同时自动生成标准、细致的库存账表，帮助供热企业及时、准确、全面地掌握采购计划、合同、库存、消耗等信息。有效帮助企业理顺物资采购、使用等流程，降低库存，减少资金占用，避免物资积压、短缺过期，实现物资的全生命周期管理。

6. 经营决策支持系统

经营决策支持包括报表统计系统和商业智能系统（BI），通过大数据等信息化手段对内外部业务等信息进行有效采集、整理、分析、应用和展示，为经营决策提供支持，提高决策效率，推进各项业务的持续改进。

（1）报表统计系统

通过对企业信息系统数据的挖掘与分析，为企业各级领导提供有价值的信息和知识，支撑其进行企业经营的辅助决策。自动整合和集成各业务的数据，不需再采用人工上报的方式，树立标杆，进行比较、分析、判断。

对收费、客服、生产等业务数据进行综合统计分析，以列表、饼状图、柱状图、折线图等方式展现。并能够对各分支机构的历史同期、同期各分支机构的数据进行纵向、横向的对比。

（2）商业智能系统

商业智能系统是面向管理决策层的系统，用于查询、分析企业的关键指标。商业智能系统基于数据仓库建立，通过 ETL 工具从财务、物资、人力资源、设备等基础业务系统中获取数据，根据分析主题、维度，面向不同的使用对象采用相关分析展现工具对数据进行加工展现。

3.5　供热信息系统的运维服务

供热信息系统运维类似于系统维护，维护更加侧重于保障系统正常运行，运维有运行和维护两层含义。对于任何一个信息化系统，软件系统出错或者硬件环境故障，有时候我们无法预知，系统越复杂，其维护难度越大，为了减少系统错误故障带来的损失，需要采用一定措施尽可能地去预防，对于突发情况，应有预设的方案，尽快尽可能地去修复[16]。

从某种程度上来说，运维比建设更重要，过程更漫长，只要想让信息系统继续使用下去，那么运维服务就不能终止。从感知层数量庞大的设备设施传感器件，到网络层复杂的网络结构及通信传输环境，从数据层海量数据的存储、清理、筛选、计算、分析、挖掘，到应用层适应组织机构不断变动、业务不断发展的功能需求，要实现供热信息化系统平稳可靠、安全高效的支撑智慧供热，必须依靠严谨规范的运维制度和专业高效的运维队伍。

3.5.1　运维服务的目的

信息系统运维主要有以下几方面的目的[17]：

（1）保障系统运行平稳，安全可靠。信息化系统是为企业生产运行、经营管理提供服务的，系统的故障势必会打乱企业正常的生产经营活动，带来损失，因此保障系统可靠、运行平稳是首要目标。

（2）延长系统生命周期，提高系统利用价值。随着企业经营活动的发展，组织结构、业务范围、业务流程都在不停地变化，系统承载的软硬件环境也在不停地老化，这就要求信息化系统不停地进行性能优化及功能完善，以延长其生命周期，避免由于频繁更换信息化系统而带来的经济损失。

（3）保护好企业的重要隐形资产——数据。任何信息化系统留存下来的基础数据、业务数据经过沉淀都是企业的重要资产，数据安全与数据质量是信息化系统的核心价值。随着计算机技术的发展，运用大数据运算与数据发掘技术，大量沉淀的历史数据，通过海量数据的挖掘分析将获取以往无法掌握的规律、趋势等，形成供热企业自身的知识库，它们将给供热企业的经营决策和实现智慧供热提供重要支撑。

3.5.2　运维服务的方式

1. 响应式服务

响应式服务是指供热信息系统用户向服务提供者提出服务请求，由服务提供者对用户的请求做出响应，解决用户在使用、管理过程中遇到的问题，或者解决系统相关故障。

响应式服务采用首问负责制。第一首问为本单位信息中心。信息中心负责接受供热信息系统的系统用户服务请求，并进行服务问题的初步判断。如果问题能够解决则直接给应用系统用户反馈，否则提交到运维服务外包商。

问题范围较大，涉及多个运维服务外包商时，由信息中心进行协调，在信息中心的统一协调下进行联合作业，直至问题解决完毕。

运维服务外包商首先通过电话/电子邮件/远程接入等手段进行远程解决，如果能够解决问题，工程师需要填写相关的服务记录并提交信息中心备案。

远程方式解决无效时，运维服务外包商工程师进行现场工作。根据故障状况，工程师现场能解决问题的，及时解决用户的问题；如不能，则由信息中心协调其他相关服务外包商进行联合故障排查，直至问题解决。如果问题仍然存在，则由各方领导相互协商，共同商讨解决办法。

2. 主动式服务

主动式服务是指，供热信息系统运维服务外包商定期对系统进行健康检查。硬件设备主要以检查设备运行状况为主，软件主要以检查数据状况、检查应用配置以及进行必要的补丁升级等为主，以便提前将故障消灭在萌芽状态。

首先，根据定期巡检计划对系统进行全面检查。如果在巡检中发现问题，需要判断问题是否需要报修，如不需报修，则由巡检人员对系统进行必要调整；否则启动响应式服务去解决问题。

系统巡检服务完成后，工程师编制巡检报告，并按照约定的期限汇总报送信息中心。

3.5.3　运维服务的内容

1. 设备的管理和维护

为保证供热信息系统机房内所有设备的安全、稳定、无故障运行，监控机房的环境、监测并定期检查电源、通风、接地等所有机房设施的工作状态，发现并报告问题和提出变更建议。

（1）电源管理：将电源有效分配到系统中不同的设备组件。应考虑电源设备参数对设备的影响，如过压、过流、浪涌、短路等；

（2）等电位管理：应设置配电系统、各类电子设备及附属设施、防雷等的等电位体，并考虑静电防护、感应雷电可能形成的电磁脉冲和过电压的干扰和毁坏等；

（3）设备管理：计算机信息系统设备的日常运行和管理、可靠性评价；

（4）环境管理：应考虑机房内通风、温度、湿度、灰尘、灯光等的配置；考虑机柜放置与冷却效率和制冷单元热点的关系；以及可能因功能扩大引起的冷却效率问题等；

（5）灾害预防：应考虑物理和自然灾害发生的可能性，制定应急预案。

2. 数据存储与冗灾的管理和维护

数据管理是系统应用的核心。为保证供热信息系统数据存储、数据访问、数据通信、数据交换的安全，定期评估数据的完整性、安全性、可靠性；制定备份、冗灾策略和数据恢复策略，消除可能存在的安全隐患和威胁。

（1）安全评估：应对数据的完整性、可靠性、可用性和保密性等要素进行评估，制定数据管理和数据恢复策略，保证数据的安全；

（2）数据访问控制：应制定数据访问控制策略、访问权限控制策略、非授权访问处理策略，防止未经授权的数据访问、修改、移动、删除、毁损等；

（3）数据存储与冗灾：应制定数据存储、数据冗灾策略，评估数据存储的安全性，保证数据存储的完整性、可靠性；制定数据存储事件处理预案；

（4）数据通信安全：应评估数据通信的安全性，制定数据通信的安全策略，保证数据的完整性、可靠性、保密性和不可抵赖性；制定数据通信应急处理预案。

3. 应用系统、服务的管理和维护

保证在供热信息系统平台上运行的各类应用软件系统的安全性、可靠性和可用性，定期评估应用软件系统的性能、功能缺陷、用户满意度等；定期对应用系统的业务数据进行检查和备份，对于系统应用过程中产生的垃圾数据、业务逻辑错误数据、冗余数据进行筛查和清理，保障系统数据干净、准确；及时与开发商沟通消除应用系统可能存在的安全隐患和威胁，根据需求更新或变更系统功能。

4. 网络基础设施的管理和维护

为保证供热信息系统路由设备、网络交换设备等网络基础设施的安全性、可靠性、可用性和可扩展性，保证网络结构的优化，定期评估网络基础平台的性能，制定故障维护预案，及时消除可能的故障隐患，制定应急预案，保证网络基础平台的高可靠性、高可用性。

5. 信息安全的管理和维护

保证供热信息系统物理环境和系统运行的安全，物理环境安全包括机房监控、门禁系统、灾害预防、等电位系统、消防系统等等；系统运行安全包括风险评估、安全策略、安全机制、安全级别、病毒防护、补丁管理等。定期检查和评估可能的安全隐患、缺陷和威胁，制定安全恢复预案。

（1）风险评估

应对系统的安全威胁、脆弱性、漏洞进行评估，对安全管理进行评估，制定风险应对策略和风险处理机制，及时消除或弱化风险，并将残余风险控制在可控范围内。

（2）安全策略

应制定物理环境、基础平台、数据、应用软件、事件管理等的信息安全策略，实行信息安全教育，明确责任，采取相应的安全措施，实施安全策略的综合管理。

（3）安全级别

应根据《计算机信息系统安全保护等级划分准则》GB 17859—1999，评估安全等级，定义安全级别。

（4）安全机制

定义不同的安全机制，包括加密机制、访问控制机制、身份认证机制、数据完整性机制、数字签名机制等，制定事件处理流程和机制，避免安全威胁和隐患。

（5）数据交换

应规划建设数据安全交换平台，保证内、外网络之间数据交换的安全。应制定数据安全交换、交换过程，保证数据的完整性、可靠性、安全性策略；制定数据交换事件处理预案，评估数据交换事件的影响。

（6）病毒防护

应制定病毒防护和恢复策略，定期评估病毒影响，采取相应的病毒防护措施；制定病毒事件处理预案。

（7）个人信息保护

应建立个人信息保护管理机制，制定个人信息保护策略，对工作人员进行个人信息保护宣传和教育。此外，应制定个人信息保护事件处理预案。

参 考 文 献

[1]　郭树行. 企业架构与 IT 战略规划设计教程[M]. 北京：清华大学出版社，2013.

[2]　王朔韬. 软件是这样"炼"成的：从软件需求分析到软件架构设计[M]. 北京：清华大学出版社，2016.

[3]　乔京洲. 基于云计算的泛在图书馆建设的架构与实现[J]. 新世纪图书馆，2010(06)：82-85.

[4]　韩向明，宫文策. 基于云计算平台的智能热网系统架构及应用[J]. 区域供热，2017(04)：61-67.

[5]　杨飞. 浅谈云计算在电信领域的应用研究[J]. 电子测试，2018(04)：129-130.

[6]　梁礼方. 银行研发中心(十) 企业服务总线[J]. 金融科技时代，2012，20(01)：36-40.

[7]　黄明章. 基于 SOA 架构的机构编制网络化管理系统的设计与实现[D]. 吉林：吉林大学，2016.

[8]　boonya. ESB 企业服务总线 [J/OL]. https：//blog. csdn. net/boonya/article/details/72466035，2017-05-18.

[9]　李兴国. 信息管理学[M]. 北京：高等教育出版社，2011.

[10]　高复先. 信息资源规划：信息化建设基础工程[M]. 北京：清华大学出版社，2002.

［11］ 王聪生，康慧，傅耀宗等．电厂标识系统编码应用手册(第二版)［M］．北京：中国电力出版社，2011.

［12］ 中华人民共和国住房和城乡建设部．电厂标识系统编码标准 GB/T 50549—2010［S］．北京：中国计划出版社，2010.

［13］ 秦剑波．高校数字化校园建设中数据整合的探讨［J］．科技资讯，2007(19)：97.

［14］ 周东山．银行省级信息中心数据整合的设计与实现［D］．郑州：郑州大学，2007.

［15］ 刘静纨．智能建筑信息系统的数据整合技术［J］．北京建筑工程学院学报，2004，20(4)：36-38.

［16］ 符长青，符晓勤，符晓兰．信息系统运维服务管理［M］．北京：清华大学出版社，2015.

［17］ 陈巧莹，文雯．浅析企业信息系统运维［J］．信息通信，2017(12)：175-76.

第4章 智慧供热的信息安全

4.1 智慧供热面临的信息安全风险

智慧供热系统是由传统供热系统经过信息化、自动化、智能化建设逐步发展而成的。智慧供热的生产监控系统和生产管理系统通过信息系统网络、工控系统网络将热源（智能锅炉房）、热网（智能热网）、热力站（智能换热站）、热用户（智能热终端）联结成了有机的整体，使供热管控信息能够互通，供热调控精准，供热能效降低，用户服务满意。

智慧供热系统是典型的信息物理系统，如图 4-1 所示。

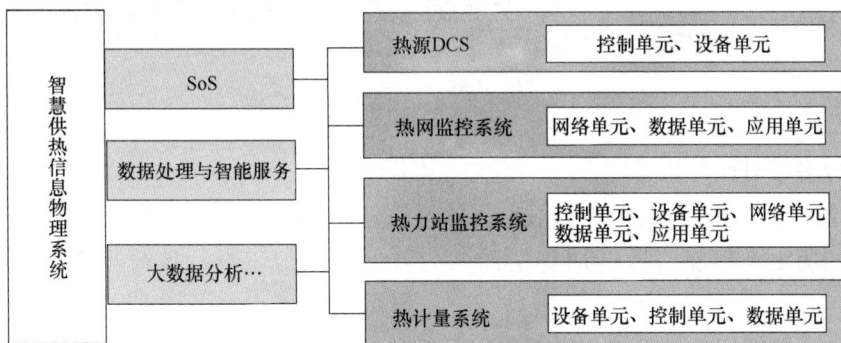

图 4-1　智慧供热的信息物理系统

智慧供热系统主要由供热生产系统（包括生产调度系统、热源 DCS、热网监控系统、热力站监控系统等）、企业经营管理系统（包括办公 OA、财务管理、设备管理、人员管理、应急管理、决策分析系统等）、用户服务系统（包括热计量系统、客服系统等）组成。从业务管理层级划分，可划分为六个层次，自下往上分别为：现场感知层、现场控制层、远程监控层、生产运行层、企业管理层、战略决策层。具体结构如图 4-2 所示。

现场感知层和现场控制层主要是生产运行应用体系的现场监控级应用，包括锅炉 DCS、管网测漏、换热站无人值守、视频监控、缺陷管理、设备巡检等。

远程监控层主要是生产运行应用体系的系统监管级应用，是综合初级应用的一些系统数据，实现综合的运行工况监控、指挥调度、运行评价等功能，实现生

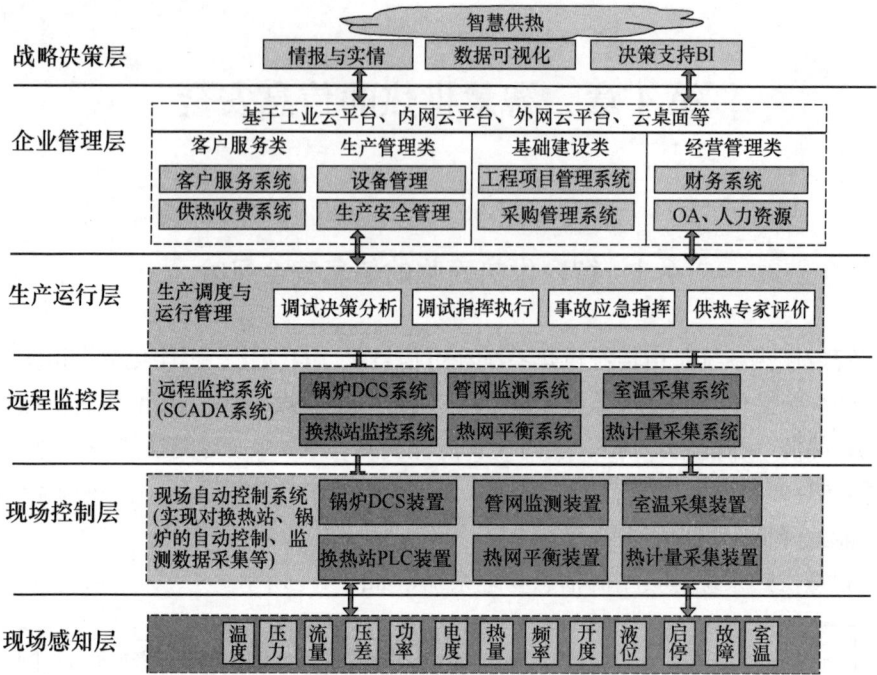

图 4-2　智慧供热业务系统分层结构

产运行多维对比分析管理。

　　生产运行层主要是生产运行应用体系的分析优化级应用，是基于初级和中级应用的历史大数据，做更加复杂的水力计算、模拟工况、负荷预测、系统仿真等。

　　企业管理层主要是客户服务应用体系和组织保障管理体系的各种应用，主要包括为热用户提供计费、缴费、业务办理、咨询、报修、测温、投诉等众多业务服务，以及涉及企业运营的人、财、物的管理。人的管理包括人力资源、协同办公和移动办公。财务管理主要包括资金管理、全面预算、财务核算、合并报表等。物的管理涉及物资管理、设备管理、固定资产管理等。

　　战略决策层主要是获取情报与舆情，将生产数据、业务数据、情报数据可视化，并采用决策支持工具进行辅助决策的。

　　智慧供热系统对于信息及网络的依赖将不可避免地使其面临日益增多的信息安全风险。

　　1. 智慧供热系统面临的信息安全威胁

　　从智慧供热系统自身构成看，其面临的威胁主要有：

　　（1）物理安全威胁：智慧供热系统的大部分锅炉房、换热站、输热管线小室等都无人值守，有可能受到人为破坏；

（2）设备安全威胁：智慧供热系统的设备目前大都采用通用电子固件和操作系统，往往存在设计或配置缺陷，联网设备可以被远程攻击破坏，是攻击者必然的攻击目标；

（3）网络安全威胁：智慧供热系统严重依赖于网络通信，因此对于网络数据传输的可靠性、准确性有非常高的要求，而针对智慧供热网络进行攻击也是攻击者必然的选择，一旦成功，将对所有联网设备造成危害；

（4）应用安全威胁：智慧供热系统的应用系统直接管控供热设备，一旦攻击者获得权限进行操控，可能发出错误指令，带来灾难性的后果；

（5）数据安全威胁：智慧供热依赖于历史和现实数据分析，同时数据也是攻击者终极目标，攻击者可能通过破坏数据完整性、准确性来干扰、破坏智慧供热系统的决策准确性；

（6）控制安全威胁：智慧供热系统的自调节、自适应的特点可能被攻击者利用，攻击者可能采取各种方法干扰、破坏，甚至骗取系统控制权，使整个供热系统失控。

从威胁源来看，主要有以下几类：

（1）国家层面以军事为目的的网络战争威胁；

（2）黑客，以盗窃、破坏、勒索为主要特征的针对信息系统的攻击者；

（3）恐怖组织，具有政治或军事目的的攻击者；

（4）内部人员，安全意识不强或操作失误；

从威胁方式来看，其主要手段包括：

（1）恶意代码攻击，利用计算机病毒、木马等进行攻击的方式；

（2）人为远程攻击，攻击者利用网络工具操作远程攻击的方式；

（3）APT 攻击，采用多种手段进行隐蔽、长期攻击的方式，如利用供应链渗透、固件埋藏病毒、系统或设备内置后门、社会工程学攻击等综合手段进行攻击。

2. 智慧供热系统存在的脆弱性

智慧供热系统对信息和网络的依赖是其最大风险所在。由于智慧供热系统大量采用通用计算机设备组件，通用操作系统与开发工具，数据库、通用网络通信协议和开源代码，使其自身往往存在设备、系统、协议、代码等方面的脆弱性；同时，由于整个系统层级多、分布广，对有线和无线网络严重依赖，使网络本身也成为系统的主要脆弱点。

3. 智慧供热系统面临的信息安全风险

智慧供热系统受到的信息安全威胁加上其自身具有的脆弱性，使得系统时刻面临信息安全风险，而信息安全风险与传统意义上的生产安全风险具有越来越紧密的关系。智慧供热系统中生产管理系统的信息安全问题以及生产监控系统的工控安全问题能够直接影响供热生产系统的功能安全。为了保证智慧供热系统的生产安全，必须在供热系统设计阶段就充分考虑信息安全风险，结合信息安全管理制度采用适当的安全策略。针对设备、控制、网络、应用、数据采用一系列信息安全、工控安全的技术和管理手段，并通过持续改进的安全运营保障措施来实现安全生产。其中，供热安全目标和策略是指导；功能安全、信息安全、工控网络安全是智慧供热环境下实现生产安全的必要安全技术和管理手段；安全运营是生产安全的必要保障；安全管理规范和安全技术规范是整个安全体系的支撑。

智慧供热系统面临的信息安全风险包括安全管理风险、安全技术风险、安全运营风险。应按照国家信息安全等级保护要求，从物理与环境、主机与系统、通信与网络、应用与数据等方面设计并实现信息安全与工控安全的管理、技术、运营保障措施。

4.1.1　智慧供热管理方面的信息安全风险

供热行业信息化、自动化、智能化发展落后于电力、石油、交通、先进制造等行业，当前在安全管理方面普遍存在对信息安全的重视程度不够、安全意识不强、顶层设计缺失、管理工作落实不到位等信息安全风险，例如：

1. 缺乏完善的信息安全方针与安全管理制度做指导

一方面，供热企业普遍对信息安全的认识不足，缺乏针对供热业务发展的信息安全方针安全与管理制度，尤其针对信息系统和工控系统，缺乏相应的安全设计规范。另一方面，供热企业对员工的信息安全教育培训不足，很多业务人员未充分认识到信息安全的重要性，甚至没有信息安全的概念，缺乏专岗专责的信息安全人员。

2. 行业内信息安全管理积极性不高，多数以事件驱动为主

目前，供热行业信息安全管理仍然以被动方式为主，出现安全问题后才开始想办法补救，亡羊却未补牢的现象较为普遍，缺少积极的安全管理思想和主动的安全管理措施。

3. 安全管理与安全技术未能同步实施，安全管理落实不到位

在供热信息化建设的过程中，无论对于信息系统还是工控系统，供热企业一般只在技术层面有一定的安全防护措施，缺少配套的安全管理和安全运营措施。对于系统的运行维护，存在岗位不清，职责混乱等现象。而既有的安全规章制度往往形同虚设，未能严格落实。

4.1.2　智慧供热技术方面的信息安全风险——工控安全风险

智慧供热系统在信息安全技术方面的风险主要分为工控系统安全风险和信息系统安全风险。从系统结构上看，工控安全风险存在于供热系统的现场设备层、现场控制层和远程监控层，这三层属于供热生产自动化系统，在信息化、智能化过程中往往存在着较多工控安全隐患；同时，也面临来自企业内部的人员、内部上层网络和外部通信及无线网络的安全威胁。目前，供热行业工控安全的管理和技术措施缺乏相应安全标准，安全风险难以量化，需要参照《信息安全技术—网络安全等级保护基本要求》采取相应安全防范措施。

1. 设备安全

（1）设备安全隐患

1）固件隐患：供热系统现场设备的供应商对信息安全缺乏了解，采用的设备固件通常没有进行信息安全方面检测和保护，容易造成固件的芯片、程序在信息安全方面先天不足，甚至可能被黑客、恐怖组织植入后门和恶意代码。例如，操作员站 PC、控制柜中的 PLC 等大量使用的都是非国产芯片，在安全性方面存在隐患。因此，进行系统上线前审查，确保供应链安全可靠，是抵御工控安全威胁的重要措施。

2）操作系统隐患：供热系统现场设备采用的操作系统往往是通用操作系统，通常没有进行信息安全方面检测和加固，存在先天缺陷，容易被植入后门和受到恶意代码或人为攻击。例如，供热系统操作员站和服务器大部分使用的都是 Windows 操作系统，其自身存在很多安全漏洞，一般在上线使用时都没有采取安全加固和防护措施。

3）设备维护隐患：供热系统现场设备维护可能接入外部计算机或存储设备，容易被恶意代码感染。例如，供热系统开发商的维护人员进行系统设备维护时，往往自带 PC 或 U 盘进行数据传输或软件升级，有可能将计算机病毒带入现场设备。

（2）针对设备的安全威胁

1）恶意代码：病毒、木马是针对工控系统设备的主要威胁，威胁通常来源于移动存储设备（如 U 盘）、网络、社会工程学方式攻击等。例如，震网类病毒就是专门针对工控设备的恶意代码，可以通过多种方式传播，能有效规避多种安全防护措施。

2）网络攻击：联网设备可能受到恶意代码或人为的网络攻击，例如，无人值守锅炉房、无人值守换热站、热计量系统的联网设备都可能受到来自生产调度网络内部或与之连接的企业信息系统网络的攻击。

3）无线攻击：采用无线通信的控制设备可能受到无线通信截取或篡改方式的攻击，例如无人值守换热站通过无线网络通信的数据采集设备可能受到中间人劫持攻击。

4）误操作：内部人员可能在操作设备时产生失误。

（3）设备安全风险

寄生在设备固件中或通过移动存储设备传播进入设备的恶意代码有可能引起设备故障；或者使设备不能正常工作，造成操作失败，甚至造成硬性损坏；网络或无线攻击可能造成设备失常甚至失控。

例如，智慧供热系统的热源是智能化的供热锅炉房或热电厂，通常采用的是多源互补方式为整个热网供热。内部采用智能 DCS 控制系统实现对输出热水的温度和压力的调节，其可能出现的信息安全风险主要来自于服务器主机自身的安全漏洞、病毒和恶意代码的入侵、移动介质的病毒和泄密，以及来自运维人员有意或无意的危险操作。

2. 供热系统工控网络的控制安全风险

（1）控制的安全隐患

1）控制操作隐患：自动控制的操作通常由参数流程控制，有被篡改的可能。例如，控制参数在存储或传输时通常没有加密，其规律一旦被攻击者掌握，可能受到病毒或人为攻击，造成数据破坏或篡改，引起控制失效。

2）控制通信协议隐患：控制协议通常是采用通用通信协议，且是明文传输，易被截取、篡改、仿冒。例如，目前常用的 TCP/IP 协议、MOD BUS 协议进行控制，存在安全隐患。

3）远程维护隐患：有些自控设备是由设备供应商进行远程维护的，其维护通道可能成为攻击者的攻击路径。

（2）针对控制的安全威胁

1）恶意代码攻击：潜伏在操作员站、服务器、控制器的病毒、木马是针对控制的主要威胁。

2）控制线路攻击：联网的控制设备可能受到来自网络的恶意代码或人为攻击。

（3）控制的安全风险

寄生在 PLC 或 DCS 的控制器中的恶意代码有可能引起控制器故障，进而导致热泵、阀控制失灵；人为的攻击可能使通信链路中断或被干扰，使控制指令无法下达，造成控制失灵。

目前，各个供热企业的生产监控系统现场运维严重依赖设备生产厂商。大多数供热企业的控制系统仅配备了现场操作人员，没有专人负责信息安全，与工控系统内部网络结构和网络安全防护相关的内容往往无人了解。系统运维和出现问题后主要依靠设备生产厂商检修，这种不能自主可控的方式给工控系统带来了极大的安全隐患和风险。同时，部分供热企业控制设备的运行维护也依靠供应商进行远程维护，带来极大安全风险。

3. 供热系统工控网络的网络安全风险

（1）工控网络的安全隐患

1）网络协议隐患：现有的热源 DCS、热力站控制系统等的工控系统网络一般都采用常见的工控网络协议进行通信，如 MOD BUS 协议，这些协议传输简单、可靠性高，但却存在安全上的隐患，容易被截取和篡改。

2）网络性能隐患：供热系统网络在建设时一般采取适度冗余策略，正常情况下能够满足网络传输性能需要。但是，对于消耗资源的恶意网络攻击防范能力欠缺。

3）网络连接隐患：随着智慧供热系统的发展，供热调度系统（即工控系统）与企业管理系统必然会建立数据交互机制。现在通常采取网络连接方式，在边界进行逻辑隔离，一旦企业内网设备感染病毒，有可能突破边界防护进入工控系统。

（2）针对网络的安全威胁

1）恶意代码攻击：震网类的专门针对工控网络设计的病毒是智慧供热系统的主要威胁；

2）拒绝服务攻击：供热系统的工控网络可能受到拒绝服务攻击；

3）网络信息截取攻击：供热系统的工控网络信息可能被非法截取或篡改。

（3）工控网络的安全风险

寄生在智能 SCADA 系统数据采集设备或传输设备 RTU 中的恶意代码有可能切断通信网络或篡改通信数据，造成通信网络故障或温度、压力、阀门状态等基础数据传递错误，进而造成控制指令错误或无法传达。

寄生在工控网络设备中的恶意代码有可能引起网络故障，进而导致数据采集可调度控制失灵。

工控网络、无线通信可能受到拒绝服务攻击，造成通信中断；或被窃听截取造成信息泄露。

供热工控系统普遍未部署完善的安全防护产品，网络边界防护能力不足。大多数供热企业的工控系统前期一直处于与外界物理隔离的状态，但在信息化与两化融合发展趋势下，行业内信息化建设的脚步加快，工控系统需要与供热业务管理系统逐步实现数据交互，这就给从外部入侵工控系统留下了入口。但工控系统内部尚未部署完善的安全监测防护措施，对于现场工作人员有意无意的非法操作也不能进行操作行为审计；缺少相应的网络边界安全防护措施，以及访问控制策略；无法过滤来自外界的非法访问，工控系统直接暴露在因特网上，存在极大的安全风险隐患。

4. 供热系统工控网络的应用安全风险

（1）工控应用软件安全隐患

1）应用软件漏洞：供热系统的工控应用软件（如具有操作员站的生产监控调度系统）具有运行工况监测、指挥调度、运行评价、水力计算、模拟工况、负荷预测、系统仿真等功能，往往会采用成熟技术和软件模块，而这些软件通常都会有安全漏洞；

2）应用软件缺陷：现有的供热系统的工控应用软件在设计开发时通常缺乏安全设计考虑，在自身安全性保障方面存在缺陷。

（2）针对应用软件的安全威胁

1）恶意代码攻击：震网类的专门针对工控应用软件设计的病毒是主要威胁；

2）借助远程维护通道攻击：有些应用软件是由供应商进行远程维护的，其维护通道可能成为攻击者的攻击路径。

（3）工控应用软件的安全风险

寄生在操作员站中的恶意代码有可能引起操作员站故障，难以恢复；或者通过操作员站直接给相关控制设备下达错误指令，启闭阀门，造成管网事故。

例如，智慧供热的热网一般是由高温网（电厂到一次站）、一次站、一次管网（大型供热环网）、二次换热站、二次网（小区内网）组成，热网的监控通常采用智能生产调度系统的 SCADA，它通过收集热网各个关键节点的数据进行分析，进而给各个热源下达指令，对输热过程热水的温度和压力进行控制调节。其可能出现的信息安全风险包括恶意代码（病毒、木马）攻击或人为攻击。

5. 供热系统工控网络的数据安全风险

（1）工控数据安全隐患

1）数据存储隐患：工控系统数据通常都是明文存储，极容易被获取、篡改甚至破坏；

2）数据通信隐患：工控系统数据通信通常都是采用通用协议进行明文传输，极容易通过网络监听和干扰，进行劫持获取、篡改甚至破坏。

（2）针对工控数据的安全威胁

1）恶意代码攻击：震网类的专门针对工控系统设计的病毒是主要威胁；

2）误操作：内部人员误操作可能误删数据。

（3）工控数据的安全风险

寄生在操作员站、SCADA 传感控制器中的恶意代码有可能使信息显示不正确，诱使操作人员判断失误，造成操作错误。恶意代码的攻击可能使数据无法正确上传，甚至传假数据欺骗操作人员。

例如，智慧供热的用户端一般采用热计量系统进行用热监测和计费，它通过采集用户端的室温、热表水温进行分析控制，实现对用户热水的流量进行控制调节，从而达到按需供热、按需计费的目标。其可能出现的信息安全风险包括恶意代码（病毒、木马）攻击或人为攻击，造成数据传输显示错误，诱发错误操作，造成供热超标或不达标等恶劣影响。

针对智慧供热各环节的安全威胁，从设备安全、网络安全、控制安全、应用安全、数据安全等五大方面进行安全风险分析[1]，如图 4-3 所示。

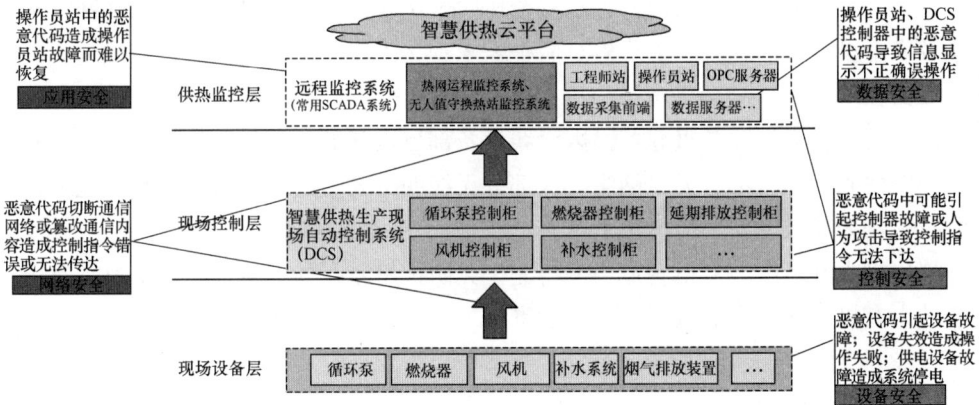

图 4-3　智慧供热的工控安全风险

4.1.3　智慧供热技术方面的信息安全风险——信息系统安全风险

在供热信息系统所在的远程监控层、生产管理层和企业管理层都存在着信息安全隐患，同时，也面临来自企业内部的人员、内部网络和外部通信及无线网络的安全威胁。目前，供热信息安全的管理、技术和运营都应参照《信息安全技术网络安全等级保护基本要求》采取相应安全防护措施。

随着信息化与工业化融合的脚步加快，智慧供热对信息基础设施、信息处理系统、数据越来越依赖，因此具有独特的安全隐患、安全威胁和安全风险。

供热信息系统支撑着供热生产运行和经营管理，在为企业经营管理提供便利的同时，也给黑客留下了攻击的入口。同时，来自内部的信息安全风险也在增加，内部人员（特别是网络管理人员）对网络结构和应用系统都非常熟悉，不经意间泄露的重要信息，都可能导致信息系统受到严重威胁[2]。在安全技术层面，目前供热信息系统主要存在以下风险。

1. 网络基础设施安全风险

智慧供热系统的信息通信主要依赖电信基础通信网络，包括传统电信主干网、移动网络、卫星网络等；如果基础通信网络受到破坏，上层的智慧大脑就会失去数据支撑，决策也就失去了依据。基础网络安全隐患包括：

（1）因特网接入：智慧供热生产管理网的地理信息系统、气候补偿系统等需要与因特网连接，使其暴露在攻击者面前；

（2）通用网络协议：智慧供热生产管理网通常采用通用网络协议，而这些协议往往存在安全缺陷。

智慧供热系统网络基础设施面临的信息安全威胁主要有：病毒和网络攻击。

另外，供热企业网络同样存在安全风险，例如：①一些供热企业内部网络架构及安全设备老旧，难以适应安全防护需求；②无线网络应用泛滥，造成整体网络暴露在外。

由于移动终端业务兴起，又因无线设备部署极其廉价简单，使得企业员工有时为图便利，私自部署无线网络。大部分无线网络未采用任何身份鉴别或地址过滤技术，为局域网安全运行留下众多的"后门"，各类移动终端可以在办公区域外悄悄接入网络中，使得企业内网将完全无防护暴露在外，将会使黑客及别有用心的人有机可乘，窃取数据、传入病毒。

2. 应用系统安全风险

智慧供热的业务系统目前缺乏统一的安全开发规范，软件开发供应商水平参差不齐，不同水平的设计开发人员往往选择不同的技术路线，而为了降低开发成本，通常会选用通用计算机技术及开源软件，导致业务系统自身可能存在大量安全漏洞，面临极大安全风险。

黑客利用应用系统漏洞，可能未经授权就可访问公开 SCADA 服务器获取重要数据、修改系统告警阈值、控制短信服务并发送恶意短信、利用木马入侵、窃取用户隐私信息、获取弱口令进而控制内部主机、窃取数据库信息、获取内部客服聊天记录等。

3. 智慧供热物联网安全风险

智慧供热系统会部署大量的物联网技术传感器用于数据采集，如果物联网系统受到攻击和破坏，将直接影响数据采集的准确性和完整性，进而影响供热生产安全及供热能力。

智慧供热物联网安全隐患有：

（1）因特网接入：物联网通常都与因特网连接，从而暴露在大量攻击者面前；

（2）通用网络协议：物联网通信协议采用往往是公开的，即使加密也存在被破解隐患；

（3）设备：一般无人值守，易失窃或遭破坏；

（4）无线通信：物联网传感器一般采用无线通信，易被干扰。

智慧供热物联网面临的信息安全威胁及可能产生的危害有：设备失窃、无线信息截取、无线电磁干扰、无线信息插入等。其主要威胁来源为黑客或恐怖组织。

4. 智慧供热无线通信安全风险

智慧供热的区域地理环境往往较为复杂，因此在数据采集和指令下发通信上会采用大量移动通信技术和设备，覆盖热网、热站、热用户。如果移动通信系统受到攻击和破坏，将直接影响供热数据采集的安全。无线通信安全隐患有：

（1）因特网接入：智慧供热移动通信网接入了因特网，从而暴露在攻击者面前；

（2）通用网络协议：通信协议采用通用协议，存在被破解隐患；

（3）移动应用设备：通用操作系统，普遍存在安全漏洞，易受攻击。

智慧供热面临的信息安全威胁及可能产生的危害有：无线信息截取、无线电磁干扰、无线信息插入、手机终端 APP 篡改、移动服务假冒等。威胁来源主要为黑客或恐怖组织。

5. 智慧供热云计算安全风险

智慧供热的智慧大脑往往采用云计算技术和设备，用于进行大数据的存储和分析。如果供热云受到攻击和破坏，将直接影响供热数据计算安全。云计算安全隐患有：

（1）因特网接入：供热云的用户一般通过因特网接入，因此供热云必然暴露在攻击者面前；

（2）通用网络协议：供热云使用的通信协议一般采用通用协议，存在被破解隐患；

（3）系统漏洞：供热云一般采用通用操作系统，普遍存在安全漏洞，易受攻击。

供热云面临的信息安全威胁及可能产生的危害有：信息截取、DDoS 攻击、无线信息插入、服务假冒等。威胁来源主要为黑客或敌对势力。

6. 智慧供热大数据安全风险

智慧供热要实现自适应、自学习的目标，必须采用大数据技术，用于进行数据分析处理。如果大数据系统受到攻击和破坏，将直接影响供热生产数据分析和指挥控制能力。供热大数据安全隐患有：

（1）数据采集：可能形成瓶颈，造成数据丢失；也有可能受到干扰破坏，造成数据采集错误；

（2）数据传输：大数据传输的通信协议一般采用通用协议，存在被破解隐患；

（3）数据存储：大数据的数据存储量大且杂，监管困难。

大数据面临的信息安全威胁及可能产生的危害有：数据被篡改、数据采集错误、数据丢失、数据损坏等。其威胁来源主要为黑客、设备故障。

4.1.4　智慧供热运营方面的信息安全风险

智慧供热系统在运营过程中，随着环境、网络、设备、配置参数等的变化，在自适应、自学习的过程中，有可能出现未预料的安全风险。因此，需要采取必要的预防措施和应急预案。供热运营的安全风险有以下几点。

1. 企业信息化发展风险

智慧供热系统的发展是随着供热企业信息化、智能化技术的发展，水平不断提高变化的。随着新技术、新设备、新系统的上线，保护对象发生变化，原先的安全管理措施、安全技术措施必须随之进行调整，以便应对可能的潜在威胁和安全隐患。其中可能的安全隐患包括：

（1）硬件缺陷：新的硬件或采用新型固件、芯片的设备可能存在隐性缺陷，甚至包含安全漏洞或后门；

（2）软件缺陷：新的软件可能存在 BUG 或安全漏洞；

（3）接口缺陷：新的业务系统与其他业务系统的连接接口可能存在安全缺陷，可能给原有业务系统带来安全风险；

（4）流程缺陷：新的业务系统流程与既有安全机制衔接上可能存在缺陷，使安全措施的有效性降低。

在供热信息化、智能化发展过程中面临的威胁及可能产生的影响包括：安全规划跟不上导致安全管理措施和技术措施不到位、安全技术措施调整的过程中出现疏漏，给黑客等攻击者或网络病毒造成可乘之机，从而带来新的安全风险。

2. 信息安全技术发展风险

智慧供热系统信息化、智能化技术发展水平提高的同时，安全攻防技术也在不断提高，新的攻击手段、攻击工具、攻击方法都在不断进步，甚至出现专门针对智慧供热系统的攻击工具。随着新型威胁的出现，现有的安全管理措施、安全技术措施必须随之进行调整，以便应对新的安全威胁和隐患。

智慧供热在引进信息安全新技术过程中面临的问题及可能产生的影响包括：

（1）安全措施无法有效应对新的攻击威胁；

（2）新的安全防护技术不适用于智慧供热环境；

（3）安全人员技能不足以应对新的攻击威胁；

（4）新的安全应对预案缺乏演练。

3. 供应链变动风险

随着智慧供热系统的发展，必然带来行业供应链的变化，产品及服务供应商的技术水平决定着智慧供热的发展水平。其中可能的安全隐患包括：

（1）供应链异常：供应商可能出现的问题包括毁约，软硬件供应中断、服务中断等。例如，微软曾经发生的蓝屏事件，以及终止对 XP 版本的技术支持。

（2）供应商安全能力缺陷：如果供应商的安全设计能力不足，有可能导致智慧供热系统缺乏安全设计，使安全管理和安全技术措施无法达到应有的安全防护效果。

4. 突发事件风险

智慧供热企业周边政策环境、技术环境、安全环境出现变化，都可能带来安全运营风险。例如，《网络安全法》的实施促进了网络安全执法力度的加强。勒索病毒的出现，导致很多共享端口不得不关闭。

智慧供热系统并非是永久安全的系统，在发展和应用过程中会出现各种问题，甚至出现严重的瘫痪。因此，在制订管理制度、运行流程时，要充分考虑可能面临的风险，防范小概率事件的发生。事实上，信息安全事故与生产安全事故一样，往往是一系列小概率事件积累的结果。

有些突发事件可能没有应对预案，需要根据安全运营目标采取控制措施，将风险控制在可接受范围内。

4.2　智慧供热的信息安全规划

信息安全规划对于建设安全的智慧供热系统具有极其重要的作用。

智慧供热信息安全规划应与智慧供热系统的信息化和智能化规划同步进行，通过对供热生产各业务应用系统的深入调研和摸底，了解供热企业网络与信息安全工作现状，摸清供热信息系统网络与信息安全底数，梳理重点问题、综合分析评估。结合国家和热力行业网络与信息安全形势、要求和问题，为进一步网络与信息安全工作提出切实可行的规划和建议。

智慧供热信息安全规划应依照国家法律法规，遵循企业业务发展战略需要，根据智能供热对信息安全的要求，进行安全管理体系、安全技术体系、安全运营体系、安全标准化体系、安全保障能力体系的设计规划。智慧供热信息安全规划应量力而行，要符合供热企业当前的技术发展状况、财务状况和人才储备状况，要按照循序渐进的原则，根据供热企业发展阶段和现实环境需要，分期分步实施。首先应先达到合规要求，其次应结合自身实际需要达到实际安全要求，最后要在满足自身安全需求的基础上实现效率优化，成本降低。

智慧供热信息安全规划应充分考虑工控网络的安全建设和改造，在确保供热生产系统高稳定性和高可靠性的基础上，从系统设计入手，按照信息安全等级保护原则和标准，采用成熟安全技术，针对工控网络主要威胁部署相应技术、管理和运维措施。

4.2.1　安全规划需求、目标及范围

1. 安全规划需求

（1）基于法律合规性的安全需求

1）国家法律：《网络安全法》明确规定了包括智慧供热系统在内的重要民生行业信息系统属于关键信息基础设施；

2）行业规章：针对智慧供热系统这样的关键信息基础设施，国家有关部门出台了一系列信息安全等级保护标准；

3）企业制度规范：按照等级保护标准，企业需要制订相应的安全管理制度和规范。

（2）基于抵御风险的安全需求

1）热源智能 DCS 的安全需求：针对恶意代码和无线通信威胁，须采用系统安全加固和操作行为审计的技术措施；

2）热网智慧 SCADA 的安全需求：针对恶意代码和人为攻击威胁，须针对设备、控制、网络、应用、数据采取相应的安全防护措施；

3）热站控制柜的安全需求：针对恶意代码和网络攻击威胁，须采取系统安全加固、网络接入控制和操作行为审计等技术措施；

4）热用户控制仪表的安全需求：针对恶意代码和无线通信网络攻击威胁，须采取系统安全加固、网络认证等技术措施。

（3）基于环境的安全需求

1）物理环境安全需求：需确保设备所在环境的安全；

2）工控安全需求：需确保工控系统可靠、稳定运行，及时发现和处置针对工控设备、控制操作、工控网络、工控应用、工控数据的非法使用和破坏；

3）云安全需求：需确保智慧供热云平台的数据和系统运行安全；

4）大数据安全需求：需确保智慧供热相关数据在采集、传输、存储、处理的准确性、保密性、完整性；

5）无线通信安全需求：需确保智慧供热的通信顺畅和保密，控制权限和指令无法被篡改。

2. 安全规划目标及范围

信息安全规划目标：进行智慧供热所有业务系统的安全管理体系、安全技术体系、安全运营体系设计和规划。

信息安全规划范围：覆盖智慧供热各个业务系统及其所在基础网络和物理环境。

4.2.2　信息安全体系建设总体框架

智慧供热信息安全规划工作，需要在对系统进行层次划分、明确建设思路的基础上，将工业互联网安全领域的理论、框架和技术基础等与智慧供热信息安全问题进行有机结合，有针对性地提出安全保障的总体策略。

信息安全保障包括技术策略、管理策略和运营策略。从具体安全建设体系出发，包括安全管理体系、安全技术体系和安全运营体系。其中，安全技术体系又细分为信息系统安全技术体系和工控系统安全技术体系，安全运营体系的建设实施需要设计和建设安全管理中心。基于行业引领的目标，还需要同步部署安全技术支撑手段建设，提升安全能力。

综上所述，基于智慧供热信息安全总体设计考虑，形成一个涵盖三大类体系建设、一个安全支撑手段建设的信息安全体系框架，实现对智慧供热信息安全业务系统安全的全覆盖，如图 4-4 所示结构。其中，安全管理体系是安全保障体系真正发挥保护作用的重要保障，安全管理体系的设计立足于总体安全保障，并与安全技术体系相互配合，增强技术防护体系的效率和效果[3]，同时也是满足安全规划中管理与技术相结合的原则，一方面安全防护技术需要安全管理措施来加强，另一方面安全技术也是对安全管理贯彻执行的监督手段。

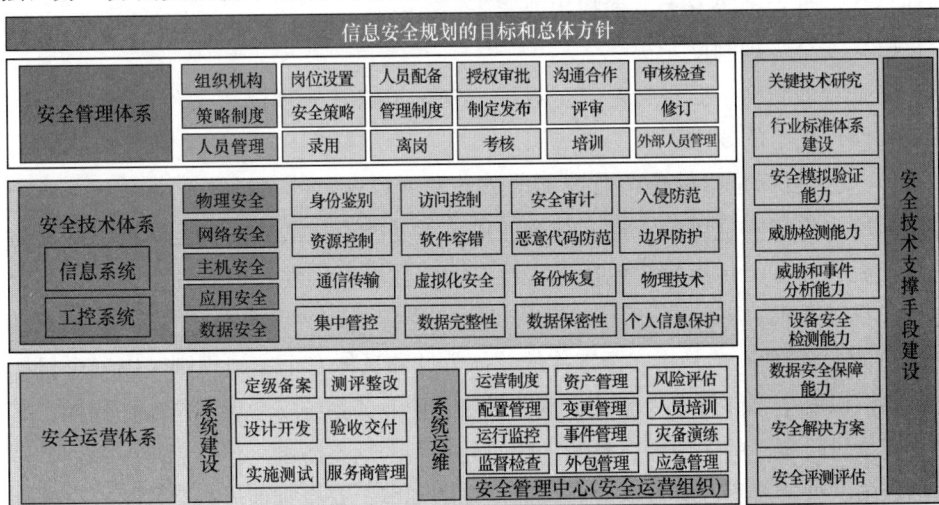

图 4-4　智慧供热的信息安全规划和总体方针

4.3　智慧供热的信息安全体系建设

智慧供热系统的安全管理体系、安全技术体系、安全运营体系、安全标准化体系、安全保障能力体系的建设应依照国家法律法规，遵循企业业务发展战略需要，根据智能供热系统对信息安全的要求进行。

智慧供热安全技术体系的建设需要针对热源、热网、热力站、热用户各个业务系统的不同需要进行设计。

4.3.1　安全管理体系建设

1. 建设原则

应基于分步骤、分阶段、循序渐进的原则建设智慧供热安全管理体系。

应适应供热企业自身规模和技术发展阶段。

2. 建设前提条件

应具备安全管理组织和人员基础，管理对象达到一定规模。

3. 建设注意事项

应避免采用依据标准建设大而全的标准体系的做法，而是应紧密围绕各业务安全管理需求，与现有业务管理体系和技术构建相互融合。

智慧供热安全管理体系建设不应采用一蹴而就的方法，而应循序渐进。

4. 建设内容

安全管理体系从安全管理制度、安全管理机构、人员安全管理、系统建设管理和系统运维管理等五大方面提出要求[4]。

（1）安全管理制度

安全管理制度主要是针对安全目标，安全策略，管理流程文件制定，发布、评审和修订提出的要求。

1）安全目标是指供热企业为实现业务发展目标，针对供热业务系统（防护对象）所面临的安全风险，建立与企业风险承受能力相适应的安全防护措施和防护管理流程的可交付指标，包括保密性、完整性、可用性、可靠性、弹性和用户隐私等具体要求。

2）安全管理策略是指安全工作的总体方针和具体安全实施规则。以安全目标为核心，以安全事件管理为驱动，覆盖供热企业业务系统安全保障全生命周期，实现对安全风险事件的"预警、检测、响应处置"的动态防御，包括制定一系列具体防护措施、处置流程和有效响应、快速恢复的预案；安全管理流程文件是安全管理制度体系的重要组成部分，通过流程文件可规范各级人员的日常操作，形成规范化的操作流程；文件的制定和发布应由专门的部门和人员负责评审和修订，要求定期对安全管理制度的合理性和适用性进行论证和审定，并进行改进或修订。

（2）安全管理机构

安全管理机构建设需要从安全人员的岗位设置、人员配备、授权和审批、沟通和合作、审核和检查等方面进行部署[5]。

1）岗位设置：供热企业应成立指导和管理信息安全工作的领导机构，设立信息安全管理工作的职能部门和各个方面的安全负责人岗位；

2）人员配备：应配备专职的安全管理员；

3）授权和审批：应明确授权审批事项、审批部门和批准人等，建立审批程序、审批制度，定期审查审批事项；

4）沟通和合作：应加强企业内部以及与公安机关、各类供应商、业界专家等的合作与沟通；

5）审核和检查：应定期进行常规安全检查、全面安全检查，并对安全检查结果进行通报。

（3）人员安全管理

人员安全管理包括人员录用、人员离岗、人员考核、人员的安全意识教育和培训，以及外部人员的访问管理等方面[6]。

1）人员录用：应对录用人员的身份、背景、专业资格和资质等进行审查，对其技能进行考核，并与被录用人签署保密协议，与关键岗位人员签署岗位责任协议；

2）人员离岗：应及时终止离岗员工的所有访问权限，调离后需承诺保密义务；

3）外部人员访问管理：外部人员访问内部受控网络需提出申请，批准后可分配相应的权限并登记备案，获得系统访问的外部人员应签署保密协议，不得进行非授权操作，外部人员离场后需消除相应权限。

（4）系统建设管理

系统建设管理包括系统定级、系统安全方案设计、产品采购和使用、自行软件开发、外包软件开发、工程实施、测试验收、系统交付、系统备案、等级测试、安全服务商选择等方面[7]。

1）定级和备案：应对安全等级进行书面说明，并进行专家论证，定级结果需经相关部门的批准，并将备案材料报主管部门和相应的公安机关备案。

2）安全方案设计：应对保护对象进行安全整体规划和安全方案设计，应包含密码相关内容，并形成配套文件，组织相关专家对安全整体规划和配套文件进行论证和审定，批准后才能实施。

3）产品采购和使用：应确保采购和使用的信息安全产品符合国家法律及有

关规定，密码产品符合国家密码管理主管部门的要求，预先对产品进行选型测试，定期审定和更新候选产品名单。

4）自行软件开发：应制定供热系统软件开发管理制度、代码编写安全规范，对设计文档的使用进行控制，对软件中的恶意代码进行检测，对程序资源库的修改、更新、发布进行授权和批准，并进行版本控制，对开发人员的开发活动进行控制、监视和审查；外包软件开发规定了应要求开发单位提供软件源代码，审查软件中可能存在的后门和隐蔽信道，检测其中可能存在的恶意代码。

5）工程实施：应有专门的部门或人员对工程实施过程进行管理；测试验收规定了应进行上线前的安全性测试，并出具安全测试报告，安全测试报告应包含密码应用安全性测试相关内容，制定测试验收方案，形成测试验收报告。

6）系统交付：应制定交付清单，并对所交接的设备、软件和文档等进行清点，提供建设过程中的文档和指导用户进行运行维护的文档。

7）等级保护测评：应定期、发生重大变更时进行等级测评，确保测评机构的选择符合国家有关规定。

8）服务供应商选择：应与选定的服务供应商签订相关协议，明确整个服务供应链各方需履行的信息安全相关义务，定期监视、评审和审核服务供应商提供的服务，并对其变更服务内容加以控制。

(5) 系统安全运营管理

系统安全运营管理包括环境管理、资产管理、介质管理、设备维护管理、漏洞和风险评估及管理、网络和系统安全管理、配置管理、恶意代码防护管理、密码管理、变更管理、备份与恢复管理、安全事件处置、应急预案管理、外包运维管理、人员安全培训等方面的要求[8]。

1）环境管理：应有专门的部门和人员负责机房及办公生产环境安全管理，建立机房安全管理制度。

2）资产管理：应根据供热系统资产的重要程度对其进行标识管理，根据资产的价值选择相应的管理措施，对信息分类与标识方法做出规定，并对信息的使用、传输和存储等进行规范化管理。

3）介质管理：应确保供热系统信息介质存放在安全的环境中，对介质在物理传输过程中的人员选择、打包、交付等情况进行控制。

4）设备维护管理：应对各种设备线路等指定专门的部门或人员定期进行维护管理，建立配套设施、软硬件维护方面的管理制度，确保信息处理设备必须经过审批才能带离机房或办公地点，含有存储介质的设备带出工作环境时其中的重要数据必须加密，有存储介质的设备在报废或重用前，应进行完全清除，确保设备上的敏感生产数据和授权软件无法被恢复重用。

5）漏洞和风险评估及管理：应能够识别安全漏洞和隐患，对发现的安全漏洞和隐患及时进行修补，定期开展风险评估和安全测评，形成风险评估及安全测评报告。

6）网络和系统安全管理：应进行账户管理，建立网络和系统账户安全管理制度，保证所有与外部的连接均得到授权和批准，指定专门的部门或人员对日志、监测和报警数据等进行分析、统计，应严格控制变更性运维、运维工具的使用，远程运维的开通等。

7）恶意代码防范管理：应对供热系统恶意代码防范要求做出规定，特别是针对工控网络安全的"震网"类病毒，包括防恶意代码软件的授权使用、恶意代码威胁发现工具的授权使用、恶意代码库升级、恶意代码的定期查杀等，定期验证防范恶意代码攻击的技术措施的有效性。

8）配置管理：应记录和保存基本配置信息，将基本配置信息改变纳入变更范畴。

9）密码管理：应使用国家密码管理主管部门认证核准的密码技术和产品。

10）变更管理：应明确变更需求，变更前根据变更需求制定变更方案，变更方案经过评审、审批后方可实施，建立变更的申报和审批控制程序，建立中止变更并从失败变更中恢复的程序。

11）备份与恢复管理：应根据数据的重要性和数据对系统运行的影响，制定数据的备份策略和恢复策略、备份程序和恢复程序等。

12）安全事件处置：应及时向安全管理部门报告所发现的安全弱点和可疑事件，制定安全事件报告和处置管理制度，对造成系统中断和造成信息泄漏的重大安全事件应采用不同的处理程序和报告程序。

13）应急预案管理：应有统一的应急预案框架，制定重要事件的应急预案，定期进行应急预案的演练，定期对原有的应急预案重新评估，修订完善。

14）外包运维管理：应确保外包运维服务商的选择符合国家的有关规定，确保选择的外包运维服务商在技术和管理方面均具有按照等级保护要求开展安全运维工作的能力，在与外包运维服务商签订的协议中明确所有相关的安全要求。

15）人员安全培训：应对安全运维技术人员、供热业务系统操作人员定期开展安全意识、安全技术、安全技能培训，定期进行应急安全演练，提高处置安全事件能力。

4.3.2　安全技术体系建设

1. 建设原则

（1）同步建设原则：智慧供热系统信息安全技术体系建设应与信息化建设同

步规划，同步建设，协调发展，要将智慧供热信息安全保障体系建设融入信息化建设的规划、建设、运行和维护的全过程中。

（2）综合防范原则：智慧供热信息安全技术体系建设要根据信息系统的安全级别，采用适当的管理和技术措施，降低安全风险。

（3）动态调整原则：智慧供热信息安全技术体系建设要根据信息资产的变化、技术的进步、管理的发展，结合信息安全风险评估，动态调整、持续改进信息安全保障技术体系。

（4）符合性原则：智慧供热信息安全技术体系建设应符合国家的有关法律法规和政策精神，以及供热行业有关制度和规定，同时应符合有关国家技术标准，以及供热行业的技术标准和规范。

（5）分步实施：智慧供热信息安全技术体系建设不可能一蹴而就，必须根据智慧供热安全规划的目标、任务，分阶段、分步骤实施。

（6）突出重点：智慧供热信息安全技术体系建设应抓好急需的重要项目实施，把预期目标落到实处。

2. 建设前提条件

（1）以不影响供热业务系统的稳定运行为前提；

（2）以安全措施验证有效为前提；

（3）以安全技术成熟可靠为前提。

3. 建设注意事项

（1）信息系统安全技术体系建设：应避免短板，使安全防护和安全保障能力对整个智慧供热系统有效覆盖；

（2）云安全技术体系建设：应重点建设供热行业私有云，进行业务和数据隔离，采用专用加密通信、加密存储措施，进行严格身份认证、访问控制和行为审计，达到三级以上等级保护标准要求；

（3）大数据安全技术体系建设：应与云安全技术结合，采用等级保护三级以上标准进行数据保护；

（4）工控安全技术体系建设：应针对工控安全特点，采取对应措施。

1）结构安全

智慧供热工控系统结构安全应参照"安全分区、网络专用、横向隔离、纵向认证"十六字方针，即工控系统的系统结构，以及区域、层次的划分是否满足安全要求。供热企业可以通过优化网络结构，以及采用隔离、过滤、认证、加密等技术，实现合理的安全区域划分、安全层级划分。对于新装系统，应实现结构安全同步建设；对于再装系统，应进行结构安全改造；对于因条件限制无法进行改造的，应建立安全性补偿机制[7]。

2）本体安全

即工控设备自身的安全加固。包括工控主机、安全设备、网络设备、移动介质等，这些设备普遍存在漏洞、后门等安全隐患。为保障供热设备的本体安全性，供热企业应从智能设备的离线安全、入网安全、在线安全等维度进行持续检测与防护，检测工具应该具有标准化、规范化，并针对行业应用的特点[10]。

3）行为安全

供热工控系统应采用白名单机制对所有的行为进行管控。行为安全主要包括两部分[10]：系统内部发起的行为是否具有安全隐患，系统外部发起的行为是否具有安全威胁。供热企业的行为安全性防护首先应该具备感知能力，在云端接入大数据感知威胁和安全态势分析平台，获取威胁情报；在本地端通过靶场、蜜罐、审计、溯源等技术，对网络流量、文件传输、访问记录等进行综合分析与数据挖掘。实现对已知威胁和未知威胁的感知，以及全局安全态势和局部安全态势的感知。其次，行为安全性防护应具备联动和主动防御能力，与其他安全防护技术联动，根据供热行业特点考虑入侵容忍度，避免误报，并对行为进行审计。

4）基因安全

即 CPU、存储、操作系统内核、基本安全算法与协议等基础软硬件的安全可控。供热企业在有条件的情况下，可采用经过基因安全性改造的自主工控系统与设备，和经过基因安全性加固的进口系统与设备。在条件暂不具备的情况下，应具备安全补偿机制，在应用层实现安全加固，实现一定的安全免疫能力[11]。

4. 建设内容

安全技术体系规划设计是以前瞻性安全技术解决方案为目标，在进行成本/效益分析的基础上，选用主流的安全技术和产品，建立主动、全面、高效的技术防御体系，将面临的各种风险控制在可以接受的范围之内。具体来看，安全技术体系建设需要满足如下安全要求：安全技术体系涉及信息系统安全技术体系和工控系统安全技术体系，安全技术体系的建设是要以落实等级保护以及安全管理体系中相关安全技术的控制要求为出发点，总体上实现物理安全、网络安全、主机安全、应用安全和数据安全这五大安全的所有控制项[9]。通常，采用安全技术和产品来加以实现。

（1）物理安全建设

物理安全建设主要包括机房物理位置的选择、物理访问控制、防盗窃和防破坏、防雷击、防火、防水和防潮、防静电、温湿度控制、电力供应、电磁防护等要求。具体为：

1）计算机机房建设必须遵照国家在计算机机房场地选择、环境安全、布线施工方面的标准，保障物理环境安全；

2）关键应用系统的服务器主机和前置机服务器、主要的网络设备必须放置于计算机房内部的适当位置，通过物理访问控制机制，保证这些设备自身的安全性；

3）应当建立人员出入访问控制机制，严格控制人员出入计算机机房和其他重要安全区域，访问控制机制还需要能够提供审计功能，便于检查和分析；

4）应当制定专门的部门和人员，负责计算机机房的建设和管理工作，建立24小时值班制度；

5）建立计算机机房管理制度，对设备安全管理、介质安全管理、人员出入访问控制管理等做出详细的规定；

6）管理机构应当定期对计算机机房各项安全措施和安全管理制度的有效性和实施状况进行检查，发现问题，进行改进。

（2）网络安全建设

网络安全是安全保障的重点，主要对网络架构、通信传输、边界防护、访问控制、入侵防范、恶意代码防范、安全审计、集中管控提出了要求。

1）网络架构：应保证网络设备的业务能力具备冗余，提供通信链路、关键网络设备的硬件冗余，对不同网络区域分配便于管理的网络地址，避免将重要网络区域部署在网络边界且没有边界防护措施；

2）通信传输：应采用密码技术等方式保证传输数据的完整性和可靠性；

3）边界防护：对内网和外网之间的访问和数据传输应通过边界防护设备的受控端口进行，能够对访问行为进行限制或检查；

4）访问控制：应在网络边界或区域之间设置优化访问控制规则，能够对进出网络的内容进行过滤，实现内容的访问控制；

5）入侵防范：应在网络关键节点处部署监测系统，对"僵尸"、"木马"、"蠕虫"的传播进行有效监测和统一管控，并能防止或限制从内部及外部发起的网络攻击行为，并对攻击行为进行记录及分析；

6）恶意代码防范：应在网络关键节点处对恶意代码和垃圾邮件进行检测、防护和清除；

7）安全审计：应在网络边界、重要网络节点能够对用户行为和安全事件进行安全审计，并对远程访问和访问互联网的行为单独审计和数据分析，且审计记录留存应符合法律法规要求；

8）集中管控：对网络中的安全设备、网络设备等进行管控和集中监测，对恶意代码、僵木蠕、补丁升级等安全事项能够进行集中管理，对各类安全事件能够进行识别、报警和分析。

（3）主机安全建设

主机安全建设工作主要对身份鉴别、访问控制、安全审计、入侵防范、恶意代码防范、资源控制提出了要求。

1）身份鉴别：应对登录用户进行身份标识和鉴别，且需要采用两种或两种以上组合鉴别的技术对用户身份进行鉴别；

2）访问控制：应由授权主体配置访问控制策略，并对账户进行安全控制，访问控制的细粒度应达到主体为用户级，客体为文件、数据库表级、记录或字段级，对主体访问敏感资源进行控制；

3）安全审计：应对用户和安全事件进行审计，且对审计记录需要按照法律法规要求进行留存；

4）入侵防范：应能够对重要节点的入侵行为进行检测，且能够对不安全的配置进行更改和限制，对存在的漏洞进行检测和修补；

5）恶意代码防范：应采用免受恶意代码攻击的技术措施或可信验证机制对系统程序、应用程序等进行可信执行验证，并在其受到破坏后可恢复；

6）资源控制：应能够对重要节点、用户或进程进行监视和限制，提供对重要节点设备的硬件冗余，保证系统的可用性。

（4）应用安全建设

应用安全建设工作主要对身份鉴别、访问控制、安全审计、软件容错、资源控制等提出了要求。

1）身份鉴别：应对登录用户进行身份标识和鉴别，且应使用两种或两种以上的鉴别技术，应强制用户修改初始口令，鉴别信息重置过程中的安全；

2）访问控制：应提供访问控制功能，对登录的用户分配账户和权限，设置相应的访问控制策略，访问控制的细粒度应达到主体为用户级，客体为文件、数据库表级、记录或字段级，控制主体对敏感资源信息的访问；

3）安全审计：应提供对用户行为和安全事件的安全审计，确保审计记录的留存符合法律法规要求；

4）软件容错：应提供数据有效性检验功能，保证通过接口输入的内容符合系统设定要求，在故障发生时应能自动保存易失性数据，保证系统能够恢复；

5）资源控制：应能够对系统或账户的会话进行限制；剩余信息保护规定了应保证鉴别信息和敏感数据的存储空间被释放或重新分配前得到完全清除。

（5）数据安全建设

数据安全建设工作主要包括数据完整性、数据保密性、数据备份和恢复、剩余信息保护、个人信息保护。

1）数据完整性：应采用校验码技术或密码技术保证重要数据在传输和存储过程中的完整性；

2）数据保密性：应采用密码技术保证重要数据在传输和存储过程中的保

密性；

3）数据备份和恢复：应提供重要生产数据的本地备份和恢复功能，以及异地实时备份功能，提供重要数据处理系统的热冗余；

4）个人信息保护：应仅采集和保存供热业务必需的用户个人信息，且禁止未授权访问和非法使用用户个人信息。

4.3.3 安全运营体系建设

1. 建设原则

（1）同步建设原则：智慧供热系统信息安全运营体系建设应与信息化建设同步规划、同步建设，协调发展，要将信息安全运营体系建设融入信息化建设的规划、建设、运行和维护的全过程中。

（2）综合防范原则：智慧供热系统信息安全运营体系建设要根据信息系统的安全级别，采用适当的管理和技术措施，提高综合保障能力。

（3）动态调整原则：智慧供热系统信息安全运营体系建设要根据信息资产的变化、技术的进步、管理的发展，结合信息安全风险评估，动态调整、持续改进信息安全运营体系。

（4）符合性原则：智慧供热系统信息安全运营体系建设要符合国家的有关法律法规和政策精神，以及供热行业有关制度和规定，同时应符合有关国家技术标准，以及供热行业的技术标准和规范。

2. 建设前提条件

具备安全运营组织和人员基础，已经按照安全规划完成部分或全部安全建设。具备识别安全风险和设定安全目标的能力和相配套的资源保障。

3. 建设注意事项

供热企业应通过下发文件、会议宣贯、组织学习、专业培训等多种方式对制定的安全规划、管理体系、运维体系等进行宣贯，确保所有相关人员熟悉、理解和遵守相关的流程和规范。

应定期审查流程和规范的执行情况，考核信息安全运维人员完成安全运维工作的规范程度。

当实际情况与总体体系发生冲突，或者产生矛盾的时候，应及时对其进行调整，以便完善体系架构。

企业应当在工业现场重要的控制系统部署安全运维管控系统，实现对网络设备、安全设备以及关键基础设施的集中管控。监测感知与处置恢复能力是智慧供热信息安全运维体系建设的核心。

4. 建设内容

安全运营体系工作主要是对系统安全建设和系统安全运行维护的落实,包括:

在系统安全建设方面,包括系统定级、系统安全方案设计、产品采购和使用、自行软件开发、外包软件开发、工程实施、测试验收、系统交付、系统备案、等级保护测评和整改、安全服务商选择等方面工作的落实[7]。

在系统安全运维方面,包括从环境管理、资产管理、介质管理、设备维护管理、漏洞和风险评估及管理、网络和系统安全管理、配置管理、恶意代码防护管理、密码管理、变更管理、备份与恢复管理、安全事件处置、应急预案管理、外包运维管理、人员安全培训等方面工作的落实[8]。

从运营对象角度主要包括网络、信息系统、工控系统、移动系统、供热云、物联网等进行安全运营。

(1)基础网络安全运营

基础网络安全运营要深入了解网络用户、网络设备和网络应用的历史和实时行为,基于用户使用网络的实际行为来优化和调整网络,实现真正以用户为中心行为分析,能够对典型的网络行为和用户行为进行实时的网络服务和网络管理[12]。

通过收集并分析用户网络行为数据,从而发现违反安全策略的行为。即当发生安全事故或者发生违反安全策略的行为之后,通过检查、分析、比较用户网络行为数据,从中发现违反安全策略行为的记录[13]。以利于事后追踪,为调查取证提供第一手的资料。

(2)信息系统安全运营

智慧供热的信息系统安全运营以资产管理为基础,以风险管理为核心,以事件管理为主线,通过数据深度挖掘、事件关联等技术,辅以有效的安全管理与监控,实现对安全问题的统一监控与管理、对各类安全事件的集中管理和智能分析,最终实现对信息系统安全风险态势的统一监控分析和预警处理[14]。

对于业务应用系统的安全运营,要对其所处环境的变化进行监测,包括网络、主机操作系统、数据库等环境状况,要对其自身的完整性和可用性进行监测,包括安装目录下的程序文件、参数文件、进程、配置、审计日志等。

(3)工控系统安全运营

智慧供热的工控系统安全运营实现对工控系统、设备的日常监控,包括供热调度系统、热源 DCS、热站控制系统、设备的运行状态监控,故障处理,漏洞修复,固件升级等内容。

做好工控系统的应急响应服务,即当安全事件发生后,安全运营团队应能根据预案进行快速响应。应急响应预案应按照准备、检测、抑制、根除、恢复、跟踪等一系列标准措施制定,保证工控系统安全无忧,预防危险发生[13]。

应借助安全厂商的力量获取最新的安全动态、技术和安全信息，包括实时安全漏洞通知，病毒、补丁升级，定期安全通告汇总和安全知识库更新等，并通过定期对工控系统、设备进行漏洞的定期分析/整改。

（4）移动系统安全运营

针对移动应用的安全运营，具体措施在形式上仍然是监测、检测、评估、加固、应急响应等，但要充分考虑到保护对象和通信协议的变化，移动互联网业务的特点，也包括针对移动互联网的特点在安全管理上的策略调整等。

（5）云系统安全运营

云平台的安全运营，需要从安全职责划分、安全检测、安全运维与安全管理、安全响应、安全恢复等 5 个方面，做好如下具体工作：

1）安全职责划分：安全职责划分是整体方案的基础，需理清云平台各方安全责任边界对整个活动中的安全事件进行详细的责任划分设计；

2）云安全检测：检测能力用于发现那些逃过防御网络的攻击，该方面的关键目标是降低威胁造成的"停摆时间"以及其他潜在的损失；

3）云安全运维与安全管理：实现安全运维操作的分级管理，对不同级别的用户应符合其安全职责划分的操作或审计权限，实现安全运维；

4）云安全响应：响应能力用于高效调查和补救被检测分析所发现的安全问题，提供入侵取证分析和根本原因分析，并产生新的防护措施以避免未来出现安全事件；

5）云安全恢复：工业云平台与通常 IT 环境下的云相比，更加重视恢复能力，一旦监测到系统遭受攻击，应立即开启系统恢复功能，防止数据丢失、应用错误，减少对工业系统带来的损失。

（6）大数据系统安全运营

建立大数据全生命周期安全管控策略，通过基于大数据系统建设的五个层级，建立数据采集、传输、存储、共享、使用、审计、销毁等七个环节的端到端安全管理体系。

建立大数据安全事件闭环管控流程，实现从检测、响应、恢复及加固四个环节开展大数据安全事件的全流程管控。

建立大数据安全事件快速分析能力，大数据安全事件发生后的首要任务是及时开展安全事件的分析，具备完整、及时的安全数据分析能力是缩短安全事件的处置时间、减小损失的关键。提升大数据安全事件快速分析能力，能有效增强安全事件发生后的应对处置能力[14]。

新技术和新应用的发展给智慧供热信息安全保障提出了新的要求。在整体框架方面，应当进一步完善安全保障体系的架构；在现有基础上，从区域角度实现创新；在保障对象方面，应当分清层次、聚焦重点、合理拓展；在保障重心方面，运算、存储和数据资源将成为重点，可关注主流技术和产品的引导和汇聚，提高安全保障的有效性；在管理手段方面，要建立相关的技术和管理的信息共享和交换平台，动态提升重点保障对象的安全防护能力；在工控系统、移动应用、云计算、大数据等新技术的安全检测评估和态势感知方面，要加大产学研的创新联动，确保研究成果的可操作、可推广；在安全基础支撑能力建设方面，要加大投入；在推进机制方面，紧密结合供热行业应用和需求，充分发挥市场和社会组织的作用，形成安全保障的多元化态势。

4.3.4　安全技术支撑能力建设

安全技术支撑能力建设主要从行业综合安全防护体系建设、行业标准体系建设、行业重点标准研制、建立供热安全实验室的技术支撑能力、提升安全服务能力等方面对信息安全建设提供安全支撑和保障。需要充分依托行业协会与智慧供热的优秀示范企业，以及国家信息安全和工控安全等行业主管部门和服务机构，共同做好智慧供热信息安全的顶层设计与规划，主要包括以下内容。

1. 安全标准化体系建设

目前，供热行业在信息化建设的过程中缺乏统一的信息安全标准，信息安全建设远远落后于信息化建设，导致供热企业面临严重的安全风险隐患。而一些信息化发展较早的大型供热企业已经开始进行智慧供热信息安全标准的研究工作，加快整个供热行业的标准化研究工作将有利于提高行业信息安全建设的整体水平，使信息安全与信息化建设相协调，规范安全管理与安全技术建设。

需建立供热行业信息安全标准体系，其框架如图 4-5 所示，考虑从供热行业信息安全通用标准、智慧供热工控系统安全标准、供热云平台安全标准、供热行业数据安全标准、供热行业安全风险评估标准这几类开展标准的研究制定

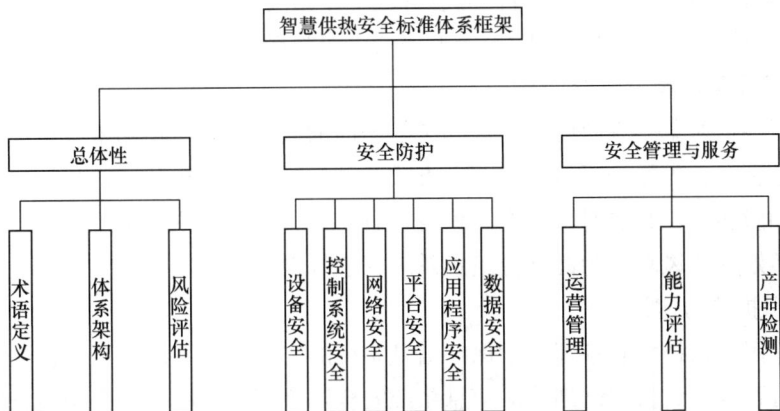

图 4-5　智慧供热安全标准体系框架

工作。

供热行业信息安全通用标准将从信息安全共性化方面进行，针对信息化建设过程中安全管理、安全技术和安全运维提出要求。

智慧供热工控系统安全标准将针对热源、换热站工控系统的安全管理、安全技术、安全运维提出要求，规范工控系统的安全基线配置、安全防护以及供应商管理等。

供热云平台的安全防护主要针对供热企业在租用公有云和自建私有云过程中，对安全分区分域设计、云安全检测、云安全防护、云安全运维、云安全响应及恢复等内容提出要求。

供热行业数据安全标准主要针对供热企业的生产数据、智慧热网用户数据、远程控制指令数据，以及各类知识库数据等的安全保护提出要求。

供热行业安全风险评估标准主要为针对信息系统、工控系统、云平台及其处理、传输和存储信息的保密性、完整性和可用性等安全属性进行评价时所遵从的规范要求。

目前可参考的已发布的工控安全相关国家标准如下：

《信息安全技术 工业控制系统安全控制应用指南》GB/T 32919—2016

《信息安全技术 工业控制系统安全管理基本要求》GB/T 36323—2018

《信息安全技术 工业控制系统信息安全分级规范》GB/T 36324—2018

《信息安全技术 工业控制系统风险评估实施指南》GB/T 36466—2018

《信息安全技术 工业控制系统现场测控设备通用安全功能要求》GB/T 36470—2018

工信部发布的工控安全指导文件如下：

《工业控制系统信息安全防护指南》

《工业控制系统信息安全事件应急管理工作指南》

《工业控制系统信息安全防护能力评估工作管理办法》

2. 风险预警能力建设

是指根据所掌握系统的脆弱性和了解当前的威胁趋势，预测未来可能受到的攻击和危害。首先要分析风险来源、方式和种类，还要分析智慧供热信息系统可能存在的脆弱性；其次对信息系统做资产评估，采用何种强度的保护可以消除、避免、转嫁这个风险，为此划分信息系统安全等级。

3. 保护能力建设

是采用一切技术和管理手段保护信息系统的完整性、可用性、保密性、可控性和不可否认性。根据已划分的信息系统安全等级完善系统的安全功能、安全机制，对系统进行保护。

4. 检测能力建设

是检查系统存在的脆弱性。如可能提供黑客攻击、病毒泛滥等系统存在的漏洞等。因此，要具备相应的技术手段，建立检测的策略和制度，形成报告协调机制。

5. 应急能力建设

是对危及安全的事件、行为、过程，及时做出响应处理，杜绝危害进一步扩大，保证信息系统提供正常的服务。

6. 恢复能力建设

是指通过容错、冗余、替换、修复和一致性保证等恢复技术，对被非法破坏的信息系统进行快速恢复运转。

参 考 文 献

[1] 郑昱，高明，武炜. 开启智能物联新时代——一物一码工业互联网创新应用论坛侧记[J]. 中国自动识别技术，2017(3)：35-40.

[2] 王建辉. 主机加固在水电行业中的应用研究[C]. 中国水力发电工程学会信息化专委会、水电控制设备专委会2014年会暨学术交流会论文集. 2014.

[3] 贾旭光，劳兴华. 大中型跨国企业海外信息安全体系研究[J]. 石油知识，2015(2)：48-50.

[4] 陈冬雨. 等级测评是信息安全等级保护工作的必要环节——专访公安部信息安全等级保护评估中心系统测评部副主任陈雪秀[J]. 中国信息界(e医疗)，2014(9)：37-38.

[5] 保杨艳. 探析企业重要系统等级保护管理建设与测评[J]. 信息与电脑(理论版)，2014(7)：142-144.

[6] 蒲小英. 浅谈信息系统中安全管理测评的重要性及常见问题[C]. 全国信息安全等级保护技术大会会议. 2013.

[7] 岳守春，张莉莉. 基于等保要求的网络安全体系构建[J]. 科技风，2016(13)：140-140.

[8] 方滨兴. 探讨信息系统等级保护[J/OL]. http：//tech. qq. com/a/20080428/000400. htm，2008-4-28.

[9] 李群，王超，任天宇等. 电网等级保护全过程督查机制研究[C]. 全国信息安全等级保护技术大会会议，2013.

[10] 孙易安，井柯，汪义舟. 工业控制系统安全网络防护研究[J]. 信息安全研究，2017，3(2)：171-176.

[11] 陈庶樵，李江力，井柯. 匡恩网络，工控网络安全立体化之道[J]. 信息安全研究，2017，3(8)：674-685.

[12] 杨杰. 网络安全管理的逆袭研究[J]. 无线互联科技，2015(11)：42-43.

[13] 天融信，刘勇. 浅谈网络安全管理与运维服务[EB/OL]. http：//netsecurity. 51cto. com/art/201304/392180. htm，2013-04-27.

[14] 裴金栋，赵旺飞. 运营商大数据安全管理策略研究[J]. 移动通信，2016，40(21)：5-10.

第5章 智慧供热的系统规划、设计和建设

5.1 供 热 规 划

5.1.1 面向美好生活的供热规划

当前，我国已进入全面建成小康社会的决定性阶段，正处于经济转型升级，加快推动社会主义现代化的重要时期。中国未来城市建设的发展模式正处在转型升级阶段，城市能源系统作为城市运行的动力，从供给方式到消费模式都将出现深刻的变革。从低碳发展和环境治理需要的宏观层面出发，我国能源系统面临着"供给侧和消费侧的革命"，而从满足广大人民用能需求和提高用能服务的质量出发，我国能源系统还面临着从"粗放式发展"到"精细化管理"的转型。

我国目前的人均建筑运行能耗和交通能耗仅为美国目前人均值的七分之一，由建筑和交通运行而产生的人均碳排放量也远低于美日欧等 OECD 成员国。第三产业、生活设施及客运交通等以提供服务为目的的用能行为属"类消费领域"用能，其能耗和碳排放的特点与基础设施建设、工业生产及科学实验过程（简称生产过程）的能耗及碳排放完全不同。十九大报告中提到，我国社会主要矛盾已经转化为人民日益增长的美好生活需要和不平衡不充分的发展之间的矛盾。随着居民生活质量的提高，人们对于供暖的需求也只会越来越高。而这一"新矛盾"也切实反映在我国的供热系统的发展中：日益增长的供热需求和对供热质量的追求与紧缺的热源，参差不齐的供热管理水平，发展缓慢、占比较小的可再生能源与工业余热供热，褒贬难定的"煤改气""煤改电"等之间的矛盾。

与飞增的需求相比，造成供给不足矛盾的主要原因有以下几点：

第一，我国城镇化进程迅猛，热源建设发展速度相对滞后。北方城镇建筑供暖面积从 2001 年至 2015 年逐年增长，2015 年北方城镇供暖面积为 132 亿 m²，是 2001 年供暖面积的 2.64 倍，但低于同期北方城镇建筑面积的增长速度，即供热系统发展滞后于城市发展。

第二，城市冬季热电需求不匹配，热和电缺乏统筹调度。随着我国进入经济新常态，北方地区冬季电力过剩现象日趋显著，尤以新疆、东北地区为甚。对于以燃煤热电联产为主的非工业城市，冬季热需求大、电需求小。热电机组"以热

定电"运行导致电力调峰能力不足，为了满足供热需要，热电联产机组所产生出的电力在用电低谷期已经超出用电负荷。这样不仅导致弃风、弃光，甚至迫使发电机组停机而影响供热。

第三，供热系统各环节损失大。供热管网输送效率不高、热损失大，特别是供热二级网管理水平不高，缺乏有效调节，"跑冒滴漏"严重。据测算，二级网的热损失约占热源供热量的 $20\%\sim30\%$[1]。

总之，冬季供热采暖是我国北方寒冷地区的基本生活保障，事关群众切身利益。近两年，党中央、国务院、住房城乡建设部等多次号召和发布通知文件，提出了"清洁取暖"的重大目标，说明供热工作已经进入关键攻坚时期。

城市供热系统的规划和建设应该满足"创新、协调、绿色、开放、共享"的五大发展理念。具体来说：

第一，"创新"，要围绕解决目前供热系统面临的突出问题，在技术和政策示范上有所创新和突破。

第二，"协调"，要摒弃传统能源系统（热、电、气）规划和建设中"各自为战"的格局，改变"重供给，轻需求"的思路，力争做到各类能源相互协调、能源供需相互协调。

第三，"绿色"，从低碳和清洁两个角度，有效降低化石能源特别是煤炭的消费比重，合理提高天然气消费比重，着重提高可再生能源消费比重，大幅降低二氧化碳排放强度和污染物排放水平。

第四，"开放"，能源系统的构建应以合理的能源和碳排放指标体系为目标向导，在满足能源和碳排放指标体系的前提下，开放包容地利用各类可行技术，形成技术集成和示范。

第五，"共享"，加强负荷集中区域与周边地区能源系统的联系，构建多能互补的能源供应体系，注重区域间的协同、协调发展，统筹优化配置区域内外的资源要素。

"十三五"规划提出"节约优先"的资源观，"能效"是第一能源，降低碳排放、控制污染物排放，最根本的就是要降低能源需求，实现能耗总量和强度双控。

对于未来供热系统而言，从供给侧出发，应该着重于各类可再生能源的入网，热和电、燃气等能源之间的协调转换，垃圾焚烧、生物质资源、余热废热等的再利用，并通过降低供热回水温度来保证长距离输送的经济性；从需求侧出发，应提高热力站及热力站下属的庭院管网的管理水平，加强管网建设，将管网事故率降到最低，通过精心调节尽可能减少"冷热不均"的现象，改善热力失调，提高室内供热的舒适度，提升居民对供热服务的满意度。

同时，还应该按照"企业为主、政府推动、居民可承受"的方针，遵循因地制宜、突出重点、统筹协调的原则，宜气则气、宜电则电、宜煤则煤，建立有利于清洁供暖的价格机制[2]。

5.1.2　供热规划决策过程

对于城市供热系统而言，其规划决策总体上应该按照"顶层设计—问题研究—技术手段"的思路进行，并通过工程示范推动规划决策的落地。图 5-1 为供热规划决策过程框图。

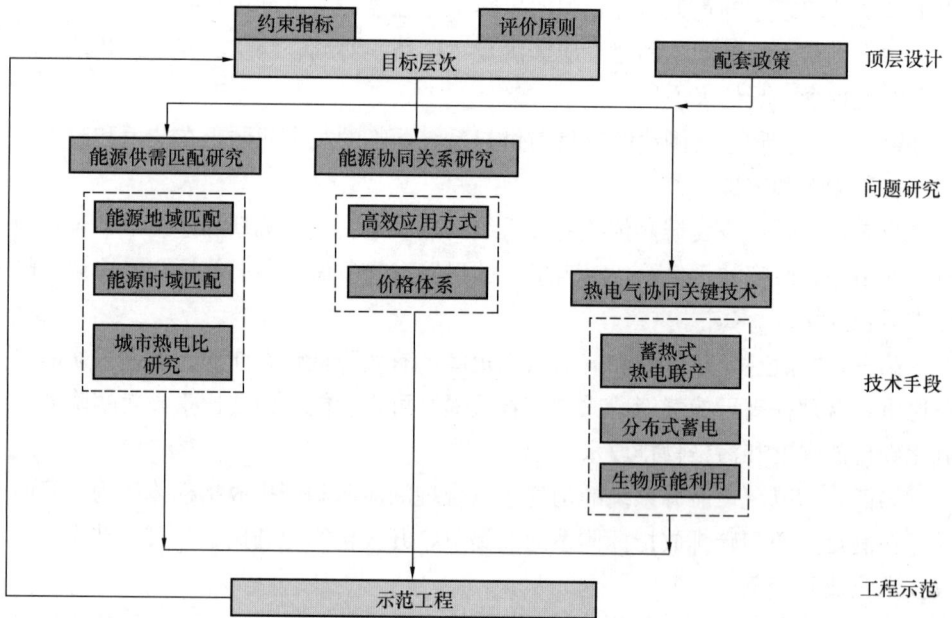

图 5-1　供热规划决策过程框图

1. 顶层设计：供热规划指标与评价原则

国家能源局等国家十部委联合发布的《北方地区冬季清洁取暖规划（2017—2021 年)》指出："清洁取暖发展面临的首要问题就是缺少统筹规划与管理"。长期以来，北方地区供热缺乏对煤炭、天然气、电、可再生能源等多种能源形式供热的统筹谋划，热力供需平衡不足，导致供热布局不科学、区域优化困难。例如，现役纯凝机组供热改造前无统筹优化，改造后电网调峰能力下降，加剧部分地区弃风、弃光等现象。

包括供热规划在内的我国整个城市级别能源规划还处于探索阶段，目前对于指标体系的研究不足，尤其是缺乏量化的城市级别的目标层次指标和量化的城市能源规划技术与方案评价原则。在无体系、无引导、无规范、少监督的能源模式探索中，城市供热系统的设计很难从全局去考虑问题。对于规划的细节和实施情况也缺乏有效的约束管控，从而使得最终的能耗降低与环保目标都难以实现。这导致不少城市和地区供热系统在规划中采用最大程度保证用能安全的"粗放型"的设计，不仅造成大量的机组冗余和浪费，也致使大部分机组处于低能效的运行状态。

面向智慧供热规划应首先从顶层设计出发，对规划指标与评价原则进行探索，根据国外相关经验和国内现状，制定城市供热规划详细的约束指标和评价原则，从而尽可能地将我国城市能源规划引入能源系统"精细化"设计、运营和管理的时代。智慧供热时代的能源规划可以借助能源系统规划模型，如 EnergyP-LAN 等，通过输入能源供需方式以及调控策略，来分析为实现不同的规划目标所需满足的能源结构与技术要求。根据模型分析结果得到定量的能源供应结构和可再生能源利用指标，并规划各阶段路径。在形成理念先进、技术合理、布局科学、切实可行的城市能源规划约束指标，以及其指定方法与评价原则的基础上，推动能源规划方式实现从"经验主义"到指标明确，评价原则量化的升级。

2. 关键问题：供需匹配、多能协同

供需关系的矛盾一直存在于我国各规模的能源系统中。无论是供给侧还是需求侧，都存在很大的改革空间和节能潜力。不少城市的集中供热系统仍然难以做到"按需供热"，冬季热电厂调峰性能差，可再生能源发电上网困难，冬季"三北"地区弃风现象严重，燃气供应在燃气需求激增的情况下面临短缺等等。这一系列问题总结来看都是目前城市能源系统中供需关系的矛盾导致的。

供热规划中的供需问题研究应该着重针对各种规模系统的热负荷预测以及供需在时域和地域的匹配。此外，还应包括对需求侧参数的预测与实测分析、引导城市居民用能方式等。同样，在供需关系以及匹配方式上应从设计层面对城市级别的能源供需给出相应导则，从而辅助供热系统运行者的决策。

值得一提的是，在能源供需关系亟待解决的背景下，多能互补是能源系统发展的重要趋势。

3. 支撑技术与配套政策

智慧供热时代，各类低品位热源、余热废热、可再生能源产热都将纳入热源系统，与传统供热热源统筹考虑。除了热源的多元化，热网的输送以及末端的调节也是配合热源之间灵活切换的必要条件。因此，未来智慧供热的技术方向将着眼于涵盖"源—网—荷"的灵活调度控制以及储能技术两方面。

通过蓄热式热电联产系统解决热电协同问题，分布式直流蓄电末端解决供电调节问题，高效的能源应用方式研究，以及提供不同技术的组合应用都是未来智慧供热系统的重要支撑技术。这些技术将解决能源供需平衡问题，提高能源系统的灵活性和安全性，保障能源供应的高效与清洁。

除了技术层面的研究之外，配套政策的研究也应当包括在决策模型内。因为对不同能源的协同关系而言，部分问题的产生就是相关政策的空缺所致，其解决方法也依赖于配套政策的颁布与实施。而不同政策情景下的供热系统运行分析，也是发挥对未来供热政策引导作用的重要研究方向。

总之，上述三方面问题的研究涵盖了城市供热规划方法的重点，从顶层设计到供需分析再到技术研究，层层深入，彼此关联。此外，在提出问题解决的思路以及决策模型模拟之后，还应当通过适当的工程示范来检验其可行性。

5.1.3　基于模型的供热规划

为方便规划人员充分分析，方便能源决策者制定能源发展战略，同时满足对能源系统多元化以及智慧化的需求，供热规划的过程往往需要借助各类能源模型来辅助分析。目前的能源模型已经发展为需要综合考虑能源、经济与环境的综合性模型。

通常按照模型的建模方法，可以将能源模型分为"自上而下"型、"自下而上"型以及混合型[3]。其中"自上而下"型主要从宏观经济体系出发，以能源价格和消费弹性作为输入参数，体现能源生产与消费之间的关系，以 CGE 模型为代表；"自下而上"型主要从工程技术出发，对各类具体技术的消费和生产过程进行详细仿真，以 MARKAL 模型和 LEAP 模型为代表；混合型即为二者的综合，既包括了宏观经济模型，又涉及具体技术的能源供给与需求。

CGE 模型主要通过对生产者利益与消费者效益的优化，来求解不同市场下生产要素以及能源价格的影响。MARKAL 模型则是在满足给定能源需求的污染物排放的限制下，确定使能源系统成本最小化的一次能源与用能技术结构[4]。

目前，也有越来越多的模型着重于能源系统运行策略的优化，以丹麦奥尔堡大学开发并广泛应用于欧洲能源系统分析的 EnergyPLAN 模型为代表。该模型可以通过输入能源需求、可再生能源类型和能源成本等得到能源平衡以及电力交易的总成本与收益。此外，还可以分析可再生能源的间歇性与波动性对系统的影响，从而为规划者提供涵盖热电供应与输送的多项方案。

Balmorel 模型是由丹麦组织欧洲各国建立的线性混合整数规划模型。该模型以供电量/供热量的平衡、污染物、温室气体排放和风电消纳量等作为约束，使得发电或供热成本、输送成本和增容投资等综合最优。该模型在欧洲应用较为广泛，适用于风电和热电联产比重较大的系统。

未来的供热规划将更加注重节能减排、智能化与精细化，因此用于供热规划的能源模型也将综合技术、经济以及环境等多方面因素，从全局考虑进行优化。智慧供热系统尤其需要注意的是可再生能源的纳入，以及热与电、气之间的协同关系。

值得说明的是，目前的能源模型仍然以电力系统作为能源系统的主体，对于供热系统往往存在诸多简化，且基本设置数据更新缓慢。而随着智慧供热的发展，对热、电、气等能源的联动将提出更高的要求，因此对于供热规划的模型仍需进一步发展和完善。

5.1.4　以规划引领实现清洁供热

（1）构建城市能源梯级开发利用和能源供应安全的宏观体系。根据城市所在地的气候条件、资源赋存情况、城市用能特点等，构建本地能源梯级开发利用的宏观体系，加强城市能源结构的合理安全配置以及煤、气、电、热的互联互保。

（2）建设以热电联产、工业余热利用为主，可再生能源为辅的绿色低碳集中供热体系：应充分利用城市周边工业资源，大力推进以热电联产、工业余热利用为主导的城市集中供热体系的建设，整合供热资源，替代高排放、低效率的散煤、中小型燃煤锅炉。与环境治理和节能减排相结合，综合推进煤炭的清洁高效利用技术、弃风电能蓄热大规模利用技术；统筹规划城市污水源热泵、太阳能、低温核供热等可再生能源技术的应用。努力实现我国到 2020 年，非化石能源占一次能源消费比重达到 15％，2030 年左右将非化石能源占一次能源消费的比例提高到约 20％[5]。

（3）加强城市供热安全应急保障体系建设：应对极端天气、突发事件的影响，建立健全多热源、多种能源供应的能源互联网集中供热系统，完善"源—网—荷"的实时监测与调控技术，增强系统中蓄热及事故应急补水的手段，建立全方位的供热生产管理、客户服务保障、安全生产应急管理体系。

（4）加大科技创新，实现智慧城市供热：推进低氮高效新型燃烧器、烟气余热回收节能装置、锅炉自动控制技术、新型换热机组和热泵技术、低温（核）供热技术、热能长距离输送技术、蓄热储能等节能低碳环保技术在供热领域的应用，采用大数据手段构建绿色智能的城市供热互联网，建立供热能源管控中心、全面成本管理、智能调度指挥系统，打造智慧城市的清洁供热体系。

5.2　供热设备设施系统

5.2.1　供热系统的结构形式

目前，我国各城市的供热系统普遍是由热源、一级热网、热力站、二级网和热用户（楼宇建筑物）组成，如图 5-2 所示。

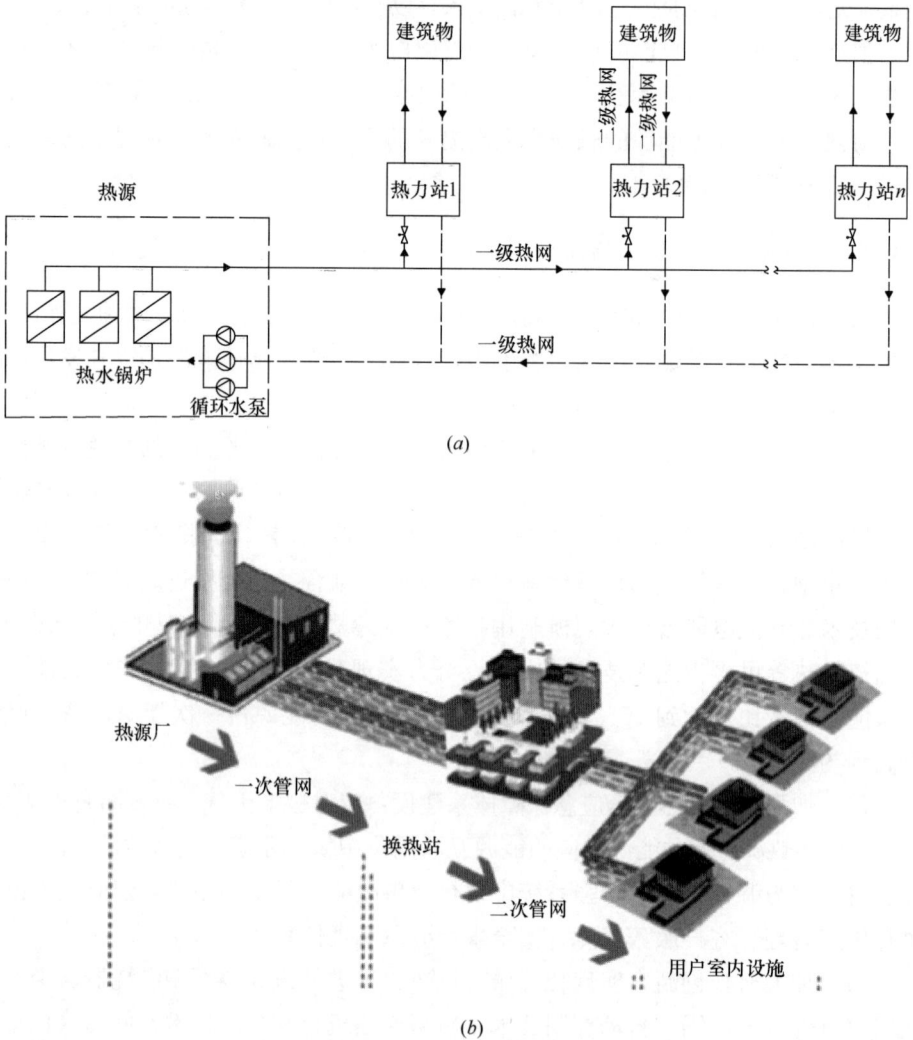

(a)

(b)

图 5-2　供热系统结构示意图

（1）热源主要有热电厂、区域锅炉房、工业余热、清洁能源、各种热泵系统等形式。根据用热性质不同，供热介质主要有蒸汽和热水两种形式。工业生产单位用蒸汽，供热介质以蒸汽为主；建筑物采暖用热，供热介质以热水为主。

（2）一级热网：敷设方式热主要敷设方式有直埋敷设、局部架空（桥架、桁架）、顶管（函）、暗挖、定向钻（拖管）、地沟、综合管廊等。

（3）热力站

1）热力系统：由一级网管路、换热器（换热机组、吸收式热泵机组）、二级

196

网循环水泵以及管路系统所配置的各种阀门、仪表、流量计、各类传感器等组成。

2）二级网补给水系统（由水处理装置、补给水泵、计量装置等组成）。

3）电气系统、控制系统、数据传输通信系统等。

4）二级网：热力站至用户（采暖建筑物）入口计量装置的管网。

5）热用户：终端用热建筑物的采暖设备，如散热器、风机盘管等装置。

5.2.2　热源侧设备设施系统

为了适应智慧供热，需要对供热系统上主要设备进行技术提升，以实现"互联网＋"的功能。

1. 热电联产机组

热电联产是指发电厂既生产电能，又利用在汽轮机内做过功的蒸汽对用户供热的生产方式，即同时生产电、热能的工艺过程，较之分别生产电、热能的生产方式更节约燃料。以热电联产方式运行的火电厂称为热电厂，图 5-3 为供热机组运行示意图。

对外供热的蒸汽源是抽汽式汽轮机的调整抽汽或背压式汽轮机的排汽，压力通常分为 $0.78 \sim 1.28MPa$ 和 $0.12 \sim 0.25MPa$ 两档。前者供工业生产，后者供民用采暖。由于热电联产的蒸汽没有冷源损失，所以能将热效率提高到 85%，比大型超临界参数凝汽式机组（热效率达 45% 左右）还要高得多[6]。

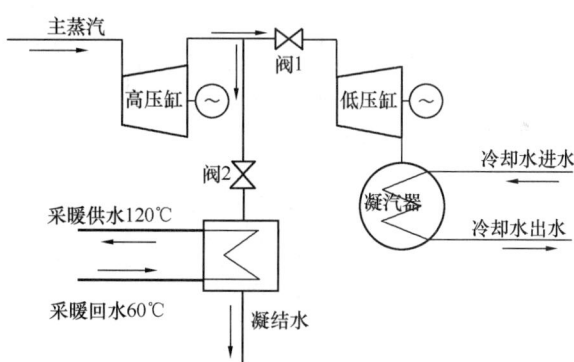

图 5-3　供热机组运行示意图

热泵回收余热技术，热泵既可以采用电驱动，也可以采用蒸汽驱动，两种形式原理类似，只是驱动热源不同，电驱动机组占地面积较小，其 COP 也较蒸汽驱动热泵高。

（1）电驱动压缩式热泵供热

电厂内设置电驱动热泵，将凝汽器出口的循环水作为低位热源进入热泵，经热泵吸热降温后，返回凝汽器吸收乏汽热量。一级网回水经热泵机组加热升温后，再经汽水换热器加热至 130℃，作为一级网供水送入城市热网。电驱动压缩式热泵供热示意图如图 5-4 所示。

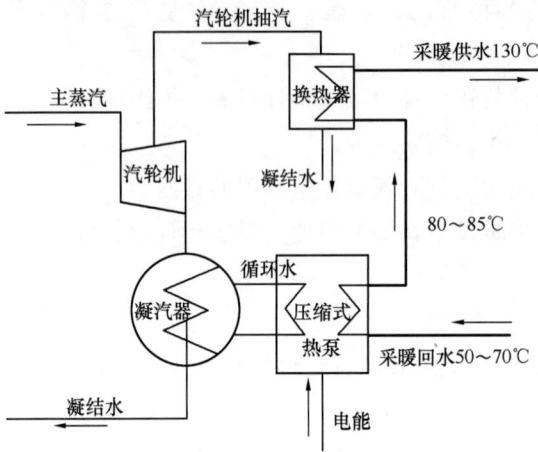

图 5-4　电驱动压缩式热泵供热示意图

一级网回水温度较高，造成电驱动热泵机组能效比较低，同时增加电厂自用电比例。

（2）蒸汽驱动吸收热泵供热

电厂内设置吸收式热泵，采用汽轮机抽取的蒸汽作为热泵驱动力，与电驱动热泵一样，一级网出水直接送入城市供热管网，也存在热泵能效比低等缺点。蒸汽驱动吸收热泵供热示意图如图5-5所示。

（3）基于吸收式循环的热电联产集中供热技术

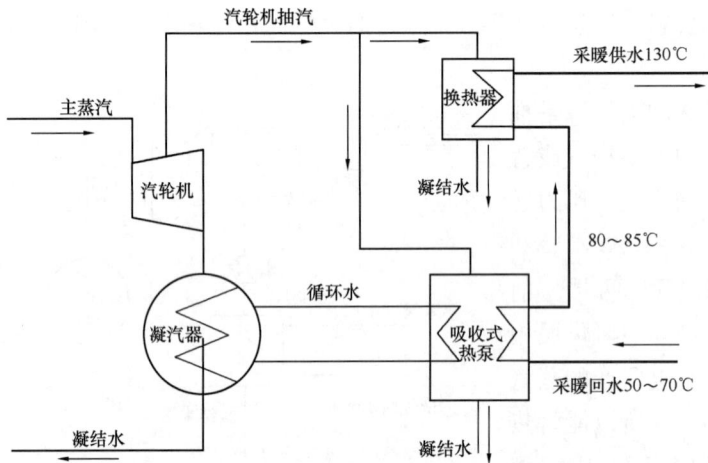

图 5-5　蒸汽驱动吸收式热泵供热示意图

2007年，清华大学提出了"基于吸收式循环的热电联产集中供热技术"，此技术需要在电厂和热力站安装相应的余热利用设备，两者互相配合实现电厂余热利用。基于吸收式循环的热电联产集中供热技术如图 5-6 所示，吸收式余热回收机组的技术原理如图 5-7 所示。

需要指出的是，降低热网回水温度能够实现与汽轮机排汽的能级匹配，使得热泵处于更好的制热温度和更大的升温幅度，从而使热电联产集中供热系统的能耗大幅度降低。

（4）技术优势

1）扩容：随着城市发展建筑面积的扩大，供暖系统中一级管网输送热水的

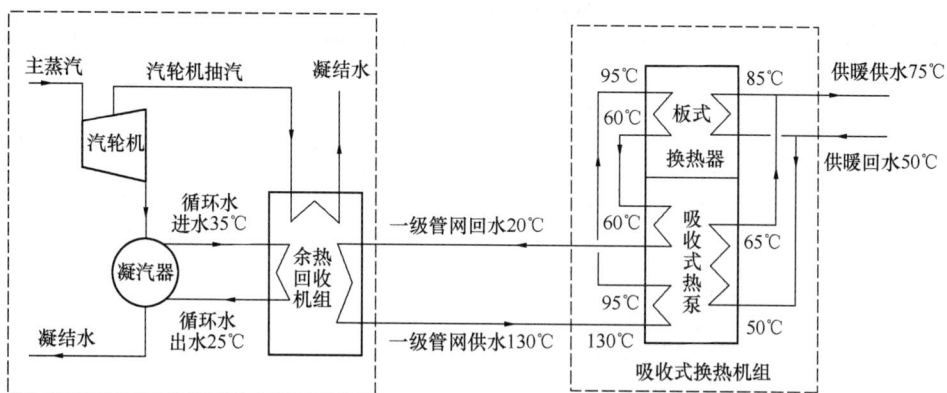

图 5-6 基于吸收式循环的热电联产集中供热示意图

能力时常不能满足要求，用大温差机组替代换热站的板式换热器，可以大幅度降低一次热水网的回水温度，在一级管网不变、输送热水量不变的情况下，实现扩大集中供热面积。

2）节能：一级网热水回水温度降低后，在热电厂内热网回水与汽轮机乏汽直接换热，回收的电厂余热更多。余热在总供热量中所占比重大，更加节能。

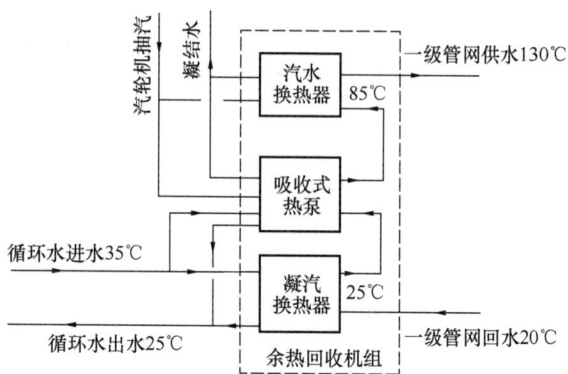

图 5-7 吸收式余热回收机组示意图

2. 热水锅炉

（1）锅炉的控制方式

1）锅炉燃烧系统调节：可根据料层温度的变化和烟气含氧量的变化自动调节二次风-煤比，以达到经济燃烧的目的。

2）锅炉料层差压调节：可自动调节一次风量和引风量，使料层差压保持稳定，维持整个燃烧系统的稳定性。

3）热水锅炉供水温度调节：能根据室外温度的变化自动调整锅炉出水的温度，保证用户的采暖温度需求。

4）热水锅炉出水压力低限、出水温度高限等的报警和连锁。

（2）锅炉本体监控点内容（单台锅炉）

锅炉本体的主要监控点如表 5-1 所示。

锅炉本体的主要监控点　　　　　　　　　　　　　　　　表 5-1

序号	监控内容	序号	监控内容
1	炉膛出口温度（双侧）	32	锅炉出汽流量
2	对流管束入口烟温（双侧）	33	锅筒水位（三点）
3	二级省煤器进口烟温（双侧）	34	锅炉主给水电动阀调节控制
4	一级省煤器进口烟温（双侧）	35	锅炉主给水电动阀位置反馈
5	空气预热器进口烟温（双侧）	36	锅炉辅给水电动阀调节控制
6	锅炉排烟温度（双侧）	37	锅炉辅给水电动阀位置反馈
7	锅炉进水温度	38	鼓风流量（双侧）
8	一级省煤器出水温度（双侧）	39	引风流量
9	二级省煤器出水温度（双侧）	40	氧化锆监测（双侧）
10	锅炉出汽水温度	41	烟气排放连续监测（N0ₓ，SO₂，烟尘等）
11	空气预热器进口风温	42	鼓风机电流、频率反馈、频率给定
12	空气预热器出口风温（双侧）	43	引风机电流、频率反馈、频率给定
13	二次风温	44	炉排电机工作电流、频率反馈、频率给定
14	炉膛出口烟气压力（双侧）	45	鼓风机的电机、轴承温度（1×8）
15	对流管束入口烟气压力（双侧）	46	引风机的电机、轴承温度（1×8）
16	二级省煤器进口烟气压力（双侧）	47	鼓风机挡板调节、反馈
17	一级省煤器进口烟气压力（双侧）	48	引风机挡板调节、反馈
18	空气预热器进口烟气压力（双侧）	49	煤仓料位等
19	锅炉排烟压力（双侧）	50	鼓风机的 A/M、运行、故障状态
20	除尘器出口烟气压力	51	鼓风机的开/停
21	鼓风机出口空气压力	52	鼓风机的电流、频率反馈、频率给定
22	空预器出口空气压力（双侧）	53	引风机的 A/M、运行、故障状态
23	前二次风压力	54	引风机的开/停
24	后二次风压力	55	引风机的电流、频率反馈、频率给定
25	引风机出口烟气压力	56	炉排电机的 A/M、运行、故障状态
26	锅炉给水调节阀前水压	57	炉排电机的开/停
27	锅炉进水压力	58	炉排电机的电流、频率反馈、频率给定
28	一级省煤器出水压力（双侧）	59	二次风机的 A/M、运行、故障状态
29	二级省煤器出水压力（双侧）	60	二次风机的开/停
30	锅炉出汽水压力	61	二次风机的电流、频率反馈、频率给定
31	锅炉进水流量		

3. 燃气锅炉烟气冷凝余热回收系统

（1）主要技术特点

天然气锅炉以燃煤锅炉湿法脱硫后，烟气中水蒸气含量高，含有大量的汽化潜热，直接排放不仅造成能源浪费，同时会形成烟囱"冒白烟"现象。

通过"吸收式热泵＋喷淋塔"相结合的方式可有效解决上述问题，吸收式热泵产生低温冷源（中介水），中介水在喷淋塔内与烟气直接接触换热，升温后的中介水返回到吸收式热泵中，热泵在驱动热源的作用下产生制冷效应，回收中介水热量，并将驱动热量及中介水热量供出，加热待升温热水。降温后的中介水返回到喷淋塔内继续与烟气换热，完成整个循环。图 5-8 和图 5-9 分别为烟气余热回收示意图和烟气余热回收流程图。

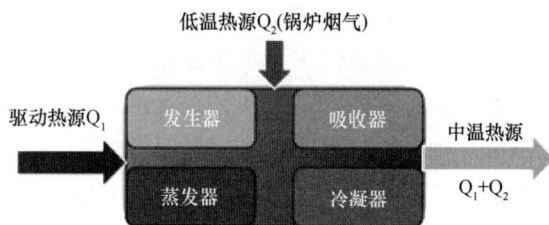

利用高品质热源为驱动热源，将烟气中的低品位热量输送到较高品味的热网水中，加热采暖热网水

图 5-8　烟气余热回收示意图

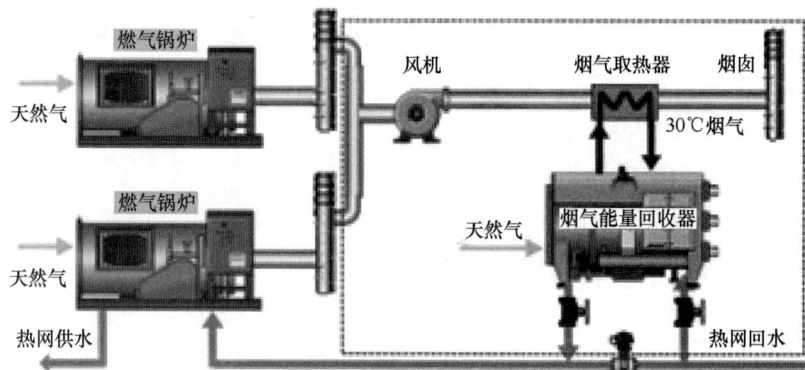

图 5-9　烟气余热回收流程图

根据现场实际情况，升温后的热水可作为热网回水、锅炉补水或工艺用水等加热使用。

通过上述技术路线，可将烟气排烟温度降至 25℃以下，水蒸气含量降低至 3％以下，实现烟气冷凝热回收及消白的一体化。同时，通过"冷凝＋再热"的方式可实现烟气的可视消白，因冷凝后烟气水蒸气含量低，其再热所需热量大大降低。

201

（2）节能效果

1）烟气温度降至 25℃以下，水蒸气含量降低至 3％以下；

2）提高燃料利用率 7％～10％；

3）通过对烟气的二次洗涤，实现烟气污染物的二次减排。

（3）远程监控管理数据中心

吸收式热泵机组配备自主开发的专家远程监控管理系统，机组所有参数均可发送到研发中心远程监控中心，可以对每台设备进行全方面数据管理，分析机组运行情况，并对机组状况进行全面监控，可随时随地检查机组运行状态。一旦机组出现问题，能够第一时间发现并提出解决方案，通知当地售后服务部门，快速到达现场解决问题，以减小损失，保证供热安全。

远程监控管理系统是通过基于 GPRS 的无线传输功能实现的换热机组的实时数据采集，从而通过数据分析实时监控换热机组的运行情况、运行性能分析、故障报警、地址导航等功能。

监控管理系统将数据远程传输到服务器，进行数据分析、数据诊断；任何一个技术和售后人员均可以随时方便地通过手机和电脑登录网站来查看机组的运行状况，对有问题的机组，技术人员可通过性能分析将解决方法发布到网站上，同时售后人员可以在现场结合实际情况以最快速度处理问题，保证用户稳定的供热温度，使换热机组的自动化控制达到一个新的高度。系统通过 GIS 系统精确定位，可以帮助每位售后服务人员准确找到机组位置，进行设备维保。

4. 烟气超低排放设备系统

（1）烟气洁净排放的必要性

近年来，伴随人民生活水平的不断提高和经济的持续中高速发展，我国能源的消耗速度迅速增长，对环境的影响和压力达到了空前的程度。

大气烟尘、酸雨、温室效应和臭氧层破坏四大全球性问题都与能源的生产和利用不当有着直接的关系。在我国，雾霾、酸雨、光化学烟雾等环境问题已经成为社会问题，引起了广泛的关注。为了减轻大气环境压力，很多重点城市已经开始用燃气电厂、燃气供热锅炉替代燃煤热电厂和燃煤供热锅炉。但是，受我国能源结构的限制和燃气总量的限制，要在全国范围内用燃气替代燃煤作为燃料，困难很大，基于此状况，进一步减少燃煤锅炉房的污染物排放势在必行。

（2）国家标准和地方标准

《锅炉大气污染物排放标准》GB 13271—2014 对工业锅炉的大气污染物排放标准做了严格的规定。规定新建锅炉执行表 5-2 规定的大气污染物排放限值，重点地区锅炉执行表 5-3 规定的大气污染物特别排放限值。

新建锅炉大气污染物排放浓度限值（mg/m³）[7]　　　表 5-2

污染物项目	限值			污染物排放监控位置
	燃煤锅炉	燃油锅炉	燃气锅炉	
颗粒物	50	30	20	烟囱或烟道
二氧化硫	300	200	50	
氮氧化物	300	250	200	
汞及其化合物	0.05	—	—	

大气污染物特别排放限值（mg/m³）[7]　　　表 5-3

污染物项目	限值			污染物排放监控位置
	燃煤锅炉	燃油锅炉	燃气锅炉	
颗粒物	50	30	20	烟囱或烟道
二氧化硫	200	100	50	
氮氧化物	200	200	150	
汞及其化合物	0.05	—	—	

北京地区已正式颁布的《锅炉大气污染物排放标准》DB 11/139—2015 对新建锅炉大气污染物排放做出表 5-4 的规定。

新建锅炉大气污染物排放浓度限值[8]　　　表 5-4

污染物项目	2017 年 4 月 1 日后的新建锅炉
颗粒物（mg/m³）	5
二氧化硫（mg/m³）	10
氮氧化物（mg/m³）	30
汞及其化合物（μg/m³）	0.5

（3）烟气处理手段及超洁净排放目标

根据《锅炉大气污染物排放标准》GB 13271—2014 对大气污染物排放限值的规定，主要控制的污染物项目为颗粒物、二氧化硫和氮氧化物。针对这三种污染物，主要采取的措施是烟气系统配置高效布袋除尘器、高效脱硫塔以及高效的脱硝系统。

随着近些年大气环境的压力越来越大，我国首先从南方一些沿海城市开始对燃煤火力发电厂试行超洁净排放目标。超洁净排放目标要求燃煤锅炉的大气污染物排放限值为：

NO_x 含量：$\leqslant 50$ mg/m³；

SO_2 含量：$\leqslant 35$ mg/m³；

烟尘：$\leqslant 5$ mg/m³。

　　试行以后，环保效果显著。这带动了内地一些燃煤火力发电厂也开始进行超洁净排放改造。用于集中供热的燃煤锅炉虽然运行小时数小于火力发电厂的锅炉，但其大气污染物排放量也不容小觑。如果燃煤供热锅炉的烟气排放水平达到了超洁净排放的目标，其烟气污染物含量比燃气锅炉烟气污染物的排放限值还要低，对改善大气环境质量有着重要的意义。图 5-10 所示即为烟气洁净排放示意图。

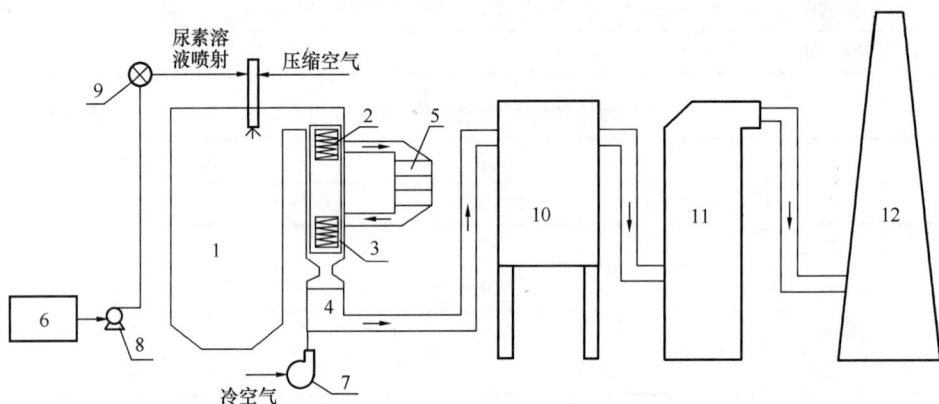

图 5-10　烟气洁净排放示意图

1—锅炉炉膛；2——级省煤器；3—二级省煤器；4—空气预热器；5—SCR 催化反应器；6—尿素溶液
储槽；7—鼓风机；8—溶液泵；9—流量控制阀组；10—布袋除尘器；11—脱硫塔；12—烟囱

　　根据设备的处理能力极限，最后一级湿式电除尘器的设计出口含尘浓度为 $5 \sim 10 \mathrm{mg/Nm^3}$。在实际运行中，供热用燃煤锅炉实测烟气中的含尘浓度一般能控制在 $10 \mathrm{mg/Nm^3}$ 之内。因此，对于集中供热用燃煤锅炉房，其超洁净排放指标可为：

　　NO_x 含量：$\leqslant 50 \mathrm{mg/m^3}$；

　　SO_2 含量：$\leqslant 35 \mathrm{mg/m^3}$；

　　烟尘：$\leqslant 10 \mathrm{mg/m^3}$。

5. 低温核供热堆

核能供热的历史最早可追溯至 20 世纪 60 年代。从 20 世纪 70 年代开始，苏联、加拿大、德国、瑞士及法国等国家进行专门用于核供热堆的研究与开发。目前业内逐渐形成池式供热堆和壳式供热堆两种主流类型。其中池式供热堆以游泳池实验堆为原型，壳式供热堆由目前主流压水堆核电站技术演进而来。前者以中核集团发布的"燕龙"泳池式低温供热堆为代表，后者以中广核集团的 NHR200-II 低温供热堆技术为代表。

　　泳池式反应堆是一种将堆芯安装在水池内的实验用反应堆。通常水池深 6～10m，以浓缩铀做燃料，堆芯置于池底或悬在池中，池内有大量冷却水，不会发生堆芯融化事故。这种堆型采用成熟的动力堆元件，在低参数下运行，结构简单，投资低，具有安全性高、可靠性高、技术成熟、系统简单、运行稳定、占地面积小等优点，更适于靠近城市居民区，能为热网提供 90℃左右的热水，尤其是池式堆还省去了压力容器、安全壳等组件，不但可以降低建造成本，还方便运行、便于维护。与壳式反应堆或燃煤锅炉供热相比，均具有明显的优势。

首先，安全性已经得到实践证明。2017 年 11 月底，中核集团正式发布"泳池式低温供热堆"。这一代号"燕龙"、型号为 DHR-400 的区域供热反应堆完成了连续 168h 的试运转，证实核能供热方式的可行性和安全性。

其次，灵活性和低成本也是其优势所在。池式低温供热堆选址灵活，内陆沿海均可，尤其适合北方内陆。与其他化石能源供热相比，深水池式低温供热堆建设投资约是同规模燃煤锅炉的 2～3 倍，但其运行成本远远低于燃煤锅炉。以 400MW 的热源计算，池式供热堆的排放为每年 0.52 万 t 二氧化碳，而燃煤和燃气锅炉每年分别释放 52 万 t 和 20.46 万 t 二氧化碳，其排放需要支付碳税约 2000 万元，清除 10 万吨灰渣运输成本约 1000 万元，仅上述直接成本就达到每年 3000 万元，这还未考虑脱硫脱硝和除尘设施的费用。而池式反应堆建成后的主要成本只是核燃料的费用和人员成本。根据初步计算表明，如果每年供暖的时间为 4 个月时，池式供热堆的经济性可以和燃煤锅炉相当。此外，池式反应堆的使用寿命可达到 40～60 年，是燃煤锅炉的 2～4 倍。简单形式的深水池式堆完全可以满足供热要求，作为基本热源承担采暖负荷，是一种较为经济、合理的供热方式。

从环保效益来看，一座 400MW 核能供热堆每年可替代 32 万 t 燃煤或 16000 万 m^3 天然气，烟尘排放、二氧化碳排放、二氧化硫排放、氮氧化物排放均为零，环保效益十分突出。

目前泳池式反应堆已在世界范围内广泛应用。国际上已建有 200 多座泳池式反应堆，累计安全运行 1 万堆年。国内已建成 11 座泳池式反应堆，累计安全运行超过 300 堆年。

6. 蓄热器

传统的区域供热系统普遍采用以热电厂为主热源，以区域锅炉房为调峰热源的联合供热系统。欧洲现代的区域供热系统则更多的是应用蓄热器来平衡热电厂日间负荷的波动，保持热电厂的供热机组在恒定负荷下运行。在这一系统中，蓄热器可起到多项功用。首先，蓄热器可以在夜间电力负荷较低时蓄热，在白天电力负荷较大时向外供热以增加机组发电量，从而起到削峰填谷的作用。蓄热器用于供热负荷削峰与热源运行平衡如图 5-11 所示，通常它可以向供热系统提供 10%～15% 的削峰能力，可完全取代调峰锅炉房；另一方面，在最冷天时，蓄热器可以提供尖峰负荷；此外，蓄热器还可作为贮水箱，在事故情况下用作热网的补水水源；最后，它还可以作为供热系统定压设备使用，满足管网所需的静压头[9]。

根据国内的实际运行数据，燃煤热电厂的供热成本仅为 25 元/GJ；燃煤调峰锅炉房的热价高于 60 元/GJ；而燃气调峰锅炉房的热价高达 96 元/GJ。显而易见，在满足同样供热需求下，在热电厂建设蓄热器可以最大限度地发挥热电联产的经济优势，降低供热系统运营成本。根据中国供热系统的实际运行经验，供热负荷的尖峰时段仅为 6h，为满足短期尖峰时段供热需求而投入大量资金建设调峰锅炉房显然不甚合理。国外的经验表明，只要热价相差大于 20 元/GJ，蓄热器就能表现出很好的经济性。

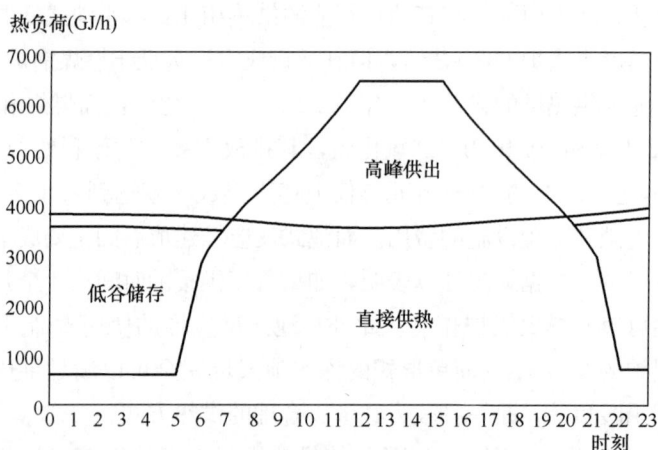

图 5-11 蓄热器用于供热负荷削峰与热源运行平衡

蓄热器通常设计为圆柱形立式钢罐，类似于储油罐，其体积与高度由供热系统的需要而决定。蓄热器内部安装上、下布水盘用于对蓄热/放热的水流控制。蓄热器采用冷热水分层技术，依据不同温度的水其密度不同实现冷热水分层。温度低的回水处于蓄热器的下部，温度高的供水处于蓄热器的上部。蓄热时，冷水从蓄热器的底部排出；而热水则从蓄热器的上部蓄入罐内；放热过程则流向相反。为了保证蓄热器的可靠运行，最重要的是控制进入/流出的水流量，以防止蓄热器内冷热水层的混合，参见图 5-12。

蓄热器分常压与有压两种，尽管有压蓄热器可以蓄存高于 100℃ 的热水，但其投资高、系统复杂，很少在区域供热系统中应用。实际工程中主要采用常压蓄热器，对于蓄存 98℃ 热水的蓄热器，回水温度越低，其蓄热量越大，则效益越好，投资回收期

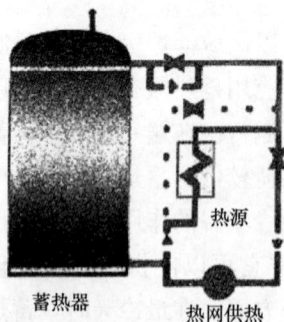

图 5-12 蓄热器及其原理

越短。对于 10000m^3 的蓄热器，当水温为 $98/65℃$ 时，其蓄热能力为 380MWh；如果回水温度降低至 $50℃$，则蓄热能力提高至 495MWh，相对增长 30%。蓄热器建设规模越大，蓄热器的单位投资额越低。

蓄热器可与供热管网直接连接或间接连接。在多热源联网运行的供热系统中，只能有一个热源的蓄热器与热网直接连接并作为热网的定压设备，而其余的必须与热网通过换热器间接连接。

凭借在以热电厂为主的区域供热系统中的诸多功能与优势，蓄热器在丹麦、芬兰、瑞典等多个北欧国家得到了广泛应用。在丹麦几乎所有的集中供热系统都装有蓄热器[2]，例如哥本哈根的 Aredrevr Ket 热电厂内设容积达 $2×22000\text{m}^3$ 的蓄热器（水温为 $120℃$，经泵和控制阀与系统间接连接），蓄热量相当于该热电厂 $6\sim7\text{h}$ 的供热量。在芬兰赫尔辛基东部，Vuosaari 燃气－蒸汽联合循环热电厂拥有 464MW 的总发电能力和 540MW 的供热能力。该热电厂装设了一台 20000m^3 的蓄热器，与热网通过换热器间接连接。当水温为 $98/65℃$ 时，其蓄热能力为 1000MWh，供热能力为 120MW，可供热 8h[11]。

2005 年，北京热力集团在北京左家庄装设了一台 8000m^3 的蓄热器，这是中国首次在区域供热系统中应用蓄热器。该蓄热器与热网直接连接，可用于热网定压。其蓄热量为 285MWh，在 36MW 下可持续蓄热 8h，在 71MW 下可持续供热 4h。

可以看出，在区域供热系统中加入蓄热器是未来供热技术的一大发展趋势。今后随着我国建设节约型社会的深入发展，蓄热器在区域供热系统中获得大力推广应用。

7. 太阳能资源

长期以来，人们一直在努力研究利用太阳能资源。从发电、取暖、供水到各种各样的太阳能动力装置，太阳能的利用方式越来越丰富。太阳能资源之所以受到人们长期的关注与追捧，与其独特的优势密不可分：

（1）储量的无限性：太阳能是取之不尽的可再生能源，可利用量巨大。太阳每秒钟到达地球的能量达 $8×10^{13}\text{kW}$，相当于 $6×10^9\text{t}$ 标准煤[12]。太阳寿命尚有 40 亿年，相对于常规能源，太阳能取之不尽，用之不竭，因此开发太阳能将是人类解决常规能源匮乏、枯竭的最有效途径。

（2）利用的清洁性：太阳能像风能、潮汐能等洁净能源一样，开发利用时几乎不产生任何污染，是人类理想的替代能源，必将在世界能源结构升级中担纲重任，成为 21 世纪后期的主导能源。

目前太阳能利用最成熟、最经济的方式是太阳能热水器，此外太阳能建筑的发展也很迅速。20 世纪 80 年代国际能源组织（IEA）组织 15 个国家的专家对太阳能建筑技术进行联合攻关，欧美发达国家纷纷建造综合利用太阳能示范建筑。试验表明，太阳能建筑节能率为 75% 左右，典型太阳能建筑供热系统如图 5-13 所示。

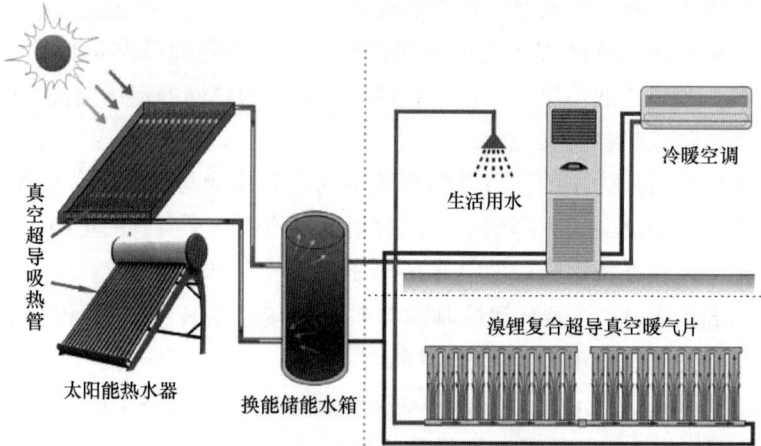

图 5-13　太阳能溴锂复合超导真空采暖、供暖、供水系统示意图

我国 20 世纪 70 年代就开始进行被动太阳能采暖建筑的研究开发和示范，至今已发展至近 1000 万 m² 的建筑面积。目前，我国被动太阳房采暖节能效益为 60%～70%，平均每平方米建筑面积每年可节约 20～40kg 标准煤，发挥着良好的社会经济效益[13]。

8. 地热资源

（1）应用现状

地热资源是高效、节能、环保的可再生能源，可用于供暖、生活热水、温泉洗浴以及康乐旅游等领域。

为提高能源利用率，应对地热尾水进行梯级利用，使地热尾水回灌温度小于 20℃，如图 5-14 所示。地热资源梯级利用后，平均热利用率由目前的 58% 可提高到 97%。

（2）地热资源规划

利用原则为以资源可开采能力为前提，在保护中开发，在开发中保护。

利用目标为尾水排放温度小于 20℃；用于供热的对井系统回灌率达 80% 以上。

地热资源作为可再生能源之一，属于复合型矿产资源，其开发利用主要体现在提升地区品牌和社会、环境效应上。开发利用时应注重梯级开发，体现地热资源的复合优势，并结合总体规划，将地热资源用于具有重大意义的项目中，如休闲旅游等。地热井取水供热遵循灌采平衡、同层回灌原则。

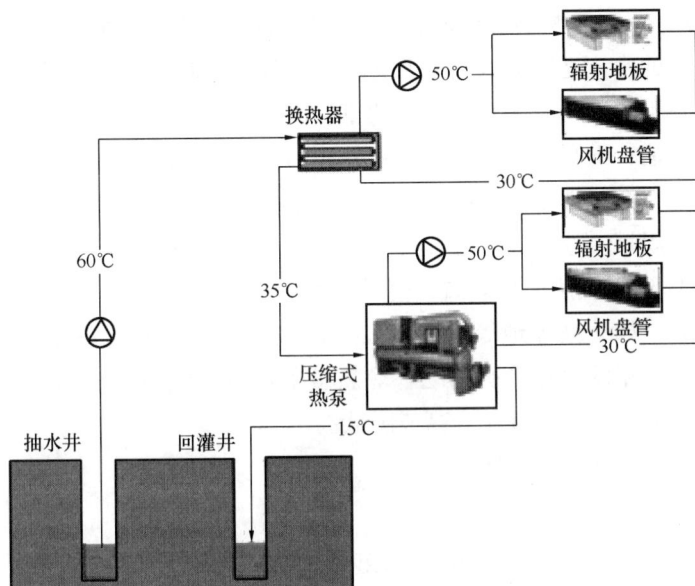

图 5-14　地热资源利用示意图

9. 浅层地热能资源

（1）水源热泵

地下水资源概况是：埋深 60m 以内的浅层地下水，水质良好、易开采，适宜饮用和灌溉。图 5-15 为水源热泵利用示意图。

水源热泵规划应遵循以下原则：

水源保证是应用地下水源热泵系统的前提条件，地下水水量、水温、水质是影响地下水源热泵系统的关键因素。回灌效果是制约水源热泵项目推广的瓶颈，采用浅层水源热泵项目应进行详细论证。

1）地面年沉降≥30mm 的地区严禁采用地下水源热泵，尽可能在富水中等以上区域采用水源热泵。

图 5-15　水源热泵利用示意图

2）浅层地下水源热泵系统应遵循灌采平衡、同层回灌原则。

（2）地源热泵

目前约 90% 的地源热泵项目集中在公共建筑上，住宅建筑所占比例相对较小，仅为 10%[13]。地源热泵是否适合住宅建筑还存在一些争议，其中一个重要原因在于住宅的空调运行方式与公共建筑相比间歇期较少，不利于地温恢复，会导致地下冷热不平衡现象恶化。根据北京、南京、武汉等地一些住宅建筑地源热泵项目的实际运行结果表明，只要建筑外围结构设计合理以及考虑适当的辅助排热措施，系统完全能够正常运行。

地源热泵规划应注意：根据地下土层分布规律，采用竖井式热交换器系统时，宜采用 U 形管式热交换装置。竖井应埋设于易于检修且不被车辆、机械设备破坏的地方，如公共绿地等。宜在公共建筑中推广浅层地热能利用。在使用时，必须注意全年的冷热平衡问题，冷热量平衡偏差超过 10%需要设置补充手段，否则会导致土壤温度逐年升高或降低。

10. 热源厂公用系统监控点

热源厂公用系统补充监控点如表 5-5 所示。

热源厂公用系统监控点 表 5-5

序号	监控内容	序号	监控内容
1	锅炉总出口蒸汽流量	17	除氧器给水调节阀调节控制
2	锅炉总出口蒸汽温度	18	除氧器给水调节阀位置反馈
3	锅炉总出口蒸汽压力	19	除氧器进汽调节阀调节控制
4	厂用蒸汽量	20	除氧器进汽调节阀位置反馈
5	外供蒸汽总量	21	连排水位调节控制
6	软化水流量	22	连排水位调节阀位置反馈
7	软水水质	23	给水泵的 A/M、运行、故障状态
8	除氧水箱液位	24	给水泵的开/停
9	除氧器压力	25	给水泵电流、频率反馈、频率给定
10	除氧器温度	26	补水泵的 A/M、运行、故障状态
11	给水泵出口压力	27	补水泵的开/停
12	给水泵的电机、轴承温度（1×8）	28	补水泵频率反馈、频率给定
13	锅炉给水母管压力	29	电动阀门的 A/M、开到位、关到位、故障状态
14	连排水位		
15	上煤量	30	电动阀门的开、停、关阀
16	室外温度		

11. 水泵

在供热系统中，需要用锅炉给水泵将补给水送入锅炉，用热网补给水泵定压，用循环水泵驱动热水在管网中流动。

表示水泵的性能参数主要有：流量（G）、扬程（H）、转速（n）、功率

（N）、效率（η）。水泵分定速水泵和
变速水泵两种。前者由电机、水泵及
控制系统组成；后者由电机、水泵、
变速设备（如变频器）及控制系统组
成。在运行过程中，水泵总是与管网
联合工作，其特性曲线与管网特性曲
线的交点，即为水泵的工作点（以下
简称工作点）。因此，水泵的工作点受
管网特性制约。相应地，为保证水泵
接入系统的流量，可从管网和水泵两
个方面进行调节：①改变管网的特性。
例如，在图 5-16 中 A 点为水泵在转速
n_1（频率为 $f=50\text{Hz}$）时的工作点，
对应的流量为 G_A、功率为 N_A。通过
调节管网中的阀门开度，将管网阻抗
由 S 变为 S'，此时管网特性曲线与水

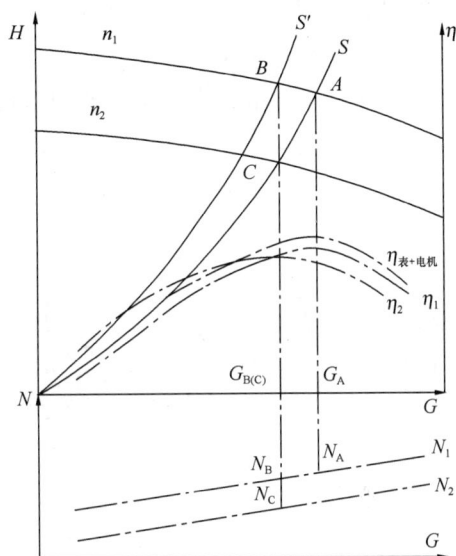

图 5-16　变频水泵装置在不同频率下
流量与扬程及效率曲线

泵特性曲线交于 B 点，从而达到流量 G_B，对应功率为 N_B；②改变泵的特性。调
节变频水泵的转速（频率），将其频率调节到 f_2 使其流量达到 G_C，对应功率为
N_C。水泵运行的目标是用最小的输送能耗提供接入系统所需流量。采用不同的
调节方法所消耗的能量不同。相较而言，通过水泵变频来获得小流量工况比通过
阀门节流更节能。在现实场景中，应当根据水泵的形式和任务选择不同的调节
方法。

（1）给水泵

给水泵的任务是保持补水点的压力或水位稳定在规定的范围内。一般根据补
水点的压力或水位来控制给水泵送入锅筒或水箱的流量。定速水泵，通过调节补
水管道上的电动调节阀来控制补水点的压力或水位。变速水泵，通过调节调速设
备来控制补水点的压力或水位。

（2）热网补给水泵

热网补给水泵的任务是保持补水点或定压点的压力稳定在规定的范围内。一
般根据补水点的压力或定压点的压力来控制补给水泵补入系统的水量。定速水
泵，通过调节补水管道上的电动调节阀来控制补水点的压力或定压点的压力。变
速水泵，通过调节调速设备来控制补水点的压力或水位。

（3）热网加压泵

热网加压泵的任务是提供加压点热网运行所需要的压力，一般通过调节调速

设备来进行控制。

（4）热网循环水泵

热网循环水泵的任务是提供热网内水循环所需要的动力。热网循环水泵的控制常用两种方法：①通过最不利支路用户供回水压差调节调速设备，来控制系统的循环流量（图 5-17）；②通过热源供回水压差调节调速设备，来控制系统的循环流量（图 5-18）。

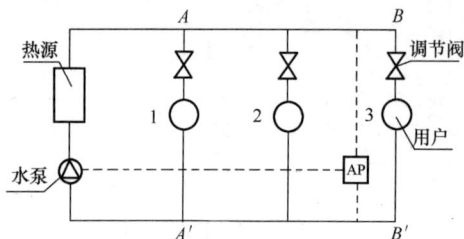

图 5-17　末端用户压差控制　　　　　　　　图 5-18　热源压差控制

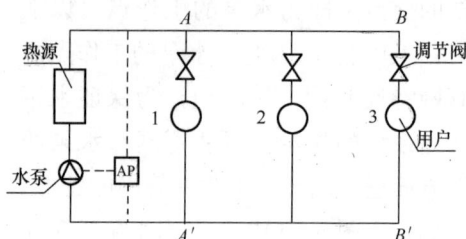

12. 纳米无盐软水设备技术

传统的软水处理设备在树脂达到饱和时需要进行再生，而再生所需要的大量的 NaCl 水溶液被大量地排放，造成了地下水源的污染；同时由于再生需要大量的反冲洗水也造成了大量的水资源被浪费。纳米无盐软水设备技术通过将水中钙和镁的碳酸氢盐转化为碳酸盐亚微米晶体，悬浮于水中，以实现不结垢目的，具有绿色、环保、节能、无盐、无公害等特点。该技术利用纳米材料聚合物滤料表面丰富的核位点，通过吸引、分解重组、结晶成长和脱离，把溶于水中不稳定的暂时硬度 $Ca(HCO_3)_2$ 和 $Mg(HCO_3)_2$ 转变成稳定的碳酸钙和碳酸镁的亚微米晶体。这些亚微晶体随水流动、不附着、不结垢，这样的水在加热时也就不会生成水垢。结晶过程是一种纯粹的物理结晶过程，高能聚合球体只是起到催化碳酸钙、碳酸镁成核结晶的作用。采用该技术软水系统无需反洗、无需再生、无需维护；实现了零盐耗、零电耗、零水耗；不改变水的 pH 值、不改变 TDS 含量，是取代传统软水产品和物理除垢产品最理想的选择。

5.2.3　热网侧设备设施系统

1. 预制保温管道技术应用

（1）《硬质聚氨酯喷涂聚乙烯缠绕预制直埋保温管》的应用

国家标准《硬质聚氨酯喷涂聚乙烯缠绕预制直埋保温管》GB/T 34611—2017 已经颁布实施[14]。使用喷涂缠绕工艺生产的保温管克服传统"管中管"工艺不足，能够根据设计要求的聚氨酯保温层和聚乙烯外护层厚度，在不改变性能要求的前提下进行任意调整，具有生产组织周期短，不需额外设备、模具、工装投资改造等特点，可及时满足设计和工程的需要，降低生产成本和工程造价，缩短生产和施工周期。图 5-19 为硬质聚氨酯喷涂聚乙烯缠绕预制直埋保温管示意图。

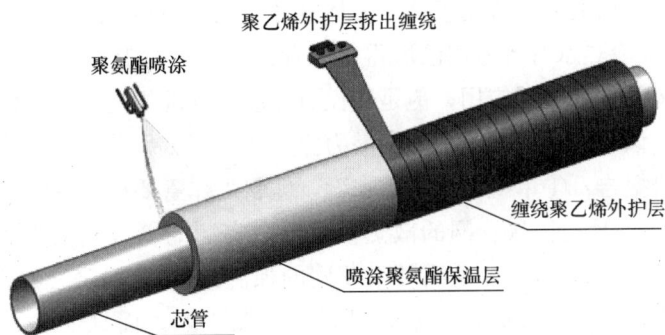

图 5-19　硬质聚氨酯喷涂聚乙烯缠绕预制直埋保温管示意图

喷涂缠绕保温管产品的聚氨酯保温层密度、导热系数、抗压强度等核心指标均匀，产品整体性能好。在同等保温性能条件下，较传统"管中管"工艺保温管节约聚乙烯原材料 50% 左右，并且避免了大口径保温管聚乙烯纵向开裂的问题。

GB/T 34611—2017 与现行国家标准《高密度聚乙烯外护管硬质聚氨酯泡沫塑料预制直埋保温管及管件》GB/T 29047 相比具有如下特点：

1) 提高了聚乙烯外护管拉伸屈服强度与断裂伸长率的要求；

2) 降低了聚乙烯外护管回用料的比率；

3) 减少了聚乙烯外护管的壁厚；

4) 提高了硬质聚氨酯泡沫塑料保温层吸水率的要求；

5) 提高了硬质聚氨酯泡沫塑料保温层闭孔率的要求；

6) 提高了硬质聚氨酯泡沫塑料保温层耐压强度的要求；

7) 提高了预制保温管轴线偏心距的要求。

（2）直埋塑料保温管道的应用

目前供热管网普遍采用传统的钢管，热媒介质中游离的氯离子以及其他盐类的存在会引起金属管道的电化学腐蚀，这种电化学反应随着热媒的温度升高而加剧。因此以钢管作为工作管的管道，投入使用一段时间内就发生管内锈蚀，在发展的初期会导致管道堵塞，导致输送能耗增加、采暖效果降低。随着锈蚀的发展，管道泄漏成为常态，导致热媒损失。此外管道锈蚀影响仪表和计量装置的计量精度。中国城镇供热协会正在制订的团体标准《城镇供热直埋保温塑料管道技术规程》将对塑料管道的推广应用起到极大的促进作用。

　　自 20 世纪 80 年代开始,随着区域集中供暖的不断增加,欧洲的供热单位就开始寻求更经济的方法建设新的供热管网,随后研制了用于小区供热的预制直埋保温塑料管道系统,现已在欧洲大部分地区的小区二级热力管网中应用,国内也有部分工程进行了应用,取得了一定的经验。PE-RT Ⅱ型材料是近年在 PE-RT 材料的基础上推出的专门应用于高温流体输送领域的新型管道材料。其在国内作为建筑地暖管/冷热水管等应用已取得了行业的认可,并有广泛应用,在供热二级管网中也有了进一步的应用,但是还没有相应的标准规范。从其材质的标准耐热性能考察,该管道具备替代钢管的潜力。

　　根据调研报告:①单就保温结构来看,塑料工作管要比采用钢管做工作管节约能源 30%～40%;②从管网的散热损失看,实测的管道热损失值为 19.8W/m^2,仅为国家标准的 17%,说明整个管网的保温效果非常好;③从热用户反映情况看,热水输送质量较高,水温能保证在 50℃左右,而且水质清澈没有铁锈等混杂物,说明塑料保温管不仅保温效果好,而且具有良好的卫生性[15]。

　　采用塑料管除具有无锈蚀性、不结垢、流阻小、加工能耗低等特点外,还具有使用寿命长,低温抗冲击性能好,耐高温和良好的热熔焊接性等优势。具体的性能特点如下:①重量轻(仅为金属管的 1/8):施工强度低、搬运方便;②采用热熔连接:管材、管件同质熔化为同一整体,使用寿命长,安全可靠,不易渗漏;③保温节能:PE-RT Ⅱ管导热系数为 0.42W/(m·K),仅为钢管导热系数的 1/200,用于热水管道保温节能效果明显;④耐热性较好:PE-RT Ⅱ管维卡软化点为 120℃,最高工作温度可达 80℃。使用温度在 70℃左右、工作压力在 1.0MPa 以下时均可以使用 50 年;⑤耐化学腐蚀性好,卫生性好,对于水中的大多离子和建筑物内的化学物质均不起化学作用,不会生锈,不腐蚀,不生细菌;⑥管道阻力小、管材内壁光滑不会结垢,压力损失小,水流速度快;⑦绿色环保、外形美观、色彩柔和、韧性好、耐冲击,不影响环境并可重复再生使用。

　　(3)预制保温架空管道技术的应用

　　蒸汽/热水管道架空敷设可分为露天架空敷设、地沟敷设、综合管廊敷设(包括盾构和顶管)。但预制架空直埋管道没有相应的标准可执行。特别是推行综合管廊的建设,由于综合管廊的施工条件限制,必须采用预制架空管道。而相应的标准规范尚未颁布,这导致了工程建设投标的混乱,给施工质量带来隐患。

　　中国城镇供热协会正在制订的团体标准《预制架空和综合管廊蒸汽保温管及管件》和《预制架空和综合管廊热水保温管及管件》旨在通过规范产品的生产、检验,提高热水/蒸汽供热保温管的质量,逐步淘汰现场施工的落后方式,满足现有供热工程的需要。该标准的制定对提高热水/蒸汽保温管道的质量,规范生产和工程建设秩序,提高供热管道的整体技术水平,以及促进产品的出口,都有着十分重要的意义。

2. 管道检漏报警系统技术

(1) 检漏报警线系统

行业标准《城镇供热直埋热水管道泄漏监测系统技术规程》CJJ/T 254—2016 对管道检漏报警系统提出了详细的要求[16]。

监测系统由预制在管道保温层中的 4 根报警线、井室跨接同轴电缆及 C 形密封跨接线引线套件、保温层裸露端密封件、两通道或四通道中央监测单元、监测软件以及现场检测单元共同构成。监测系统的工作原理是：中央监测单元通过所连接的报警线采集管道保温层潮湿特征的参数，经由无线通信传输至后台服务器，经过后台数据整理和分析，将结果输出到监测软件，用户通过给定账户信息登录监测软件查阅各监测系统泄漏监测数据、报警情况、趋势分析和进行各项报警参数设定。图 5-20、图 5-21 为检漏报警线系统示意图。

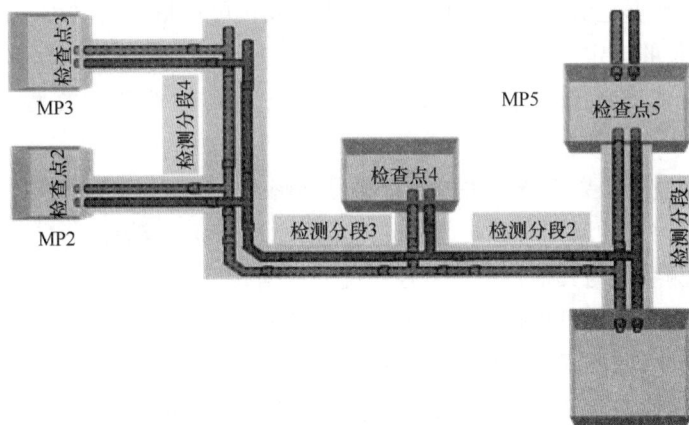

图 5-20　检漏报警线系统示意图（1）

报警线或其延伸电缆与监测设备应通过智能识别接线盒连接，接线盒应可以作为未来泄漏定位监测测点。

管道接头补口外护管采用 TSC 热熔接口，纵向焊缝采用手动挤出焊枪焊接，纵缝不得采用搭接

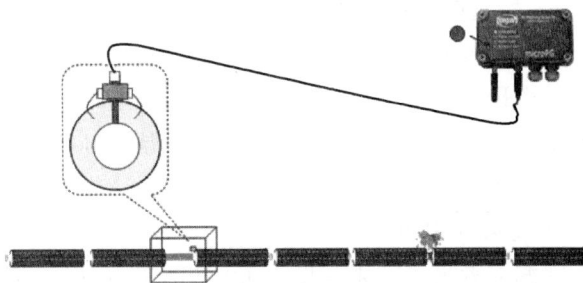

图 5-21　检漏报警线系统示意图（2）

缝。热熔焊接应采用自动焊接设备，焊接过程由焊接设备按照设定焊接曲线自动

完成。焊接设备应可自动记录和存储接头位置的空间位置坐标、作业时间和所有焊接参数，参数应可提取。补口焊机应可提供在焊接作业过程中联网上传焊接数据，实现补口作业过程第三方监督。

监测软件，可以通过手机、平板电脑以及 PC 访问。软件应可任意时间登录访问，登录用户数不受限制。监测软件应具备的主要功能包括：

1）对中央监测设备进行自检并提供检测数据，包括计时（数据历史）、环境温度、供电电压和无线传输信号强度；

2）按通道对所监测管道的绝缘电阻、电化电压和回路电阻进行检测，并提供检测数据；

3）对报警线短路、断路情况进行检测，并以图形表示；

4）根据检测数据以 5 级 QPG 色标显示报警信息；

5）报警历史记录可查阅；

6）历史数据趋势线可按监测参数自动生成；可进行设备名称、位置，以及监测数据界限的设定，可设置信息接收人；

7）可在 GIS 系统中提供设备位置定位图标，并按照报警情况匹配图标颜色；

8）泄漏监测报警系统相关的登录账号和密码；

9）报警信息的通知对象，通知的方式为通过 email 或短信通知；

10）监测系统与其他自控或管控系统的数据共享方式；

11）监测系统应可提供通过 VPN 连接通道或 OPC 服务器与其他自控或管控系统之间共享监测报警数据库数据；

12）采用便携式 TDR 泄漏检测设备作为现场检测单元，进行运行阶段的泄漏点或故障点定位检测。

（2）光纤检漏报警系统

1）检漏报警系统的工作原理

监测系统同时利用单根光缆实现温度监测和信号传输，综合利用光纤拉曼散射效应（Raman Scattering）和光时域反射测量技术（Optical Time-Domain Reflectometry，简称 OTDR）来获取空间温度分布信息[17]。图 5-22 为检漏报警线系统示意图。

2）系统的功能

泄漏或者第三破坏监测系统可监测热力泄漏、施工破坏光缆、掘开填土而使管道外露等突发事件。图 5-23、图 5-24 分别为分布式光纤管道泄漏检测系统示意图和光纤报警线系统网络示意图。

①报警功能。系统可以定制报警参数和报警模式，对监测到的突发事件将会

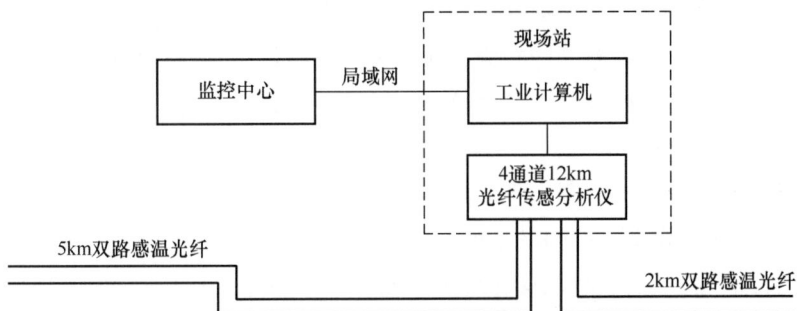

图 5-22 光纤检漏报警系统结构框图

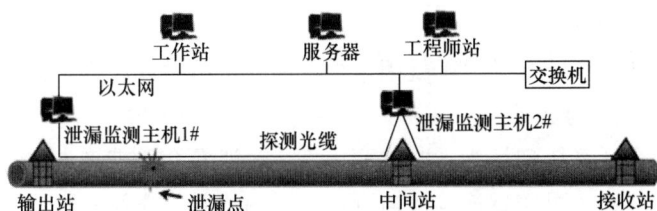

图 5-23 分布式光纤管道泄漏检测系统示意图

进行报警。报警信息可发送到中控室，也可以通过网页、短信、移动终端等发布。

②分区管理功能。远程分级、分权限管理。

③系统自检功能。系统自行监视激光强度、检测光纤健康状态，实现自我诊断和测试，并及时提示系统故障事件。

④历史数据查询。（报警与确认：当报警发生时，系统默认软件报警，可外接声光报警器，软件报警和声光报警均支持人工复位，报警信息将被自动存作历

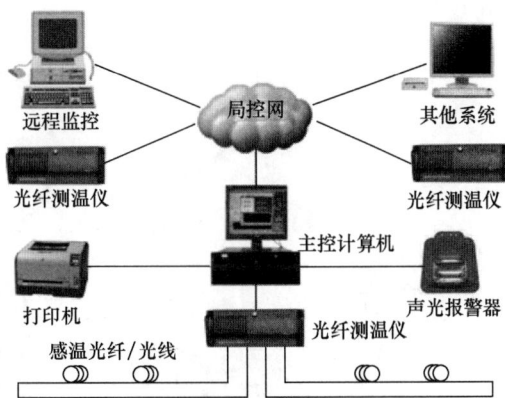

图 5-24 光纤报警线系统网络示意图

史资料。报警信息将按顺序显示，不会被覆盖或取消，并记录警报是否已被确认，报警音响可定制）

⑤报表打印。

⑥数据接口。可给 GIS 系统提供接口，快速确定事件的地理方位。

⑦扩展功能。可进行远程的配置、升级监测主机。

3）系统的优点

①功能丰富。集预警（预防偷盗或者第三方破坏）与泄漏报警功能于一体。

②监测距离远。单台主机最远可监测30km管道，而且能通过多台主机实现更长距离的监测。

③灵敏度高。能够监测到小泄漏事件，更早发现突发事件。

④空间采样间隔短。空间采样间隔可达0.25m，可更早、更精确发现泄漏事件。

⑤定位准确。定位精度远超其他测漏方法，可达±0.5m，为用户低成本、高效抢修赢得时间。

⑥施工简便。可利用通信光缆（只需用其中的1～2芯光纤）作为测漏光缆，施工周期短、费用低。

⑦误报率低。系统受外界干扰因素少，而且可通过算法将干扰因素消除，如降雨、降雪、混输温变等。

⑧本质安全。系统现场为无电检测，不会给泄漏介质带来点火、引雷隐患。

⑨无盲区。系统可实现连续性监测，不受内检测等作业的影响。

3. 阀门

随着智慧供热的深入推进，对阀门也要进行技术提升，以适应智慧供热的平台需要。图5-25为智慧阀门示意图，国家标准《城镇供热用焊接球阀》和《城镇供热用金属硬密封双向蝶阀》将对智慧阀门的推广应用起到积极促进作用。智慧阀门一般具有以下特点：

图5-25 智慧阀门示意图

（1）无线通信网络接入，外置吸盘天线，所有信号无线传输到云端；

（2）远程和现场电动操作阀门开度；

（3）数据云端存储和呈现，运行数据实时显示（供回水温度、阀门两侧压力、阀门开度、流量及热量）；

　　（4）故障报警，通信状态显示；

　　（5）设备使用外置电源，超宽电压工作范围，且电源接口无极性；

　　（6）关键点以地理信息为背景，显示位置和设备参数；

　　（7）阀门关闭状态时的内漏监测；

　　（8）智控阀门一体化：

　　1）电动调节阀及流量检测单元一体化；

　　2）动态差压平衡及电动调节阀单元一体化；

　　3）检测信号集成一体化；

　　4）数据检测和智能控制一体化；

　　5）温度：室内温度、回水温度、供回水平均温度、供回水温差；

　　6）流量：管网循环流量、开度；

　　7）热量：供热量；

　　8）控制精度：温度，±0.5℃。

　　4. 中继泵站系统采集和监控参数

中继泵站系统采集和监控参数如表5-6所示。

中继泵站系统采集和监控参数

表 5-6

单台泵监控点——共计 12 点		公用系统监控点——共计 12 点	
序号	监控内容	序号	监控内容
1	水泵出口压力	1	泵站进水母管压力
2	电机定子温度	2	除污器出口压力
3	电机轴承温度	3	泵站出水母管压力
4	水泵轴承温度	4	泵站进水母管温度
5	水泵的 A/M、变频器上电、变频器运行、变频器故障状态	5	泵站出水母管压力
6	水泵远控开泵、停泵	6	自来水压力
7	水泵超温跳闸	7	补水箱液位
8	水泵电流	8	补水泵的 A/M、运行、故障状态
9	水泵频率反馈	9	补水泵的开/停
10	水泵频率给定	10	补水泵的频率反馈、频率给定
11	水泵出口电动阀门的 A/M、开到位、关到位、故障状态	11	电动阀门的 A/M、开到位、关到位、故障状态
12	水泵出口电动阀门的开、停、关阀	12	电动阀门的开、停、关阀

5.2.4 热力站设备设施系统

1. 换热机组

图 5-26 为典型换热机组工艺控制流程示意图，目前换热机组已经广泛地用于集中供热系统，并已经广泛参与到供热系统的控制与调节中，国家标准《城镇供热用换热机组》GB/T 28185—2011 中对换热机组参数的采集和控制进行了统一的要求。

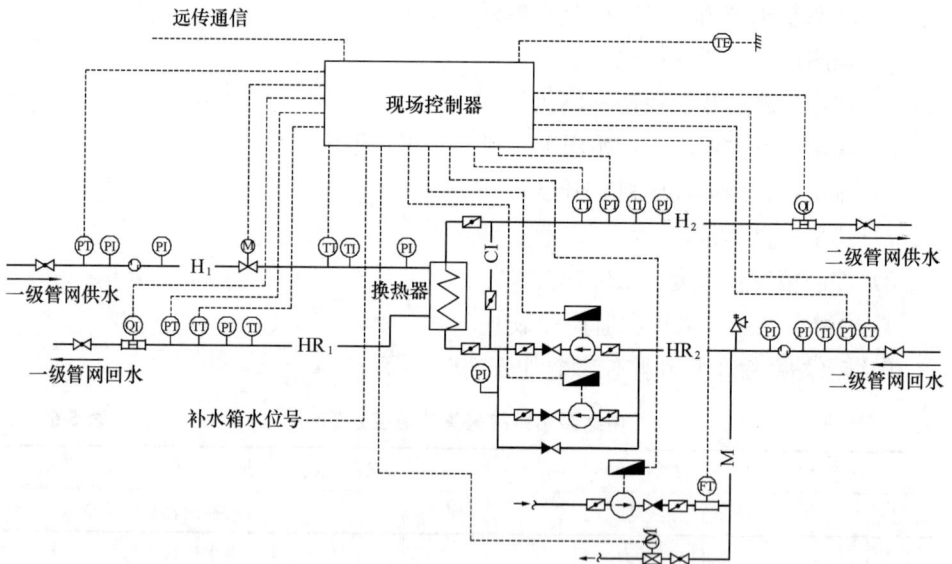

图 5-26　换热机组工艺控制流程示意图

（1）机组控制器技术要求

1）它通过 I/O 通道，输入数字量和模拟量、模拟输出和数字输出与现场仪表相连，I/O 数可以通过扩展模块来满足工程的要求。

2）应用程序宜用组态软件和热力站专用功能块开发，程序通过以太网通信接口和网络下载到控制器。编程语言符合 IEC 61131-3 标准［功能块（FBD）、语句表（IL）、梯形图（LD）、结构文本（ST）、顺序功能图（SFC）、连续功能图（CFC）］。

3）调试工具可用于调试，它使控制器的操作、监控和设置文档变得容易。

4）控制器宜内置以太网接口，通过 VPN 等宽带或无线网络实现与监控中心的通信。控制器本机具有 IP 地址。控制器本体集成 Profinet 接口，支持 S7 通信，通过 TCP/IP，ISO on TCP，UDP 进行 IE 通信，CPU 具有路由功能。使用 MPI 电缆对 CPU 进行参数设定和更改。

5）控制器和 SCADA 系统的通信，采用国际控制领域通行的标准（TCP/IP），Modbus TCP/IP，或 OPC 等通信协议。

6）控制器可以通过人机界面现场操作，数据上传，热力站可以完全无人值守。

7）CPU 基本指令处理速度：不低于 0.09us 或不低于 0.09ms/1k 指令。

8）控制器 RAM 可通过装载存储器扩展，不低于 8MB。

9）I/O 模块可通过编程软件进行属性设置，并具有良好的可扩展性，多种通信模块可选。

10）控制器具有多任务实时操作功能，可保证各任务的并行处理。并且在掉电的情况下重要数据不会丢失。

11）处理的模拟量信号 AI、AO 包括：0～10V；4～20mA；Pt100；Ni1000；NTC 10K；NTC100K 以及开关量信号 DI、DO。

12）控制器应支持多种现场总线网络，如 Profibus、ProfiNet、Modbus RTU、Modbus TCP/IP 等通信协议。控制器上应至少内置 1 个 Profibus 通信接口和一个 ProfiNet 以太网口。

13）MTBF≥20 万 h。

（2）功能要求

1）模块化结构：支持扩展模块，自由配置 I/O 模块。

2）采集功能：采集工艺参数具有数据过滤，数采周期可进行设定。

3）存储功能：数据可按时间保存，掉电不丢失，具有足够的存储空间。

4）显示功能：控制器有画面显示、参数组态、设定参数、人机交互功能等。

5）控制功能：实现电动阀和水泵的变频调节等功能。

6）通信功能：控制器应支持多种通信，如 RJ45 以太网、ADSL 宽带以及无线通信的连接（如 GPRS、CDMA 等）。

7）在线诊断自检功能：可自动检查主板、外设及 I/O 设备是否正常，若有异常给出报警。

8）故障报警：控制器可通过相关的通信方式向上位机报警直至收到确认信息。内容包括超温、超压、液位高低以及停电等信息。

9）Web 访问远程维护功能：可授权用户可以在任何地方通过有线或无线等方式登录网页，了解控制器运行情况。

10）控制器的各种 I/O 点，考虑 20% 的余量。

11）控制器应具有人—机操作界面，并具有适当数量的操作键，以便操作人员的调试和运行。

表 5-7 为热力站系统采集和监控参数。

热力站系统采集和监控参数　　　　　表 5-7

公用系统监控点——共计 19 点		单台机组监控点——共计 5 处	
序号	监控内容	序号	监控内容
1	一次侧进水母管温度、压力、流量（热量）	1	机组一次侧进水温度、压力
2	一次侧进水母管除污器后压力	2	机组一次侧出水温度、压力
3	一次侧出水母管温度、压力	3	机组二次侧进水温度、压力
4	二次侧进水母管温度、压力	4	机组二次侧出水温度、压力
5	二次侧进水母管除污器后压力	5	机组一次侧调节阀的调节和反馈信号
6	二次侧循环泵出口压力		
7	二次侧出水母管温度、压力、流量（热量）		
8	二次侧循环泵的 A/M、运行、故障状态		
9	二次侧循环泵的开泵、停泵		
10	二次侧循环泵的电流、频率反馈、频率给定		
11	自来水压力		
12	补水箱液位		
13	补水泵的 A/M、运行、故障状态		
14	补水泵的开/停		
15	软水水质		
16	补水流量		
17	补水泵的频率反馈、频率给定		
18	电动阀门的 A/M、开到位、关到位、故障状态		
19	电动阀门的开、停、关阀		

2. 大温差换热机组

（1）主要技术特点

大温差技术是为了协调城市增长的热负荷需求与已有的供热管网供热能力不足的矛盾而发展起来的一项先进的供热技术。其基本原理是在热力站处安装吸收式换热机组，用于替代常规的水-水换热器，在不改变换热站中二级网供回水温度的前提下，利用一、二级热网之间大温差所形成的有用能作为驱动力，大幅度降低一级网回水温度（显著低于二级网温度）。这样，在一级网水流量不变的情况下，能够显著地增大换热站的换热量。从而利用现有的一级管网，满足更大的热负荷需求。这种供热方式可大幅度提高集中供热系统的管网供热能力，并降低热电厂供热能耗，是一种新型的集中供热方式，已经在我国多地进行了示范应用，取得了显著的节能与经济效益。

设置于热力站的吸收式换热机组是该系统的关键部件，该设备利用吸收式热泵原理，实现热网一次水与二次水之间的换热。吸收式换热机组主要由热水型吸收式热泵和水-水换热器组成，其简要的结构形式如图 5-27 所示。吸收式热泵的基本结构形式如图 5-28 所示。

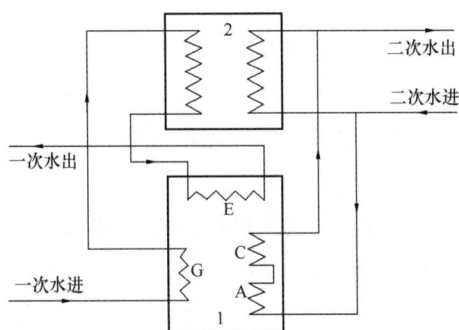

图 5-27　吸收式换热流程结构
1—吸收式热泵；2—水-水换热器；
G—发生器；A—吸收器；E—蒸发器；
C—冷凝器

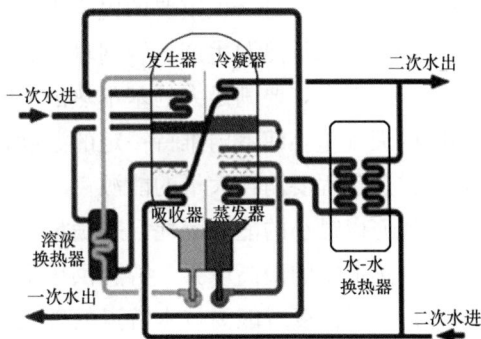

图 5-28　吸收式热泵基本结构形式

系统具体的工作流程为：一次网高温供水首先作为驱动能源进入吸收式热泵，在发生器中加热浓缩溶液，然后进入水-水换热器直接加热二次网热水，最后返回吸收式热泵作为低位热源，在其蒸发器中降温后返回一次网回水管；二次网回水分为两路进入机组，一路进入吸收式热泵的吸收器和冷凝器中吸收热量，另一路进入水-水换热器与一次网热水进行换热，两路热水汇合后送往热用户。

二次水分两路并联进入吸收式热泵和水-水换热器，分别加热后混合，两路水的流量作为一个影响整个流程性能的重要参数，得到了精密的控制，其分别加热后的二次水温度几乎相等，混合后作为供水送往热用户。

目前，吸收式换热机组经过了五代的发展，形成了多类型（整体型、分体型、补燃型、模块型）、多型号的系列化产品，以满足不同热力站的负荷及安装限制。根据供热工况设计，机组运行高效稳定。

（2）节能效果

1）一级热网回水温度可降低至 25℃以下，可以进一步减少管网的传热损失；

2）提高既有管网输送能力 80%。避免城市新建管网，综合考虑新供热模式下回水管网因温度低而降低保温和补偿要求等因素，可以降低新建管网投资 30%；

3）改造后可大幅降低输送热网水的循环泵的泵耗。

5.3　智慧供热与建筑、人

供热事业是直接关系公众利益的基础性公共事业，供热工作涉及千家万户，事关群众冷暖，是一项重要的民生工程。供热是以保障用户冬季室内舒适为目标的系统工程，从热源生产、管网输配、热交换直到用户采暖，整个系统都是以用热需求为导向，要满足人的基本热舒适需求。由于建筑围护结构散热，要在冬季寒冷的天气里，使室内维持一定的温度，就需要向建筑内部补充足够的热量。因此，供热过程要消耗大量的能源。

如何以最小的能源消耗，来满足人的热舒适需求，实现供热的根本目标，是智慧供热追求的最高境界。智慧供热是以信息技术设施为基础，以满足用户需求为目标，以深度智能为技术特点的现代供热方式，它通过信息技术，将热源、管网、热交换站直到用户有机地联系了起来。它与建筑和人有着更加紧密的联系，能够更好地实现供热的目标。

5.3.1　人体热舒适

热舒适度是描述和评价热环境的指标，该指标综合考虑人体活动程度、衣着情况、空气温度、空气湿度、平均辐射温度、空气流动速度等因素，综合评价人体对环境的冷暖感觉[18]。由于人的个体差异，能够100％满足所有人舒适要求的热环境是不可能存在的。一般情况下，可以通过现场测试室内干球温度、相对湿度、风速等热环境参数，再结合以问卷方式和ASHRAE（美国供暖制冷空调工程师协会）的7级热舒适指标，调查记录居民的热感觉，从而评价热舒适度的状况，以尽可能地满足大部分人群的舒适要求。人的主观适应性可以被认为是产生实验室研究和实地测试结果差异的一个主要原因，这种适应性包括生理的和行为的，最主要是心理上的适应性。

1. 物理因素

（1）空气温度

室内空气温度是表征室内热环境的主要指标及影响热舒适的主要因素[19]，房间内空气温度是由房间内的得热、失热、围护结构内表面的温度及通风等因素构成的热平衡所决定的，它直接决定人体与周围环境的热平衡。

另外，空气温度对人们的工作效率也有很大的影响。空气温度在25℃左右时，脑力劳动的工作效率最高；低于18℃或高于28℃，工作效率急剧下降。以100％作为标准，人类在35℃时的只有25℃工作效率的50％，但温度为10℃时只有30％[19]。生理卫生学将12℃作为建筑热环境的下限。

（2）空气湿度

潮湿的环境令人感到不舒适的主要原因是皮肤"黏着性"的增加。在偏热的环境中人体需要出汗来维持热平衡，空气湿度的增加会妨碍出汗，并改变皮肤的湿润度。皮肤湿润度的增加被感受为"黏着性"的增加从而导致了不舒适感。

（3）空气流速

吹风感一般定义为人体所不希望的局部降温，吹风导致寒冷，而冷颤的出现也是使人感到不愉快的原因之一。导致不舒适的最低风速约为 0.25m/s，相当于人体周围自然对流的速度[20]。很多变量会影响人对吹风的感觉，主要是气流速度、温度以及人自身所处的热状态。如果人处于偏热状态，吹风有助于改善热舒适。

（4）垂直温差

由于空气的自然对流作用，很多空间均存在上部温度高、下部温度低的状况。地板的温度过高或过低均会引起居住者的不满。研究表明，居住者足部寒冷往往是由于全身处于寒冷状态导致末梢循环不良造成的。

（5）辐射不均匀性

对大多数房间来说，环境辐射温度都会或多或少有一些不均匀。例如，由于窗的保温一般比墙体保温差，所以坐在窗前的人，会明显感到身体局部受到的来自窗户表面的冷热辐射；采用辐射板空调，也会使人体靠辐射板过近的部分感到不舒适。

2. 生理因素

（1）皮肤温度和核心温度

当皮肤局部已经适应某一温度后，以一定范围内的变化率和变化量改变皮肤温度，是不会引起皮肤有任何热感觉的变化的。如果温度变化率低，人体适应过程会跟上温度的变化，从而完全感受不到这种变化，除非皮肤温度落在中性区以外。例如，在适应温度为 30℃时，当温度升高 0.3℃不会产生感觉上的变化，升高 0.8℃皮肤会感到温暖。但是当皮肤处于 36℃适应温度，冷却 0.5℃就会感到凉。也就是说，同一块皮肤，30.8℃时有可能会感到暖，35.5℃时却有可能会感到凉，这是由于皮肤热感觉的适应性所决定的[21]。

除皮肤温度以外，人体的核心温度对热感觉也有影响。例如，坐在 37℃浴盆中的人，可以维持皮肤温度的恒定，但由于身体产热散不出去其核心温度会不断上升，最后感觉燥热。

（2）人体新陈代谢率

人体本身就类似于一个内热源，人体活动时就会产生一定的热量，且其能量释放量和释放方式是不固定的，会受到主观和客观因素的影响。所以人体的新陈代谢对人体的热平衡和人体与周围环境的热交换都有一定影响。

3. 心理因素

心理因素的差异也会影响人体对周围环境的冷热与舒适程度的感受。有关中性温度与期望温度之间的区别和联系已有大量学者进行了研究。例如，由于四季更替，冬冷夏热的常识被大家所熟知，所以当人们在不同季节时，对所处环境的期望温度就有所不同。

对于实际供热系统来说，热用户对热舒适度的要求，只能简化为对室内温度、湿度和风速的要求。《民用建筑供暖通风与空气调节设计规范》GB 50736—2012 给出了舒适性空调室内设计参数[22]。对于人员长期逗留的区域，在供热工况下，好的舒适度一般要求室内温度采用 18～22℃，风速≤0.2m/s；而供冷工况下，温度为 26～28℃，相对湿度≤70%，风速≤0.3m/s。此外，辐射供暖室内温度可降低 2℃，辐射供冷温度提高 0.5～1℃。《城镇供热服务》GB/T 33833—2017 第 5.1 节"供暖温度"中规定[23]：在正常天气条件且供热系统正常运行时，供热经营企业应确保热用户的卧室、起居室内的供暖温度不低于 18℃；第 7.6 节"室温抽测"的第 7.6.1 条规定：供暖期内供热经营企业应建立热用户室内温度抽测制度，并应定期对用户室内供暖温度进行抽测。

值得一提的是，目前居民供热中普遍存在过度供热的现象。很多居民住户实际取暖效能都远超国家规定集中供暖温度下限 18℃，北方一些地方冬季中午室内温度如同夏天。当供暖温度超过 22℃，室内空气会显得干燥，并由此影响人体自身的体温调节功能，造成体温上升、血管扩张、心率加快、内分泌紊乱等，影响人体健康。同时，温度过高也会加剧家具、地板、石材等装饰材料里面有毒有害气体的挥发排放，对身体会造成更大的危害。此外，过度取暖也会带来严重的环境问题。

5.3.2 供热用户的热需求

智慧供热系统能够全面感知用户热需求，以精准控制的方式满足用户热需求。用户的基本需求主要包括享有在各地区法定供热时间内的基本室内温度保障和保障室内供热设备安全运行、故障维修、投诉咨询的需求。

（1）享有在各地区法定供热时间内的基本室内温度保障：城镇集中供热的开始和停止时间，目前绝大多数都是按照地方供热管理条例规定的供暖起止时间进行供热的，按照地区寒冷程度划分为：一般寒冷地区为 11 月 15 日至 3 月 15 日；寒冷地区为 11 月 1 日至 4 月 1 日；严寒地区为 10 月 15 日至 4 月 15 日。根据前述规范规定的温度范围，确保供暖期间的室温保障。

（2）保障室内供热设备安全运行、故障维修、投诉咨询的需求：即用户室内供热设施在出现"跑冒滴漏"等各种事故或室温不达标的情况下,希望及时解决,尽快回复正常供热的要求。

用户日益增长的需求主要包括:

(1)根据临近法定供热开始或停止时间的室外气象参数,及时启动供热或延迟供热以确保用户室内环境舒适的需求。比如北京市规定连续 5 天的室外平均温度低于 5℃,则应启动供暖。

(2)分时供热需求:指用户在不同时间段有不同的供热需求。对于居住建筑热用户,分时供热需求与生活作息规律、家庭成员类型、年龄段、建筑类型、居住位置(自由热利用情况)等有关;对于公共建筑热用户,分时供热需求与建筑性质、使用单位工作作息规律等有关。一般来说,公共建筑具有明显的分时供热需求特征,深夜至凌晨的供热没有舒适要求,主要是保证室内的设备不冻,可以以值班温度运行。

(3)分温供热需求:指热用户对室内供热热舒适度要求不同,供热的室内热舒适度可以以室内温度为代表参数,分温供热需求就是热用户对室内供热温度的需求。对于居住建筑热用户,分温供热需求(室内供热温度)与家庭成员类型、年龄段等有关系,一般来说,家庭成员有老人和小孩时,对室内供热温度需求较高;对于公共建筑热用户,在正常上班时间段满足室内温度要求,分温供热需求(室内供热温度)与建筑性质(办公、商业、宾馆、医院等)、单位性质(政府机关、写字楼、企事业单位等)等有关,一般来说,除特殊用户(重点需求用户)以外,室内供热温度符合当地城市供热条例规定即可。

(4)按热量付费的需求:随着用户对个性供热需求的不断增加,在热力企业不断满足的同时,用户势必提出不同需求满足程度应该支付不同的费用的要求。

基于前面提及的热的大惯性与传导性,可以明确地指出,这种日益增长的个性化供热需求只能是有限度的满足。至于满足的程度如何,目前相关的基础研究还很有限。但可以简单判断,如果要满足热用户的这一个性化供热需求,首先从供热设计规范出发就要进行修订,设备的选型、管网的计算均应根据这一目标做出设计调整,否则单纯依赖后期的运行调节是不可能实现这个目标的。因此,智慧供热的设计,必须从规划开始。

要响应用户日益增长的需求,政府必须发挥积极的引导作用。政府应在城市能源规划、布局,供热价格等方面形成机制,为行业政策法规制定等领域提供保障,不仅要指导企业,也要引导用户,从而满足人民群众日益增长的供热需求。

对于居住建筑,以前我国广泛应用的垂直单管顺流系统,不具有调节能力,当室内温度过热时,用户只能通过开窗通风的方式解决。经过节能改造的建筑或者新建建筑，室内为分户成环的供热系统，设置分户调节控制装置，散热器安装了温控阀，或者安装了通断控制装置，用户具有自主调控的能力，可以通过联网实现科学管理调度。这恰是智慧供热的优势所在。

对于公共建筑，末端供热设备更加多样化，拥有中央空调集中送热风、风机盘管、散热器、辐射地板等形式，个体用户可以对末端供热设备进行调节。公共建筑的运行管理部门的责任范围包括从建筑热入口到末端供热设备这一部分的系统，因此可以使用的集中调节手段更多，例如安装气候补偿装置、楼栋入口混水装置、人工间歇调节等，从而实现按需供热。

在公共建筑和居住建筑内，选择供热系统中有代表性的多个用户，在其室内放置 GPRS 通信方式的室内温度无线远传采集模块，使用户室温数据无线远传到集中控制室的工控机内。基于室内温度智慧供热节能系统对室温数据进行分析后修正供热系统的输出热量，综合调节出最佳室内温度曲线并实现节能。室内温度曲线具有室内温度均衡、室内温度被限制在最佳范围内波动的特点。这项技术是通过运用模糊控制理论和多年积累的实际经验数据，针对锅炉供热期间产生的大量离散化、非线性的控制信息进行处理而提出的一项节能技术，可以有效地降低运行成本。运行人员可以直观监测公共建筑或居民小区用户室内温度的整体状况，并把智慧供热节能系统的参数调整到最佳状态，即使在极端天气情况下，也能把用户室内温度控制在合理范围内[24]。

5.3.3 建筑供热末端形式与人的舒适性

建筑供热末端是供热系统的重要组成部分，特别是对于智慧供热系统，末端的选择尤为重要。它不仅要向房间散热以补充房间的热损失，从而保持室内要求的温度，而且要求能够对重要参数实现实时监控与反馈，并具有自动可调节的功能。室内供暖系统的末端方式主要有散热器、低温热水地板、辐射供暖系统、暖风机与风机盘管等。

1. 散热器对人的舒适性分析

散热设备的壁面，主要以自然对流传热方式（对流换热量大于辐射换热量）向房间传热。其优点在于它利用空气的冷热循环，在室内空间形成自然对流，因此相对机械散热方式更舒适，且没有噪音，造价方面也相对较低。其缺点是由上而下的热对流方式供热形成的热气梯度不合理，不符合"头要凉，脚要热"的舒适要求。另一方面，暖气片的布置需要占用平面空间，也影响美观。

2. 低温热水地板辐射供热对人的舒适性分析

低温热水地板辐射供热是一种以低温热水（≤60℃）为加热热媒，以塑料盘管作为加热管，预埋在地面混凝土层中并将其加热，从而向外辐射热量的供热方式。其优点如下：（1）具有卫生、保健的功能。根据人体对供暖的需求，理想的室内温度应当是中医所提倡的"温足而凉顶"。低温热水地板辐射供热地面温度均匀，室温自下而上逐渐递减给人以脚暖头凉的舒适感，符合人体的生理学需求。空气对流较弱，没有污浊空气对流，室内空气十分洁净，有较好的空气洁净度。对老人、儿童尤为适用。（2）高效节能。辐射供暖方式较对流供暖方式热效率高（如设计按 16℃ 参数使用，可达到 20℃ 的供暖效果），而且热媒低温传送，在传送过程中热量损失小；住户也可根据需要，通过进水阀开关调节室温。与其他供热方式相比，较为节能，节能幅度约为 10％～20％。（3）因无散热器及其支管的存在，无需考虑包暖气罩等问题，便于屋内装修和摆放家具，增加 2％～3％ 的室内使用面积。（4）铺设地暖管时，需先在楼板上铺设一层聚苯板进行隔热，同时也可增强隔声效果。（5）使用寿命长。低温热水地板辐射供热是将塑料管埋入地面的混凝土内，如无人破坏，使用寿命在 50 年以上，不腐蚀、不结垢，大大减少了维修给用户带来的麻烦，可以在很大程度上节约维修费用。

3. 辐射供暖系统对人的舒适性分析

供暖系统的热媒（蒸汽、热水、热空气、燃气、电热膜或加热电缆），通过散热设备或与之相连结构的壁面，主要以辐射方式向房间传热。散热设备可以根据个人需要调整室温并保持恒定，如此便真正实现了经济运行、节约能源的目的。由于其本身的特殊原理，运行过程环保，没有煤灰、燃烧废气等环境污染，而且系统无噪声，没有异味。尤为突出的是，相比传统取暖系统，辐射供暖系统不会产生因热空气对流引起的灰尘漂浮问题，使室内空气更加清洁，对人体健康几乎没有危害，因此舒适性较好。

4. 暖风机与风机盘管

暖风机与风机盘管的制热原理是通过动力风的热风取暖形式而达到供热的目的。相对于其他两种供热方式，其最大的优点在于其既可以实现热风取暖，又可以实现冷风降温，也就是所谓的冷暖一体。但同时空调供热也存在一定的缺点，主要是空调供热是通过机械动力直接吹出热风，相对于其他两种供热方式而言，不仅会使室内空气比较干燥，对人体健康不利，而且其热量的流通方式是由上而下，使室内温度上部空间较高而下部空间较低，不符合"头要凉，脚要热"的舒适要求，而这种热流通方式也会严重影响节能效果。此外中央空调占的空间比较大，有噪声，造价方面也相对较高，且正常的使用费用也高。

5. 智慧供暖末端

目前的供暖末端存在冷热不均、欠费、监管缺失等问题，大部分均处于一种盲目运行的失控状态，无法有效地进行精细化管理，达不到精准控制的要求，为解决这些问题，市场上已出现无线智能暖气阀，对水温、室温、阀门状态进行实时监控，具有即时开关的功能，可通过支付宝、微信等方式实现缴费即时开通，欠费即时关停；更重要的是阀门可以通过角度自适应将室温控制在一个合理的区间，实现供暖末端的精细化、智能化管理，降低管理成本。

对于地板辐射供热末端，目前采用的是支管带微调阀门，自动排气阀、泄水阀和堵头组合的分水器。随着产品的发展与更新，随后出现的分水器将供水微调阀和回水温控阀与分水管结合为一体，在分水器的主管或者支管上可以安装温度计，显示供回水温度；同时在回水的温控阀上还可以安装热电执行器，自动控制每一个环路的室内温度，采用不同的调节和温控方式，保证供回水流量及温度；随着智慧供热系统的进一步推广应用，地板辐射供热的调节阀门等产品也将实现联网，实现全面感知，精准控制的目的。

综上所述，散热器主要依靠自然对流方式传热，且热源温度较高，传热面积较小，因此竖向温度分布不均匀，空气流速较大，没有室内空气湿度调节装置，冬季较为干燥，舒适性较差。此外散热器形成过快的上升气流，带动散热器表面的灰尘，造成房间空气品质变差。地板供暖、电热膜辐射供暖主要依靠辐射方式传热，其热源温度较低，传热面积大，因此竖向温度分布比较均匀，空气流速小，但是其没有空气湿度调节装置，冬季较为干燥，相交而言比较舒适。

5.3.4　建筑节能技术措施

建筑节能与智慧供热系统具有相辅相成的关系。一方面，做好建筑节能意味着减少建筑散热量，供热系统的供热量相应减少，对供热系统实现全面感知，精准控制具有促进作用；另一方面，智慧供热系统可以对室内温度实时监控，更加易于保证室内适宜的温度，不会造成过热或过冷的状况，而且减少了建筑不必要的能源浪费。

北方供热地区，供热的节能是建筑节能不可缺少的组成部分。就房屋建筑能耗而言，能源并不是直接消耗在房屋建筑上，在北方供热地区供热系统才是能源消耗的终端。因此，在进行建筑节能时，不能只考虑房屋建筑本身的性能，片面地强调房屋建筑墙体围护结构，还应该结合考虑供热系统的节能。我国建筑节能是以1980～1981年的建筑能耗为基础，按每步在上一阶段的基础上提高能效30％为一个阶段。1986年颁布的《民用建筑节能设计标准（采暖居住建筑部分）》JGJ 26—86中提出的节能目标是在1980～1981年的基础上节约30％，通称为节能30％的标准[25]。具体来说，就是要节约30％的供热用煤。节能30％是通过加强围护结构的保温和门窗的气密性，以及提高供热系统（主要包括锅炉机组和室外管网）的运行效率来实现的。为了实现节能30％这一目标，建筑物的耗热量应在原来的基础上降低20％左右；锅炉的运行效率应从原来的0.55提高到 0.60，室外管网的输出效率应从原来的 0.85 提高到 0.90。第二步节能是 1996 年 7 月 1 日起实施的《民用建筑节能设计标准（采暖居住建筑部分）》JGJ 26－95，在第一步节能的基础上再节约 30%，简称为节能 50% 的标准[26]。第三步节能是在第二步节能的基础上再节约 30%，简称为节能 65% 的标准。现今已有北京、天津、新疆等地区在居住建筑方面已经开始执行节能 75% 的标准。应当说明的是，我国节能标准的内容和外延是变化的，最初仅指北方地区供热能耗，而对夏热冬冷地区指的是每平方米建筑面积每年用于夏季空调和冬季供热能耗的电能；在夏热冬暖地区指的是夏季空调能耗。为推动行业发展和技术进步，目前我国建筑节能工作中长期的发展目标为 "30－30－30"，即到 2030 年，30% 新建建筑达到近零能耗、既有建筑改造 30% 达到近零能耗、可再生能源满足新建建筑 30% 能耗。为响应此目标，我国又进一步提出了中国建筑节能标准提升的新三步走目标，即 "低能耗节能标准、超低能耗节能标准、近零能耗节能标准"[27]。建筑节能主要有以下技术措施：

（1）建筑物本体的节能措施

建筑物冬季热负荷和夏季冷负荷一部分来自建筑的围护结构。围护结构的节能技术关键在于采用新材料、新技术，提高门窗、墙体和屋顶的保温隔热性能。从建筑体形来说，同样面积的建筑物，接近立方体的外表面积最小，可以节能。对于一定体积的建筑物，体形系数越大，意味着围护结构面积越大，建筑的冷热负荷就越大。

墙体采用岩棉、玻璃棉、聚苯乙烯塑料、聚氨酯泡沫塑料及聚乙烯塑料等新型高效保温绝热材料以及复合墙体，降低外墙传热系数。

采取增加窗玻璃层数、使用低辐射玻璃（Low-E 玻璃）、封装玻璃和绝热性能好的塑料窗等措施，改善门窗绝热性能，有效降低室内空气与室外空气的热传导。同时要增强门窗的严密性，减少冷空气的渗透量。

采用高效保温材料保温屋面、架空型保温屋面、浮石沙保温屋面和倒置型保温屋面等节能屋面。在南方地区和夏热冬冷地区屋面宜采用屋面遮阳隔热技术。

采用综合考虑建筑物的通风、遮阳、自然采光等建筑围护结构优化集成节能技术。例如，双层幕墙技术采用中间带有可调遮阳板、且可通风的幕墙，夏季可有效遮阳和通风排热，冬季又可使太阳光透过，减少供热负荷[28]。

建筑节能技术可以提高冬季供暖外墙的内表面温度，智慧供热系统提供了更加舒适的人居环境，这些均有利于提高人的舒适性。

（2）提高能量利用效率

暖通空调系统的用能过程主要由三部分组成：冷源和热源的能量转换，冷、热量载体的输送，房间的供冷、供热过程。

1）合理选择暖通空调系统

采用变频调速风机和水泵，根据供热空调系统对不同时间、不同负荷下对冷/热量的不同要求进行调节，达到在保证室内舒适度的情况下减少能耗的目的。仅在必要的时间对必要的空间设置供热空调系统，以减少能量不必要的消耗。系统合理分区，各分区实施独立的温度控制，避免房间过冷或过热而增加能耗。通风空调系统的气流分布模式也是影响能耗的主要因素。

2）合理选择冷热源

选择冷热源的形式不仅需要考虑它的能耗指标，还需要考虑其经济性（初投资和运行费用）、使用寿命、维护管理难易程度、安全性和可靠性、对环境的影响、当地能源结构、建筑特点等因素。从能耗角度来考虑，应当尽量选用能量利用效率高的热源和冷源。

3）减少空气与水输送过程的能耗

在采暖、通风与空调系统中，空气与水通常是冷、热量载体。输送过程能耗包括：通过传热的冷热量损失和输送过程的流动阻力损失。对于输送冷量的管路系统，克服流动阻力的能量又转变为热量导致冷量损失。减少输送过程的能耗主要可以从以下方面着手：做好输送冷、热量管道的保温；精心设计、正确计算系统阻力，选择合适的泵与风机的型号与规格，切忌选择流量、扬程或全压过大的泵与风机，避免不必要的能量损失；大温差可以减少输送过程的能耗。

（3）热回收、废热与可再生能源的应用

废热资源一般品位比较低，因此，废热利用对象主要是供热、热水供应、供冷等民用热用户。在建筑中的废热主要有通风与空调系统的排风、建筑内区的人员、灯光、设备热量、制冷设备冷凝侧排出的热量等。建筑中废热的应用需借助热回收技术。新风负荷一般占建筑物总负荷约 30%～40%。变新风量所需的供冷量比固定的最小新风量所需的供冷量少 20% 左右。新风量如果能够从最小新风量到全新风变化，在春秋季可节约近 60% 的能耗。通过全热式换热器将空调房间排风与新风进行热、湿交换，利用空调房间排风的降温除湿，可实现空调系统的余热回收。

可再生能源指太阳能、地下水、海水、湖水、河水等热量，土壤和空气等的自然热量。热泵技术是利用低温低位热能资源，采用热泵原理，通过少量的高位电能输入，实现低位热能向高位热能转移的一种技术，主要有空气源热泵技术和水（地）源热泵技术。它可向建筑物供暖、供冷，有效降低建筑物供暖和供冷能耗，同时降低区域环境污染。太阳能一体化建筑是太阳能利用的发展趋势。利用太阳能为建筑物提供生活热水、冬季采暖和夏季空调，同时可以结合光伏电池技术为建筑物供电。

（4）加强管理提高节能效益

加强使用者和运行管理人员的节能意识，促使相关人员自觉自愿地采取合理的手段，实现系统节能化运行与管理。日常管理的节能措施有：

加强日常和定期对设备和系统的维护；对系统的运行参数进行监测，从不正常的运行参数中发现系统存在的问题，进行合理改造；对不连续工作的空调通风系统，尽可能缩短预冷、预热时间，并且在预冷预热时采用循环风，不引入新风。过渡季室内有冷负荷时，尽量采用室外新风的自然冷却能力，节省人工冷源的冷量；根据季节变换，合理设置房间温度，避免室内过冷过热。

5.3.5　建筑节能和人体舒适

节能建筑是智慧供热系统实现按需供热的基础。为了节约供热和空调能耗，除了应采用高效节能、便于调控和计量的供热和空调设备之外，还应加强围护结构（包括外墙、层顶、门窗和地面等）的保温和隔热性能，以及提高门窗的气密性，以降低供热和空调负荷。因为围护结构的传热阻较大，保温性能较好，能使围护结构内表面保持较高的温度，从而避免了内表面结露、长霉，并使冬季室内热环境得到显著改善。此外，由于节能建筑围护结构的传热热阻较大，对夏季隔热也有一定好处，做到冬暖夏凉。一般，顶层房间有一面屋顶、一面外墙暴露在室外，端头房间有两面外墙（一面为山墙、一面为檐墙）暴露在室外，而顶层端头房间则有一面屋顶、两面外墙暴露在室外。由于这些暴露在室外的屋顶和外墙的内表面温度较低，在冬季供热期间，与人体之间的辐射换热量也较大。这时，虽然室内空气温度保持正常，但是人们仍然会感到寒冷。如果供热设计时对顶层和端头房间增加的热损失估计不足，从而导致散热器面积不足，则这些房间的室内空气温度将会偏低，这时再加上大面积低温表面的影响，人们将会感到更冷。供热系统的好坏也会对建筑能耗产生影响。例如，目前我国大多数的供热系统调节设备简陋或调节方式粗糙，尤其对于采用单管供暖形式的室内采暖系统，往往难以实现很好的水力平衡，从而造成供给用户的流量与所需流量存在较大偏差，热网内水力失调严重，各热用户冷热不均。一些用户的室温达不到设计标准要求，甚至还需要配备辅助加热设备；而另一些用户却因室温过高而不得不选择开窗通风，造成能量的浪费。这种供热系统的热力失调和水力失调，不仅影响建筑的能耗，而且对用户的舒适度也造成直接影响。实测和统计资料表明，因"不均匀"热损失造成的能源浪费可占总供热量的约 20%。相较而言，智慧供热系统凭借其强大的分析预测和优化调度能力，能够很好地解决这个问题，实现建筑节能和人体舒适度的双效提升。

5.4 供热工程设计

5.4.1 供热工程设计过程

对于设计过程一般划分为两个阶段，即初步设计阶段和施工图设计阶段。

1. 初步设计阶段主要内容

初步设计阶段主要内容如表5-8所示。

初步设计阶段主要内容表　　　　表 5-8

序号	主要内容	序号	主要内容
1	工程概况	17	水力计算及水压图
2	热负荷	18	供热调节
3	厂区总平面布置及交通运输	19	管道强度分析
4	热力系统设计	20	中继泵站
5	燃烧系统设计	21	热力站
6	燃料供应	22	特殊工程处理方案
7	除灰渣系统	23	管道防腐及保温
8	水处理及工业水系统	24	设备、管道施工及验收标准
9	建筑设计	25	环境保护和节约能源
10	结构设计	26	消防、安全及工业卫生
11	采暖通风与空气调节设计	27	人员编制
12	供电设计	28	主要技术经济指标
13	自动控制、仪表及通信设计	29	主要材料及设备表
14	给水排水	30	工程概算书
15	供热介质和热力网形式	31	设计图纸
16	管网布置设计		

2. 施工图设计阶段主要内容

施工图设计阶段主要内容如表5-9所示。

施工图设计阶段主要内容表　　　　表 5-9

序号	主要内容	序号	主要内容
1	设计总说明	7	电气部分图纸
2	热力部分图纸	8	自控与仪表部分图纸
3	总图部分图纸	9	采暖通风部分图纸
4	建筑部分图纸	10	给水排水部分图纸
5	输煤部分图纸	11	管道部分图纸
6	除灰渣部分图纸	12	泵站、热力站部分图纸

5.4.2　供热系统全生命周期模型

BIM，即 Building Information Modeling（建筑信息模型），是以工程项目的各项相关信息数据为基础，建立建筑物模型，通过数字信息仿真模拟建筑物所具有的真实信息。它是一种数据化工具，通过建筑模型整合项目的各类相关信息，在项目策划、设计、建造、运行和维护的全生命周期中进行信息的共享和传递，为该建筑物从建设到拆除的全生命周期中的所有决策提供可靠依据。

1. BIM 技术基本特点

（1）数据互用性

BIM 数据将在项目整个生命期内不断积累和完善，其使用者包括设计方、咨询方、施工方和业主等。BIM 数据使用的目的包括辅助决策、辅助设计、辅助施工和辅助设施管理等。在这样宽广的领域中应用，要求 BIM 数据具备支持多种应用软件和系统的能力。支持 BIM 数据互用的理想方式是 BIM 数据具有公开、公认的内容和交换格式，由国际 Building SMART 组织开发并维护的工业基础类 IFC 就是一种开放式的 BIM 数据交换格式。

（2）可视化

传统设计模式下，土建专业向热力专业提资时主要基于二维展示，使用平、立、剖等三视图的方式表达和展现。热力专业设计人员在设计过程中有个"平面到立体"阅读和还原的过程，同时还需要整合结构梁高和位置的信息，因此在遇到项目复杂、工期紧的情况下，在信息传递的过程中很容易造成三维信息割裂与失真，造成差错。而 BIM 的"所见即所得"具有先天的直观性和实时性，保证了信息传递过程中的完整与统一[29]。

（3）协同性

在传统条件下各个专业只能孤立设计，缺乏良好的相互协作。在 BIM 技术下的设计，各个专业通过相关的三维设计软件协同工作，能够最大程度地提高设计速度。并且建立各个专业间互享的数据平台，实现各个专业的有机合作，提高图纸质量[30]。

（4）模拟性

BIM 除了可以模拟设计出的建筑物，还可以模拟如能量模拟、事故处理预演等不能够在真实世界中进行操作的事物，为从前期规划至后期运维管理全过程提供直观有效的参考；在招标投标和施工阶段还可以根据施工计划进行施工模拟，即 4D 模拟（3D 加项目时间），从而制定更合理的施工方案，并在施工过程中提供即时的参考指导以提高效率。

（5）可出图性

BIM设计中，所有的图纸、二维视图和三维视图以及明细表都是基于同一个模型数据库，参数化修改引擎可自动协调在任何位置（模型视图、图纸、明细表、剖面和平面中）进行的修改。所以当在任何地方做任意修改后，所有图纸及表格会自动更新，实现了"一处修改、处处更新"。

2. BIM及GIS技术在供热系统中的技术应用

GIS，即Geographic Information System（地理信息系统），是以测绘测量为基础，在计算机软、硬件支持下，对地理分布数据进行采集、储存、管理、运算、分析、显示和描述的技术系统。

随着GIS应用的深入，人们越来越多地要求从三维空间来处理问题。在应用要求较为强烈的部门如采矿、地质、石油等领域已率先发展应用三维GIS。

三维GIS是布满整个三维空间的GIS，与传统的二维GIS或2.5维GIS明显不同，尤其体现在空间位置和拓扑关系的描述及空间分析的扩展上[31]。在二维平面上增加高程、温度等属性数据进行的DTM表示还只能是2.5维表示；而在三维GIS中，空间目标通过X、Y、Z三个坐标轴来定义。

若以三维GIS（地理信息系统）为基础与BIM技术相结合，直观真实地展示供热系统的位置及分布，把环境资料及规划设计、建设施工、运营管理等全生命周期内的数据进行整合，可为项目全生命周期的各个方面提供真实直观、全面综合的技术支持，帮助管理者和用户智能高效地开展各类空间分析、规划、决策应用。

（1）设计阶段

利用BIM的设计优势，可以有效地解决传统设计各专业分散且不够形象直观的问题，有效地辅助设计规划。BIM本身就是一个信息库，可以提供实时可靠的材料表清单，用于前期成本估算、方案比选、工程预决算等。利用BIM及GIS的优势可以更全面地分析位置环境对工程的影响以及整个工程对周边环境的影响，为后期的施工运维提供更全面综合的分析预估。

（2）施工阶段

BIM与三维GIS相结合，可更真实全面地进行施工场地布置模拟，优化场地布局。通过4D模拟，可更加直观地展示施工进程及其可能出现的问题，从而帮助制定更合理的施工方案，并在施工过程中提供即时的参考指导以优化方案、提高效率。项目的直观展示及所有数据信息的融合，可以有效地提高管理水平。

（3）运维阶段

项目模型从初期设计到施工阶段，积累了整个项目建设真实的模型和数据信息，为后期的运维提供了可靠的信息支持，并根据不同功能需求筛选并制定所需模型信息。例如利用模型的可视化可以直观地查询项目中各个设备的位置及相应的属性信息；利用项目中统计的材料等信息，对现有项目资产状态及利用状况进行查询和管理；利用 BIM 模型与三维 GIS 更直观真实地进行事故预演，并评估影响后果、制定预防及应对方案等。

5.4.3　设计方案分析技术

热力管道是通过介质（水或蒸汽）来实现输送能量的。要实现对能量的按需分配，就必须实现对介质的按需分配。这时就要对热力系统进行水力计算分析。水力计算分析分为稳态水力计算和动态水力计算两部分。

另一方面，为了保证热力系统安全可靠地运行，以实现输送能量的目的，就必须保证管网的结构是安全的。这时就要对热力系统进行管网结构安全性计算。

1. 管网稳态水力计算

（1）在给定管网结构的基础上，可以根据管网的水力工况大数据，对管网的局部阻力系数、实际的管壁绝对当量粗糙度给出修正，并且可以根据实际运行大数据不断地修正，达到无限接近本管网实际情况的目的。

（2）可以根据气象预报，自动制定出管网在以后一天、以后 12 小时或者更短的时段内的运行参数，包括循环水泵、各泵站及各热力站内的一级网加压泵、二级网循环水泵的流量和扬程，热源、各热力站的一级网、二级网的供回水温度等。

（3）对于管网实际运行工况和智慧管网模拟计算出的相对应的工况，分析比较，智慧判断出是因为计算参数需要修正，还是管网异常（比如有阀门误关闭、管道有泄漏点等）的结论。

（4）对采集的数据进行智慧辨别，判断自控仪表是否正常，给出判断结果，要求更换或者调整哪些自控仪表。

（5）管网泄漏往往是从小流量泄漏开始的，最终达到大流量泄漏。智慧管网可以根据反常的小流量泄漏，智慧预警大流量泄漏，要求运行维护人员进行及时的抢修，同时指定合理经济可行的抢修计划。此外，如果泄漏进一步扩大，需要进行大规模抢修，智慧管网也能给出大规模抢修预案。

（6）从经济性出发，根据用燃气量、用煤量、用电量、用水量等多方面指标，同时根据实时的燃气价格、燃煤价格、峰谷电价、水价等参数，制订最经济的运行方案。

2. 管网动态水力计算

在长距离的热水管网中，经常会碰到高差较大的起伏地形，为保证用户资用压力，通常会提高热网运行压力，或者在中途设置中继泵站。长距离热水管网是一个由管道及管件、水泵、阀门等装置组成的系统，如果水泵跳闸断电、阀门误操作等现象发生，压力波会在管道中传递，引起管道中有些地方压力升高，有些地方压力降低。压力高的地方可能会超压，压力低的地方可能会汽化，这种情况下极易发生水锤事故。水锤发生时瞬间产生极大破坏，会危及管道和站内设备的安全，应引起高度重视。

动态水力计算是针对系统中水泵跳闸、阀门误操作等事故工况进行的瞬态压力工况分析。如果供热系统具有下列情况之一就应该进行动态水力分析：

（1）具有长距离输送干线；

（2）供热范围内地形高差大；

（3）系统工作压力高；

（4）系统工作温度高；

（5）系统可靠性要求高。

根据分析结果，按需采取如下相应措施：

（1）设置氮气定压罐；

（2）设置静压分区阀；

（3）设置紧急泄水阀；

（4）延长主阀关闭时间；

（5）循环泵、中继泵与输送干线的分段阀连锁控制；

（6）提高管道和设备的承压等级；

（7）适当提高定压或静压水平；

（8）增加事故补水能力，以提高供热系统的安全可靠性。

3. 管道结构安全性计算

要使热力管道能够实现输送能量的目的，需首先保证其结构是安全的。管道结构安全性是由管道应力分析来评定的。

压力、重力、风、地震、压力脉动、冲击等外力荷载和热膨胀的存在，是管道产生应力的主要因素。其中，热膨胀问题是管道应力分析所要解决的最常见和最主要的问题[32]。

管道应力分析需要完成下列任务[33]：

（1）计算管道的应力并使之满足标准规范的要求，保证管道自身的安全；

（2）计算管道对与其相连设备的作用力，并使之满足标准规范的要求，保证设备安全运行；

（3）计算管道对支吊架和土建结构的作用力，为支吊架和土建结构的设计提供依据，保证支吊架和土建结构的安全；

（4）计算管道位移，防止位移过大造成支架脱落或管道碰撞，并为弹簧支吊架的选用提供依据；

（5）埋地管道的稳定性计算，避免管道失稳；

（6）计算管道热膨胀，为补偿器选型提供依据，保证管道运行的安全。

5.4.4　设计方案表达技术

1. 二维设计

二维设计也称作平面设计，是以长和宽二维空间为载体的设计活动。

传统的二维设计具有简单、方便、上手快等优点，尤其适用于技改项目，它所耗费的人力少，设计周期短，出图快捷，便于现场施工。现有的 CAD 技术主要应用于二维设计，与过去的手工方式比较，虽然有了很大的提高，但缺点也很明显：设计者必须在大脑中把三维的形体抽象出平面的三向视图来表达，难免出现表达差错和缺漏；图形和工程数据的联系，基本上靠人脑实现；设计的正确性要靠经验和主观判断来决定，许多可以在设计阶段纠正的差错，常常出现在施工阶段，施工人员不得不先将平面信息想象成三维的形体才能付诸实施，表达和理解的差异往往带来差错[34]。

2. 三维设计

三维设计技术将现实虚拟化，形成了图形与工程数据的统一、主观与客观的统一、理论与现实的统一，真正将工厂建到了"纸"上。设计的修改，在三维模型上进行，所有的设计成品都是从经过修改后的模型中抽取，保证了设计成品的一致性，可以随意地实现二维出图和抽取轴测图，使出图质量和速度大大提高；三维设计软件自带的 REVIEW 功能可以直观真实地展示出设计方案，通过碰撞检查等手段可以提前发现专业内外的配合问题，使施工阶段的差错大大减少。

3. 虚拟现实技术

虚拟现实技术是计算机图形学、仿真技术、人机接口技术、多媒体技术、传感技术与网络技术等多种技术的集合，是一种可以创建和体验虚拟世界的计算机仿真系统，它利用计算机运算生成虚拟环境，是一种多源信息融合的、交互式的、三维动态的以及包括实体行为的系统仿真，使体验者置身于虚拟环境之中。在 BIM 技术作为先进设计手段的前提下，虚拟现实技术在智慧供热中的应用成为趋势。

虚拟现实技术的特征主要包括多感知性、交互性和构想性。

多感知性除一般通过计算机多媒体技术与计算机图形学技术所包含的视觉、听觉、运动感知之外，还包含触觉、味觉、嗅觉等感知。虚拟现实在理想状况下应该具备现实世界中人类所具有的一切感知功能，具有和在真实环境中一样的感觉。

交互性是指在虚拟环境下体验对象可对虚拟世界中的物体产生影响并获得反馈。体验者在虚拟环境中不是被动的体验，而是可以通过自身动作改变体验内容。其可操作程度、反馈的自然程度、是否贴近现实等是虚拟现实系统的重要指标。

构想性强调虚拟现实技术应具有广阔的可想象空间，可拓宽人类认知范围，不仅可再现真实存在的环境，还可以随意构想客观不存在的甚至是不可能发生的环境。

（1）BIM 技术

虚拟环境的建立是虚拟现实技术的核心内容。应用 BIM 技术绘制的设计模型或竣工模型是虚拟环境建立的重要途径。BIM 模型不仅仅包含了三维空间信息，而且包含在设计以至施工阶段的相关数据信息，如项目设备的厂商、型号、出厂日期、维护周期、保修年限等。

BIM 技术的应用对于热源厂、热力站的智慧化运维打下了重要的数据基础。

（2）三维扫描技术

三维扫描技术是获取实际环境的三维数据的重要手段，尤其是对于未采用 BIM 技术进行设计建造的项目更为重要。人们可根据应用的需要，利用三维扫描技术获取的三维数据建立相应的虚拟环境模型。以三维扫描产生的点云模型作为基础，通过采用 BIM 技术或 CAD 技术深度加工，获取更接近现状的虚拟环境，两者的有机结合可以有效地提高数据获取的效率。

（3）三维 GIS 技术

随着 GIS 应用的深入，人们越来越多地要求从三维空间来处理问题。在应用要求较为强烈的部门如采矿、地质、石油等领域已率先发展了专用的三维 GIS 系统。在智慧供热方面，三维 GIS 技术的应用可以对城市级别的供热系统进行三维虚拟呈现，使决策者在三维虚拟环境下更直观地了解城市供热系统的现状。由于在三维 GIS 中，空间目标通过 X、Y、Z 三个坐标轴来定义，其对于城市地下管网即隐藏设施管理，具有先天优势。

（4）立体显示和传感器技术

现有呈现虚拟现实的硬件设备主要包含 VR 和 AR 两大类型，其交互能力依赖于立体显示和传感器技术的发展。其结构主要包含：

1）检测模块，检测用户的操作命令，并通过传感器模块作用于虚拟环境。

2）反馈模块，接受来自传感器模块信息，为用户提供实时反馈。

3）传感器模块，一方面接受来自用户的操作命令，并将其作用于虚拟环境；另一方面将操作后产生的结果以各种反馈的形式提供给用户。

4）控制模块，对传感器进行控制，使其对用户、虚拟环境和现实世界产生作用。

5）建模模块，获取现实世界组成部分的三维表示，并由此构成对应的虚拟环境。

（5）三维应用系统开发工具

三维应用系统开发工具决定了虚拟现实技术应用的范围及用途，即想象力和创造力。选择适当系统开发工具可以大幅度地提高生产效率、减轻劳动强度、提高产品开发质量。目前主流的三维应用系统开发工具有虚幻 4 和 Unity3D。

（6）系统集成技术

由于在智慧运维平台虚拟现实应用中包括大量的传感信息和模型，因此系统的集成技术起着至关重要的作用。集成技术包括信息的同步技术、模型的标定技术、数据转换技术、数据管理模型、识别和合成技术等等。用户通过传感装置直接对虚拟环境进行操作，并得到实时三维显示和其他反馈信息（如触觉、力觉反馈等）。当系统与外部世界通过传感装置构成反馈闭环时，在用户的控制下，用户与虚拟环境间的交互可以对外部世界产生作用（如遥控操作等）。

5.5　供热工程建设

5.5.1　供热工程建设过程

智慧化的供热工程建设管理是先进信息技术、工业技术和管理技术的深度融合。工程建设智慧化不仅可以促进工程建设管理单位内部生产关系的转型升级，完成与"互联网＋"社会生产力的对接，还能进一步释放企业员工的创新创效活力，为工程建设管理单位提供可持续发展的原动力。如图 5-29 所示，展示了供热工程建设项目的全过程。

从信息化发展角度看，以物联网、大数据和人工智能为代表的信息技术发展，已使工程建设智慧化具备了信息基础和产业基础。同时，不断提升的工业设备智能化水平，也为工程建设智慧化创造了良好的技术支撑。但目前大多工程的信息化或智能化建设，均存在不系统、不全面、不统一，没有从根本上解决"信息孤岛"、数据碎片等问题。因此，深入推进智慧工程实践必须正确处理好信息技术和管理技术两者的理论关系，采用技术创新和管理创新的两轮驱动模式，实现两者的有效融合，保障各业务数据量化和集成集中共享，统一决策平台和管理智能协同。

供热工程建设项目首先需要取得政府管理部门的立项审批文件，根据立项审批文件对项目建设内容、规模及投资额的规定，办理规划意见、规划许可证等前

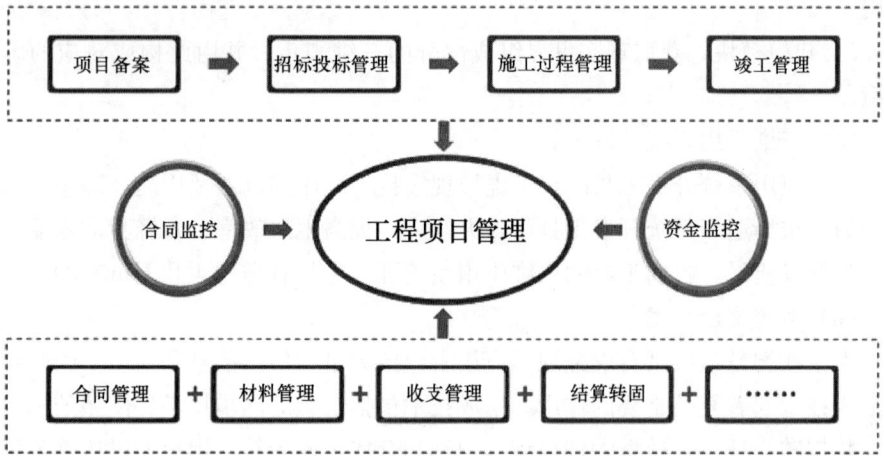

图 5-29 供热工程建设项目全过程

期手续；按照立项文件要求明确招标工作范围，进入招标流程，启动勘察、设计招标，确定勘察、设计中标单位后督促中标单位出成果图纸；按照图纸内容进行设备、施工、监理招标并确定实施单位。工程项目前期阶段需要办理行政性手续较多、法规性较强，信息化协同管理系统能够规范办理流程、加强监督机制，管控工作进度。

招标工作完成后，工程进入实施阶段，首先召开工程交底会，明确各相关单位工作范围及工期安排，在施工过程中按照先期制定的施工组织方案对整个过程进行管控；建设方与监理单位以定期或不定期现场查验控制施工质量，同时召开工程例会监督施工进度，不定期召开方案研讨会解决现场出现的相关问题；工程完工后建设方驻地代表编制试运行方案，得到批准后组织相关各方对工程进行全面验收并签认《验收鉴定书》；工程试运行合格后，进行工程项目实体移交。此阶段参与单位较多，工作内容交叉，传统管理方式需要频繁召开工作会，纳入信息化协同管理能够统一协调各相关单位、提高工作效率、简化作业流程。

工程项目实体建设完成后，建设方驻地代表签署竣工通知单，施工方向建设方报送工程结算书，建设方委托第三方机构进行工程结算审查；财务部门根据合格的结算报告支付工程款项；建设方根据结算报告进行固定资产移交及工程竣工资料备案等工作。此阶段属于工程项目收尾阶段，对各种数据需要精确把控，信息化协同管理能够对各项繁杂数据进行统一梳理、集中处理，同时对工程成本的控制更加精确，有利于工程项目结算工作的顺利进行。

随着供热企业规模的不断扩大，供热工程建设领域中分散作业与集中管理的矛盾日益突出，建设管理单位对分支机构的管理以及对工程建设项目的有效管理变得越来越迫切。亟待解决的问题可以归结为以下几点：

（1）工程建设管理模式不能适应供热企业发展的需要表现在：

1）管理方式粗放；

2）激励与监督机制不科学、不连续、不系统；

3）资金审批和使用情况不透明。

（2）由于工程建设项目多、地域分布广、管理跨度大，分散作业和集中管理的矛盾越来越突出，管理模式无法形成有效的统一，好的管理模式很难推广。

（3）业务形态多元化，工程建设项目控制难度加大：

1）承包类型多：施工总承包、专业分包、劳务分包等；

2）业主类型多：政府、国有、民营等；

3）项目管理手段落后，管理成本过高。无法及时掌握各个工程建设项目的进展情况，尤其是项目成本、费用的发生及其盈亏状况，包括项目的成本测算、成本核算、收入核算和利润核算等，项目数据模糊不清，对项目人、财、物、机械等生产要素控制不到位，对工程项目管理的工作难以有效监管。

信息技术和工程建设管理相结合，构建统一、集成的智慧化协同管理平台，使人的行为不确定性大大降低、环境与条件变化响应的实时性大大提高、信息传递和交流更加广泛快捷、管理扁平化和标准化迅速提升，而且施工过程、监测数据、环境信息、人员设备行为状态等各类数据能够自动采集，实现动态仿真分析、施工管理和预测预警预报的一体化、智能化实时在线控制，并能够不断反馈学习、完善优化，实现工程建设项目数字化、精细化、智慧化，实现对建设过程、人员设备和工程质量安全的高效管控[35]。

5.5.2　工程建设协同管理

利用智慧化"互联网＋"工程建设协同管理平台，工程建设管理人员可以实时获取远程项目施工过程的各种关键信息，可同时管理多个不同性质的项目，并在多项目之间进行资源协调；可实时动态监控项目实施过程中的进度和盈亏状况，对施工全周期的各个环节进行综合管理。实现对工程项目施工预算、进度、合同、采购、材料、设备、质量、安全等全面的综合管理，横向涉及工程建设项目部的各个岗位，纵向贯穿招标、分包、采购、施工、竣工的全过程。通过对成本、进度、资金、质量安全等方面的控制，以及对合同、变更、结算、支付等要素的流程化管理，提高企业对工程项目的综合配套能力，同时兼顾了知识管理、持续发展的战略思路。

智慧化工程建设协同管理平台将项目投资和建设的综合信息及时传递到各级管理层，帮助管理人员全面掌控项目投资与实施情况，提高管控力度，降低管理成本，有效控制投资，提高管理和运作水平。另一方面，管理平台以流程规范化、数据规范化和审批控制等方式，对项目的关键环节进行辅助控制，实现在工程建设过程中的风险管控，包括投资决策风险、资金风险、投资控制风险、工期和工程质量风险等。

智慧化协同管理平台应具备以下特点：

（1）全面性——涵盖供热工程建设各方面需要：项目立项、概预算、招标投标、合同签订、物资采购、开工、竣工、验收、决算、辅助决策等。

（2）集成性——解决"信息孤岛"、数据碎片等问题，实现多种功能数据（如进销存、合同管理系统、主数据、决策支持、企业门户、企业服务总线）一体化的集成方案；

（3）适宜性——以供热工程建设的核心业务（项目管理）为出发点，根据项目管理模式设计信息化解决方案，贴合供热工程建设管理的需要；

（4）灵活性——具备一定的扩展能力和二次开发能力，能根据需求进行相应的功能调整。

协同管理平台依据供热工程项目建设的特点，以系统工程学、控制论和信息论为理论基础，采用赢得值原理、信息集成技术和矩阵式管理结构，以高度专业化、科学化、市场化的手段，对项目前期的启动、设计、项目实施的进度、成本、质量、合同、资源、财务、安全等建设全过程实行动态、量化管理和有效控制。

协同管理平台框架图如图 5-30 所示，在整体设计上，遵循以项目为核心，

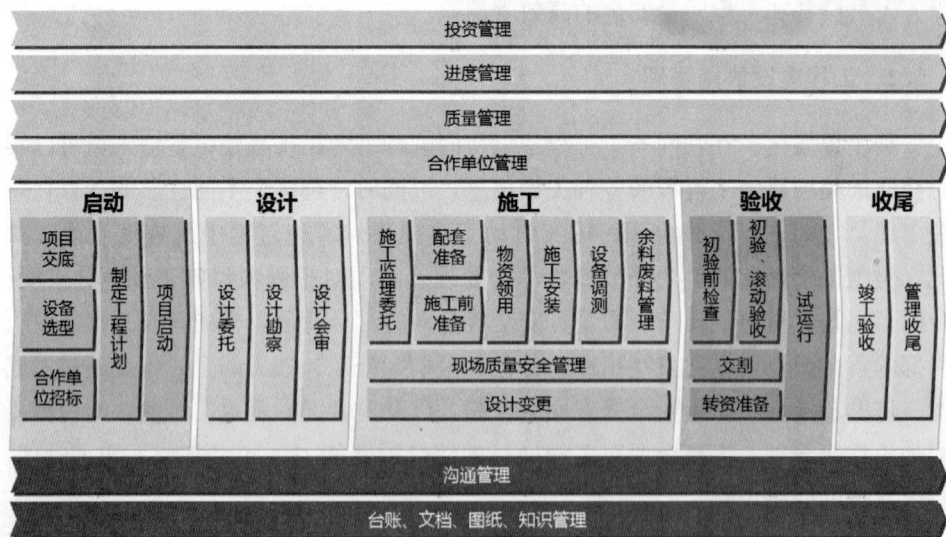

图 5-30 智慧化协同管理平台业务框架图

以进度和资金为双主线，以合同为约束的管理模式，主要完成"四控四管一协调"的工作，即过程四项控制（投资控制、进度控制、质量控制、过程控制）和四项管理（招标投标管理、合同管理、材料管理、资料管理），同时针对项目管理的每一过程遵循计划、实施、检查、处理的管理思路[36]。

（1）启动阶段：系统从招标投标管理开始，中标单位根据中标预算、企业内部定额编制施工预算和进度计划。

（2）实施阶段：严格按照预算计划实施，严格执行工作流程规范，按分部、分项工程及相应控制科目做好工程量及实际成本的上报。

（3）验收阶段：由政府相关建设主管部门、管理机构、质量监督机构等单位代表组成的竣工验收委员会、验收小组进行，对工程质量、参建单位和建设项目进行综合评价，并对工程建设项目做出整体性综合评价。

5.5.3　工程建设关键点监控

项目关键控制点是事先设定好的标准，对流程任务中的各项指标进行监控。关键控制点和主要业务单元的功能不同，关键控制点不负责整个流程的推进，只负责结果走向。

设立关键控制点的主要目的是对项目合同、项目资金进行管理控制；关键控制点根据管理需要可设置多个。

合同作为其他工作的指南，对整个项目的实施起总控制和总保证作用，没有合同意识则项目整体目标不明；没有合同管理，则项目管理难以形成系统，难以有高效率，难以实现项目的目标。

工程项目资金控制就是在项目成本形成过程中，对工程实施中所消耗的各种资源和费用开支进行指导、监督、调节和限制，及时纠正可能发生的偏差，把各项费用的实际发生额控制在计划成本的范围之内，以保证降低成本目标的实现。其目的是合理使用人力、物力、财力，降低成本、增加收入，提高对工程项目成本的管理水平，创造较好的经济效益。

在实际业务过程中，系统对每一笔发生业务的费用进行控制，对比当前的费用状况，看这笔费用有无相应的预算，是否合理，能否审批通过，或需要走什么流程来进行审批，并将这个项目产生的实际成本，汇总到一个平台上进行控制，从而实现成本的动态控制，为各级领导提供方便、直观的分析、决策数据，提高企业核心竞争力。

参 考 文 献

[1]　刘京城. 燃煤锅炉房与小型燃气锅炉联合供热的技术经济分析[D]. 哈尔滨：哈尔滨工业大学，2008.

[2]　《国家发展改革委关于印发北方地区清洁供暖价格政策意见的通知》[2017]1684 号.

[3]　姚云飞. 中国减排成本及减排政策模拟：CEEPA 模型的拓展研究[D]. 合肥：中国科学技术大学，2012.

[4]　林举英. 河南省电力行业节能减排情景分析及其健康影响评价[D]. 郑州：郑州大学，2015.

[5]　《能源发展战略行动计划（2014—2020 年）》[2014]31 号.

[6]　王军飞. 母管制机组的负荷优化分配策略在 DCS 中的应用研究[D]. 北京：华北电力大学，2013.

[7]　环境保护部，国家质量监督检验检疫总局. 锅炉大气污染物排放标准 GB 13271—2014.

[8]　北京市环境保护局. 锅炉大气污染物排放标准 DB 11/139—2015.

[9]　任黎力. 西安市供热事业的发展、经济性能分析与供热节能研究[D]. 西安：长安大学，2012.

[10]　张殿军，闻作祥. 热水蓄热器在区域供热系统中的应用[J]. 区域供热，2005(06)：13-16.

[11]　王克俭. 浅议绿色照明与太阳能工业[C]. 中国（天津）第二届现代城市光文化论坛论文集. 天津蓝天高科电源股份有限公司，2006：245-249.

[12]　季炜，王晓燕，刘景伟，董世奎. 太阳能技术在建筑节能中的应用形式及工程实例分析[J]. 建筑节能，2007(09)：50-54.

[13]　朱强. 可再生能源——地源热泵空调系统在天津市建筑应用项目研究[D]. 天津大学，2008.

[14]　中华人民共和国国家质量监督检查检疫总局. 硬质聚氨酯喷涂聚乙烯缠绕预制直埋保温管 GB/T 34611—2017.

[15]　冯国会，刘博智，夏成文，刘光磊. PP-R 热水直埋保温管道保温性能检测与评价[J]. 沈阳建筑大学学报（自然科学版），2010，26(04)：749-755.

[16]　中华人民共和国住房和城乡建设部. 城镇供热直埋热水管道泄漏监测系统技术规程 CJJ/T 254—2016.

[17]　张颖，于红丽，舒彬，张亚富，欧阳晓梅，张凯，朱占巍，窦家本，刘俊宇，郝佳凯. 利用 OPPC 技术实现架空线路实时全程测温与通信的研究[J]. 电子世界，2012(09)：26-30.

[18]　朱颖心. 建筑环境学[M]. 北京：中国建筑工业出版社，2005.

[19]　尹慧，王丽娟，张亚娟，郑治中. 影响人体热舒适的因素及其确定方法综述[J]. 洁净与空调技术，2016(01)：19—23.

［20］　周浩. 人体皮肤温度影响因素实验研究［D］. 西安：西安建筑科技大学，2013.

［21］　马小磊. 热环境突变对人体热舒适的影响研究［D］. 重庆：重庆大学，2011.

［22］　中华人民共和国住房和城乡建设部. 民用建筑供暖通风与空气调节设计规范 GB 50736—2012.

［23］　中华人民共和国国家质量监督检验检疫总局. 城镇供热服务 GB/T 33833—2017.

［24］　张伟，刘家明. 智慧供热系统技术及应用［J］. 节能与环保，2016(04)：56-57.

［25］　民用建筑节能设计标准(采暖居住建筑部分)JGJ 26—86.

［26］　建设部. 民用建筑节能设计标准(采暖居住建筑部分)JGJ 26—95.

［27］　徐伟. 中国近零能耗建筑研究和实践［J］. 科技导报，2017，35(10)：38-43.

［28］　赵振顺. 建筑节能措施与可再生能源利用浅析［J］. 工业建筑，2013，43(S1)：94-96.

［29］　付涛. 建筑给排水设计的 BIM 技术［J］. 中华建设，2013(11)：102-103.

［30］　李超. 浅谈 BIM 技术在建筑工程中的应用［J］. 科技经济导刊，2016(15)：88.

［31］　卓嵩，黄瑞金，蒋红兵，杨正银，黄青伦. 油气管道选定线三维汇报系统设计与实现［J］. 测绘，2013，36(01)：6-9.

［32］　唐永进. 压力管道应力分析的内容及特点［J］. 石油化工设计，2008(02)：20-24.

［33］　周旦乐，吴本华. 集中供热蒸汽管道失效模式及应力分析［J］. 科技展望，2014(21)：166-167.

［34］　杨静 牛晓伟. 浅谈二维设计与三维设计的特点及发展趋势［J］. 中国科技博览. 2015(01)23-0341.

［35］　樊启祥，强茂山，金和平，李果，何文. 大型工程建设项目智能化管理［J］. 水力发电学报，2017，36(02)：112-120.

［36］　周莉，张镇. 基于信息链的协同项目管理系统的构建研究［J］. 福建建材，2016(12)：104-106.

第6章 智慧供热的生产管理

6.1 智慧供热的生产管理

智慧供热的生产管理主要包括设备管理、调度管理、运行管理和运行安全四方面内容。智慧供热的设备管理是一项重要的基础管理工作，是对设备全生命周期过程中的实物形态和价值形态的规律进行分析、控制和实施管理，包括设备基础信息管理、巡检管理、检修维护管理以及设备变动管理四个方面[1]。智慧供热的调度管理是供热生产运行的指挥中枢，帮助调度人员对供热方案做出科学决策，确保供热系统运行的安全性和经济性。智慧供热的运行管理是保证供热系统正常运行的基础，是满足供热系统中各个用户正常用热需求、实现节能降耗的保障。智慧供热的运行管理包含运行监测、运行调控、能效管理等方面内容。智慧供热的安全管理则涵盖了供热企业的日常安全管理和应急管理管理两方面内容。

智慧供热生产管理是指应用物联网、大数据技术等新一代信息技术建立信息物理系统，实施更全面、更精细、更智能的设备管理、调度管理、运行管理与运行安全管理[2]。这些技术的利用本质上是对生产过程、运行过程中数据进行监测、传输、整理和深度加工，从而使数据共享更便利、展示更直观、应用更协同，使供热生产管理更高效。通过物联网技术，把供热系统的物理层状态反映至信息层中；利用数据库技术，对供热系统物理层的数据进行整合；采用大数据技术对数据库中的历史数据做分析，并在信息层面上完成对供热系统的生产管理。

在转型过程中，智慧供热生产管理的建设目标分为以下三个阶段：

初级阶段：自动化和信息化阶段。实现供热系统的基本自动化功能和运维管理的信息化，热力站实现无人值守、自动运行，一、二级管网具备水力平衡调整功能，户内系统实现室温上传等。

中级阶段：全面耦合联动阶段。全面使用信息化、自动化、物联网等技术，实现供热系统运行工况自控运行、健康状态可知可控，实现户内系统个性化调节，并与源、网实现耦合联动。

高级阶段：智慧供热阶段。利用大数据等技术，实现供热系统的自学习、自适应，物理系统与信息系统全面同步，精准而全面地实现系统感知、诊断、修复、管控，全面实现智慧化生产管理。

6.2 智慧供热的设备管理

智慧供热的设备管理是利用信息化、大数据、通信、空间定位等技术，实现对设备从采购、安装、投运、维护及检修直至报废的全生命周期管控。基于设备管理系统实现设备全生命周期管理的信息化，有序、快速、高效地进行设备管理工作，提高设备利用率，为企业创造更大效益。

6.2.1 设备管理的内容

智慧供热的设备管理是通过设备管理系统的应用来实现的。设备管理系统可为基层、管理层和决策层等不同层级的人员提供设备管理服务。系统通过建立统一的设备基础数据库，开发一系列设备信息管理功能与应用模块，保证设备资产实物形态的完整和完好，被正常维护、正确使用和有效利用；实现设备一体化数据采集、传输和处理，保证设备资产价值形态的清楚、完整和正确无误，及时做好设备资产清理、核算和评估等工作；提高设备利用率与设备资产经营效益，确保资产的保值增值。系统应用过程中，需要强化设备资产动态管理的理念，做到实物资产与系统管理的实时联动，保持企业设备资产管理的有效性、精确性与高效性[3]。

智慧供热的设备管理应具备以下特征：

统一编码：应用行业编码标准，结合供热工艺，实现设备的系统功能、安装位置、地理坐标等基础信息的唯一标识。

资产管理：融入 EAM 资产管理思想，从设备安装、调试、运行、维护到最终报废，进行全生命周期管理。

业务流程：全面应用流程化处理设备管理业务，使设备巡检、保养、消缺工作全面实现业务协同。

知识积累：对设备故障分析、消缺方案等资料进行整理形成知识库，实现设备状态监测、故障快速诊断，提高设备有效利用率。

智能分析：能够基于既有设备运行历史数据、运维数据和设备状态监测指标，通过大数据分析运算，对设备健康状态进行预判预警，变预防性的周期维保为基于状态的需求性维保，优化备品备件库存与设备生命周期内资源性需求。

供热企业可借助设备管理系统的以下功能进行设备管理：1) 供热设备管理系统以设备资产台账为基础，实现设备全生命周期内数据及时更新，所有信息可查阅、可追溯的管理思想；2) 以任务的申请、审批、执行、验收、结束为主线，合理、优化地安排相关的人、财、物资源；3）与供热 SCADA 系统集成，将传统的被动检修转变为积极主动的预测性维修；4）通过跟踪记录供热企业全过程的维护历史活动，将工作人员的个人知识转化为企业范围的智力资本。

系统要建立"系统—设备"的结构关系，并以"设备—故障"为管理重点，形成规范化、可调整、可扩展的设备标准信息结构，使"现场—科室—企业"按工作权限来运行，对设备实行从采购、安装、建卡建账、变动、运行、维修、保养、润滑、更新改造直至报废的全过程综合管理[4]。设备管理系统的典型功能架构如图 6-1 所示。

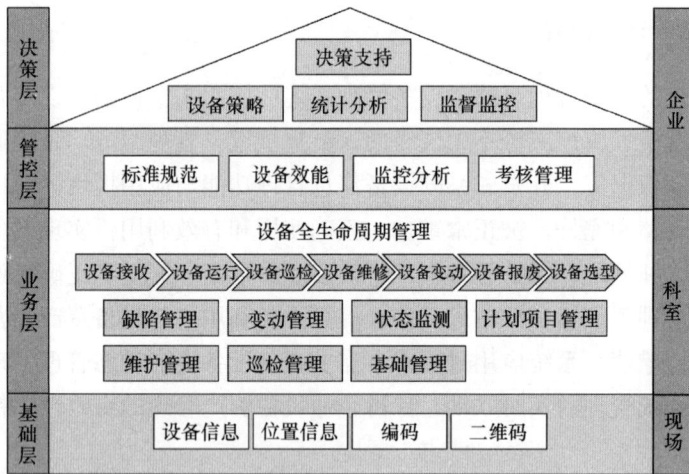

图 6-1 设备管理系统的典型功能架构

6.2.2 设备基础信息管理

1. 设备的编码管理

智慧供热是以信息化为支撑的，信息化建设离不开对被管理对象的统一编码。设备资产编码直接关系到设备账、卡、物相统一的关键链索，确定了设备资产的唯一性，对于实行资产分类归口管理起着重大作用。在信息化管理和网络系统中，编码是系统运行的载体，编码的可维护性、可移植性、可重用性、可阅读性以及代码与资产名称的一致性，将直接影响到系统的实施应用，而符合以上标准的编号又要依赖于好的编码规则。资产编码通过信息化系统和网络系统在企业内部所有单位和部门中实现共享，从而实现了实物编码与财务资产编号的统一，实现企业内部所有资产编码的共享和唯一性。

设备资产编码原则：

系统性——编码应该具有一定的系统性，便于分类和识别；

250

通用性——编码的结构要简单明了，位数少；

实用性——编码要便于使用，容易记忆；

扩展性——编码要便于追加，且追加后不会引起体系的混乱；

效率性——编码要易于计算和处理，且处理的效率较高；

成套性——成套给出制定的编码规范，以便于管理和维护。

按照以上编码原则及行业设备编码标准，对所有设备进行编码，建立设备信息库，实现设备采购后的接收、安装调试、转固。完善设备详细档案信息，对设备制造厂商、规格型号、资产归属部门、设备负责人、生产日期、投运日期等信息进行全方位地统计与管理[5]，如图 6-2 所示。可将包含设备类型、品牌、型号等信息的设备样本及说明书作为附件一并归档，同型号设备可调用同一个附件文件。设备信息库中，还应包括设备照片或图片，有设备检修、抢修、巡检、盘点、试验及轮换等记录信息。信息库应具有设备残值计算功能，录入设备初始价格后，可根据不同设备类型，自动更新设备残值数据，如图 6-3 所示。设备信息树型方式，以不同维度展现设备与各类运行系统的关系，树型方式方便快速定位与查找设备。依据行业编码规则，实现设备编码自动生成。此外，可为重要设备制作设备二维码标牌，实现手机 APP 扫描设备二维码查询设备信息。

通过与企业的 GIS 系统对接，在地图上显示管网、设备位置，直观了解一、二次网及设备的位置信息，方便施工、维护时参考使用。

图 6-2　设备基础管理

2. 热网设备的定位管理

城镇供热管网作为"城市生命线"的重要组成部分，迫切需要精准的位置服务为管网安全运行保驾护航。北斗精准服务网在城镇燃气、给水排水行业的成熟应用，对供热行业具有重要借鉴价值。北斗卫星导航系统是智慧城市发展的标准

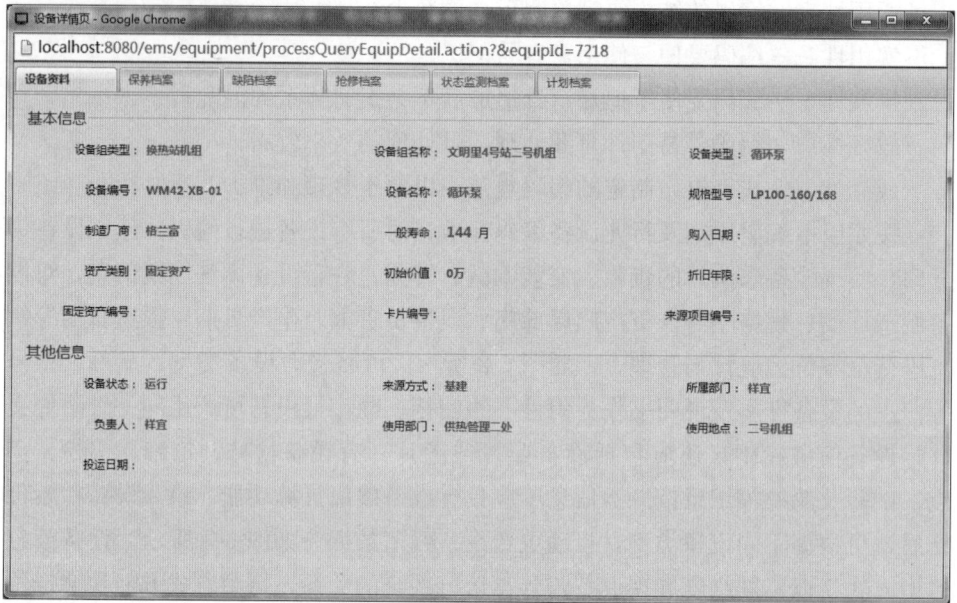

图 6-3 设备详细资料

配置，可为城镇供热领域实现北斗精准热网位置信息采集、北斗精准供热面积核查以及北斗精准供热应急救援等方面提供精准定位服务[6]。北斗精准位置服务能够快速定位城镇供热管线，重点防范管线薄弱环节，将隐患消灭在萌芽阶段，为城市安全提供坚实的基础保障。

图 6-4 展示了以地理信息系统为基础，融合北斗精准位置服务，实现供热管网施工建设过程中档案管理、现场测量、数据采集、质量监控等业务的动态分析和全方位精细化管控。根据城市供热管网分布、建设等特点，在施工过程中，只有对管网的焊缝、弯管、三通、穿跨越、阀门等高风险点进行精准定位，才能有

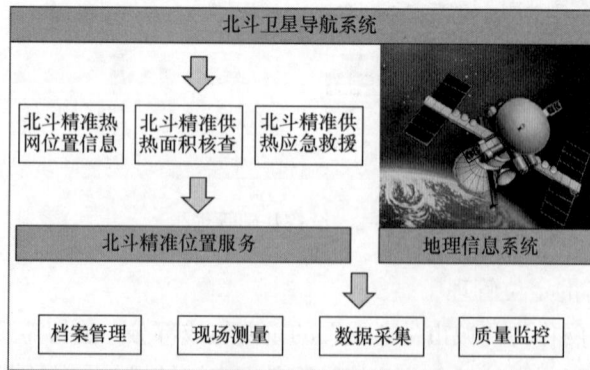

图 6-4 北斗精准服务在管网工程管理中的应用

效保证工程数据的准确性与完整性，有效地把状态数据对应到具体的管网高风险点上[7]，实现高效率的维护与施工。

利用北斗精准定位技术快速对管线关键节点数据进行采集，获取精准位置信息，并对施工现场相关照片进行保存，实现当天采集数据，当天即可上传和共享，有效完善工程数据，为工程精细化管理提供精准数据支撑，利于分析整个施工作业进度。

北斗精准定位技术可实现精准巡线，针对突发事件，可实现快速精确定位与及时上报，快速将巡检数据、位置、现场照片等信息实时采集上传至后台管理系统，确保巡线人员按计划完成工作任务，使管网运行质量、运行效率得到较大提升，并为异常监控和管理提供可靠的精准位置数据基础。

结合北斗精准位置服务，将管网、换热站、井室等供热管网地面设备设施的位置、影像及属性信息精准快速采集入库，为每一个设备设施建立完整的档案，记录其全生命周期内的服役信息，完善管网 GIS 地理信息数据。

因空间位置信息是非常重要的供热设备信息之一，为保证信息安全、信号稳定，推荐使用国有北斗技术。此外，GPS 等通信技术也可实现或开发以上功能。

3. 设备变动管理

设备变动管理包括对设备更换、设备异动、设备报废等变动性情况进行整体管理。提供各种设备变动的流程以及对应的资产转移流程管理。对设备的管理状态变更及使用状态变更作历史记录，保证设备的每一次变动都记录在案，让每一次变动过程都可以追溯。

（1）建立设备更换过程中信息完整档案，包括更换前、更换后设备的名称、编号、规格型号、更换日期、更换原因等信息。

（2）从设备异动申请、设备异动审批、归档整个过程信息的全面记录。对异动审批流程的严格管理管控，审批过程应进行审批提醒，让审批人员及时处理相关审批，保证审批工作的及时性。设备异动审批完成后应自动调整设备在系统中的位置。

（3）对设备报废过程中的整个流程统一管理，能够详细记录报废过程中各项申请信息。审批流程支持灵活配置，让不同岗位角色之间的转换更加容易。如图6-5 和图 6-6 所示。

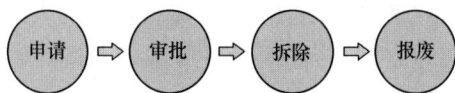

图 6-5　设备报废流程

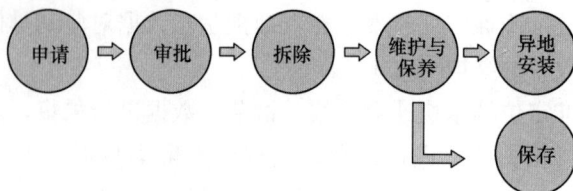

图 6-6　设备变动流程

6.2.3　智慧供热的巡检管理

1. 巡检的信息化技术

智慧供热的巡检管理主要通过巡检系统支撑实现。巡检系统包括：感知层、网络层、平台层、应用层等[9]。通过供热物联网巡检硬件、软件、移动端等手段，能够重塑运维管理工作流程，提升工作效率，实现通信网络管理工作深度转型，实现高效监管与调度，并有助于解决传统人工巡检管理不到位或遗漏巡检点问题。通过提升热力设施及管网巡检的到位率，可以提前发现设备运行问题，提前安排维修更换，避免重大事故发生。同时，通过管网巡检精确管理，也可以及时发现管网及其他设备故障隐患，以便及时消除隐患，避免泄漏及事故发生，保障供热系统安全运行[8]。

2. 巡检内容

（1）管网、站点巡检

针对换热站内、管网的巡检内容包括：巡检人员在巡检过程中手持巡检器，并开启网络，启动定位巡检管理系统，按规定线路巡检，巡检器将实时接收卫星发出的经度、纬度、时间等信息，同时将巡检的轨迹信息实时上传至管理中心。到达指定巡检地点后，按要求完成巡检工作，填写预置的巡检内容，巡检数据自动分析统计与汇总，也可以通过文字、图像、视频等信息描述巡检设施的运行情况，如发生设备隐患，可创建维修工单，及时通知维修人员进行维修，保障企业的正常运转。

（2）实时位置跟踪管理

1）实时位置监控

通过卫星实时定位，在电子地图上准确标注出巡检人员的当前位置、行走速度以及轨迹等，遇到突发事件时方便调度、派遣，达到人员集中管理的目的。系统应支持单人或多人同时监控，当现场发生了紧急状况，管理者可以就近派遣距离报警信号最近的人员前去增援。

2）历史轨迹动态回放

自动记录巡检轨迹信息，可随时调阅查看并对历史巡检轨迹进行动态回放，直观还原工作人员以往的整个巡检过程。如某天的巡检工作出现特殊情况，通过对以往轨迹的回放，直观展示出问题的所在，为找出问题提供有效依据。

（3）合理排班，自动考核

1）制定巡检计划

分周期性任务和临时性任务，周期性任务主要是针对日常安全巡检，可根据不同的工作要求制定不同的周期及排班计划；临时性任务主要是针对突发紧急事件临时下发的任务（如雪天、风暴、高温、事故等）；排班灵活性高，能够适应各种不同的排班情况。

制定巡检周期任务，给巡检人员分配相应的巡检任务，包括巡检人员、巡检时间、巡检设备部位、设置统一检查内容及标准检查方式（如热力管道压力，温度，破损，有无泄漏等参数与服务器实时对比）、设备正常参考值等。此外，也可针对紧急情况临时指定巡检任务，方便管理者灵活进行排班。

2）巡检考核统计

在电子地图上直观显示巡检人员巡检情况，自动进行分析、考核、统计，并生成明细报表及汇总报表，方便考核管理，为日常管理工作提供可靠依据。管理者通过查看报表即可了解巡检人员的工作完成情况，为日常的管理带来很多便利。

3）入户抄表

利用二维码、条形码、射频卡等方式实现巡检人员对住户进行热力抄表，自动考核巡检人员抄表到岗记录，并对热力表数值进行记录，上报至管理中心，进行自动分析汇总，生成各类报表。

（4）巡检现场拍照取证

通过巡检人员回传现场的图像、视频以及位置、时间信息，管理者能够有效了解现场巡检的具体状况，可对现场进行合理的指导工作，提高巡检工作的管理效率，并且根据反馈的信息可以应用到各个层面（如设备分布，隐患记录、维修管理等）。

（5）故障维修管理

对设备隐患、故障制定固定的维修工单，分为计划维修工单和临时维修工单两大类。监控中心的管理者可通过查看上报的现场设备隐患图像，对紧急事件下发临时维修工单，也可由巡检人员现场直接创建维修工单上报。同时，系统可以对维修工单进行维修记录登记，记录不同的维修状态信息，作为日后维修的参考依据。

（6）报警联动无人值守

1）紧急事件

一键式报警，快速响应。把发现问题到处理问题的时间缩短到最短，为处理突发事件节约时间，有效降低重大事故发生[10]，并且可以以短信、邮件的形式下发到管理人员手机以及邮箱里，无需人员盯守，即使管理者不在电脑旁边也能第一时间了解工作现场的情况。

2）设备故障报警

自动记录各个设备运行状态及设备参数，超出正常范围值自动发起报警通知。管理者通过报警信息，迅速排除设备故障。

3）隐患报警

根据图像、视频等可视资料的记录及上报，系统自动分析数据，检查是否存在隐患信息，同时触发报警提示，留档保存以供日后处理，避免口头通报后因遗漏、遗忘造成不必要的损失。

4）超速报警

规范人员的巡检速度，超出巡检速度后手持端及服务端自动触发报警提示。如需要巡检人员步行巡检时，超速报警可以有效防止巡检员骑车或开车造成对巡检效果的影响。

（7）公告通知、实时下发

管理者随时分级下发公司的通知公告信息，手持端无需下载，即可随时接收通知公告，并且自动提醒，让员工第一时间了解工作安排，提升企业整体反映能力和工作效率。

（8）定点考勤、远程签到

要求巡检人员在规定的时间到达指定的地点进行考勤签到。针对工作区域离公司较远的情况提供很好的解决方案，极大地方便了员工的工作，不用把时间浪费在上班的路上，有效地提高了工作效率。

（9）报表统计、简便高效

服务端管理平台系统自动对所有数据进行分析、统计、生成各种考核报表，分明细报表、汇总报表等，方便不同的考核管理，同时支持导出表格和在线直接打印，永久存储工作报表，为企业的管理工作提供了很好的考核依据。如图 6-7 所示。

6.2.4　设备的检修与维护管理

智慧供热的设备检修与维护管理应该运用数据算法建立设备模型，形成检修维护决策。系统与数据服务平台对接，结合全生命周期的设备属性数据，以及设备的运行数据，建立设备的数据模型，进而通过模型对设备运行状态进行评估，形成设备的维护建议，实现预测性诊断与维修。

1. 设备的维护保养

设备日常维护保养工作，包括设备的加油、干燥、清污、清洁等。这些维护

图 6-7　巡检管理 APP 操作页面

工作可提高设备运行效率及运行可靠性，使设备保持良好的健康状态，确保供热系统安全、稳定、高效运行。

智慧的设备维护保养，应建立设备日常保养档案，形成规范化数据入库，形成每个阶段每个设备的维护状态与健康状态数据；设置保养周期提醒，制定日常保养计划，针对不同类型的设备，提供定期工作提醒功能，做到定期提醒试验及轮换、提醒巡检、根据设备寿命提醒检修或更换。系统应生成设备保养月报/年报，方便管理人员了解设备保养情况，根据设备周期性工作情况生成设备管理工作日历，可根据设备管理范围为每名员工生成工作计划，并为制定年度检修或改造计划提供辅助指导。系统的保养记录要实现保养现场拍照上传、保养资料上传，可以结合更智能化的硬件设备，记录日常维护保养数据，快速入库，实现保养过程留证存档。

2. 系统运行状态智能评估

系统运行状态智能评估的核心在于模式分类及判别决策。常用的模式分类和判别决策方法有模糊数学、专家系统、人工神经网络和遗传算法等智能评估方法[11]，基于上述方法，通过分布式存储、分布式分析计算和数据挖掘等，将海量数据转化成智能运行状态报告，服务于企业信息采集、生产调度和营销业务等。

（1）设备状态综合监测与健康评估

全面监测设备运行状态，综合分析不同设备各部件的运行参数，基于大数据及多参数融合分析技术手段获得设备的健康状态，对相关数据进行二次挖掘分析，识别设备运行过程中的复杂故障和潜在的安全隐患。通过实时采集设备运行过程中的电流、电压、功率、温度、压力、流量、位移等状态信息参数，智能诊断出设备可能存在的过流过载、超温、不平衡、装配不当等潜在故障，正确有效地诊断出设备故障原因与故障严重程度，智能评估设备运行的可靠程度，设备的生命周期管理，为应急控制和维修管理提供准确、可靠的依据，节约设备维修费用，提高设备的可靠性，避免重大事故的发生[12]。通过采集设备振动加速度信号，实时分析故障特征频率，自动识别故障类型、严重程度、发生位置等信息，就地显示并上传诊断分析结果，实现设备典型故障的精准判定。

（2）设备寿命预测

记录设备运行参数信息，同时进行大数据智能分析，智能评判设备运行的安全可靠性及部件损耗情况，预测设备寿命周期。从设备运行时间、开停次数以及负载等情况，结合设备设计寿命相关信息，智能评估设备的实际寿命周期，为设备的合理维护保养、优化备品备件库提供科学管理依据。

3. 设备检修管理

供热设备的检修方式分为计划检修和状态检修。传统方式的计划检修存在两个方面的不足：一是设备存在潜在的不安全因素时，因未到检修时间而不能及时排除隐患；二是设备状态良好，但已到检修时间，就必须检修，存在很大的盲目性，造成人力、物力的浪费，检修效果也不好。智慧供热时代的设备检修与维护，应从定期检修逐步转变为状态检修[13]。

状态检修是指根据状态监测和诊断技术提供的设备状态信息，判断设备的异常，预知设备的故障，并根据预知的故障信息合理安排检修项目和检修周期的检修方式，即根据设备的健康状态来安排检修计划，实施设备状态检修。该方式是预测性维修的发展和延续，是预测性维修的更完善形式。状态检修可划分为三个级别：

初级：费用最低。采用离线、简单手提数据采集器，辅之以人工巡回点检，计算机分析处理数据。

中级：费用中等。在线与离线相结合，效果中等。

高级：费用较高。设备配备永久性在线监测系统，计算机智能检测、报警，专家系统决策。

状态检修的主要范围包括：故障诊断、检修计划制定、检修计划实施与检修归档。

（1）故障诊断

1）基于感官的诊断，是故障诊断的萌芽阶段，依靠人的感官获取设备之状态信息，必须凭借人的经验做出直接判断。这种方法简便，因此在一些简单设备的故障诊断中显得经济实用[14]。

2）基于寿命分析的诊断，由于可靠度理论的发展与应用，使得人们能够利用对材料寿命的分析与估计，以及对设备材料性能的部分检测，来完成诊断任务。

3）基于传感器与电脑技术的诊断，由于传感器技术的发展，使得各种诊断系统与数据的测量变得容易；另外加上电脑的使用，弥补了人们在数据处理上的低效率与困难。

4）智能型的诊断，伴随人工智能技术的发展，特别是专家系统在故障诊断领域中的应用。这一概念将原来以数值计算与信号处理为核心的诊断过程，被以知识处理和知识推理为核心的诊断过程所代替。目前已有了一些成功的系统，使智能型诊断成为当前诊断技术发展的新方向。

现代故障监测诊断技术，如表 6-1 所示。

现代故障监测诊断技术表   表 6-1

名称	振动	温度	油液	声音	强度	压力参数	电气状态	表面检测	无损指标	工况
适用技术领域	稳态 瞬态	温度 温差 热场 热图像	油质 磨粒 铁谱 光谱	噪声 声阻 超声 声发射	载荷 扭矩 应力 应变	压力 压差 压力联动 （液压）	电流 电压 电阻 功率 电磁 绝缘	裂纹 腐蚀 磨耗	裂纹 晶粗 过烧 夹渣	参数 性能 精度
适用系统	转动 机械	热工 电器	磨合 系统	容器 管道	起重 设备	液压 气动	电气 系统	材料 表面	焊接 结构	流程 系统

（2）检修计划制定

为每一台设备（特别是主要设备）建立检修维护计划。根据日常巡检、设备在线监测、故障诊断专家系统分析等手段，智能化变更设备检修维护周期，变定期检修维护为实际需求导向的检修维护。检修计划生成后，可自动生成物资采购计划。如图 6-8 所示。

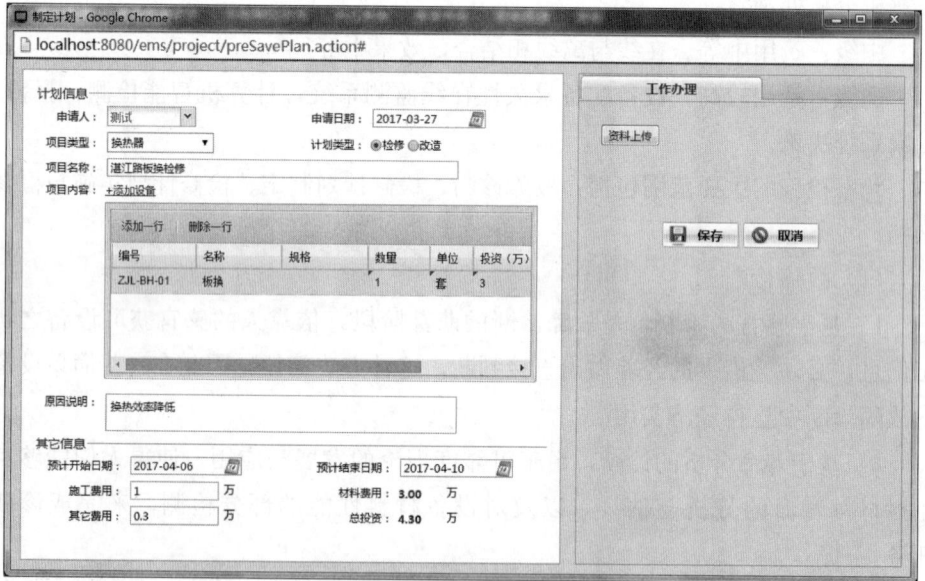

图 6-8　制定设备检修计划

（3）检修计划实施

1）两票（工作票、操作票）是安全检修的重要保障。对于实施两票工作制的企业，在检修工作正式启动后，首先进入工作票、操作票开票环节，由工作负责人办理工作票，并根据项目检修内容确定是否需要办理操作票，以及动火工作票、危险作业票等副票。"两票"模板由系统自动生成，也可以根据需要手动生成"两票"；"两票"按照公司管理制度中规定的流程即可，流程可申请延期、作废。两票部分内容由检修、改造等信息自动生成，其余信息的填写时可关联知识库，进行点选填入。

"两票"中涉及相关人员的签字：可提前签好上传签字图片，流程需要签字（PC端和移动端可通过输入签字授权密码），将签字图片带入在两票中。"两票"管理具备打印功能。

"两票"管理具备查询统计功能。可随时查询不同管理范围分别生成了多少两票及完成情况等。

2）计划性检修：对设备按照检修维护计划实施的全过程进行跟踪管理，包括按照计划的大修（翻修）、中修、小修、巡检、润滑等各项维护作业[15]。

3）非计划性维修：对由设备故障或特殊条件所引起的非计划性的维修作业进行全过程的跟踪管理，包括收集和反映设备的故障情况、故障发生的地点、发现故障的人员、维修的过程、调换的备件等信息进行跟踪管理[16]。

4）紧急抢修：建立一个快速的反应机制，对设备的紧急抢修过程进行跟踪管理，同时着重于反馈的方便性、灵活性，又能够满足于管理的严密性。（详见6.5安全管理部分）

（4）检修归档

1）验收归档：完整记录每一次检修作业过程，对完成的缺陷消除需要做归档，把本次消缺过程所涉及的文档上传，对重大缺陷要总结原因，提示今后注意事项。

2）设备故障跟踪分析：对设备的故障历史进行跟踪、反馈、统计和分析，通过分析和改进提高设备的完好率，减少设备故障对生产的影响，降低设备维修的成本[17]。

4. 设备的状态监测与预警

设备的状态监测与预警是根据设备运行规律或观测得到的可能性前兆，在设备真正发生故障之前，及时预报设备的异常状况，采取相应的措施，从而最大限度地降低设备故障所造成的损失。随着设备装置和工程控制系统的规模和复杂性日益增大，为保证生产过程的安全平稳，通过可靠的状态监控技术及时有效地监测和诊断过程异常就显得尤为迫切和重要。

状态检修是一件复杂系统的工程，需要建立一整套的管理体制、方法机制、技术手段、保障体系等规范来实现设备的状态检修，如图6-9所示。

（1）设备状态检测与预警的基本框架

1）管理体制

管理体制主要关注的是状态检修工作所需要的组织形式以及相关的职责、分工，状态检修的主要工作流程体系，包括组织体系、工作流程、绩效评估等。

2）方法机制

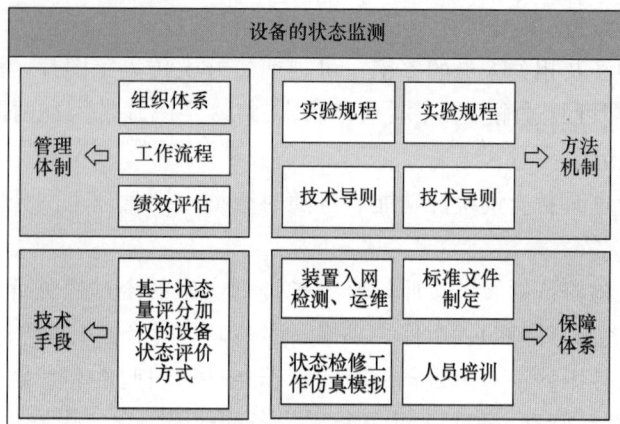

图 6-9 设备状态检测工作架构

方法机制是指状态检修工作所运用的机理和方法，比如针对各类供热系统设备开展状态评价需要运用的检测方法、状态量定义以及评估方法、评价模型等。其主要体现为一系列的试验规程、评价导则、技术导则、检修工艺导则等。

方法机制研究内容包括：针对不同的供热设备类型，研究这些设备的故障模式，状态检修管理模式适用性的研究，设备特征量及状态量的定义、状态量的采集方法及存储方法的研究、状态检修评估、诊断方法的研究、状态检修评估管理流程的研究等。

3）技术手段

技术手段是指在进行状态评价工作中，通过相关的技术手段实现相关的检测方法和评估过程。目前应用比较多的是基于状态量评分加权的设备状态评价方式。当然也存在其他可能更好的评价方法，每种方法都有自身的优点和局限性，为了更好地实现专业化、标准化的状态检修管理，建议参考现有的各个行业的安全评价方法，采取多种状态评价方法相结合的技术手段来实现状态评价。

4）保障体系

保障体系是指为保证状态检修工作顺利开展所需要的辅助工作，比如装置入网检测、运维，标准文件制定，状态检修工作仿真模拟，人员培训等内容。

按照以上思路，以管理机制、方法体制、技术手段和保障体系为基本框架，形成的评估模型、分析模型，是供热设备状态检修的总体技术路线。

（2）状态预警

通过对供热设备故障的研究，整理分析事故发生的特点、影响较大的因素、外在表现、发生频率，为预警系统的建立提供基础资料和预警依据。再者，将预警的理论概念和供热系统的事故理论结合，整合出适合供热系统的预警理论知识。供热系统的预警理论知识包括供热预警概念、特点、功能和内容、预警区间的划分、阈值确定、信号处理等[18]。

供热系统的事故发生没有一定的规律，发生的地点、时间、影响的范围等都不尽相同，这给供热系统的安全运行和及时维护造成了很大的影响。状态预警功能，是根据流量、压力、温度等外在参数的监控，通过设定在系统中的硬件系统将监测到的信息传输到中央控制器，对信息进行分析和辨识，通过事前设定的阈值比较，开展状态预警，可以及时得到管网的运行状态和不良信息，提前做出反应对策。

根据预警的原理，状态预警可分为阈值预警和规则预警。阈值预警就是预先设定好设备参数的浮动范围，当参数值超过浮动范围时即发出预警信息。部分参数的预警阈值在采暖季的不同阶段可能是动态变化的。在这种情况下，利用供热关键参数判断采暖季的阶段，进而动态设定参数的阈值。而规则预警就是将人的故障判断经验转化为设备故障规则，通过故障规则引擎预警设备故障。例如满水保养期间，按照周期时间上报失水量，如果失水量超过平均值的 10%，则发出预警提示，检查管网是否有漏点。通过这些规则，判断设备故障的可能。以下给出常见故障的预警规则。

1）换热站设备健康预警

基于设备运行实时数据，动态分析设备运行状态，基于阈值设置进行健康实时预警，并可进行统计分析，如图 6-10 所示。

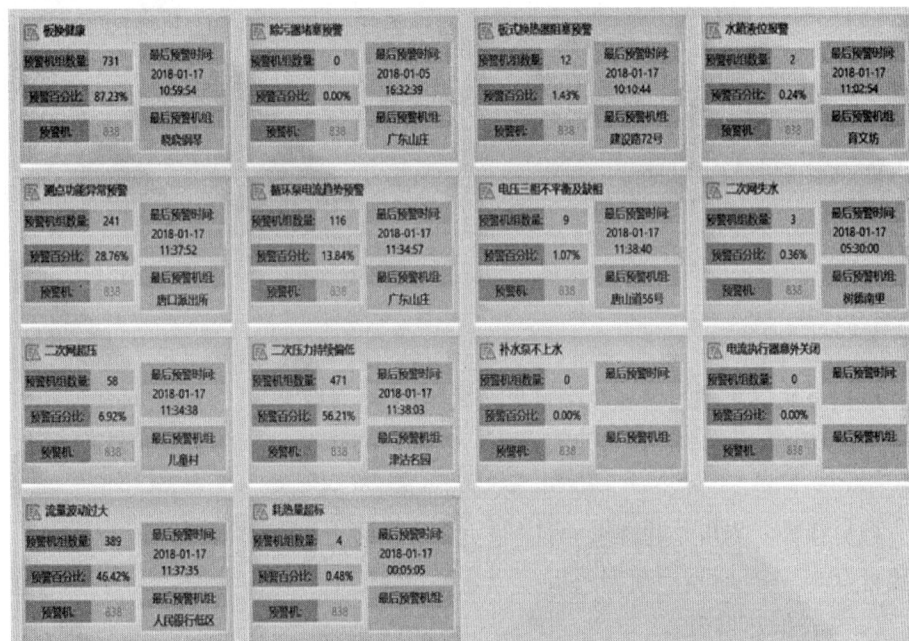

图 6-10　换热器健康监控

① 板换健康状态预警

基于运行对数平均温差及基准对数平均温差及设置的阈值进行实时计算，公式为：

板式换热器健康程度＝（运行对数平均温差－基准对数平均温差）/基准对数平均温差×100％

健康程度±20％（可根据企业管理需求自行确定）

正值：换热器效果下降；负值：板式换热器冗余偏大，如图 6-11 所示。

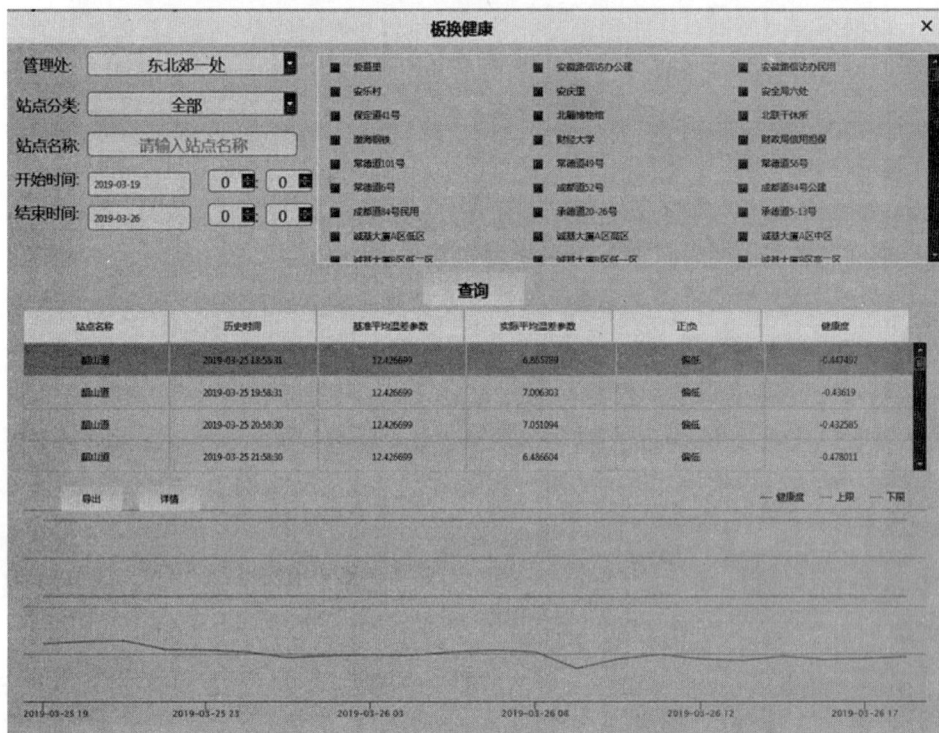

图 6-11　板式换热器健康状态预警

② 除污器阻塞

包括一次供水除污器和二次回水除污器。

判断堵塞标准：除污器前后压差不小于 0.05MPa（可根据企业管理需求自行确定）

趋势预警：当压差逐渐增大，压差增大速率有增快趋势时发出预警；当压差值接近 0.05MPa 时发出预警。

③ 板式换热器阻塞

包括板换一次测和板换二次侧。判断堵塞标准：板换一次（二次）供回压差

不小于 0.1MPa（可根据企业管理需求自行确定）

趋势预警：当压差逐渐增大，压差增大速率增快趋势明显时发出预警；当压差值接近 0.1MPa 时发出预警。如图 6-12 所示。

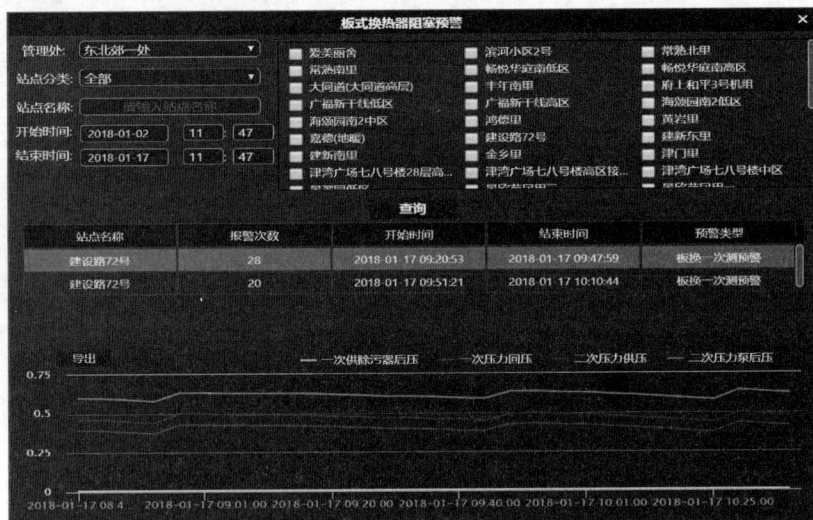

图 6-12　板式换热器阻塞预警

④ 水箱液位

低限报警：低于 40%（可根据企业管理需求自行确定）；预警：水箱液位低于 50% 且仍持续降低或无升高趋势（可根据企业管理需求自行确定）。

⑤ 测点功能异常

测点采集异常：首先确定需要进行异常工况采集的温度测点、压力测点、流量测点，并分别设置报警的上下限范围。

数据传输异常：设置设备状态、DTU 状态、数据更新状态更新时间，实现超出更新时间未更新情况报警。

⑥ 循环泵电流趋势（如图 6-13 所示）

自启动运行之日起至当前时间，以实时电流数据排序后的中间 60% 数据的累计平均数作为标准值，上下浮动超过 5% 报警（可根据企业管理需求自行确定）。

⑦ 二次网失水

设定的周期时间内补水量超过设定数值或二次侧压力波动幅度较大时报警。

⑧ 二次网超压

根据历史运行数据设置标准运行数值及允许上浮比例设置报警值，实际运行数据超出报警值后报警，标准值可适时进行修改。

⑨ 二次压力持续偏低

根据历史运行数据设置标准运行数值及允许下浮比例设置报警值，实际运行

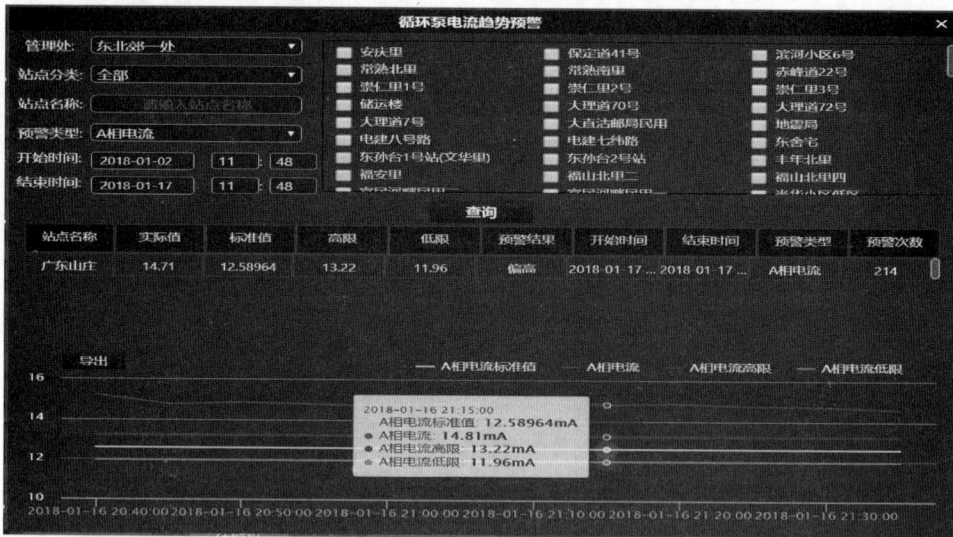

图 6-13　循环泵电流趋势预警

数据超出报警值且持续设定的时间后报警，标准值可适时进行修改。

⑩ 电压三相不平衡

三相电压不平衡度应不大于 2%，短时不得超过 4%。

⑪ 电流执行器意外关闭

阀位反馈显示阀位短时间内有大幅度下降，流量大幅度下降。

阀位反馈值小于 0.5%，流量值小于 0.5t/h（可根据企业管理需求自行确定）。

⑫ 补水泵不上水

补水泵运行超过设定数值且二次侧压力没有明显上升。

⑬ 流量波动过大

瞬时流量在设定的时间范围内上下浮动超过预先设定的报警数值。

⑭ 耗热量超标

在设定的管理单元内累计度日数单耗超过设定的报警数值。

2）泵设备健康预警

泵设备健康预警可以采用基于 ESA（Electrical Signature Analysis）电气特征分析技术的状态监测诊断系统，该系统通过测量电机负载运行时的电流、电压信号，通过分析频谱、谐波、电气参数等特征，就可以探测到源于轴承故障、不对中故障、负载故障、机械松动、绝缘和一系列电气和机械故障的状态变化，进而可以判断整个传动系统的故障所在。如图 6-14 所示。

利用单周期统计的核心技术自动识别、跟踪、计算负荷和工况的实时变化，并自动选择相对稳定的工况进行特征分析和故障诊断。对于变频调速电机，负荷波动大的工况有很好的适应性和诊断效果。

首先通过采集和处理电动机数据，对设备的运行工况进行学习，处理数据的结果被存储在数据库中，建立一个参考模型，这个参考模型基本上由模型参数、均值及其标准方差组成。当进行正常监测时，处理采集的电动机数据并将结果与存储在内部数据库中的数据比较，如果从采集的数据得到的结果与参考模型差别较大，就会指示一个故障等级。等级是由差别的幅值和持续时间确定的[19]。

图 6-14　循环泵健康监控

6.2.5　设备数据的统计分析

设备状态监测、巡检、缺陷、维修、变动等过程中的业务数据，与设备的地理位置、功能位置和具体的设备等构成了多维度、多层次的设备结构数据信息，基于这些信息，可以从不同维度、层面、视角来实现设备的查询、分类、统计分析，辅助管理。

常规性的分类统计与检索需支持不同部门、不同种类、不同功能、不同业务、不同时间、不同地点等多种维度的单一或综合分析，如缺陷周统计、缺陷月统计、缺陷年统计、缺陷分析报告；检修成本年度统计、备件维修消耗分析；设备状态检测报表、设备缺陷类报表、计划项目类报表等。

以统计图方式对某些指标进行年度分析、部门间考核，如故障数、故障率、无故障天数、消缺数、消缺率、无缺陷天数等指标。

设备信息的展示方式除传统应用系统报表及图表组合外，应支持地理信息系统的物位空间展示并向三维可视化应用方向拓展，支持 PC、大屏幕、移动终端、触摸屏等各种人机交互场景，实现快速定位、快速查看、取用便捷，并保持各终端输出信息口径一致、数据同步。如图 6-15 和图 6-16 所示。

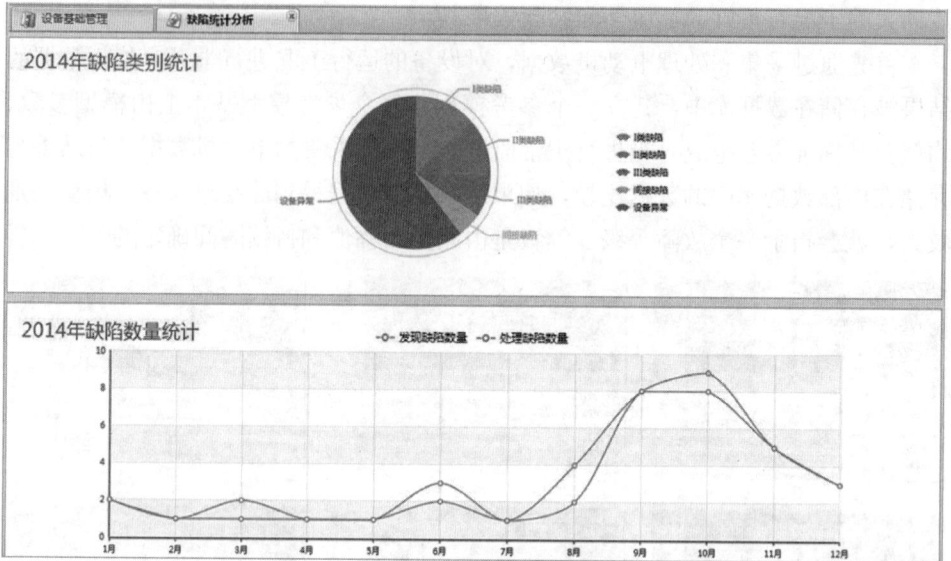

图 6-15　缺陷分类统计分析

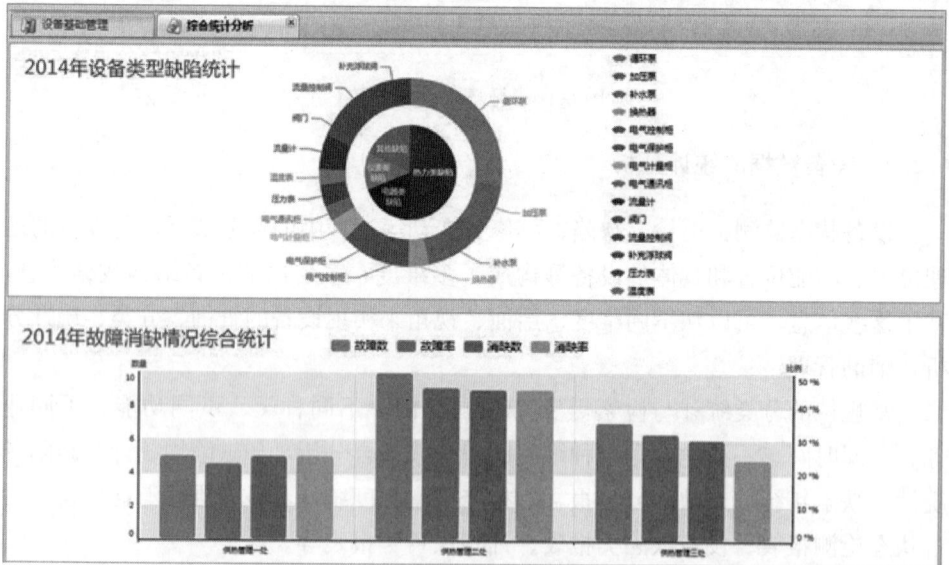

图 6-16　故障缺陷综合统计

6.3　智慧供热的调度管理

供热调度管理的发展阶段表现为 3 个阶段：第 1 阶段，自动化水平低，缺少完善的数据采集系统,由运行调度员根据系统少量关键数据,手动完成热源侧、热网侧的运行调度;第 2 阶段,自动化基本实现,运行调度人员可以通过监测手段或物联感知技术得到热网实时参数,当发生或有可能发生事故时指挥工程人员现场排查;第 3 阶段,采用物联网、数据库、大数据等技术承担供热系统的运行调度指挥任务,实现智慧化的供热调度,决策平台基于实时参数对热网不断变化的工况提供运行调度方案,实现自感知、自分析、自优化、自决策的智慧化决策与控制。

当前我国供热企业的调度管理模式,主要是在运行中,对应供热系统的不同工况条件,由供热调度专员,基于自动化控制平台,结合人工经验进行热源、热网侧的调度,即主要处于供热调度发展的第 2 阶段。

6.3.1　调度决策指挥平台

供热调度指挥平台的总体技术架构是信息物理系统,具体技术手段是利用现代化自动控制、信息化及通信技术,搭建了包括地理信息系统、多热源联网水力分析系统、调度指挥系统、实时监控及能耗分析系统等专业信息化系统在内的信息化指挥平台,提高调度指挥效率和准确性。调度指挥平台功能框架图如图 6-17 所示。

1. GIS 地理信息系统

GIS 地理信息系统是供热系统基础数据录入的主要入口,同时支持与其他相关系统进行数据交互,实现数据的集成显示和统一管理。系统应具有三维模型显示和连通性分析功能,支持管网故障点的快速解列隔离和抢修方案的制定等高级应用功能。GIS 系统可以与热网水力分析系统以及实时数据监测系统等进行数据集成,实现水力工况和实时监控数据的直观显示。

2. 实时数据监控及能耗分析系统

该系统是各级生产运行人员的"眼睛"。实现热源、中继泵站、重要节点、换热站数据上传、存储、分析和异常数据自动报警,同时对换热站进行远程自主调控;能耗分析模块通过实时在线能耗和成本分析,实现不同条件下各层级热耗、水耗和电耗等数据的在线分析,为供热管网精细化调节提供依据,提高供热生产管理水平。详见 6.4 智慧供热的运行管理。

3. 调度决策支持系统

智慧供热调度决策支持系统基于信息物理系统(CPS,Cyber-Physical Systems)总体技术架构,以供热系统的全过程"数字孪生"模型为基础,实现"基于模型做预测,基于预测做决策"。《北方地区冬季清洁取暖规划(2017—2021 年)》具体指明了智慧供热调度的技术方向:"利用先进的信息通信技术和互联网平台的优势,实现与传统供热行业的融合,加强在线水力优化和基于负荷

图 6-17　调度指挥平台功能框架图

预测的动态调控，提升供热的现代化水平。"

调度决策支持系统是通过构建一套供热物理系统与供热信息系统之间基于数据与信息自动流动的"状态感知—实时分析—优化决策—精准执行"闭环赋能体系，解决供热生产调度过程中的复杂性和动态性问题，实现供热物理系统与供热信息系统的融合调控[29]（见图 6-18），从而为热网运行调度、安全应急、优化调控提供更科学、更智慧化的决策方案。

具体而言，在热源侧，需要建立各机组的锅炉及热力系统"数字孪生"模型，通过实时优化算法，搜索多热源的负荷分配方案、优化的热源运行参数；在热网侧，首先需要建立供热管网的结构机理仿真模型，并结合实际热网的运行数据对所建立的机理模型进行辨识修正，构建热网的"数字孪生"模型，进而实现热网在线水力计算，对热网各处运行关键参数进行预测分析及诊断，支持多热源热网解列、应急故障隔离等调度决策方案寻优；在用户需求侧，基于热力站的历史运行数据，结合天气因素与机器学习算法，对供热系统未来工况进行短期负荷预测，为热源侧的供热负荷提供调度依据，保证供热系统始终处于动态供需平衡

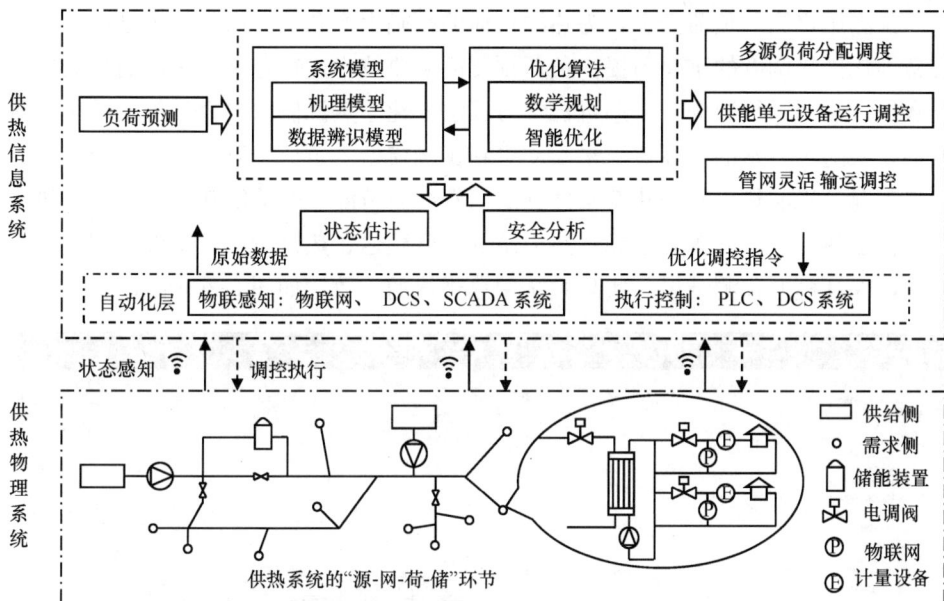

图 6-18 基于信息物理系统的智慧供热调度决策[29]

状态，如图 6-19 所示。

调度决策支持系统的目标是提升供热系统调度运行方案的预测分析和优化决策能力，核心功能包括：用户需求侧负荷预测、热网在线水力计算、多热源间负荷调度与参数优化。

（1）用户需求侧负荷预测

图 6-19 热网优化解列方案比选

预测用户侧的负荷需求，为热源负荷的精确生产和按需供热奠定基础，是实现精细化供热调度的重要前提。负荷预测的主要技术途径是基于全网历史天气工况数据、热网运行数据，采用机器学习算法，建立热源侧、热力站侧的用热负荷模型，跟随热力站的实际负荷来滚动更新预测模型。负荷预测模型应充分考虑与天气工况、当前热力站的建筑条件（老旧管网、节能、非节能建筑）以及建筑小区的蓄散热特性、热源升温到各热力站的温度延迟、热计量小区室温数据接口等因素，保证模型预测结果与实际系统用热规律的一致，如图 6-20 所示。

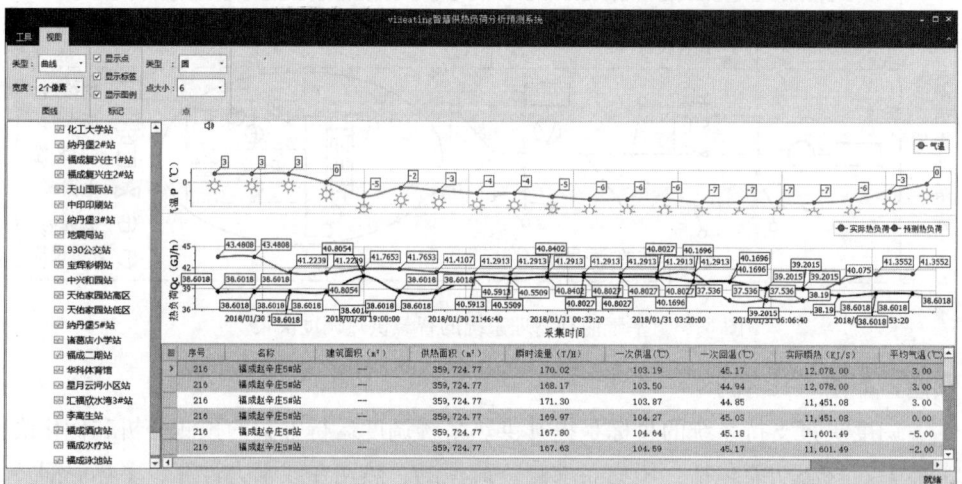

图 6-20　供热系统短期负荷预测

（2）热网在线水力计算

热网在线水力计算是通过接入供热系统 DCS、SCADA 及物联网获取的实时状态监测数据作为输入条件，基于在线水力计算模型分析实时工况条件下全网的运行态势。

热网在线水力计算是对物理测量的补充，通过将感知测量层获得的系统运行状态数据接入在线水力计算系统，跟随供热系统的运行，可以按照设定的周期反复进行在线水力计算，获得全网运行状态（温度、压力、流向、流量）的理论值。所获得的理论值是对供热系统的一种虚拟测量，可用于分析热网运行态势和安全裕度。基于在线水力计算的预测分析能力，可以模拟多种可选供热调度方案下的热网预期运行状态，进而可以结合优化算法对供热系统的运行调控策略进行寻优，如图 6-21 所示。

（3）多热源间负荷调度与参数优化

热源优化是实现供热系统优化调度的关键，多热源间的负荷优化分配、热电协同运行，将为供热企业带来显著的经济效益。多热源优化调度决策通过建立多

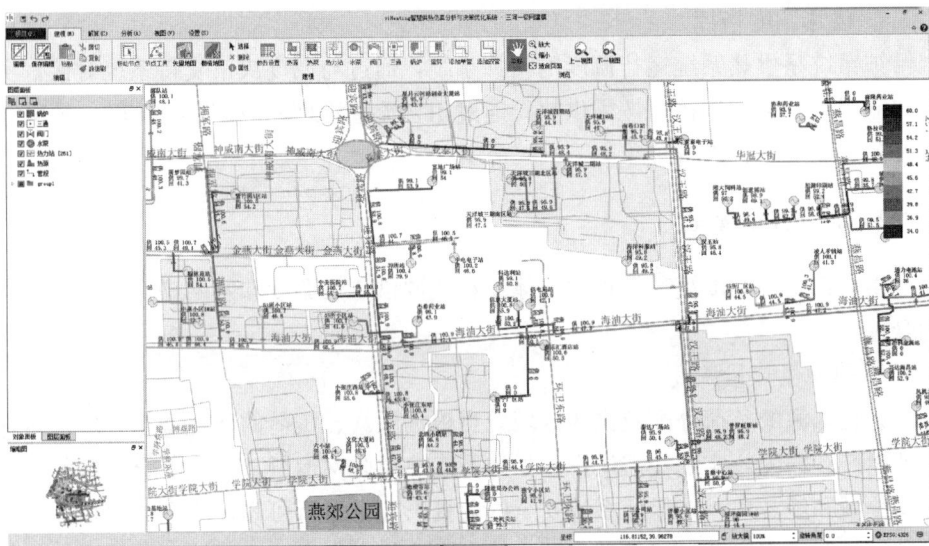

图 6-21　热网在线水力计算系统

热源供热系统的优化运行数学模型，包括燃气锅炉的燃料消耗计算模型、污染物排放模型、多热源负荷分配模型等，以各热源的负荷及运行参数（供水温度、流量等）为决策变量，面向供热系统的整体经济性最优、环保排放最优等多重优化目标确定多热源联网系统的优化调度策略。多热源间负荷调度过程中，需要充分考虑热网灵活输运热能的约束条件，包括管径、承压能力等，如图 6-22 所示。

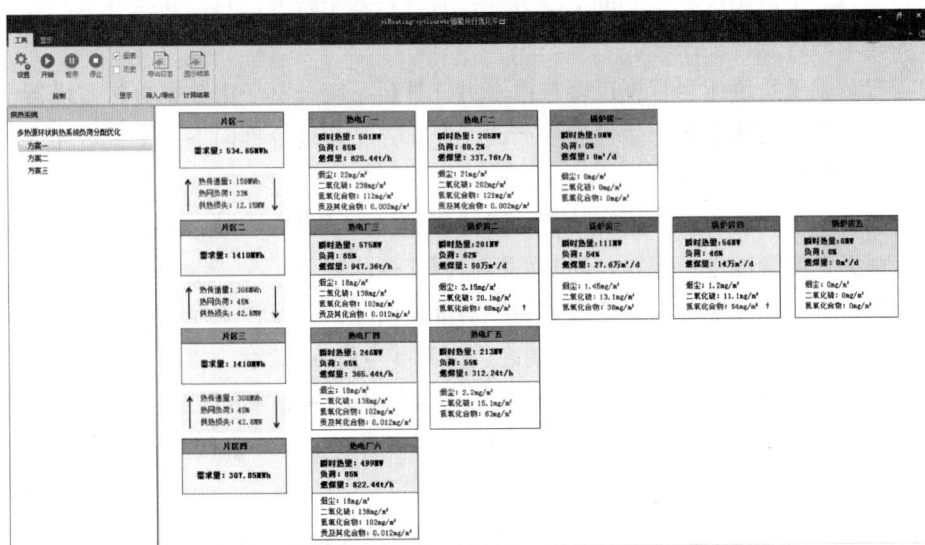

图 6-22　供热系统多热源负荷调度与参数优化

4. 供热调度指挥

该系统是供热系统运行调度的指挥系统，通过与调度决策支持系统对接，实现按需生产、精确调控、按需供热；通过闭合流程管理完成调度令流转、缺陷管理及各层级值班日志管理。

6.3.2 调度流程管理

供热系统的调度流程管理主要体现在热源供热量调度和管网操作调度两方面的管理[22]。

1. 热源供热量调度

系统热源的负荷分配及供热区域应当根据天气、负荷的变化动态分配，达到高效生产、输配，实现按需生产。如涉及多热源联网运行，还应综合考虑各热源的安全性和经济性，在保证系统安全的前提下，把运行可靠、成本低的热源确定为基础热源优先启动，待基础热源不能满足供热量需求时，再按照各热源的成本由低至高的顺序依次启动。

（1）调度令生成与下达

热源生产调度令应当根据全网运行控制模式向热源提供供热量、供水温度、循环流量等相关参数。

热源生产调度令的内容可来自人工计算结果，也可以来自基于大数据分析、机器学习的供热运行调度优化系统。前者依据人工经验、手动计算等方式生成，是目前热源生产调度令主要的产生方式；后者是基于智慧供热与新兴技术而逐渐发展起来的智慧调度系统。

智慧调度系统应当根据以多热源水力计算析系统、基于大数据分析、机器学习的供热运行优化系统产生供热生产调度令，并将调度令推向下一个流转环节。

（2）调度令的流转

调度令生成后，进入流转环节。流转环节包括了审批通过、审批驳回。审批环节根据企业管理进行配置，同时可根据调度令的紧急状况、重要程度调整。调度令包括一般调度令、重要调度令和特别重要调度令，流转流程如分别为：

一般调度令流转（图 6-23）：调度员→调度主值→下达；

重要调度令流转（图 6-24）：调度员→调度主值→部门负责人→下达；

特别重要调度令流转（图 6-25）：调度员→调度主值→部门负责人→企业负责人。

调度令应当同时抄送相关部门，并进行永久存档。

智慧供热的调度令应当实现高效电子流转，当智慧供热监控系统、水力分析系统、智慧调度系统可靠性得到验证后，应当逐步实现一般调度指令的自动流

调度员

根据以多热源水力计算分析系统、基于大数据分析、机器学习的供热运行优化系统初步拟定供热生产调度令

调度主值

根据经验及计算结果对初步拟定供热生产调度令进行校核

下达

向各相关热源企业下达调度令

图 6-23　一般调度令流转

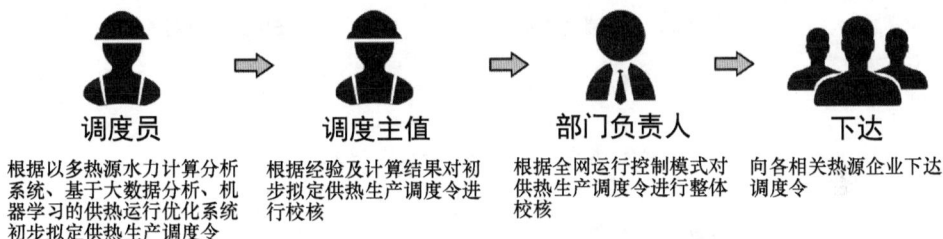

调度员

根据以多热源水力计算分析系统、基于大数据分析、机器学习的供热运行优化系统初步拟定供热生产调度令

调度主值

根据经验及计算结果对初步拟定供热生产调度令进行校核

部门负责人

根据全网运行控制模式对供热生产调度令进行整体校核

下达

向各相关热源企业下达调度令

图 6-24　重要调度令流转

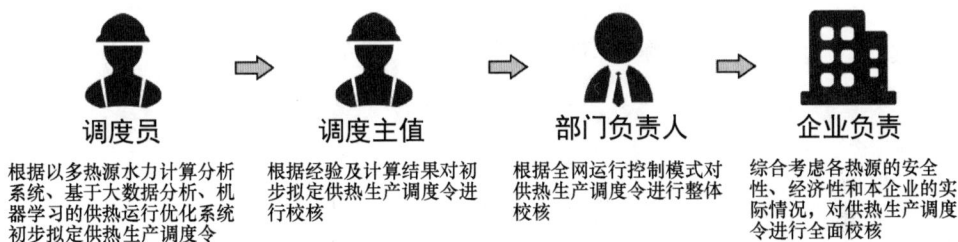

调度员

根据以多热源水力计算分析系统、基于大数据分析、机器学习的供热运行优化系统初步拟定供热生产调度令

调度主值

根据经验及计算结果对初步拟定供热生产调度令进行校核

部门负责人

根据全网运行控制模式对供热生产调度令进行整体校核

企业负责

综合考虑各热源的安全性、经济性和本企业的实际情况，对供热生产调度令进行全面校核

图 6-25　特别重要调度令流转

转，紧急调度指令的简化审批。

2. 管网操作调度

运行操作类调度令主要涉及调度令发起人员（或部门）、调令审批人员（或部门）、调令操作监护人员（或部门）、操作人。

一般运行操作类调度令流程（图 6-26）：调度员→调度主值→维修班组→操作人员→操作反馈与分析存档。

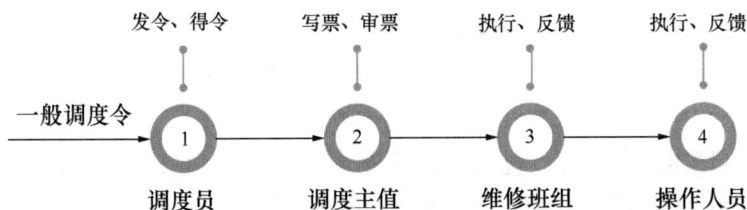

一般调度令

发令、得令	写票、审票	执行、反馈	执行、反馈
①	②	③	④
调度员	调度主值	维修班组	操作人员

图 6-26　一般操作类调度令流转

紧急运行操作类调度令流转（图 6-27）：调度员→调度主值→生产负责人→维修班组→操作人员→操作反馈与分析存档。

重要调度指令流转（图 6-28）：调度员→调度主值→生产负责人→企业负责人→维修班组→操作人员→操作反馈与分析存档。

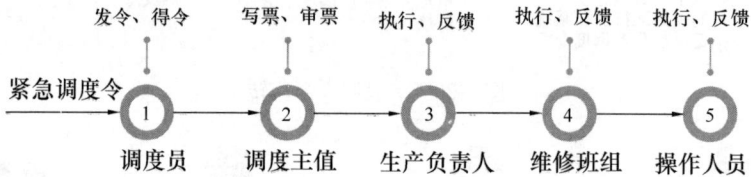

图 6-27　紧急操作类调度令流转

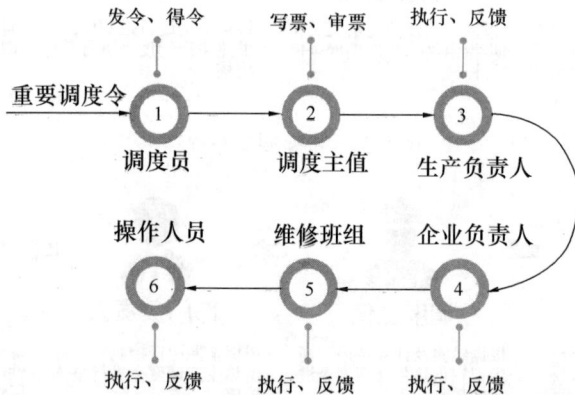

图 6-28　重要操作类调度令流程

运行操作执行完毕后应当对操作调度令进行存档，对内容进行统计分析，为企业管理提供数据。

智慧供热的运行调度应当实现流程电子化，同时结合手机 APP 实现调度令流转、现场操作记录、影像记录等。

6.3.3　联调联控管理

供热系统的联调联控管理，目标是实现热、电、气的联调联供，其对城市的能源安全保障、节能减排和长期能源规划有非常重要的意义。需要应用能源信息管理技术，组建一套合理的综合能源调度信息管理系统，利用热、电、气原有决策调度体系，实现热、电、气的协同生产调度运行管理、运行监测、预测预警，进一步提高城市能源供应系统的应急预防与处理能力，使之成为城市能源利用、管理、预测体系的重要组成部分，提升大型城市能源运行管理水平。

1. 建立热、电、气系统的信息数据交互平台

信息数据交互平台是城市综合能源调度决策系统的重要支撑，是提高协作互动能力的基础。平台的建设可以利用热、电、气系统的已有数据，研究它们各自的运行规律以及相互间的影响与互补规律。基于对平台实时数据的计算，建立评价指标体系和模型实时计算评价体系，为热、电、气系统的实时调度决策提供指导方向。

2. 开展热、电、气系统模型仿真研究

通过对多能源系统进行模拟仿真，可以对各种事故产生后系统参数变化预示和情景模拟，这是开展热、电、气协作调度的一个重要补充。具体从以下几个方面开展工作：1）建立多能流系统的连接网络模型；2）确定系统的拓扑结构建立系统内各子模块间的连接方程，表征各参数间的连接关系；3）建立合适的网络方程，解决参数之间的耦合问题；4）建立具有一定柔性的系统结构，在组成设备增减、系统连接方式改变等情况下，适应结构的变化；5）以建立系统和参数的联立方程方法，将系统内物理模块、单元模块以及运行参数以电网安全调度、地区供热调度、供气调度为边界条件，合并求解，达到同步收敛；6）以历史数据为输入参数，考核系统功能。

3. 建立保障信息平台数据安全的网络安全体系

由于构建信息数据平台的电力、燃气与热力部分参数和数据涉及各自企业生产运行管理，需要建立网络安全体系以确保数据传输安全。

4. 开展城市热、电、气安全调度边界条件研究

对供热机组，开展机组热电特性的研究；对于燃气调峰机组，开展机组变工况下的燃气与机组性能和发电的关联关系试验。供热方面：研究城市当前热源与热力管网分布状况，掌握主要热源点的热力性能，了解供热单位间的互联互代关系、地区供热结构以及表征热力管网主要特性参数。电网方面：基于区域电网"电力市场技术支持系统"，分析所在城市的主要热电联产电厂电力负荷安全、经济调度范围。燃气方面：调研城市燃气管网分布状况，掌握主要表征管网特征参数，可以承受的压力波动等，各个季节的基本用户消耗量特点等内容。

5. 开展短期与应急状态热、电、气调度协作机制研究

热、电、气调度协作机制是在充分考虑供热、供电、供气各自的调度边界条件为准则的基础上进行的，同时需要对现行的各种能源法规与制度构成的政策机制进行深入的调查研究。这种协作机制可以从以下几个方面开展：1）研究组建统一全市热、电、气的能源中心及联络渠道的人员及单位；2）确保行政管理机构及有关生产调度单位的联络畅通；3）具备提供快速信息通道，确保协调调度的流程执行与信息传达通畅；4）制定各种事件下的对应处置原则，按优先级划分

确定常态与紧急状态下的各种协同调度方案，如图 6-29 和图 6-30 所示。

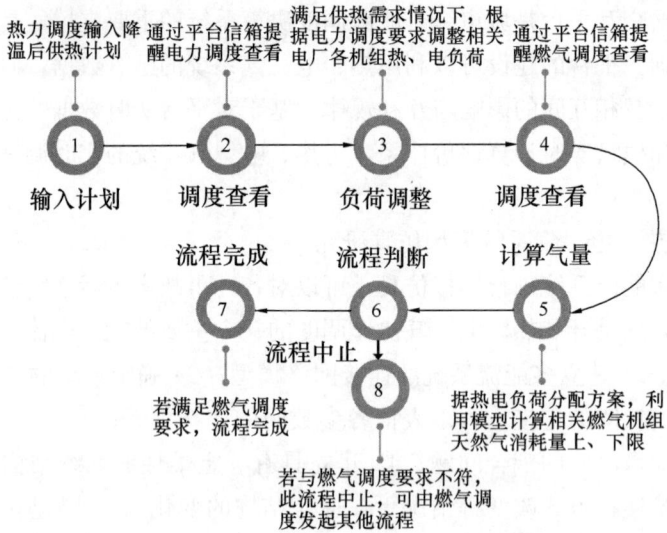

热力调度输入降温后供热计划　　通过平台信箱提醒电力调度查看　　满足供热需求情况下，根据电力调度要求调整相关电厂各机组热、电负荷　　通过平台信箱提醒燃气调度查看

① 输入计划　　② 调度查看　　③ 负荷调整　　④ 调度查看

⑦ 流程完成　　⑥ 流程判断　　⑤ 计算气量

⑦——⑥ 流程中止 → ⑧

若满足燃气调度要求，流程完成

据热电负荷分配方案，利用模型计算相关燃气机组天然气消耗量上、下限

若与燃气调度要求不符，此流程中止，可由燃气调度发起其他流程

图 6-29　供暖季天气温度突降工作流程

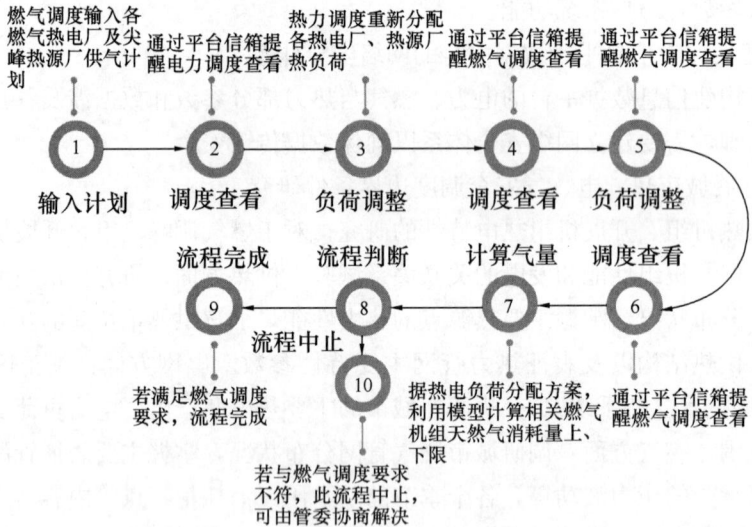

燃气调度输入各燃气热电厂及尖峰热源厂供气计划　　通过平台信箱提醒电力调度查看　　热力调度重新分配各热电厂、热源厂热负荷　　通过平台信箱提醒燃气调度查看　　通过平台信箱提醒燃气调度查看

① 输入计划　　② 调度查看　　③ 负荷调整　　④ 调度查看　　⑤ 负荷调整

⑨ 流程完成　　⑧ 流程判断　　⑦ 计算气量　　⑥ 调度查看

⑨——⑧ 流程中止　　⑦——⑥

⑩

若满足燃气调度要求，流程完成

据热电负荷分配方案，利用模型计算相关燃气机组天然气消耗量上、下限

通过平台信箱提醒燃气调度查看

若与燃气调度要求不符，此流程中止，可由管委协商解决

图 6-30　供暖季天然气供需关系紧张工作流程

6.4　智慧供热的运行管理

供热系统的运行管理即合理地组织热能的生产和分配，并保证供热系统安全运行。它包含掌握和控制整个供热系统的运行状况；根据热用户不同的使用需

求，做好热源、管网以及热力站的调控；定期检查热网运行情况，查明并及时清除影响正常运行的隐患和故障，进行定期的修理和维护，保证热网正常、安全运行；进行事故管段、设备的紧急处理和修理；对监测数据进行分析、处理和加工，实时掌握系统状态，确保系统处于最佳运行状态。智慧供热的运行管理包含运行监测、调控管理、能效管理等方面。

6.4.1　系统运行监测

1. 热源侧的运行监测

热源侧运行监测是指根据调度控制需求，在热源侧布置各类传感器测点与建设 DCS 等数据采集与监控系统，实现对热电联产机组、尖峰锅炉、工业余热、热泵机组等各种热源系统运行状态的实时监测。

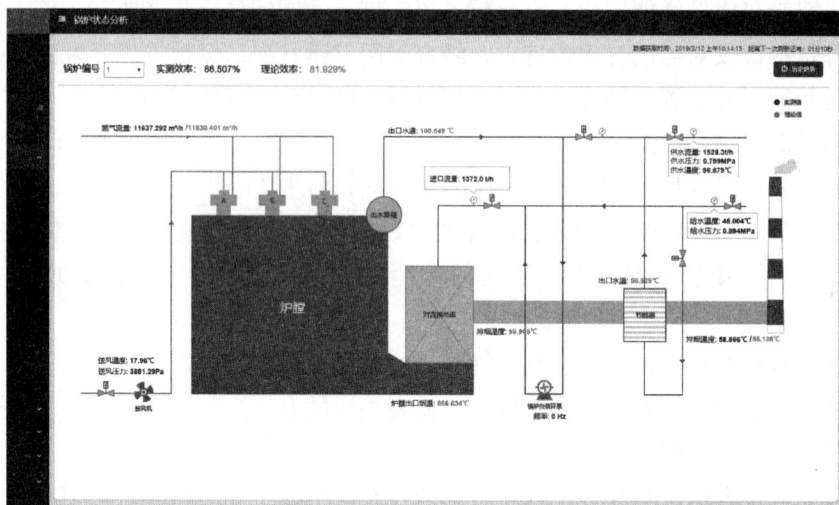

图 6-31　锅炉运行监测系统

2. 热网及中继泵站运行监测

（1）热网运行监测（见图 6-32）

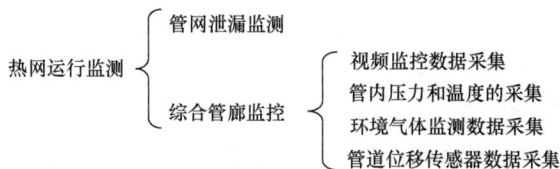

图 6-32　热网运行监测分类树

1）管网泄漏监测

279

供热管道在使用过程中会受到高温、磨损、物理、化学的作用，加之周边地下工程施工和地面交通动荷载的扰动，供热管道会逐渐产生裂纹、变形、接头损坏等缺陷，进而演变成为断裂、泄漏等事故[23]。此外，管段之间焊接质量不高、管道内部压力超过其承受范围、保温层进水导致钢管腐蚀破坏等也严重影响到供热管道的安全运行。供热管网的泄漏会导致系统大量失水、失热，危及供热安全。

管网泄漏可以通过敷设报警线等方法进行监测。例如：可以基于裸铜线对保温层潮湿情况进行检测的原理，通过在保温管道保温层中安装报警线实时探测绝缘电阻值、泄漏电压值和环路电阻，进而通过监测数据判断管道保温层的潮湿状态来确定管道泄漏情况。

可采用基于无人机、红外热成像、无线通信以及图像自学习等多项技术的无人机＋双光热成像智能巡检专家分析系统，进行管网的健康状态监测。该系统利用红外热成像仪对温度灵敏的特点，结合管网健康状况信息数据库，及时、准确地发现管网泄漏位置或隐患点位，实现管网健康趋势的有效识别。

2）综合管廊监控

综合管廊是在城市地下建造一个隧道空间，将电力、燃气、给排水、热力等各种管线集于一体，统一规划、设计和建设管理[24]。城市地下管线是城市运行的生命线，实现管线信息共享、实时监测、集中控制是地下管线管理的基本要求[25]。

综合管廊监控系统是一个综合性的管控系统，分为：安防监控系统、环境监测系统、各管路线路本体监测系统等，需要关注的有：

① 视频监控数据采集

视频监控数据采集在地下综合管廊监控系统中属于安防监控系统中的公共部分，其主要的用途是视频监视管廊中的表面异动。其理想目标是能做到事故、异动触发视频定向联动。

② 管内压力和温度的采集

在地下综合管廊中的供热管道在长距离输送时，每间隔一段距离都需要监测管网内介质的温度与压力，以此来分析管网运行状态。监测设备包括：压力变送器、温度变送器、分布式采集终端。

③ 环境气体监测数据采集

环境气体监测主要是针对有毒气体、易燃气体的监测，此项属于地下综合管廊监控系统的公共监测数据部分。运维人员在此项数据安全时才方可进行设备的日常维护，详细规程见有限空间作业规程、地下综合管廊作业规程等相关规程。监测设备包括：多功能四合一气体监测仪、分布式采集终端。

④ 管道位移传感器数据采集

管道位移是指管路在运行时产生的震动，或者外部因素产生挤压等因素导致管道移动，热力管道产生位移可能带来巨大伤害。位移传感器通过检测管道移动数据，传输给管廊内小室终端设备，中心系统通过采集终端数据得知管道运行移动状况来判断管路运行是否安全。监测设备包括：位移传感器、分布式采集终端。

（2）中继泵站运行监测

通过现场的数据采集，实现中继泵站的运行状态监测。主要监测参数：进线电源电量、主要位置温度、主要位置压力、进水总管流量、变频器运行参数、电动阀参数等。

3. 热力站运行监测

为满足运行监控要求，应对热力站的运行状态参数予以监测。测控一次与二次供回水温度、供回水压力以及供回水流量、补水流量、室外温度、水箱液位等参数。

4. 用户侧运行监测

在用户侧安装无线室温采集器监测用户室内温度，无线室温采集器将采集到的温度数据远程无线传输到控制中心，控制中心的工作人员可随时随地掌握采集点温度的变化情况，便于供热系统的平衡调节。

6.4.2　调控管理

1. 热源的报警与调控

（1）热源厂故障诊断及报警

内容包括：热源厂站停电报警、除污器堵塞、供水温度高、回水压力低、上锅筒压力高、炉膛温度或压力高、软水箱水位高或低、全自动软水器故障、测控系统故障、电机或变频器故障（电机缺相报警）、上煤系统皮带连锁故障报警、锅炉出水流量低限、高限报警、煤仓料位低位、高位报警、锅炉附属设备鼓引风机连锁故障报警等。

（2）热源生产回路控制

热源 DCS 系统的回路控制包括：热源主回路控制和辅助回路控制。

1）热源生产主回路控制

热源生产自动运行时，热源 DCS 控制系统会集成主回路自动控制和调整逻辑，以保证系统安全、经济运行。按照热源种类的不同，主回路控制逻辑也各不相同，常见的主回路控制逻辑包括：

① 燃煤、燃气锅炉的自动点火和燃烧系统

燃烧系统控制，在燃煤和燃气锅炉控制系统中是核心控制逻辑，根据不同的炉型，燃烧控制系统的逻辑也不尽相同。

例如，燃煤链条热水锅炉的燃烧控制包括给煤量调节、风煤比调节、鼓引风配比调节三个控制环路。其中给煤量调节是主控环路，它直接影响链条炉的出力指标；而风煤比的调节是保证锅炉燃烧效率的主要环节；鼓引风配比调节则是保证锅炉安全运行的重要环节。

循环流化床热水锅炉的主回路控制系统通常包括：负荷指令回路（进煤量）；总风量调节回路；一次风量控制回路；二次风量控制回路；高压风压力调节回路；石灰石量调节回路；床温控制回路；炉膛压力调节回路；料床差压调节回路等。

② 热泵系统的压缩机和液泵调整

③ 汽水换热设备的液位控制和负荷控制系统

主回路控制系统通常在 DCS 系统控制逻辑中按照不同的热源设备特性进行编制。由于控制逻辑与对应设备具有一定的针对性，许多智能设备如燃气锅炉的燃烧器、热泵系统等往往通过自带专用控制器来实现主回路控制，热源 DCS 系统可以将设备专用控制器作为一个独立的子站来进行控制和管理。

2）辅助回路控制

辅助回路是指热源生产所必需的，但又区别于热源生产主回路的控制回路。如锅炉系统的水循环和处理系统；燃气锅炉的燃气调压系统；燃煤锅炉的煤处理系统；出渣和排污系统；循环水定压系统；烟气处理和余热回收系统等。热源 DCS 系统可以通过设置独立的控制子站来完成辅助系统的监测和控制。

（3）热源总负荷调控

受热源设备功率限制以及热网实际负荷的需求波动，供热系统的热源通常由多台（组）相同或不同功率的单体设备并联组成。热源 DCS 系统除要实现单台设备的生产运行控制外，还需要根据供热需求进行设备负荷调整和分配工作。通过调整投入生产的单体设备的数量和负荷，使热源总体输出满足热网控制要求，同时尽量使单体设备运行在其经济工作区间。

2. 管网及中继泵站的报警与调控

（1）管网的报警与调控（图 6-33）

通过调度指挥平台的各信息化系统，开展以下相关工作。

1）实时监测

利用地图方式，具体显示管网和设施所在地标，实现对管网参数

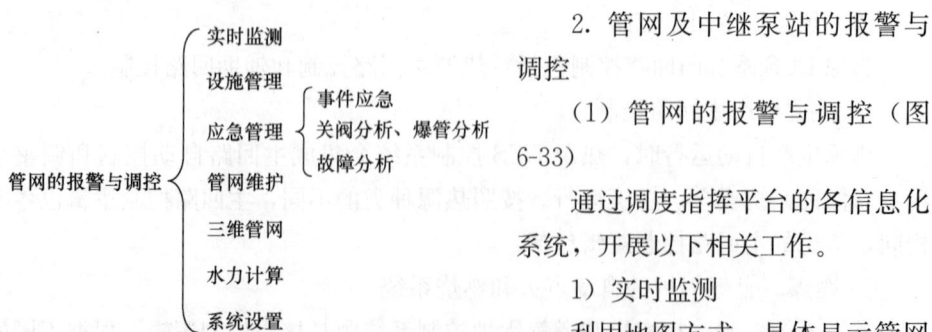

图 6-33 管网的报警与调控分类树

管网的报警与调控 ┤ 实时监测 / 设施管理 / 应急管理 ┤ 事件应急 / 关阀分析、爆管分析 / 故障分析 ├ 管网维护 / 三维管网 / 水力计算 / 系统设置

的监测情况进行展示，主要包括温度、压力、阀门开度等，以及对数据的查询等。

2）设施管理

针对管网和设施基础属性的查询与编辑，通常结合 GIS 地图进行属性信息管理并支持打印、剖面分析等。具体可实现：对管网、阀门、补偿器等设施的图层切换；设施内部的基本信息展示、检修记录、故障记录、附属文件查询与上传；自定义范围内的设施查询。

3）应急管理

针对应急事件的数量、处理状态及处理措施进行查询与管理，并含有爆管分析、关阀分析在内的应急模拟。主要包括：事件应急、关阀分析、爆管分析、故障分析。

① 事件应急

对应急事件在 GIS 地图上高亮显示，并在列表中展示；可按管线、阀门、补偿器等设施以名称或编号查询设备历史应急事件及处置状态；预案查询；处置问题设备设施并进行描述提交。

② 关阀分析、爆管分析

采用表格方式展示关阀或爆管所影响的阀门及管线名称、编号、所属单位、所属路段、区域、建设及投运时间。

③ 故障分析

显示故障设施基本信息，并可按问题名称或时段查询汇总故障设备信息表，并生成表格或图表。

4）管网维护

主要包括 GIS 数据维护和巡检维护。可实现对管网和设备基本信息的展示；添加管网，信息录入；按时间或巡检员姓名查询对管网巡检情况。

5）三维管网

对管线进行三维录入，可直观显示地下管线的空间层次和位置，以仿真方式形象展现地下管线的埋深、材质、形状、走向以及小室结构和周边环境。可实现切换坐标系进行查询定位；对任意位置的横断、纵断及剖面查询；对管线所在区域、管径、埋深、长度与空间信息进行查询。

6）水力计算

以热网 GIS 为基础，直观显示热网空间分布状况；不同热源联合运行方案下管网压力、流量等运行参数；管网水流方向；阀门开度。提供热源运行方案、水泵运行方案、流量调节分析和阀门调节分析，为管理者和调度人员做出合理决策提供依据。

7）系统设置

主要实现用户认证，部门、用户、角色、权限的定义与维护。所有用户进入系统必须首先进行身份认证，再登录到系统，根据系统赋予不同用户的权限，操作相应功能、浏览权限范围内的数据，保证系统的安全性。可对用户登入、登出以及所进行的操作进行记录。

（2）中继泵站的报警与调控

1）泵站设备控制包括：中继泵站供水控制、中继泵站回水控制、冷却水泵控制、补水泵控制、开关阀控制、自动反冲洗滤水器控制等。

2）故障诊断及报警（如图 6-34 所示）。

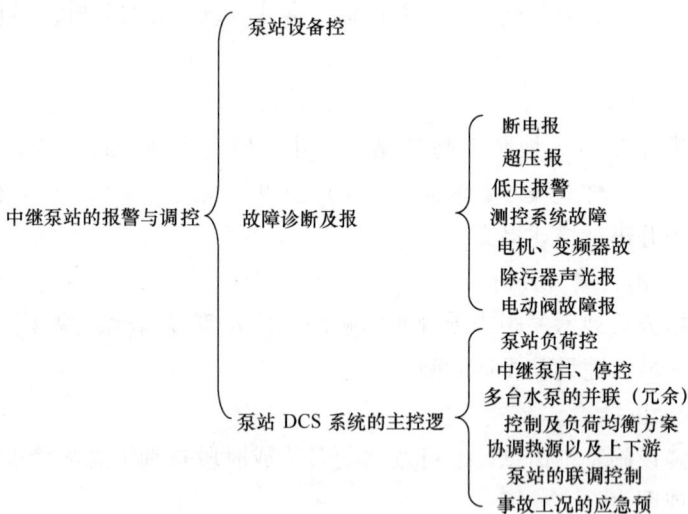

图 6-34　中继泵站的报警与调控分类树

① 断电报警：中继泵站停电导致设备状态瞬间异常，甚至通信中断，对此在监控系统进行报警提示，及时发现处理。

② 超压报警：对进、出水总管上压力进行上上限，上限设置，一旦出现压力高便进行声光报警。

③ 低压报警：对进、出水总管上压力进行下限，下下限设置，一旦出现压力低便进行声光报警。

④ 测控系统故障。

⑤ 电机、变频器故障。

⑥ 除污器：除污器堵塞引起压差的增大，设定正常的压差范围，一旦超出此范围，进行声光报警。

⑦ 电动阀：电动阀执行受阻，实现电动阀故障报警。

3）泵站 DCS 系统的主控逻辑

① 泵站负荷控制

根据泵站系统设计及管网工艺要求，泵站系统的负荷控制有三种形式，即选择按照压力、压差、流量（热量）目标控制。泵站负荷控制通常采用 PID 算法进行目标控制。

仅在供水侧安装中继泵时，需注意设置系统压力保护，防止因下游系统调节，导致流量或压力的异常突变，造成系统超压事故；仅安装回水泵时，控制时注意回水压力要高于静压线和气化压力，防止局部出现倒空或气化；供回水同时安装时，系统控制需注意合理匹配供回水泵的实际工况，保证负载均衡，防止单方超载，导致设备和系统损坏。

② 中继泵启、停控制

由于热力管网为封闭高温水网，需要合理的设计水泵的启、停控制逻辑，防止水击等事故的发生。

单体水泵启动典型逻辑：当需要启动水泵时，首先监测泵出口阀门状态，开启阀门（通常为蝶阀）至预开状态；然后启动水泵及变频，变频低速运行，监测变频电流、水泵各监控参数处于正常范围；待系统工作稳定后，将出口阀门开启至全开状态；逐步提升水泵运行频率至理想工况，完成启泵逻辑。

单体水泵停泵典型逻辑：当需要停止水泵时，首先降低水泵变频频率，保持水泵低速运行；关水泵出口蝶阀，至预关状态；待工况稳定后，停止水泵及变频，同时关闭水泵出口阀门，防止出现逆流事故。

③ 多台水泵的并联（冗余）控制及负荷均衡方案

当泵站出现多台水泵并联运行时，控制系统须制定合理的负荷均衡方案，在满足系统调度运行的基础上，使水泵工作在高效区间，保证设备安全并且降低用电能耗。

多台水泵并联运行，同功率同参数水泵并联时，应同频运行；不同功率、不同参数水泵并联时，应同工况（水泵扬程一致）运行。根据工况负荷增减水泵时，需先测出等效点，在等效点处进行水泵切换。

双泵并联运行时，首先确定等流量与等功率曲线交汇点的两个等效频率 fT 和 FT（一般情况下 $fT > FT$）；根据工况先运行一台水泵，频率在 $f0 \sim fT$ 之间调整；当系统用水量增加时，单泵运行频率逐渐上升，当增至比 fT 略高，并保持此频率一段时间之后，可以启动并联泵；双泵并联运行时，两台泵同频运行，频率由 FT 一直可上调至 50Hz。

当系统用水量减少时，两台水泵同时从高频率往下降，当降至比 FT 略低，并保持此频率一段时间后，一台水泵停止，另一台水泵升至 fT 附近，再根据水压和负荷逐渐往下降。

由于第二台水泵较早的投入，使两台水泵都工作在高效区间，使得用电总量减少，有利于系统节能。在连续工作工况下，进行冗余水泵切换时，也可以按以上方式进行水泵切换操作，从而减小因水泵工况变化对管网的影响。

④ 协调热源以及上下游泵站的联调控制

泵站在管网中是中间环节，为了保证热力和水力工况的稳定，泵站运行时与上下游系统的工况要进行联调联控。泵站系统在控制调节时，按集控中心的控制目标调控；在系统起运、升荷、降荷、停运、故障停机等工况，泵站系统须配合上下游系统同步调整，调整过程中，实时监控管网的压力和流量，防止系统震荡、水锤等事故发生。

⑤ 事故工况的应急预案

制定应对各种事故工况的应急预案，将故障导致的不利影响降到最低。泵站DCS系统除中继泵的主控外，还要配置泵站安全运行辅控逻辑，包括：泵站供电系统监测、泵站设备安全和排水系统、部分泵站还要设置补水定压装置。

泵站DCS系统通常只负责本站的系统控制，但在长距离输送、大型管网或复杂网络联控等情况下，还要与集控中心系统互联，服从调度中心的统一调控指令。

3. 热力站的报警与调控

热力站本地控制分类树如图6-35所示。

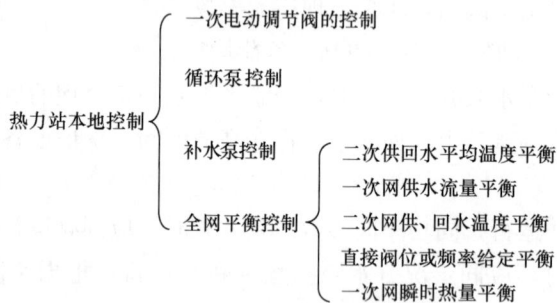

图6-35　热力站本地控制分类树

1）一次电动调节阀的控制

一次回水电动调节阀的作用主要是调节和限制一次侧的供水量，对其调节必须首先考虑整个热网的水力工况，保证热网的稳定性。不可过频、过大，应低频率、小幅度调节。由调度人员根据天气变化以及各站情况设定调节范围[26]。

根据所需的供热参数设定值，将每天分为多个时段，设定曲线（12时段），来进行一次网电动调节阀的自动调节，包含以下控制方式：二次供水温度闭环控制、二次供回水平均温度闭环控制、流量闭环控制（不分时段）、一次总供热量闭环控制。

根据一次网总流量和换热站的实际热负荷情况计算各站最大流量，各站在最大流量限制值内进行自动梯度控制，实现一次网流量限制与分配控制（解决热源不稳定和运行初期水力平衡问题）。

以上控制功能可以在本地控制终端和监控中心修改设定曲线，修改 PID 参数值，划分时间段。此外，还可以考虑供热负荷曲线控制方式（气候补偿方式）。本地控制系统根据室外温度的变化和当地供热负荷曲线，确定二次侧的供水温度或供回水平均温度。进而控制器输出信号调节电动调节阀的开度，从而改变一次侧的流量，实现二次侧供水温度的质调节和一次侧流量的量调节。室外温度信号首先参考调度中心数据，通过通信网络下达，当通信故障时，采用就地室外温度信号。

2）循环泵控制

二次侧循环泵变频器的控制，以二次系统供、回水压差为控制目标，改变循环泵转速，保持二次网供回水压差恒定。可以在本地控制终端和监控中心修改二次网供回水压差设定值，修改 PID 参数值，实现软启软停，并能连续调节转速（根据最不利点压差调节）。汽水换热站循环水泵停止时，需要连锁关闭一次侧电动调节阀。

3）补水泵控制

根据设定的二次网回水压力设定值自动调节补水泵变频器的频率，改变水泵转速，将压力值稳定在要求范围内。可以在本地控制终端和监控中心修改回水压力设定值、回水压力睡眠设定值、唤醒设定值和唤醒延时时间，修改 PID 参数值。当二次网静压低于设定下限值时，打开补水泵补水；当二次网静压高于设定上限值时，停止补水泵补水；当二次网静压高于设定报警上限值时，打开泄水电磁阀泄水。

当水箱液位低于低限时，停止补水泵运行，并报警。当二次侧回水压力低于低限设定值时，自动补水系统投入运行，开始补水。自动补水系统投入运行后二次侧回水压力仍继续降低则发出报警。

4. 一级网水力平衡调控

（1）基于温度的反馈控制

目前，我国供热企业主要采用基于温度参数的 PID 反馈控制来实施一级网水力平衡调控，具体可以选择跟踪热力站点的供水温度、回水温度或供回水平均温度。基于温度参数的反馈控制策略，其优势在于控制逻辑简单、可操作性强，便于运行人员进行阀门或水频的调节。然而，仅基于各热力站温度参数进行反馈控制也存在一定的不足：首先，温度参数具有很大滞后性，热力站之间具有耦合性，使得难以做到快速调节；其次，反馈控制策略的出发点，是基于各热力站局部最优来实施控制的，当工况变动较大时，可能导致站点的局部控制策略互相冲突，导致多热力站之间发生"抢水"现象。

（2）全网平衡控制

根据各站负载情况、热源输出情况，经过模型计算，得出各站电动阀门或分布式变频泵的目标参数，统一控制，达到全网工况平衡运行的效果。通过对采集上来的换热站、管网关键节点的实时运行数据进行运算处理、趋势分析，采用一定的控制算法，得出一次网各电动阀门的目标参数，下传至所有电动调节阀并进行全网平衡控制。最大程度上避免管网的水力振荡、温度飘移，保证系统的稳定、高效、节能运行[27]。

全网平衡的主要控制策略有：

① 二次供回水平均温度平衡（热力平衡）：系统生成标准的二次网供回水平均温度，结合每个平衡对象的修正温度，定时（如每小时）下发给换热站，由换热站控制器自动调节执行机构趋近目标设定值。

② 一次网供水流量平衡（水力平衡）：设定每个换热站的一次网流量，将流量设定值定时（如每小时）下发给换热站，由换热站控制器自动调节执行机构趋近目标设定值。

③ 二次网供、回水温度平衡：即直接给定二次网供水或回水温度设定值，并定时下发给换热站，由换热站控制器自动调节执行机构趋近目标设定值。

④ 直接阀位或频率给定平衡（人工平衡）：即对任意换热站，运行调度人员根据平衡的效果，直接给定各换热站的执行机构目标值，并下发给现场控制器立即执行到相应目标设定位置。

⑤ 一次网瞬时热量平衡：系统根据预报室外温度、建筑类型、面积直接生成标准的瞬时供热量，结合每个换热站的具体情况的修正系数，定时下发给换热站，由换热站控制器自动调节执行机构趋近目标设定值。

（3）基于在线水力计算的模型预测控制

基于在线水力计算的模型预测调控是通过整体分析用户侧的负荷需求、热源侧的总体产热量与热网的运输能力，综合运用热网温度、压力、流量测量参数，结合热网输送热水的流动滞后性和建筑物的热惯性，通过在线水力计算构建预测控制模型，实现一级供热管网的快速"质、量"并调。模型预测控制的主要方法是：1）基于对各热力站的负荷预测确定各热力站的调控参数，实现按需供热；2）构建各热力站的热能动态传递模型，通过动态预测模型确定调控参数解决滞后性问题；3）自适应热源负荷总量进行热网调控，通过模型进行全局协同协调，基于在线水力计算快速构建热网水力平衡，实现"质、量"并调，如图 6-36 所示。

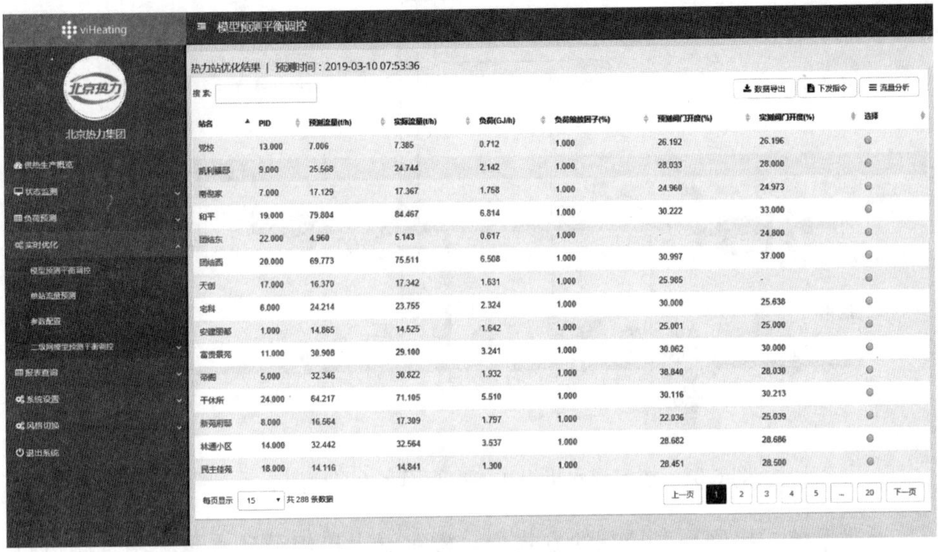

图 6-36　基于在线水力计算的模型预测控制系统

5. 二次网及用户侧的报警与调控

以往的供热监控主要是针对热源、热网、中继泵站、热力站展开，缺少对二次网系统、热用户系统的监控，而二级网的监控对系统调控具有很高的重要性，因此需增加对二次网及热用户的监控，掌控热用户的用热趋势，实现有效调度运行及精细化管控。为实现此目标，需建设二次网自动平衡控制系统、热用户室内温度控制系统、热用户异常用热自动判断与联动控制系统、源—网—站—户联动联调系统等，同时对现有的供热数据进行深挖、细研，充分利用现有数据进行供热挖潜应用研究。

（1）二次网自动平衡控制系统

在二次网的系统应用中，目前针对二次网平衡控制自动调整存在许多技术方案，代表性的有以下三种模式：

1）采用楼宇混水机组的模式实现二次网水力平衡控制

在二次网每个楼栋处加装楼宇混水机组，用楼宇混水机组来实现二次网平衡控制调整，如图 6-37 所示。

从图 6-37 可见楼宇混水机组的重要部件为电动调节阀 VM2 和二次网楼宇循环水泵、温度传感器 T2、室外温度传感器、控制器组成、旁路止回阀等。其余部件根据现场情况进行相应的配置。

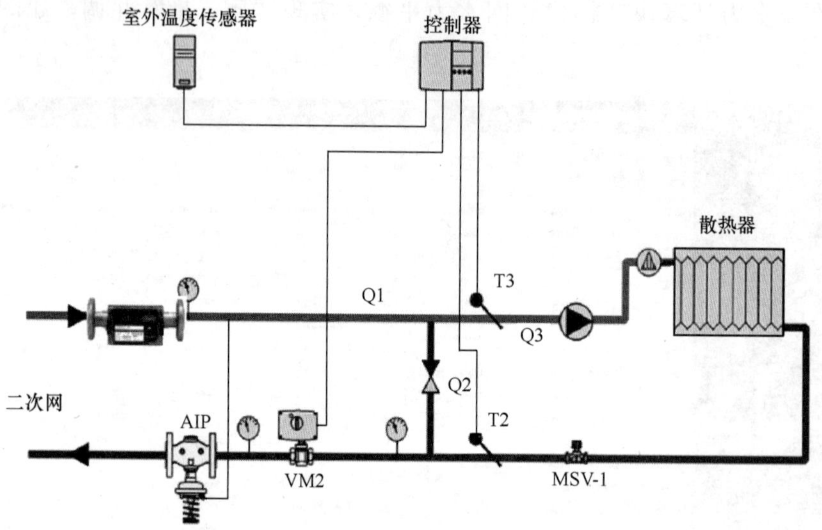

图 6-37　楼宇混水机组式二次管网水力平衡调节系统图

上述系统二次网平衡控制的方式为，楼宇混水机组循环水泵采用工频运行，其选型中流量参数根据用户侧实际流量需求进行选取，扬程为满足新增楼宇混水机组部分的阻力并增加 1～2m 富余量即可。此时，循环水泵维持工频运行，电动调节阀根据温度 T2 进行自动控制，该温度为室外温度的函数，因此通过 T2 控制电动调节阀开度满足用户的用热需求，从而通过各楼栋的温度平衡达到二次网水力平衡、热力平衡的控制策略。调节过程中热力站内的循环水泵可根据最不利环路差压值（当没有采集最不利环路差压值时采用站内二次侧供回水差压来代替）自动变频控制。最终通过热力站和楼宇混水机组的联动控制实现二次网水平水力、热力平衡，达到节能降耗、精细化管控（分时分区控制、按需控制等）的要求。

在该模式下，差压控制阀 AIP 等应根据实际情况进行配置，避免增加不必要的阻力造成能源浪费。

当然，也可以把楼宇混水机组中的循环水泵设置为变频水泵，理论上可以仅设置该变频水泵可实现二次网平衡控制的要求，循环水泵根据二次网回水温度 T2 或供回水平均温度（T3＋T2）/2 进行变频控制，站内循环水泵的控制仍采用差压控制。在实际应用中，由于楼栋换热面积较小，热力站内循环水泵没有采用分布式变频系统等原因从而造成水泵为低流量、低扬程水泵，如采用变频水泵，水泵选型较为困难，因此实际应用中较少采用该种方式。

这种二次网平衡控制措施针对新建供热系统从热力站、二次网、楼宇混水机组整体设计与实施时易于实现其经济性和控制目标，但针对现有热力站及二网系统，其造价较高，从而从经济性和投资回收期上看，全面推广存在一定的限制性，且此时的占地、电源需求等均存在较难解决的问题。

2）采用分布式变频系统来实现二次网水力平衡控制

这种方式与楼宇混水机组类似，区别是只保留楼宇混水机组中的循环水泵，对该水泵采用变频控制的方式来实施二级网的控制，但该方式下需要热力站内循环水泵以及楼栋或（用户）循环水泵均采用分布式变频系统的方式，此时将会出现小流量、高扬程水泵的选择问题，容易造成系统水泵选型较大的问题。

而采用分布式变频系统解决二次网水力平衡控制的最佳解决方案是在热力站内、楼栋入口、用户侧均加装分布式变频系统，相应的水泵只克服自身系统的阻力，在这种模式下，无论从节能降耗的角度还是设备选型方面均较易得到解决。

这种二次网平衡控制模式虽然从理论上没有问题，但考虑目前国内及国际水泵的状况，同时应考虑设备安装、检修、维护、噪声等多方面的问题，实际应用上还存在一定的困难，只有妥善解决这些问题，纯分布式变频系统才能较好的应用于二次网水力平衡控制系统。

3）采用物联网水力平衡阀解决二次网水力平衡控制

物联网平衡阀方案是在楼栋入口加装物联网平衡阀、通信模块、小区中心集中通信模块、后台云端服务器，如图 6-38 所示。

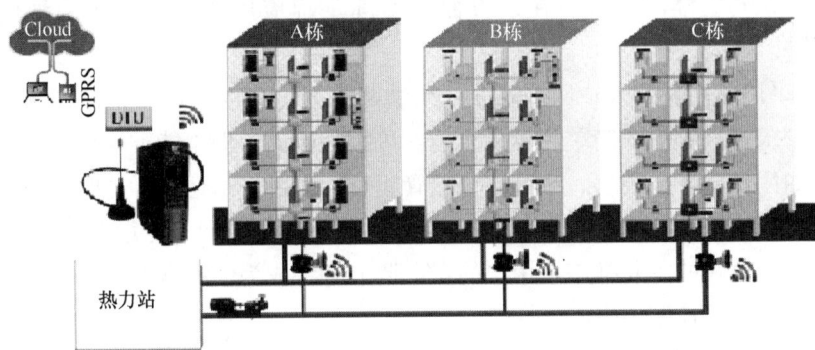

图 6-38　物联网水力平衡阀调节式系统图

这种二次网水力平衡系统是采用回温水力平衡方案，在二次网系统楼前安装物联网水力平衡阀，此平衡阀具有回水温度采集功能，数据通过 RS485 协议与通信模块连接，平衡阀所采集的数据实时传输给通信模块；而此通信模块能与小区内的中心模块（例如：Lora 网关）进行无线通信，从而将物联网水力平衡阀采集的实时数据反馈到中心模块，中心模块将数据传输到后台云端服务器，云端服务器内置二次网平衡的软件策略，用户可通过 PC 或手机终端对云端服务器进行读取和设定操作，云端策略系统会根据上传数据自动运行平衡策略，实现二次网水力平衡，并对阀门开度进行历史曲线数据存储，最终实现云端服务器对二次网系统的全网监控。

物联网水力平衡阀是实现二次网监控的关键设备，内置了现场采集器、可以采集楼栋口供、回水压力和温度测点，把采集的所有参数上传回后台云服务器进行数据整理，根据整理后的数据进行智能控制计算，下发控制指令到物联网平衡阀，使物联网平衡阀进行相应的开度调整，从而达到二次网水力平衡自动控制的目的。

物联网水力平衡技术以云端策略系统的数据采集、智能算法和远程控制代替传统的 PID 法、温差法等调节方法，调节过程更快捷，能有效降低人工成本。

通过对二次网水力平衡控制多种方式的应用比较表明：楼宇混水机组的控制方式在新建热力站、二次网及户内系统中的应用可以较好地解决二次网平衡控制问题，并能够取得较好的经济性；在原有热力站控制模式不变的情况下，采用物联网平衡阀控制策略可以较好解决二次网平衡控制问题，实现节能降耗与供热系统精益化管理的目标。

（2）热用户室内温度控制系统

基于用户室内温度控制供热运行一直是供热企业追求的目标，但室内温度采集系统的建设，量大面广，而且用户侧的问题复杂与准确性难以把握等特点，造成系统难以真正推广，目前在这方面的实际工程应用中主要采用两种模式来替代：

1）采用热用户的入户回水温度（或供回水平均温度）进行整体控制来满足用户的需求，该种方式简单、较易实施，可控性较高，但不能准确反映用户的需求（比如用户客厅、厨房、小卧室等暖管运行，主卧舒适运行，此时用户出口母管温度将不能反映用户主卧的舒适运行）。此外，随着人们节能意识的不断提高、热计量收费模式的不断推广，用户的自主调节必将成为一种常态，此时该模式的控制将不能满足控制要求。

2）采用室内温度进行每户供热控制，即通过对用户对室内温度的设定（该数据实时回传给供热企业）来控制热用户的热量供应，此种方式急需解决的问题是如何对室内温度的采集值进行修正，使其反映用户侧真实的室温。目前一般采取安装室内温度装置后，对于采集的数据进行数据排查校验，并根据不同安装位置的进行相应补偿，确保数据的正确性，再采取控制运行。该种控制模式需要较长的调试期，且存在较多的干扰因素，工作量较大。但随着人们需求的不断提高，该控制模式将成为一种可选的方案。

（3）热用户异常用热判断及自动联动控制系统

供热企业不但肩负着为满足热用户用热需求，使热用户舒适用热的责任，同时还担负着对热用户用热行为及供热设备的监控责任，使各设备安全可靠运行，并尽量把出现故障时的损失降到最低。这就需要对热用户的异常用热行为进行判断，及时发现和排除故障，从而保证用户用热的舒适度，提高供热质量，同时还需要把用户不当用热、供热设备故障造成或可能对用户造成的财产损失风险降到最低，因此也需要对用户用热的异常状态进行判断和分析，采取必要的联动控制策略。通过对用户用热数据、参数的检测（包括用户供回水温度、压力、流量），对于参数的阶跃变化、参数超常现象进行综合判断，并通过采集的大数据进行汇总、计算、分析，从而制定判断标准及联动措施控制策略，保障用户及供热企业权益，从而实现双赢。

6. "源—网—站—线—户"全过程联动联调系统

传统的供热管理模式是由"热源→一次网→热力站→二次网→热用户"的流程进行调节，由于热网的滞后性和建筑物的热惰性，以及热源的运行在一定时间内供给量相对稳定，当需求侧负荷变化较大时难以做到供需动态匹配。集中供热系统越大，这种现象越明显，使得调控表现为粗放和不精准。

全过程联动控制智能供热控制系统是依托物联网、大数据、传感测量、信息通信、现代控制技术而建立的智能供热控制体系。"源—网—站—线—户"联调联控将供热系统热源、热网、热力站及热用户作为一个整体进行总体调控，以解决调节滞后现象，及时应对热用户需求的变化，实现按需供热。通过在热用户侧安装计量温控设备，将用户对热的需求反馈到热力站，进而反馈至热源的生产参数，并将整个过程实现自动化，将粗放调控方式转变为主动精细化调控，形成由"热用户→二次网→热力站→一次网→热源"的精细化、个性化用热全过程自动化控制，热用户可根据自身需求用热，供热企业则依据热用户的用热量自动调整热源侧的供应条件。

"源—网—站—线—户"联调控制是一个闭环控制系统，当室外温度或用户计量调控引起用户室温变化时，各环节为满足用户需求均需做调整，当闭环系统达到供需平衡匹配时趋于稳定。

目前采用的"源—网—站—线—户"联调联控方式主要有以下 4 种：

（1）以热力站为单位测量获取或从计量调控系统中获取样本用户的室内温度，经过数据模型分析后，自动获取置信区间内的平均室内温度，通过负荷预测功能采用自感知、自学习、自适应计算，并结合动态预测负荷、单位面积能耗、气象预测等算法，形成能耗数学模型，经过一段时间的自学习形成供热量与室内温度、室外气象的函数关系，自动提取供热运行规律，形成运行调节的参数，进而下发给热源 DCS 控制系统进行热源负荷调节，实现热源按需供热，通过调节各热力站的一次网流量来调控供热量，再获取室温来修正热量目标值，形成室温闭环控制，实现精确调控供热系统。

（2）以各热力站区域为调控单位，基于该区域各热用户上传的室内温度，建立从热用户至热网（热力站）再到热源的供热系统自动运行的联调联控体系。以大数据采集和分析处理技术作为辅助手段，通过终端热用户室内温度反控（远程控制）措施，及时调整热力站和热源的热能调配，实现按需供热。通过对热用户的实际用热需求、热网运行的各项参数指标及热源的供给热量进行综合量化分析处理，及时纠正供热系统的运行偏差，实现供热系统的温度平衡、水力平衡及热能平衡，在保证供热质量的同时，实现节能降耗。具体方法如下：以热用户室内实际温度作为调控目标，实时采集各热用户的室内温度，根据设定的温度值确定每一热用户入户电动阀的开度，实现楼栋内同一循环回路的温度平衡，同时，在每个调节周期，综合同一热力站区域内各热用户的室内平均温度上传至智能管控平台进行分析处理；基于模糊控制理论，以同一热力站区域各热用户室内平均温度作为调控目标值，自动调整热力站一次侧的供给热量，实现热网（热力站）与热用户间的联调联控；以热源 DCS 系统为基础，通过对热用户温度判断、热负荷匹配判断、流量判断和一次网回水温度判断等多种处理方法，实现对热源输出负荷的调整。

（3）热力站与热用户控制相互结合，两者既能各自独立控制，也可实现互补控制。当热力站主动调节时，热用户被动调节，同时当热用户大范围提温或降温时，热力站也能实时被动调节。温度控制是整个控制模式的核心，初期可根据现有控制曲线操作，系统运行过程中结合室外温度、室内温度、供水温度与回水温度以运行时间为节点通过数据整合与整理归纳出符合实际的运行参数。

（4）热力站与锅炉联动。一次侧系统加装压差控制器，压差控制器根据设定的供回水压差实时调节一次循环泵频率，对一次循环流量进行实时控制，保证了整个一次循环系统的稳定，消除了外网压力变化对锅炉运行的影响。锅炉 DCS 控制系统根据一次循环系统流量、当前室外温度下设定的供水温度，计算所需热负荷，实时下发指令，自动控制锅炉启停台数，自行调节调峰锅炉的负荷。利用远程监控手段密切监测锅炉一次循环流量、锅炉房供、回水压力等。若锅炉总循环水量接近或低于下限时，及时利用远程控制对各热力站一次流量进行调整，以确保锅炉侧的正常运行。锅炉房循环水泵采取供回水压差控制，确保锅炉不超压运行。对于大型热网，在一次侧管网中选取相应测点，根据距离锅炉房的远近对热力站一次供、回压差进行监测，以达到确保一次水力平衡的目的。此外，还可以将客服与生产运行调度结合在一起，建成一体化运行调度体系，将用户反馈有关室温的信息作为生产运行的参考量，使热量的生产者实时掌握消费者的需求，实现以客户需求为导向的热量供应。

6.4.3 能效管理

智慧供热能效管理的基本思路是对供热系统的能效进行全面测算评估，并且在控制和管理上挖掘系统节能潜力。在实现方式上，可借助包含数据采集系统、数据分析系统、生产调度系统、收费与管理系统等信息化系统的供热能效管理平台来实现。其中，采集的数据应包括热源、管网、换热站，用户计量设备的运行数据及能耗数据，室内外温度等气象数据；数据分析应包括供热质量、运行趋势、水力工况、能源效率分析等。通过对能耗设备实时监测、数据诊断处理、运行参数诊断评估，建立对供热系统能效信息完整的评估和考核体系，用以优化供热企业的能源消耗，降低能源浪费，达到节能增效的目的。如图 6-39 所示。

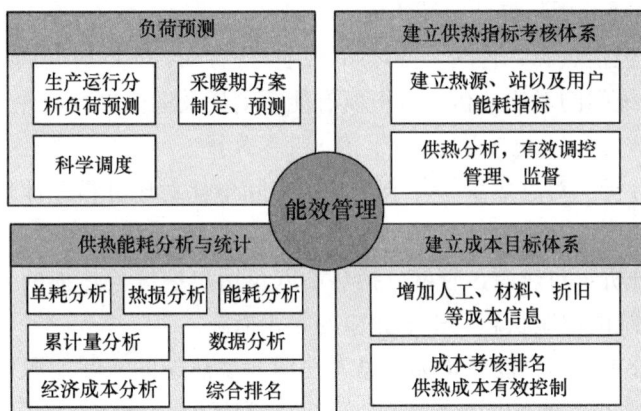

图 6-39　能效管理工作架构

1. 负荷预测

通过对气象、生产负荷、热源基本信息、热力站运行参数以及用户室内温度等生产运行相关的各类信息的分析，基于机器学习算法，进行热力站与热源侧更精细化的负荷预测。

根据历史气象对新的采暖期进行运行方案的制定，同时对负荷、能源消耗量、能源成本做出预测，作为新采暖期调度运行的参考依据。

基于负荷预测的模型，根据实际气象预报以及实际负荷等信息，结合运行过程中的测量参数，对未来一定时间内供热量进行测算，并在供热前持续调整修正，实现系统的按需供热。

2. 建立供热指标考核体系

通过对气温、生产等相关信息多种形式的展示、分析、挖掘，按照科学的计算方法加以人工的调整，建立热源站以及用户各级包括水、电、热等各类能源消

295

耗的指标，为科学核算供热成本及节能降耗工作提供依据。

通过指标体系，对各个时段的供热质量、能耗水平等进行评价分析，对超标情况进行报警，提醒企业相关的管理人员，及时有效地进行调控、管理以及监督。

3. 建立成本目标体系

结合能源成本信息，并增加生产所涉及的人工、材料、折旧等各类成本信息，分析出综合的运行成本。

结合用户的热费收缴情况，可以对供热企业各级机构的运行经济情况作进一步的综合分析，便于对所管理的各级部门进行成本考核排名，从而实现针对性管理，对供热成本进行有效控制，提高经济效益。

4. 供热能耗分析与统计

能耗分析包括热源、管网、换热站、用户等方面，不同时间周期内同比、环比以及不同系统间的对比分析。分析所有能源消耗及运行参数，并借助能耗分析系统实现。

1）单耗分析：对总热量、各个区域的实际单耗对比分析，体现科学运行水平，从而进行有效的调控。

2）热损分析：对热源、管网、换热站以及用户端进行热损的分析计算，便于实时了解系统的健康状态，采取相应的完善措施。

3）能耗分析：结合能耗指标信息对热源、换热站的实际能源消耗量进行分析，实现对热、电、水的同比与环比或不同时间区间的分析，并进行各热源、换热站之间的横向、纵向比较。

4）累计量分析：把实际监控信息的累计量、调度计划、标准供热量等综合在一起，对实际能耗信息进行分析对比，从而对实际调度运行工作提出科学依据并进行科学分析和监督。

5）数据分析：对能耗信息可以设定其正常的工作管理界限，例如单耗的范围，如出现超标工况，系统可进行报警。

6）经济成本分析：通过能耗量以及能源单价，可折算热源、各个换热站以及用户的供热成本信息。

7）依据能耗分析结果，对分公司、运行班组、供热管理员进行排名与考核。

6.5 智慧供热的运行安全

由于供热与广大居民的生活质量息息相关，供热系统的安全稳定运行是供热企业的管理红线。为做好安全管理工作，智慧供热应包含安全管理标准化、规范化、信息化、制度化建设，以及不断应用新技术提升安全管理水平方面的各项工作。

6.5.1 日常安全管理

供热企业应建立健全安全管理监督体系，制定安全生产责任制、安全事故上报制度等一系列管理制度，作为开展安全监督工作的依据。此外，可通过建设智能安全管理系统，并以本企业最新的安全性评价标准为基础，通过评价、分析、评估、整改、抽查等闭环管理流程，全面掌握企业存在的危险因素及严重程度，监督跟踪安全环保工作的执行情况，完善管理、消除隐患。为实现高效的安全管理，针对人、机、物料、法律、环境等因素，集成企业现有调度系统、生产运行监控系统、巡检系统等的关键数据信息，最终实现日常安全管理、文档管理、教育培训、监督检查、安全应急管理等核心应用，实现关键业务信息上下贯通，实现安全管理信息化、规范化、效率化、智能化，如图 6-40 所示。

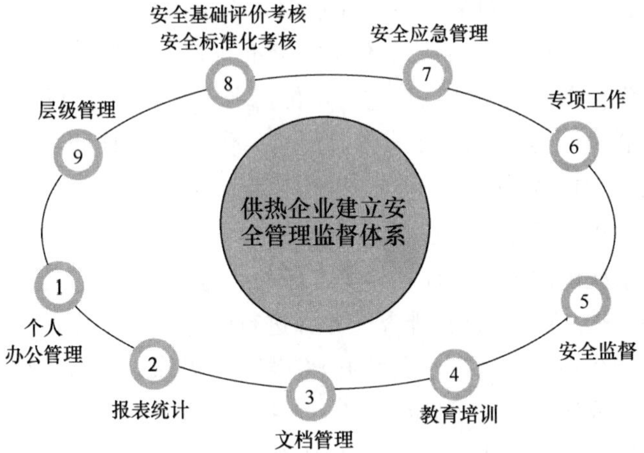

图 6-40 供热企业管理监督体系

1. 个人办公管理

该功能用于处理个人待办事项以及进行平台内部账户间的通信。代办事项包括：资质到期提醒、会议通知提醒、隐患整改任务、作业审批任务、安全检查任务、专项工作任务、接受演练指令等；账户之间通信包括：工作任务下发、会议通知下发等。

2. 报表统计

该功能以日常管理中需求的工作报表为模板，将报表内填报项对应的数据进行自动填写，对于平台不存在的数据，提供手动录入及 word、excel、pdf 等格式导出。报表种类可根据企业管理需求设置。

3. 文档管理

该功能用于实现各类公文、档案的管理。对企业的公司/部门资料、设备文档、安全法律法规、会议纪要等各种文档资料，进行统一管理。实现文件夹的新建、修改、删除，文件的上传、预览、下载、删除。

4. 教育培训

记录各种形式的安全培训情况，包括：培训时间、培训机构、培训成绩、培训人员、证书发放等全面培训信息。

5. 安全监督

（1）作业管理

实现作业票签发的在线流转。作业负责人可在对作业现场进行风险辨识、环境确认、安全防护确认后，在系统内发起作业票申请，对作业所在位置进行定位，并上传现场照片，发起申请并由作业监护人确认相关信息后，提交至指定的作业批准人进行审批；当作业需要相关方确认时，作业批准人可指定相关方人员进行审批，相关方审批通过后，签发作业票。审批工作可在移动端 APP 进行实现。针对不同的作业类型，可配置不同的审批流程，审批节点固定到岗位或个人。通过申请作业票时对作业区域进行定位，本模块可与地图联动，在地图上以图标形式实时展示所有正在进行的作业信息。作业申请时可选择作业承担者信息，实现作业与承担者的关联。

（2）安全检查和隐患追踪管理

用户可在系统内制定排查计划与排查任务，通过系统下发至相关人员，相关人员可在手持终端、PC 端查看排查任务并进行隐患排查工作，若在排查时发现隐患，通过手持终端上报隐患，也可由 PC 端进行补录，进行隐患上报，完成上报后进入隐患整改流程。完成排查任务后，排查人员可使用手持终端反馈完成情况。此外，依据所有的隐患信息，实现对不同部门的隐患数、整改数的统计分析。其中，隐患的来源可以为：上报的隐患、报警手动生成的隐患、报警超期未处理自动生成的隐患。

（3）相关方管理

建立外用工档案库，由相关负责人维护资质及培训记录、历史作业信息等。承包商信息与作业模块进行关联，选择作业人员时比对资质情况、筛选人员证件情况。

（4）危险源管理

通过危险源信息录入、危险源申报与核销实现危险源的闭环管理，并将危险源基本信息与其相关的环境因素、设备设施等进行关联，掌握与危险源相关的各个方面信息。在危险源事故发生时，为应急救援提供重要决策支持。

（5）安全费用管理

可记录展示安全投入计划和每项安全费用使用情况。

（6）职业健康管理

实现员工职业健康管理，记录员工定期的体检情况，同时针对不同工种工作环境所面临的职业危害项进行记录。

（7）工伤事故管理

记录工伤事故的发生情况。

（8）安全生产管理体系

依据组织机构信息生成企业安全环保管理组织网络图结构。

6. 专项工作

用户可在系统中录入安全管理专项工作任务、反馈工作任务完成情况。

7. 评价考核

对考核标准中的各考核项，制定不同的考核细则与标准，通过对比标准和完成情况，完成自评或他评，同时记录整改意见和整改情况，最终将所有考核项汇总完成考核。

8. 层级管理

通过业务授权控制实现对不同模块、不同功能点的使用限制，通过资源授权控制不同组织机构下数据查看管理的限制，依据各岗位、人员智能划分灵活调整工作权限，实现层级管理。

6.5.2　应急安全管理

为减弱供热运行中故障对广大居民的影响，各供热企业要充分重视应急安全管理工作，应借助智慧供热的应急安全管理系统开展相关工作。

1. 预案制定

制定切实可行的应急预案，既是供热企业履行安全生产主体责任的强制性措施，也是供热企业在生产安全事故发生时，有效组织应急救援工作的前提。在认真分析研判风险源、风险点，以及可能产生的事故类型的基础上，有的放矢地制定周密详尽，具有针对性、指导性、严密性、科学性和可操作性的应急预案，使供热企业有条不紊开展应急工作的行动指南。应急预案应包括但不局限于以下内容：

1）总则：编制目的、编制依据、使用范围、应急预案的体系、应急原则等。

2）事故风险分析：公司概况、事故风险的分析辨识、造成事故的原因、灾害后果、预防事故措施等。

3）应急组织机构及其职责：应急组织机构、应急救援指挥人员岗位职责等。

4）预防与预警：危险源管理、预警行动、预警程序、预警内容、预警方式等。

5）应急响应：响应分级、应急响应程序、处置措施（到达现场、初步确定、启动现场应急处置工作指挥部、赶赴现场、准备处置、突发事故的抢险抢修作业）、应急工作结束（保护现场、恢复正常）、善后工作等。

6）信息报告：信息报送人员、信息报送范围、程序、时限与要求、信息文本规范、通信联络等。

7）抢险抢修工作结束：后期处置、事故后果影响消除，做好善后赔偿等。

8）保障措施：人员与队伍保障、物资保障、技术保障、其他保障等。

9）附件：安全事故应急处置工作单、应急处置工作信息稿、应急人员明细（企业内各级）、应急队伍明细、应急物资明细、应急抢险专家名单表等。

2. 预案演练及记录

依托应急预案进行演练。现场应急演练人员配备手持终端，可与演练指挥中心平台保持实时信息互通，接受演练指令，并及时反馈指令完成情况与现场突发事件态势。通过演练流程图与演练地图的方式展示演练过程，实现对应急演练的全过程的实时把控，保证应急演练的质量水平，提高对事故的应急处置能力。

管理人员可随时查看演练计划执行情况。通过演练脚本、演练流程图、演练地图、演练附件等多种方式进行展示。

3. 重点对象的位置管理

对危险源、应急资源、关键设备、管网分布等重要对象，在系统中用专用图层显示，为工作人员提供直观的工作体验。如显示危险源的位置与状态信息，包括危险源存储地、数量、存储状况等；显示应急资源的位置与状态信息，包括应急物资、应急设备设施、应急救援场所的分布情况等；显示现有运行的主要管网及站点，清晰地表示重点部位所在的位置；集成显示消防监控系统，包括消防管网图以及消防阀门、消防栓、灭火器等消防设备的位置信息；显示作业管理模块中的作业票信息等。如图 6-41 所示。

4. 应急资源

应急资源包括应急人员、应急物资及外部组织机构。

1）应急人员：包括专家库、各级管理人员、抢修单位人员等相关信息。

2）应急物资：主要是应急物资管理情况，包括种类、数量、存储地点、管理人员等方面，将物资数量种类等同存储地进行关联，在地图上可以清晰地查看到应急物资存储情况。关于应急物资中备用设备，应与设备管理系统对接，并按照设备管理系统的管理进行维护保养。

3）外部组织机构：对企业外社会应急机构进行管理，如消防站、医院、合

图 6-41 重点部位位置管理

作单位等机构的联系方式、负责人进行记录，同时在地图上进行定位。

6.5.3 应用北斗技术的应急抢修

城市应急指挥平台，主要由应急指挥中心、移动指挥中心、政府各部门（安监、建委、110、120、119、122、气象局等）指挥中心、应急网络组成。北斗技术的应急抢修系统一般由地面应急救援指挥中心、移动应急救援指挥分中心和应急救援单兵系统 3 部分组成，如图 6-42 所示。依托通信卫星及其他辅助通信设备可实现图像、语音、相关数据的上传与下发；依托北斗定位导航通信卫星实现准确定位与基于短报文的应急指挥与综合显示等。

为了保证科学有序的建设应急指挥系统，国家已发布了一系列相关规范及要求，并对应急指挥系统（平台）做了明确的定义，包括：应急指挥场所、移动应急指挥中心（应急车、单兵包）、应急网络平台（卫星网络、3G 网络、专线网络等等）、基础支撑系统、数据库系统、综合应用系统与信息管理发布系统等（每个系统中还有很多分系统子项），如图 6-43 所示。

北斗技术也在智慧供热领域中具有重要发展前景。在管网的应急救援与开挖过程中，结合北斗精准位置服务，可快速全面了解现场情况，实现基于北斗精准位置信息的现场活动视频影像采集，规范管道维抢修过程中的开挖施工，实现基于 GIS 的管网设备档案数据库，为后续管道的维抢修提供数字化档案依据，从而提高管道开挖施工中的安全，保障应急现场人员安全和作业安全，降低作业风险和成本[28]。

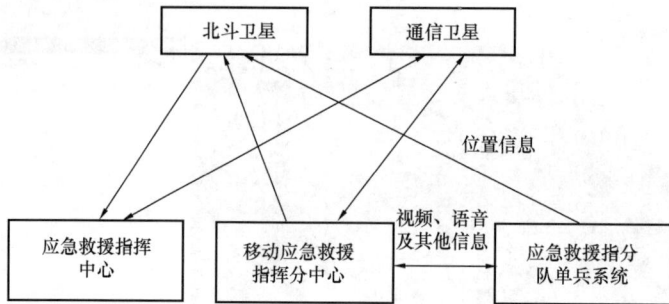

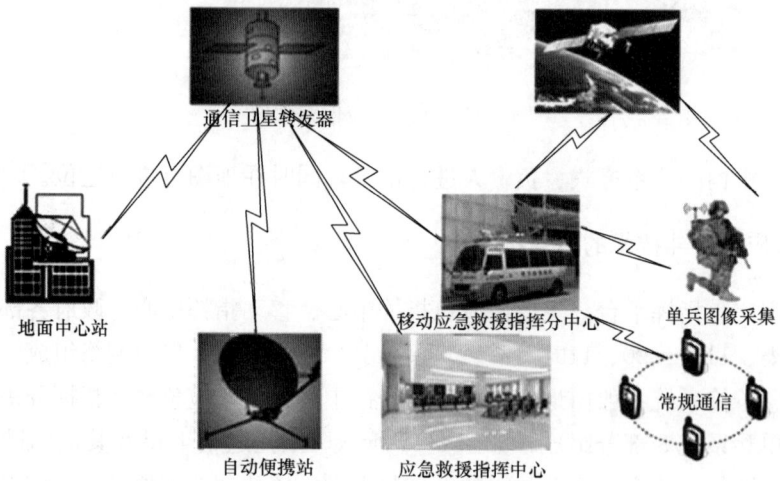

图 6-42　北斗应急救援解决方案系统结构

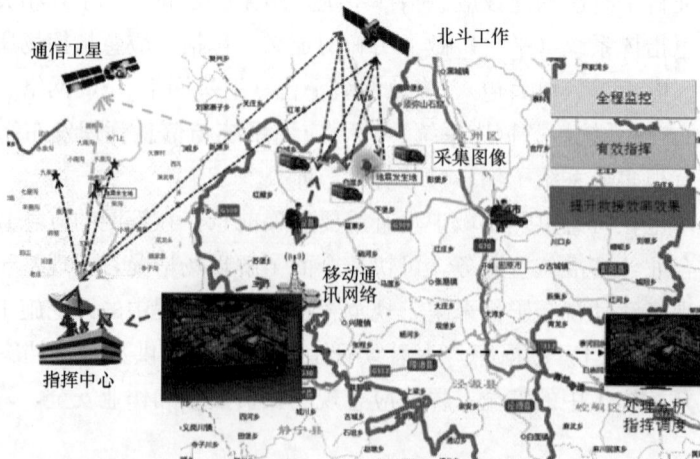

图 6-43　应急救援系统总体实施效果

1. 管网智能巡检

利用北斗高精度移动终端设备替代传统手机，同时使得管网的影像图更直观显示运行人员与管线的位置关系，可将定位误差有效缩小至 2~3m，高于 GPS 的 5~10m，从而提高管网巡线精度，识别确定设备设施的归属。

2. 地面设备设施普查与管理

地面设备设施普查与管理可以将热力站、阀、水泵等测量工作与档案录入系统集成，实现更加普及、非专业化的操作，让非专业人员高效完成较专业的测量采集工作。利用厘米级 RTK 载波相位差分技术设备完成户外以及庭院管网设备设施的快速采集，结合 APP 应用，可以一次性完成设备设施属性、影像、位置的一体化数字采集，自动生成软件平台所需格式，完善 GIS 地理信息数据。

3. 保温层破损点采集与管理

保温层破损点管理是通过 RTK 设备对日常泄露检测工作中发现的疑似或已确认泄露点位置等信息进行采集记录，持续扩充管网异常信息库的应用，其价值在于为管网的完整性管理奠定坚实基础。

4. 应急开挖采集与管理

应急开挖采集与管理通过防爆差分手机与调度中心联控，实时采集现场活动视频影像，便于统一调度、协调、部署工作；同时，对抢险现场中的重要工作环节进行留证及采集，包括保温层修复、补漏等环节的影像、位置、时间、人员、工具等信息，为后期管网运营及管网的评估提供数据资产。

5. 管线连接点采集与管理

管线连接点采集与管理应用是通过 RTK 设备结合 APP，对管线焊口、三通、弯头等关键位置及相关属性进行快速数学化采集，并上传到服务器，由软件对管线采集数据进行有效评判，例如管段长度是否合理、是否符合规划设计等。

参 考 文 献

[1] 刘歆泽. 全面规范化生产维护 (TNPM) 在大型施工企业设备管理中的应用[D]. 贵州大学, 2005.

[2] 方修睦. 智慧供热对供热企业及相关企业的要求[J]. 煤气与热力, 2018(3).

[3] 赵瑞平. 内蒙古电力科学研究院基于 RFID 的固定资产管理系统应用研究[D]. 内蒙古大学, 2013.

[4] 刘瑜玲. 石化建设企业设备管理信息化体系的构建[J]. 硅谷, 2009(17)：66-67.

[5] 田世超. 设备管理及维修方式的变革与重组研究[D]. 东南大学, 2003.

[6] 白舰. 利用"国家北斗精准服务网"为热力行业安全运行提供保障[J]. 区域供热, 2017(3)：111-115.

[7] 吴波，齐晓琳，王涤平等. 北斗精准定位在城镇燃气管道管理中的应用[J]. 城市燃气，2014(9)：24-26.

[8] 罗铮. 直埋热力管线的隐患分析及监控系统的建立[J]. 建设科技，2014(2)：94-97.

[9] 郑三立，李正强，赵伟等. 基于 GPS 和网络技术的线路智能巡检管理系统[J]. 电力系统自动化，2004，28(5)：90-92.

[10] 王艳辉，胡宇惠. 视联天眼综合视频会议平台的实现[J]. 有线电视技术，2016，23(3)：83-85.

[11] 胡桥，张周锁，何正嘉. 机械设备运行状态智能评估研究[C]// 全国振动工程及应用学术会议. 2004：313-316.

[12] 苗琼. 煤矿大型机电设备在线监测与故障诊断系统[J]. 工矿自动化，2018(3).

[13] 安洪光. 发电企业生产管理体制问题的研究[D]. 武汉大学，2002.

[14] 张东雪. 基于数据挖掘技术的全断面掘进机故障诊断系统研究[D]. 东北大学，2013.

[15] 张顺堂，阎旭骞. 大型矿山企业设备资产管理系统研究[J]. 中国矿业，2006，15(5)：17-21.

[16] 聂建伟. 基于软件 Q4 的海洋石油 FPSO 设备全生命周期管理[D]. 天津大学，2007.

[17] 陈铁牛. 计算机管理系统在施工企业设备管理中应用[C]// 施工机械化新技术交流会论文集(第八辑). 2007.

[18] 林丽霞. 供热系统预警评价方法的研究[D]. 哈尔滨工业大学，2012.

[19] Ahmet Duyar Artesis，常英杰. MCM：基于模型的状态监测诊断系统[C]// 全国第四次发电企业设备优化检修技术交流研讨会. 2008.

[20] 左帅. 功率模块在线工作温热失效的预测模型研究[D]. 河北工业大学，2015.

[21] 吴教丰. 面向 CPS 的虚拟生产线建模与调度研究[D]. 湘潭大学，2016.

[22] 任毅. 多热源集中供热系统优化调度方法研究[D]. 北京建筑工程学院，2011.

[23] 左炜. JDMS 管道监测系统介绍[C]// 热电联产与煤电深度节能新技术研讨会. 2016.

[24] 饶宁，邢文文. 综合管沟在石家庄建华大街工程的探索与可行性研究[J]. 城市道桥与防洪，2012(4)：260-262.

[25] 佚名. 关注城市地下管线工程档案管理[J]. 城建档案，2008(4)：6-11.

[26] 杨祥龙. 城市集中热网远程监控系统设计[D]. 天津大学，2015.

[27] 蔡志军，王天鹏. 集中供热系统的热网自动化控制[J]. 区域供热，2015(3)：55-59.

[28] 白舰. 利用"国家北斗精准服务网"为热力行业安全运行提供保障[J]. 区域供热，2017(3)：111-115.

[29] 陆烁玮. 综合能源系统规划设计与智慧调控优化研究[D]. 浙江大学硕士学位论文，2019.

第7章　智慧供热与用户管理

7.1　智慧供热与用户管理

基于我国"以人为本"的社会发展理念，用户管理和用户服务是供热企业各项工作围绕的中心。城镇供热涉及千家万户，事关居民冷暖，是一项重要的民生保障工程。目前，我国政府高度重视民生事业发展，强调应不断满足人民日益增长的美好生活需要，持续增强人民的获得感、幸福感、安全感，让人民群众共享发展与改革带来的成果，这应成为供热工作的出发点和落脚点。

供热是以保障用户采暖需求为基本目标的系统工程，从热源生产、管网输配、热交换直到用户采暖，整个系统都是以用户的用热需求为导向的，而需求侧所体现的水平和满意度，客观地反映了整个供热系统的能力与水平。

7.1.1　用户管理

用户管理是对供热企业服务的采暖用户进行管理，过程上是对供热终端系统运行的管理，具体管理内容如下。

1. 用户运行管理

包括：热力站及二次侧用户庭院供热管网的运行管理，用户端供热与采暖设备的巡检、调节与报修、维修管理，用户侧的安全应急管理等[1]。

2. 用户收费管理

从收费形式上看，有客服大厅收费、上门收费、银行代收费、网络收费等形式。从收费方式上看，有按面积收费、按热计量收费两种方式。用户收费面对的客体具有多样性、复杂性，需要有针对性的开展工作。

3. 用户服务管理

包括：用户安全与节能宣传、用户自管设备维修、用户供热质量投诉的处置等。

4. 用户发展管理

包括：既有辖区用户负荷、面积增容与系统改造；辖区新发展供热区域的配合，热力站、二次管网及设备质量验收与管理等。

7.1.2　智慧供热的用户管理

从需求侧用户管理的层面看，智慧供热具有以下意义：

第一，要以供热保障为目标，并以满足用户采暖基本保障性需求和日益增长的舒适性需求为前提，采用物联网技术，集成热用户计量、温度控制一体化系统，建立从热源、一次网、热力站、二次网、楼栋热力入口到热用户的数据信息系统及供热监控平台[2]。

第二，通过大数据挖掘分析，得出供热输配系统与热用户需求和建筑热特性之间的匹配规律，达到供热系统调控自动化、热用户采暖管控数字化、供热输配能效评价定量化、政府监管科学化，提升供热运行管理精细化程度和系统稳定性，最大限度地满足用户需求，并实现供热的降耗增效[3]。

第三，"互联网＋"为连接供热企业和广大百姓提供了创新技术手段，为客户报修、投诉、收费提供了便捷渠道，能够显著提升企业服务用户的能力。

7.2　按需供热与热计量

"热"是一种特殊商品，与水、电等公用产品具有较大的差异性，主要体现在热具有传导性及大惯性，即用户在购买"热"这个商品时，无法获得一般公用商品如水、电的独享与及时的购买体验；并且"热"作为商品购买时，用户实际享受到的是一种"热环境舒适度"的体验，但由于建筑结构特性以及热用户所处建筑位置不同，热用户购买"热量"的多少并不能与"热环境舒适度"的优劣直接相对应，处于建筑不利位置热用户购买较多的"热量"，却可能不如建筑有利位置热用户购买较少"热量"体验的"热环境舒适度"好。由于"热"的上述技术特性，使得要实现像水、电、燃气一样完美地实现按需供应与计量收费，仍存在不少技术困难。

7.2.1　按需供热

按需供热应该是包括两方面的含义：（1）从热用户需求侧来讲，是满足热用户的采暖需求，热用户在不同的时间段、不同的热舒适度要求情况下，供热系统能够按照热用户的需求进行供热保障；（2）从供热单位的供给侧来讲，是实现供热系统的自动化调控，能够按照热用户的需求，精准供热，既不欠供、也不超供，以最低的生产运行成本来满足用户侧的需求。

1. 从需求侧理解按需供热

从热用户需求侧来讲，热用户按需供热包括热用户的基本保障性需求以及日益增长的舒适性需求两个层面。

（1）热用户基本保障性需求

1）享有在各地区法定采暖时间内的基本室内温度保障

城镇集中供热的开始和停止时间，目前绝大多数都是按照地方供热管理条例规定的供暖起止时间进行供热的，按照地区寒冷程度划分为：一般寒冷地区 11 月 15 日至 3 月 15 日；寒冷地区 11 月 1 日至 4 月 1 日；严寒地区 10 月 15 日至 4 月 15 日。绝大多数地区最新的室内温度标准都是不低于 18 度，个别地区不低于 16 度或者 20 度。

2）保障室内采暖设备安全运行、故障维修、投诉咨询的需求

即用户室内采暖设施在出现跑冒滴漏等各种事故或室温不达标的情况下，希望及时解决，尽快回复正常采暖的要求。

（2）热用户日益增长的舒适性需求

1）异常天气采暖需求：根据临近法定采暖开始或停止时间的室外气象参数，及时启动供热或延迟供热以确保用户室内环境舒适的需求。比如北京市规定连续 5 天的室外平均温度低于 5 度，则应启动供暖。

2）分时段采暖需求：指用户在不同时间段有不同的采暖舒适性需求。对于居住建筑热用户，分时段采暖需求与生活作息规律、家庭成员类型、年龄段、建筑类型、居住位置（自由热利用情况）等有关；对于公共建筑热用户，分时段采暖需求与建筑性质、使用单位工作作息规律等有关，一般来说，公共建筑具有明显的分时段采暖需求特征，深夜至凌晨的采暖没有要求，可以低温运行。

3）分温采暖需求：指热用户对室内采暖热舒适度要求不同，采暖的室内热舒适度可以室内温度为代表参数，分温采暖需求就是热用户对室内采暖温度的需求。对于居住建筑热用户，分温采暖需求（室内采暖温度）与家庭成员类型、年龄段等有关系，一般来说，家庭成员有老人和小孩时，对室内采暖温度需求较高；对于公共建筑热用户，在正常上班时间段满足室内温度要求，分温采暖需求（室内采暖温度）与建筑性质（办公、商业、宾馆、医院等）、单位性质（政府机关、写字楼、企事业单位等）等有关，一般来说，除特殊用户（重点需求用户）以外，室内采暖温度符合当地城市供热条例规定即可。

4）按热量付费的需求：随着用户对个性化舒适性采暖需求的不断增加，在热力企业不断满足用户需求的同时，用户势必提出不同的需求满足程度应该支付不同的费用的要求。

热用户舒适性采暖需求以及按热量付费要求，将会对供热系统的信息化、自动化、智能化调节控制提出更高的技术要求，这也是智慧供热技术发展的主要动

力之一。

2. 从供给侧理解按需供热

从供给侧理解按需供热，同样包括两个层面：

（1）供给侧如何满足供热基本保障需求

供热过程中，即便用户的室内温度需求没有变化，但气象参数是逐时变化的，即热负荷（需要的供热量）是逐时变化的，供热系统能否在满足用户的基本需求前提下，以尽量低的生产运行成本及时地适应由于气象参数变化导致的热负荷变化，做到用户室内温度保持在期望值。

（2）供给侧如何满足日益增长的舒适性需求

供给侧如果只是依靠传统的"平衡"技术，通常难以满足用户日益增长的舒适性需求，也不利于根据热用户需求变化实行最大的节能。为满足用户侧对分时、分温的控制要求，有必要采用分户温控设备、智能楼栋平衡技术等新技术。应借助物联网、大数据等新一代新信息技术，从需求出发指导供热运行调控，即从"最终用户→二次网→换热站→一次网→热源"的反向调节控制过程。

7.2.2　供热计量

1. 供热计量发展

自 2003 年《关于城镇供热体制改革试点工作的指导意见》首次提出改革现行热费计算方式，积极推行按用热量分户计量收费办法以来，已经经历了 15 年的发展。期间，2008 年从研究供热价格形成机制、明确供热改革各级部门的主体责任，到《节约能源法》与《民用建筑节能条例》的颁布，从技术导则到工程验收办法的发布，供热计量改革进入了快车道。随着 2009 年中央财政奖励资金的推动，在"十一五"期间完成了 1.5 亿 m^2，"十二五"期间完成了 4 亿 m^2 的既有建筑供热计量改造。截至 2015 年底，北方采暖地区共计完成既有居住建筑供热计量及节能改造面积 9.9 亿 m^2。2017 年住房城乡建设部进一步制定"十三五"期间既有居住建筑节能改造面积 5 亿 m^2 以上的任务目标。

在我国历经了 10 余年的供热计量改革后，大家逐步认识到，供热计量收费仅仅是手段，不是目的，关键是在系统节能改造的基础上实现企业的精细化管理，促进节能减排，实现从传统供热向智慧供热为标志的现代供热转变。在全行业改革实践中，逐渐在认识上有了"五大转变"：第一，从非理性、盲目性向合理性、科学性的转变；第二，从为计量而搞计量向为节能降耗和精细化管理的转变；第三，从强调计量改造向系统节能改造的转变；第四，从单纯计量技术向热的感知测量和智慧供热的转变；第五，从重视前期计量改造向重视后期能源服务管理的转变。

2. 分户热计量技术方法

如前所述，"热"是一种特殊商品。因此，分户热计量的关键是热量的公平计量，而非精确计量热量。2009 年发布的行业标准《供热计量技术规程》规定的按热计量方式有 4 种：散热器热分配计法、户用热量表法、流量温度法和通断时间面积法[4]，之后又通过了《温度法热计量装置》的产品国家标准。

（1）户用热量表法

热量表是用于测量及显示水流经热交换系统所释放或吸收能量的仪表。热量表由流量传感器、配对温度传感器和计算器构成。热量表的主要类型有机械式热量表、电磁式热量表、超声波式热量表[5,6]。

户用热量表法适用于按户分环的室内供暖系统。该方法计量的是系统供热量，比较直观，容易理解。但从"热"的特殊商品属性来看，采用户用热量表法的计量模式，热用户购买"热量"的多少并不能与"热环境舒适度"的优劣直接相对应，处于建筑不利位置的热用户购买较多的"热量"，却可能不如处于建筑有利位置的热用户购买较少"热量"所体验的"热环境舒适度"好[7,8]。

（2）通断时间面积法

通断时间面积法以每户的供暖系统通水时间及采暖面积为依据，分摊建筑的总供热量。其具体做法是，对于按户分环的水平式供暖系统，在各户的分支支路上安装通断控制阀，在各户的代表房间里放置室温控制器，用于测量室内温度和供用户设定温度，并将这两个温度值传输给通断控制阀[9]。通断控制阀根据实测室温与设定值之差，确定在一个控制周期内通断阀的开停比，并按照这一开停比控制通断调节阀的通断，以此调节送入室内热量，同时记录和统计各户通断控制阀的接通时间，按照各户的累计接通时间结合供暖面积分摊整栋建筑的热量[10]。通断时间面积法属于温控计量一体化系统，可实现热用户供热的"可计量、可调节、可控制、信息化"。

（3）散热器热分配计法

散热器热分配计法是利用散热器热分配计所测量的每组散热器的散热量比例关系，来对建筑的总供热量进行分摊。其具体做法是，在每组散热器上安装一个散热器热分配计，通过读取热分配计的读数，得出各组散热器的散热量比例关系，对总热量表的读数进行分摊计算，得出每个住户的供热量[11]。散热器热分配计法适用于新建和改造的散热器供暖系统，特别是对于既有供暖系统的热计量改造比较方便，灵活性强，不必将原有垂直系统改成按户分环的水平系统。该方法不适用于地面辐射供暖系统。

（4）流量温度法

流量温度法是利用每个立管或分户独立系统与热力入口流量之比相对不变的

原理，结合现场测出的流量比例和各分支三通前后温差，分摊建筑的总供热量。流量比例是每个立管或分户独立系统占热力入口流量的比例[12]。该方法适合既有建筑垂直单管顺流式系统的热计量改造，还可用于共用立管的按户分环供暖系统，也适用于新建建筑散热器供暖系统。

（5）温度面积法

温度面积法热分配装置是安装在集中供热系统中采用室内温度和面积为主要参数来计算每户消耗热量的热量计算装置。装置由室温传感器、采集计算器、楼栋热量表组成。温度面积法分配装置是依据在一定的室外温度下，建筑物为维持一定的室内温度而需消耗热量的特性来分配热量的装置。分配装置所依据的热量分配模型是在建筑物内各房间的供暖热指标为常数的前提下，通过测量建筑物总供热量、每户的室内平均温度来对热量结算表计量的总热量进行分配[13]。温度面积法能实现：同一栋建筑物内相同面积的用户，在相同的时间内，室温相同，缴纳的热费相同。

上述 5 种热量计量方法都各有特色，散热器热量分配计方法和户用热量表法，是基于"热"是商品的基础，计量热用户耗热量，按热用户采暖消耗热量多少收取采暖费用。但在"热"的特殊商品属性下，为了适应"热量"多少与热用户"热环境舒适度"一定的对应关系，符合热用户购买"热量"但享受"热环境舒适度"的需求，往往采用热用户建筑位置修正系数对计量"热量"加以平衡，使其做到"相同面积的用户，在相同热环境舒适度条件下，交相同的热费"。通断时间面积法与温度面积法是根据热用户"室内温度相同、热环境舒适度"相同、缴纳热费应相同的理论基础，分摊计量热量是"采暖名义耗热量[14]"，而不是热用户实际的耗热量。上述两种方法热计量分摊的实质结果是：采暖热舒适度相同的热用户分摊热量相同、缴纳热费相同。理论分析可以证明，通断时间面积法设定室温的高度决定了通断控制阀开启比的大小，其实质是热用户"室内温度相同、热环境舒适度相同、分摊的采暖名义耗热量相同"，其物理意义相当于户用热量表测量的耗热量经位置修正系数修正后的热量值。

3. 供热计量技术与方法

全面推进供热计量改革已历经十余年，限于不同年代的建筑类型、各种供热系统形式发展出了多种供热计量技术方法。更由于智慧供热概念的提出和发展，供热计量逐渐不只是着眼于"计量"本身，而是和供热系统作为一个整体进行考虑。目前形成的行业共识是：第一，供热计量不应只是着眼于居民用户侧的计量，而是从热源、热力站、楼栋到用户的四级计量体系，且楼栋应作为居住建筑的计量结算点；第二，供热计量不仅仅是安装计量仪表，而是和用户调节、系统调控相结合的一次供热系统的全面技术升级；第三，供热计量还是转变集中供热的管理模式、树立以用户为核心的供热服务理念的技术手段；第四，供热计量是智慧供热的数据基础，目标是提高热力企业运行管理水平、降低生产运行成本。如图 7-1 所示。

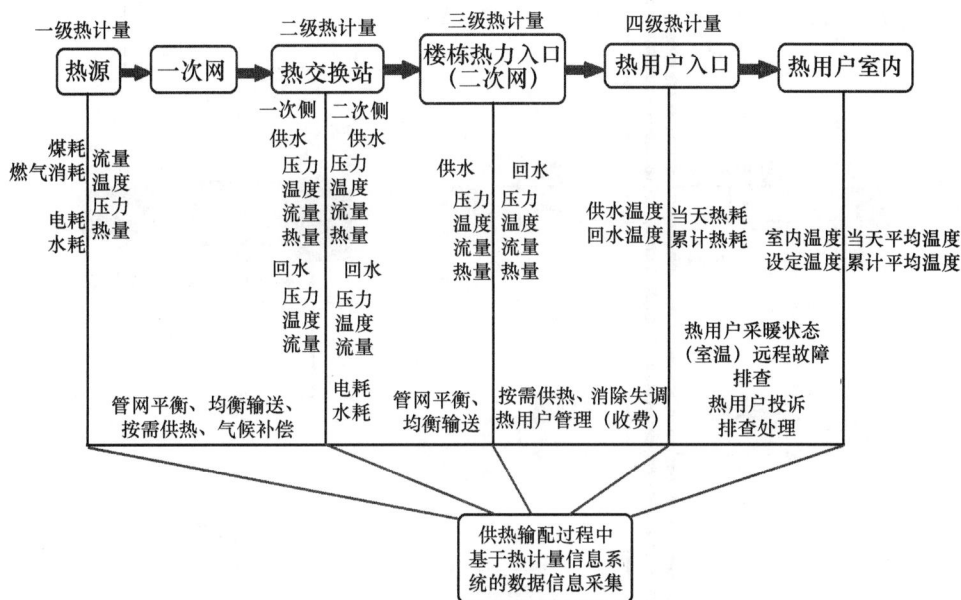

```
一级热计量              二级热计量        三级热计量        四级热计量
  热源  →  一次网  →  热交换站  →  楼栋热力入口  →  热用户入口  →  热用户室内
                                   （二次网）

 煤耗   流量    一次侧  二次侧              供水   回水                 室内温度  当天平均温度
燃气消耗 温度    供水    供水      供水   回水  压力   压力   供水温度  当天热耗  设定温度  累计平均温度
        压力    压力    压力      压力   压力  温度   温度   回水温度  累计热耗
 电耗   热量    温度    温度      温度   温度  流量   流量
 水耗           流量    流量      流量   流量  热量   热量
                热量    热量      热量   热量                         热用户采暖状态
                回水    回水                                         （室温）远程故障
                压力    压力                                         排查
                温度    温度                                         热用户投诉
                流量    流量                                         排查处理

      管网平衡、均衡输送、  电耗  管网平衡、  按需供热、消除失调
      按需供热、气候补偿    水耗  均衡输送    热用户管理（收费）
```

供热输配过程中基于热计量信息系统的数据信息采集

图 7-1　供热四级计量体系示意图

因此，居住建筑供热计量系统应实现"供热计量，温度自主调控，供热数据采集远传，远程智能收费管控，水力平衡调节，数据信息远程传输"，达到"可计量、可调节、可控制、信息化"的要求。从供热计量实践中的五大转变过程来看，未来居住建筑热计量系统的建设，应是智慧供热系统的重要底层设备基础、数据信息来源、调控执行基本单元。

现有热计量系统的典型技术方案如下：

1）户用热量表法温控计量一体化系统（图 7-2）；

2）通断时间面积法温控计量一体化系统（图 7-3）；

3）温度面积法温控计量一体化系统（图 7-4）；

4）二网平衡智能调控系统（图 7-5）；

5）热用户室温远程监测系统。

无论是热用户需求侧还是供热单位供给侧，按需供热的代表性关键参数是室内温度。因此，室温监测是实现按需供热的重要手段。室温监测数据信息不仅仅是反馈热用户实时的室内采暖温度，作为判断热用户采暖状态以及供热系统保障效果的依据，更重要的是积累一个典型热用户室内温度与室外气候条件、供热参

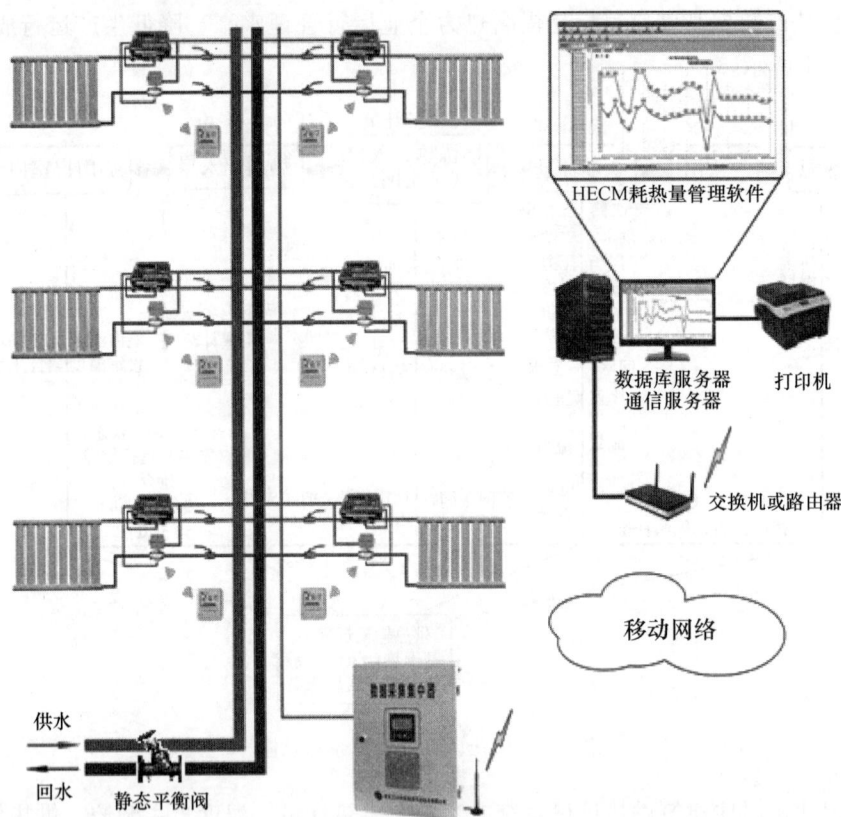

图 7-2 户用热量表温控计量一体化系统原理图

数、建筑热特性等相关联的历史数据库，这个历史数据库构成了智慧供热全网控制策略的大数据分析基础。

室温监测装置的技术问题是：（1）测量准确性问题，早期的室温监测装置一般是可移动的桌面摆放或壁挂式，位置不固定，一方面是不同热用户将测温装置放置在不同房间、不同位置，不利于供热单位判断典型热用户的实际室内温度情况，另一方面也比较容易受到外界因素的干扰。（2）供电问题，早期的室温监测装置一般采用电池供电，电池寿命一般最长不超过 2 年，频繁更换电池是保障测温装置长期可靠运行的难题。

目前的技术发展方向是：与热用户的插座、灯具开关等集成的固定安装，市电供电的室温监测装置。典型热用户室温监测系统的基本组成如图 7-6 和图 7-7 所示。

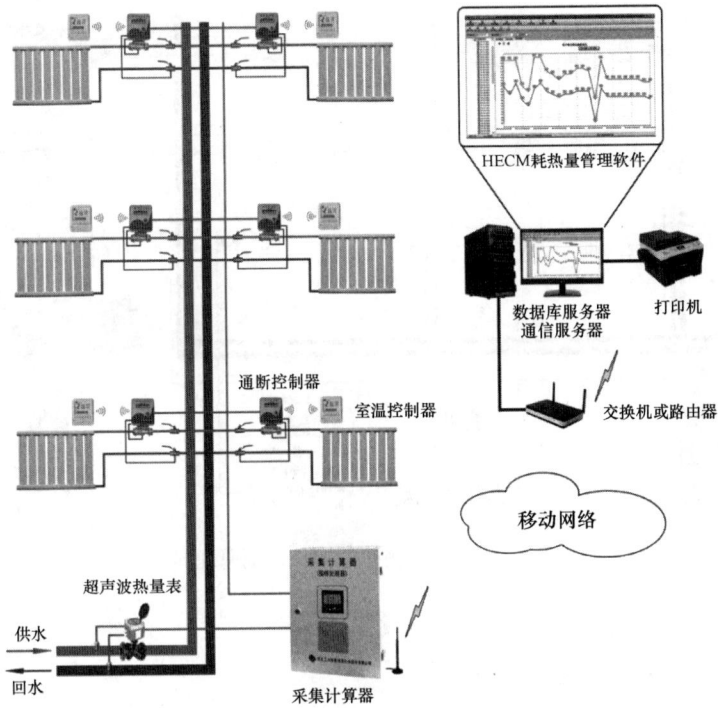

图 7-3　通断时间面积法热计量系统原理图

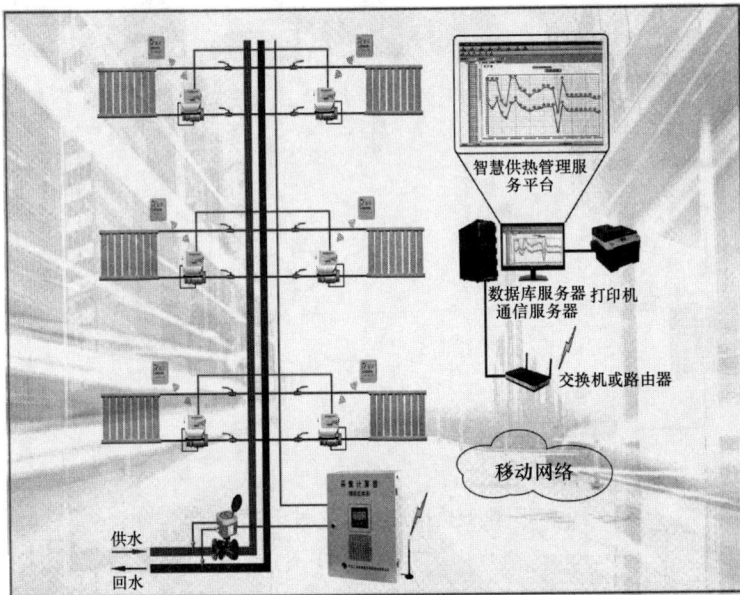

图 7-4　温度面积法热计量系统原理图

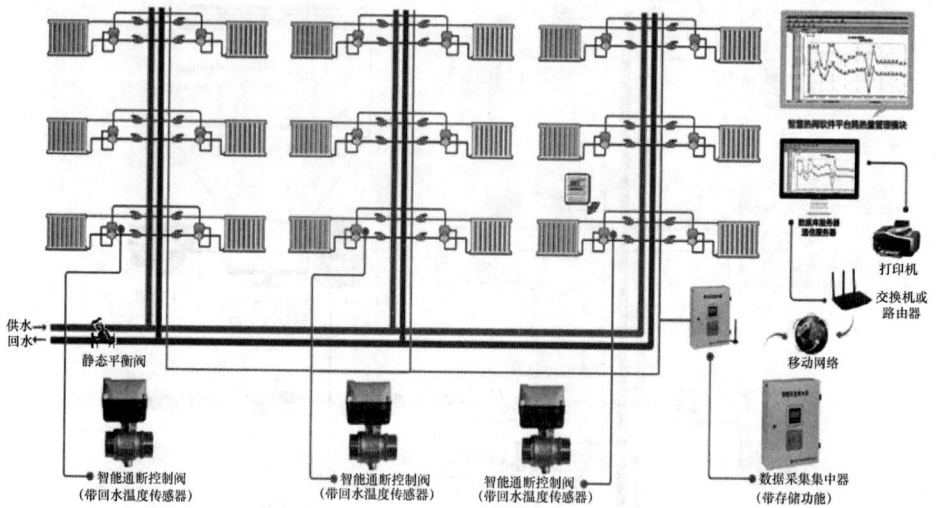

图 7-5 二网平衡智能调控系统原理图

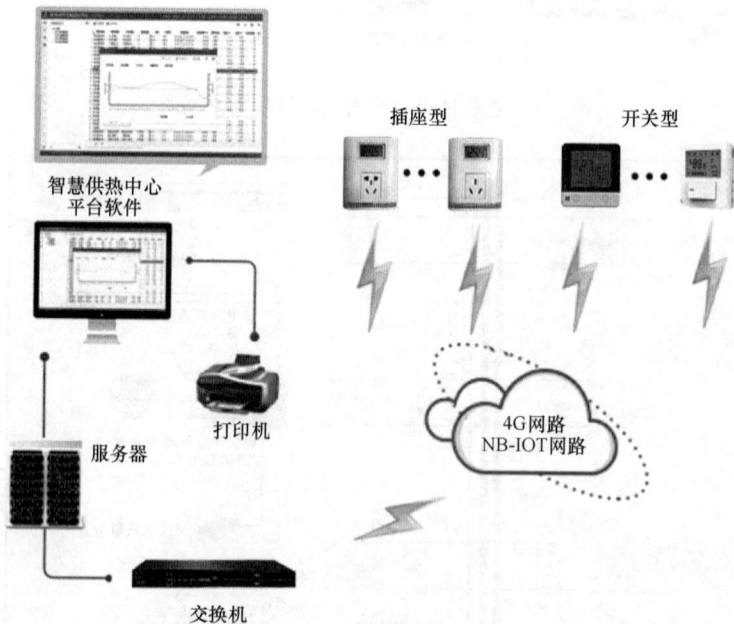

图 7-6 典型热用户室温监测系统原理图

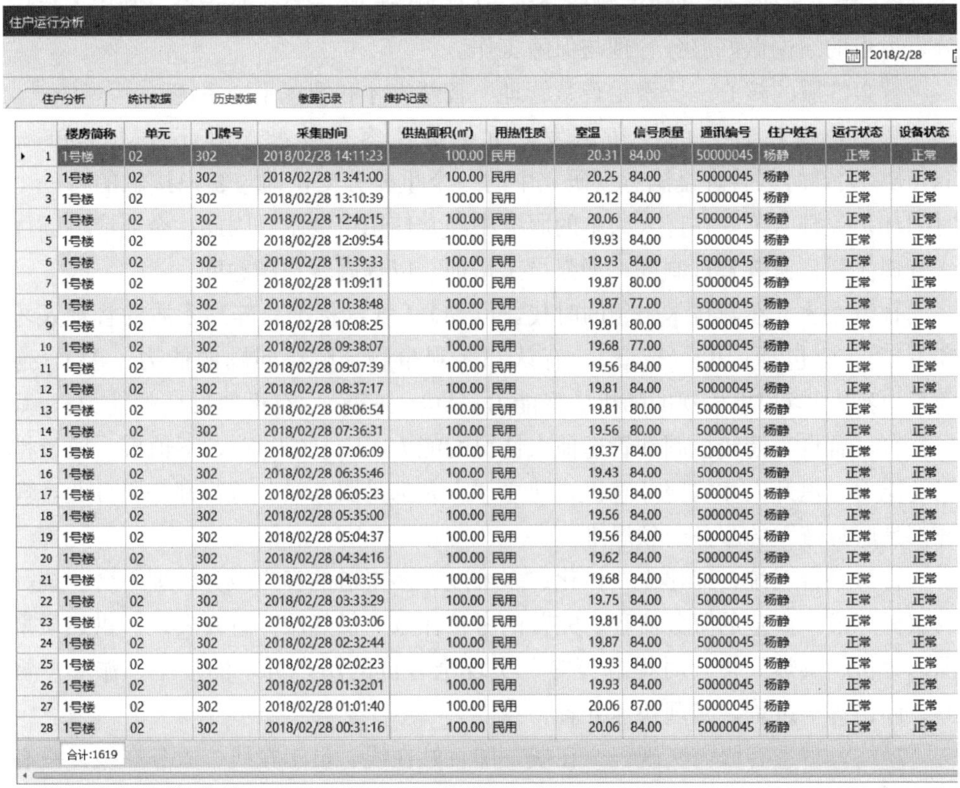

	楼房简称	单元	门牌号	采集时间	供热面积(m²)	用热性质	室温	信号质量	通讯编号	住户姓名	运行状态	设备状态
1	1号楼	02	302	2018/02/28 14:11:23	100.00	民用	20.31	84.00	50000045	杨静	正常	正常
2	1号楼	02	302	2018/02/28 13:41:00	100.00	民用	20.25	84.00	50000045	杨静	正常	正常
3	1号楼	02	302	2018/02/28 13:10:39	100.00	民用	20.12	84.00	50000045	杨静	正常	正常
4	1号楼	02	302	2018/02/28 12:40:15	100.00	民用	20.06	84.00	50000045	杨静	正常	正常
5	1号楼	02	302	2018/02/28 12:09:54	100.00	民用	19.93	84.00	50000045	杨静	正常	正常
6	1号楼	02	302	2018/02/28 11:39:33	100.00	民用	19.93	84.00	50000045	杨静	正常	正常
7	1号楼	02	302	2018/02/28 11:09:11	100.00	民用	19.87	80.00	50000045	杨静	正常	正常
8	1号楼	02	302	2018/02/28 10:38:48	100.00	民用	19.87	77.00	50000045	杨静	正常	正常
9	1号楼	02	302	2018/02/28 10:08:25	100.00	民用	19.81	80.00	50000045	杨静	正常	正常
10	1号楼	02	302	2018/02/28 09:38:07	100.00	民用	19.68	77.00	50000045	杨静	正常	正常
11	1号楼	02	302	2018/02/28 09:07:39	100.00	民用	19.56	84.00	50000045	杨静	正常	正常
12	1号楼	02	302	2018/02/28 08:37:17	100.00	民用	19.81	84.00	50000045	杨静	正常	正常
13	1号楼	02	302	2018/02/28 08:06:54	100.00	民用	19.81	80.00	50000045	杨静	正常	正常
14	1号楼	02	302	2018/02/28 07:36:31	100.00	民用	19.56	80.00	50000045	杨静	正常	正常
15	1号楼	02	302	2018/02/28 07:06:09	100.00	民用	19.37	84.00	50000045	杨静	正常	正常
16	1号楼	02	302	2018/02/28 06:35:46	100.00	民用	19.43	84.00	50000045	杨静	正常	正常
17	1号楼	02	302	2018/02/28 06:05:23	100.00	民用	19.50	84.00	50000045	杨静	正常	正常
18	1号楼	02	302	2018/02/28 05:35:00	100.00	民用	19.56	84.00	50000045	杨静	正常	正常
19	1号楼	02	302	2018/02/28 05:04:37	100.00	民用	19.56	84.00	50000045	杨静	正常	正常
20	1号楼	02	302	2018/02/28 04:34:16	100.00	民用	19.62	84.00	50000045	杨静	正常	正常
21	1号楼	02	302	2018/02/28 04:03:55	100.00	民用	19.68	84.00	50000045	杨静	正常	正常
22	1号楼	02	302	2018/02/28 03:33:29	100.00	民用	19.75	84.00	50000045	杨静	正常	正常
23	1号楼	02	302	2018/02/28 03:03:06	100.00	民用	19.81	84.00	50000045	杨静	正常	正常
24	1号楼	02	302	2018/02/28 02:32:44	100.00	民用	19.87	84.00	50000045	杨静	正常	正常
25	1号楼	02	302	2018/02/28 02:02:23	100.00	民用	19.93	84.00	50000045	杨静	正常	正常
26	1号楼	02	302	2018/02/28 01:32:01	100.00	民用	19.93	84.00	50000045	杨静	正常	正常
27	1号楼	02	302	2018/02/28 01:01:40	100.00	民用	20.06	87.00	50000045	杨静	正常	正常
28	1号楼	02	302	2018/02/28 00:31:16	100.00	民用	20.06	84.00	50000045	杨静	正常	正常

合计:1619

图 7-7　热用户室温监测历史数据示意图

7.3　智慧供热的客户服务

对供热企业而言，客户服务包括被动服务和主动服务，所谓被动服务，是热用户在需要服务时通过电话、网络等各种媒介向供热企业提出服务诉求；主动服务是指供热企业判断用户需要服务时主动联系客户提供服务。因此，智慧客服的建设也要从这两方面思考，对于被动服务要聚焦提高处理效率，对于主动服务要聚焦分析用户数据，为用户提供适合的服务。智慧供热服务的终极目标是主动服务，以良好的客户服务改善供热行业整体的生态环境，提高客户满意度，提升收费率，改善企业经营状态，促进环境改善、节能减排事业的发展。

7.3.1　智慧的客户服务

1. 智慧客服定义

从理论上讲，智慧客服是供热企业借助智能化、信息化手段来实现与客户之间高效交流。"智"是站在大数据分析与应用基础上，"慧"是指充分利用大数据分析得出的结论做好服务管理与保障工作。

智慧客服的核心三要素是智慧管理、智慧人才和智慧平台系统。

智慧管理从客户的视角出发，重点关注客户体验。MoT（Moment of Truth）关键时刻管理是满意度研究中的一个重要分支，即与客户接触的每一个时间都是关键时刻，在以人为本的服务中经常使用该技术。因此，企业应不断优化管理流程，完善管理制度，加强员工培训，以提高客户满意度。

智慧人才，在新技术引领的时代，以5Q人才为标准培养高素质的管理人才和员工。5Q包括：IQ（智商），有认知客观事物、解决问题的能力；AQ（逆商），身处逆境积极乐观的随机应变能力；SQ（速商），有迅速反应的能力；EQ（情商），有自我情绪控制和管理他人情况的能力；CQ（胆商），不怕事，敢于担当的能力。提升人才的服务意识，建立"人人都是服务员，行行都是服务业，环环都是服务链"的服务引领思维。

智慧平台系统，即建立一体化、多维度、多渠道的客户服务管理平台。统一的服务标准、规范的服务流程、完善的考核体系，供热服务直观展现、供热质量图形分析、供热舆情及时提醒等等，实现全方位的用户诉求的接单、派单、督办、回访等全过程，实现快速处置。

最终，智慧客服需实现三个在线，即百姓在线、员工在线、服务在线，只有三个环节同时在线，才能实现智慧客服，才能实现常态服务变个性化服务，精细化服务变精准化服务，被动服务变主动服务。

2. 供热客户服务的发展

由于供热工作季节性强及技术和工艺较为复杂，供热企业普遍存在供热初期资源配置、服务人员不足等情况，难以在第一时间满足客户需求。随着供热体制改革的完成，我国实现了用热（冷）商品化、补贴货币化，即将采暖费用由原来的单位统包，改为由居民家庭直接向供热企业缴费取暖，与此同时，随着客户的需求标准日益提高，客户服务也因此经历了以下四种客户服务模式。

（1）责任田模式

鉴于供热工作季节性强，传统供热企业对供热服务方面投入相对偏少，导致部分中小型供热企业依旧处于人工服务状态（如张贴服务人员手机号，用热户遇到问题直接同服务人员进行联系），既不做书面登记也无需向上反馈。

责任田模式的优势：① 服务人员直面报修和投诉，第一时间感受客户需求，做出最快的响应；② 强化责任区域的概念，促使服务人员把供热季服务和非供热季保养作为整体目标进行维护；③ 服务人员在不忙的时候，可以帮供热单位承载其他的工作职责。

责任田模式的劣势：① 换热站有人值守的供热企业，可充分利用值守人员，但专业化程度低，综合成本高；② 服务人员现场服务的同时，往往还需要处理其他客户来电，无法兼顾；③ 特别是涉及政策咨询、热费查询类电话，会挤占抢修时间，且存在答复不专业的问题；④ 服务人员接电话时无法了解客户的详细信息，如欠费情况、私改情况、历史工单、故障信息等，无法做出最优安排；⑤ 供热初期报修投诉量大的时候，无法保证电话及时接听，无有效登记和记录问题，无法产生数据沉淀，最终无法进行各换热站、小区报修量和报修类型的统计，服务完成率、服务及时率、重复派单率等方面的统计。

（2）投诉监督模式

鉴于责任田模式无法实现过程管理、事前预警，导致很多供热服务问题转化为投诉、信访件，甚至引发群体上访事件。因此在责任田模式的基础上，供热企业增设了总部电话或者投诉电话，监督、考核下属单位及相关工作人员的客户服务工作。相比责任田模式，有了工单派送和数据统计，但存在只能事后问责的弊端。

（3）客服中心模式

鉴于事后问责制度（责任田模式、投诉监督模式等）存在信息分享不足、工作协同不畅、过程监管缺乏等问题，无法实时对服务数据进行分析及考核。因此，为加强供热服务的过程记录，实现服务互联和大数据应用，越来越多的供热企业建设了客服中心。

1）客服中心特性

统一的呼叫中心：一个号码对应多个接听席位，可实现电话录音、转接等功能；统一的信息化平台：所有的电话、客户、工作人员、工单全部进入信息化系统，实现充分的信息共享和过程协同；统一的监管平台：对服务过程进行监督，对服务质量进行考核，对服务数据进行分析。

2）组建结构

客服中心模式分为集中式和分布式两种结构。集中式为建立大型客服中心，集中受理客户投诉和报修，集中进行工单安排、调度和监管，可实现电话并发和智能调度，有效调配座席资源，提高电话接通率；实现客服人员专业化培训，有效推进客服标准化服务；实现工单过程监管，有效提升入户服务质量。分布式为将客服中心职能分散至各换热站，按照属地管理原则，结合现有人力资源进行入户服务工作，但鉴于缺失过程监管，其服务人员执行力无法得到保障。

（4）智能客服模式

伴随着物联网、大数据、移动化、AI 等技术的发展，供热客服在基本达到数据共享、流程协同、过程监控的同时，又提炼出了新的内涵和外延，即通过移动端把管理触角从办公室延伸到服务现场，打通线上线下，打破空间时间，连接政府、企业与客户，形成供热服务管理的生态系统。具体表现形式如下：

1）客户

客户可通过电话、微信、微博、APP、网站等渠道进行报修、催办、返工申请等业务，并根据客服人员服务质量进行智能化满意度回访。有条件的区域可开放信息自助查询，对家中供热质量进行实时检验。

2）客服中心

客服中心可根据热用户的电话、微信等渠道的咨询和报修请求，通过一站式服务平台实现统一派送工单至移动端，并对重点工单、延时工单进行督办、催办。

3）服务人员

服务人员可通过移动端及时了解派单用户基本情况及需求，并完成照片、签字、录音、视频等数据的上传工作，实现现场实时接收，结果实时反馈，提升服务人员工作效率。

4）管理人员

管理人员可通过移动端实现移动考勤和监督工作，实施对服务人员工作状态及服务位置进行分析，及时把握重点问题小区和突发供热故障。

5）企业负责人

企业负责人可通过移动端实时掌握供热基本情况，并通过话务、投诉、工单数据实现量化考核，保障服务人员入户服务质量。

6）政府

政府既可通过移动端监督供热单位的供热运行质量，确保供热达标；又可监督投诉和服务响应及时性，确保服务质量。

7.3.2　客服平台系统

1. 业务流程设计

客户服务首先要实现明确的岗位职责划分，清晰的工作流程设计，建立通畅的信息互动传递机制，以确保工单形成闭环，确保工单不丢失、不重复、不延误。具体流程见图 7-8。

1）客户拨打客服中心电话，或通过现场、网络进行业务求助后，统一在客服管理系统中进行派单。

2）电话渠道实现系统智能语音导航，播放欢迎信息和政策通知公告，并引导客户进行自助暖费查询、报修、咨询等业务。网络渠道则由客户自助登录进行业务求助。

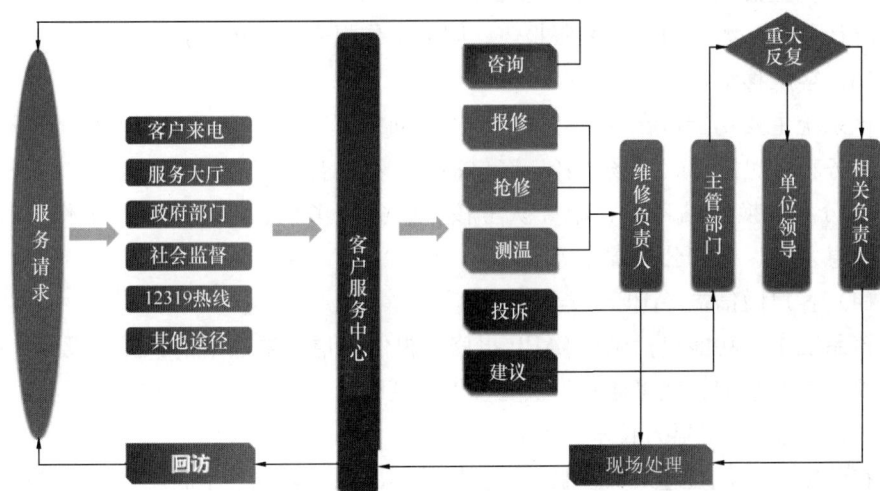

图 7-8　客服流程示意图

3）人工座席受理客户求助时，系统自动弹出客户基础资料、用热状态、欠费交费等信息，以及所在区域故障抢修信息、客户历次来电信息、同单元客户来电信息，辅助座席人员展开服务。

4）座席人员直接完成客户的咨询服务，对投诉、报修类求助进行任务派单，并设定工单的完成时间和超时预警，展开监督。电子工单可到达中心站电脑提醒，亦可通过短信发送给片区负责人，亦可通过移动终端 APP 实时传递，让工作人员尽早到现场解决问题。

5）工作人员通过移动设备实时接收工单，进行入户服务，并将过程记录上传至系统中。

6）客服中心人员对需要回访的客户进行回访确认。

7）领导不定期对客服录音、业务受理情况、入户服务工作是否完成进行全面考核和评价，并持续优化服务流程。

2. 功能模块组建

智慧客服技术平台，主要包括呼叫中心系统、客服系统、移动端、微信端四大部分。

（1）呼叫中心系统

该系统主要功能包含自动来电弹屏、智能选择座席、自动语音应答、座席接答、主动呼叫、电话转接、全程录音、呼叫黑名单、班长座席监控、客服服务评价、话务统计等。

（2）客服管理系统

该系统主要功能包含业务受理、智能派单、工单跟踪、催办督办、通知公告、统计分析、派单短信、客服报表、服务工作报表、知识库管理等。

（3）客服移动端

该系统主要功能包含接单、抢单、工单回复、工单审核、工单改派、现场拍照、服务耗材、测温、现场录音、客户签字、移动督办、呼叫服务人员、服务人员 GIS 分布、换热站考核、服务队考核、服务员考核、报修统计、工作统计、运行信息发布、通知公告发布等。

（4）客户微信端/APP

该系统主要功能包括微信/APP 报修、报停申请、复热申请、提交投诉、提交建议、暖费查询、优惠通知、供热公告、催缴信息等。

（5）智能 AI 机器人技术的引入

在数据层面，通过人工客服日常积累的问题集，建立一个高质量、高扩展性的语义库，并在此基础上通过各种渠道获取尽可能多的行业问答知识。语义库是客服机器人寻找答案的来源，语义库覆盖面越广意味着机器人可以回答的问题越多。由于用户所提问题的形式通常都是非标准化的，同一问题的问法多种多样，因此必须将各种形式的问题归一化，以便同知识库中的标准匹配。该项技术的引入，可以大大降低运营成本、提升服务能力。

3. 网络硬件配置

（1）主要平台

1）智慧供热客服平台

对于中大型的供热企业来说，往往核心业务系统位于局域网系统当中，或是在 VPN 和数字证书环境下，除此之外，还需要对接多家银行进行代收业务，并设置前置机（隔离内网和外网），实现逻辑隔离，保证银行系统安全的同时保证供热企业的数据安全。

2）微信、支付宝等第三方代收平台

为便于用户通过微信、支付宝等第三方代收平台进行业务办理，需对外界至少开通 80 端口，以实现和外部系统的对接。

3）移动端 APP

鉴于供热企业内部工作人员需通过移动端 APP 进行现场办公和远程办公，因此，需把核心业务系统增加屏蔽设置，并适当对外开放一些业务接口（如何收费、测温、服务、稽查、巡检等），在确保实现数据安全的前提下，尽可能给工作人员提供便利。

4）其他平台

供热企业网站、微信公众号等宣传平台，因不涉及核心业务，可以直接在公网发布。

（2）硬件环境建设方案

硬件环境是指供热企业信息化建设的基础设施。鉴于供热企业信息化普遍落后，IT 基础设施建设参差不齐，供热企业可根据自身实际情况完善内部信息化建设。具体解决方案可分为以下几种：① 无 IT 基础的中小型供热企业建议使用云主机快速构建 IT 基础服务；② 有 IT 基础的中小供热企业可以构建简易机房；③ 中型供热企业可构建专业机房；④ 集团型、大型供热企业采用私有云和虚拟化技术。

4. 客服中心配套设施

客服中心作为统一对外的窗口，主要包含两部分建设内容：一是现场接待大厅，开展交费、入网、报停、复热、现场咨询等服务；二是客服座席中心，开展热线接听、网络受理等后台互动服务。

客服中心机房设备需要客服服务器、呼叫中心服务器（高端方案：品牌呼叫中心；中端方案：多媒体一体机；基础方案：语音板卡组装方案）；现场接待大厅需要配置电脑、打印机、快拍仪、POS 机等设备；客服座席中心需要配置电脑、耳麦、大屏幕等设备；现场办公需要 4G 功能的手机或者 PAD，辅助服务人员现场开展服务、测温、收费、稽查、开关栓相关工作。

5. 软件配置

智慧客服是覆盖整个供热企业的生产、供应、支撑、调度和服务能力。因此要实现智慧客服，必须要以全面提升供热运行和服务管理能力为基础，围绕服务满意度和科学灵活调度，实现供热客户服务工作的智能化、流程化、精细化管理。而要支撑上述目标的达成，需借助以下平台：

（1）呼叫中心系统

实现电话排队、空闲调度、电话录音、自助报修、电话报停等业务。在供热服务领域，热线电话始终是最主要的报修、投诉渠道。

（2）网站/微信/微博/APP/短信等平台

尽可能开通更多的咨询、报修、投诉渠道，作为客服热线的有效补充，并安排专门人员进行运营和管理，实现和客户的零距离沟通。

（3）工单管理平台

管理工单的受理、分派、回复、回访等环节，实现对工单的跟踪、督办、催办等管理动作。

（4）内部互动平台

发布通知公告、运行信息，实现供热企业内部的即时通信。

（5）信息集成平台

321

智慧客服的前提是需要有大数据支撑，因此客服平台要集成三大部分数据：

1）供热运行数据，如热源、管网、换热站的供热运行参数；

2）热用户数据，第一时间掌握报修者的基本情况、历史来电、用热状态、阀门热表参数、欠费状态、私改等信息；

3）供热单位人力资源数据和责任区域划分，能第一时间开展沟通协调、任务分派、资源调度，并实现服务考核。

6. 人员配置

智慧客服的运转还需要有人力资源的支撑，主要人员包括客服座席、现场服务人员。根据供热客服管理经验，为更好地为客户服务，需根据供热企业质量标准、客服人员的能力和一线服务人员技能水平，合理配置每百万平方米的客服人员数量。供热客服座席配置分为忙季和淡闲季，建议白班、晚班两班轮换，忙季白班需要全部客服座席满员，晚班适当削减人员，闲季客服座席适当减少。以下以8万用户为例简述人员配置方案。

图7-9为8万用户的某供热企业的电话量，在供热初期的前十天，最多的几天电话量约为4000个。一般来说一个座席一个白天十个小时能接200个电话左右，相当于实际工作中每个电话沟通加录入工单平均时间为1~5min。

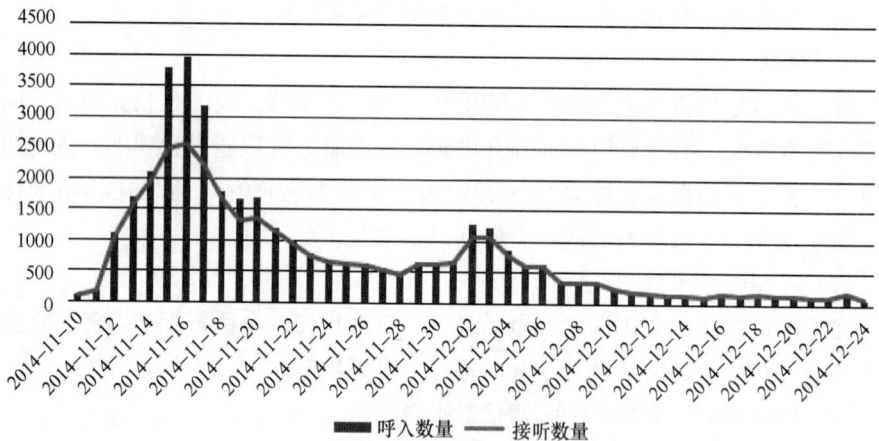

图7-9 报修电话数量趋势图示例

7.3.3 智慧客服的建设意义

1. 提升单位形象

①一个服务入口，统一的客服呼叫中心，提供咨询、报修、投诉集中入口，提升企业影响力；②对外一个服务电话，人性化的语音播报，方便客户拨打，提升企业亲和力；③规范接线服务，减少个人素质、能力因素等影响因素，提高客

户服务满意度。

2. 提高客服工作效率

① 电脑语音导航，智能电话分配，提升电话周转率和接通率；②加强呼损管理，对电话打不进来的客户提供专门的辅助服务；③来电自动识别客户，电脑自动弹出客户资料及历史信息，提高座席和客户的沟通效率；④多渠道智能派单，全程工单跟踪和监督，并随时催办、督办。

3. 提高服务效率

① 通过移动端实现工单实时接收，结果实时反馈；②通过移动设备完成照片、签字、录音、视频等数据上传。

4. 提高协同水平

① 服务人员可在移动端进行工单的审核、回复等工作，可随时随地了解掌握管辖范围内的工单情况、整体客服及服务情况；②根据服务人员当前在线及接单状态，科学合理地分派服务任务；③实时掌握管辖区域内反映问题状况、服务人员工作进展状态；④通过服务人员位置识别、移动考勤，有效协同、调度服务资源。

5. 提高管理成效

① 每一件工单都可监控，录单、派单、服务、回访节点记录可追溯，从过程管理出发来保证客户的满意度；②建立供热客服知识库，加快录单速度，甚至常见问题可由客服直接指导客户自行解决。

6. 提高分析决策水平

① 实时掌握报修量和及时接单率，保障供热运行整体平稳；②全面分析客户报修来电，服务及时情况，有效辅助调度、配备客服和服务资源；③话务、工单、投诉等信息数据的综合分析、深度挖掘，辅助管理人员了解报修运营现状；④通过移动端宏观图表，随时掌握报修、投诉及处理等整体运营情况。

7.4　智慧供热与热费收缴

智慧供热的收费服务，借助"互联网＋"等新兴技术，为供热企业搭建起围绕客户、面积、费用管理的综合信息化平台。通过完善客户用热档案，理清供热面积和状态，对内联动财务及线下移动端开关栓、稽查、清欠等工作，实现各部门业务协同；对外打通微信、支付宝、云闪付、银行、柜台等多种服务渠道，提供便捷交费和业务办理通道；最终汇总供热收费大数据为生产和经营提供决策支持。

7.4.1　收费服务的业务

1. 收费的定位

在供热企业中，一般负责收费业务的部门是经营部，同时还要把收费任务分解给收费员，由收费员来具体负责收费工作。从职责分工上来看，收费工作只是经营部和收费员的任务，与其他部门无关。其实，收费工作不单单是经营部和收费员的职责，更是供热企业的生产运行能力、客户服务水平的集中体现。只有提高生产运行能力，提升客户服务水平，收费率才能提高。

同时，做好收费工作，一方面解决供热收费管理问题，另一方面也为供热运行质量提供数据支撑，同步促进供热企业的收费管理水平和供热运行水平。

2. 收费的业务内容

收费服务主要的工作部门是经营部，另外还涉及财务部、稽查部等部门，涉及的人员包括企业主管领导、经营部的收费领导和收费员、稽查部的稽查经理和稽查员、财务部的财务经理和出纳等。

收费服务的主体业务内容，围绕客户、面积、费用展开，大致包括以下几个方面：

（1）面积台账管理

面积台账管理，是管理热用户的基本信息的业务。从收费角度来讲，要管理热用户的收费性质（采暖/热计量）、面积、用户类型（居民/公建）等，为费用的计算提供基本依据；从管理范畴来讲，要管理热用户所属的供热公司、中心/所、收费员等，为基本的考核和范围管理提供依据；从热网角度讲，要管理热用户所属的热力站、机组，为生产提供服务。

（2）业务变更管理

业务变更管理，指热用户的各种具体业务处理，如停供/恢复供热、补贴、调整面积、过户等。

（3）票据管理

票据管理目前有两种模式，一种是连接税控机打印票据的方式，管理功能较少；另一种是供热企业打印普通票据的方式，这个一般由财务部门到税务管理单位购买发票，然后按管理机构逐级领用。

（4）收费业务管理

收费大厅中处理的业务内容较多，包括各种业务变更以及费用的收缴、退费、票据打印及各种账务处理。第三方代缴的对账也是收费管理的业务内容。

3. 收费与其他业务的关系

收费业务与其他业务有着联动、交叉的关联关系，主要如下：

（1）热用户发展

热用户发展业务是收费业务的基础数据来源。热用户发展负责新的客户的合同签订，并将客户、面积、收费性质等原始资料传递给收费业务。同时，热用户发展过程中的并网费、配套费等的收取，也由收费业务负责。

（2）客户服务

客户服务人员在接到用户投诉时，第一时间要判断用户的供热状态、费用是否缴纳，在处理完成之后还要将一些重要的结果反馈给收费系统。

（3）热计量

热计量的数据采集一般由热表厂商负责，收费系统要实现同热表系统的对接，采集计量数据。然后由业务人员对采集或导入的用量数据进行确认，并根据业务要求进行结算处理。

（4）稽查

稽查业务对热用户的违规违约情况进行针对性的稽查和跟踪管理，对违规用热的客户进行重点关注。稽查业务要以收费系统的数据为基础，包括用户的面积、供热状态、缴费状态等。同时稽查的结果也要直接反馈给收费业务，如直接变更面积、补缴费用、禁止缴费等。

（5）开关栓

热用户办理停供之后，生产人员要到现场进行关栓操作；办理恢复供热之后，要到现场进行开栓操作。还有缴费开栓、窃热关栓等操作，因此开关栓业务和收费业务也是一个关联的状态。

（6）生产运行

随着人民生活水平的提高，对供热生产运行的精细化程度的要求越来越高。这就需要生产运行人员及时地得到实供用户的信息，包括面积、连接的管网等，这样才能做好精细化调节，进而做好小指标考核。

4. 收费业务的发展趋势

随着我国供暖体制改革的不断推进，以及信息技术的发展，收费服务的内容和手段也在发生着变化。

（1）计费方式的多元化

我国传统的供热计费方式为按面积计费，收费服务工作只需要梳理清楚用户的供热面积，辨明用户是居民还是公建即可。随着供热调控手段的多元化，越来越多的供热企业开始推广热计量。现行的按建筑面积收费方式将逐步向按分户计量收费方式过渡。热费的计费方式，根据两部制的计算要求，不仅需要面积数据，还需要热表的计量数据。根据面积计算基础费，根据用量计算热量费用。

同时，结算方式也呈多元化趋势。一种是先按面积供热收取热费，在采暖季

325

结束之后，总体计算基础费和热量费用，进行补退费处理，一般是多退少不补；另一种是采取预付费方式，在扣除基础费之后，逐月结算热量的费用；再一种是纯按热量计费，先收取预付费，再逐月结算。

（2）缴费渠道的多元化

收费大厅作为一个传统的缴费渠道，满足了广大热用户的缴费业务需求。但是，由于供热费缴费时间集中的特点，单单收费大厅不能满足热用户的缴费需求，银行代缴作为一种补充方式，在 10 来年前就已经在各供热企业得到很大的推广，甚至很多企业已经取消了在收费大厅收现金的业务。

随着信息技术的发展，支付宝、微信支付、电信翼支付等第三方代缴方式，已经普遍进入我国人民的日常生活。最近二、三年的时间，这些第三方代缴在很多供热企业得到了大量的普及。一些非缴费的业务，如办理停供、打印电子票等，也开始能够在第三方办理。图 7-10 为各种收费方式的收缴金额对比，从图中可以看出，第三方代缴已经占据很大的比例。

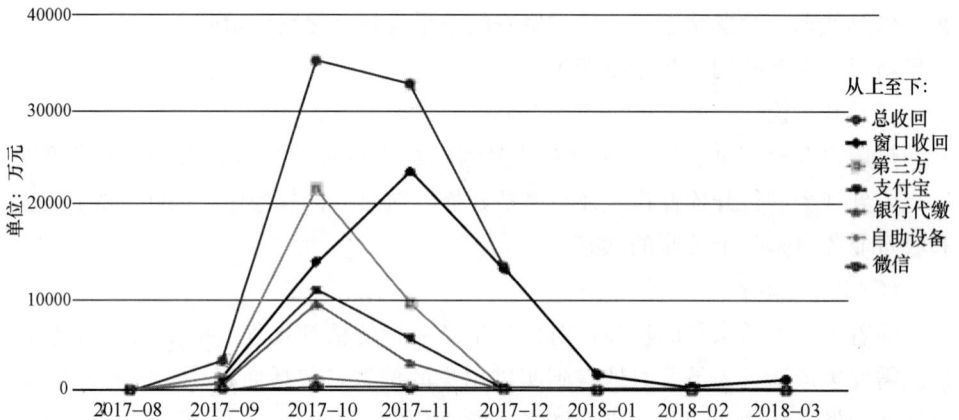

图 7-10　收费方式比较图

（3）票据的发展趋势

票据包括收据和发票，一些供热企业为用户打印发票，另外还有只打印收据的，在用户需要的时候再换发票。随着国税税务信息化的改革，机打发票和电子发票在大力推广。近两年，供热缴费的业务发展的热点是增值税发票和电子票。甚至很多企业直接开具电子票，然后再打印。当前供热企业普遍存在机打收据、普通机打发票、结合税控机打发票的状况。电子票应该是供热缴费中票据的发展趋势。

7.4.2　收费服务的系统

1. 建设原则

收费系统的建设，需要遵循以下原则：

1）前瞻性：热费收缴业务的管理模式在不断地进步，同时也有很多新的技术手段在不断地产生，需要注重考虑技术前瞻性和应用前瞻性，使用主流的成熟技术和产品，综合考虑将来业务发展的要求。

2）准确性：一般热力公司热费收缴规模都比较大，但是平均一笔费用的收缴额只有 2000～3000 元，业务数量比较庞大，必须保证每笔费用数据准确，达到分角不差的要求。

3）高效性：热费收缴业务有一定的使用周期，高峰期一般在每年的 9～11 月，使用频率和在线用户数量也会达到峰值，由于很多使用站点的网络状况不同，必须保证系统能够高效运行。系统对于涉及数据量不大的用户操作可以及时进行响应，对于数据量较大的操作需要进行尽可能的优化，保证系统运行速度快捷，能够达到业务处理的日常工作要求。

4）易操作性：系统使用人员的计算机操作水平参差不齐，很多都是临时工，在使用人员数量庞大的情况下，也很难借助于精细化的培训来达到使用人员快速、准确掌握的要求。系统需要提供美观实用、友好直观的中文图形化用户管理界面，充分考虑办公人员的习惯，方便易学、易于操作。

5）稳定性：银行代缴、支付宝、微信支付、手机 APP 等缴费方式的开通，需要保证系统 365 天稳定运行。系统建设应采用先进和高度商品化的软硬件平台、网络设备和开发工具，采用科学有效的技术和手段，确保系统能持续稳定地运行。

6）容错性：系统具备高级别的容错能力，在用户误操作或输入非法数据时不会发生错误。如在编辑等操作功能中，对于用户输入的错误信息系统应能自动识别，并进行自动修复或提示用户重新输入。尤其是在进行数据变更、账务调整时，为保证数据的合理性，需要进行严格的校验。

7）安全性：收费系统中保存着用户的隐私性信息，以及费用信息，对于安全性、保密性等要求较高。尤其是与第三方连接的系统，涉及资金安全，安全性要求更高。收费系统应该具有较高级别的安全性，能够保证信息、资金等不泄密、不被篡改。

2. 建设要求

收费系统的建设内容，要从热用户和管理人员的需求出发，分析出各自不同的需求点，赋予相应的业务办理手段。

1）满足热用户的业务办理要求。从收费服务的角度来看，热用户的主要需求是快速、便捷、准确地进行业务变更和热费缴纳。采暖季来临之前，各个收费大厅人满为患、长时间排队的现象以前是很普遍的现象，热用户的怨言很多。尤其是遇到热费价格调整，需要进行大量的退费业务时，业务办理尤其复杂。

从热用户的角度出发，就需要提供各种便捷的业务办理手段。例如银行代缴、支付宝、微信支付等第三方代缴渠道，能够满足热费缴纳的业务需求。面向热用户的移动 APP，不但能完成热费缴纳的业务，而且能够完成面积变更、报停、电子票的在线开具等多项业务处理。收费大厅的自助缴费机、自助发票打印机，能够满足现场的多渠道业务办理，避免了长时间的排队情况的出现。

2）基层业务人员直面热用户，对于具体的业务办理要求高，高度重视业务的灵活性、实时性。基层业务人员面对的问题很多，如客户资料数量庞大、混乱，数据检索难度较高；用热状态、面积变更频繁，管理难度较高；票据退换率较高，管理繁琐等。

一是需要为业务人员提供快捷的热用户定位的方式，如借助身份证读取设备、图形化的定位方式等；二是要把热用户的历史数据及其变更逻辑表现清楚，不但结果数据要准确，而且过程数据也要准确、直观，逻辑严谨。

3）中层管理人员不但要对基层业务人员负责，还要对业务办理的质量和效率负责。目前，丢户、丢面积、漏收等现象仍然存在，导致收费率不高；由于大环境的变化，政策条例变更也比较频繁，补贴、减免、违约金等业务的执行标准也有很多待落实的细节。

为保证执行过程的规范化，需要摒弃打电话或纸面签字的流转审批方式，采用电子流程审批，满足事前有要求、事中有控制的业务管理要求。同时，对于重点业务的控制，要有严格的手段，如收缴费用的日清月结，或是在费用收缴过程中采用第三方确认的方式。

4）管理层重点关注规范达成情况和整体运营情况，要对总体的热费收缴业务负责。

一是要满足数据统计分析要求，包括面积的变更情况、应收金额、收回金额、收缴率等，数据要准确、及时。哪个时间段是收费高峰期，哪个收费站点的压力比较大，要实时的调派人员，这些都需要准确及时的数据支撑。二是要充分利用历史数据，采用大数据挖掘的新兴技术，对热费的收回情况有准确的判断，做好资金的使用调度。

3. 系统功能

依据热费收缴的业务要求，典型的热费收缴系统功能架构如图 7-11 所示。

（1）并网管理

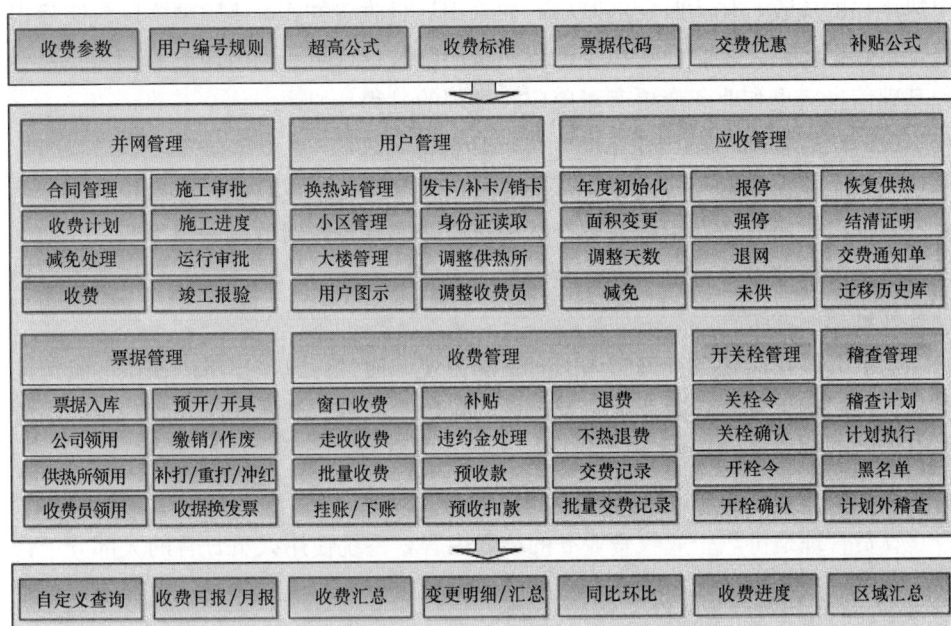

| 收费参数 | 用户编号规则 | 超高公式 | 收费标准 | 票据代码 | 交费优惠 | 补贴公式 |

并网管理		用户管理		应收管理	
合同管理	施工审批	换热站管理	发卡/补卡/销卡	年度初始化	报停	恢复供热
收费计划	施工进度	小区管理	身份证读取	面积变更	强停	结清证明
减免处理	运行审批	大楼管理	调整供热所	调整天数	退网	交费通知单
收费	竣工报验	用户图示	调整收费员	减免	未供	迁移历史库

票据管理		收费管理			开关栓管理	稽查管理
票据入库	预开/开具	窗口收费	补贴	退费	关栓令	稽查计划
公司领用	缴销/作废	走收收费	违约金处理	不热退费	关栓确认	计划执行
供热所领用	补打/重打/冲红	批量收费	预收款	交费记录	开栓令	黑名单
收费员领用	收据换发票	挂账/下账	预收扣款	批量交费记录	开栓确认	计划外稽查

| 自定义查询 | 收费日报/月报 | 收费汇总 | 变更明细/汇总 | 同比环比 | 收费进度 | 区域汇总 |

图 7-11　热费收缴系统功能架构图

并网管理指新用户发展业务，通常指一个新的片区接入供热公司管网，包括入网费的收取和工程实施两条主线业务。供热并网过程中的申请登记、设计审批、并网收费、施工管理和工程验收等以流程化的方式展现在相关人员的面前，对每个申请并网用户信息在业务部门之间的流转进行全程跟踪，对每个关键点进行监督和控制，并建立相关统计报表，堵住各种管理漏洞。

（2）用户管理

用户管理实现面积台账的管理功能，包括热用户的基本信息、面积信息和管理信息，包括热力站管理、小区管理、大楼管理、房间信息、幢图示、房产数据导入、收费锁闭等功能。

收费系统所办业务为金融方向，与银行类似，可以采用各种先进性辅助办公设备。高拍仪设备，能够将各类纸质资料、证件转化为电子档案记录到系统数据库中，实现了纸面资料的快速电子化。采用一卡通技术，给热用户发放收费卡，热用户持卡到柜台办理业务，避免了确定用户编号的麻烦，极大地提高了工作效率。采用二代身份证确定用户，也逐渐成为供热收费服务的一种高效办公手段。

（3）应收管理

目前供暖费用计算仍然采用面积计费为主要形式，计量收费为局部试验推广的辅助形式。应收管理是收费期开始后，按照用户面积资料及用户类型，生成每个热用户的应收，作为收费的基础。如采用计量收费方式，则需要实际供暖后根据计量数据结果，结合计量单价进行热费应收数据计算。同时应收管理需要对各种基础信息变更和业务变更有对应应收处理的过程。

（4）票据管理

供热企业在供热收费过程中，都要给用户开具发票或收据。随着税务制度营改增的推行，面向缴费用户需要开具增值税普通发票或增值税专用发票，收费系统需要具备税控设备接口，能够在收费业务完成的同时，将开票信息传输至税控设备开具相应发票。

电子发票在保管、查询、调阅时更加方便，而且可以减少纸质发票的资源浪费现象，同时大幅节省企业在发票上的间接管理成本，因此在供热收费服务中应大力推广电子发票的应用。

（5）收费管理

收费管理是供热企业收费业务的核心内容，系统使用人员日常的大部分工作都是围绕收费管理展开。收费管理应支持批量缴费、预收款收费、挂账下账、走收收费等基本业务功能操作，同时支持退费、开具发票等功能需求。

（6）开关栓管理

开关栓管理的主要使用部门为生产部门，同收费业务联动，完成开关栓的业务处理，包含关栓令下达、关栓确认、开栓令下达、开栓确认等功能。

（7）热计量管理

热计量管理以表计数据采集→数据管理与分析→用量结算→收费为主线，完成计量数据的采集、应收的生成、同面积费用的对比结算，包括热表管理、数据采集、数据管理、计量结算等功能。

（8）稽查管理

稽查是对私接、窃热、增减面积、用户变更等业务的监察、检查管理。对查出的问题，做相应登记上报，提交收费部门更改系统信息，并在事后跟踪系统信息是否及时修改、相应的罚款和热费是否已补交。稽查管理系统是供热稽查部门与收费部门相互配合的系统，达到稽查部门与收费部门的相互职能制约。

（9）第三方代缴

收费系统应支持各商业银行及微信支付、支付宝、银联云闪付等主流第三方支付平台的多种渠道代收费用的功能，方便热用户在收费高峰期根据自身实际情况，选择较为方便的便捷缴费渠道，完成缴费业务，极大增强用户服务体验。

自助缴费设备可实现自助式和无人值守，支持银联卡、现金缴费，可打印凭条和发票。面向热用户的 APP 应用，可以实现缴费、客服咨询、投诉报修等服务，提供便捷的业务办理和客户服务功能。

（10）统计分析

统计分析为企业的业务监控、质量分析、绩效分析、整体运营情况提供数据支持。系统提供多种类型的报表，不仅能查到每个热用户的细节信息，还能对整个企业的业务信息进行分类、汇总统计；不仅能查询当年的应收、实收、欠费信息，还可以查询历史的业务信息，以及提供各种图表以展示一定时期内的业务发展趋势分析。统计分析功能需要高效实用，数据的获取和展示更加方便。同时，应该借助于大数据挖掘技术，进行多维度的数据分析。如图 7-12 所示。

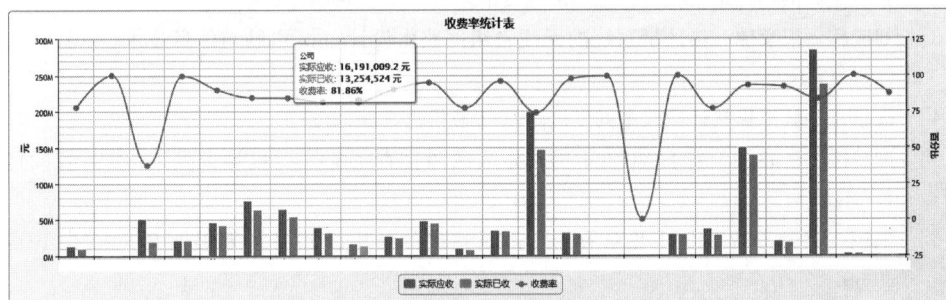

图 7-12　统计分析示意图

7.4.3　收费服务的发展方向

国内实现收费管理业务的信息系统比较多，各热力企业也基本都有自己的收费管理信息系统。纵观各个热力企业的收费管理信息系统，建设内容和使用效果大不相同。从应用效果分析，在智慧供热的大趋势下，其发展方向大致有如下几个层次：

1）具备基本的面积管理、应收变更、热费收缴、票据管理等功能，能够满足热用户的基本缴费业务。

2）通过银行、微信、支付宝等第三方代缴方式，丰富了热用户的交费渠道。

3）具有基本的面积统计、热费收缴汇总等功能，具有一定的管理功能，但财务并未介入。

4）通过财务接口或业务财务一体化等方式，实现了财务系统的对接，业务财务数据一致。

5）通过对数据的汇总、分析，实现了公司层面、集团层面的管理功能，对决策支持起到一定的辅助作用。

6）通过对历史大数据的分析利用，来预测应收和收费的趋势、热用户的行为方式。

未来的热费收缴服务，作为智慧供热的重要一环，将借助于云计算、移动互联等技术手段，形成以线上缴费为主，线下缴费为辅，线上线下相结合的服务模式。同时，将依靠各种新兴的信息技术，在企业内部形成业务财务一体化的管理模式，通过精细化管理思想及方法论的落地提升企业的热费收缴水平。

参 考 文 献

[1] 孟慧秀. 谈热力站管理[J]. 山西建筑，2016，42(21)：245-247.

[2] 齐承英. 供热计量系统是智慧热网建设的基础[J]. 供热制冷，2016(11).

[3] 刘成耀，宋学瑞. 热计量系统的无线自组网路由设计[J]. 电脑与信息技术，2013，21(5)：11-14.

[4] 徐忠堂. 城市供热计量改革的发展[J]. 区域供热，2013(2)：6-9.

[5] 谭慧敏，杨海平. 基于VC++的热量表故障排查系统[J]. 区域供热，2017，47(2)：114-117.

[6] 朱锐，梁芳. 提高超声热量表流量测量精度的结构设计[J]. 科技视界，2013(10)：69-69.

[7] 耿彦锋. 常见供暖分户计量方式浅析[J]. 中国建材科技，2014(1)：66-68.

[8] 姚庆梅，郭亚，张永坚等. 既有居住建筑供暖能效监测系统的设计与实现[J]. 山东建筑大学学报，2016，31(5)：471-476.

[9] 王德帅，汤泰来，刘云同. 室温控制与供热分户计量同步应用及发展[J]. 气象水文海洋仪器，2014，31(1)：126-128.

[10] 童跃辉，周大鹏. 热计量技术在实际中的应用——通断时间面积法简介[J]. 建设科技，2013(2)：94-95.

[11] 刘兰斌，付林，江亿. 我国热计量改革中的主要技术问题分析和通断时间法的由来[J]. 区域供热，2013(3)：56-63.

[12] 曹树兵. 浅议既有居住建筑节能改造[J]. 建筑建材装饰，2015(9)：57-59.

[13] 方修睦，孙杰. 基于热量结算表的热量分配方法的分配原理剖析[J]. 暖通空调，2013，43(11)：43-46.

[14] 王良源. 顺舟科技无线ZigBee/GPRS在热计量方面的应用[J]. 智能建筑，2013(5)：49-52.

[15] 石兆玉，杨同球. 全网分布式输配供热系统的优越性[J]. 区域供热，2013(4)：3-6.

[16] 张明，于淼，徐良胜等. 智慧热网框架下节能改造实例分析[J]. 煤气与热力，2017，37(10)：18-23.

第8章 智慧供热与政府管理

8.1 智慧供热与政府管理

8.1.1 概述

当前，智慧城市的发展已成为全球趋势，并逐渐演化为国际创新技术应用的重点领域。物联网、大数据、人工智能在城市能源、环境、交通、商业、医疗、教育等领域的应用与日俱增，已成为各个国家、各个领域、各个行业、各个企业关注的热点和行动的方向。因城镇供热系统内在的系统性、网络性、动态性等技术特性，以及供热系统与城市中的人和建筑的紧密联系，不少国家以及我国重点城市在规划智慧城市时，均将智慧供热视为重点建设和实施的领域，正促使供热行业从粗放式管理向标准化、精细化、智慧化管理方向转变。

智慧政府亦是各国、各城市推动智慧城市时的基础项目，多从电子政务出发，进而延伸到其他各类型的市政服务，交通、医疗、住宅、能源等具有公共服务性质的垂直领域应用，也成为各城市在推动智慧城市时重点建设的内容。特别是在近年来我国空气污染和环境治理的压力下，以及新时代人民对美好生活的需求升级的背景下，供热已成为各城市政府高度重视的民生、民心问题，迫切要求借助新一代信息技术发展智慧供热以支持智慧政府建设，提高政府管理效率、社会治理能力、科学决策的水平。

8.1.2 政府对城镇供热的管理

城镇供热是城镇居民生产和生活的基础性、保障性事业，不仅关系到民生保障，而且是涉及城镇人口、资源、环境、安全、生产、生活、生态协调，以及社会经济发展的战略性问题。目前，供热管理已成为各级政府城镇管理的重要内容，根据城市管理层级和机构职能设置，各地供热管理一般实行分级和分口管理的体制，其供热行业管理一般归属城市建设主管部门或城市管理主管部门，并按照属地管理的原则，由各层级的供热管理办公室负责管理，其供热规划发展、供热价格、供热税收、环保节能、安全监管等管理分别由政府的计划、财政、价格、税收、工商、环保、安监、消防等部门多头管理。

政府对城镇供热管理的主要职责是：负责供热行业管理的相关工作；负责研究制定供热行业地方性法规政策、发展规划和年度计划，并引导相关机构组织实施；负责供热方面政府投资或非经营性建设项目的可行性研究、申报立项和竣工验收等工作；负责供热企业的市场准入与市场监管；负责制订供热行业的技术、运营、服务、供热等行业标准与规范，并监督检查供热行业的安全管理和服务工作。

政府对供热行业的管理目标是：通过安全、清洁、高效、经济的供热系统和高素质的现代供热企业，确保城镇安全稳定供热，实现系统节能减排，提供便捷优质服务，满足用户基本和日益增长的生活和生产需求。

8.1.3　智慧供热与政府管理的关系

智慧供热是供热行业发展的未来趋势，智慧供热的发展与政府引导息息相关，它的发展将改变政府的传统行业管理方式，对提高政府管理效率和科学决策具有重要作用，这也是新时期政府行业管理的重要职责和任务。

智慧供热与政府管理的关系体现在：从政府管理对智慧供热的必要性来看，智慧供热是智慧城市的重要组成部分，其管理需要纳入政府的统一管理，并取得政府和相关部门及行业的支持；其建设需要与能源、环境、建设、安全等相关领域实现系统的互联互通和资源的融合共享；其发展需要纳入城镇发展规划，在政府统筹谋划和技术路线指导下协同发展。

政府对智慧供热的管理责任体现在：

第一，高度重视城镇供热在民生保障和人口资源、能源结构、环境治理、城镇安全、节能增效以及社会经济可持续发展中的战略地位，将智慧供热纳入城镇供热发展规划，统筹安排，重点推进。

第二，正视供热行业的基本特征、基础现状以及发展趋势，加大政府对供热行业政策和资金的支持力度，借助清洁供热改造和供热计量系统节能改造的契机，加快老旧供热系统升级改造，全面提升系统技术与装备能力和信息化与自动化水平，为实现从传统供热向现代智慧供热的转变奠定基础，创造条件。

第三，坚持实事求是、因地制宜的原则，做好智慧供热顶层设计，以用户需求为导向，以精细化管理和节能增效为目标，科学制定本地区推进智慧供热的技术路线与发展路径，为智慧供热的建设与管理提供支持。

第四，依靠法规和标准化建设，规范智慧供热市场行为，将智慧供热建设与管理纳入供热法规体系和供热行业标准化体系，并建立相应的认证、评价、标识以及审计体系与管理制度，为智慧供热健康可持续发展提供保证。

第五，政府最大程度的分享智慧供热成果是对智慧供热的最大支持，政府管理是智慧供热建设与管理的重要内容。政府要汇集、整合供热及相关社会资源，协调并促成系统的对接与资源的共享，为智慧供热的建设与管理创造条件。

从智慧供热对政府管理的必要性来看，政府管理离不开行业的支持，企业信息化和自动化水平决定了行业的水平，也决定了政府行业管理的水平；推进智慧供热的过程，既是提升供热行业能力的过程，也是提高政府行业管理水平的过程。

智慧供热对政府行业管理的作用体现在：

第一，智慧供热是智慧城市的重要组成部分，其系统与相关系统的互联互通和资源共享将对政府实施城市的全面智慧管理提供支持。

第二，智慧供热将全面提升城镇供热设施安全保障能力和精细化、现代化管理水平，为城市安全以及供热系统安全提供更可靠的保障。

第三，智慧供热以需求侧为技术导向，可以在现有条件下最大限度的满足用户基本需求和日益增长的需求，将为实现政府民生保障的宗旨，构建和谐供热局面提供服务。

第四，智慧供热系统通过大数据分析和智能化调节，可实现供热系统的节能减排，将在城镇环境治理和效能提升方面起到关键性作用。

第五，智慧供热将全面考虑政府管理方式和对数据的需求，提供大数据和行业信息，为政府制定政策与科学决策提供了数据支持。

8.2　智慧供热与政府规划

智慧供热是供热行业运行与管理方式的重大变革，对未来供热事业以及供热行业的发展将产生重大影响。各级政府在供热行业推进智慧供热的实践过程中，应早为之计，预为之计，对智慧供热的规划建设问题予以高度重视。

8.2.1　规划定位

城镇供热在城市中的战略性、基础性地位，决定了供热行业以及发展智慧供热在政府城镇管理中的地位与作用。智慧供热是智慧城市建设的重要组成部分，智慧供热规划应作为行业专项规划纳入各地智慧城市总体规划。此外，智慧供热是城镇供热发展规划的重要组成部分，应在城镇供热发展规划的指导下适时编制智慧供热专项规划。

8.2.2　规划主体

各级政府应主导管辖区智慧供热规划的编制工作，负责审定规划并以政府的名义发布实施。政府城镇规划主管部门应具体负责智慧供热专项规划的建设与管理，负责协调智慧供热规划与智慧城市规划、智慧能源规划以及其他相关规划的关系，并监督规划的实施。政府供热主管部门应具体负责组织智慧供热规划的编制与管控，政府相关部门应参与并协助智慧供热规划的编制与管理。供热企业是智慧供热规划实施的主体，相关供热产业及行业协会等应对供热企业智慧供热规划的实施提供支持。

8.2.3　遵循原则

各级政府在制定智慧供热规划时建议遵循以下原则。

1. 实事求是，因地制宜

供热行业现有设施基础和管理水平的落后性，以及区域间和企业间的差异性，决定了智慧的供热建设与发展需要经历一个过程和不同的发展阶段。各级政府在制定智慧供热的发展规划过程中必须坚持"实事求是，因地制宜"的原则，开展调查研究，摸清现状，并根据辖区供热企业的基础条件和现实能力制定切实可行的目标，分类指导，分步实施，打好基础，创造条件，不能搞"运动式"和"一刀切"。

2. 政府引领，企业主体

政府的重视程度和科学态度是推进智慧供热的关键，企业的积极性和创造性是智慧供热建设和可持续发展的原动力，两者缺一不可。政府要发挥统筹协调、政策支持以及调动行业与社会力量的能力，充分依靠行业协会在行业顶层设计、规范标准、技术聚合、示范推广等方面的引领作用，为激发企业的积极性和创造性创造条件，建立机制；供热企业要放开供热技术市场，改变"唯我为大、故步自封、技术壁垒"的传统观念，打破地区间、行业间、企业间的技术壁垒，引导社会资源向供热领域的倾斜、流动和聚集，以全生命周期理念，加快供热系统技术创新与设备替代升级，全面提升供热信息化和自动化水平，为智慧供热的建设与发展奠定基础。

3. 共享资源，统筹协同

城镇智慧供热发展规划对智慧供热建设的影响巨大，必须高度重视规划的统一性、系统性和协同性。要采用系统工程的科学方法，对智慧供热整体框架体系进行规划，对现有数据资源进行深度整合，突破部门界限和体制障碍，将相关信息体系、数据资源、网络设施与行业平台及系统互联互通，实现数据信息资源共享。政府供热主管部门要完善信息资源，开发利用机制，推进平台建设，加快政务管理数据集聚和资源整合共享，充分释放信息资源服务的潜能，促进智慧供热规划建设统筹协同和科学有序发展。

4. 技术支撑，保障安全

新技术和新设备是智慧供热的基础与支撑，企业供热信息化和自动化是智慧供热建设的必要条件，其水平也决定了智慧供热的发展水平。供热企业要充分利用现有科技成果，以老旧设施改造和计量系统节能改造为契机，加快技术与设备升级，实现从传统供热向现代智慧供热的转变。同时，要落实国家信息安全等级保护制度，健全供热网络安全管理体系，研发并采用安全核心技术，强化安全意识，明确安全责任，完善信息安全标准和管理制度，确保智慧供热全流程、全系统、全领域的安全可控。

5. 民生导向，模式创新

以用户采暖与服务需求为导向的智慧供热系统，是对传统供热理念、供热运行方式、供热管理模式的最大挑战。规划智慧供热系统技术路径要以终端用户基本生活保障需求、日益增长的美好生活需求以及经济社会各领域发展需求为导向，创新管理，推进智慧化建设与供热管理体制、供热运行方式、供热管理模式的深度融合，促进供热行业与相关部门、行业的协同发展。要强调创新的原则，深化供热体制机制改革，面向用户多元需求和个性化趋势，强化精细化管理，提升资源利用效率，探索新模式，培育新市场，营造新业态，提高供热整体运行效率和管理服务水平。

8.2.4　顶层设计

智慧供热顶层设计是对智慧供热建设目标、总体框架、建设内容、实施路径等方面进行整体性规划和设计的过程，是编制智慧供热规划的前提与基础。各地政府应在编制智慧供热发展规划之前，组织各相关专家，参照国标《智慧城市　顶层设计指南》GB/T 36333—2018 的相关要求，结合本地区供热行业实际，进行智慧供热的顶层设计。

借鉴国标《智慧城市　顶层设计指南》GB/T 36333—2018 中"智慧城市顶层设计基本过程"各项活动要素，智慧供热顶层设计基本过程如图 8-1 所示。

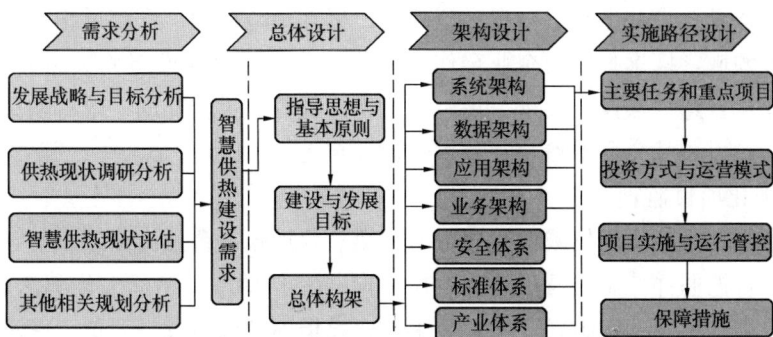

图 8-1　智慧供热顶层设计基本过程

8.2.5　规划框架

根据国家对智慧城市总体规划的要求，智慧供热规划的编制框架建议如下：一、规划背景；二、规划范围；三、规划期限；四、规划依据；五、行业现状；六、面临形势；七、现有基础；八、指导思想；九、基本原则；十、发展目标；十一、主要任务；十二、重点项目；十三、运营模式；十四、实施步骤；十五、保障措施。

8.2.6　编制要求

1. 深入调查研究

对规划辖区供热行业现状，即供热系统设备状况、信息化及自动化水平、管理与服务方式、供热能耗水平与节能减排措施、用户采暖质量与需求等基本情况，进行深入调查，找出存在的问题与差距，分析行业发展面临的形势与发展趋势，为智慧供热规划的编制提供基础资料。

2. 确定技术路径

集合行业智慧与最新技术成果，针对本辖区供热现状、存在问题以及发展趋势研究智慧供热的技术路径，组织开展试点工作，并组织专家对试点项目进行评价，对技术路线进行论证，在此基础上构建智慧供热总体框架、规划原则、建设目标和重点任务，保证规划技术路线的正确性和规划实施的可行性。

3. 注重政策引导

智慧供热既是供热系统达到一定水平的必然趋势，也是与供热体制和管理创新的相互联系。规划的编制不仅要重视技术层面的问题，更要关注政府管理层面的问题。政府要因势利导，把推进智慧供热的过程作为改造既有供热系统，提升供热企业与政府信息化水平的过程。一方面通过政策引导，加大对既有设施改造的力度，为智慧供热创造条件；另一方面要加大政府投资力度，重点投入到智慧供热基础建设、公共平台、试点示范项目、标准规范应用、系统运维与推广、产业培育等领域，探索政府与企业合作新模式，政府投资建设与购买服务相结合，组建专业化智慧供热投资运维公司，通过特许经营、投资补助、政府购买服务等多种方式，引导社会资本参与智慧供热建设与运行。

4. 强化项目监管

规划编制必须体现权威性和执行力。政府要加强对智慧供热建设与管理全过程的监管，把握并控制智慧供热的发展方向，完善智慧供热标准化和法规体系，强化智慧供热规划的实施，开展智慧供热建设指标考核与成果评价，保障智慧供热规划目标的实现。

8.3　智慧供热的标准体系

8.3.1　建设标准体系的意义

标准作为经济和社会活动的主要技术依据和管理准则，已成为衡量技术发展水平和管理水平的重要依据，也是市场准入的基本条件。当今，标准化建设无论对整个供热行业的发展，还是具体对智慧供热的发展都具有基础性、支撑性、引领性的作用，各级政府、行业、企业要充分认清标准化体系建设对推进行业智慧供热的重要意义，集合行业智慧与力量构建智慧供热标准化体系，指导供热行业实现从传统供热向现代智慧供热的转变。

我国的供热事业在六十年发展的历程中，伴随着城镇建设与社会经济的快速发展，正在经历着两个重大转变：一是由计划经济时代的福利供暖体制向市场经济条件下的企业化、市场化、集约化经营的转变；二是由传统供热系统与运行方式向现代供热系统与运行方式的转变。在这个转变过程中，供热行业的标准化建设得到了两个方面的驱动：一方面是供热行业以企业管理升级、供热运行保障、清洁能源改造、计量以及系统节能改造过程为基础，促进了行业基础管理以及技术的发展和自动化、信息化水平的提升，同时也完善了标准体系建设，为企业运营与服务管理提供了有力的支撑；另一方面是以保障安全、清洁、高效、经济为目标，在供热体制改革和节能减排政策的驱动下，将智慧供热和标准化建设与政府管理方式转变结合起来。

当前，针对智慧供热发展的新形势，开展智慧供热的标准建设工作，将规范和推动智慧供热技术发展，具有以下几方面重要意义：

1）为政府依据行业和技术的客观发展规律对智慧供热工作进行科学管理奠定基础。

2）通过制定和使用智慧供热标准，保证智慧供热的相关企业在技术上的统一和协调，实现相关工作的有序推进和可持续良性发展。

3）通过开展供热企业智慧供热建设水平的测评和评价，提升智慧供热的建设质量，防止盲目低水平重复建设。

4）通过标准化以及相关技术政策的实施，整合和引导社会资源，加速智慧供热的技术积累、成果推广、产业升级。

8.3.2　智慧供热标准体系建设

按照《中华人民共和国标准化法》规定，我国标准分为四级：国家标准、行业标准、地方标准、团体标准或企业标准。

　　目前，针对智慧供热不断发展的行业需求，中国城镇供热协会正在组织建设智慧供热的标准体系，建设中的标准体系内容如表 8-1 所示。该标准体系既包括引用已有的国家和行业标准，也包括即将组织编写的行业标准。

建设中的智慧供热标准体系

表 8-1

类别	内容	具体标准（拟定）
① 基础 与综合	• 智慧供热的总体技术方法、架构，建设准则等 • 智慧供热术语 • 供热能耗计算方法 • 供热舒适度评价方法 • 智慧供热系统分级评价准则	《智慧供热技术规范》
		《供热术语标准》CJJ/T 55—2011
		《城镇供热系统能耗计算方法》GB/T 34617—2017
		《用能单位节能量计算方法》GB/T 13234—2018
		《智慧供热系统等级评价标准》
		《城市供热设施运行安全信息分类与基本要求》
② 数据 与信息	• 信息化建设技术要求及规范 • "荷-网-源-储" 全过程、多业务一体化数据集成平台 • 基础性的热网 GIS 地理空间数据信息规范，资产管理规范等	《供热信息模型与数据交换规范》
		《供热用户信息技术规范》
		《企业数据中心建设规范》
		《供热地理信息系统技术规范》
		《供热资产管理系统技术规范》
③ 通信 与信息安全	• 与信息通信相关的标准 • 通信网安全防护技术导则标准系列	《供热通信技术规范》
		《供热信息安全标准》
④ 供热 设备智能感 知与调控	a）范围包括热源 • 面向智慧供热目标，对热源提出的技术要求，例如：供需互动的调节能力 • 可再生能源接入热网技术规范 • 储能系统接入热网技术规范	《智慧供热热源技术导则》
		《储热系统接入热网与运行调控技术规范》
		《可再生能源接入热网与运行调控技术规范》
	b）范围包括：管网、中继泵站 • 输配系统的状态监测、故障诊断 • 智慧供热施工 & 验收规范 • 智慧巡检技术，包括无人机、管道机器人等技术规范	《智慧供热输配技术标准规范》
		《输配系统安全运行技术规则》
		《供热管网泄漏监测技术规范》CJ/T 254
		《长输供热管线控制系统技术规范》
		《管网小室监控系统技术规范》
		《智慧巡检技术标准规范》

类别	内容	具体标准（拟定）
④ 供热设备智能感知与调控	c）范围包括：热力站及热用户 • 用户端能源管理系统技术 • 公共建筑和居住建筑负荷预测技术 • 供需双向互动信息采集技术 • 先进热需求响应技术	《智慧供热用户端技术标准规范》
		《智慧热力站建设标准规范》
		《供热计量系统运行技术规程》CJJ/T 223—2014
		《热用户入口智能控制装置》
		《建筑物室温测量与调节技术规范》
		《用户端能源管理系统　第 3-1 部分：子系统接口网关一般要求》GB/T 35031.301—2018
		《用户端能源管理系统　第 3-2 部分：主站功能规范》
⑤ 供热系统运行调度与控制	• 供热系统运行状态监测及故障诊断 • 智慧供热调度支持技术规范 • 供热系统在线水力分析技术规范 • 供热负荷预测技术规范 • 供需双向互动技术规范	《智慧供热能源管理系统技术规范》
		《智慧供热集中监测与控制平台技术规范》
		《供热系统在线水力分析技术规范》
		《智慧供热调度决策技术支持系统规范》
		《智慧供热二次侧平衡调控技术规范》
		《城镇供热系统运行维护技术规程》CJJ/T 88—2014
⑥ 供热经营与服务	• 收费、客户服务 • 智慧供热服务平台建设规范，包括配套设施、服务形式等	《智慧供热服务平台建设规范》
		《智能服务终端设备及系统》
		《供热运营数据与统计方法》
		《供热收费系统信息规范》

8.3.3　标准化工作的重点

政府在推进智慧供热的过程中，为强化行业标准化建设与管理，根据行业的管理实际，应重点抓好以下工作：

1. 做好供热行业顶层设计

尽早完成智慧供热建设与发展的行业顶层设计，为即将到来的行业智慧供热大发展提供技术支撑。行业发展，规划先行；而标准不仅是规划的基础，更是行业可持续发展的基础。为此，政府要早为之计，重点围绕智慧供热系统及各环节的现实状况、建设理念、技术路线、关键技术、实施路径以及关键设备等进行普查和典型调查，汇集行业及各领域技术成果，完成供热行业智慧供热的顶层设计，对行业认可并经实践认证的技术、设计方案以及关键产品，组织行业力量编制行业标准，为智慧供热的发展提供支撑。

2. 发挥行业协会建设作用

高度重视行业协会在行业标准化建设过程中的作用，充分发挥行业协会对行业自身基本情况的了解和行业组织建设能力，依靠行业协会集合行业智慧与力量。应建立智慧供热专业技术委员会，将智慧供热标准纳入行业标准体系，在政府行业指导和协调之下，开展智慧供热标准的编制以及后期的修订工作，为行业智慧供热的健康有序发展提供支持。

3. 注重标准化建设与管理

企业是行业建设与发展的基础，标准化水平不仅决定了供热企业的管理水平，也直接影响到供热行业的管理水平，更关系到智慧供热的建设与发展水平。目前，供热行业正处在从计划经济体制向市场经济体制转变的时期，供热市场化还处于初级阶段，市场化条件还不成熟，历史沉积的问题还未得到彻底解决，与其他行业的市场化水平还有较大的差距，各地区、各城市以及各企业之间管理水平差异较大。因此，各级政府在全面推进智慧供热的过程中，务必遵循"实事求是，因地制宜"的原则，明确以下两个观点：一是推进智慧供热的目的不仅是为了完成远期的目标，更重要的是在于解决当下问题；二是推进智慧供热的建设与发展是一个过程，这个过程是一个解决问题的过程，也是一个强化企业基础建设的过程，智慧供热必须重视过程，重在建设。

基于上述两个观点，当下供热企业需要解决以下三方面的问题：

一是要"转变"。转变传统管理观念和传统管理模式，进一步开放供热技术市场，打破传统技术壁垒和企业封闭，实现合作共赢、互联互通、资源共享，为提升企业基础能力和智慧供热扫清思想障碍和体制障碍。

二是要"转型"。从传统供热方式向信息化、智能化的现代供热方式转变，特别是当下供热企业在环保节能改造的过程中，能否实现这个转型，将决定企业未来 10～15 年的效能水平，也决定了今后智慧供热基础条件的水平。

三是要"提升"。要通过企业信息化基础建设和互联网技术的利用，将企业的各项管理的大数据全面纳入企业信息系统，提升企业信息化水平；要通过技术支撑下的装备升级打造安全、清洁、高效、经济的供热系统，全面提升供热系统装备的智能化水平；要通过培养与现代管理方式相适应的技术管理人才，提升供热企业整体素质和驾驭智慧供热的能力。

这三方面提升是实现从传统粗放式供热向现代智慧化供热转变的关键，而解决这三个方面的问题与企业标准化建设息息相关。供热企业应将推进智慧供热的过程作为标准化建设的过程，引导供热企业实现"转变""转型""提升"，为行业智慧供热的全面和协同发展奠定坚实的基础。

4. 构建标准动态管理机制

信息化和智能化的快速发展以及新技术、新材料、新设备等的升级换代，决定了标准的变化是绝对的，不断并及时修订标准是行业新技术、新材料、新设备提升的重要标志。因此，供热行业在构建智慧供热标准框架体系中，不仅要坚持安全性、可用性、可操性、可追溯性的原则，还要充分认识到标准的变动性，建立与之相应的标准更新制度，根据技术与装备发展的水平不断完善、提升技术标准，构建标准动态管理机制。

5. 强化标准的执行与督察

标准的制定只是标准化工作一部分，关键还要在行业中加以贯彻落实。要维护标准的权威性，开展供热系统与关键设备的安全、质量、能效评价，建立严格的市场准入制度和过程审计制度，对达不到规定标准或已淘汰的产品要明令禁止使用或限期淘汰；对供热系统达不到能效标准的，要责令限期整改，并实施经济的和行政的处罚；要加强供热行业的贯标培训工作，引导供热企业完善企业标准，督促企业定期开展对标工作，保持供热系统的先进性和管理的规范性。

8.4　智慧供热与行业统计

8.4.1　供热行业统计

供热行业统计是伴随着供热事业的发展和行业管理的需要而建立并发展起来的。由于供热的地域性、多样性、差异性，造成供热行业统计工作滞后性、多样性和不平衡性，目前只有北方各城市的大型集中供热纳入了国家经济的统计范畴；而作为全面反映供热行业基本情况的依法统计制度和工作体系还没有建立，全面反映供热要素特征、规模、结构、水平等指标的数据统计还没有统一、规范。这不仅制约了政府决策的科学性，而且还将影响到供热行业现代化的进程。为此，在推进行业智慧供热过程中，要将信息化建设建立在企业依法统计的基础上，先立足于行业的统计工作，建立供热企业依法统计制度，将统计数据与大数据逐步融合，为行业的智慧供热提供大数据支撑。

统计工作[2]是利用科学的方法搜集、整理、分析和提供关于社会经济现象数量资料的工作，在现实社会经济生活中，统计工作作为一种认识社会经济现象总体和自然现象总体的实践过程，一般包括统计设计、统计调查、统计整理和统计分析四个环节。行业统计是统计工作的重要组成部分，也是政府管理行业的基础性工作，所形成的行业统计数据是政府进行行业决策的重要依据。

8.4.2　统计内容

政府对供热行业统计内容的确定，取决于政府对供热行业的管理深度，以及供热在城乡社会经济中的重要地位与作用。政府在现代供热方式下的统计内容应根据本地区供热单位构成、企业状况和行业管理需求设置，可以参考以下6个方面。

1. 基础性数据统计

基础性数据主要反映供热单位的基本情况，包括：单位名称、法人代表、联系方式、注册地域、供热规模（供热总面积，其中分为：住宅面积、公共建筑面积）、锅炉房数、单位属性（1注册性质［供热企业、物业企业、后勤部门］，2隶属关系［央属、部队、市属、区属、街道、镇属、乡属、其他］，3行业归口［卫生医疗、教育系统、工业系统、商业系统、文体系统、建设开发、慈善公益、政府部门、事业社团、其他］，4单位性质［国有、私营、股份、联营］，5管理方式［自管、托管、部分托管、联片共管］）、人员情况（1员工人数［正式职工、临时聘用、季节用工］，2员工构成［管理人员、技术人员、收费人员、运行人员、勤务人员］，3知识构成［博士生、研究生、大专、高中、其他］，4技术构成［教授级、高级、中级、初级职称人数］）等。

2. 经济性数据统计

经济性数据主要反映供热单位的经营状况，包括：年度新增供热面积、供热资产总额、供热销售收入、供热成本支出（燃料费、电费、水费、水处理费、环保排污费、维修费、人工费、大修预提费、设备折旧费、管理费、财务费用）、财政补贴（供热燃料补贴、政府专项补贴）、单位成本构成及比例、免税退费、供热收益、利润率、人均供热面积、负债率、热费收缴情况（住宅和公建热费收费标准、住宅和公建应收费额、实收费额、热费收缴率、累计欠费额）等。

3. 能耗性数据统计

能耗性数据主要反映供热单位效能与减排情况，包括：供热建筑节能情况（建筑类型、建设年代、保温效果、历年耗能情况）、系统计量情况（用户计量方式与装置、楼栋计量、热力站计量、锅炉房供热计量、能源消耗计量）、供热系统节能改造情况（气候补偿、锅炉自控、烟气冷凝回收、管网平衡、系统变频、分时分区控制、老旧管网改造）、资源整合、能源管理与控制、供热单位能耗水平（燃料、水、电）、供热排放在线检测数据评价（排烟温度、二氧化硫、氮氧化物、灰尘等单位排放量）等。

4. 资产性数据统计

资产性数据主要反映供热单位的供热设施能力情况，包括：锅炉房分布、锅炉类型、供热方式（直接供热、间接供热）、燃料种类、锅炉台数、锅炉吨位、锅炉建设投资、建设年代、使用年限、锅炉房供热能力与供热面积，城区供热管网总长度、一次管网长度、二次管网长度、一次管网与二次管网长度比例，城区每万平方米供热面积一、二次网长度，郊区每万平方米供热面积、供热管网建设投资、建设年代、使用年限、保温及腐蚀情况、热力站数量、建设投资、建设年代、使用年限、每座热力站所带供热面积。

5. 热用户信息统计

热用户信息主要反映采暖用户基本情况和用热情况，基本情况包括：建筑类型、居室位置、居室类型、采暖面积、常住人口、用热习惯、室内采暖系统建设年代、采暖方式（水平、垂直、地板）、散热器使用年限、系统管道新旧程度、用户改造情况、热计量方式与装置、采暖调节方式（温控阀自动调节、手动开关、没有调节手段）、计量收费情况、用户交费方式、交费时间、欠费情况；用热情况包括：用户申请停热、设备事故停热、外部系统停热、室温未能达标、室内温度超标、供热质量投诉、服务质量投诉、供热问题咨询、用户建议表扬等。

6. 评价性数据统计

评价性数据主要用于考核或评价供热单位安全、质量、服务方面的情况，安全方面包括：供热设备运行完好率、供热事故停热投诉率、供热企业安全事故率、供热企业安全评价信息、供热系统运行管理评价信息；质量方面包括：供热质量实时监测数据、用户室温抽测合格率、用户供热质量投诉率等；服务方面包括：用户报修维修及时率、用户安全宣传与巡检到位率、供热单位用户服务质量社会评价信息、供热单位供热系统与管理综合评价信息、政府供热单位诚信评价信息，供热行业企业诚信评价信息。

8.4.3　数据采集

统计数据的采集主要来源于两种渠道：一是来源于直接的调查和科学试验的直接统计数据；二是来源于别人调查或试验数据的间接的统计数据[4]。目前，传统的统计数据采集组织形式有普查、抽样调查、统计报表、重点调查、典型调查、专项调查、在线监测、社会调查等。

供热行业在数据统计及采集方面，大致采用了以下组织方式，详见表 8-2。

供热行业统计数据采集的主要组织方式　　　　　表 8-2

供热行业数据统计类型	供热行业数据统计或采集主要方式
基础性数据	人工统计报表、计算机网络报表
经济性数据	采用统计报表和普查、典型调查、专项审计方式

供热行业数据统计类型	供热行业数据统计或采集主要方式
能耗性数据	采用统计报表和普查、典型调查及在线监测方式
资产性数据	采用统计报表和普查、抽样调查方式
热用户信息	采用统计报表和抽查调查、登记、在线监测方式
评价性数据	采用在线监测、典型调查、用户问卷、社会或第三方评价

8.4.4　数据分析

数据是分析、决策的基础。数据采集的目的，就是要采用科学的方法，通过供热系统运行和管理的相关资料的数据采集和整理，对供热经济现象总体特征或规律，基于数字或文字相关资料进行分析，并在此基础上进行判断与决策。

从目前各地政府实施行业监管的实践看，为全面掌控供热行业安全、清洁、高效、经济运行的情况，建立了多项数据监测平台，及时收集和利用各类数据统计和信息资源，指导城乡供热，掌握了管理的主动权，不仅确保安全稳定供热，而且为行业争取政府资金及政策支持提供了有力依据。

以北京市为例：在2000~2010年这十年期间，北京相继开展了供热行业普查、供热成本监审典型调查，组织第三方机构开展了行业价格成本、体制改革、供热资源、系统节能、老旧管网、计量收费、用户欠费、特许经营、投资建设、政策法规、奥运保障、风险预测、供热时间、应急管理、安全保障等多项专题调查研究和试点实验活动，同时，利用现代信息技术，建立了全市供热安全、环境、质量、能耗与储备等信息监测系统，为政府政策制定和决策提供了有力的支持，相继出台了《北京市供热管理办法》、北京市供热体制改革政策、供热燃料补贴政策、低收入群体采暖救助政策、清洁能源改造政策、系统节能改造政策、老旧管网改造政策、供热资源整合政策、计量系统节能改造政策、既有建筑外墙维护结构改造政策等，建立了供热行业依法统计制度、北京供热期会商制度、集中供热联调联供制度、供热应急接管制度、用户设备安全巡检制度等，使北京供热初步形成发现、协调、解决问题的政府监管机制，保持了供热队伍和供热局面的稳定。

8.4.5　发展趋势

目前，在物联网技术和信息化建设的促进下，供热行业将逐步进入到智慧供热的新时代，对行业统计工作提出了更新、更高的要求：一是围绕安全、效能、排放、服务，对动态实时监测数据进行采集、传输与智能调控，全面提升供热保障能力、效能与环保水平；二是将企业数据回归社会，与相关行业以及相关领域进行对接融合与互联互通，实现大数据的资源共享，全面提高供热行业的管理能力与决策水平。

各级政府和供热企业应顺应智慧供热发展的趋势，认清并高度重视企业及行业统计工作对智慧供热发展的重大意义，不断完善规范统计内容、标准和方式，将企业及行业统计作为供热信息化的必要手段，实现企业及行业统计工作与智慧供热的对接，为智慧供热的发展提供支撑。

8.5　智慧供热与政府决策

城镇供热在城市管理中的重要战略地位，对政府在供热领域的决策提出了更高的要求，其决策的质量和水平对供热行业的建设与发展将产生重大影响。

8.5.1　决策事项

智慧供热要为政府决策服务，就必须了解供热行业需要政府决策的事项，并根据政府决策的事项收集相关数据信息，满足政府对供热行业决策事项的需求。

供热行业决策事项一般体现在以下四个方面：

第一，确保供热系统按时、安全、稳定供热方面的决策。包括：政府对供热时间调整的决策、涉及供热系统安全运行的各项决策、供热能源保障的决策、各项应急管理与处置的决策等。

第二，满足城镇居民冬季采暖需求方面的决策。包括：低收入群体采暖救助政策决策、应急接管政策决策、应急救助政策决策、燃料应急储备与调拨政策决策等。

第三，确保供热行业健康、可持续发展方面的决策。包括：供热体制改革决策、供热发展规划决策、重大项目建设决策、供热法规批准实施决策、供热价格与补贴政策决策、供热行业减免税政策决策、供热投资融资政策决策、特许经营项目决策、供热资源性体制性整合决策、行业社会评价方面的决策等。

第四，实施节能减排环境治理方面的决策。这包括：老旧管网改造决策、供热系统节能改造决策、清洁能源改造政策决策等。

8.5.2　决策层级

政府决策事项涉及政府管理的层级，智慧供热须注意到系统层级设计应适应政府管理层级的设置，管理层级不同，管理和决策的事项也不同。

根据我国政府机构设置，供热事项一般分为住房城乡建设部、省（市）、区

（县）、街（乡）四个管理层级，并根据各层级管理权限进行决策。以北京市为例，北京市供热由北京市城市管理委员会供热管理办公室负责管理；下属区（县）城市管理委员会分别设立区（县）供热管理办公室，对辖区供热进行属地管理；根据《北京市供热管理办法》的规定，街（乡）负有协助区（县）管理供热的责任。

重大事项一般由住房城乡建设部或省（市）政府决策；一般事项由区（县）政府决策。

8.5.3　基于智慧供热的政府决策

从智慧供热的角度看政府决策：一方面是政府在智慧城市的建设中，利用信息化和互联网技术建立政府决策信息和行业管理系统，将有助于政府决策的效能、民主化以及科学性，更有利于政府对供热行业的科学管理和有效管理，必将促进供热事业健康发展；从另一方面看，供热行业智慧供热的建设与发展将全面提升供热行业的保障能力和服务水平，对政府行业管理水平的提升是最大支持。

智慧供热对政府决策的支持主要体现在以下 5 个方面：

一是决策信息可靠。政府决策主要靠数据的支撑和信息的真实、完整，而导致决策失误的重要因素是数据的偏离和信息的不对称，决策者获得决策信息主要依靠传统抽样调查的方式，数据信息能够真实反映实际情况的关键是要靠样本选取的代表性。而智慧供热是建立在大数据的基础上，可以搜集到所有相关信息，决策信息的支持系统由"抽样样本"转变为"全数据"，使决策的信息更全面、真实、可靠，最大限度地避免了由于信息缺失或不对称而造成的决策失误。

二是决策目标明确。决策目标的确定建立在情况清、数据明的基础上，对存在的问题和症结看得准，主要矛盾抓得实，决策方案具有针对性。但在现实决策中却经常出现政府决策执行不力的问题，制定的政策不接"地气"，让执行者无所适从。究其根源在于对问题存在的原因不清，对解决问题的目标不明，不分主次，"眉毛胡子一把抓"。而智慧供热系统通过大数据和统计分析的功能可以对海量信息进行挖掘与分析，把主次矛盾、因果关系以及风险等级和约束条件全面地呈现出来，通过系统优选功能权衡利弊取舍，进一步优化决策方案，为政府确定目标、定向施策提供有效的支持。

三是决策效能提升。传统决策方式往往是一事一议，大量数据往往只说明一个问题，从问题发现、调研到最后决策，其周期长、投入大、效能低。而以大数据为基础的智慧供热系统，具有高效的数据搜集和运算能力，在相关性分析方面完全超越人工分析的速度，不仅大幅提升决策效率，而且减少了大量的前期调研的费用和时间，特别是智慧供热系统还具有极强的预测功能，可以预测事态的发展趋势，做到事前预测、提前预警、前瞻决策，这对政府决策方式的转变提供了可能。

四是决策效果评估。决策方案的实施将通过智慧供热系统对方案实施过程中的各种数据和信息进行实时监测和动态分析，并进行及时反馈与综合评估，得出政府决策效果的评估，大大提高了反馈的时效性和评估的准确性，提高了政府的决策能力和纠错能力。

五是应急能力提升。智慧供热系统不仅能够对热用户的民意进行实时收集，及时了解和掌握社会舆情导向，为供热企业实施有效管理提供保障；而且在政府危机管理过程中，可以为供热危机的产生提供预警功能，为危机的应急处置提供方案，这将大大提高政府有效应对突发事件的能力，提升政府危机管理的能力和水平。

8.6 政府级供热管控平台

8.6.1 平台建设意义

随着智慧城镇建设与发展，以及供热行业管理水平的提升和管理方式的标准化、科学化，许多地方政府根据城市人口、资源、环境的条件与客观要求，以及政府在城市安全、服务与管理方面的职责建立了城市能源运行管理平台、城市应急管理平台、城市居民服务平台。

城镇供热已经成为我国北方地区冬季供热采暖的主要方式，是重要的民生保障工程。但是因管网及设备设施老旧、供热面积增速过快、热源能力严重不足、事故处理及预警不及时等问题，造成系统性事故频发、系统水力失调严重、老百姓满意度低，城镇供热面临安全、节能、环保、经济运行等各方面的挑战。因此采用先进的信息技术，彻底改造现有的集中供热体系，通过智慧热网系统将热源的生产、热网输送、热量转换、用户服务等各个环节，以及热网与热用户之间的各种供热设施连接在一起，建设多热源调度系统、能源调配会商系统、管网泄露预警系统、应急指挥调度系统、综合客服系统、极端天气预警系统等，实现科学调度、精准供热、节能供热、安全供热，保障供热安全。

由于历史原因，北方地区城市供热始于区域锅炉房供热，客观上造成了供热集中度不高的问题，虽然经历了大规模的拆改合并，但供热公司数量仍然庞大，这些企业在基础设施、技术水平、管理水平上差异巨大，地方政府在对供热企业管理过程中很难获得及时准确的能源管理数据统计、节能减排指标考核、客户服务评价、收费率统计、资产状况等方面的真实数据，因此对供热公司难以做出客观、公平、准确的整体评价。

目前面临的主要问题如下：

一是政府供热主管部门对城市能源供给的协调能力不强，致使热源供应方与供热企业之间存在供需矛盾、资源错配，无法实现"按需供热"，造成一定程度的能源浪费。

二是缺乏行业监管决策平台，使得政府主管部门无法做出正确的决策和预警，导致供热质量不高、节能降耗效果不明显。

三是对供热行业的供热生产数据缺乏全面、有效的监管，供热生产数据收集和共享不够，形成了大量的信息孤岛。

四是政府热线数据与供热企业的供热服务、投诉数据口径不统一、不共享，导致政府和供热企业反应迟缓，使得服务质量下降，导致政府和供热企业在民生保障方面形象大打折扣。

五是对于全市的城市供热基础设施摸底不清，跑、冒、滴、漏的维修情况不清，无法做出设备设施的安全预警和应急预案，导致应对突发事件的应急处置能力较弱。

针对以上问题，应借鉴政府智慧城市运行管理平台的成功经验建设智慧供热管控平台，建立各类关键数据收集、大数据分析、供热企业综合考评长效机制，根据数据分析结果及时调整能源供给策略、政府扶持、补贴政策以及价格政策。

此外，从国家能源战略层面来看，《国家能源发展战略行动计划（2014～2020年）》[6]的主要任务中提到：增强自主保障能力，完善能源应急体系。加强能源安全信息化保障和决策支持能力建设，逐步建立重点能源品种和能源通道应急指挥和综合管理系统，提升预测预警和防范应对水平。同时，在保障措施的深化能源体制改革中提出，进一步转变政府职能，健全能源监管体系。加强能源发展战略、规划、政策、标准等制定和实施。强化能源监管，健全监管组织体系和法规体系，创新监管方式，提高监管效能，维护公平公正的市场秩序，为供热事业健康稳定发展创造良好环境。

城镇供热作为城镇的基础设施之一，是政府管理的重要组成部分。搭建政府供热监管平台是由供热行业在城镇管理中的战略地位和供热事业发展趋势所决定的，应引起各地政府的高度重视。

8.6.2 平台建设方案

政府供热管控平台是保障城市安全稳定供热，保障供热事业和谐持续发展的基础数据支撑，是新兴智慧城市的重要组成部分，是"按需供热、智慧供热"联动机制的着力点，应利用人工智能、云计算、大数据等新技术打通政府各职能部门的数据壁垒，构建共享平台，实现资源融合、数据融合、业务贯通。

政府供热管控平台应立足于城市管理体制、机制和方式的创新，理顺市区两级政府与专业管理部门的管理职责，切实发挥市区两级政府社会管理、公共服务职能以及对供热行业专业管理的监督作用，借助物联网和现代信息技术，以用热需求为导向，整合现有管理资源，实现相关部门、相关行业与供热行业网络的互联互通和信息资源的共享。

政府供热管控平台应以城市大数据为支撑，一方面要对接纵向行业管理系统，实现市、区、街（乡）供热主管部门与供热单位的互联互通和资源共享；另一方面要对接横向相关管理部门的相关管理系统，实现供热主管部门与相关管理部门、供热行业与相关行业的互联互通和资源共享；为智慧供热和政府供热监管与服务平台提供全面的数据支撑。

政府供热管控平台应以供热主管部门管理需求为导向，实行分级管理，应侧重供热运行与应急保障、供热能耗与排放情况、供热质量与用户投诉、供热行业基本情况和企业概况；供热企业的智慧供热系统建设应满足政府平台建设的需求，提供相关的统计数据支持。

政府供热管控平台将政府、供热企业、用户三方有机地连接起来，实现能源规划、能源调度、能源供应、用户反馈、效果评价等多环节高效、透明、精准地随机而变，将一个庞大的供热体系打造成一个充满智慧的灵动机器，提高城市应对复杂条件快速多变的综合治理能力。

平台建设的主要目的：规范供热企业基础管理，加强供热系统安全高效运行，形成企业自我评价、自我完善、自我约束的机制，提高供热系统保障能力和节能减排能力，提高供热质量和供热服务水平，促进供热事业健康发展。

平台建设主要包含四方面的功能：一是城市能源供应的基础保障，电、油、气等各种能源综合调控；二是供热行业监管，包括：能源安全运行状况监控，供热企业服务质量监管，企业管理水平、设施、人员、能力的综合评价，供热基础设施安全评价；三是供热数据统计，涵盖行业统计、依法统计、政府统计、能源统计等内容；四是突发事件的应急处置、应急抢险、咨询服务、投诉服务等。

政府供热管控平台需要政府相关部门和相关行业的协助与数据统计的支持，应与其相关管理平台对接，这主要包括：

1. 与市政府城市级管理平台的对接

与市政府城市级管理平台的对接，包括：城市级的城市运行管理平台、城市综合应急管理平台、集中供热联调联供运行调度平台、城市居民政府服务与投诉平台、城市物价管理信息平台、市统计部门数据库服务平台、城市市政综合管廊管理平台、供热费收缴信息管理平台等。

2. 与政府相关部门管理平台的对接

与政府相关部门管理平台的对接，包括：城市能源管理与能耗监测平台、环境监测与温室气体排放监管平台、能源储备与调配监控平台、城乡建设与住房管理平台、气象预测预报与供热服务平台、财政预算与项目支付转移平台、重大建设项目管理信息平台、建筑节能管理信息平台、企业工商登记注册管理平台、企业与个人信用管理平台等。

3. 与社会相关行业管理平台的对接

与社会相关行业管理平台的对接，包括：城市供电运行调度平台、城市燃气运行调度平台、城市供水运行调度平台、中石油天然气供气调度平台、煤炭行业管理信息平台等。

上述平台的系统及网络的对接和信息资源及运行数据的共享，为改变各级政府部门的城市管理方式，加快城市管理现代化建设，提升城市管理水平，以及提高城市供热资源调度及运行效率，加强供热需求侧及供给侧管理，降低城市供热管理成本，构建智慧供热系统将起到极大的推动作用，具有重要的现实意义。详见图 8-2 供热监管平台与其他管理平台对接示意图。

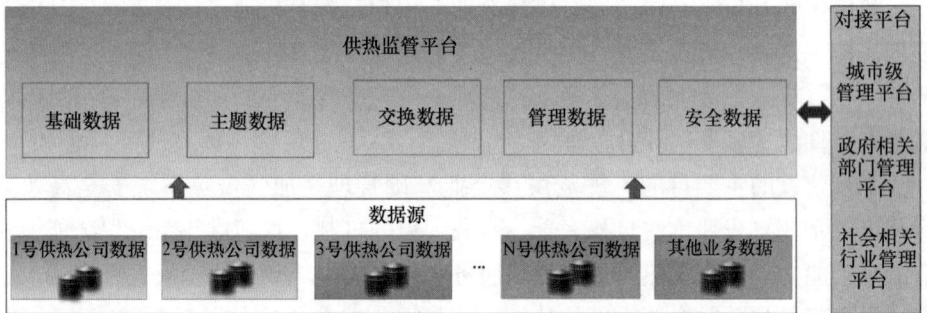

图 8-2　供热监管平台与其他管理平台对接示意图

8.6.3　建设目标

信息技术的发展，特别是人工智能、云计算、大数据技术的发展，为政府、供热企业在节能环保、清洁供热大背景下新的发展模式带来契机，促使供热系统由信息化迈入智慧供热时代。

对于政府而言，随着经济发展和社会进步，现代化大都市不断涌现，百万级人口规模已成为城市发展的常态，城市规模的不断扩张，带来的是供热需求猛增，作为城市基础设施和民生保障的供热系统面临着热源不足、管网老化、投资不足、能耗高、排放不达标、老百姓不满意等困难。因此，智慧供热系统应重点关注供热规划、标准执行、行业监管、安全管控等方面内容，使政府监管部门可及时准确地获得热源、管网、投诉、舆情等相关信息，制定安全、节能、环保、人民满意的供热发展模式。因此，建立供热协调联动机制、保障城市安全稳定供热，保障供热事业和谐持续发展，是建设政府供热管控平台的出发点和落脚点[7]。

政府供热监控平台，是由政府主管部门建设、监管，供热企业主导，热用户监督三方联动的综合管控平台，将会对供热行业带来深远影响，主要体现在：

1. 信息共享

信息共享是要打破信息孤岛，实现从政府主管部门到热用户全程的供热信息可视化。对政府主管部门而言，准确全面地了解全市供热资源、供热质量、服务质量、气候变化预测等信息；对供热企业而言，能精确地掌握供热生产信息、用户供热质量、投诉信息；对热用户而言，能够及时了解天气预报情况对用热设备及时做出调整。

2. 规范管理

规范管理是规范供热管理、统一服务流程，提升服务水平，拉近与用户的距离，提高政府主管部门、供热企业的社会形象。

3. 提升能力

提升能力是提高政府主管部门的供热监控预警和调度能力，提高供热企业的供热分析水平和科学决策能力。

8.6.4　建设思路

利用政府供热管控平台理顺管理机制，制定技术标准和管理规范，研发新技术、新应用，建立新的供热保障体系。平台应集供热企业、区县以及市级三个主要单元，并且具备居民用户互动接口，形成统一的供热保障管控服务平台。

政府借助该平台实施对全市供热运行的监控以及行业的有效监管，依法强化约束机制，提升行业的服务水平；供热企业利用平台完成数据汇集、数据上报、热源调配、跨部门协调等工作；同时，热用户通过该平台，可以对供热质量、服务质量提出投诉，申报采暖系统的维修，以及对各项政策、管理、技术等内容进行咨询，并对供热和服务质量进行评价。

8.6.5　平台架构

政府供热管控平台的设计原则：架构优先，着眼未来；多方协调，统筹规划；统一标准，各负其责；融合创新，整合共享；一数一源，一源多用；安全优先，稳定可靠；计划完整，有序推进；健全机制，明确责任。

平台建设应紧跟智慧供热发展趋势，充分运用最新的大数据、云计算、物联网和移动互联等新技术，建立一个涵盖政府（管理数据、热线服务数据、气象、决策数据等）、供热企业（生产数据、基础数据、事故率、服务数据、收费数据等）、热用户三方数据的统一服务平台。利用云计算、大数据、ESB 企业服务总线等关键技术，对资源、数据、业务进行整合。

1. 资源整合

资源整合，采用云计算技术模式，对各类基础 IT 平台资源进行深度整合，构建用户信息服务云平台，实现平台在底层的技术保障。详见图 8-3 供热监管平台资源整合框架图。

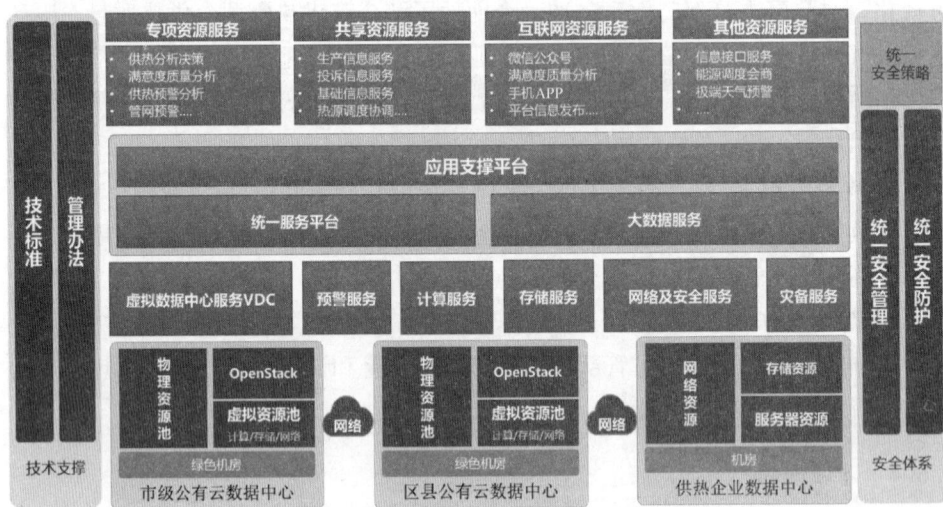

图 8-3 供热监管平台资源整合框架图

2. 数据整合

数据整合，是将来自市级、区县级政府、供热企业、气象部门、居民服务的各类生产数据、天气数据、管理数据、服务数据汇聚于统一服务平台，构建中心数据库，通过大数据服务平台提供统一的数据检索、数据分析和数据挖掘服务。经过清洗、整合的数据，其在未来的多热源调度系统、能源调配会商系统、管网泄露预警系统、应急指挥调度系统、综合客服系统、极端天气预警、行业数据监控、知识库构建都将起到至关重要的作用。详见图 8-4 数据整合框架图。

3. 业务统筹

业务融合核心在于业务统筹，从实际的业务需求出发，在政府供热管控平台上规划出不同的业务统筹模型，利用 ESB 企业服务总线的业务流程管理功能，对应用业务进行整合。比如建设地理信息系统、建立城市级供热与民生保障平台

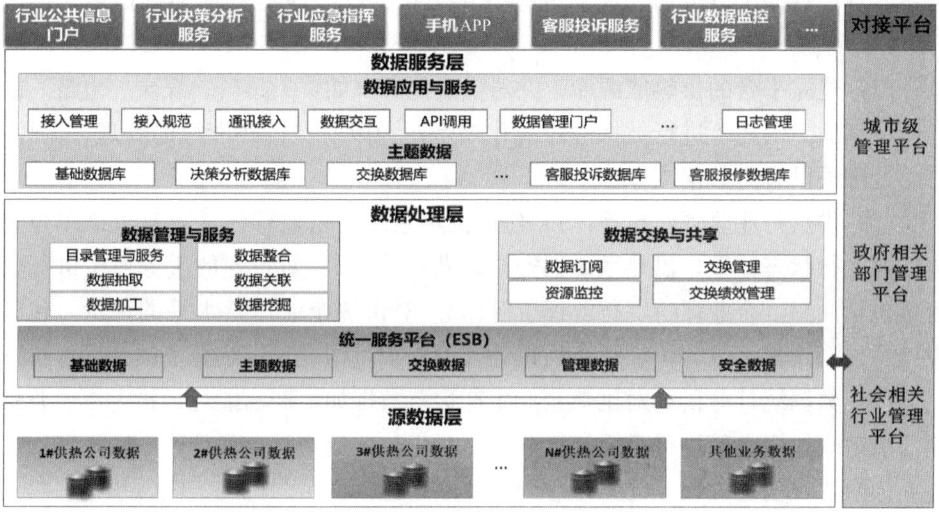

图 8-4　供热监管平台数据整合框架图

的门户、建立市区级别的应急指挥中心、社区对接与其他政府智能部门对接等工作。详见图 8-5 业务整合框架图。

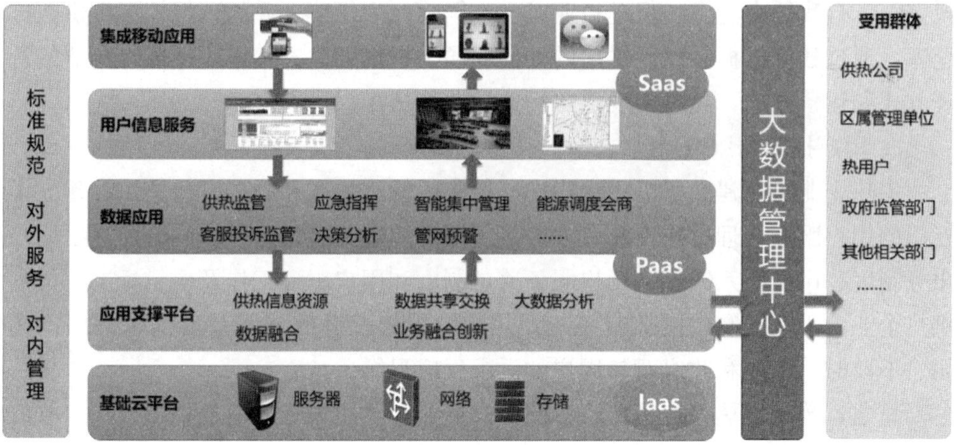

图 8-5　供热监管平台业务整合框架图

8.6.6　平台应用

政府供热管控平台是政府建设、管理的信息化平台。平台的主要应用内容如下：

1. 政府管理与调控

平台的数据整合、内容发布、大数据分析等功能能够为政府进行能源调控、行业监管、数据决策分析、应急处理提供数据支撑。政府管理和调控包含四个方面：

（1）建立平台的供热能源库，并对供热能源（如：天然气、煤炭、电量）的存储、运输、消耗等进行数据的可视化展示，为政府在供热能源的管理、调控、应急处理提供有力数据支撑。

（2）供热行业监管，包括：1）建立供热系统运营监管体系，对市级单位整体能源运行状态监管，供热系统的安全运营监管。2）对行业的服务质量进行监管，包括测温、企业评价、行业评价等。3）对供热企业运营水平的评价，包括设施评价、管理水平评价、社会评价等评价内容，构成对供热企业的全面评价。

（3）数据统计分析，对供热企业生产运营数据如生产、能耗、投诉率、收费率、事故率、服务等进行全面统计分析，对供热企业进行全面评价。

（4）供热应急处置，建立应急处置体系，包括：组织机构、应急预案、物资装备、抢修队伍等，形成应急保障机制。

2. 企业管理与交流

平台在政策法规和合理的权限下，提供供热企业之间技术、数据交流平台，通过能耗水平、设施水平、管理水平的评价机制，加强供热企业的自我管理、自我完善、自我约束能力，促进行业进步。同时，为供热企业的数据挖掘提供数据仓库，通过数据挖掘，发现供热的共性问题，提出解决方案，改进供热企业的管理方式和运营方式，最终实现供热行业的节能减排。

3. 用户报修与服务

供热企业虽然建立了以用户为中心的服务管理体系和服务考核体系，建立了专门的用户服务管理机构，设专人负责，职责明确并有效运行。同时建立了用户服务制度、用户联系制度、用户服务奖惩制度和用户服务工作及质量标准。但是供热企业由于缺乏有效的监督系统，热用户报修投诉数据对政府监管部门不透明、不及时，企业和政府对热用户的诉求反应迟缓。

总之，政府供热管控平台汇集政府、企业、热用户三方信息，形成一个政府知悉、督促，企业办结、反馈，用户诉求、评价的闭环系统，大大提高了政府、企业对用户诉求的反应能力，提升了供热行业服务质量和社会形象。

参 考 文 献

[1] 吴妍. 浅谈企业标准化管理、质量体系管理和卓越绩效管理文件[J]. 中小企业管理与科技（下旬刊），2013(4)：21-22.

[2] 王晓红. 浅谈统计工作对企业管理的作用[J]. 民营科技，2013(9)：114-114.

［3］　史东红. 浅谈提高统计数据质量的方法［J］. 管理学家，2011(3).

［4］　王万军."数"与"表"的对话［J］. 青海统计，2014(3)：60-61.

［5］　高小泉. 浅谈政府决策机制中存在的问题及对策［J］. 教育教学论坛，2015(30)：49-50.

［6］　国务院办公厅. 国家能源发展战略行动计划(2014～2020 年).［2014-06-07］.

［7］　郭维圻. 浅谈北京供热行业基本特征与管理特点［J］. 供热制冷，2013(7)：28-30.

下篇　智慧供热的实践案例

第9章 智慧供热之城市建设案例

9.1 面向政企协同的智慧供热服务模式创新

北京华热科技发展有限公司　李淼　邓晓祺　王占海

北京市热力集团有限责任公司　何迎纳　李仲博

9.1.1 概况

1. 智慧供热服务管理模式的构建背景

（1）推动智慧城市建设，提升城市公共服务水平的需要

长期以来，推进新型城市建设一直是各级政府的一项重要任务。供热是民生工程，是城市市政公用基础设施建设的重点。随着供热服务管理规模的日益扩大和业务管理复杂性的增加，供热服务及供热生产运行迫切需要通过规划建设信息化管理系统来支撑。与此同时，随着"互联网＋"时代的到来，供热行业引入信息化势在必行，实现"互联网＋"供热服务，是提升城市供热公共服务品质，推动智慧城市建设的重要途径，并将为供热行业管理带来革命性变革。由此不仅可以提升工作效率，提高服务管理和决策水平，同时可以促进供热行业健康发展，保障民生。

（2）建设智慧城市的新型集中供热服务体系的需要

传统供热服务体系存在以下问题：一是大量政府资源用于处理用户投诉很不合理。随着人民生活水平的提高，老百姓的维权意识逐步加强，向政府热线拨打电话的数量大幅增加，诉求也更趋向多元化、复杂化、专业化。在传统供热服务管理体系下，北京市供热服务诉求多由北京市政府平台进行转接，但政府热线系统存在电话号码多且不便记忆、服务水平不够专业、运行机制不畅等问题。二是不利于政府部门开展供热管理工作。由于政企沟通没有统一的信息平台，沟通和协同性不够，没有解决问题的便捷渠道，难以解决用户实际问题，造成用户对政府工作不满意。三是不利于政府对供热企业进行监管。政府对用户投诉缺乏有效的跟踪手段，无法获取供热企业服务信息，无法对供热企业做出有效监管和评价。四是不能实现社会资源的共享。供热企业只对本企业供热区域内的服务负

责，导致一方面无事故时企业的热线资源和应急保障系统利用率低甚至闲置；另一方面在出现较严重的事故时，有的企业没有能力采取有效的应急措施，政府频繁充当救火队员的角色。因此迫切需要建立信息和资源共享的统一平台，建设智慧的新型集中供热服务体系。

（3）供热行业服务机制改革的迫切需要

目前，北京市集中供热面积约 8 亿 m^2，供热企业超过 1600 家，随着工业化与企业信息化的高度融合和社会经济高速发展，各区对供热的生产信息、管网信息、供热服务、节能减排等信息的掌握越来越难。

供热服务的社会资源没有得到高效的利用，政府行业监管无法保证覆盖到全市近 1600 家大大小小的供热企业，产业引导与政企之间缺乏协同，当前的供热服务模式已不能适应北京这样超大型城市的治理要求和人民日益增长的舒适、便捷的生活需要。

从用户层面看，供热企业之间管辖交错、层次复杂，用户对供热服务有诉求时，经常发生以下问题：因投诉信息传递不畅、过程繁琐等原因导致问题不能得到及时解决；用户反映诉求后，没有及时的信息反馈，用户不了解处理进度；用户对现场供热服务人员的服务质量没有有效的反馈渠道，可能导致现场服务人员服务态度、服务能力等的下降。多种因素导致用户诉求得不到真实反馈，极易受不实舆论引导，进而从多方面降低用户对供热服务的满意度。从政府层面看，政府供热主管部门人员大多编制在 3～5 人，供热服务牵涉面广，北京供热企业众多，行业监管难以全面覆盖。

综上所述，从政府、用户、供热企业多方角度考虑，建设高效的政企协同服务体系势在必行。

2. 主要内容

（1）智慧供热服务管理模式的内涵

智慧供热服务管理模式通过城市智慧供热服务平台整合供热服务资源，包括线上的信息化资源和线下的供热服务资源（含人员、设施以及企业自身多年的供热服务管理经验和服务能力等，将这种智慧供热服务的管理模式定义为智慧供热服务 OTO 模式，见图 9-1），充分利用信息化手段，实现政府与北京市供热企业、企业与用户之间的高效互动，以创新、开放、协同、高效、共享的发展理念为支撑，确保实现政企高效协同和数据开放共享，为政府加强行业监管决策提供数据支撑，继而逐步建立可持续发展的服务环境。

（2）智慧供热服务管理模式的特点

1）实现线上与线下资源的整合优化

智慧供热服务管理模式利用互联网的思维改造传统公用事业，确保政府部门

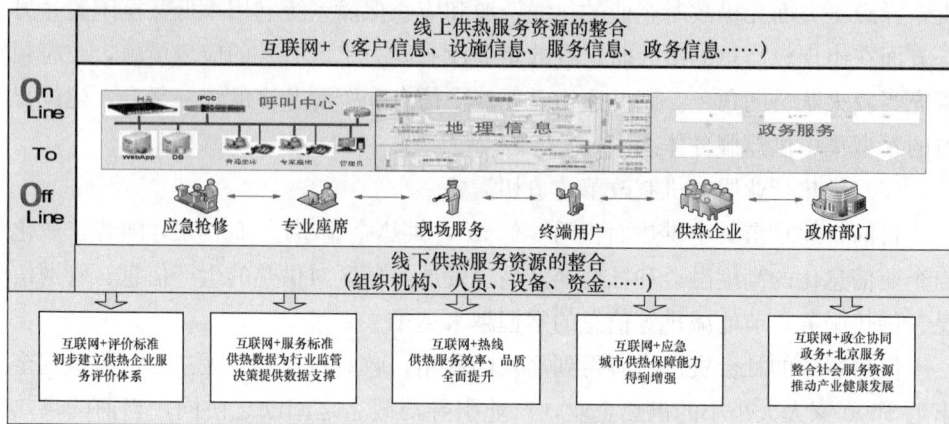

图 9-1　基于政企协同的智慧供热服务 OTO 模式

与供热企业间联络有效，实现了政府和企业、用户之间的互联互通，并全程决策可视。

政府层面，政府供热管理部门管辖范围内企业基本信息实现可视化、信息化管理，应急资源保障有力，政府人员关注点可逐步转移到与供热企业协同工作的效率提高及对供热企业服务监管和评价上。实现政府对企业服务监管闭环和全覆盖。

企业层面，供热企业在处理供热突发事件以及供热纠纷时，可依靠各级政府，做好对市民的信息沟通、疏导维稳以及执法监督工作；因小供热企业能力有限，大供热企业承担了更多供热服务及供热应急任务，现场服务能力提升；同时，应急保障得到增强，资源线上与线下资源实现协同，配置更加合理，资源调度更加高效。

用户层面，与供热服务热线客服人员沟通可评价，进一步保障了用户的权利；同时，专业客服人员的服务能力也有利于用户提升自我服务能力。

2）保障互联互通，信息安全

数据无论对政府还是企业都是至关重要的，智慧供热服务管理不但要保障业务的安全可靠，还需要保障网络及数据的安全可靠。实现数据在企业之间、企业与政府之间、企业与用户之间、各系统之间（GIS 系统、客服系统、服务终端）的互通互联。为此，智慧供热服务管理平台通过安全认证、有效授权、加密传输和存储来实现网络及平台数据的保密性、可用性和完整性。

3. 智慧供热服务管理模式的核心技术

（1）建立政企协同办公平台，全面深化电子政务

建立平台可实现以下功能：信息资源的共享；增强各部门协同工作的能力；

强化政府的监控管理；实现公文流转、审核、签批等行政事务的自动处理；促进管理电子化、规范化，整合组织内部的信息流；在市区供热主管部门和供热企业之间，完成公文的审批流转、政策的上传下达，让数据多跑路，人员少跑路，最终实现行政事务的无纸化办公、堵塞漏洞、提高效率（图 9-2、图 9-3）。

（2）建立客户服务与舆情监测平台，提升供热服务质量

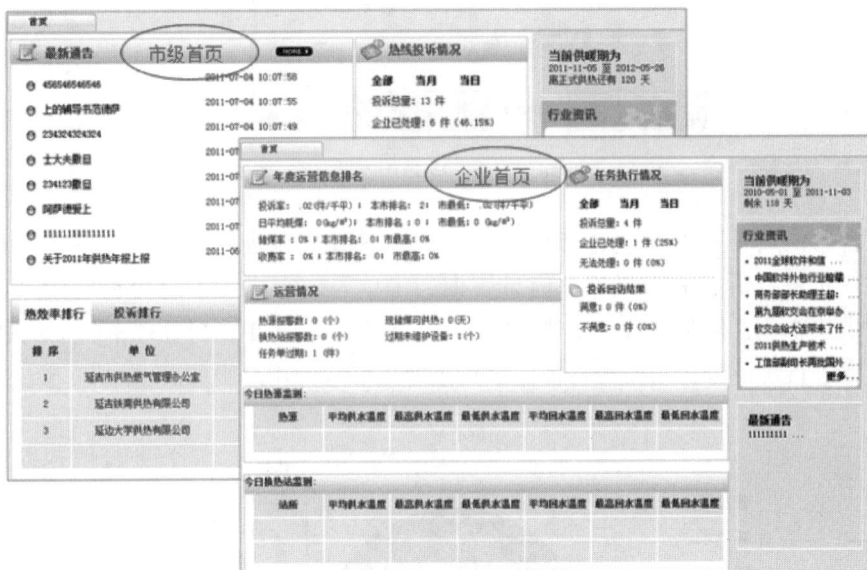

图 9-2　协同办公与内容发布系统

图 9-3　海淀区供热服务管理平台首页—协同办公

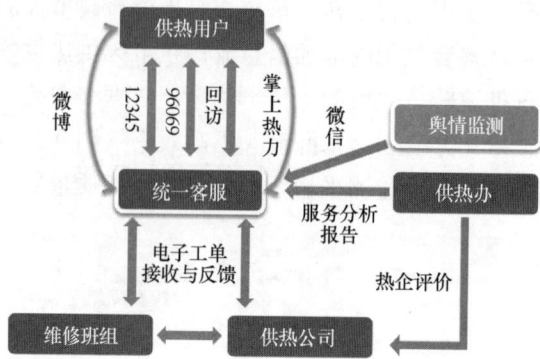

图 9-4　统一客户服务渠道

　　智慧供热服务管理平台与相关供热企业客服平台进行数据对接（图 9-4），对供热质量投诉、故障报修、信息咨询、工单等内容进行汇总分析（图 9-5），针对供热企业、供热区域、供热故障类型、客诉率、工单及时处理率、工单限期关闭率进行统计分析与监控，督促供热企业更好地为用户服务。

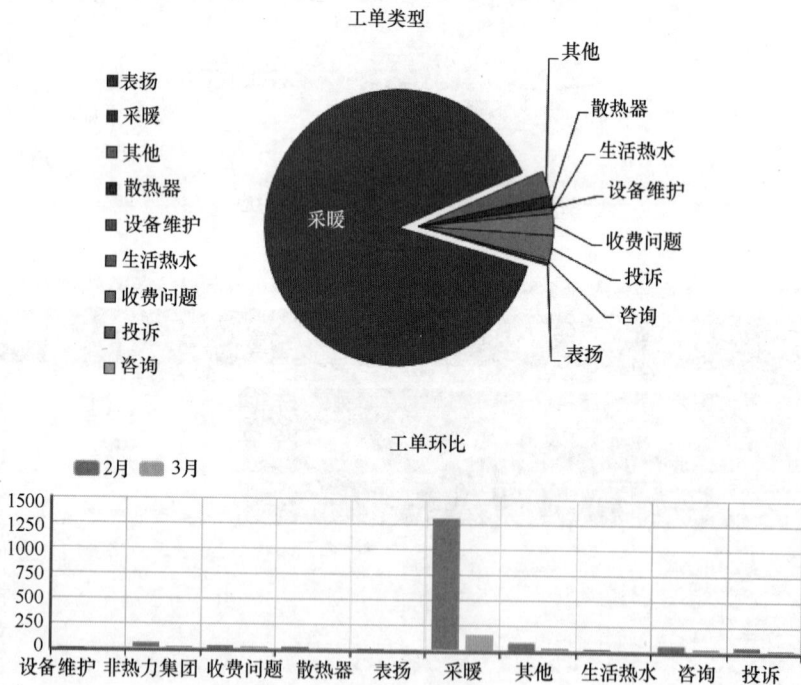

图 9-5　城市客户服务中心工单

　　舆情监测系统全年 24 小时自动采集互联网上供热相关的新闻、论坛、微博、微信等内容。系统功能包括热点舆情、专题追踪、自动抓取、舆情分析及舆情报告，提前预判群体性事件，通过合理处置促进社会和谐。

客服中心能够根据故障舆情在地理信息平台上标注并发起故障处理工单，实现客服、舆情和地理信息的资源整合（图 9-6）。

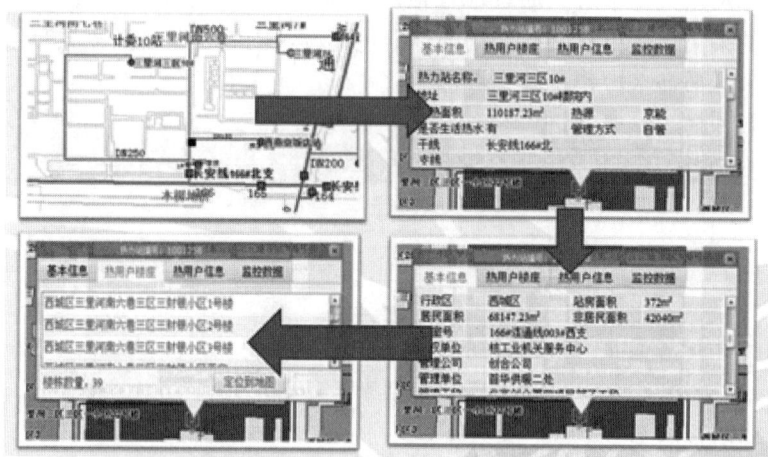

图 9-6　城市客户服务中心座席监控

（3）建立供热应急指挥平台，保障供热安全生产

建立供热突发事故应急指挥的全流程管理，实现供热事故应急处理的全过程管理（图 9-7），通过地理信息直观展示发生地点、停热面积、影响区域等，并

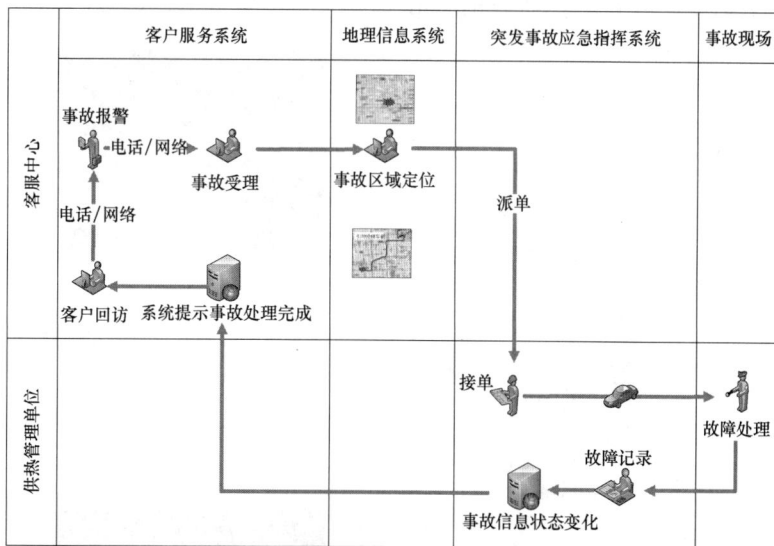

图 9-7　应急指挥示意图

365

对处理时间、应急预案、资源调配、相关部门单位协调进行统一部署与管理，实现线上工单资源、地理信息资源和线下应急指挥资源、抢修资源的有机整合。

（4）建立供热和地理信息基础平台，实现可视化监管

供热管理部门和企业实现一体化的管理方式，所有供热企业的基础信息、设备信息、源网站关键信息，通过地理信息系统（GIS）进行直观展示（图9-8）。通过数据的采集促进供热基础数据的标准化建设，同时将基础数据共享给供热管理平台中的其他业务以提供数据支撑。

图9-8　石景山区供热服务管理 GIS 地理信息

（5）建立用户室温监测平台，让老百姓的室温看得见

通过多种方式和手段采集用户室温，用热点图直观展示，让民生的温度看得见。北京热力集团通过自主研发的暖心宝实时采集用户室内温度（图9-9），通

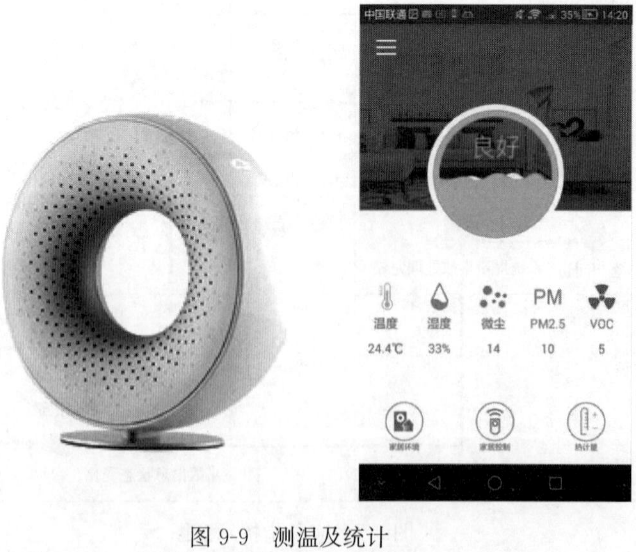

图9-9　测温及统计

366

过自主研发的测温仪定时到居民家人工检测室温和校订暖心宝自动室温采集数据的准确度，所有室温数据由室温监测平台统计、分析、图形化展示（图9-10）。

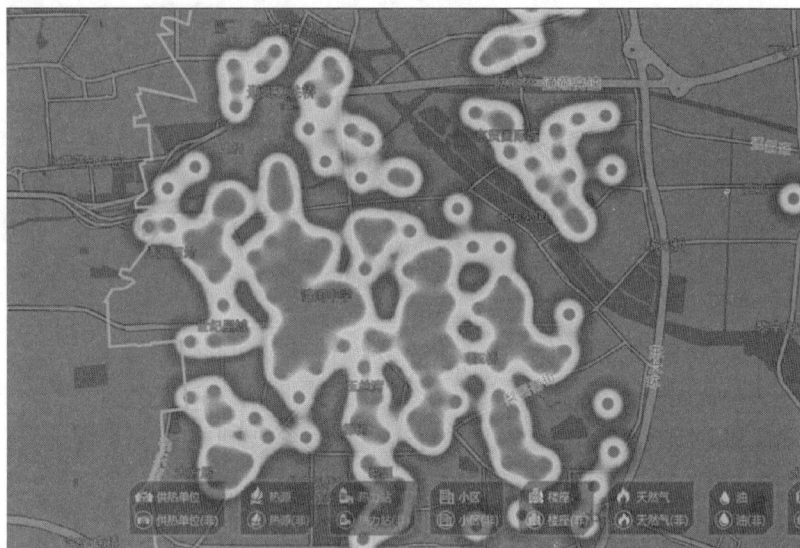

图9-10 通州区供热服务管理平台热力图展示

（6）建立供热企业考评体系，提升供热企业管理水平

通过针对收发文、用户投诉、数据提报、节能降耗、安全生产、项目管理、应急响应、会议与培训等对供热服务建立多业务维度考核指标体系（图9-11），对供热企业进行全方位考核与评价，督促供热企业提升管理水平。

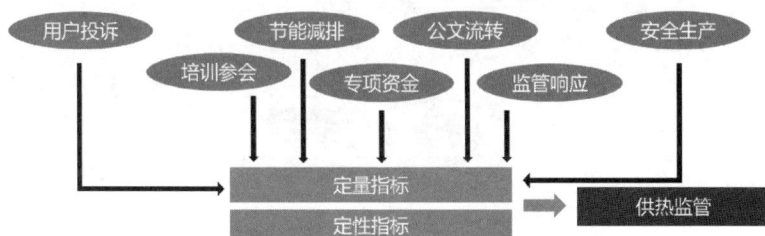

图9-11 考评体系

（7）建立热计量数据集中平台，促进供热计量改革

通过APN政府专线对多家热计量系统中的居民与公共建筑的基础信息、能耗数据进行数据采集，建立用能模型，进行数据分析（图9-12）；并将公共建筑能耗数据共享到公共机构节能管理平台，为推进既有居住建筑节能改造和稳步实施既有公共建筑节能改造提供数据支撑。

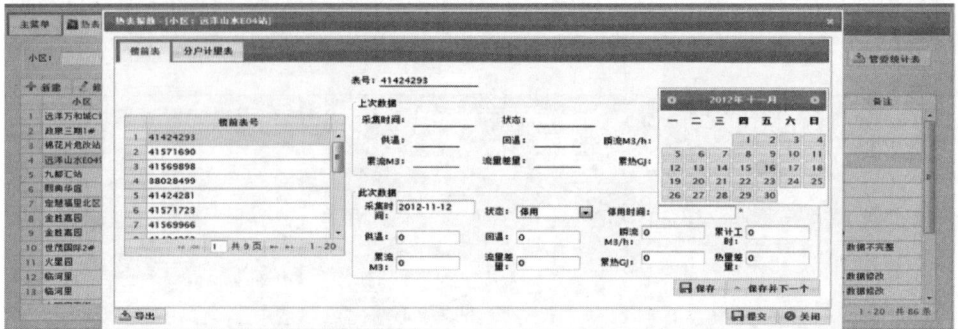

图 9-12　热计量平台集成

（8）建立供热运行能源管控平台，推进节能减排和低碳发展

将供热企业的生产运行能耗数据，实时传递到北京市供热管理部门，建立供热运行状况监管平台，利用大屏幕、GIS 系统等手段，实现供热运行能耗的实时监测（图 9-13）。通过数据分析与关键指标对标，深度挖掘企业节能潜力，推进节能减排和低碳发展。

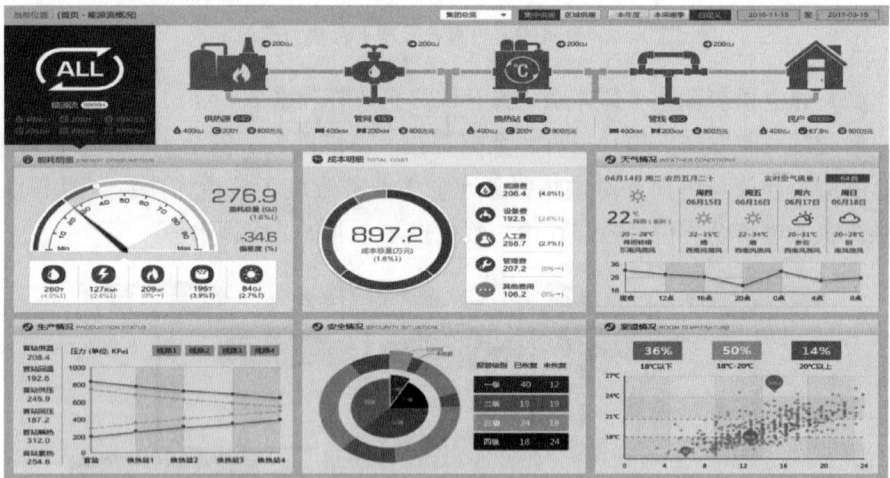

图 9-13　能源管控中心热计量平台集成

4. 智慧供热服务管理平台基本建设情况

经北京华热科技有限公司在北京热力集团客服平台 96069 框架基础上前期开发并调试运行后，智慧供热服务管理平台在北京各区县陆续投入运用。2015 年 11 月，海淀区平台正式上线投入使用；2015 年 11 月，石景山区平台正式上线投入使用；2016 年 11 月，东城区平台正式上线投入使用；2016 年 11 月，北京市平台正式上线投入使用；2017 年 9 月，通州区正式上线投入使用；2017 年 10

月，西城区平台正式上线投入使用；2017 年 11 月，大兴区平台正式上线投入使用；2017 年 11 月，延庆区平台正式上线投入使用。至此，北京市各区县实现 96069 服务热线覆盖的统一的供热客户服务平台。

5. 智慧供热服务管理模式的运维情况

智慧供热服务管理不仅是一个信息化平台，更是一个运营平台。为保障供热服务管理平台正常运行，快速、准确地转办、回复热线工单，北京热力在对坐席人员加强培训的同时，落实质量监控等管理，提高服务质量，保障平台系统平稳运行。

（1）合理安排人员，保障业务运行

参考前三年的业务量，对工单量进行预测，保证排班的合理化。重大会议、重大节庆期间及各类特殊时期、供热期间北京热力均实行非工作日值班、备班制度，做好供热高峰期的各项应急工作，随时关注供热服务平台，发现问题及时处理，遇重大问题现场督办。

（2）关注特殊问题，及时跟踪处理

对于一人多次反映问题、多人反映一事/区域类似问题、突发事故及存在安全隐患的问题，北京市供热服务管理平台采取通话中适当安抚市民，事后及时协调各级部门，及时升级上报，及时回复等措施。一方面使政府各职能部门及时了解供热隐患问题，另一方面使市民的安全隐患行为得到有效遏制，也为社会和谐平安、首都安全维稳起到了保驾护航的作用。

（3）完善知识库、优化业务流程

完善供热服务管理平台知识库，使业务知识能够统一、标准化。针对不适用的业务知识点进行了修改或删除，同时新增了常用知识点，另外，在关键字查询处增加了搜索的关键词，以便员工能够快速查询到所需要的业务知识。

通过日常使用中暴露的问题，及时对业务流程进行优化，不仅提高了员工的派单效率，而且提升了客户满意度。

（4）开展业务培训，提高服务水平

北京热力组织了规范化服务培训，面对客服坐席人员及入户服务人员开展培训，基本实现了客户服务业务技能、标准化培训全覆盖，巩固了用户至上的服务意识，明确了职责，掌握了控制情绪和保持身心健康的方法，努力实现与用户无障碍交流。

（5）建立保障联系人机制，保障工单的及时处理与反馈

北京热力建立 16 区客服保障联系人机制，由各城区外联联系人负责监督和督办各城区企业工单的处理情况。对企业不登录、接单不及时、未及时处理或回访未解决的企业进行电话督办，对于因地址不明确无法派发的工单情况告知供热管理部门及时处理解决。

9.1.2 项目运行或运营情况

1. 总体情况

项目投入使用后,为市供热办及各城区供热办提供专业、优质的供热服务,各级供热办全面了解所辖范围内供热服务质量情况;供热企业能便捷、准确地获取居民的供热诉求,及时为百姓解决供热问题,减少供热矛盾。各级平台的投产、使用极大地提高了百姓的服务满意度同时提升了北京市的供热服务质量。

2. 分项目情况

(1)北京市供热服务管理平台运行情况

2017~2018年度采暖季,服务天数共计126天,处理12345热线的专职座席人员共60人。期间,11月7日至15日供热前期平台处理市民供暖类问题2875个;11月15日至次年3月20日正式供热期间,通过12345热线派单及市级供热办交办途径处理问题共计89418个(其中12345热线派单89402个,市级供热办交处理16个)。同时,为市级供热办提供整个供热季的各类供热数据。

(2)各城区服务管理平台运行情况

为各城区平台提供全区供热服务质量数据,包括工单的各种来源、分类的图形化占比图表(图9-14)

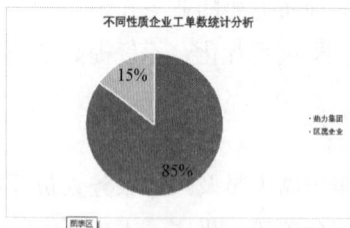

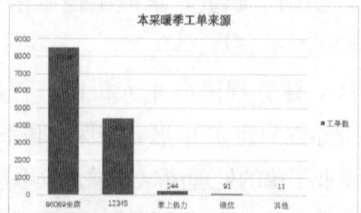

图9-14 各企业供热季工单处理情况的数据化分析报告等(一)

2.3 本采暖季工单量趋势分析

下图展现的是 2017 年 11 月 15 号至 2018 年 3 月 20 号之间的每日工单数量。

从趋势图上可以看出，本采暖季的工单是前期呈下降趋势，中期上升，后期下降趋势。如下图：

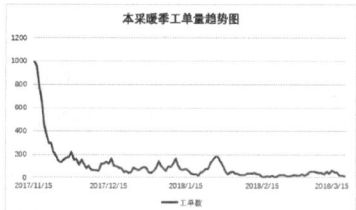

本采暖季工单量趋势图

2.4 企业登录数

本采暖季共有 23 家企业登录平台，登录次数少于 10 次且工单量较多的供热单位如下：

序号	供热企业	工单数
1	首都医科大学附属北京口腔医院	7
2	北京光华五洲纺织集团公司	5
3	北京市隆福宾馆	5
4	北苑和璐府私馆	5
5	中国邮电器材北京有限公司	4
6	生活读书新知三联书店有限公司	3
7	中国人民解放军空军后勤部管理处	3
8	北京中天楼宇综合管理有限公司	3

9	国家语言文字工作委员会机关服务中心	2
10	中国民用航空通信导航设备公司	2
11	北京凯歌修建公司	2
12	中国人民武装警察部队北京市总队第一支队后勤处	2
13	北京中航鑫物业有限公司	1
14	北京亚东方物业管理有限公司	1
20	北京林宇物业管理有限公司	1
16	北京旭鑫商务有限公司	1
17	新叶物业管理有限公司	1
18	北京广安物业管理有限责任公司	1
20	北京珀瑶厂有限责任公司	1
21	北京芳草欣荣贸易有限公司物业管理中心	1
22	长城物业集团股份有限公司北京物业管理分公司	1
23	北京军区联勤部机关留守处	1

2.5 供热企业工单情况

区属供热企业接单处理情况将近 100%，整理情况还是比较良好的，也反映出供热企业对平台的操作和使用已经基本熟练，并且能及时响应。

类型	热线派单量	企业接单 24 小时接单率 (接单量/派单量)	企业接单处理完成 72 小时处理完成率 (已完成/派单量)	业主回访 回访完成率 (回访结束工单+已回访工单)/派单量
水平(供热)站				
热力集团	11220	100	98.09	86.95
区属供热企业	2050	94.02	96.47	84.15
合计	13270	99.08	97.84	86.52

(1) 东城区登录企业 166 家，登录率为 98.19%；

(2) 34 家企业未接到用户投诉；

图 9-14　各企业供热季工单处理情况的数据化分析报告等（二）

通过将全区供热服务数据化，为区供热办提供对供热企业考核的相关数据；为全区供热服务质量的提高提供支撑。

9.1.3　智慧供热服务管理模式的实施效果

1. 效果评价

平台以开放的心态积极吸纳内部、外部各方专业服务人才，同时，通过充分挖掘行业信息资源和服务价值提升产业整体服务水平和服务标准。从服务范围、服务内容、服务质量和服务价值等方面建立规范化的供热企业服务能力评价体系。通过线上资源与线下资源的整合，服务模式的价值初步得以体现。

服务模式的转变主要围绕政企协同机制建立、线上服务资源以及线下服务资源的整合展开，主要实现了以下几个方面的实施效果：

（1）实现了资源整合，各方共赢

智慧供热服务平台有效整合了北京市供热企业基础信息、供热生产及设备信息、客户服务及应急抢修等资源，资源整合的效果是各方的工作效率都得以提升。各供热企业在政府的数字监管下为百姓提供阳光服务，提升了北京市整个供热行业的服务质量。

热用户：首先投诉和报修简单了，只要记住 96069 即可，无论是电话、移动端掌上热力 APP、微博还是微信，都能够实现高效服务；其次是供热服务进程随时都能够通过移动端"掌上热力" APP 掌握，减少了以往不透明服务带来的焦虑和不满；再次是增进了与政府及热企的和谐。透明化的服务让老百姓心里有了底；每个投诉与报修都是有据可查的，政府都是管的，热企对每个投诉与报修都有明确、书面的答复。

政府：以往供暖季政府监管部门也要 24 小时安排人员接听老百姓供暖服务电话，无暇他顾，难以有精力从整个管辖范围层面分析各供热企业服务质量。通过供热服务平台的使用，政府监管部门能够收到管辖范围内供热服务质量的工作日报、周报、月报和季报，实时掌握供热服务状况，能够把更多的精力放在服务监管和行业治理上。

供热企业：通过供热服务平台的全面使用，有实力的企业能够通过服务数据展现价值、赢得口碑，获得精神激励；服务质量有差距的供热企业也能够更加清晰地看到自身的不足，通过标准化的流程与服务推广，提升了自我管理能力和客户服务能力。

96069 客户服务平台：以往只服务于北京热力，如今服务于全北京超过 63％的供热服务面积，其专业性和规模效应得到了进一步的提升。

综上可见，智慧供热服务平台的推广，实现了各方共赢。

（2）统一了供热服务流程和标准，为行业量化管控奠定了基础

用户提交服务诉求→专业坐席按标准记录工单→在规定时效内将工单转发至供热服务企业→服务人员与用户协商服务方式→服务人员完成服务→服务人员通过平台反馈服务结果→坐席回访用户确认服务质量→关闭工单，以上是当前北京市七个区通用的供热服务标准化流程简单描述；热线服务系统由专业的坐席统一提供客服，坐席人员上岗前均需接受规范用语、规范服务态度、供热基本政策、系统操作、供热问题基础方案等专业培训，只有考核通过才可上岗。经过 4 个采暖季的推广，标准化的服务流程和标准已经得到政府主管部门和供热企业认可，为行业量化管控奠定了基础。

（3）协助政府推动了行业监管数字化变革

服务质量的量化考核已经被政府提上行业管理日程。而供热质量与房屋结构、年代、管网老旧程度相互影响，原先难以客观量化考核。但是现在电话接起率、及时接单率、客户首次答复时效、工单处理时效及工单一次解决率等，这些指标相对客观地体现了供热企业的服务质量。建立用数据说话、用数据决策、用数据管理、用数据创新的行业监管新机制，是政府积极推进城市管理数字化、精细化、智慧化管理的必由之路，供热服务管理平台的建设，协助政府推动了行业

监管数字化变革。

2. 存在的问题与不足

基于政企协同的智慧供热服务管理平台建设，协助政府在供热行业数字化、精细化、智慧化监管方面迈出了可喜的一步，取得了一定的成果，但同时也要看到平台自身也有许多需要提升和完善的内容，包括：

供热企业覆盖面不足，并非所有的供热企业都参与到了平台合作当中；

拟定的考核指标在公平性、一致性方面还有待完善，考核指标在一个区域内形成高度共识才能更好地体现其推广价值；

供热相关的核心能源数据量较少，供热属于能源服务业，供热质量的重要性要超过服务质量，但由于种种原因，当前平台在能源数据采集方面有所不足。

3. 总结与展望

2015 年12 月 30 日，中央城市工作会议发布《关于深入推进城市执法体制改革改进城市管理工作的指导意见》，明确指出要积极推进城市管理数字化、精细化、智慧化，加快数字化城市管理向智慧化升级，实现感知、分析、服务、指挥、监察"五位一体"。要促进多部门公共数据资源互联互通和开放共享，建立用数据说话、用数据决策、用数据管理、用数据创新的新机制。

我们坚信，随着国家互联网＋及中国制造 2025 战略的实施，供热领域的数字化变革已经来临，数据的互联互通以及透明共享是行业发展不可阻挡的大趋势，政府在供热行业数字化、精细化、智慧化监管方面的进程会越来越快，整个行业会在通过数据体现价值方面达成共识，从这个角度来看，智慧供热服务管理平台有着非常积极的推广价值。

附：供热服务平台数据统计分析日报

1. 总体情况

> 一、03月14日，12345市供热服务平台派单量132个（其中各区锅炉房95个，热力集团37个）。投诉问题分类：室内温度不达标80个、未供热0个、室内设施漏水13个、采暖费问题17个、采暖热计量0个、其他问题22个。03月14日市平台共收到市供热办直接交办工单0个。
> 二、投诉集中的重点地区：无

2. 各区情况

序号	行政区	直接派给企业工单数	直接派给企业工单占比	直接派给供热办工单数	直接派给供热办工单占比	合计
1	东城区	2	100.00%	1	10.00%	3
2	西城区	2	100.00%	1	10.00%	3
3	朝阳区	2	100.00%	1	10.00%	3
4	丰台区	2	100.00%	1	10.00%	3
5	石景山区	2	100.00%	1	10.00%	3
6	海淀区	2	100.00%	1	10.00%	3
7	门头沟区	2	100.00%	1	10.00%	3
8	房山区	2	100.00%	1	10.00%	3
9	通州区	2	100.00%	1	10.00%	3
10	顺义区	2	100.00%	1	10.00%	3
11	昌平区	2	100.00%	1	10.00%	3
12	大兴区	2	100.00%	1	10.00%	3
13	怀柔区	2	100.00%	1	10.00%	3
14	平谷区	2	100.00%	1	10.00%	3
15	密云区	2	100.00%	1	10.00%	3
16	延庆区	2	100.00%	1	10.00%	3
合计		32	100.00%	16	10.00%	48

3. 供热投诉变化趋势，按日统计

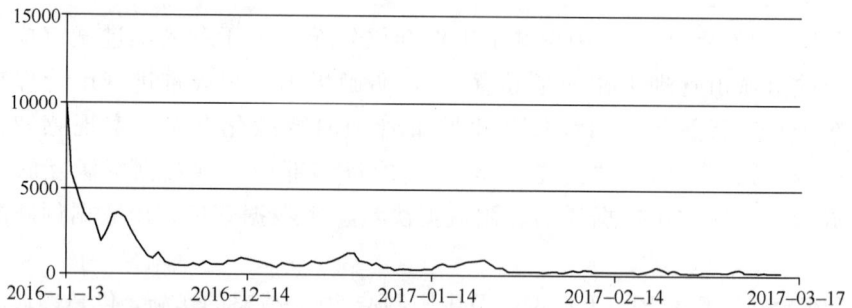

4. 各区投诉问题分类

区	问题分类						合计
	室内温度	未供热	室内设施漏水	采暖费问题	采暖热计量	其他	
东城区	1	0	0	0	0	0	1
西城区	4	0	2	0	0	1	7
朝阳区	8	0	0	1	0	5	14
丰台区	6	0	0	2	0	2	10
石景山区	1	0	0	0	0	0	1
海淀区	4	0	1	2	0	1	8
门头沟区	3	0	1	0	0	0	4
房山区	17	0	1	2	0	0	20
通州区	3	0	0	0	0	0	3
顺义区	0	0	0	1	0	0	1
昌平区	3	0	0	1	0	0	4
大兴区	7	0	0	2	0	2	11
怀柔区	4	0	0	1	0	2	7
平谷区	1	0	0	0	0	0	1
密云区	1	0	0	0	0	1	2
延庆区	1	0	0	0	0	0	1
合计	64	0	5	12	0	14	95

5. 工单及时反馈率

行政区划	工单数	72小时反馈数	及时反馈率
东城区	2	2	100.00%
西城区	4	4	100.00%
朝阳区	10	10	100.00%
丰台区	11	11	100.00%
石景山区	2	2	100.00%
海淀区	3	3	100.00%
门头沟区	1	1	100.00%
房山区	8	8	100.00%
通州区	21	21	100.00%
昌平区	2	2	100.00%
大兴区	15	15	100.00%
怀柔区	4	4	100.00%
密云区	3	3	100.00%
延庆区	1	1	100.00%
合计	87	87	100.00%

6. 重点小区统计

行政区划	小区	来单数
昌平区	金榜园小区	11
朝阳区	甘露园南里2区	8
朝阳区	甘露园南里二区	12
大兴区	滨河西里北区	8
大兴区	观音寺小区	32
丰台区	蒲黄榆路	15
海淀区	学院南路	8
海淀区	闵庄路	9
怀柔区	南华园一区	9
密云区	花园小区	13
密云区	沿湖小区	6
石景山区	八角北里小区	8
石景山区	八角北路	21
石景山区	永乐东小区	7
顺义区	会展誉景小区	9
通州区	东潞苑小区	7
通州区	西潞苑小区	6
西城区	牛街西里二区	9
西城区	宣武门西大街	8

说明：本附件内所有数据均为模拟，非实际数据，重点体现数据统计分析项目，请勿引用。

9.2 基于分布式混水系统的 "一城一网" 智慧城市清洁供热模式

吉林阳光能源开发建设有限公司　姚　远　闫智博

供热行业发展至今，用户对供热系统的安全性和供热质量的要求也越来越高，供热系统已从小规模、分散化管理模式向集约化、智能化的管理模式转变。供热格局也在发生深刻的变革，单热源的区域供热方式已经不能满足城市发展的需要，可再生能源与工业余热利用比例将逐步加大，各热源的互联互通，能源利用的多能互补将是未来供热的发展方向。同时，随着互联网和信息化的飞速发展及智慧城市概念的提出，智慧供热将成为供热行业下一步的发展趋势，它将在城市供热"一城一网"的基础上最大限度地整合城市的供热资源，提升供热企业的生产经营管理水平和运行效率，降低企业生产成本，更大限度保证用户的供热质量，提高供热服务水平。而热网的自动化运行是智慧供热的核心内容，基于不同运行方式的自动化控制更是千差万别，探索出适合不同热网及运行方式的供热自动化运行系统，将是实现智慧供热的关键。

9.2.1　吉林市集中供热概况

1. 背景

吉林市集中供热开始于 1981 年，经过近四十年的发展，目前供热面积达到 8000 多万平方米，用户超过 150 万户，供热主干线 600 多千米，热力站 2000 余座，热网采用的是分布式混水系统。在城市的四周共建设有五个热电厂，在市区东西两侧各有一座区域锅炉房热源，在市区中心有两处调峰热源。到 2012 年，吉林市市区内 40t 以下燃煤锅炉房已经基本取缔完成，集中供热率高达 90%，清洁供热取得阶段性成果。随后几年吉林市城区面积爆发式增长，但热源建设相对滞后，同时没有开发工业余热、生物质等其他形式的热源，导致热源和热负荷之间矛盾非常突出，影响了供热质量和供热安全。而且总体来看，吉林市集中供热系统能源利用单一，不符合供热行业发展要求。

2. 面临的问题

吉林市集中供热以热电联产为热源，但并没有联网运行，而是各自独立供热分区域运行，在这几个热源的供热区域内有约十五个供热企业经营。这种分散式的经营使吉林市供热问题凸显：

（1）供热安全稳定性难以保证。分散式的划片运行导致各个热源均独立运行，一旦有个别热源出现故障，会出现大面积停热的供热事故，虽然目前有电厂在末端进行了小规模联网，但达不到互相备用的功能，而且个别电厂之间没有联网管线，基本处于供热孤岛状态。以前电厂投运时间较短，设备较新，这种风险尚不显现，随着运行时间的增加和设备的逐渐老化，这方面的风险将显著增加。

（2）热源利用不均衡。各热源的建设规模与所属供热面积不匹配，有的热源超负荷运行，有的热源余量较大，但由于没有互联互通，无法实现有限热源的合理利用，供需矛盾突出。同时，这种分散划片的运行方式导致各运行企业首先把自己利益最大化，每个企业建设调峰热源的积极性不高，政府也由于资金等原因难以推动调峰热源的建设，致使电厂热源出现初末期热量浪费较大，而严寒期热量不能满足要求的状况，总体来讲电厂热源利用率低。

（3）工业余热等供热量相对不稳定的清洁能源利用受到限制。吉林市属于以化工为主包含有色金属、冶炼、造纸等共存的重工业城市，工业余热较多，但分区域独立供热，使得每处余热只能对固定的周边区域供热，但余热产量波动和稳定供热之间的矛盾严重，因此企业做这方面工作的积极性不高。另外，为保证严寒期的供热质量，也使得余热的利用大多数时期都处在低负荷运转状态，效益不理想。基于以上两点原因，吉林市的余热资源一直都没有充分开发利用，余热资源浪费严重。

（4）分散管理集中供热格局阻碍了吉林市供热行业的进一步发展。各热力企业划片独立运行，形成相对垄断的经营局面，大多数供热企业对于技术升级改造和节能挖潜的积极性不高，个别企业甚至通过降低供热质量来掩盖管理不足的缺陷，不利于吉林市清洁供热行业的发展，也不利于智慧供热的探索和建设。

9.2.2　吉林市城市供热"一城一网"实施内容

为解决以上矛盾，实现多热源联网运行，我们在有关专家的帮助下提出了吉林市城市供热"一城一网"的概念，并由市政府牵头，组建了阳光能源开发建设有限公司进行规划和实施。

1. 联网管线工程建设

吉林市供热"一城一网"联网工程是将吉林市所有热源在出口处进行联网，形成 5 大热电厂作为主力热源，4 处调峰热源作为补充，环环相扣的供热"一城一网"主干网格局。联网管线路径选择基本沿吉林市环城建设，建成后将覆盖城市未来发展所有区域。该项目总规模为建设供热主干线 70km，工程估算总投资10 亿元。

2. 热源与网的联络线建设

"一城一网"联网管线在规划设计过程时，兼顾了吉林市周边能形成供热能力的热源，同时，其布局涵盖市区所有可利用的各梯级的热源系统，可以将多种能源送入"一城一网"系统中进行合理调配。

（1）吉化公司的余热。该公司生产化工产品的余热大约有 2000 万 m^2 的供热能力，主要集中在吉林市北侧和东侧，该余热通过一条 $DN1000$、一条 $DN900$、一条 $DN800$ 管线送入"一城一网"中。

（2）污水源余热。该热源位于吉林市西北部，总供热能力大约 100 万 m^2，利用污水源热泵产生的热量加热"一城一网"系统中的回水，大大提高污水源供热经济效益。

（3）燃气调峰热源，该热源位于吉林市中心区域，调峰能力为 58MW，作

图 9-15 吉林市供热"一城一网"布置图

为极寒天气的调峰，以保证供热安全和能源的合理利用。

（4）生物质电厂余热。根据吉林省生物质发展规划，吉林市计划在西部地区建设 2 台 30MW 生物质电厂，计划将该热源引入"一城一网"系统中，作为一个可再生的基础热源。

(5) 中深层地热热源。据勘探，在吉林市南部新城区域存在大量地热资源，目前在 2500m 深温泉出水温度可以达到 80℃，下一步也可以作为清洁热源进行开发，将其送入"一城一网"中。

(6) 江南热电厂燃气机组项目。该项目计划新建 2 台燃气机组，装机容量为 $2 \times 600MW$，可提供 2200 万 m^2 供热能力。

以上热源引入"一城一网"系统中，将形成包含工业余热、可再生能源、热电厂余热、燃气调峰热源等多种能源综合利用的供热系统，将极大改善吉林市的能源利用结构，推进清洁能源的合理利用。

3. 对现有供热管网进行资源整合

管网建设完成后，通过并购、重组等方式将吉林市所有主干线管网划归阳光能源公司，由阳光能源公司统一进行热网调节和热源调配，更加合理地利用各级能源，整个城市的热网系统进行统一调节，有利于热网安全、高效运行。

9.2.3　"一城一网"实施效果及进度

"一城一网"的格局形成后，首先实现了多热源互相备用、互相支援，大大提高了供热的安全稳定性；其次城市范围内的各种品质热源均可以向该热网输送，最大限度地利用工业余热等清洁能源和新能源，实现电厂余热和可再生能源的梯级利用，实现供热系统的经济和节能运行；最后，可以实现各热源热量的灵活调配，最大限度地满足不同供热用户的个性化需要，为智慧供热的实施提供有力的基础保障。

阳光能源从 2017 年开始组织供热"一城一网"项目实施，目前已经完成部分联网管线的建设，初步形成了供热"一城一网"的格局，并整合了一些现有供热企业，已经着手将吉化公司余热、污水源余热、生物质电厂余热等并入该系统，在一定程度上实现了供热"一城一网"及城市多种热源的整体调节。

9.2.4　"一城一网"智慧供热基础与平台建设

供热"一城一网"形成以后，热网的运行调节方式由单一热源的线性调节改变为多热源、多环网相互作用的综合调节，各节点参数彼此影响，按照以往的调节方式难以满足运行需要，为保证在如此复杂的运行情况下能够满足调节精度的要求，则需要推进智慧供热建设，打造与之适应的智慧热网系统。

按照吉林市"一城一网"的整体设计规划制定智慧热网的建设方案，首先需进行智慧热网顶层设计，制订系统建设原则，针对供热系统"源—网—站—户"各个环节的功能、流程、数据和基础设施等多种角度进行总体规划，形成供热企业的信息系统架构。从基础架构、数据架构、业务应用架构三个维度建模，重点关注信息系统的业务应用服务及支撑系统的成熟度模型。详见图 9-16 系统架构模型示意图。

图 9-16 系统架构模型示意图

根据智慧供热的业务特点，构建"云平台＋大数据"的运营模式，建设成为"一个平台，两个中心"的智慧供热架构体系，即：私有云平台＋智慧供热生产调度中心和供热经营管理中心。进一步完善生产指挥调度系统、热源、热网、热力站优化控制系统、能源管理系统、末端数据采集计量系统、地理信息系统、计量收费系统、客户服务系统、综合管理系统、设备管理系统、协调办公系统、统一门户等各个子系统，满足不同用户、不同场景、不同应用的需要。

1. 建设完善智慧供热生产调度中心

建设多热源联网的大热源系统数据平台，辅助建设热网预测分析系统、气候模型专家系统提供调度决策信息，完成负荷预测、多热源联网调度、热源 DCS 数据在线监测等功能。智能调控包括：（1）利用全网平衡优化控制系统实现自动化调控，将热源生产的热量合理、平衡分配到各个热力站中，达到既节能又提高供热舒适度的目的，在此基础上实现热力站无人值守。（2）结合智能末端、热源监测系统、热网监控系统、能耗分析系统等供热系统的关键环节，实现"源、网、站、户"大闭环优化解决方案，如图 9-17 所示。

2. 建设完善的供热经营管理中心

主要以实现生产调度系统与客服、收费系统进行的信息联动，利用双中心数据共享功能，实现生产、经营数据双向流动，提高服务质量、提升生产决策水平，达到

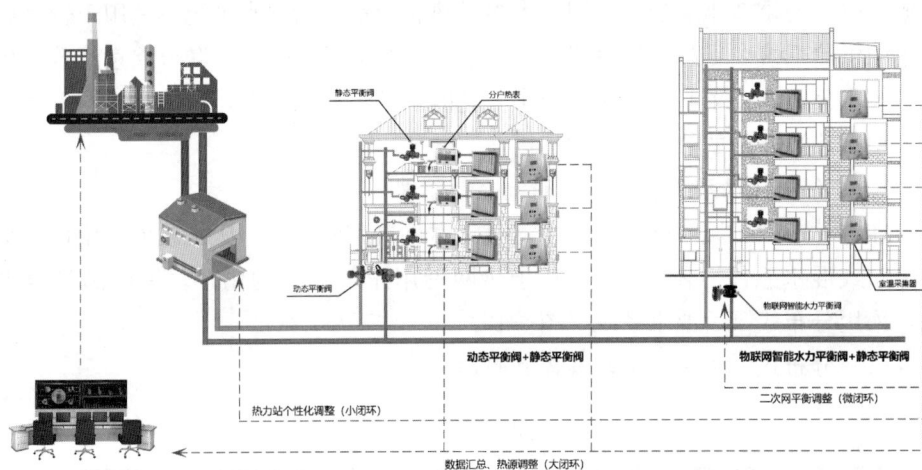

图9-17　"源、网、站、户"大闭环优化解决方案

经营服务生产、生产促进服务的目的。建设收费、客户服务一体化云服务系统，通过手机APP、支付宝、微信等方式与用户建立良好的沟通、互信平台，遵循信息透明、公正、公平的原则，向热用户提供在线缴费、在线查询、工单查询等面向热用户的精准服务。优化服务流程，提高服务质量，进而提升企业良好的社会形象。

3. 建立统一的供热服务平台

在供热自动化、网络化和智能化的基础上，进行资源、数据与应用的三大融合，逐步建成智慧热网系统模型。对基础设施、计算资源、存储资源、网络资源、桌面资源等高效、安全融合，扩展升级整合为一个安全、灵活、共享的大数据中心，实现智慧热网系统的资源融合；将热源、热网、热力站、末端数据、热计量、地理信息、收费、客服等各类系统进行数据整合，实现具有智能性、开放性、可扩展性的数据融合；在资源和数据融合基础上进一步完成业务融合，建设智能热网大数据中心，逐步实施智慧热网业务信息资源整合，强化业务数据的协同共享，提高辅助决策能力和公共服务能力。

9.2.5　建设基于分布式混水运行方式的智慧调度系统

智慧供热基础与平台建设完成后，其核心目的就是打造在供热系统中网、源、站、用户四级自动化联动，时时刻刻满足不同用户的差异化需求，所以丰富的调节手段将是智慧供热实施的有力保障。而吉林市热网内的所有供热站均采用分布式混水运行方式，以前这种运行方式都是人工调节，由于热源较多，热源参数不稳定，导致调节不及时，热网运行混乱，水力失调现象十分严重。同时由于混水系统一次网和二次网相连，任何一侧的操作都会对全网水力工况和热力工况造成影响，使调节难度加大。因此大多供热企业都认为混水系统不适用于较大规模集中供热系统。吉林市通过对分布式混水系统的长期摸索，联合北京某自动化工程技术公司建立了基于分布式混水工艺的自动化控制系统，使分布式混水系统在大型多热源联网的热网中成功运用

1. 分布式混水系统工艺及自动化控制原理

在吉林市"一城一网"系统中，对于靠近热源前端资用压头较大的用户，采用分布式混水系统（图 9-18）；对于热网资用压头较小的用户，不能满足要求的，采用分布式泵后混水系统（图 9-19）。

（1）分布式混水系统工艺及控制原理

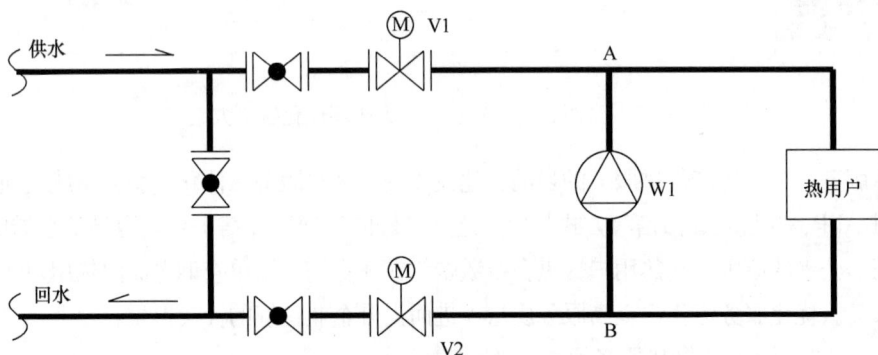

图 9-18 分布式混水系统流程

V1：供水电动调节阀；V2：回水电动调节阀；W1：二次网混水泵

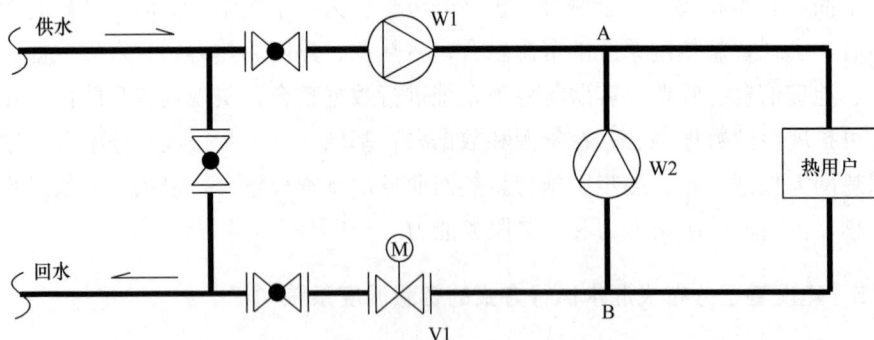

图 9-19 分布式泵后混水系统流程

W1：供水加压泵；W2：二次网混水泵；V1：回水电动调节阀

控制原理：

1) 供水电动调节阀 V1 控制二次网供水压力，保障用户侧资用压头；

2) 二次网混水泵 W1 控制 A、B 两点间二次网供回水压差，调节二次网循

382

环量, 为二次网循环提供动力;

3) 回水电动调节阀 V2 控制二次网供水温度: 通过 V1 和 W1 使二次网压力平衡后, 通过回水电动调节阀 V2 改变 B 点压力, 经 W1 传导后改变 A 点压力, 进而改变 V1 开度, 调节一次网供水流量, 从而控制二次网供水温度。

(2) 分布式泵后混水系统

控制原理:

1) 供水加压泵 W1 控制二次网供水压力, 保障用户侧资用压头;

2) 二次网混水泵 W2 控制 A、B 两点间二次网供回水压差, 调节二次网循环量, 为二次网循环提供动力;

3) 回水电动调节阀 V1 控制二次网供水温度: 通过 W1 和 W2 使二次网压力平衡后, 通过回水电动调节阀 V1 改变 B 点压力, 经 W2 传导后改变 A 点压力, 进而改变 W1 频率, 调节一次网供水流量, 从而控制二次网供水温度。

此系统由于采用两台水泵分别控制二次网压头和循环水量, 并且二次网温度是由调节一次网回水阀门实现的, 系统联动逻辑相对复杂, 需要根据各热网情况以及各站所处管网位置确定调节的优先级以及调节相应时间、相应速度。

2. 供热 "一城一网" 全网的关键控制方法

在分布式混水系统中, 供热站实现自动化后, 供热站参数可以实现动态平稳调节, 因此如何实现在 "一城一网" 系统中全网平衡稳定是首要任务, 主要采用以下手段实现:

(1) 合理设定各站参数响应速度。在混水系统中虽然各供热站的自动化系统可以在一定范围内实现一、二次网的隔离效果, 但供热站的动态调节还是会对一次网造成一定影响, 主要体现在压力的干扰。因此合理设置各供热站参数调节的响应速度和调节步幅尤为重要, 供热站调节速度要适应全网平衡时间。前端一次网资用压头充足的供热站, 在全网能力充足的情况下, 可以适当加快响应速度和调节幅度; 后端供热站由于一次网压头较低, 彼此影响程度较大, 需要降低相应速度和调节幅度, 为供热站互相平衡留有时间。

(2) 严格控制供热站流量分配。日常调节中, 总控制室根据室外气温调节曲线计算出每日所需全网热负荷, 确定热源供水温度、流量以及各供热站二次网混水温度, 再根据各供热站面积负荷计算得出各站流量分配。在全网能力充足时, 各站在其流量区间内自动调节, 全网可实现动态平稳运行。

3. 分布式混供系统自动化的成果

(1) 运行调节的准确性和及时性

实现自动化控制后, 热网调节的准确性和及时性是人工调节无法比拟的, 即使热电厂温度波动再大，也能使各站平稳运行，解决了以往由于调节不及时产生的水力失调现象，供热质量得到改善，从而解放出大量的运行值班人员，为企业发展规模扩大提供了人员储备。

图 9-20、图 9-21 为同一时段某热源和供热站压力、温度曲线，可以看出，在热源厂参数出现波动时，供热站参数基本可以保持平稳。

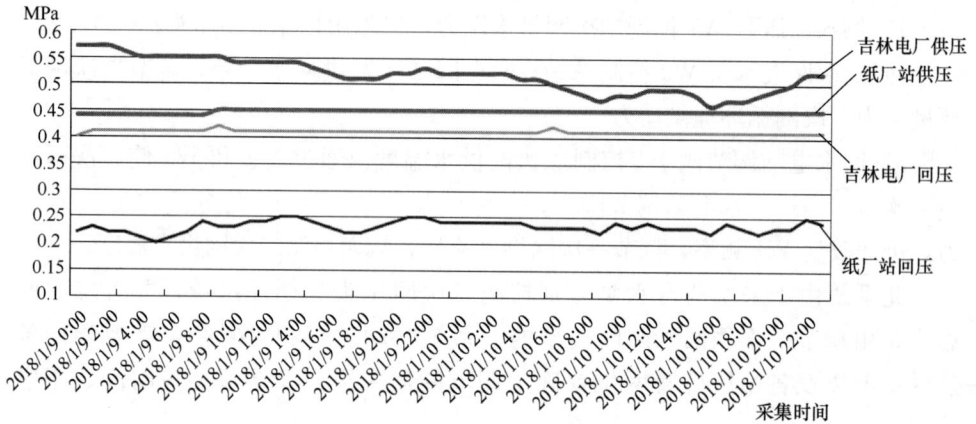

图 9-20 压力变化曲线图

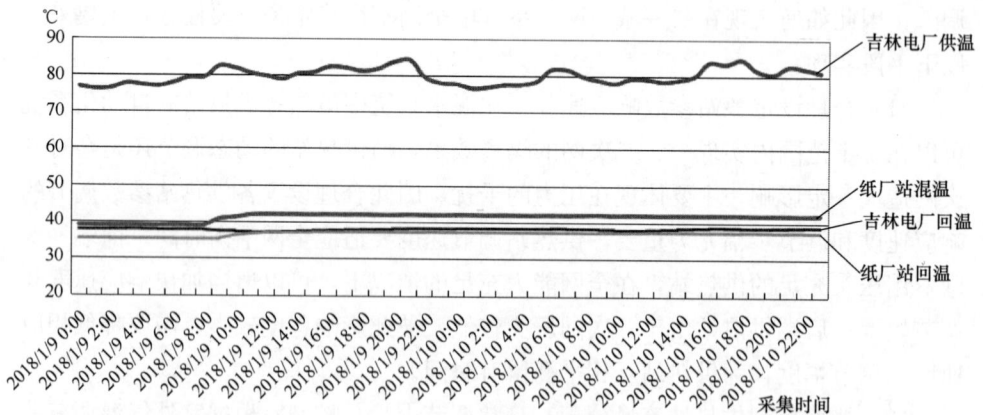

图 9-21 温度变化曲线图

（2）运行调节的经济性

1）由于实现自动化调节后，全网水力工况平稳，资用压头后移，各级加压泵站可以减少启动时间；对于供热站，由于资用压头提高，各站频率可以降低，对于泵后混水系统，前端供热站可以取消加压泵。

2）采用自动化可以实现分时段调节。如利用人工进行分时段调节，其工作量十分庞大，在混供系统中，由于各站调节的相互影响，各站需要多次操作才能将全网调平，因此人工分时段调节几乎是不可能完成的。采用自动化系统后，可以实现全网动态调节，分时段调节成为了可能。通过测算，进行分时段调节后，整体热网能耗下降约为 20％。

3）分布式混水供热系统的灵活调节适合多热源联网运行的城市供热系统

分布式混水供热系统其调节范围非常宽泛，对热网的资用压头和热源提供压力参数要求不高，每个供热站都可以为自己提供所需压力，在运行中不必考虑一次网的压差问题，非常利于多热源大型热网的调节，同时利用自控系统，实现了供热站和一次网的隔离，热源参数的波动不会对供热站参数造成过大影响。

4）为下一步实现智慧供热打下基础

随着大数据、云平台、人工智能等数据处理分析技术的飞速发展及智慧城市概念的提出，以及清洁能源的综合利用，智慧供热将成为供热行业下一步的发展趋势，而拥有一套完备的自控系统将是下一步实现智慧供热的重要基础。

9.2.6　吉林市实施智慧供热的途径和建议

供热"一城一网"建设完成后，形成多能互补的供热格局，下一步再逐步降低化石能源在供热系统中的比例，提高可再生能源利用率。在这种情况下就要求供热的控制系统要能和其他能源控制方式通信，应该从简单的自动化控制向大数据和智能供热发展，根据实际情况打好基础，由简入繁分步实施。根据智慧热网建设总体目标，计划分为三期进行实施。一期目标，是制订智慧热网数据整合共享标准和搭建智慧热网大数据中心。二期目标，是制订智慧热网应用服务整合共享标准和搭建智慧热网应用服务支撑系统。三期目标，是以前两期建设成果为基础，以数据整合共享标准和应用服务整合共享标准为指南，全面建设智慧供热系统。

本 节 参 考 文 献

[1]　石兆玉．供热系统运行调节与控制[M]．北京：清华大学出版社，1994．

[2]　贺平，孙刚．供热工程(第三版)[M]．北京：中国建筑工业出版社，1993．

[3]　石兆玉．供热系统分布式混水连接方式的选优[J]．区域供热，2009(6)：13-19．

9.3 太古长输供热工程与太原市智慧热网

太原市热力集团有限责任公司 张建伟 樊 敏 石光辉

9.3.1 太古长输供热工程概况

太古长输供热工程是由太原市郊太古电厂向太原市输送热电联产产热和电厂余热的超大型供热工程，输送距离远、高差大、工程难度大，在全国乃至世界供热史上都史无前例，在供热行业实现了像京沪高铁般质的飞跃。截至 2017～2018 年采暖季已经实现了供热面积 6000 万 m^2，随着大温差改造工作的推进和分布式调峰热源的建设，远期可实现供热 7600 万 m^2。工程敷设四根 DN1400，长度为 37.8km 的长输供热管线，由电厂至中继能源站高差 180m，由能源站至下游换热站高差 70m。系统高温网侧共设置 6 组中继泵实现高温长输网的水力循环，其中包含电厂首站内的循环泵；一级网侧在能源站内设置一套循环泵和一级网换热站内的分布式变频泵（图 9-22）。

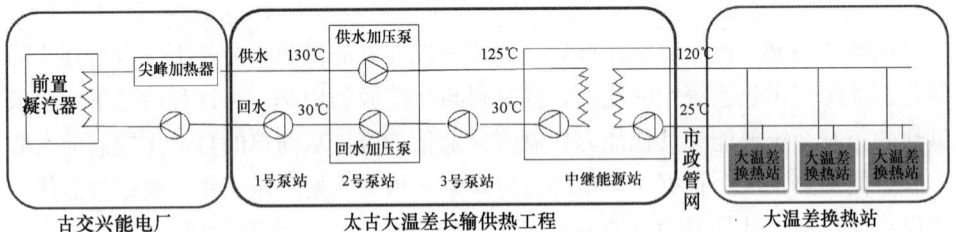

图 9-22 古长输供热工程系统示意图

太古长输供热项目在立项初期面临的一个主要问题便是系统压力接近了极限，任何一组水泵的独立运行或者任何一个阀门的错误关闭都将导致整个系统超压或出现物理性破坏（见图 9-23）。为保证系统安全经济运行，结合工程建设了太原市智慧供热平台，主要围绕以下功能建设：实现 6 组水泵的统一启停，统一升降频，保证整个系统不超压、不气化，不倒空，保证故障状态下的正确响应，实现故障工况的自动快速连锁调整控制，预防生产事故发生并在突发事故时能够及时、正确处理；建设逐渐完善地理信息等系统的集成，结合大数据和智能算法，逐步实现整个系统的安全、经济、高效运行。

1. 项目背景

太古长输供热工程的提出是基于 2013 年太原市清洁供热源紧张，燃煤不进

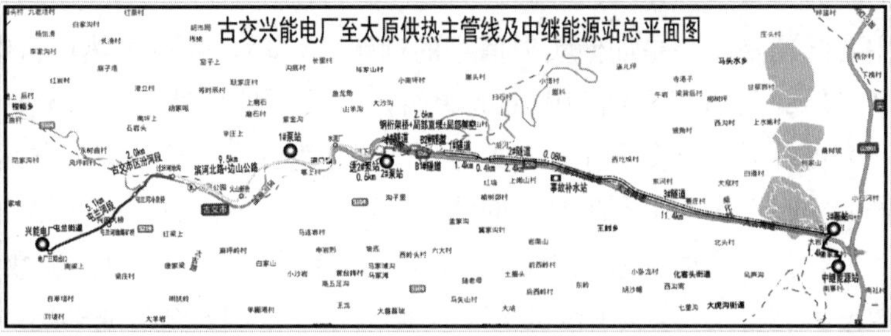

图 9-23　太古长输供热工程总平面图

图 9-24　太古长输供热工程供热范围示意图

城，燃气不够用、用不起的现状。市委市政府下定决心，提出了"八源一网"的供热格局（见图 9-24），其中最主要的热源便是太古长输供热工程。工程实施时配套建设了智慧供热平台以满足太古长输供热工程特殊复杂的控制要求，并结合一级网部分智慧供热平台的建设，逐渐达成太古供热系统电厂、高温网、一级网三部分连锁保护的控制目标，和其他智慧热网子系统一起构成安全、高效、经济的智慧热网。

2. 主要内容

为了达到太古供热项目的控制要求，就需要实现泵组远距离联控，需要保证控制信号的实时、稳定、连续、准确。为此在太古供热项目智慧供热平台建设过程中面临的主要问题是：一是如何实现信号的远距离传输，太古供热项目电厂首站、1号泵站、2号泵站、3号泵站和中继能源站，涉及5处场站，区别于电厂都集中在厂区内，太古各通信点多数在荒郊野外，需要合理的长输管线通信方案。二是如何保证数据的实时性，为了实现泵组的统一启停，统一升降频，必须保证所有数据的上传和下发是基本实时同步的，需要时间校准系统。三是如何保证数据的稳定性，如果数据不能稳定传输，断断续续，势必对系统控制安全造成影响，因此需要合理的计算机监控系统。四是如何保证数据的连续性，在通信网络故障时必须有最低保障能保证数据的连续，保证太古长输供热系统持续处于有效控制状态，需要各个环节都有合理的冗余备用系统。五是完善的控制策略、应急响应措施以及自动保护程序。六是配套一级网泄漏监测。七是地理信息、能源管理、客服、巡线等一体化等子系统的建设。八是大数据整合和自我优化的算法。

3. 核心技术

在选取安全、可靠、经过大型工程项目检验的软硬件系统的前提下，控制系统的关键在于：合理设计泵站控制系统、首站控制系统与中心调度系统，实现协调控制；合理地设计启动、停止、调节控制逻辑，防止发生水击等事故；利用监测系统数据合理分析判断系统运行状态，并为操作人员决策提供充分的辅助支持；合理的连锁保护逻辑；制定应对各种复杂事故的处理预案，将故障导致的不利影响降到最低。

泵站控制逻辑都组态在泵站内的主PLC中，SCADA调度系统给各级泵站、供热首站发送调度和控制指令，泵站收到指令后，按照指令运行，中央调度室和各泵站SCADA监控系统统筹协调操控设备，实现集中调度、分散控制的目的，提高系统可靠性。整个控制系统按照中心调度、分散控制、全局数据共享的原则进行设计，以提高系统可靠性，为运行人员提供合理的运行操作支持。

基于以上智慧供热的控制需求和控制方案，本项目的核心技术和解决方案如下：

一是长输管线通信方案由随管线敷设改为租用电信运营商，既解决了敷设问题，又有专业运营商维护；二是利用GPS时间校准系统保证长输供热各环节通信节点数据的同步性；三是利用合理的计算机监控系统，保证数据稳定传输；四是设置合理的冗余备用系统保证数据的连续性；五是完善的控制策略、无扰切换、应急响应措施以及自动保护程序；六是配套一级网部分的泄漏监测等快速响应程序；七是智慧热网的一体化的建设由地理信息、能源管理、客服、巡线系统等组成；八是基于高温网、一级网、二次网、户内数据、气象数据、用户行为偏好等大数据整合的分析、自趋优化算法等，不断通过大数据的学习自我优化，逐渐实现最优化运行策略，实现真正意义上的智慧供热。

其中一至四及七部分均是系统硬件及基础软件的构成，五、六和八部分是太古长输供热系统智慧热网的核心智慧部分之一，也是灵魂部分，只有近期能实现系统无人值守下的自动保护、远期能实现基于大数据的自我优化，才能实现真正意义的智慧供热。

4. 基本建设情况

建设时间：2016 年。首次投入时间：2016 年 10 月 29 日

标识号 ❶	任务名称	工期	开始时间	完成时间
1	（一）第一次联络会	2 个工作日	2016年05月26日	2016年05月27日
2	1 系统方案			
3	2 技术资料交接	1 个工作日	2016年06月03日	2016年06月03日
4	（二）第二次联络会	2 个工作日	2016年06月13日	2016年06月14日
5	1 主要设备厂商技术洽谈			
6	2 深化设计			
7	3 确认接口问题			
8	（三）第三次联络会	2 个工作日	2016年06月20日	2016年06月21日
9	1 确认主要设备清单			
10	2 通信需求确认			
11	（四）设备订货	12 个工作日	2016年06月24日	2016年07月11日
12	1 PLC控制系统			
13	2 供热管线泄漏监测系统			
14	3 振动监测系统			
15	4 现场自控仪表			
16	5 电视监控系统			
17	6 服务器、计算机			
18	7 大屏系统			
19	8 地理信息系统（GIS）			
20	9 其他			
21	（五）设备生产	54 个工作日	2016年06月27日	2016年09月08日
22	1 PLC控制系统	45 个工作日	2016年06月27日	2016年08月26日
23	2 供热管线泄漏监测系统	31 个工作日	2016年06月27日	2016年08月08日
24	3 振动监测系统	31 个工作日	2016年06月27日	2016年08月08日
25	4 现场自控仪表	44 个工作日	2016年06月27日	2016年08月25日
26	5 电视监控系统	33 个工作日	2016年07月08日	2016年08月23日
27	6 服务器、计算机	22 个工作日	2016年07月08日	2016年08月08日
28	7 大屏系统	45 个工作日	2016年07月08日	2016年09月08日
29	8 地理信息系统（GIS）	45 个工作日	2016年07月08日	2016年09月08日
30	9 其他	45 个工作日	2016年07月08日	2016年09月08日
31	（六）设备到货、安装、调试（具备设备安装条件、系统网络开通）	61 个工作日	2016年08月09日	2016年11月01日
32	1 PLC控制系统	22 个工作日	2016年08月27日	2016年09月26日
33	2 供热管线泄漏监测系统	39 个工作日	2016年08月09日	2016年09月30日
34	3 振动监测系统	30 个工作日	2016年08月09日	2016年09月19日
35	4 现场自控仪表	26 个工作日	2016年08月26日	2016年09月30日
36	5 电视监控系统	34 个工作日	2016年08月24日	2016年10月10日
37	6 服务器、计算机	39 个工作日	2016年08月09日	2016年09月30日
38	7 大屏系统	22 个工作日	2016年09月09日	2016年10月10日
39	8 地理信息系统（GIS）	38 个工作日	2016年09月09日	2016年11月01日
40	9 其他	16 个工作日	2016年09月09日	2016年09月30日
41	（七）系统调试	17 个工作日	2016年10月01日	2016年10月24日
42	（八）系统试运行	5 个工作日	2016年10月25日	2016年10月31日
43	（九）运行\FAC（最终验收证书）	5 个工作日	2016年11月01日	2016年11月07日

图 9-25 智慧供热信息服务平台功能架构

9.3.2 总体架构

智慧供热信息服务平台是将太古长输供热工程、换热站地理信息、能源管理、生产调度、模拟仿真等信息化建设进行整合的综合管理系统平台（见图 9-25）。通过平台的建立，实现公司管网联网、环网调度管理，保证公司管网的安全、稳定、节能运行，充分发挥供热调度，节能降耗的管理职能（见图 9-26）。平台建成后，将大大提升供热公司的生产管理水平，为公司安全运行、节能降耗、应急抢险、管网建设、工程管理等提供全面、快捷的管理平台。也是构建从热源直至热用户的全数据信息系统，实现一次管网和二次管网的水力平衡、热力平衡（见图 9-27），由热源向用户分配负荷的传统运行调节方式，向根据热用户需求精确调节方式转变，实现热用户、热网和热源的联动控制，达到"均衡输送、按需供热"的目标。

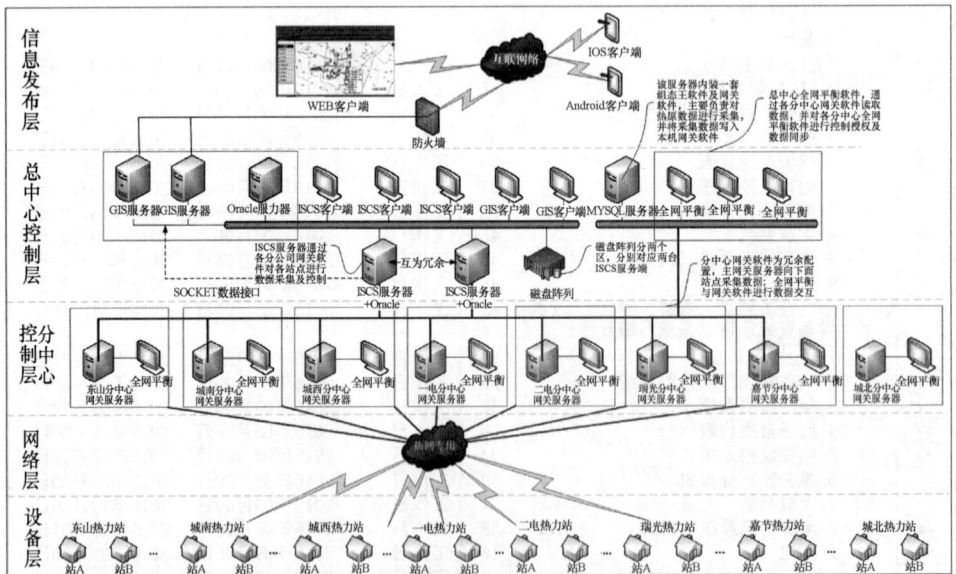

图 9-26 智慧供热信息服务平台总体架构

390

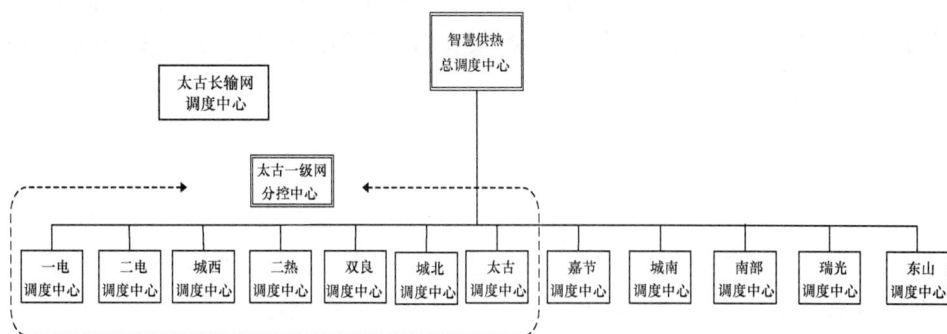

图 9-27 智慧供热信息服务平台调度架构

1. 技术内容

（1）太古长输供热工程包括一个供热管线调度中心、一个隧道控制中心（设置在 3 号中继泵站内）和 5 个泵站，其中包括 1 号~4 号泵站（4 号泵站为中继能源泵站）和一个事故补水泵站以及电厂内的汽水换热站的一部分，以及相应的通信系统（包括 GPRS 无线通信），以及对下游供热管网的控制与调节。

（2）主要热工参数有：供热管线设计供水温度 125℃，回水温度 30℃，供水压力见表 9-1。

供水压力表 表 9-1

泵站名称	流量（t/h）	扬程（m）	台数	进口静水压力（MPa）	出口静水压力（MPa）
静压状态下					
1 号泵站	4300	70	8	1	1
2 号泵站（供水）	4300	90	8	1.2	1.2
2 号泵站（回水）	4300	100	8	1.2	1.2
3 号泵站	4300	70	8	1.8	1.8
中继能源站	4300	90	8	2.3	2.3
运行状态下					
泵站名称	流量（t/h）	扬程（m）	台数	进口水压力（MPa）	出口水压力（MPa）
1 号泵站	4300	70	8	1	1.7
2 号泵站（供水）	4300	90	8	0.7	1.6
2 号泵站（回水）	4300	100	8	0.6	1.6
3 号泵站	4300	70	8	1.4	2.1
中继能源站	4300	90	8	0.9	1.8

（3）本工程的泵站采用自动控制与手动控制相结合的方式运行。在每个泵站设置一个控制子站，负责检测站内各种仪表的参数和设备的运行状态，控制循环泵的运行，满足供热管线的控制要求。

2. 功能

（1）内容介绍

1）监测系统

重要位置设置检测仪表，可检测和监控设备和管线的运行状况。在中继泵站和能源站设置了压力、温度以及流量等检测仪表；在供热管线上设置了管线压力、温度综合监测系统，在与仿真系统结合后，可以及时、形象地显示供热管线运行状态，监控供热管线的运行。

2）控制系统

控制中心可以监测和控制各个泵站的运行，可以通过控制和调节各个泵站水泵的变频器，来调节供热管线的运行状况；事故情况下，将按照控制预案运行，以此来保证供热管线的安全。

3）泄漏监测系统

用以监测供热管线在运行中的泄漏情况，可以及时地进行泄漏报警。由于种种原因，本次工程泄漏监测系统仅用于隧道中的管线和架空管线的泄漏监测（见图 9-28）。

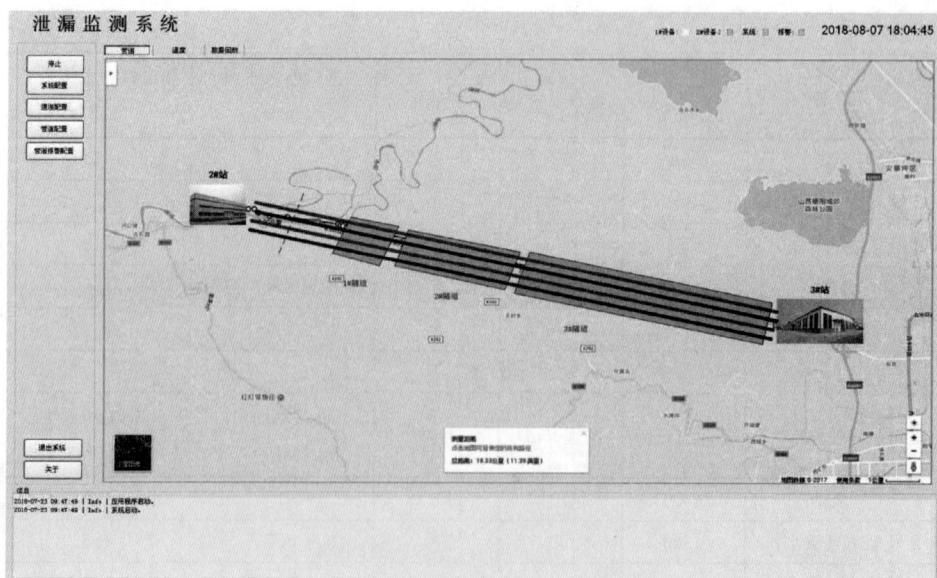

图 9-28　泄露监测系统总体示意图

4）视频监控系统

本工程在各个泵站设置了视频监控系统，辅助生产调度人员进行生产过程的监视，遇到事故及时报警，避免事故扩大。

（2）长输管线通信方案

太古长输供热工程采用租用运营商通信光缆的方案，为了提高通信的可靠性，通信系统采用环路有线通信加无线冗余的方式。有线通信部分采用环网设置，无线通信部分用于两个用途：一是用于供热管线运行参数监测点的数据采集，二是用于本工程通信系统的备用通信，当两条有线通信路由出现故障时，系统可以转接到无线通信系统上，为通信系统提供冗余设置。

以中继能源站为核心节点，其他节点通过各自线路汇聚到中继能源站，每个监控站点有线中断后（双路由全部中断的情况下）需切换至无线方式传输数据，通信无线备份线路使用 VPDN 方式实现（图 9-29）。

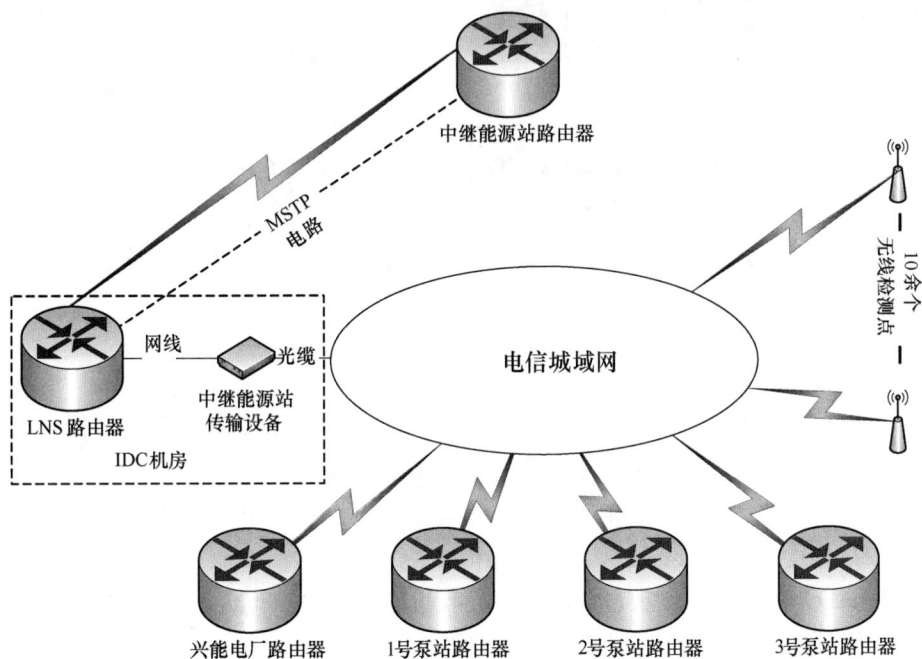

图 9-29 通信方案拓扑图

（3）时间校准系统

本项目建有三座中继泵站，一座中继能源站，每个泵站设置独立泵站就地监控系统。为解决各泵站就地监控系统与中心服务器的时间同步问题，保证安全稳定运行，该项目引入 GPS 校时系统。该系统可同时为几十万台客户端、服务器、工作站提供时间服务，时间源为：GPS、北斗。首先利用 GPS 校时系统校准中心机房服务器，然后再将各泵站就地监控系统时间通过自控网络与中心机房服务器进行时间校准，从而避免了因为时间不同步造成的数据传输中断问题（图9-30）。

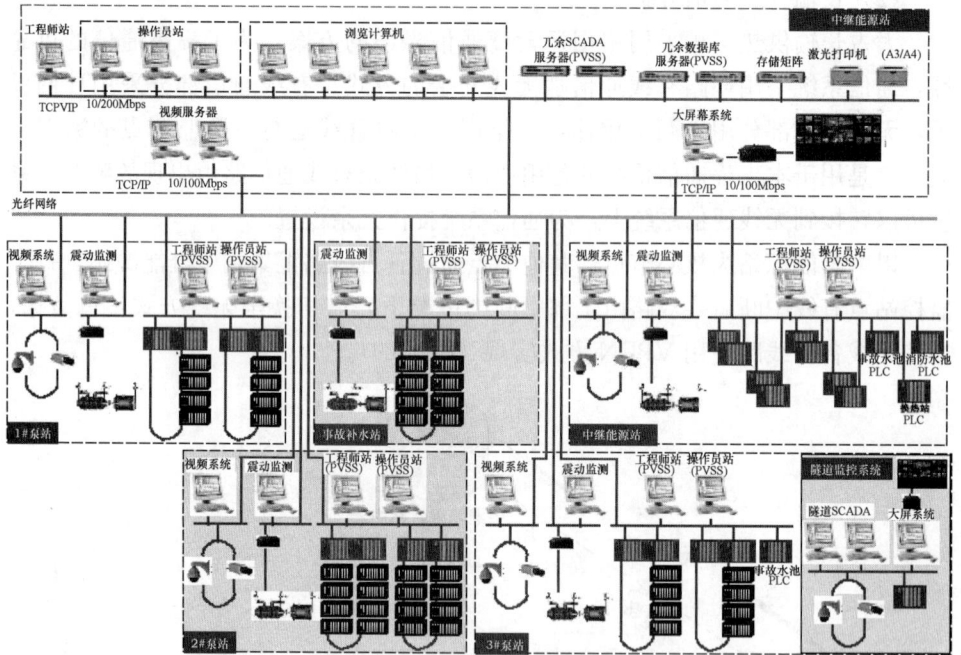

图9-30　时间校准系统图

（4）计算机监控系统

实时计算机监控系统采用SCADA监控软件，SCADA监控系统项目包括：一个热电厂汽水换热站（只是设置数据采集和联网运行）、三个中继泵站（1号、2号、3号泵站）、一个事故补水站、一个隧道控制、一个中继能源站、一个供热管线中央调度中心（设置在中继能源站内）。

SCADA系统针对该项目控制设备分散的特点使用分布式运行架构，采用西门子WINCCOA（PVSS）系统。WINCCOA集中分布式结构，既适合供热管线中央调度中心对系统拥有最高控制权限的要求，又能分布式地控制本地PLC系统，这样便于集中管理和维护。

（5）采集链路备用、通信方式备用及数据库冗余备用

1）采集链路备用

WINCCOA系统配置使用互为备用双采集链路，即：总调中心有直接采集现地站PLC的连接，同时在分中心、管理处等地设置总调中心的数据采集前置机，与现地站PLC连接（见图9-31）。

总调中心以外的各个泵站若需计算机监视现地站的 PLC，需借助全功能 Web 客户端通过 Intranet 或 Internet 连接总调中心 Web 服务器，经用户登录后，方可根据授权，进行权限内的操作。基于这种架构可以有效确保总调中心的最高控制权。

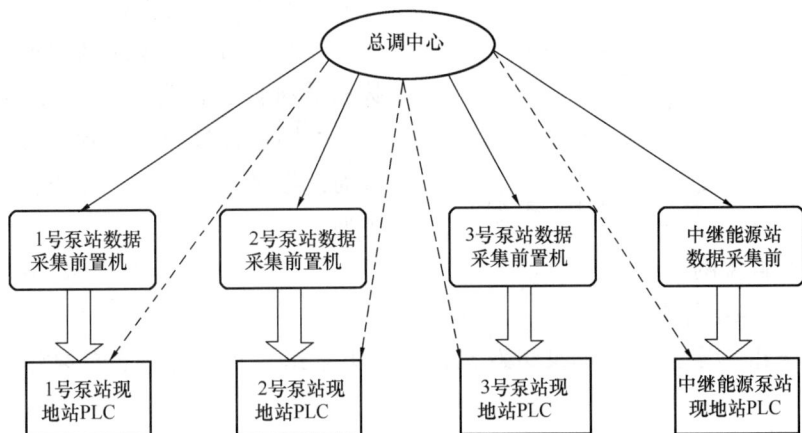

图 9-31　数据采集系统图

2）通信方式备用

中控室 WINCCOA 中央监控服务器负责对分布式服务器进行集中监控管理，中央监控服务器与分布式服务器采用开放式的网络通信方式。即：各个就地控制机的通信系统采用光纤通信，并通过企业级路由器构造 VPN 虚拟专网。通过通信网络，泵站的压力、温度、流量、泵的开启状态等数据能够上传至中央控制室，接受中央控制机的控制指令。所有泵站与中控室的连接配备相应的通信设备及接口等，从而构成

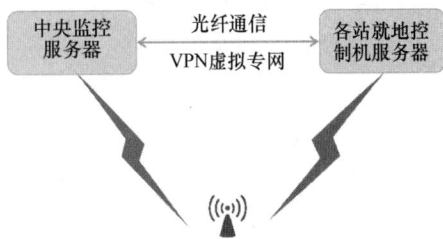

图 9-32　通信方式备用系统图

一个完整的通信系统，实现点对点实时通信。另配置一套无线通信网络，当光纤系统出现故障时，系统可转接到无线通信系统上，为通信系统提供备份服务（图 9-32）。

3）数据库冗余备用

供热管线监控系统安装在中央控制室内，供热管线监控系统为实时计算机监控系统，基于 CS＋BS 结构。为保证供热管线系统的安全可靠运行，供热管线监

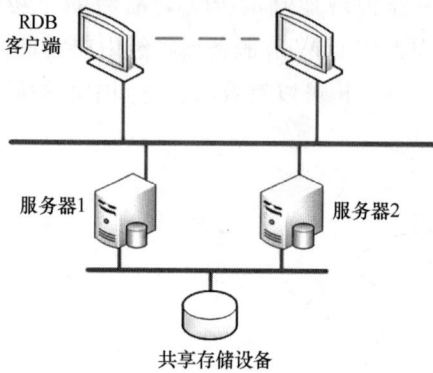

图 9-33 数据库冗余备用系统图

控系统为冗余系统。由两台冗余的数据库服务器和存储阵列组成，互为热备，安装 Oracle 软件，当一台出现故障时，另一台自动切换运行，保证数据不会丢（图 9-33）。

3. 控制策略与内容

经汇总归类，按照高温网、高海拔和低海拔三个类别进行分类说明；每个类别运行过程中遇到的异常工况分为：停泵、关阀门、失压、超温等类型。

（1）高温网

1）单泵组异常

单泵组单泵停运、单泵组双泵停运、单泵组三台泵停泵、单泵组四台泵停泵。

2）双泵组异常

双泵组单泵停运、一个泵组停一台泵，另外一个泵组停两台泵、双泵组双泵停运、两个泵组两台以上停运。

3）三泵组异常

三泵组单泵停运；三泵组两个停一台，一个停两台；三泵组一个停一台，两个停两台；三个停两台及以上。

4）四个泵组及以上异常

四泵组及以上单泵停运。

5）其他工况

（2）低海拔一级网

低海拔一级网运行流量变化影响高温网回水温度，受高温网回水温度的限制，高温网必须前置低海拔一级网进行循环流量的下调，才能保证运行正常。

1）停泵异常

单台停泵、两台泵停泵、三台泵停泵、四台泵停泵。

2）失压

能源站低海拔一级网回水压力过低，且一级网系统达最大补水能力仍无法稳压。

3）关阀门

中继能源站分为两个车间，对应出车间各有一组 $DN1400$ 供、回水管线

（对应阀门为电动阀门），从出车间到能源站出站混合分为三路出线，管径分别为 $DN1400$（西线）、$DN1200$（北线）和 $DN1400$（南线），对应阀门为手动阀门。出能源站后各主线均有若干分段、分支阀门，均为手动控制。

管线阀门关闭后，表现形式为中继能源站出站压力上升，循环流量减小。

（3）高海拔一级网

高海拔一级网运行流量变化影响高温网回水温度，受高温网回水温度的限制，高温网必须前置高海拔一级网进行循环流量的下调，才能保证运行正常。

1）停泵异常

单台停泵、两台泵停泵。

2）失压

高海拔系统，能源站为地势低点，回水压力按照 1.15MPa 定压，运行时最高点热力站回水运行压力 0.2MPa 左右，为保证系统不倒空，在运行状态下保证回水压力不低于 1.0MPa。

3）关阀门

高海拔系统仅有一车间出口一组 $DN1200$ 电动阀门。出车间后有若干分支阀门。分为能源站车间 $DN1200$ 电动阀门关闭、能源站出站前手动阀门或能源站外分段阀门关闭两种情况。

9.3.3　项目情况

1. 项目实施情况

电厂数据接口、调试，管道、隧道、泵站自控仪表安装，网络建设、调试，管道 RTU 调试，1 号～2 号站 PLC 调试，3 号～4 号站 PLC 调试，监控中心上位软件调试，PVSS 软件调试，视频监控系统安装调试，大屏幕系统安装调试等基本在 2016 年 10 月底前实施完成。其余系统如隧道 PLC 调试、水泵振动监测系统、管道泄露检测系统目前也基本实施完毕。

2. 分项目情况

（1）高温网部分

太古长输供热系统控制系统部分已经在 2016 年 10 月 29 日投入运行，实现了既定的控制要求和控制功能。太古项目高温网控制系统为智慧供热发展的最为主要部分，如果系统没有投运，太古长输供热系统根本无法运行，因此不存在投运前后的比较数据。所有数据均为投运后数据，投运后可以根据气象参数按照控制要求进行精确调节，能实现既定的智慧供热的要求。

（2）一级网部分

配套的太古一级网分控中心于 2017～2018 年采暖季已基本搭建完成，调度中心与分公司的 VPN 专网已建立，并且热网监控平台 ISCS 已完成了对太原热力集团公司总共 1310 座（其中包括一供暖 234 座、二供暖 246 座、城西分公司 136 座、城南分公司 149 座、东山分公司 213 座、嘉节分公司 229 座以及瑞光分公司 103 座）、太原第二热力 70 座、再生能源分司热力 22 座和兴业公司 6 座热力站的运行数据采集、实时监测以及数据统计及分析等功能，并实现了热力站自控设备远程控制、应急补水、热网/分公司之间切换、报警限值统一下发等功能；GIS 信息平台功能也已随着进度计划表逐一实现。

2017～2018 年采暖季的末寒期通过全网平衡软件对太古热网进行了全网平衡调节，供热面积达到 5000 万 m^2，总共 1075 个系统，其包括一供暖 406 个系统、二电 41 个系统、城西 276 个系统、城南 41 个系统、嘉节 120 个系统、二热 131 个系统、再生能源分司 38 个系统和兴业公司 22 个系统，根据自动计算的二次网供回水平均目标温度调节了一个月，整个热网运行一切正常，实现了多热网联网调节功能，后期进一步实现回水加压泵、关口和电动调节阀配合调节，实现更快速调节整个大网热量，以满足最严寒期系统要求。

（3）总体平台构成

结合集团公司智慧信息平台建设，太古智慧热网已完成空间数据处理模块、监测首页子系统、GIS 数据管理子系统、生产调度子系统、工程管理子系统、权限及系统设置子系统以及平台基础架构建设等工作；即将完成全太原市换热站在信息平台中的集成、抄表数据与信息平台集成等工作；正在实施研发的包括数据录入子系统、三维管网子系统、水力计算等模块；与此同时，信息平台根据实际的业务和用户反馈在不断完善和丰富中。

3. 项目实施效果

工程创造多项世界领先的指标：

（1）在世界上首次实现了复杂地形下大温差长输供热工程，单体供热规模最大：已实现供热规模 6600 万 m^2，2020 年达到 7600 万 m^2；

（2）长输热网供回水温差最大：设计供回水温度 130℃/30℃，已实现长输热网回水温度 37℃，一次网回水温度 32℃；

（3）供热能耗最低：充分利用低温的热网回水，供热机组余热多级串联梯级加热，已实现余热供热比例 79%，供热能耗达到 6.2kgce/GJ，与常规热电联产相比供热能耗降低约 50%；

（4）供热输送距离最远：全长 70km，其中热源至隔压站 37.8km、至城区主网 42km；

（5）高差最大：全网高差 260m，其中电厂至隔压站高差 180m；

（6）敷设地形最复杂：长输热网管线全部沿山峦、河谷敷设，共 6 座穿山隧道，总长度 15.7km，其中 3 号隧道 11.4km，为特长隧道，6 次穿越汾河，在河道河谷敷设长度 11km；

（7）研究形成了成套保温绝热技术，实现了全程温降 1℃；

（8）在长输复杂地形情况下，经过五级泵电耗仅为 1.8kWh/（m² · 采暖季）；

（9）包括大温差改造总投资每平方米供热面积不超过 100 元；供热成本显著低于目前其他清洁供暖方式。

另外，工程首次利用智慧热网平台实现了多级泵组联动的工艺和运行方法；结合智慧热网平台提出了一系列合理可行的运行调度方法，建立了完善的组织管理机制和安全保障体系，保证了超大规模大温差长输供热工程的安全、经济、高效运营。工程技术先进，在国内开创了长输供热的先河，为国内提供了集中供热的太原模式。该示范工程为我国北方地区城镇供热开辟出一条新途径，大温差长输供热模式有望成为我国的主流清洁供热方式，对我国北方地区节能减排有重大意义。

9.3.4　项目后期实施

1. 存在的问题与不足

2017～2018 年采暖季自控系统整体运行基本满足要求，但也存在一些问题与不足，热网监控平台 ISCS 以及全网平衡均存在部分数据异常，对系统和人工分析数据影响较大；操作界面需优化，一键寻优功能未实现；合理调整泵阀控制的逻辑关系；其他功能还需在使用的过程中进一步完善。另外，系统自动保护部分还没有最终完成；数据整合也在进行之中。

2. 展望

（1）供热生产调度管理系统

太原市热力集团有限责任公司建设总调度中心一座，负责整体热网的运行管理，并搭建智慧供热信息服务平台。智慧供热信息服务平台能将集团公司下辖所有供热分公司运行数据采集到总调度中心，进行供热数据统一展示；同时总调度中心具备供热调度控制最高权限。正常情况下，各分公司按各自的控制策略进行全网调度，当某分公司出现事故或应急状况时，该分公司可以在总调度中心直接进行局部全网调度。

智慧热力一体化综合解决方案，主要包括供热生产调度管理系统、热力管网水力平衡分析系统、供热地理信息系统、热换站自动控制系统、供热远程抄表控制系统、供热管网巡检系统等。

供热生产调度管理系统是为实现供热生产调度信息化、现代化，建立统一的集运行调度、管线管理和应急指挥为一体的综合生产调度指挥系统。通过该系统可实现从热源到管网再到换热站的实时生产数据的监控管理，实现管网联网、环网运行调度功能，可直观、高效地调整各种参数，准确、及时地处置供热事故，从而达到科学调度、节能增效、减少事故的效果。

（2）热力管网水力平衡分析系统

热力管网水力计算常规的做法是采用手工计算，根本无法保证计算的准确性和及时性，在进行多热源联网运行或换装热网水力计算的时候更为不切实际。采用热力管网水力平衡分析系统，有助于大量的日常计算分析，在热网运行状态发生变化时，系统能够及时进行计算分析，方便热力公司管理人员随时调整管网运行状态，达到高效稳定运行的目的。

（3）供热地理信息系统

供热地理信息系统利用 GIS 拓扑分析的强大功能，根据热力工作需求，与专业理论、方法以及遥测、网络、多媒体等技术相结合，实现热力管网规划设计、工程施工、管网管理以及供热综合业务、生产实时监控和优化调度的计算机一体化系统。

（4）一级网泄漏监测系统

太古供热系统的三部分都紧密结合在一起，一级网任何一处发生突发泄漏，如果不能快速发现泄漏点，一级网压力不稳定，需要一级网循环泵紧急降频，高温网系统为了避免高温回水进入隧道，也需要配合紧急降频，此时电厂也需要快速将乏汽切至空冷岛，否则会发生跳机事故，影响系统恢复时间。所以一级网泄漏故障的快速发现，必须结合地理信息建立一套智慧的报警系统。

（5）自动保护系统

结合以上一级网泄漏监测系统及高温网的各种故障工况，综合考虑三部分的安全，以保证设备安全和整个系统稳定运行为主要目标，建立自动保护系统，系统建设分为几个阶段，即程序编制、仿真模拟、系统投入加人工确认、摘除人工确认。通过几个阶段将太古长输供热工程的智慧部分真正建立起来，实现太古长输的智慧安全运行。

（6）供热管网巡检等其他系统

热力管网巡检管理系统主要保证热力设施及管网巡检管理到位，可以提前发现设备运行问题，提前安排维修更换，避免重大事故发生，同时通过管网巡检精确管理，也可以及时发现管网其他设备故障隐患，能及时消除隐患，避免泄漏及事故发生，保障热网及换热站安全运行。

继续完善长输管线自动保护系统，实现更高程度的自动运行和异常工况下的快速连锁调整控制。继续优化完善能耗监控系统，整套系统能确保数据传输及热网监控调节的准确性，实现能耗数据的实时汇总分析，能够自动对采集的数据进行连续的分析运算，可以对管网运行存在问题进行连续动态分析，优化运行方案，降低能源消耗，以达到最佳的负荷分配调整，使管网最大程度地经济优化运行，实现"智能化供热"。每一条供热数据的积累，智慧热网都会总结、归纳，提升温度曲线的科学性和稳定性，实现"稳定供热、均衡供热和舒适供热"。毋庸置疑的是，随着数据的积累和调度手段的日益成熟，智慧热网服务管理平台将会发挥更大作用，服务现代龙城、智慧太原建设。

第10章 智慧供热之企业建设案例

10.1 智慧热网历史数据学习与负荷预测闭环控制

济南热电有限公司 史 凯 董玉峰 张广新 叶 强

10.1.1 概况

1. 背景

济南热电成立于 2008 年,由原南郊、明湖、北郊三个热电厂合并而成。目前,公司供热面积约 9000 万 m^2,下设八个热电分公司,燃煤锅炉 2576.5MW、燃气锅炉 771MW,新能源供热设施(空气源、污水源、电蓄热和能源塔)107MW,管线长度 2200km,建设换热站 1394 个。热网是构建热源和热用户之间的输配环节,衔接热源产出和用户用热。以用户需求为导向,在合适的时间段内将热源热能指向性输配至热用户,通过温度和流量的调整,来实现灵活多变的末端需求与稳定产出的热源相融合,智慧热网既是供热的稳定器,也是需求与供应矛盾的缓解器。

随着热网规模不断扩大,热源类型越来越多,用户负荷调整灵活性逐步增强,热网惰性和输配难度不断加大,如何让热能在时间和空间上协同的问题愈加突出。在缺乏足够储热设备的背景下,要保持热网稳定经济运行,就必须要保持用户的供热需求和热源产出在任何位置和任何时刻均处于平衡状态,这对热网的能耗管理和运行控制提出了挑战。

2. 主要内容

济南热电智慧热网的发展经历了数字监测热网、远程监控热网和具备负荷预测功能的初级智慧化运行三个阶段。济南热电热网智慧化建设秉持着"数据融合、人机协同和学习预测"的原则逐步实施。济南热电利用热源 DCS、热网输配管理、换热站自控、户表集抄以及室温采集等技术,构建热源稳定运行、热网均衡输配、用户舒适用热的热能调配体系,通过自 2012 年至今的热源、换热站等运行记录的总结学习,构建了基于历史运行记录学习的负荷预测系统。

3. 技术核心

热网智慧化现阶段主要实施的是基于温度需求的负荷预测、输配调整的流量预测和室温监控的统计分析。随着现阶段热网智慧化成果的逐步应用和节能量的掌握，热网智慧化逐步向终端用户能耗管理、供热服务诉求和用户角度的多维供热智慧化拓展。

4. 基本建设情况

智慧热网覆盖 50 个热源生产系统、1070 个换热站、15 万块终端用户计量表具以及 2 万个室内温度采集点。济南热电智慧热网建设通过北京天时公司搭建具备负荷预测功能的系统平台，兼容集成了热源 DCS 系统、换热站自控系统、户表集抄系统和室温采集系统后台数据，同时，智慧热网吸纳了济南市气象局的三天气象预报官方数据及小时实时温度数据。

该平台具备兼容性好、扩展性强的特点，新建热源生产数据、新建换热站自控数据、终端户表数据及室温采集数据并入智慧热网系统，由热电运维人员独立操作，实现无缝衔接。该平台包含了：

（1）50 个热源点的 27 套 DCS 系统数据集成、4 个首站的数据检测；

（2）836 个换热站自控系统的远程监控能力和 2560 个自控站点的兼容能力；

（3）近 15 万户居民的终端用户能耗分析；

（4）2 万户室内温度检测；

（5）一个供热调度中心、八个分公司值长调度系统和十二供热分公司区域调度中心；

（6）管线在线温度、压力检测及补偿器补偿量实时监测；

（7）自控运行数据与地理信息管线数据兼容，在线实时互通压力、温度、流量和海拔高程信息。

济南热电智慧化建设，涵盖了 46 台热源锅炉、27 套首站输送设备、38 台区域调峰锅炉、23 条水网网口表计检测系统和 23 套余热回收利用装置，涉及热能产出 2337MW。

10.1.2　技术路线

1. 总体要求

源网协同、热能调配，稳定为主、精细调整。

2. 功能适应性

（1）热源环节：热源全负荷调整能力欠缺。燃煤的链条炉、循环流化床、煤粉炉、水煤浆锅炉等各类炉型负荷调整范围不一致，加上脱硫、脱硝、除尘等环保工艺运行要求，负荷调整能力更加受限。

（2）热网环节：循环周期不一致，各管线热水流速差异造成换热站一次进站水温时间的差异化与二次供温同步提温的矛盾冲突。

（3）热用户环节：建筑内墙敷设传热和冷风渗透的居民体感温度差异，尤其是连续低温天气。负荷预测既要照顾前期冷风渗透冷量，也要照顾建筑内墙低温敷设造成室温下降的辐射传热。

3. 控制和运行策略要求

（1）稳定供热的要素

1）热源

根据不同热源类型，分析各热源主锅炉系统的经济负荷、环保负荷、额定负荷和最高负荷等热源出力，结合生产配套水系统、风系统、燃料控制和环保设施等因素，掌握热源调整的周期参数（3～6h 不等），提前报送热源计划供水温度、循环流量以及日计划用热量，为热源调整留有余量。

2）热网

管网是热能输配的关键环节，质调节、量调节或者质量并调三类调度运行方式，随着管网长度的不断扩展，一网震荡或上下游抢流量造成前后压力急剧变化，引起安全隐患愈加突出。稳定流量调整，将换热站一次流量经济运行的波动范围设定到可控状态，不至于影响管网上下游压力波动，作为安全运行的基础进行换热站运行流量调整。设定换热站安全运行的流量上下限，中间部分才是经济运行或自控系统等控制手段调整的范围。

3）主干线网口参数

①供水温度需求稳定。②回水温度计划需求稳定。③流量波动范围相对恒定，不超过总值的 15％。④日供热计划相对稳定。

（2）实现均衡供热的条件

1）热力站流量"相对恒定"

结合庭院二网用户用热特点，最低负荷区间和最高负荷区间设定，确保流量调整在合适范围内进行细化调整。

2）温度曲线与网口曲线相呼应

庭院二网供水温度曲线在参考管网循环周期的基础上，与网口供水温度曲线协同调整。前 1/4 个循环周期，管网上游换热站因尚未提温时，热源升温后的高温水已经到达换热站，一次流量需求下降；第 2/4 个循环周期，热源升温后的高温水已经到达全部换热站，一次流量需求恢复升温前状态，各站基本削弱了一网流量震荡的情况。

3）间歇用热用户的负荷预测调整

核算非连续用热面积，夜间或停热期的负荷下降幅度，在小时用热计划上予以剔除，提前 24 小时报送属地调度审核，确保热源供水温度按计划调整。

（3）实现舒适供热的要求

寒流初期，主要是通过预测冷风渗透负荷，来解决居民舒适度问题。初期室温基本不受寒流影响，主要是居民体感温度差，尤其是老旧建筑尤为明显。供热初期，建筑物整体处于"冻透状态"，供热参数不仅仅要考虑室内温度，还要考虑建筑外墙达到热保护状态，初期预测负荷往往不能低于居民体感温度，整体室内供水温度不能低于 40～42℃，确保暖气片温热。连续低温天气，外墙热惰性仅能持续 6～10 小时，当连续低温渗透进入建筑内墙时，室内热负荷急剧上升。

4. 智慧热网调度控制方法

庞大的热网，各种供热热源与大量换热站共同在空间上联成一个整体，动态差异极大，不同的热源对调度指令的响应大不相同，既有水循环系统的调整，也有风系统以及环保设施调整，滞后性各有特点。在管网循环中，不同长度热水循环周期差异比较大，在这种情况下，既要保证供热负荷的动态平衡，又要追求供热舒适度，还要尽可能确保燃煤锅炉的超低排放和低成本热能的主力应用，难度较大。如果采用主热源和调峰热源全部分割，作为点状支网各自供应，可以满足及时性的要求，却无法保证稳定性和全局性能；如果采用全局集中控制调度的方法，则容易顾及全局不同供热负荷之间的协调，而无法满足局部热源的最佳经济性输出。认识到这点后，我们采用"属地预测、分区调度、集中指导"，兼顾属地灵活性和全局最优性。

（1）属地调度、集中指导、指标管理、源网协同

热负荷侧大量计量用户和商场等非连续用热主体的进入，造成用热的不规律性加大。作为热网供热的主体，供热需求单位需要测算未来一天 24 个时段的用热特点，核算各站计划供热量，以供回水温度及流量调度曲线的方式提报需求审核，实现用热计划的 24 小时前置。

属地分公司二级调度体系，审核热源产热能力、循环输配能力及热源超低排放运行时的负荷调整范围。做到热源输出和热网输配的有机融合，实现局部区域的属地自治的灵活性。

供热初期建筑蓄热量高以及连续低温天气或特殊会议时期，集中协调各属地做到保底运行或封顶运行，确立最低热源出力底线和最高出力红线；末端热能不足时，燃气调峰设备热源转为主热源输出，搁置经济运行等临时措施，确保热网运行达标；一个热网横跨多个行政分公司区域时，统筹分公司流量占用红线，不能过高用热，做到全网一盘棋、全局一致。

吸纳空气能、浅层地热等新能源供热方式入网，其作为自然低品位热能，具有自然力特征，不可控因素较多且储量受限，难以作为区域主力能源，仅可以在

初末期作为主力热源运行，严寒期作为低品位热源为基础负荷，高温水管线作为高品质热源补充，填补热能缺口。

（2）保障热量流和信息流的畅通

我们从热能和信息共享视角来考虑"热源、热网、热负荷"协同运行的目标。一方面热量流是按照"源、网、荷"的顺序流动的热量流，在任何时间和任何空间，热量流必须保持动态平衡；另一方面，信息流是在"源、网、荷"之间双向流动且通过信息化手段，以数据共享和交互的方式来统一大数据共享平台。智慧热网供热服务平台是智慧热网的"核心"，统领着信息流，掌控着热量流，保障智慧热网安全、稳定、经济、环保。满足供热"源、网、站、荷"协同这一目标，也是满足"属地预测、分区调度、集中指导"这一调度理念的基础。

热源DCS、热网输配、换热站自控和终端用户能耗管理等智慧热网成员系统实施分布自治，负责各自所辖部分的能量流和信息流，以保证调控的灵活性和可靠性。各成员间通过VPN专线网络、共享视图接口，形成面向"源、网、站、荷"协同及数据交互、分析总结和负荷预判而搭建的智慧热网体系（图10-1）。

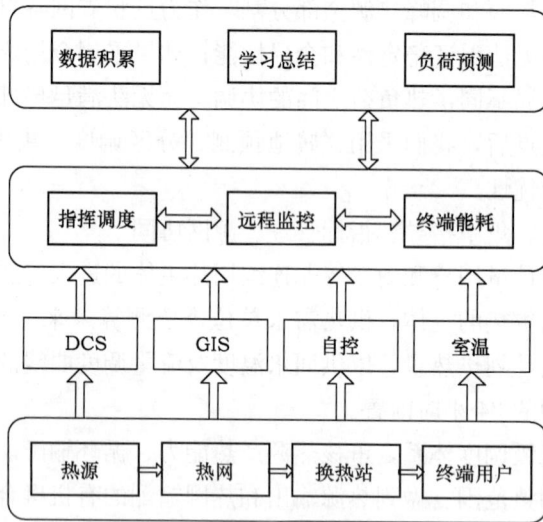

图 10-1　智慧热网体系骨干架构图

各成员系统内部形成自律调控，对自己的控制对象实施自治管理。各成员系统间的协同调控，通过智慧热网共享服务平台来实现互动达到协同的目标。由于热源、热网的多样性，存在着"源网协同、网站一体、站户同步"等多种特点。

（3）历史数据再学习

智慧热网不同于数字热网、自控热网的主要特征，体现在智慧分析和自我学习及预测方面，智慧热网宜在构建源网协同，将热能调配在一个时间和空间内的协调优化问题。热源生产 DCS 系统、换热站自控系统、户表集抄系统、室温采集系统只是智慧热网实施的主体，但非全部，智慧更体现在"分析、学习和处理"方面，在大量数据的支撑下抽丝剥茧，构建一套热源、热网和用户的逻辑关系，达到将用户需求的热能在合适的时间内输配至正确的空间中，减少中间输配能耗，达到热能利用的最大化，这才是智慧热网的优势。

以气温为线索，将采暖季中不同气温时，发生的生产操作和各项指标汇总成模型，对后续生产运行指导意义。

1）气温为线索制定气候模型

调度控制中心从气象局得到未来一天的天气预报数据，这些数据包括白天、夜间的最高、最低和平均气温以及风力、降雪等气候条件。通过气候模型专家系统对这些数据进行线性回归运算，并综合电厂供热参数，根据室外温度与一次回水温度、二次供水温度、耗热量等控制关系曲线得出当日的换热站白天和夜间的平均控制参数值。

为科学准确地制定各线别网口模型，采用拟合运算，引入正态分布理论计算数据的正态分布曲线，对每个网口历史同期单耗指标和回水温度指标进行统计分析。

2）历史同期单耗指标模型

按照网口统计、网口单耗指标，找出历史同期天气情况下对应的真实运行值。经过插值拟合运算分析后，统计出该气温下最佳的网口单耗值，此值可作为依据，进行负荷预测。以济南热电北水南线东分支水线的网口单耗为例，运用拟合和最小二乘法等算法，统计出日均气温在 $-5\sim5℃$ 情况下，对应网口单耗出现次数最多的值，即定为此日均气温下的单耗模型值。其余网口均按照此方法统计。

按照插值计算，$y=a_1x_1+a_2x_2+a_3x_3+\cdots a_nx_n$，带入日均气温（$a$）和供热单耗（$x$）后，得出回归方程为正态分布方程。

根据自变量（日均气温）与因变量（供热单耗）的现有数据以及关系，设定回归方程为正态分布方程：

$$f(x) = \frac{1}{\sqrt{2\pi}\sigma}\exp\left(-\frac{(x-\mu)^2}{2\sigma^2}\right)$$

回归系数：通过统计得出不同日均气温下对应的供热单耗值。作为离散型随机变量，将其绘制成正态分布统计图。

例如过去 5 年共有 38 天日均气温是 $-5℃$，（此时 $\mu=43.96$），按照拟合计算，其中 $43.96W/m^2$ 出现 9 次（此时 $f(x)=9$），出现次数最多。即将此值定为日均气温 $-5℃$ 时的模型值。

日均气温-5℃时,网口单耗分布统计

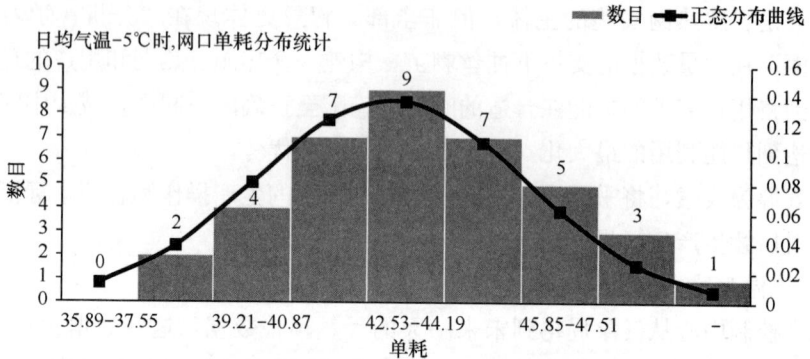

日均气温-5℃时,43.96W/m²出现次数最多,为9次

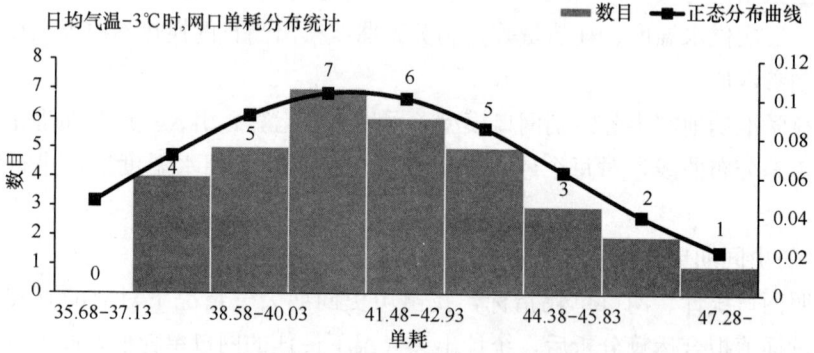

日均气温-3℃时,网口单耗分布统计

日均气温-3℃时,40.34W/m²出现次数最多,为7次

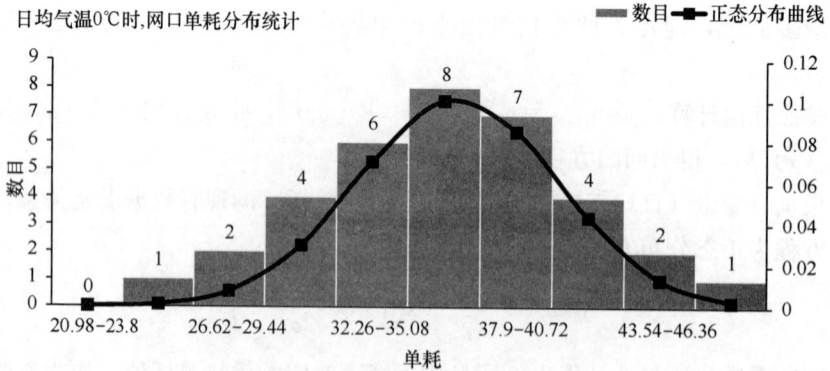

日均气温0℃时,网口单耗分布统计

日均气温0℃时,36.08W/m²出现次数最多,为8次

图 10-2 单耗历史数据总结学习示意图（一）

408

日均气温-1℃时,网口单耗分布统计

■数目 ■正态分布曲线

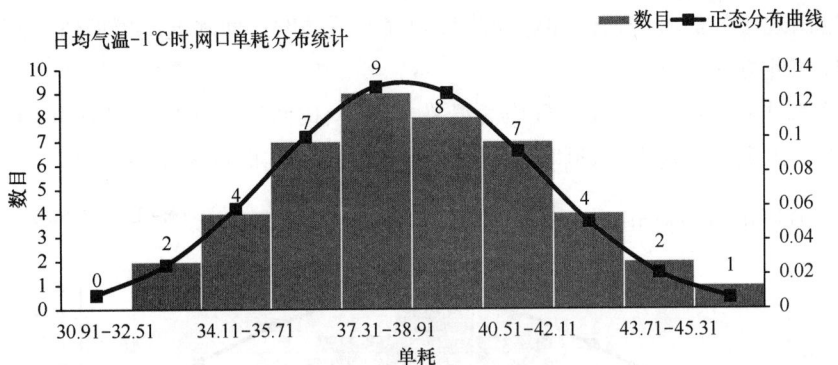

日均气温-1℃时，37.52W/m²出现次数最多，为9次

日均气温2℃时,网口单耗分布统计

■数目 ■正态分布曲线

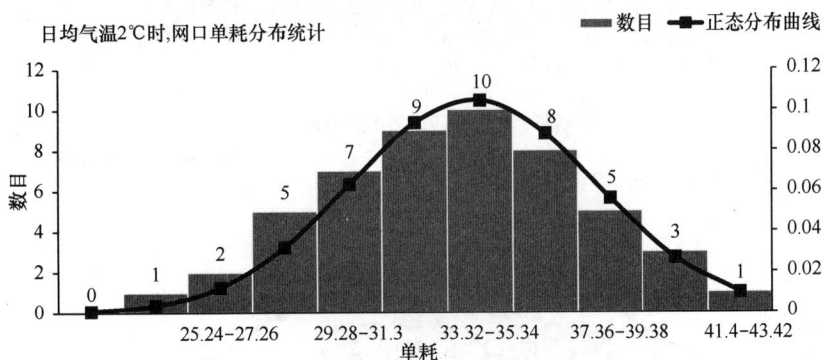

日均气温2℃时，33.82W/m²出现次数最多，为10次

日均气温5℃时,网口单耗分布统计

■数目 ■正态分布曲线

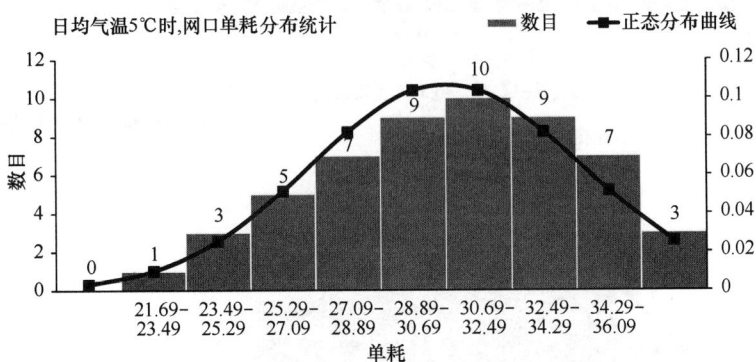

日均气温5℃时，29.59W/m²出现次数最多，为10次

图 10-2　单耗历史数据总结学习示意图（二）

3）网口回温数理统计

本文以济南热电北水南线东分支水线的网口回水温度为例，通过数理统计，运用拟合和最小二乘法等算法，统计出日均气温在－5～5℃情况下，对应网口回

水温度出现次数最多的值。即定为此日均气温下的网口回水温度模型值。其余网口均按照此方法统计。

例如过去 5 年共有 38 天日均气温是－5℃，按照拟合计算，其中 46.92℃ 出现 9 次，出现次数最多。即将此值定为日均气温－5℃时的模型值。

日均气温-5℃时,网口回温分布统计　　■数目 ━■━正态分布曲线

日均气温-5℃时，46.92℃出现次数最多，为9次

日均气温-3℃时,网口回温分布统计　　■数目 ━■━正态分布曲线

日均气温-3℃时，46.38℃出现次数最多，为5次

日均气温0℃时,网口回温分布统计　　■数目 ━■━正态分布曲线

日均气温0℃时，45.62℃出现次数最多，为7次

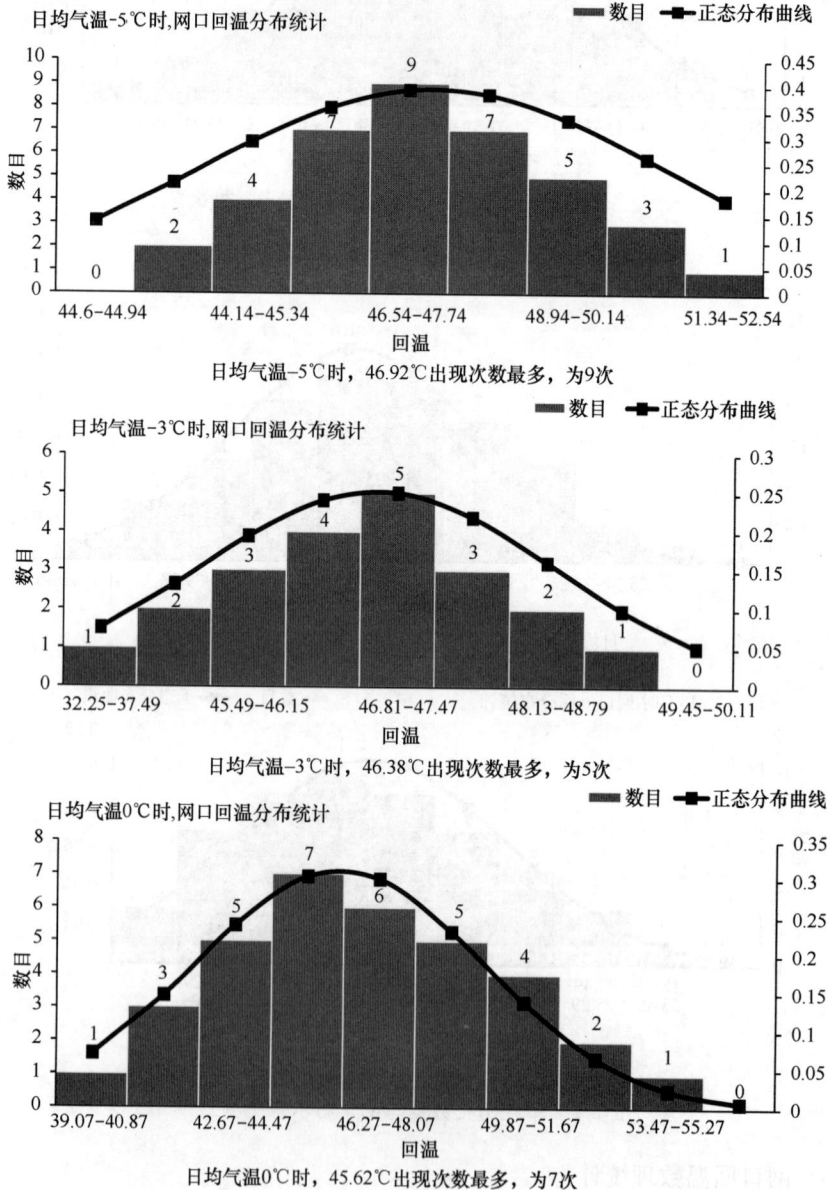

图 10-3 主管线回水温度历史数据总结学习示意图（一）

日均气温3℃时,网口回温分布统计

图例：■ 数目 ■—正态分布曲线

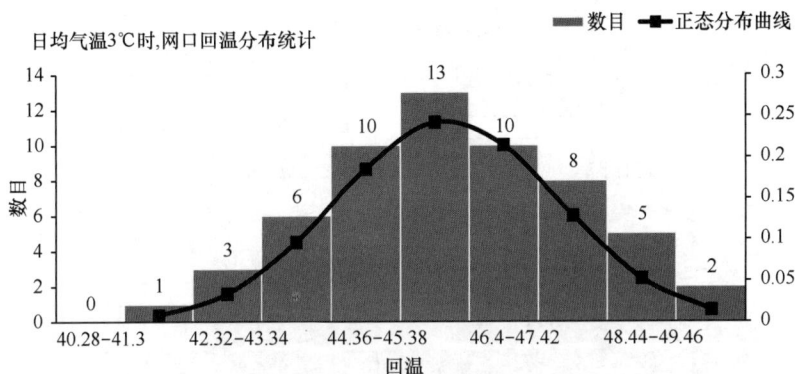

日均气温3℃时，45.39℃出现次数最多，为13次

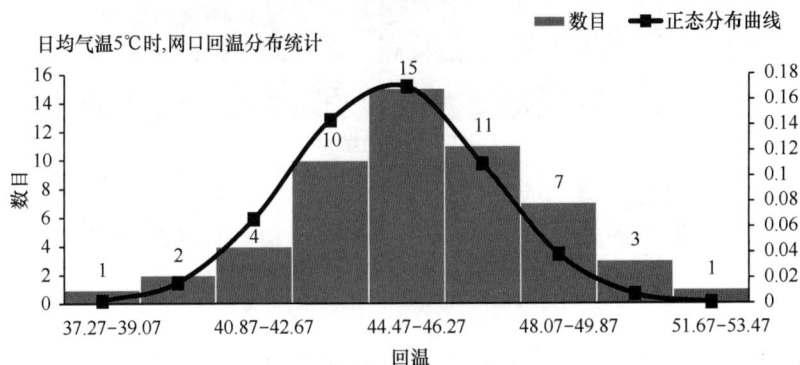

日均气温5℃时,网口回温分布统计

图例：■ 数目 ■—正态分布曲线

日均气温5℃时，45.00℃出现次数最多，为15次

图 10-3　主管线回水温度历史数据总结学习示意图（二）

10.1.3　智慧热网系统主体架构

1. 平台结构

智慧热网系统是在公共通信网络平台（自控平台）＋内部网络（收费、热源系统平台）的基础上，建立一个热力生产信息共享平台，所有源、网、站、户等生产数据信息汇集到这个平台上。建设智慧热网系统时，统筹计划，规划一个统一的、安全的、对等的、易维护的数据平台架构，分批、分期实施，使得各热源和管理分公司可以在统一的"数据平台"上实现数据信息共享、热力站数据采集、热源预测、控制命令下达等工作。

智慧热网系统的核心是一个大型热力企业生产管理数据中心集群，各相关用户（Web 客户端、操作员站、工程师站及热力站控制器）通过对等的结构共享数据库资源。

智慧热网系统采用"逻辑集中、物理分离"的分布式设计，即：智慧热网因

411

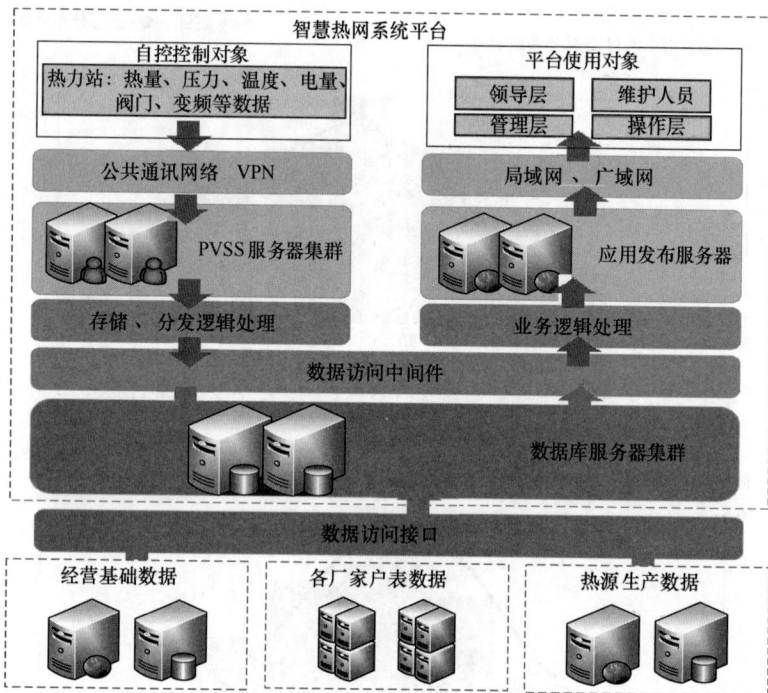

图 10-4　智慧热网系统架构图

独特的对等数据中心设计，可以满足一个调度监控中心、多个分中心的管理需求。通过数据通信网络将各终端站、分片区监控中心与调度监控中心相连，各部分协调工作，实现热网监控的各项功能。即基本的控制管理功能由远程终端站来完成，而整体的协调则在调度监控中心实现，分片区监控中心经授权可管理本片区换热站的控制运行。当系统通信正常时，由调度监控中心和分片区监控中心来进行协调管理，远程终端站能够接受调度监控中心和分片区监控中心的要求，具体执行并完成必要的监测和安全保护等工作；当通信故障时远程终端站能够独立完成控制。

2. 安全性

智慧热网系统通过 Internet 来进行数据传输，信息在广域网上传输时被截取和利用就比局域网要大得多。本系统中涉及无线网络部分和远程访问部分，因此必须采取必要的手段保证信息的传输安全。鉴于此，系统采用了 VPN（虚拟专用网）技术。

3. 开放性和扩展性

（1）开放性：经授权的远程用户可以通过广域网浏览平台应用，查询热网运行数据或者完成调度任务单的上传下达，平台的可用性将极大地提高相关人员的

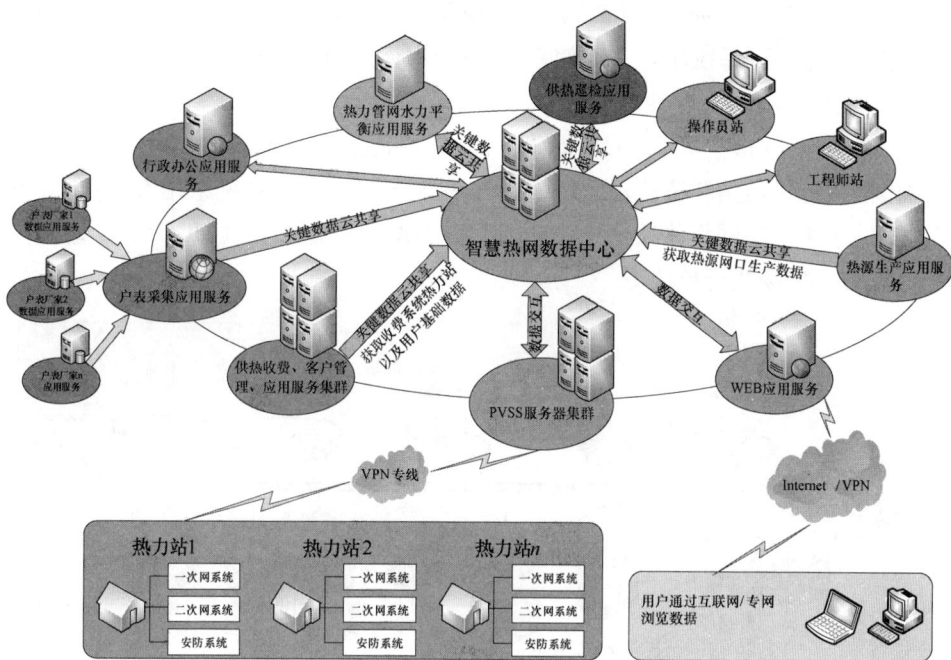

图 10-5 智慧热网系统数据共享应用图

工作效率。平台用户都可以以 Web 方式随时随地访问应用系统，管理者也可以在出差或家中随时了解生产运营状况。

（2）扩展性：智慧热网系统采用标准化模版，"一键加站"彻底解决热力监控系统积弊，系统建设初期维护简单，随着站点数量的增加，系统扩建和维护越来越困难，"标准化模板"的引入提升了换热站自控系统的拓展能力。"标准化模板"就是将热力站设备配置、采集量、控制量进行统一的定义，建立分类型的统

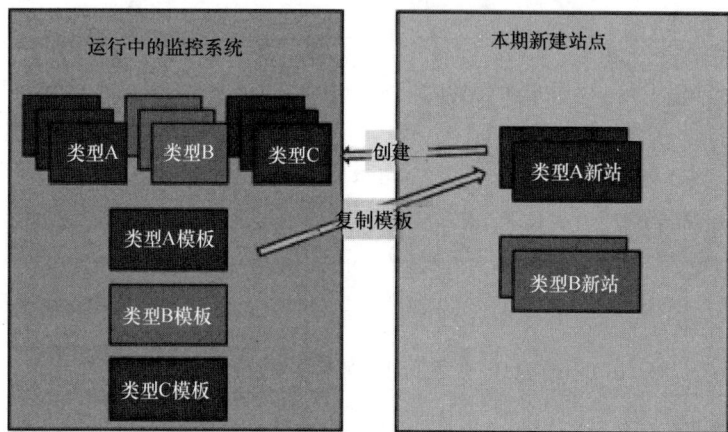

图 10-6 引入了"标准化模板"的概念

一通信驱动点表，比如单系统站、双系统站等，各自建立模板，依据不同的模板，将热力站加到系统中，从而使系统扩展和加站简单实现。

4. 拓扑结构

智慧热网系统以 ADSL/GPRS/3G/4G 公共通信网络为基础，采用工业级标准的操作系统、通信和协议，系统 I/O 容量为无限点。该系统采用客户机/服务器方式，采用三层网络体系结构，分别为公司调度监控中心（MCC）、本地监控站（LCC）、现场执行单位。

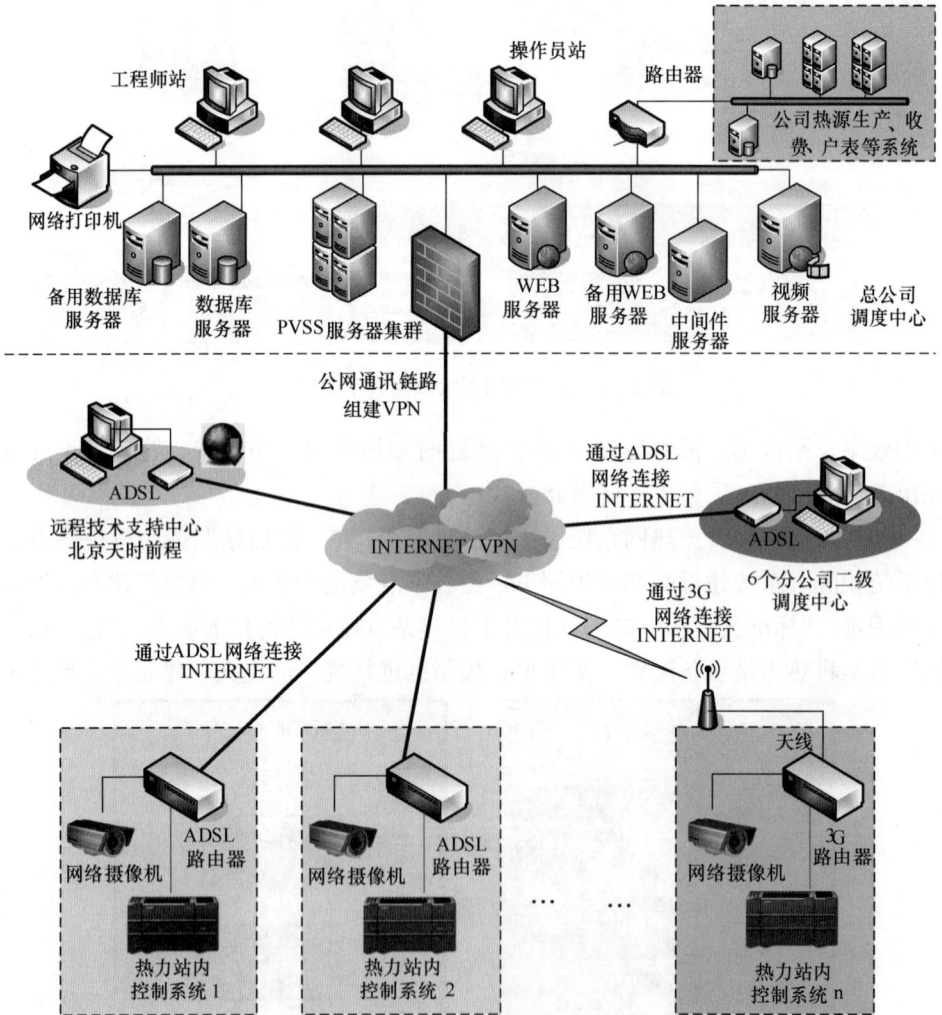

图 10-7 济南热电有限公司智慧热网系统网络结构示意图

5. 系统软件

（1）软件平台架构

智慧热网系统软件平台由组态软件/数据平台＋热力行业软件构成。结构如下：

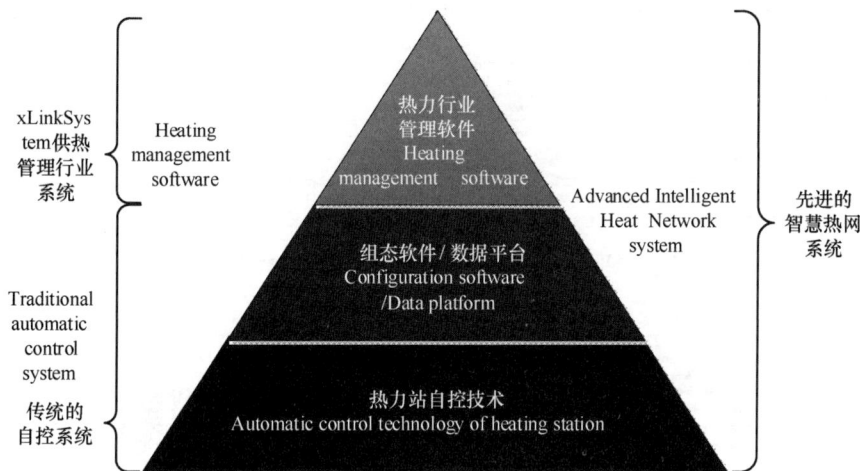

图 10-8　智慧热网系统软件构成图

底层是传统的热力站自控系统技术，中间层使用组态软件/数据平台，顶层是热力行业管理软件。

（2）软件组成

图 10-9　智能热网系统软件平台

智能热网系统软件平台涵盖了 PVSS SCADA 系统、热网指挥调度系统、热网 Web 监控系统、热网运行分析系统、热网运行报表系统、热网后台管理系统、户用热表集抄系统、热力站视频监控系统等应用系统，使这些业务系统在以智慧热网数据中心为核心，相互实现互联互通、信息数据交换和联动控制，并可在平台上通过少量的定制开发，就能基于现有的业务系统，整合出新的业务功能，满足定制化、个性化的需求。

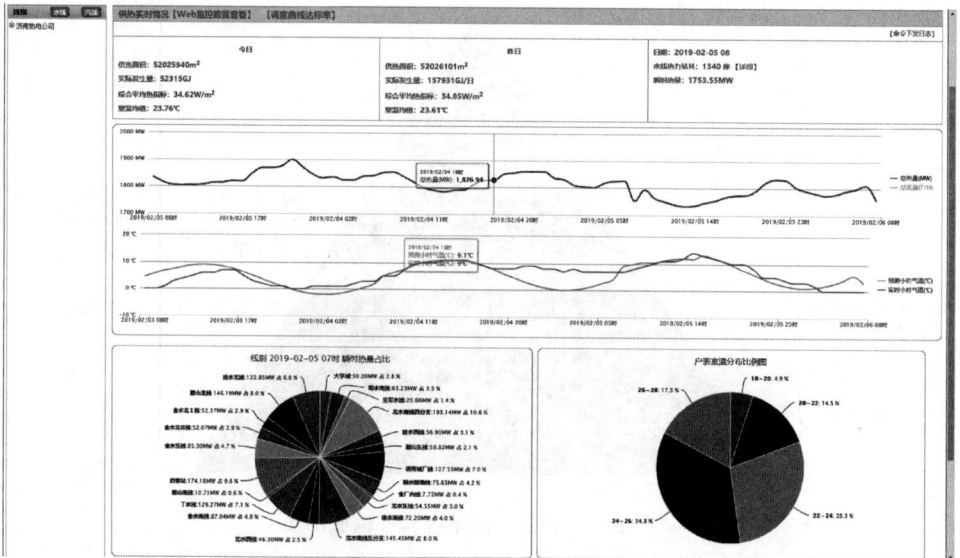

图 10-10　调度指挥系统首页

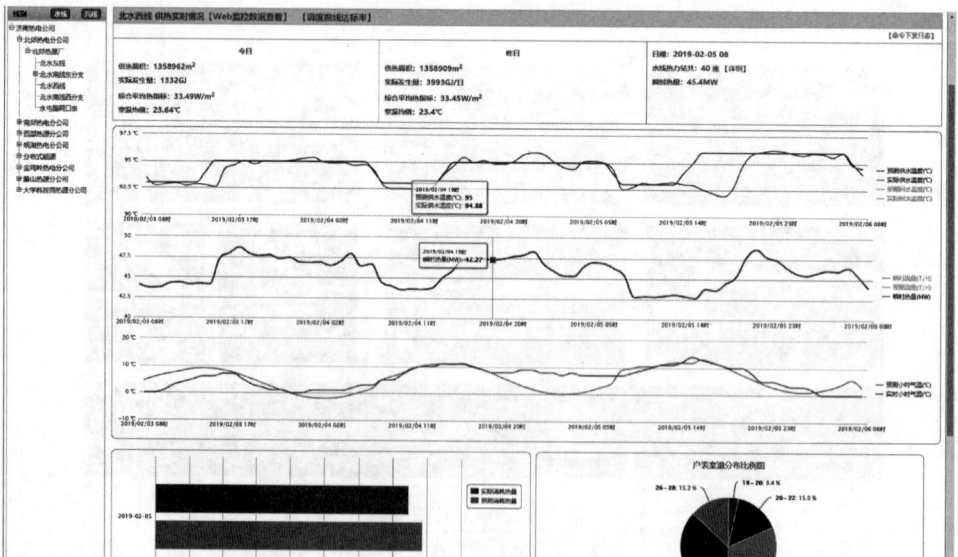

图 10-11　线别历史调度

10.1.4　项目效果

1. 效果评价

我公司智慧热网自 2013 年初步建设，当年投运部分智慧热网设施，投运 5 个采暖季以来，网口热耗下降明显。在 2014 年 4 月，山东省人民政府节约能源办公室委托第三方能源清算审核，年节能量为 3.39 万吨标准煤。随着 2014 年度山东省供热管理条例修编，报停不收采暖费，报停率急剧上升，热耗下降幅度收窄。2017 年度，室内温度检测，年度室内温度均值 22℃。

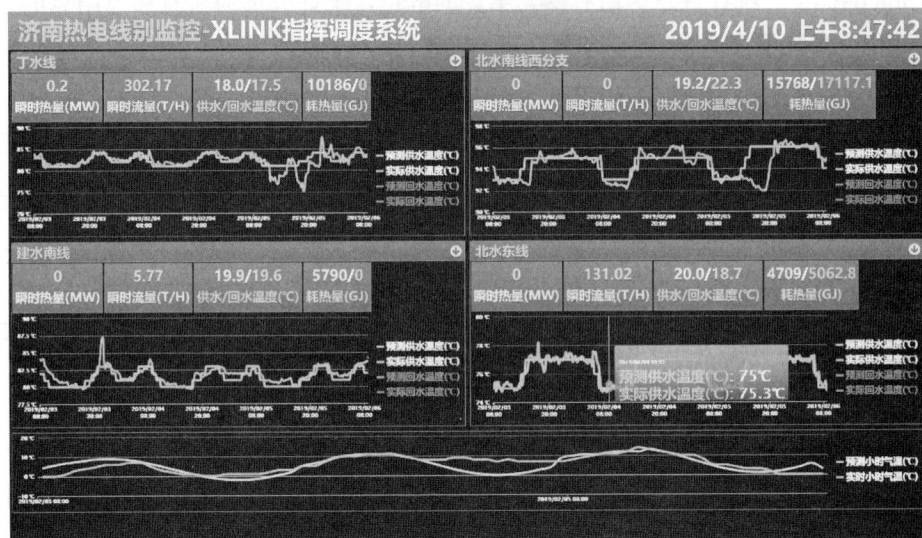

图 10-12　水网线别调度

济南热电近年全网单位面积耗热量统计　　　　　　　　　　　　　　　表 10-1

采暖季	供热面积（万 m²）	采暖季全网口用热量（万 GJ）	热耗（GJ/m²）
2013～2014 采暖季	3479	1327	0.3814
2014～2015 采暖季	3855	1459	0.3785
2015～2016 采暖季	4753	1712	0.3602
2016～2017 采暖季	4801	1749	0.3643
2017～2018 采暖季	5650	1853	0.328

（注：供热面积为全网口建筑面积减报停面积）

换热站水耗方面，在最初的 11kg/m² 下降至 2017～2018 采暖季的 8.9kg/m²。统计分子为所有参与结算的水量，统计分母为所有参与结算的建筑面积（去除报停），水耗 5 年累计下降 22%。

济南热电近年全网热力站单位面积耗水量统计 表 10-2

采暖季	结算用水量（万 t）	水耗计算面积（万 m²）	水耗（kg/m²）
2013～2014 采暖季	30.7	2668	11.507
2014～2015 采暖季	31.3	2979	10.507
2015～2016 采暖季	34.3	3350	10.239
2016～2017 采暖季	33.9	3754	9.03
2017～2018 采暖季	30.4	3388	8.973

（注：水耗计算面积（参与结算水量的建筑面积减报停面积）

换热站电耗方面，在最初的 0.93kWh/m²，上升至 2017～2018 采暖季的 0.98kWh/m²。统计分子为所有参与结算的电量，统计分母为所有参与结算的建筑面积（去除报停），电耗 5 年累计上升 5%。

济南热电近年全网热力站单位面积耗电量统计 表 10-3

采暖季	结算用电量（万 kWh）	电耗计算面积（万 m²）	电耗（kWh/m²）
2013～2014 采暖季	2509	2697	0.9303
2014～2015 采暖季	2857	3006	0.9504
2015～2016 采暖季	3185	3278	0.9716
2016～2017 采暖季	3570	3726	0.9581
2017～2018 采暖季	3310	3368	0.9828

（注：电耗计算面积为参与结算电量的建筑面积减报停面积）

智慧热网作为热网节能管控的重要工具，覆盖热源、热网和换热站的产热、输热、用热环节，过程管控、能源利用和输配相对高效，但数据的积累和总结至关重要，同时智慧热网尚未覆盖的区域，比如二网监控和负荷预测体系等相对不健全的部分，需要人和经验的支撑，才能有效发挥智慧热网的优势。

2. 存在的问题与不足

（1）智慧深度还需挖潜

热网智慧化的基础是数据的积累、学习和再总结，热源、热网和换热站的协同联控已经积累大量经验，源、网、站的节能量挖潜已经面临瓶颈点。借助气象预报、室温监控等辅助手段，数据再学习和深度挖潜缺乏二网数据支撑，尤其是单元调控数据，缺乏数据积累。

构建热网智慧化，离不开庭院二网控制和数据积累，随着节能潜力的逐步下降，热网负荷预测需要深化到小区庭院二网调控序列，为下一步节能潜力的开发创造条件。

（2）智慧广度存在欠缺

我公司智慧应用涵盖热源输出、热网输配和换热站控制，庭院二网和楼内调控缺乏稳定的联动手段。随着终端用户的能耗管理需求进一步加强，楼宇调控与换热站调控不同步的矛盾逐步凸显，楼宇内过热户、不热户的处理，仍然停留在自力式调整的层面，热网智慧化覆盖广度欠缺，一网设施达到智慧调控的层次，二网设施仍然停留在自力式调节层面，技术短板比较突出。楼内调控手段仅限于二网质调节，缺乏量调基础，应对热计量等变流量需求，缺乏灵活的支撑条件，造成单户节能或单楼节能，而换热站区域性不节能的弊端。

（3）智慧融合尚有不足

智慧热网涵盖供热生产调度、换热站运行，形成气象预报为引导和室内温度为反馈的闭环调控。客服热线与工单反馈缺乏横向深度融合，尚未在换热站这个"小热源"的层面构建逻辑互通关系。

随着居民供热要求的逐步提升，换热站、楼宇和单元层面，实现热网运行与居民服务的智慧化互通已经具备需求基础，生产与服务的深度融合已经具备需求条件，不同类型居民的用热需求多样化，不再是单一的温度需求，更多的是服务需求升级和户内设施维护诉求。

3. 总结与展望

智慧源于总结和学习，大数据优势在于互通。济南热电智慧热网平台融合读取热源生产监控、换热站自控、指挥调度、气象预报以及经营收费等多个系统的生产数据，关键生产数据后台共享，核心系统各自独立，做到业务分离、数据共享，核心数据链畅通。

济南热电智慧热网秉持着"积累、总结和学习"原则，构建基于热源和热网的智慧调控，以室外温度为主轴，辅以区域室温检测统计，匹配历史最佳的运行记录，提前预测各管线和换热站的日负荷计划、小时温度曲线和流量管控目标，源网协同、稳定管输、调配热能，实现用热需求与产热计划的高效融合。

我公司将继续努力，深挖数据、互通共享，将智慧热网的单元调控、入户调控实现与换热站自控和热网调度曲线联动，打造一张"柔性大网"，区域性互联互通、流量调配、吸纳多能入网，提升不同负荷集群的供热稳定性，节能挖潜，进一步降低供热运行成本。

10.2　乌鲁木齐华源热力智能热网管控平台

乌鲁木齐华源热力股份有限公司　彭　军　张建良　吴建中

北京硕人时代科技股份有限公司　李艳杰　李建飞

10.2.1　项目简介

乌鲁木齐华源热力股份有限公司（以下简称华源热力）成立于 2000 年，是新疆华源投资集团有限公司的控股子公司。公司下设五个热源厂，燃气锅炉总装机容量914.5MW，电锅炉装机容量16MW，敷设供热主管线50余千米，建设换热站140座，供热区域横跨高新区（新市区）、水磨沟区、米东区和达坂城区，设计规划面积3000万m^2，2017年实际供热面积1400万m^2。

华源热力自2009年开始对热网进行分布式变频改造，实现热力站的无人值守；2013年开始对辖区内二次管网及终端用户进行计量温控改造，实现对二次网各楼栋及热用户的调控；2014年为进一步提升供热质量，均衡供暖，加强热能耗管理，实现单位面积能源消耗及运行成本最小化，率先引进硕人时代IDH智能热网监控管理平台技术，建立了以服务为宗旨，集热源、管网、热力站和热用户调控于一体的集成化的供热指挥调度平台，基本实现了按需供热、精准供热的目标。

主要技术运用现状如下：

（1）四个热源的燃气锅炉DCS控制系统；

（2）1个热源采用燃气锅炉、电锅炉协调互补运行的控制系统；

（3）五个热源的一次管网均采用分布式变频输配控制系统；

（4）全部140个换热站均安装全自动无人值守控制系统；

（5）6万户既有建筑的通断法计量温控系统；

（6）120栋公共建筑的分时、分区、分温计量控制系统；

（7）12万m^2楼栋混水机组试点；

（8）2000户室温采集系统；

（9）IDH智能热网监控指挥中心及两个分控制中心。

10.2.2　技术内容

智能热网管控平台就是供热系统的智能化，该平台对供热系统的运行参数、控制效果和能耗进行全面实时监测，通过对"供热"与"用热"进行监控，根据末端用热量的变化及时调整热力站和热源的控制，避免热源过量供热，降低热量不均衡度，实现供热生产的全过程优化控制；从热源、热力站和建筑物的监控系统中取得原始运行数据进行科学分析，生成各种分析报表和图表，形成供热系统能耗管理、质量监测和评价体系，同时总结供热规律，制定供热运行调度方案，适时调整供热系统运行。平台涉及的技术内容如下：

1. 全面监控

全面监控是智能热网管控平台中重要的一部分，平台实时监测供热系统运行状态，通过对运行参数设定达到与自动系统进行交互，从而实现控制功能。此外通过多种丰富的历史曲线及报表为监测与控制功能提供有力的依据，通过报警系统确保整个供热系统的安全运行。

（1）热源 DCS 系统

根据实际供热系统的情况，与热源 DCS 系统实现数据共享，取得供热调度所需的数据，同时可发送热源调度信息给 DCS 系统，实现数据共享和双向交互，如图 10-13～图 10-14 所示。

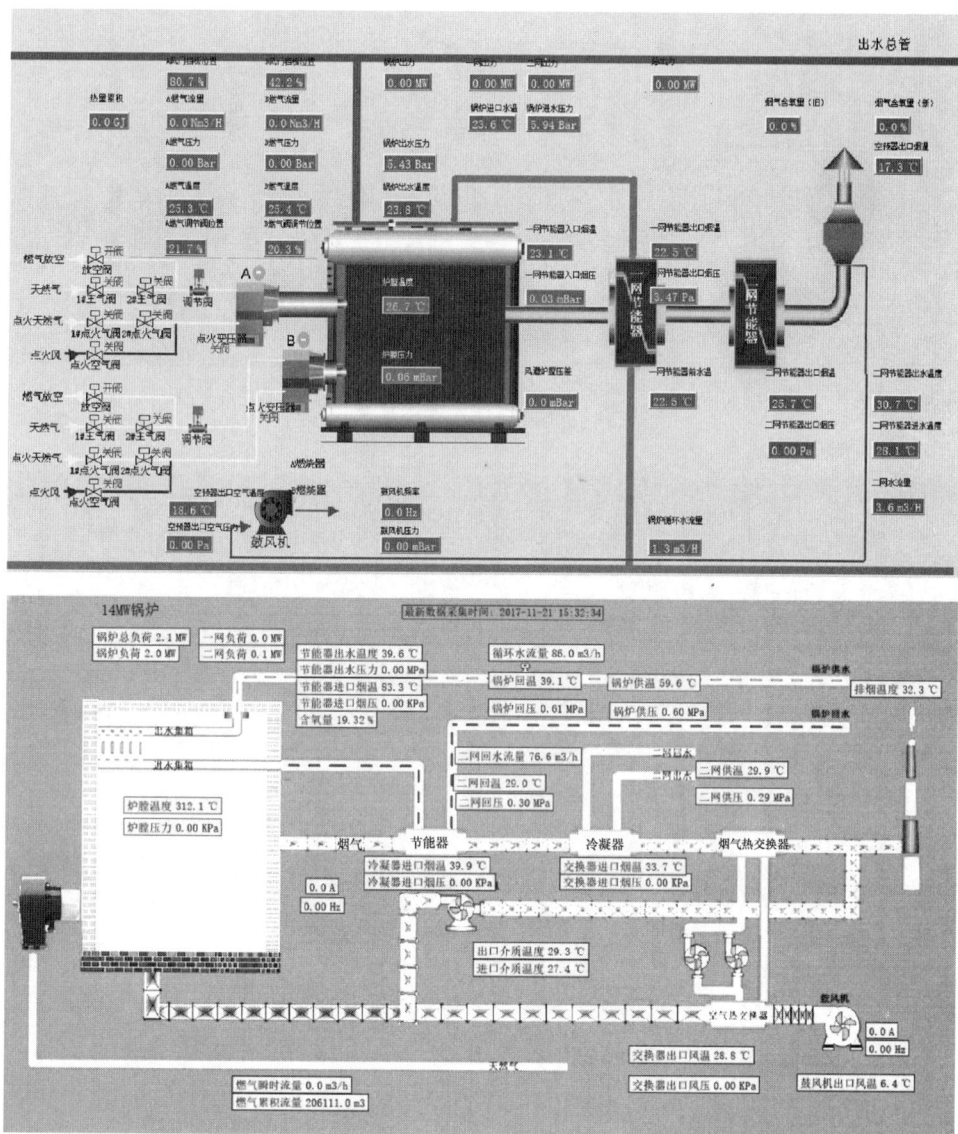

图 10-13　热源 DCS 系统示意图（一）

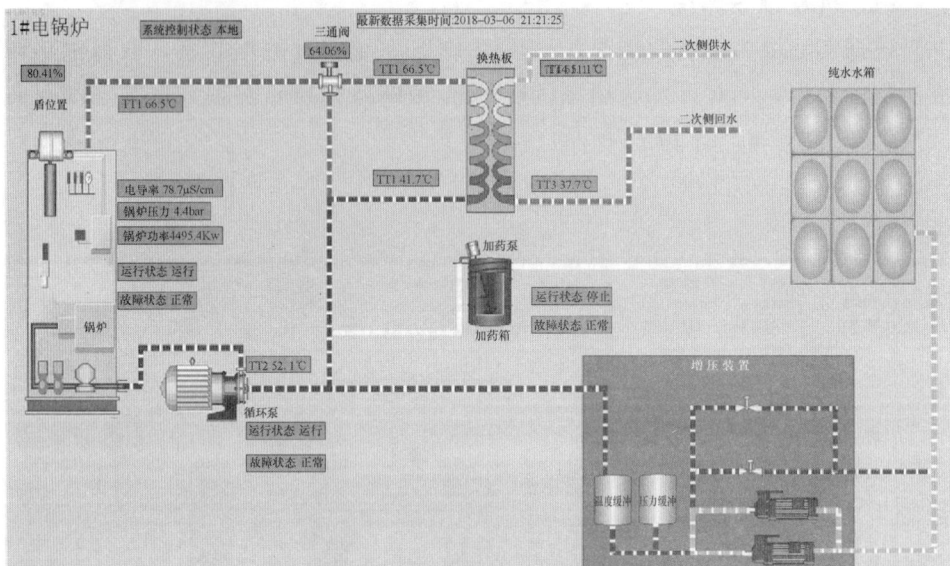

图 10-13　热源 DCS 系统示意图（二）

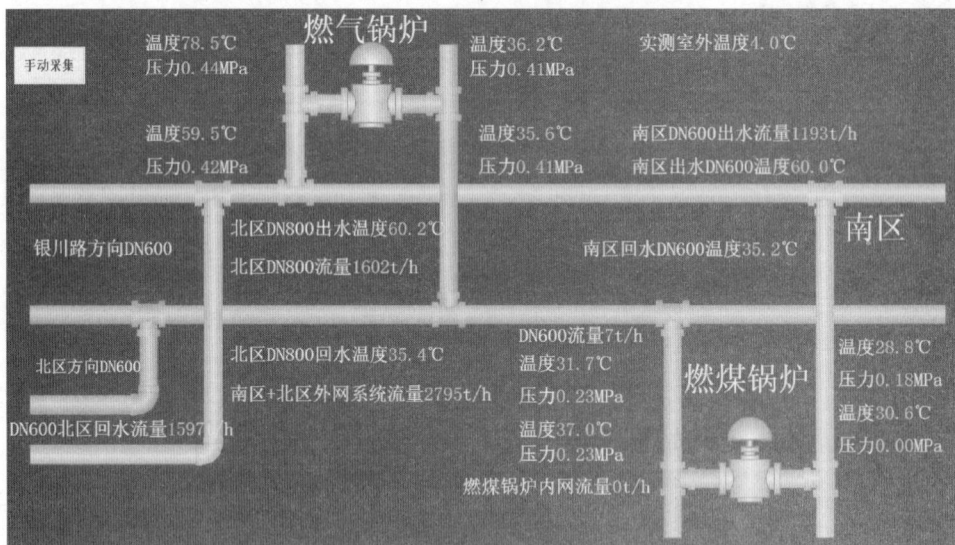

图 10-14　热源均压管监控示意图

（2）热网监控系统

热力站已实现无人值守自动控制或实现热量自动调控的，可通过 ADSL、GPRS、光纤等通信网络与 IDH 智能热网管控平台通信。IDH 智能热网管控平台可远程监测和控制热力站的运行。当各热力站供热不均衡时，IDH 智能热网管控平台将在管理人员授权后，远程控制各个热力站的运行，实施全网自动平衡调节，如图 10-15 所示。

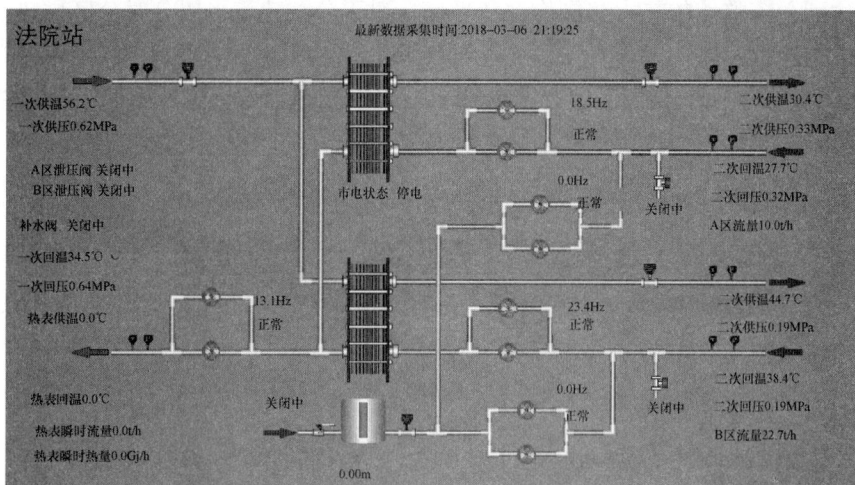

图 10-15　热网监控系统示意图

（3）末端计量调控系统

供热末端是指二次网居住建筑和公共建筑。针对存在严重水力失调、冷热不均问题的二次管网，安装了楼栋智能平衡系统，通过在各热力入口安装电动调节阀、热量表及通信机等设备，调试人员可远程监测热力入口运行数据，了解管网

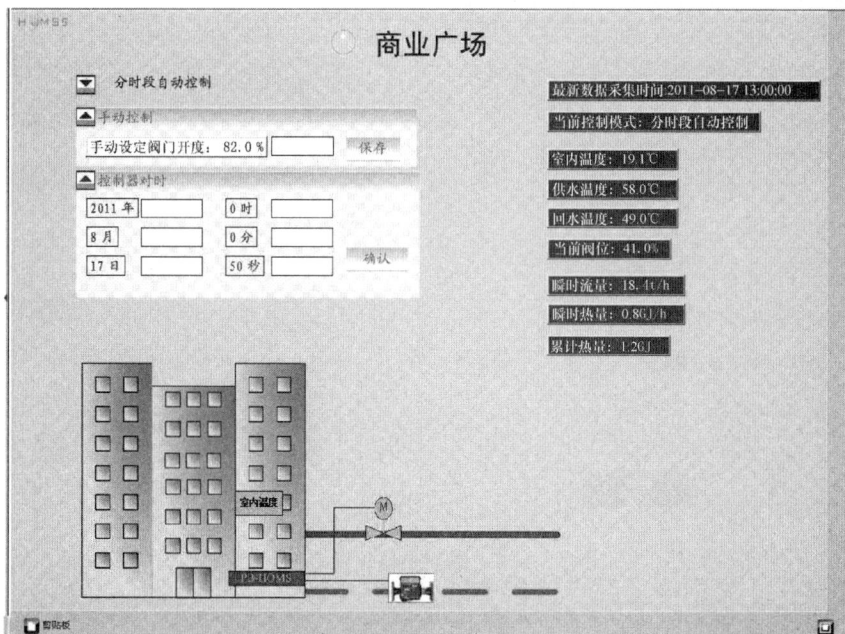

图 10-16　公建楼栋控制系统示意图

运行情况，自动调节各热力入口所需热量，实现各热力入口所需热量的准确分配，达到系统整体的热力分配均匀和平衡；对于公共建筑采用分时分区供热技术来调控本建筑的供热量；对于居住建筑可采用开关阀、温控阀、楼栋处理器等来实现每户热量的调节，如图 10-16 所示；对于个别热力站，安装了分布式楼前混水机组，实现针对楼栋更加精细的气候补偿调节，同时全面改善二网水力平衡，如图 10-17 所示。

此外，平台支持直接接入无线室温采集器，实现实时在线监测用户室温，获取室温后对室内温度进行初步分析，一旦发现温度过高、过低实时报警。

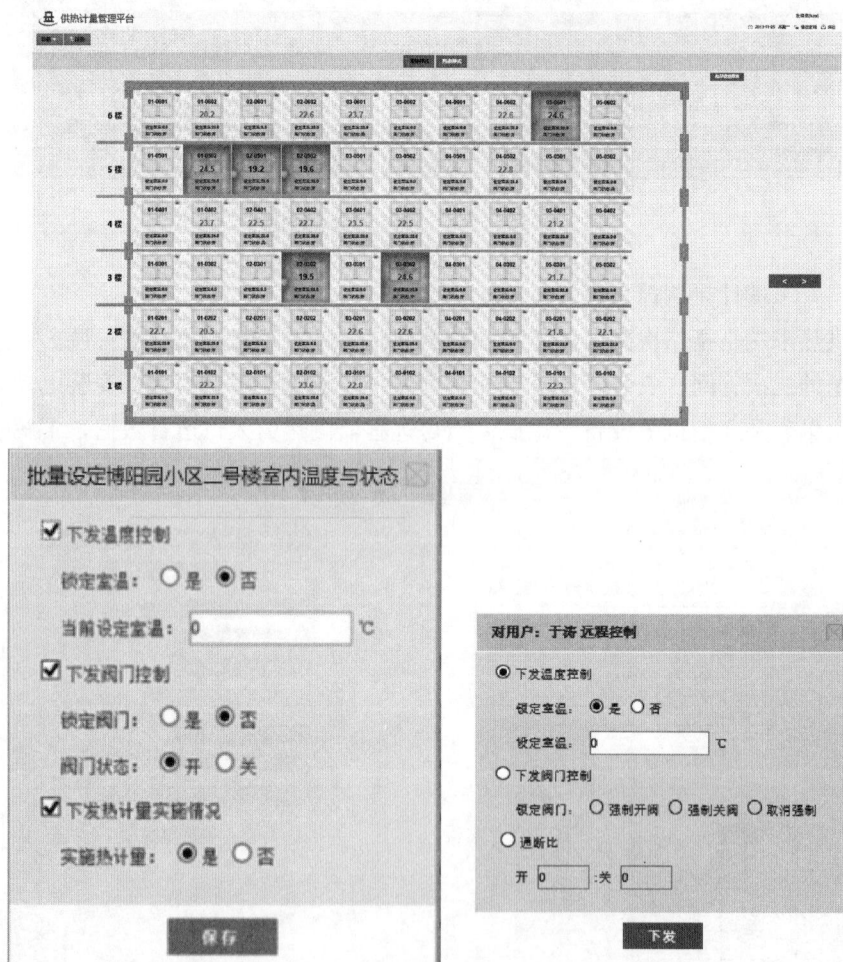

图 10-17　热用户监控示意图

2. GIS 地理信息系统

通过"互联网＋"的信息手段将设备信息构建在地理信息平台上，利用 GIS

分析、模拟的强大功能，存储、管理、检索、维护和更新各类设备的图形数据和属性数据，对管网、设备进行"大普查"，建立管线图形库和设备资料库，达到改变以往借助图纸、卡片人工管理设备、管网的方式；此外，通过电子地图可视化管理实现对供热设备调拨、管网设计及故障处理等功能，为供热管网的日常维护、设备分布、巡检、设计施工、分析统计、规划提供科学可靠的依据。例如：在电子管网图中，以节点标注设备所处位置，以颜色区分设备运行状态和供热情况。在二次管网分布图中，节点可准确标注热源、换热站、小区楼栋位置、数量及热计量改造户数、设备数量及供水温度、回水温度和瞬时流量，实现设备智能化管理，如图 10-18 所示。

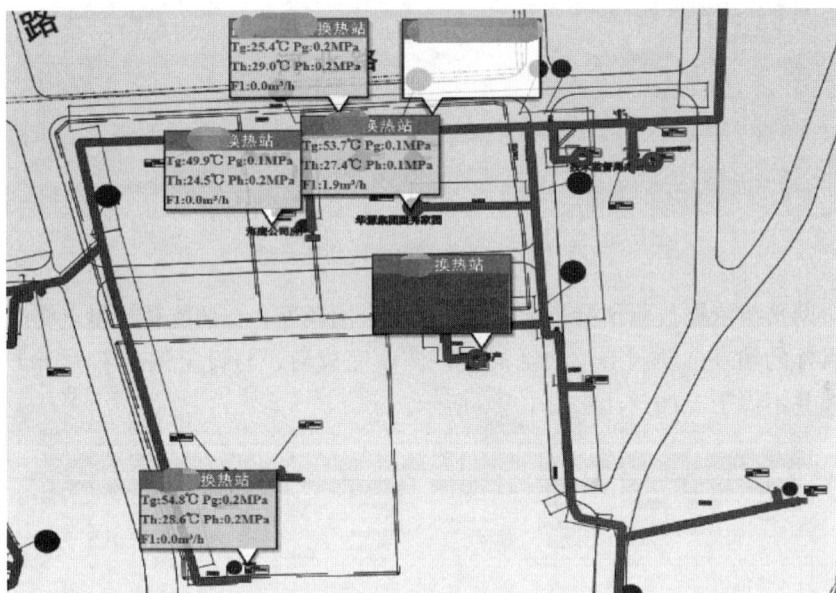

图 10-18　地理信息系统示意图

3. 调度指挥系统

调度指挥系统包括气象管理、负荷预测、全网平衡三部分，负荷预测内置数据分析模型，采用自感知、自学习、自适应计算，并结合动态预测负荷预测、单位面积能耗、气象预测等算法，形成云计算数学模型，经过一段时间的自学习形成供热量与室内温度、室外气象的函数关系，自动提取供热运行规律，形成运行调节的运行调度参数并不断优化，精确调控供热系统。优化后的算法可用于预测供热系统未来 24h 热负荷、未来 3 天热负荷，实现把总量细化为每个能耗计量点每小时的热量指标和供回水温度建议值，满足多样化的供热需求，如图 10-19 所示。

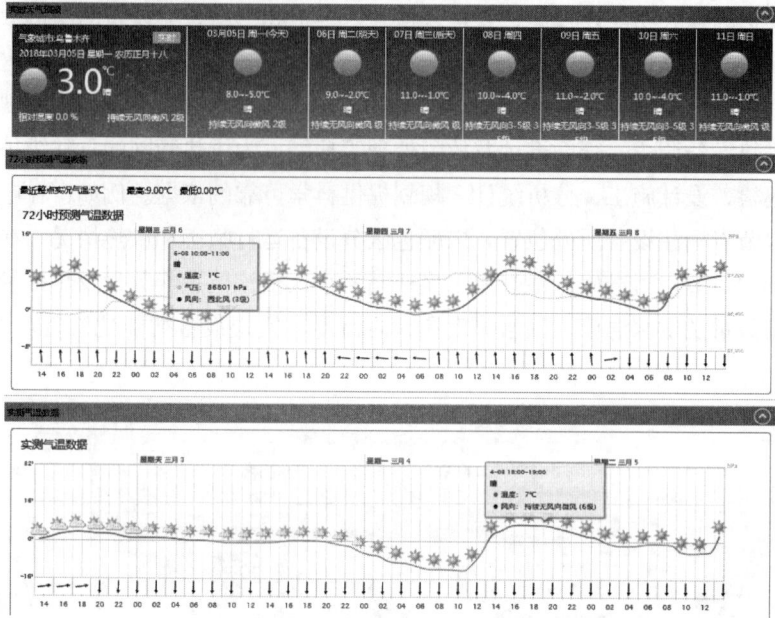

图 10-19 气象参数模块功能示意

　　全网平衡依据负荷预测建议值自动进行全网调度，按照能耗计量点实测值与预期目标的偏差自动调节一次网流量，调度完成后，与设定偏差不大于±1℃，热量偏差不大于±10％，如图 10-20 所示。

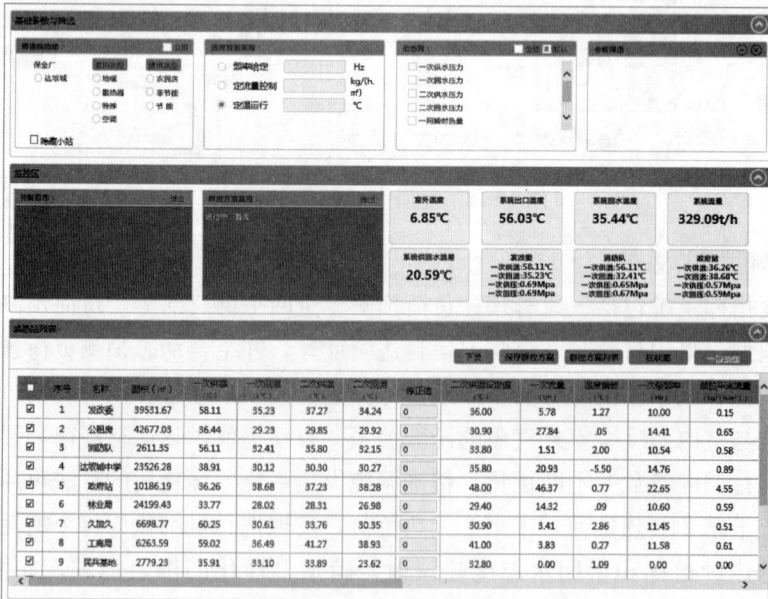

图 10-20 全网平衡功能界面示意

426

4. 能耗管理系统

通过统计每日热源及热力站的供热量、水耗、电耗情况，并可根据各个站的情况自动计算出水、电、热的单耗和累计单耗情况，并依据能耗统计结果对不同分公司、运行班组、不同站根据总能耗、分项能耗进行能耗排行及能耗对比，从而科学展示调度水平，进行有效的调控，如图 10-21 所示。

依据负荷类型或热源、分公司、热力站等来分别制定单耗指标，形成每天、每周、每月和全年能源计划量。每天对热源、热力站及楼栋实际消耗数据进行考核分析，统计计划执行比例，并对考核结果以报表、柱状图和排行的形式表现。对超标的用户进行问题分析，如图 10-22 和图 10-23 所示。

此外，还可结合能耗预测功能，比较能耗预测结果和能耗考核计划值，如果预测能耗超过能源配额或行业水平，则自动报警，提示运行人员。

系统概况	全面监控	气象参数	负荷预测	全网调度	能耗报表	水压图	报警管理	日志管理

日统计表　月统计表　年统计表

热源厂：光明锅炉房　查询日期：2016-04-10　　查询　打印　导出Excel

室外温度：-6.0℃~-6.0℃　　　　2016年04月10日：光明锅炉房能耗报表

换热站名称	供热面积 (m²)	水耗				电耗			热耗		
		日补水量 (m³)	日水单耗 (m³/万m²·天)	累积补水量 (m³)	累积水单耗 (L/m²)	日耗电量 (kWh)	日电单耗 (kwh/万m²·天)	累积耗电量 (kWh)	累积电单耗 (kwh/m²)	日耗热量 (GJ)	日热单耗 (GJ/万m²·天)	累积耗热量 (GJ)	累积热单耗 (GJ/m²)
	11235.40	0.00	0.00	0.00	0.00	0.00	0.00	0.00	0.00	0.39	0.35	1615.70	0.14
	14730.80	0.00	0.00	0.00	0.00	0.00	0.00	0.00	0.00	1.18	0.81	1217.72	0.08
	56000.00	8.00	1.43	4556.20	81.36	1102.30	196.85	206990.80	3.70	145.70	26.02	394.60	0.01
	28000.00	0.00	0.00	0.00	0.00	0.00	0.00	0.00	0.00	0.00	0.00	0.00	0.00
	333972.00	185.40	5.55	26263.10	78.64	0.00	0.00	0.00	0.00	155413.43	4653.49	172619.06	0.52
	238510.70	142.80	5.99	35325.60	148.11	0.00	0.00	0.00	0.00	180039.59	7548.49	199979.02	0.84
	197577.60	31.30	1.58	13303.70	67.33	2195.90	111.14	512840.81	2.60	477.98	24.19	131064.22	0.66
	258260.00	84.60	3.28	26948.40	104.35	2273.60	88.04	515315.69	2.00	414.87	16.06	1215.21	0.00
	1589.10	0.00	0.00	0.00	0.00	0.00	0.00	0.00	0.00	29.62	7.12	10551.74	0.25
	5198.70	0.00	0.00	0.00	0.00	0.00	0.00	0.00	0.00	87.51	18.94	20909.49	0.45

图 10-21　能耗报表界面

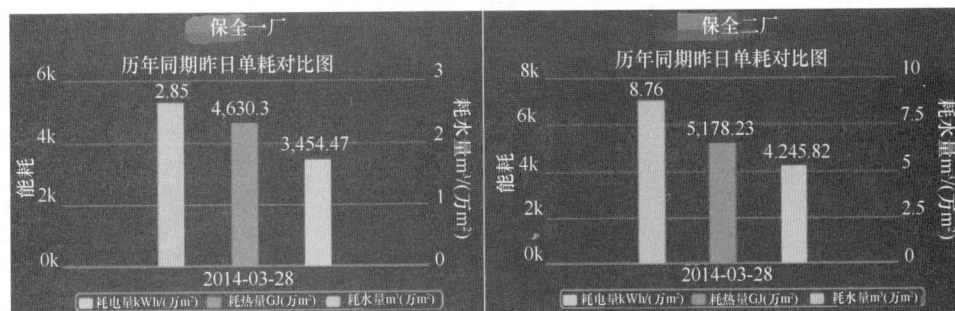

保全一厂　　历年同期昨日单耗对比图

保全二厂　　历年同期昨日单耗对比图

2.85　4,630.3　3,454.47　2014-03-28

8.76　5,178.23　4,245.82　2014-03-28

耗电量kWh/(万m²)　耗热量GJ/(万m²)　耗水量m³/(万m²)

图 10-22　能耗对比界面

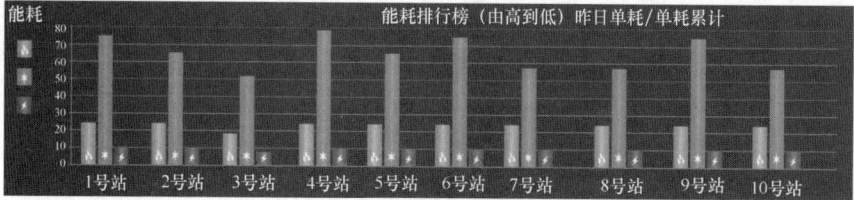

图 10-23 能耗排行界面

5. 专业分析系统

（1）水力平衡分析

以柱状图和报表的形式自动分析一次网各热力站流量和二次网各楼栋流量的分配情况，并以建筑类型、系统形式等对流量进行分析，获取各类系统的经济流量指导运行，如图 10-24 所示。

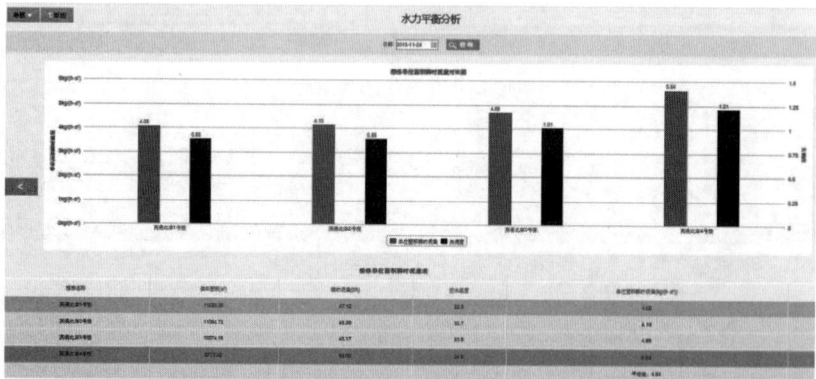

图 10-24 水力平衡分析

（2）热力平衡分析

以柱状图或报表的形式通过分析二次供/回水平均温度、一次回温、热单耗、室温等数据自动展示每天热力站或楼栋之间的热量供需情况，如图 10-25 所示。

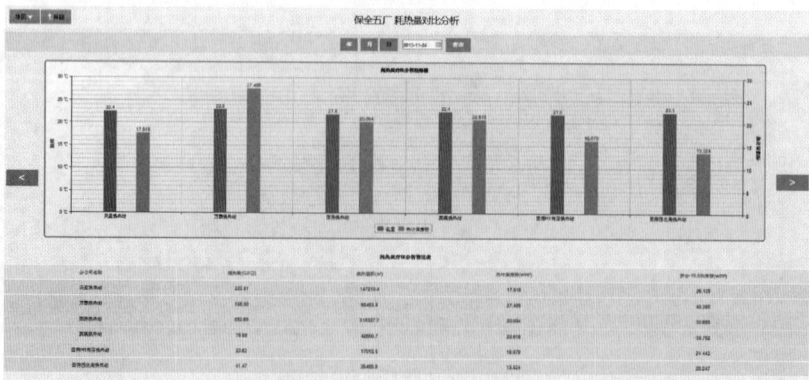

图 10-25 热力平衡分析

（3）供热质量分析

供热质量分析模块基于监控系统的数据，全方位分析供热质量，帮助热力企业提升供热服务质量，挖掘节能潜力。系统以饼图和散点图等方式展示不同范围内基于汇总数据分析统计出来的室温分布情况，基于室温分布情况，进行总能耗状态分析、节能潜力分析、异常用热识别、供热质量及用户满意度评估等分析，如图 10-26 所示。

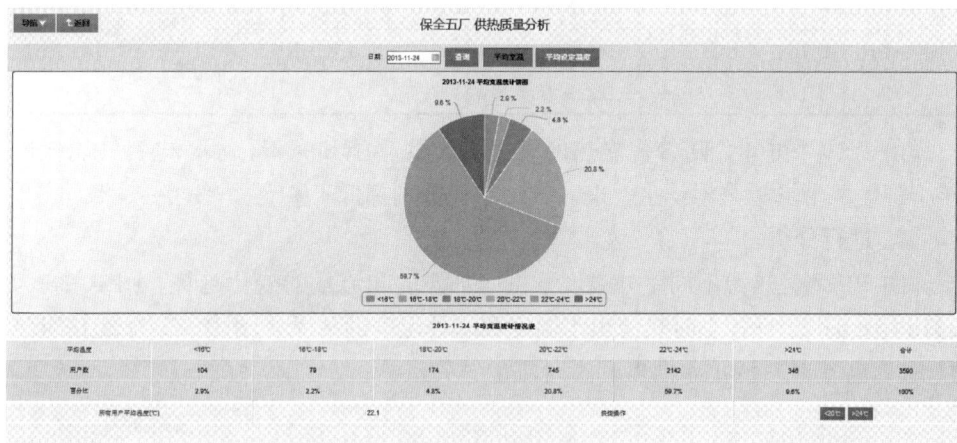

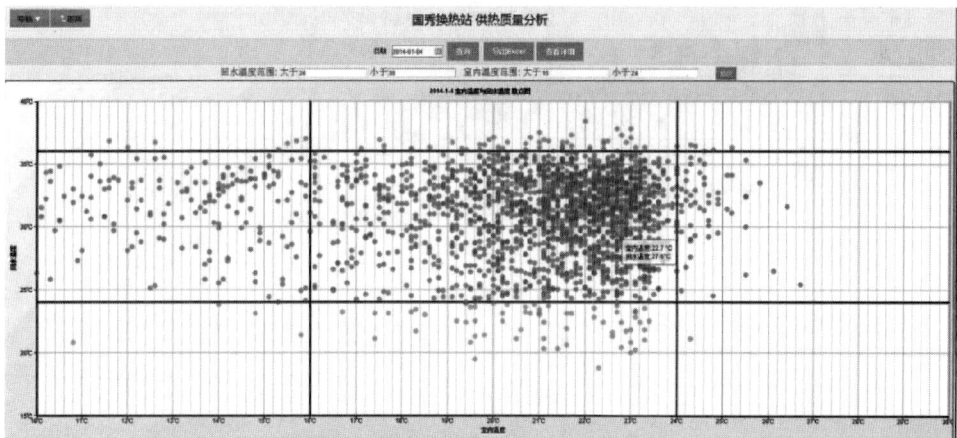

图 10-26　供热质量分析

（4）水压图

水压图可以较直观地反映出水的流向和压力趋势。通过实时采集供热系统各个监测点的供水/回水压力，动态绘制供水压力线、回水压力线，为专业分析人员及时了解管网运行安全提供了依据。

10.2.3　运行分析

1. 能耗分析

改造前后燃气、耗电、耗水对比表　　　　　　　　　表 10-4

采暖季	燃气单耗 （m³/m²）	水单耗 （m³/万（m²·d））	电单耗 （kWh/m²）
2012～2013	16.23	1	1.95
2013～2014	14.02	0.8	1.68
2014～2015	12.28	0.39	1.49

由表 10-4 可知，随着智能热网管控平台的实施和完善，水、电、气能耗逐年下降，两个采暖季累计水、电、气的单耗分别降低了 61%、23.6%、24.3%。

2. 运行分析

图 10-27 为热源不同室外温度下供回水温度和流量的变化趋势。图 10-28 为 2018 年 1 月 22 日各小时热源出水温度和室外温度的关系。图 10-29 为 2018 年 1 月 22 日各小时热源出水温度和瞬时流量的关系。

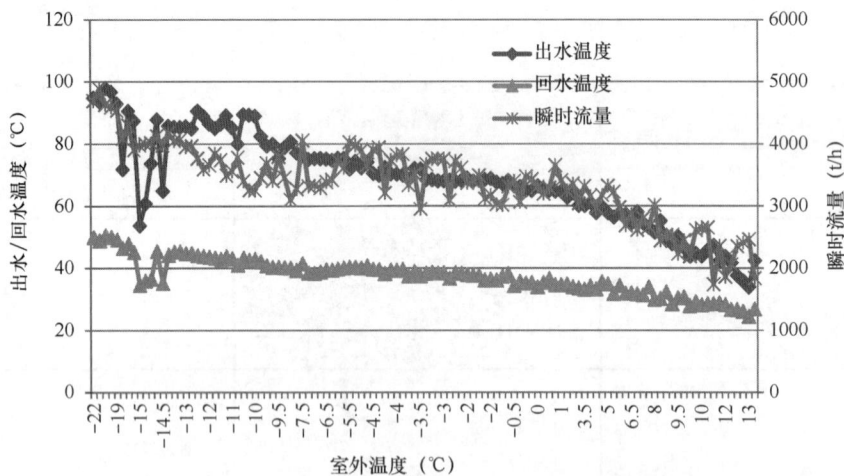

图 10-27　不同室外温度下热源供回水温度和流量的曲线图

由图中可看出，热源根据室外温度调整供水温度和流量，实现按需供热。

图 10-30 为 2018 年 1 月 22 日某换热站二次供水温度和室外温度的关系。图 10-31 为 2018 年 1 月 22 日某换热站二次网循环流量和室外温度的关系。

由图中可看出，换热站二次网采取定流量运行（瞬时流量在 430～470t/h 之间变化），换热站进行供热量自动控制，据照室外温度和室内温度调整二次网供水温度，由于华源热力对进行计量温控改造的热用户采取统一设定温度（设定温

430

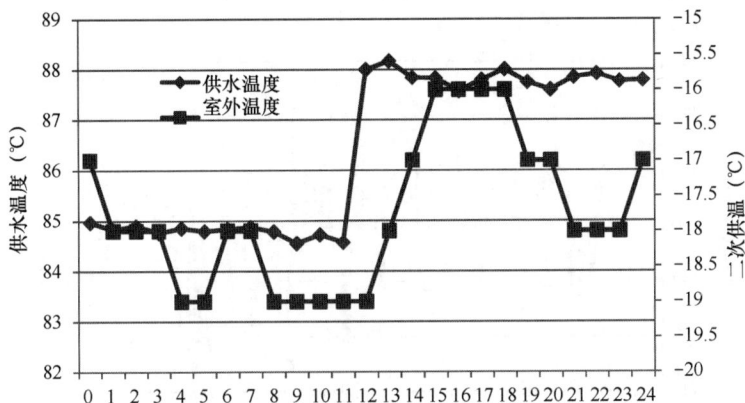

图 10-28　2018-1-22 各小时热源出水温度和室外温度的曲线图

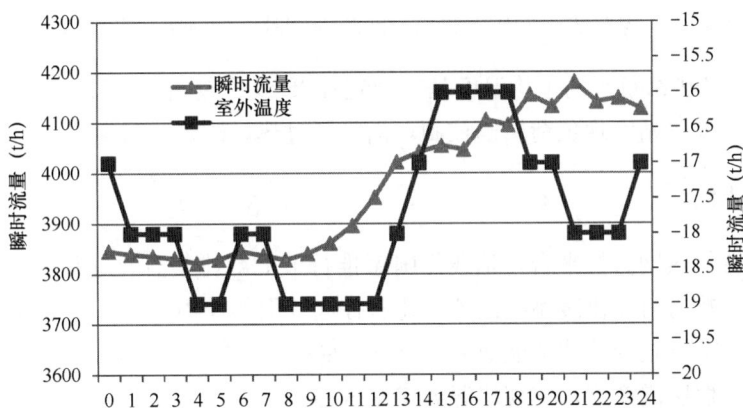

图 10-29　2018-1-22 各小时热源出室外温度和瞬时流量的曲线图

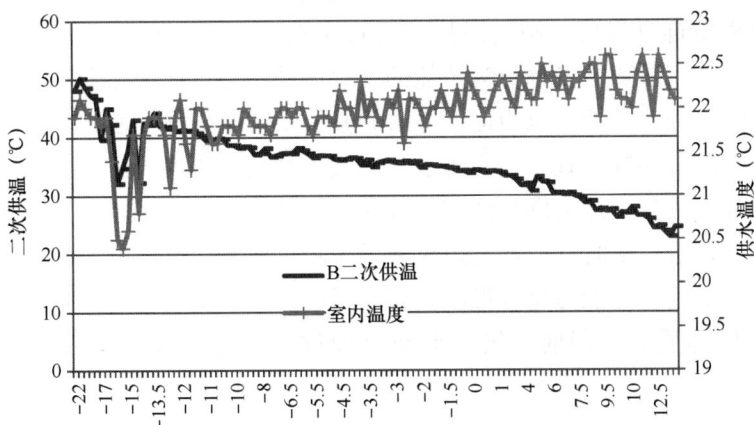

图 10-30　某换热站 2018-1-22 二次供水温度和室内温度随室外温度变化的曲线

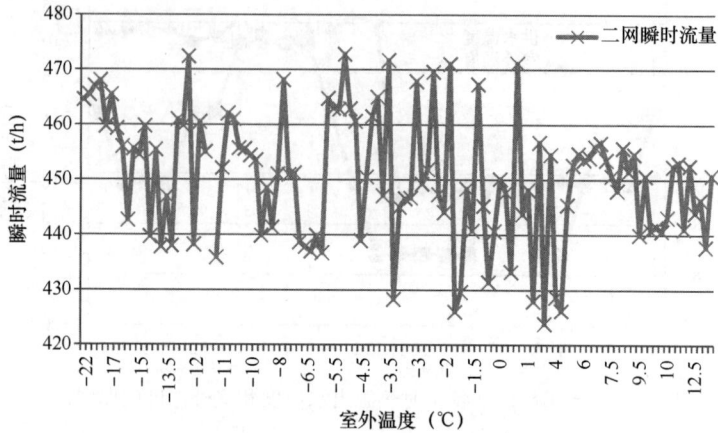

图 10-31　某换热站 2018-1-22 二次网循环流量随室外温度变化的曲线图

度 22℃），换热站每天的平均温度基本稳定在 22±1℃左右，可以看出通过末端室温反馈，换热站实现负荷精确控制，消除了过热，改善了温度均匀性。

10.2.4　小结

实施智能热网管控平台，是践行国家推行节能减排信息化建设的有力举措，对乌鲁木齐热力行业供暖系统的智能化管控起到引领作用。该平台使节电率达到 30％以上，节能较原系统节能效率提高 5％左右，大幅降低能耗，提高供热服务质量，提升居民满意度，实现能源数字化管控。

建设智能热网管控平台，通过"互联网＋"管理手段，大大提高了企业的管理实效。通过对用户室温实施监测，利用气候补偿和供热计量装置调控供热量，用户根据自身需要，利用温控装置自主调节室温，不但提高热网运行效率，更为供、用热双方发挥行为节能的主观能动性提供理论和管理支持，便于甄别用户投诉的有效性，也为运行参数调整提供科学依据；通过应用"互联网＋"为驱动的节能减排管理，实现了从燃气用量到热能生产、输配、用户消耗的完整统计，改变了过去供热系统调控主要依靠理论计算和人工经验的方式，实现了精准计量、实时调节，有效改善了采暖舒适度，实现了"低保高控"的目标，供热安全保障能力显著提高，有效提高了供热质量，也极大地改善了热力企业的管理质量。同时，热能消费更加透明，行为节能的可操作性得以实现。

10.3　基于大数据的邢台市热力公司智慧热网

邢台市煤气热力总公司　杨立新

河北工大科雅能源科技股份有限公司　齐承英

10.3.1　概况

1. 项目背景

自 1994 年成立以来，邢台市热力公司的供热范围逐渐扩大。目前该公司供热面积超过 1800 万 m^2，换热站约 272 个，形成以东郊热电厂、南和热电厂这两座热电厂为基础热源的多热源联网大型供热系统。面对如此庞大复杂的供热系统，供热企业需要平衡好供热安全、可靠、环保、舒适、经济等诸多方面目标的矛盾因素，给供热系统调度运行提出了重大挑战，亟待采用现代化、科学化、智能化的方式在系统工程层面提升供热系统生产技术水平[1]。

2. 项目主要内容

结合实际需求，本项目的主要内容包含：

（1）全网 272 个换热站全部实现无人值守、自动调节、远程监控；

（2）安装热计量系统 2 万余户（通断时间面积法），实现智能管控及热计量收费管理；

（3）安装 1000 余户远程室温监测装置，实时监测典型热用户室温，反馈智能调控；

（4）智慧热网监控调度中心覆盖全网供热输配系统，实现数据化、自动化、智能化。

3. 核心技术

智慧热网主要涉及以下核心技术：

（1）涵盖热源、供热管网、热用户的供热系统数据信息系统

基于换热站自控和远程监控系统实现换热站数据采集及换热站自动化控制；基于二级网水力平衡调控系统以实现楼栋流量分配调节；基于分户计量系统实现热用户计量采集控制；基于 GIS 技术建立供热系统地理信息管理系统。

（2）基于数据挖掘的供热系统热负荷预测技术

基于供热系统数据信息系统及数据挖掘技术，分析供热系统热负荷的影响因素，提出供热系统运行的短期负荷预测方法；通过运行数据分析预测方法的有效性。

433

（3）基于大数据分析的多热源环状管网供热系统调控理论

综合考虑经济性、环保性、可靠性、供热质量，研究多热源联网供热系统运行调度优化；在线分析和优化设置供热系统中热源的供热参数、热力站的流量或热负荷等目标参数设定值、一级网中各调节泵、阀的工作点等。

4. 基本建设情况

从2012年开始，邢台市热力公司与河北工大科雅能源科技股份有限公司开始进行智慧供热技术的合作与探索，逐步建设了覆盖热源、一次网、换热站、二次网、热用户的智慧热网节能监控平台，实现了整网运行监控、供热安全保障、智能化节能运行。经过5个供暖季的实际运行与优化，该系统得到不断完善，节能效果明显。

10.3.2 主要技术内容

1. 总体架构

如图10-32所示为邢台热力智慧供热总体架构，包含感知层、网络层、应用层三个层次。通过硬件设备传感器、数据通信传输网络、服务器数据库软件实现供热信息的采集与传输；通过人工经验判断分析及计算机辅助分析进行运行策略的决策与控制，实现调控参数设定、调控指令下发；通过智慧热网数据分析、控制策略；调控执行。

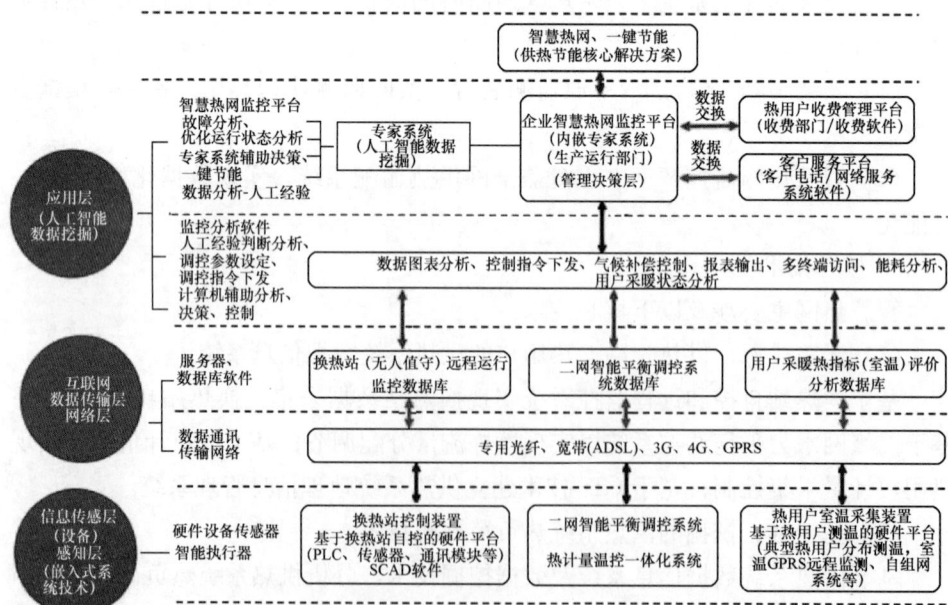

图 10-32 智慧供热系统总体架构示意图

434

2. 主要功能

在总体架构下建立了智慧热网监控中心调度平台（图 10-33），实现热源、换热站、热用户实时数据远程监测、远程控制，内嵌"一键节能"大数据回归专家系统优化运行策略，实现节能运行。同时，在河北工大科雅能源科技股份有限公司可以同步运行智慧热网监控中心调度平台，实现对热力公司的远程技术服务、技术指导。

（1）GIS 地理信息系统

GIS 地理信息系统实现以下四方面的功能：

1）热源、管网、热力站、热源地理信息系统，并可展示管网上设备（如补偿器、检查井、阀门等）

图 10-33 智慧热网监控中心

位置，以及设备详细参数，如管径、工作压力、规格型号，维修时间等，具备供热系统设备信息管理功能；

2）供热系统热力图实时显示全网供热情况，便于供热调度管理；

3）巡检人员位置及历史轨迹记录，便于巡检管理；

4）二次管网地理信息系统。

（2）运行调控

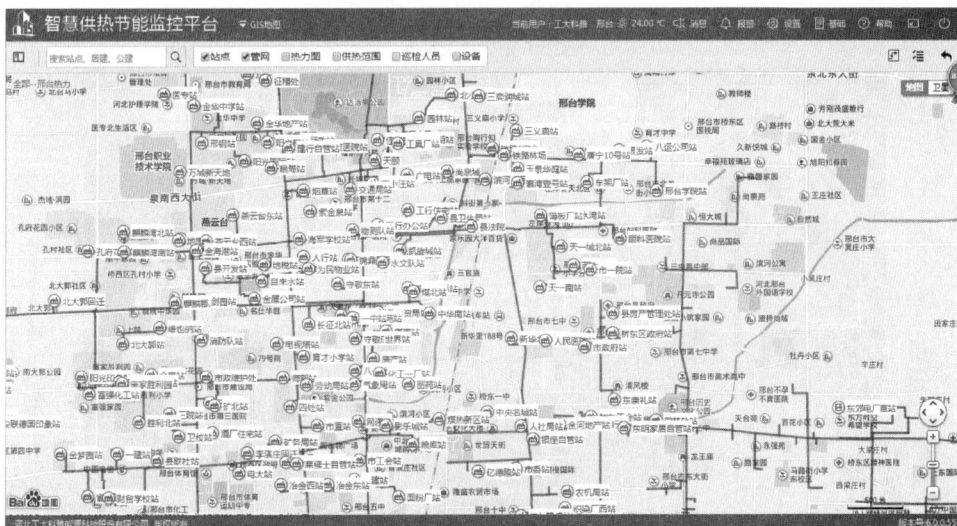

热网地理信息系统

图 10-34 邢台智慧热网 GIS 系统主要功能（一）

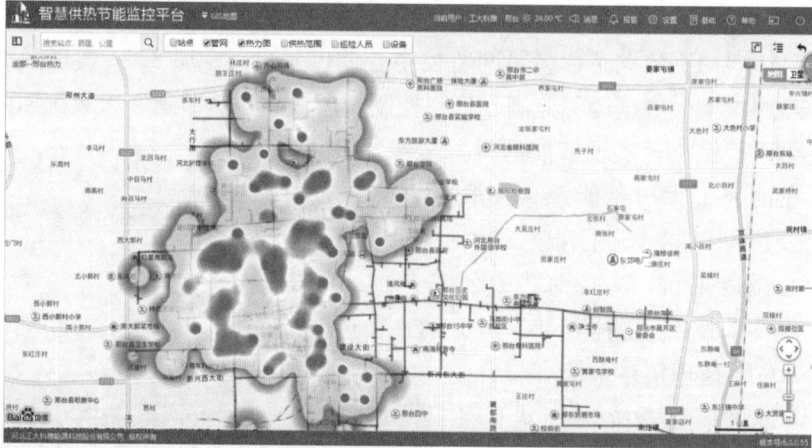

供热系统热力图展示

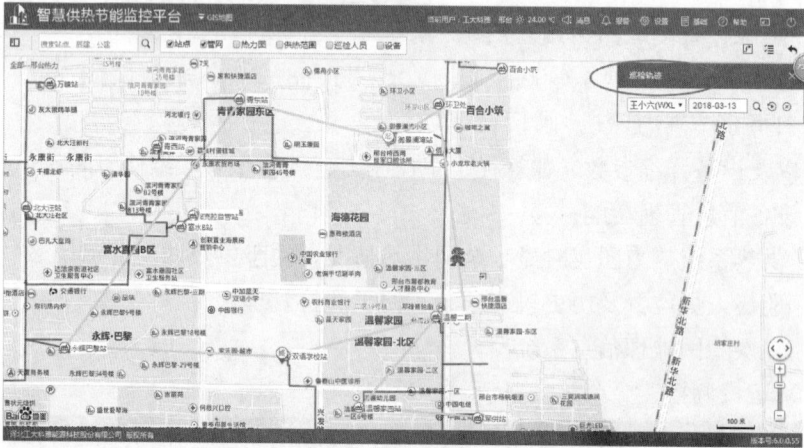

热力站巡检人员历史轨迹记录

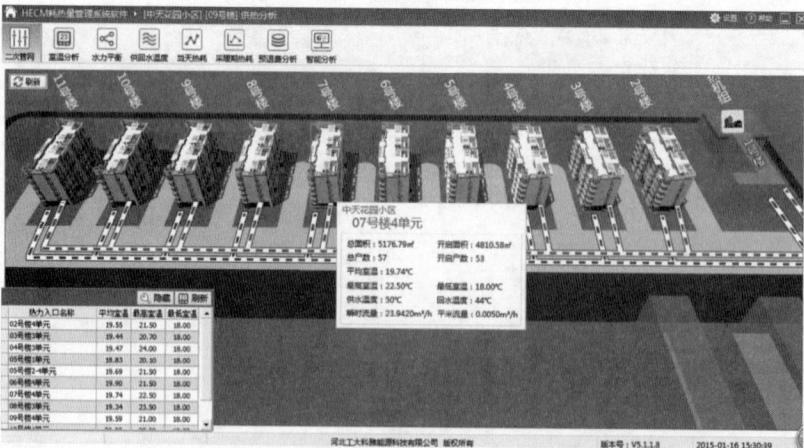

二次管网地理信息系统

图 10-34 邢台智慧热网 GIS 系统主要功能（二）

智慧供热监控平台进行供热系统在线监测及自动调控，包含以下功能：

1）热源、热网、热力站实时运行参数监测；

2）热力站优化控制策略，7 种控制模式（根据供热不同阶段及不同的供热系统特性可适当选择）；

3）基于建筑热特性及热用户需求，回归气候补偿曲线，并具有分时段修正功能。

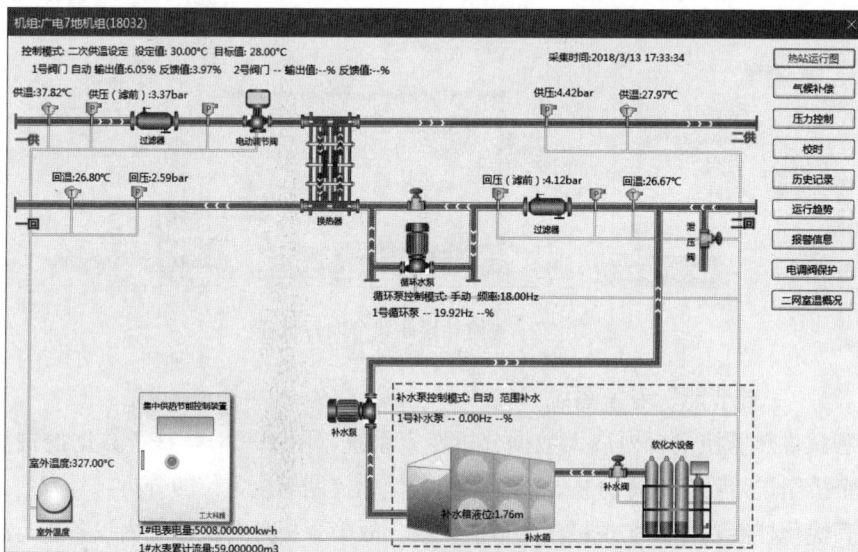

图 10-35　热力站实时运行参数监测

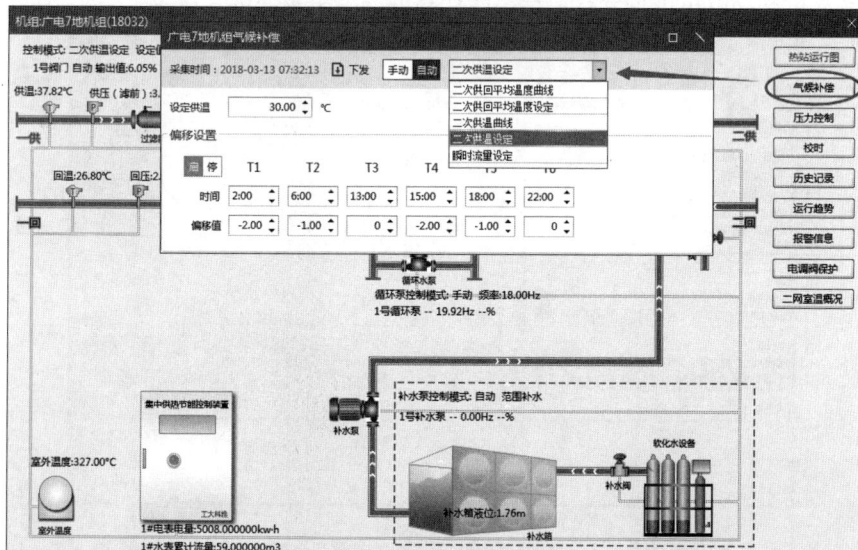

图 10-36　热力站控制模式

437

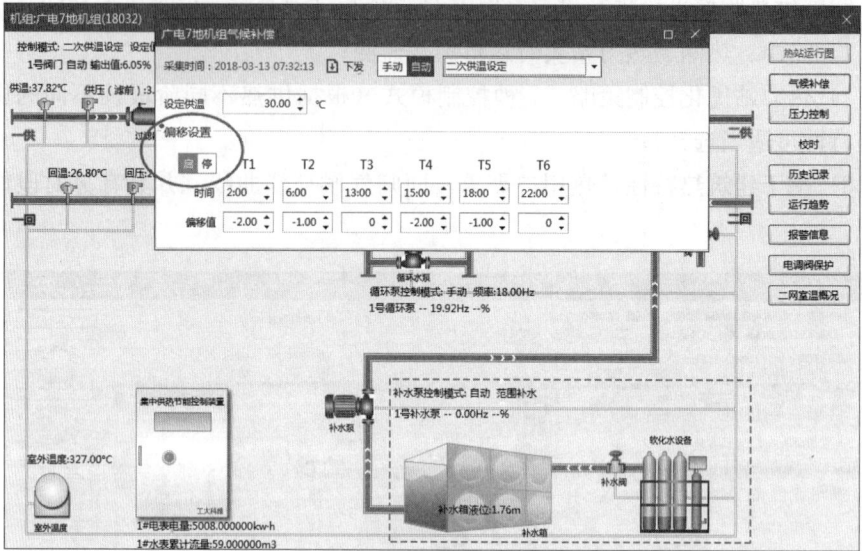

图 10-37　气候补偿曲线分时段修正

（3）"一键节能"专家系统

智慧供热监控平台内嵌大数据分析专家系统（图 10-38），基于数据挖掘技术对各个机组进行设备故障分析、能耗诊断、优化控制等全方位的分析，具有"一键节能"优化控制功能，实现最大的节能效果。故障分析是对换热站内设备进行故障诊断，并给出导致此运行异常及故障的原因、解决办法；能耗诊断是对换热站耗热量、耗水量和耗电量进行分析，给出能耗高低的结果及原因，以及下一步节能的方

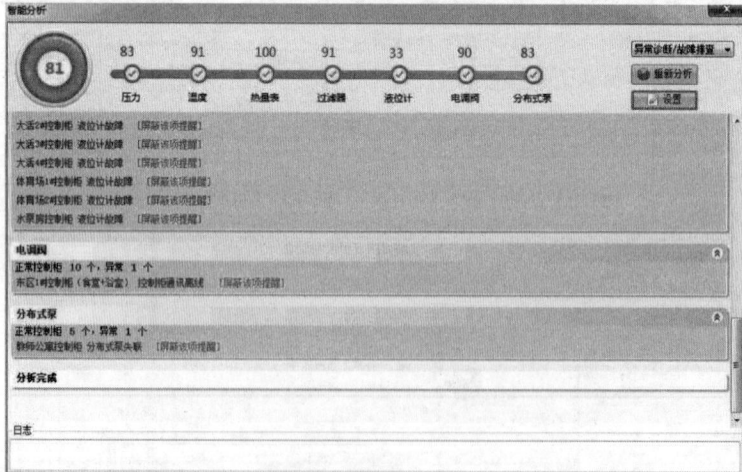

图 10-38　智能分析模块

438

法；优化控制是对热力公司所有机组分析离线机组、就地控制机组、超标机组和未达标机组，让热力人员及时了解管网目前状态进行针对性的解决。

（4）全网平衡调控系统

全网平衡系统是根据热源的运行参数实现整网水力和热力平衡（图 10-39）。热力平衡：当热源出力满足理论指导值要求时，各站下发理论指导值进行节能调节。水力平衡：当热源出力远低于理论指导值要求时，对于泵控站一键切换到手动给定频率，对于阀控站切换到阀门控制，实现整网水力平衡。同时各站指导值，是在综合考虑室外基准综合温度、昼夜人体热舒适度感受需求、室内温度控制目标要求等因素下，得出以满足预定室内采暖温度为总体目标、以室内采暖热舒适度的建筑热耗为控制计算目标的理论指导值。

为实现整网按需供热，需采取热源和一次网输配系统的联动调控。即实现热源精准预测[4]，热源预测系统根据热网特性和控制参数变动，基于热网运行参数实时动态采集的大数据进行收敛性分析，给出全热源范围内的优化控制策略[5]。基于未来 24 小时内的室外气象参数变化建立时间序列上的气温变化模型，计算得出未来 24 小时的能耗及未来 7 天的热负荷预测值。并相应提供更直观的一次网供热温度及流量等预测信息，辅助调度人员对热源拟定生产调度计划。

全网运行调控系统可以对热力站参数进行快速调整，同时采用三种模式进行热力站节能控制。

1）正常供热状态、热源供热量充足时，热力站采用优化目标值进行节能调节；

2）极端严寒天气、热源供热量不足时，自动针对各热力站建筑热特性，进行分批百分比下调，确保供热均衡；

3）当热源故障时，一键切换，实现故障状态的热量均衡分配。

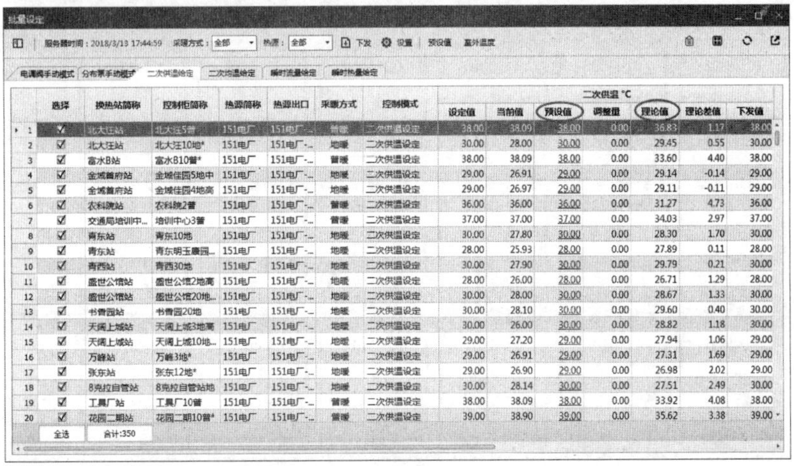

	选择	换热站简称	控制柜简称	热源简称	热源出口	采暖方式	控制模式	二次供温 ℃						
								设定值	当前值	预设值	调整量	理论值	理论差值	下发值
1	☑	北大汪站	北大汪5普	151电厂	151电厂-...	普暖	二次供温设定	38.00	38.09	38.00	0.00	36.83	1.17	38.00
2	☑	北大汪站	北大汪10地*	151电厂	151电厂-...	地暖	二次供温设定	30.00	28.00	30.00	0.00	29.45	0.55	30.00
3	☑	富水B站	富水B10普*	151电厂	151电厂-...	普暖	二次供温设定	38.00	38.09	38.00	0.00	33.60	4.40	38.00
4	☑	金城首府站	金城佳园5地中	151电厂	151电厂-...	地暖	二次供温设定	29.00	26.91	29.00	0.00	29.14	-0.14	29.00
5	☑	金城首府站	金城佳园4地高	151电厂	151电厂-...	地暖	二次供温设定	29.00	26.97	29.00	0.00	29.11	-0.11	29.00
6	☑	农科院站	农科院2普	151电厂	151电厂-...	普暖	二次供温设定	36.00	36.00	36.00	0.00	31.27	4.73	36.00
7	☑	交通局培训中...	培训中心3普	151电厂	151电厂-...	普暖	二次供温设定	37.00	37.00	37.00	0.00	34.03	2.97	37.00
8	☑	青东站	青东10地	151电厂	151电厂-...	地暖	二次供温设定	30.00	27.80	30.00	0.00	28.30	1.70	30.00
9	☑	青东站	青东明玉康园...	151电厂	151电厂-...	地暖	二次供温设定	28.00	25.93	28.00	0.00	27.89	0.11	28.00
10	☑	青西站	青西30地	151电厂	151电厂-...	地暖	二次供温设定	30.00	27.90	30.00	0.00	29.79	0.21	30.00
11	☑	盛世公馆站	盛世公馆2地高	151电厂	151电厂-...	地暖	二次供温设定	28.00	26.00	28.00	0.00	26.71	1.29	28.00
12	☑	盛世公馆站	盛世公馆20地...	151电厂	151电厂-...	地暖	二次供温设定	30.00	28.00	30.00	0.00	28.67	1.33	30.00
13	☑	书香园站	书香园20地	151电厂	151电厂-...	地暖	二次供温设定	30.00	28.10	30.00	0.00	29.60	0.40	30.00
14	☑	天阔上城站	天阔上城3地高	151电厂	151电厂-...	地暖	二次供温设定	30.00	26.00	30.00	0.00	28.82	1.18	30.00
15	☑	天阔上城站	天阔上城10地...	151电厂	151电厂-...	地暖	二次供温设定	29.00	27.20	29.00	0.00	27.94	1.06	29.00
16	☑	万峰站	万峰3地*	151电厂	151电厂-...	地暖	二次供温设定	29.00	26.91	29.00	0.00	27.31	1.69	29.00
17	☑	张东站	张东12地*	151电厂	151电厂-...	地暖	二次供温设定	29.00	26.90	29.00	0.00	26.98	2.02	29.00
18	☑	8克拉自管站	8克拉自管站地	151电厂	151电厂-...	地暖	二次供温设定	30.00	28.14	30.00	0.00	27.51	2.49	30.00
19	☑	工具厂站	工具厂10普	151电厂	151电厂-...	普暖	二次供温设定	38.00	38.09	38.00	0.00	33.92	4.08	38.00
20	☑	花园二期站	花园二期10普*	151电厂	151电厂-...	普暖	二次供温设定	39.00	38.90	39.00	0.00	35.62	3.38	39.00

图 10-39　全网平衡控制界面

（5）供热计量信息系统

基于热源、换热站、楼栋、热用户四级热计量系统的供热信息采集系统[2-3]及室温远程监测，实现了全网基于供热计量信息系统的智慧供热平衡调控（图10-40）。

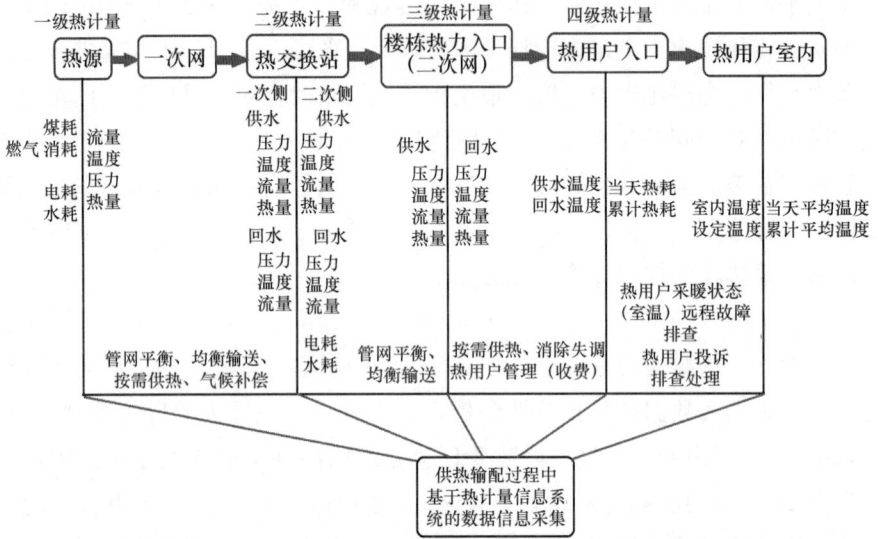

图10-40　基于热计量信息系统的供热数据信息采集示意图

通过远程监测系统实现对热用户室温监控以实现精细化管理，同时实现远程电子稽查收费管理。如图10-41所示以楼栋户型结构图的形式展现每个住户的供热效果。方便查看每个住户的供回水温度和流量信息，当热用户非常多的时候，

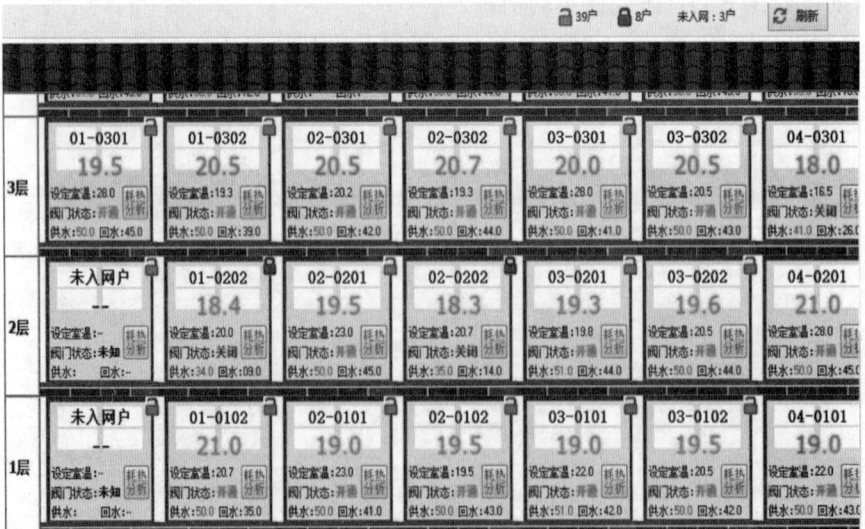

图10-41　热计量用户信息在线监测

供热效果图将非常直观。当某些住户反映供热情况或者对供热情况不满进行投诉时，通过图 10-41 可以方便地检查住户、相邻住户是否存在供热问题、是个例问题还是群体问题。由于邻室传热问题的存在，判断某一户的供热问题，往往要结合邻居和楼栋的供热情况来整体分析，这为热力公司的供热运行提供一个非常有效的工具，与现场检查相比更加直观和有效。

对于没有安装热计量系统的建筑小区，选择典型热用户进行室温远程监控（图 10-42、图 10-43）。

图 10-42　典型热用户室温实时监控

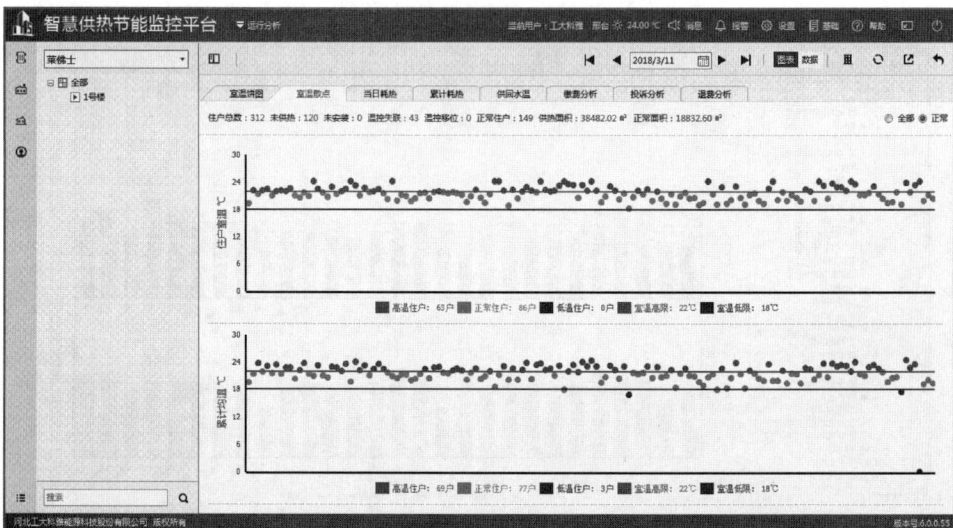

图 10-43　典型热用户室温统计对比分析

441

10.3.3　项目效果

1. 水力、热力平衡分析

为保证二次网水力及热力平衡，对楼栋前静态平衡实现初调节，后通过住户智能阀采用通断式/节流控制，热用户自主设定室内采暖温度和数据管理中心远程设定热用户室内采暖温度上限功能，实现对热用户室温的干预和控制，可消除水力失调和热力失调。如图10-44、图10-45所示分别为某换热站二次网水力平衡及热力平衡示意图，可以看出各楼栋的流量、耗热量指标分布情况。

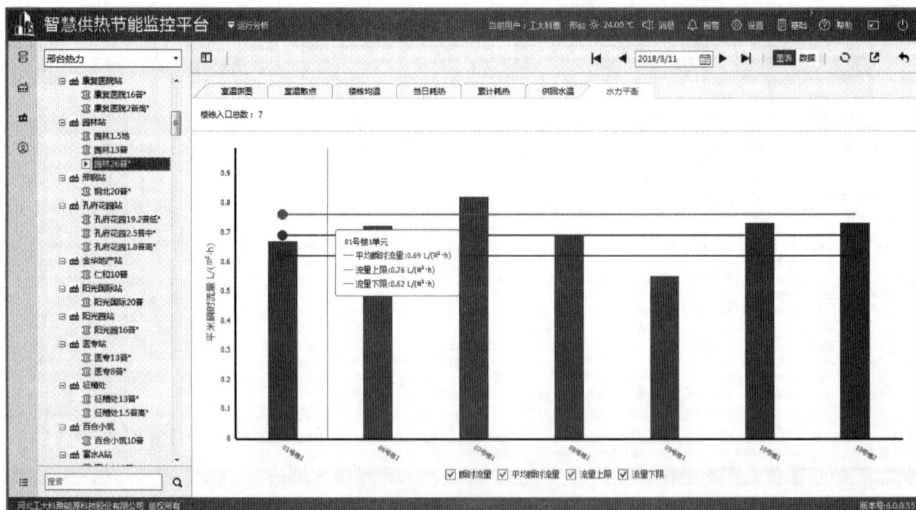

图10-44　二次网水力平衡分析

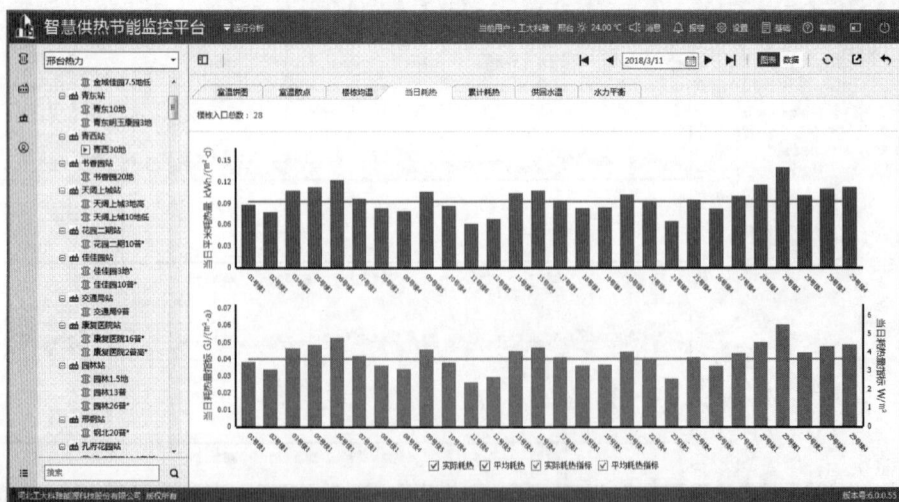

图10-45　二次网热力平衡分析

442

2. 供热效果分析

如图 10-46、图 10-47 所示为热用户室内温度的分布图，可以看出大多数用户的室内温度均在 18～22℃。

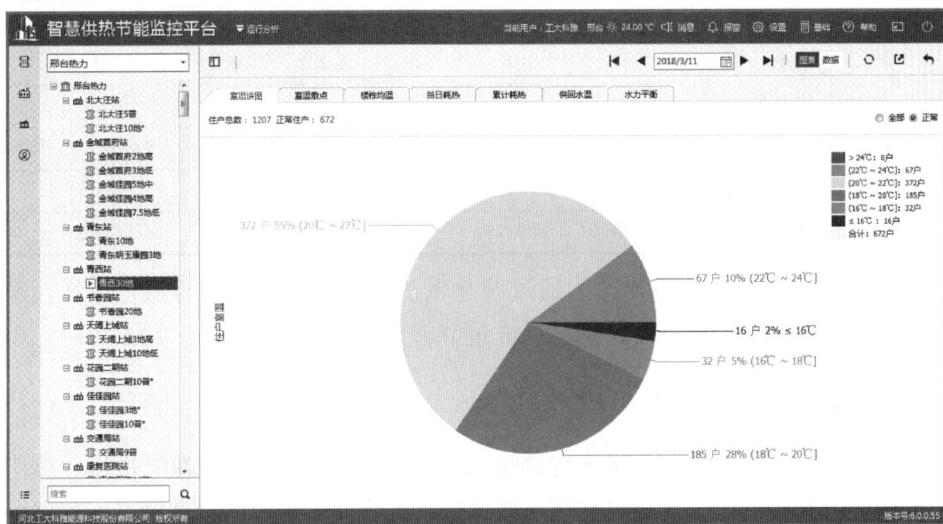

图 10-46　热用户室内温度分布图

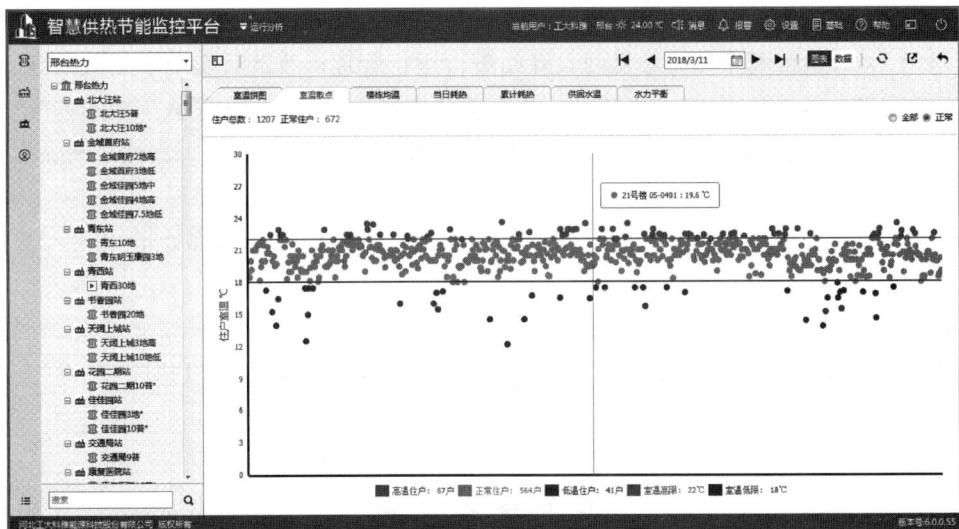

图 10-47　供热室温监测统计分析

3. 能耗分析

邢台热力智慧供热监控系统节能效果显著，其连续稳定运行三年的热耗、水耗、电耗情况见表 10-5 所示。

邢台热力智慧供热监控系统节能效果　　　　　表 10-5

	2014/2015 年度	2015/2016 年度	2016/2017 年度
日期	11.15～3.15	11.15～3.15	11.15～3.15
天数	121	122	121
室外平均温度（℃）	4.66	1.91	2.87
耗热指标（GJ/（a·m²））	0.2997	0.3300	0.3021
水指标（t/（a·m²））	0.04441	0.0394	0.0317
电指标（kWh/（a·m²））	1.08975	0.8619	0.7353

从表 10-5 可以看出邢台热力通过智慧供热升级改造平稳运行后，热耗、水耗及电耗逐年均有所减低。特别是耗电量节省更加显著。

10.3.4　总结

智慧供热节能监控平台可实现供热输配系统优化调控；可解决二次网、热用户的调控及管理问题；可通过热用户监测进行热力站及热源的自动调控，实现按需供热、精准供热。邢台热力公司通过企业级智慧供热节能监控平台的建设，实现了热源→热力站→二次网数据监测、远程控制、安全预警、连锁保护等功能，保证整个热力系统安全稳定、节能运行。主要取得了以下成果：

（1）改造前每个热力站需两人驻站进行运行管理；改造后实现了无人值守、巡站管理，每人负责 10 个换热站，提高劳动生产率、显著减少了人工成本；

（2）整网实现水力热力平衡，显著提高了供热系统安全性、可靠性，消除水力失调；

（3）供暖用户的热舒适度得到保证，热用户室内温度基本都处于 18～22℃之间；

（4）通过智慧供热节能技术改造，实现了较大的节能效果，综合节能 20%以上，在热电厂热源容量及供热参数没有变化的情况下，扩大供热面积 300 余万 m²。

本 节 参 考 文 献

[1] 韩钊，袁建娟，孙春华，齐承英等．基于信息化的智慧热网系统应用分析[J]．区域供热，2018．

[2] 顾吉浩，齐承英，夏国强，杨怀一．基于通/断式供热控制模式的热分摊技术应用实例[J]．暖通空调，2013．

444

［3］　齐承英，杨华，杨立新，陈丹等．基于通断时间面积法的热分摊技术的工程应用［J］．暖通空调，2012.

［4］　耿欣欣．基于时间遗传特性的建筑热负荷预测研究［D］．河北工业大学硕士学位论文，2017.

［5］　王超．换热站运行调节曲线时序特性研究［D］．河北工业大学硕士学位论文，2015.

第11章 智慧供热专项技术应用

11.1 热网在线水力模拟仿真技术及应用

北京博达兴创科技股份公司 黄复涛 顾孔满 陈 楠 葛舒舒 徐敬玉

11.1.1 热网的问题——复杂、失衡

目前我国单位建筑面积采暖能耗相当于气候条件相近发达国家的 2～3 倍。据资料显示：对几处规模不等的热网的实际测试，锅炉效率在 50%～70%，热网输送效率 68%～82%，总体供热效率只有 35%～58%。测得热网损失：平均漏水热损失率在 3%～5%，有的达 6%～10%；不均匀热损失 10%～20%。热网的水力失调是造成热能浪费的重要原因之一。

与此同时，供热面积在迅速扩大，用户和热力站分布在不同的地理位置，信息繁多、数据量大、区域分布广，其中热力管网经过多年的新建和改建，地下热力管网铺设情况日益复杂，过去的单热源、支状网、中继泵正快速向多热源、环状网、分布泵的趋势发展。

热力管网水力计算常规手工计算无法保证计算的准确性及及时性，在进行多热源联网运行或环状热网水力计算的时候更为不切实际，非常亟需精准、快速的现代信息技术。

11.1.2 热网在线模拟仿真技术

热网在线模拟仿真软件系统是一个专门用于热网水力工况及热力工况模拟、计算分析的软件系统，软件既支持离线的静态计算也支持实时的连续模拟计算，同时也可以与热网 SCADA 数据库接口进行在线模拟计算。

该系统可实现从热源到管网再到换热站的实时生产数据的监控管理，实现管网联网、环网运行调度功能，可直观、高效地调整各种参数，准确、及时地处置供热事故，通过软件计算分析后，热网系统可以提高供暖质量，降低能源消耗，在热源负荷不变的情况下可以多供 10%～15% 的供暖面积，实施最优化运行方案。

1. 建立模型

本系统基于控制模型开发集中控制软件平台，建立热水管网的集散控制模型，可用于供热热水管网的管网初调节和运行调节、事故调节等，从而达到减小管网水力失调、提高管网运行效率的目的。

（1）管道类模型

管道类型库根据中国管道国标建立，用户可以根据自己公司的实际情况对管道类型进行参数修改，增加、删除管道的操作，使用者可以根据本公司管道的实际类型建立管道类型库。

（2）水泵类模型

软件可以建立工程中常用水泵的类型库，支持形成水泵特性曲线、变频设置（图11-1）。

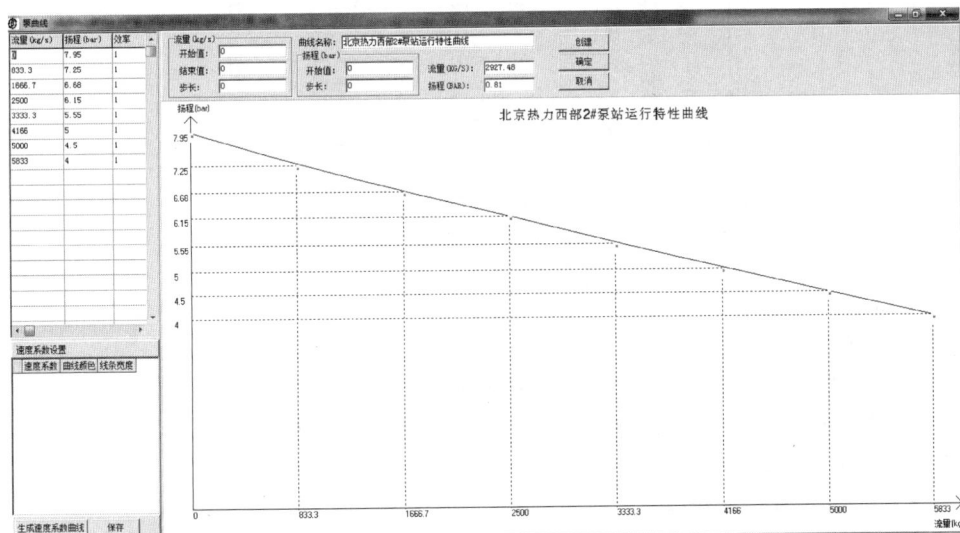

图 11-1　水泵曲线

（3）用户类型

由于用户类型不同，各自用热的参数情况也不同，需要给用户设置不同的用户组，软件可以设置不同的用户组，设置各自用户组的负荷、温差等参数。

2. 数据计算

（1）静态计算

静态模拟计算实现的目标是针对热网模型，通过设置热源输出参数、外温条件等参数计算出热网模型中所有有效对象的理论工况参数，并且通过报告、图表等各种形式为决策者提供帮助。计算的结果包括热网系统基础数据查询与显示、专题图形查询与打印、热网水压图查询与打印、多热源热网各个热源的供热范围、管道流向示意图、计算区域图等。通过各种情况的工况计算，系统将实现新建热网的规划设计、热网运行调节方案的制定、热网运行工况的诊断与分析、管网改造方案的模拟与优化等功能（图11-2）。

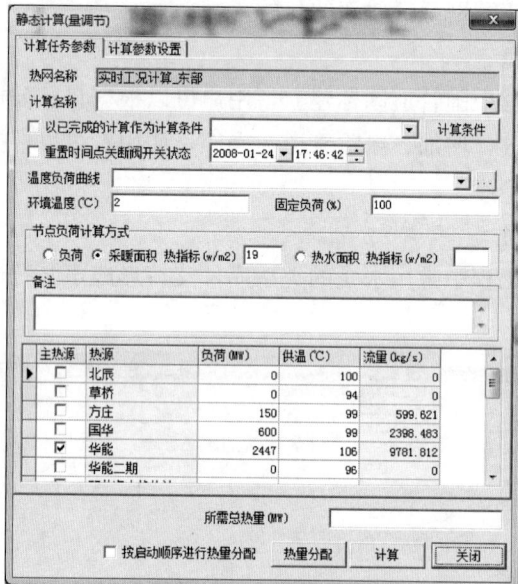

图11-2　计算界面之一

（2）动态计算

动态模拟计算实现的目标是针对热网模型，通过建立连续的时间、温度、热源运行规律曲线，通过设置计算间隔，系统可以进行连续的热网模型工况计算，并且通过报告、图表等各种形式为决策者提供帮助（图11-3、图11-4）。

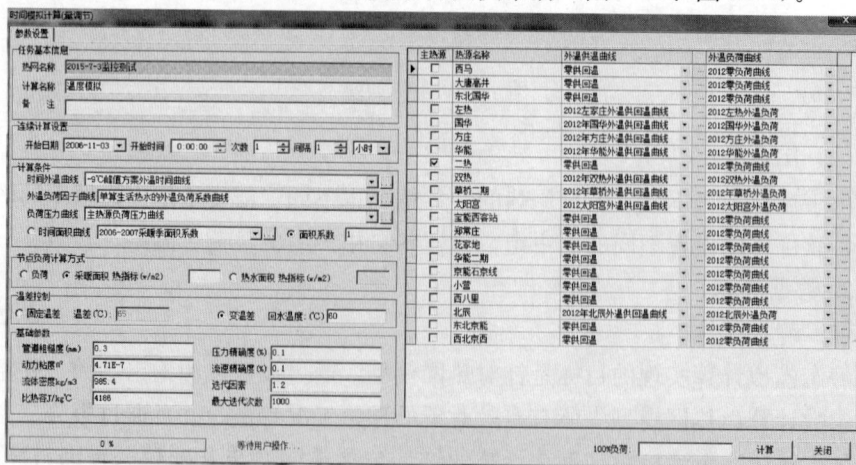

图11-3　时间动态模拟界面

448

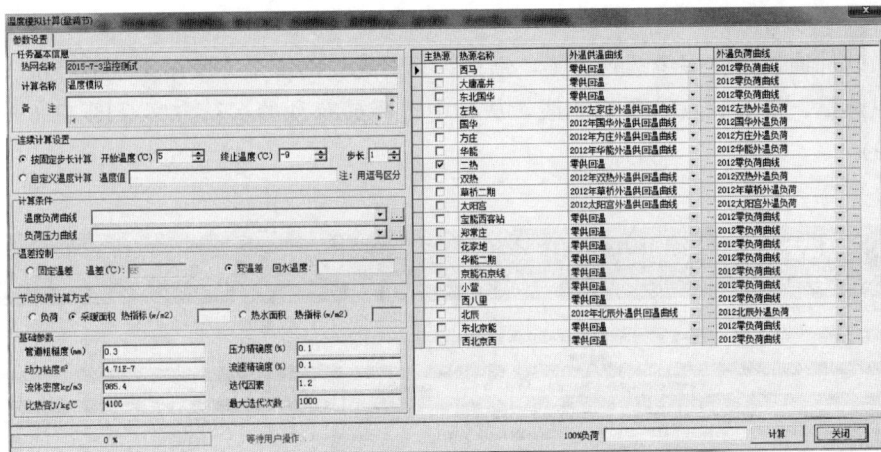

图 11-4 温度动态模拟界面

计算的结果包括热网系统连续工况的查询与显示、热网各个元素连续工况的变化曲线、热网水压图连续模拟变化示意图、全部或者关键计算报告查询与打印、在专题地图中显示动态模拟计算各个时间点的各个热源的供热范围（只适用于多热源联网系统）、显示模拟计算的区域。

动态模拟计算具有优化运行方案、降低能源消耗，节约运行费用、不同类型系统的优化运行、灵活的功能设定、经济运行指标考核等功能。

（3）在线计算

软件可以与 SCADA 系统连接，通过读取 SCADA 系统的数据进行实时在线模拟计算。通过实时在线模拟计算的结果，可以对管网运行工况达到实时了解，指导热源和管网的调节，从而达到优化工况，平稳运行的目的。

软件支持计算结果的查询和统计，可以依据所设定的时间范围来查询和统计模拟计算结果，可以进行热源实际运行数据与模拟计算数据结果的对比，也可以进行热力站实际运行数据与模拟计算数据结果的对比，对比的结果可以柱状图和曲线图的形式表现出来；可以显示和打印水压图（图 11-5）。

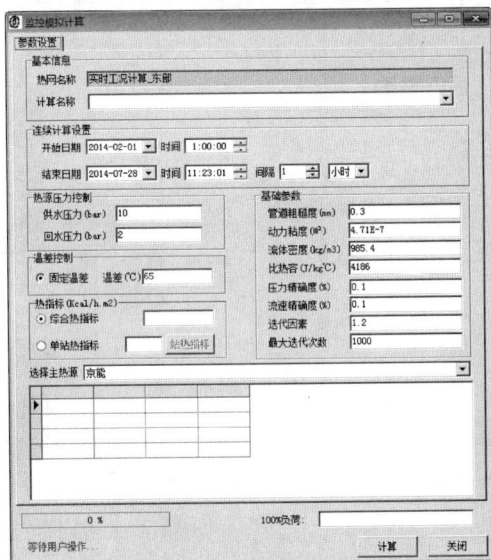

图 11-5 自定义计算界面

449

3. 计算结果

软件通过建立多个运行方案，通过计算对建立的多个方案结果生成经济、热源供热量、最不利点等参数曲线，从其中选择最有利的运行方案（图 11-6～图 11-9）。

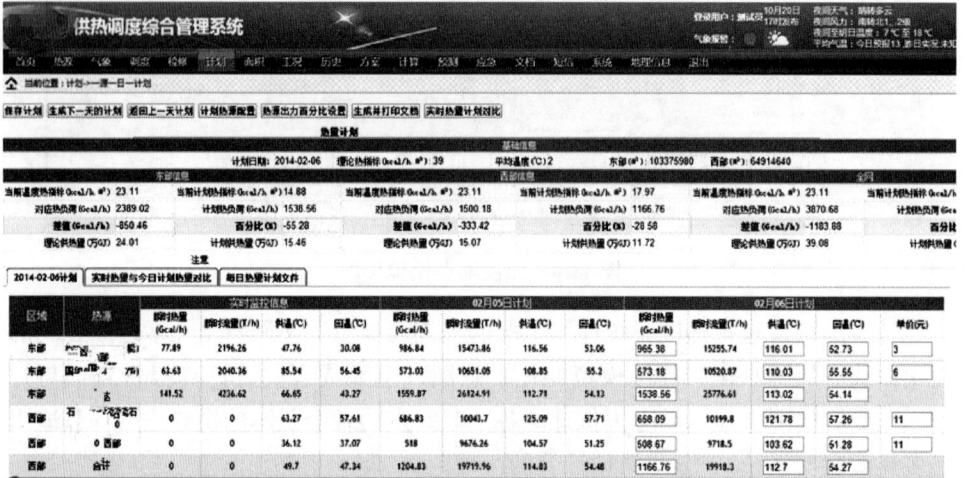

图 11-6　某热力公司综合调度管理系统

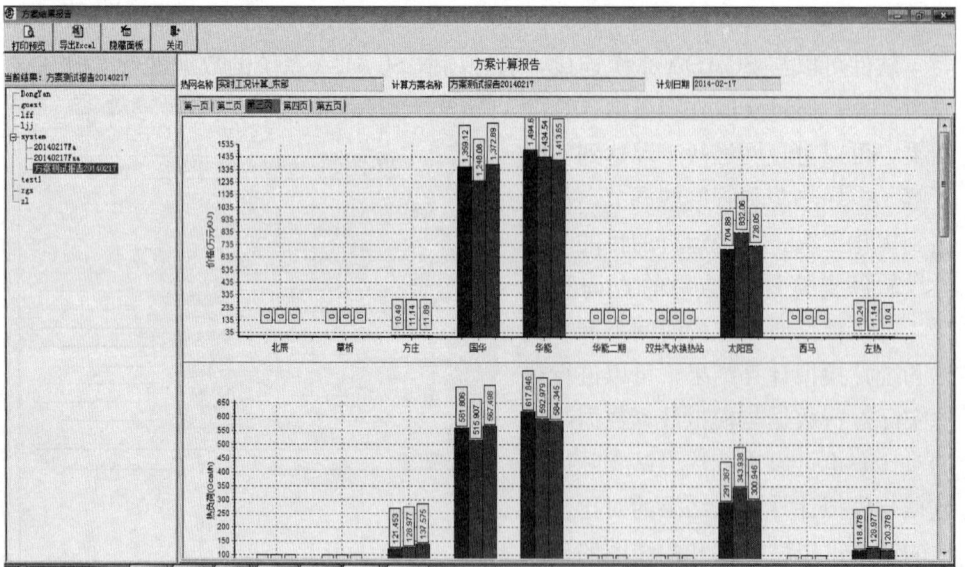

图 11-7　热源不同方案下的运行成本

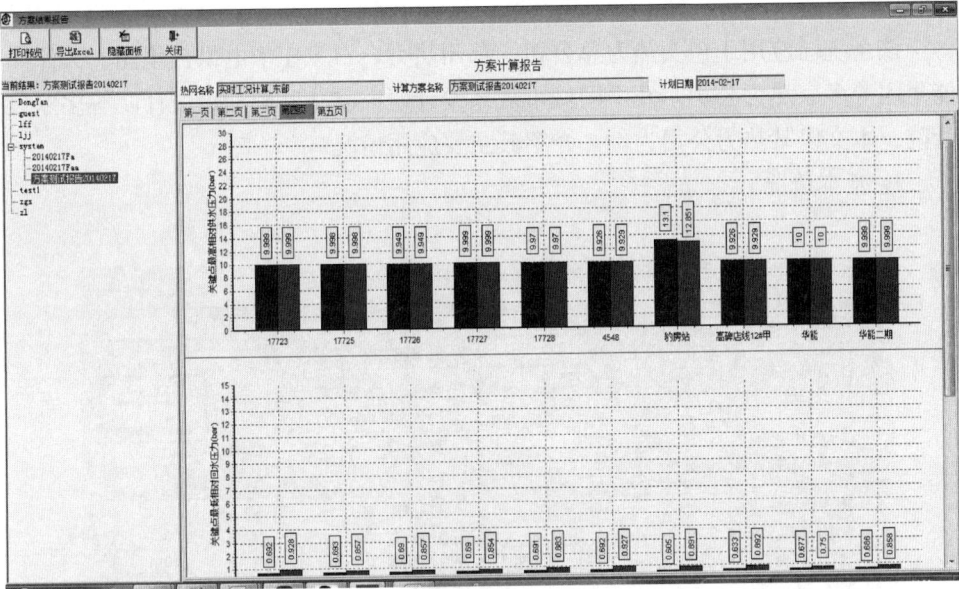

图 11-8　每个热源不同方案下的运行工况

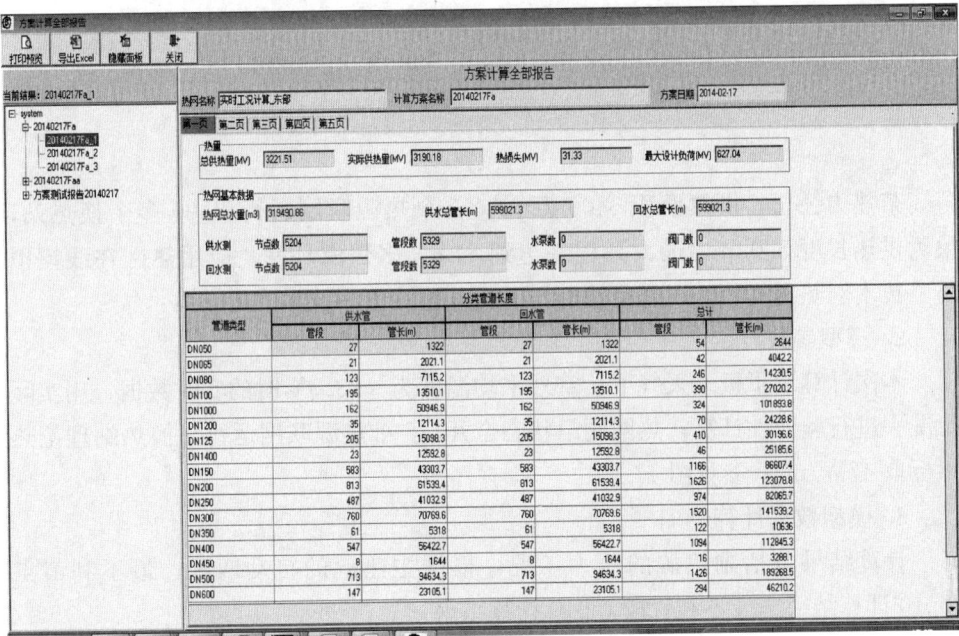

图 11-9　不同方案的关键参数的对比

11.1.3　应用案例

　　该系统已应用于包头热力总公司、郑州热力、石家庄华电供热集团、天津津能集团等多家热力公司，及中国城市规划设计研究院、胜利油田设计院等多家设计院。本文以某热力公司为例，介绍其主要应用情况。

　　1. 基本情况

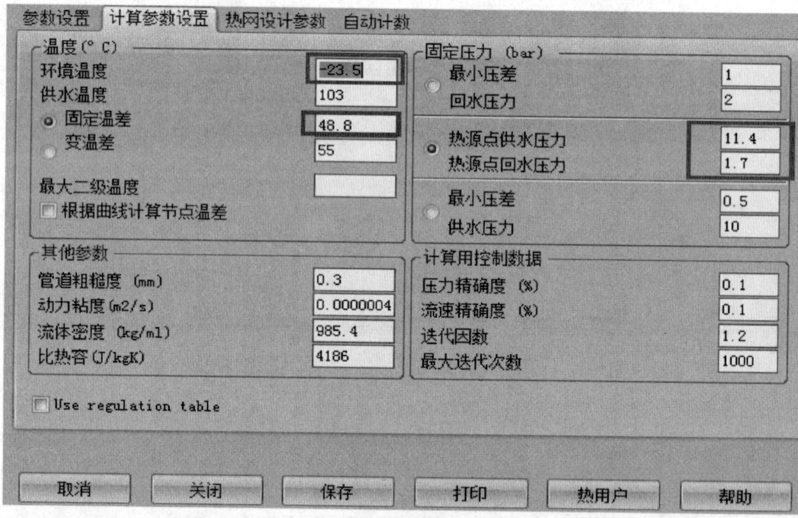

图 11-10　模型参数设定

　　某热力公司，供热面积 5400 万 m²，5 个热源联网运行，500 多个换热站，最大供热长度 590km，最大高程差达到 84m，多热源环网。应用热网在线模拟仿真技术对热网运行工况进行诊断与分析，制定管网技术改造方案。

　　2. 模型参数设定

　　本次计算取了极端天气下，室外平均温度为−23.5℃时的实时数据，用实际工况去进行验证性计算；热网阀门状态全开，5 个热源联网运行，换热站理论热指标取 47W/m²。参见图 11-10。

　　3. 模型数据计算

　　计算结果包括副热源的压力工况，根据主热源的自动匹配、最不利节点 top10 计算结果、最不利管段 top10 计算结果。

　　从计算结果中已知，最不利节点为北辰三期换热站；从管道流向中可以看出，供给北辰三期最多的热源为二电厂。做二电厂至北辰三期的水压图，见图 11-11。

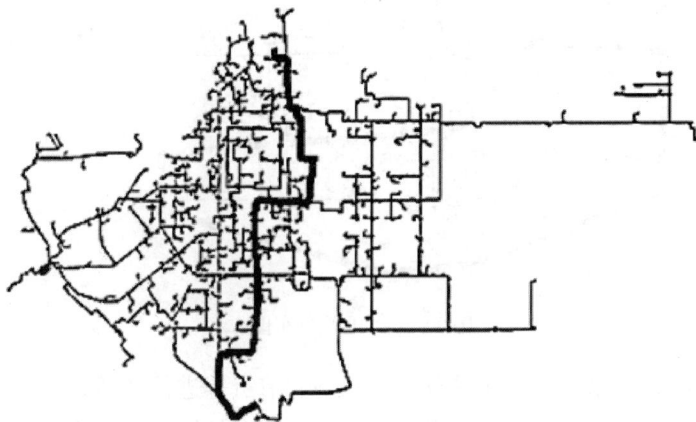

图 11-11　水压图

4. 问题定位

从水压图的负压差和供回水压力的计算结果都可以看出，此时热网水利工况欠佳，主要表现在两方面：最北端用户（北辰三期）出现负压差；地势最高点（云冈镇）出现倒空现象。参见图 11-12。

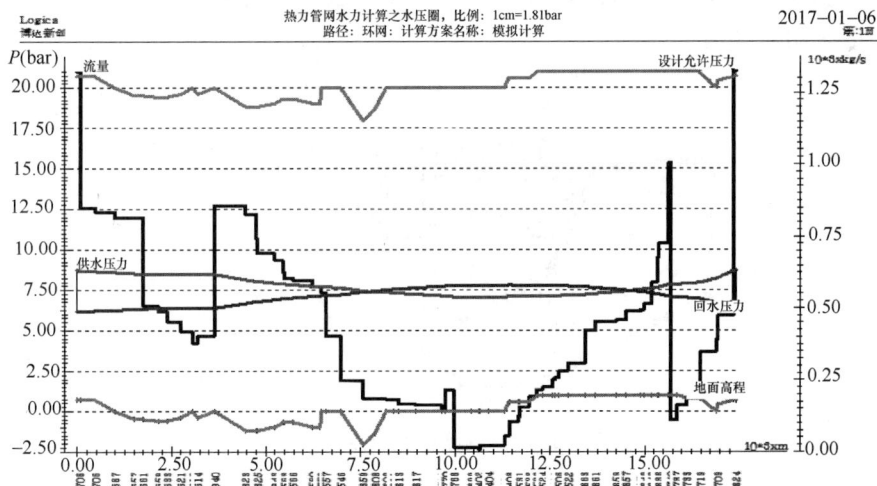

图 11-12　水压图分析

5. 解决方案

由上面结论已知，末端压力不够说明热源出力过小，管道出现倒空，说明定压有问题，通过设置不一样的压力计算条件去重新设计热源压力输出和定压问题，保证热网中最不利点压差为 0.5bar，热网中最低回水压力为 0.5bar（图 11-13）。

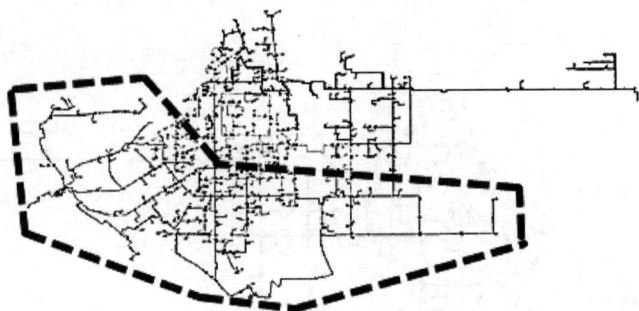

图 11-13 压差分布图 1

接下来继续对水压图、压差分布图、不利节点等进行计算分析。

从上面各种计算结果可以看出，该方案能够有效解决目前的热网水力失衡及倒空现象，同时代价是热源压力过高，导致压力浪费，而且管道压力过高，容易发生爆管现象。因此可以通过加中继泵的方式，适当降低热源供水压力，缓解管网压力；并在北辰三期末端区域加回水中继泵。

6. 方案优化

根据方案结论进行优化：热源降压，末端加泵计算条件。水泵计算、热源计算、不利节点计算和压差计算等，可见，失衡区域（虚线框）变小了很多，热网降压效果明显（图 11-14）。

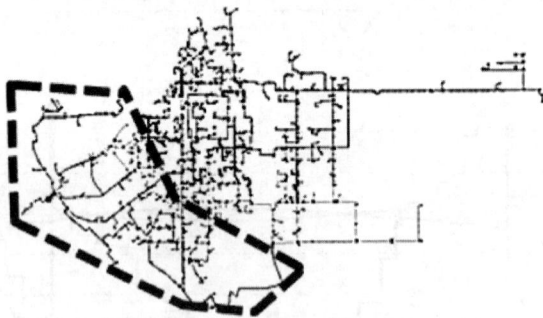

图 11-14 压差分布图 2（虚线框代表压差大于 5bar 的区域）

从上面计算结果可以看出，最北端用户始终处于水力工况不好的状态，热源应增大压力输出，或者末端加中继泵。但是从长远考虑，可以在北端建立一个新热源，用来带北端用户，这样不仅可以减少电厂端的负荷输出，最重要的是会降低整个热网的压力工况。

从上面优化方案中可以看出，想要改善目前水力失衡及倒空问题，需要调整热源压力状况，要么提高现有热源的供水压力，要么在末端加中继泵，要么在末端增加一个热源，经过上面综合比较以及长期规划，新增加热源是一个不错的选择。可以看出，整个热网压力工况非常好，压力过高的区域收缩很多（图 11-15）。

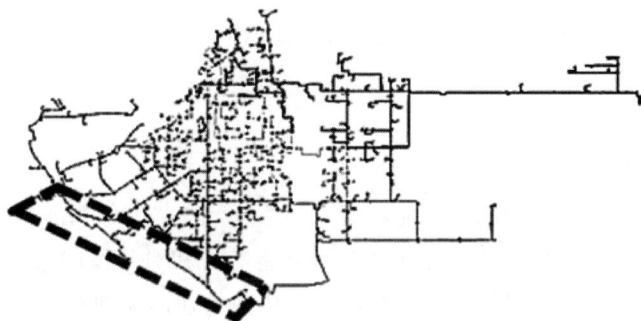

图 11-15　压差分布图 3

11.1.4　模拟仿真的智能发展

在计算方面，仿真是从模型到数据，目的在于发现问题和解决问题。目前热网的模拟仿真技术局限在一次管网，未来将延伸至二次管网，在不断的应用中积累大量的数据，仿真技术将和大数据结合，为仿真结果的分析提供更好的手段，为复杂系统的建模提供新的出路，助力实现智能仿真。

在感知方面，目前的仿真以视觉为主，博达已推出三维成像功能。未来仿真技术将结合虚拟现实，将用户从"旁观者"变为"当局者"，做到了人与环境的高度交互。

模拟仿真的应用目标是为用户提供一个辅助决策支持工具。在实际设计中，问题涉及因素较多，完全依靠计算机来进行决策很难考虑周全。随着人工智能技术的发展，将领域知识引入到仿真优化系统中，建立决策支持系统，充分发挥人的创造性和计算机的计算能力，实现人机协同决策系统。

本 节 参 考 文 献

［1］　杨艳等．水力分析与计算［M］．水利水电出版社，2016.

［2］　顾洁．暖通空调设计与计算方法［M］．化学工业出版社，2015.

［3］　杜洪涛．给水管网模拟仿真计算问题初探［J］．安阳工学院学报，2011，02.

［4］　王海，王海鹰，周海珠．多热源环状管网的面向对象水力计算方法［J］．浙江大学学报（工学版），2012，10.

11.2 基于"阀泵联合"控制的智慧供热

沈阳惠天热电股份有限公司 徐朋业 傅 江 汪 瑾

11.2.1 引言

有关资料显示，我国的建筑能耗占全国能耗约 1/3，冬季供热期能耗又占建筑能耗约 1/4，足见供热能耗的重要性、节能潜力和对环境的影响力。近 30 年来城市区域供热的巨大发展，促使我国区域供热行业由无到有、由小到大、由凭经验"看天烧火"，逐步走向量化、自动化、数据化和智慧供热的可持续发展之路，对系统的安全、稳定和优化运行提出了更高的标准。如何因地制宜，制定和优化整体解决方案，成为热力公司所关注的重点课题，对源网统管系统尤为重要。

沈阳惠天热电股份有限公司是以供热为主体及多元发展的有竞争力的现代化集团企业。1997 年在深交所挂牌上市，供热规模近 6000 万 m^2。沈阳惠天棋盘山供热有限责任公司为沈阳惠天热电股份有限公司的子公司。文中以惠天棋盘山公司智慧供热平台实际案例（已运行两个供暖年度）为基础，深入阐述智慧供热整体解决方案，并提出进一步完善建议，以期抛砖引玉，共同探讨和提高行业技术应用和智慧供热水平。

11.2.2 项目简介

1. 棋盘山供热系统

棋盘山供热系统供热范围为"棋盘山国际风景旅游开发区"，占地约 $80km^2$，规划供热面积为 530 万 m^2。因地势高差较大，地势最高的换热站、热源及地势最低的换热站海拔标高分别为 120.1m、68.2m 及 53.7m，存在 66.4m 的地势高程差。

2. 系统现存问题

改造前（2014～2015 年度），供热系统主要问题为：（1）因供暖半径和地势高差较大、负荷发展不均衡、开栓率变化范围较大和系统固有特性，导致控调难度增高、手动调节难以实现工况平衡；（2）实供面积中约 70% 是别墅，单位热耗较高，且总体用户入住率低（约为 65%），导致能耗大、冷热不均和投诉率较高；（3）本系统 2005 年开始建设，当年实供面积仅有 50 万 m^2，既缺乏整体规划，也没有配套相应控制设施；（4）一次系统高差较大，老旧管网和设备存在超压风险。以上问题在运行初期并不明显，但随着近三年来的增容，逐步突显出严重性。

11.2.3　整体解决方案

智慧供热平台整体解决方案包括热源厂、热网、换热站和热用户各系统，一次规划，分步实施，通过实时数据采集，实现系统层面上的安全、平稳、长周期、热舒适性、节能减排和环境保护目标。

1. 智慧供热平台建设主要内容

（1）实时数据通过 4G 无线网实现采集、存储和呈现。

（2）采用基于系统动态模型确定二次网控制参数设定值，实现精准控制。

（3）基于现场数据（微型气象台、热源、换热站及用户室内温度等）采集，通过上位机的统计、计算和分析，充分发挥智慧供热平台功能，指导整体运行控制策略，实时下发指令，对各换热站实施补偿控制，实现在智慧平台上监控和指挥供热系统的生产和运行。

（4）通过比较控制参数误差和能耗指标，监视控制精度和运行异常站点，实时自动调控；参数设定值可通过运行数据逐步修正，提高整体系统能效。

（5）在线分析二次测点、调节阀及水泵等实时运行状态，及时诊断设备运行异常及故障倾向。

（6）热源预测控制，热源作为主要调节部分，跟踪室外温度变化，必要时人工干预。换热站可作为精细化调节，采用个性化控制参数设定偏移设置，实现远程和自动控制。

（7）均匀性和舒适性控制；系统运行初期和末期，热源装机容量通常远大于设计需热量，如果出现系统控制偏差和设备本身调控能力所限，导致用户过热和浪费能源。因此，应针对热源和用户的供需热量匹配进行有效控制。舒适性控制是保证用户室内温度上限不超标，均匀性控制是保证当热源供热量不足时，用户室内温度一致。

（8）热源根据预测模型给出实时供热量、供水温度和循环流量定期调整，换热站根据二次网平均温度分配热量，实现网源联动整体控制策略。

2. 重新进行系统设计，采用一次网"阀泵联合"控制方式

（1）一次网工艺流程图（图 11-16）。

（2）一次系统结构的确定。

鉴于一次系统低点换热站承压偏高、部分换热站建设年代较早（设备承压降低）、施工工期较短（设备供货期较长）及一次系统水力工况改变（负荷增加时一次系统压力升高）等具体情况，确定采用"阀泵联合"结构，既满足降低系统

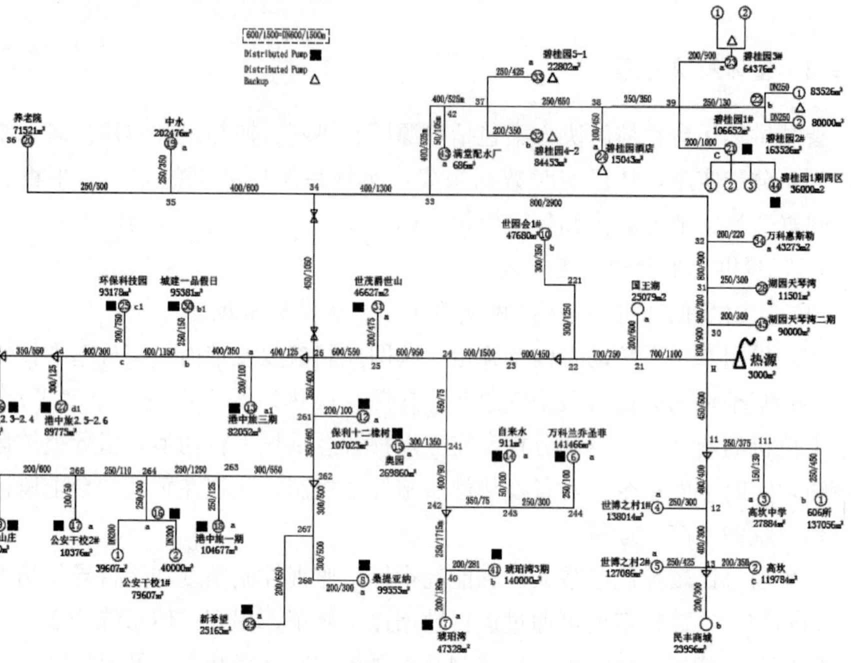

图 11-16 惠天热电棋盘山分公司供热系统一次网工艺流程

整体压力、运行控制方式合理和节能降耗的要求，也满足设备采购、施工周期、系统联调及供热期控制系统上线等需求。实践证明，此种结构很好地实现了上述目标。需注意的是当换热站热负荷发生较大变化时，零压差点的换热站一次侧流量控制设备需要根据水力工况进行切换。若单纯采用换热站一次侧调节阀控制，因系统地形高差较大和一次网较长（最长管道近 9km），一次网前端资用压头及一次网整体压力均很高，造成系统调控困难和安全性降低。若单纯采用分布式泵系统，除更换热源循环水泵的货期不保证外，低点换热站也将承受相当高的设备承压，增加了系统运行风险。另外，棋盘山附近正在兴建一座热电厂，考虑到并网的可能性（导致现有热源锅炉房并网处资用压头较大），在一次网前端换热站一次侧增加差压控制器，以便保证系统的可调性和稳定性。"阀泵联合"结构，对水力工况复杂的老旧管网升级改造和系统增容，在经济性和可操作性上具有特殊意义。

因二次网实际供热量采用二次网平均温度控制换热站一次侧循环流量（电调阀或分布式泵），形成一次网变流量运行，使"阀泵联合"运行的部分支线"零差压点"不断变化且位置难以确定，因此取消"耦合管"设计，取而代之，经水力工况模拟计算确定在"零差压点"附近换热站采用电调阀和分布式泵并联设置，运行时依据水力工况进行调整。另外，当热源供热量与换热站需热量能够较好地匹配时，为避免一次网供回水联通导致能量浪费，取消"耦合管"也是必要的。同时具有电调阀和分布式泵并联的换热站，运行时流量控制设备的选取由年度水压图来确定。

（3）一次系统水力工况和设备选型

根据各换热站当年度供热面积、近期（3 年）供热面积和远期规划供热面积，计算一次网各管段设计循环流量、阻力和节点差压，并结合热源循环水泵参数，确定一次网水压图（见图 11-17 和图 11-18），保证一次网特定点供回水压差为定值。依此水压图，确定各换热站一次侧流量调节设备形式和设计选型参数。换热站一次侧流量调节方式有三种：

1）差压控制阀＋电动调节阀（具有足够资用压头的换热站）；2）电动调节阀＋分布式泵并联（"零差压点"附近换热站）；3）分布式泵（差压较小和负压差换热站的情况）。

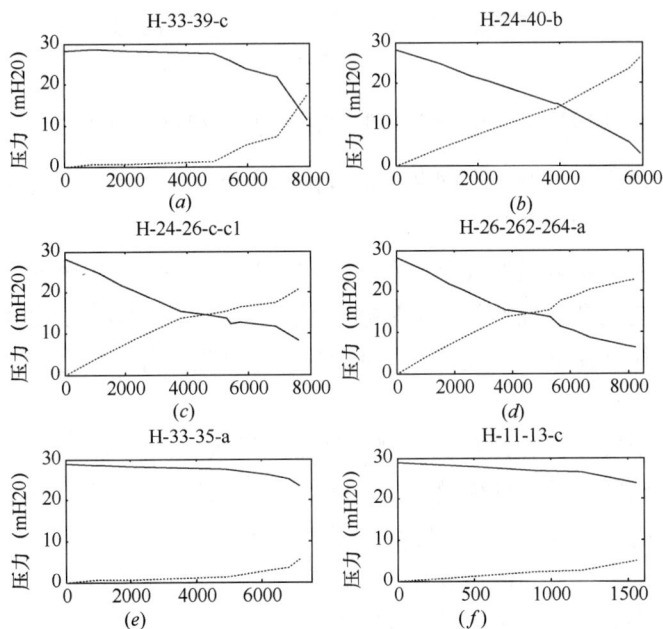

图 11-17 一次网水压图（308 万 m² 设计工况）

(*a*) 长度（m）；(*b*) 长度（m）；(*c*) 长度（m）；

(*d*) 长度（m）；(*e*) 长度（m）；(*f*) 长度（m）.

3. 热源厂预测控制和一次网蓄热利用

（1）因一次网从热源到末端换热站输送距离较长（需 9～14h），热源的供热量必须提前调整，以应对系统纯滞后的特点和缓解其对系统控制的影响。现热源

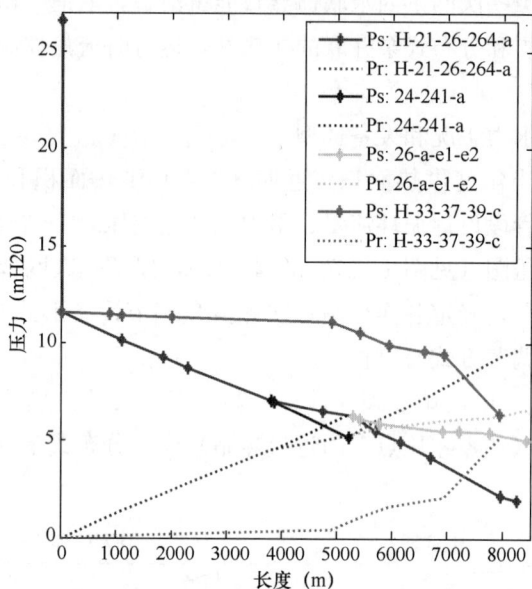

图 11-18　一次网水压图（2015～2016 年度设计工况）

采用供热量、供水温度及一次网循环水量预测作为源网联动控制指标，保证换热站实现舒适性和均匀性控制。

（2）预测参数结合微型气象台实测数据、天气预报、历史数据、热源运行调整周期、系统规模和系统整体控制策略等因素确定，并以室外温度补偿为主。

（3）依据循环流量变化规律，分期改变一次网设定补水压力，提高热网的安全稳定性。

（4）本系统实际供热面积低于规划规模，导致一次网输送能力和水容量过大，同时考虑到即使进行供热量预测，也并不能保证完全正确，因此当热源供热量大于需热量时，宜因地制宜，因势利导，利用一次网水容量较大和滞后特性，把一次网作为富余热量的蓄热装置，适当提高一次网供水温度，降低换热站一次侧循环流量，降低运行费用和提高一次系统调解的灵活性和稳定性。

4. 热网水力工况

（1）依据一次网水力工况，确定"阀泵联合"配置的换热站合理运行方式。

（2）二次网结合换热站、热力入口和用户具体情况，安装自控设备，实现用户驱动的精准供热。

（3）逐步实现二次网变流量运行。

5. 智能供热控制策略

（1）从系统和过程角度考虑供热控制策略，既注重"源－网－站－户"之间的关系，也考虑供热全过程的优化供需匹配。

（2）根据热网结构特点，因地制宜，采用一次网蓄热技术，有效利用现有管网的富余能力，提高系统的冗余能力、系统的稳定性和控制精度。

（3）依据系统结构进行热源和换热站的分级控制，各尽其责，各负其责。

（4）依据"就近就地"控制原则，将精细化控制功能转移到换热站中，满足换热站个性化需求。

（5）对各换热站基于实际运行数据进行个性化特性获取，以便精确设定控制参数，同时因各换热站特性不同，合理利用换热站参数设置的偏移功能，优化系统参数设定。

（6）制定多种换热站热量控制策略，可选控制模式，适应不同需求。

（7）采用多点微型气象台实测环境参数功能，及时有效地监测微环境对供热的影响并应用于控制。

（8）通过室内温度实时监测，对换热站供热控制参数进行补偿，提高控制速度和精度。

（9）通过供需负荷预测和匹配技术，实现供热的舒适性和均匀性控制，保证用户的供热质量，平衡和降低系统能耗指标。

（10）采用实时大数据分析和挖掘技术，及时发现系统异常状态并进行处置。

（11）采用状态分析技术，跟踪流量控制设备运行状态，及时发现和处置其异常工况。

（12）运行双温度补偿技术于 PI 自适应控制系统中，在提高系统控制稳定性的同时，降低系统运行费用。

6. 热用户室内温度实时监测

（1）室内温度布点要求为 1 点/万 m²，安装数量随实供面积的增加而增加。

（2）室内温度特征点选取：距离热源远近的换热站、建筑类型及性质、建筑物距离换热站的远近、重点关注用户、建筑物中的上中下和南北位置、总的室内温度检测数量。

7. 热表计量和管理

热表安装位置为热源、换热站、建筑物热力入口及热用户入口。热表运行数据除作为热计量收费依据外，因其温度、流量和热量具有多重维度，还可应用于数据管理。户用热表安装可实现用户驱动、按需供热、计量收费，若配合室内温控装置，将具有 15%～25% 的节能空间。

8. 主要软硬件系统和设备配置

(1) 智慧供热平台软件：由沈阳惠天丹佛斯联合技术研发中心、沈阳久沃能源科技公司、河北工大科雅公司联合研制。

(2) 主要设备：丹佛斯公司提供差压控制阀、电动调节阀、热表、变频器、控制器、温度压力二次表；沈阳久沃能源科技公司提供变频柜及控制柜；格兰富公司提供分布式水泵。

11.2.4 基于系统动态数学模型的设定参数获取

1. 供暖系统物理模型

本系统有热源 1 座，高温热水锅炉 4 台，换热站 40 座，热用户末端装置为地暖、散热器及混合形式。一次网为单环网结构，热网均采用直埋敷设。

2. 供暖系统数学模型

为避免繁杂的数学计算并保持系统主要特征（非线性、大热容和纯滞后），运用热力学基本定律，创建简化动态数学模型，并描述如下：

$$C\frac{\mathrm{d}(T)}{\mathrm{d}t} = Q_{\mathrm{in}} - Q_{\mathrm{out}} \tag{11-1}$$

$$T = \{T_{\mathrm{s1}}, T_{\mathrm{r1}}, T_{\mathrm{s2}}, T_{\mathrm{r2}}, T_{\mathrm{wl}}, T_{\mathrm{z}}\} \tag{11-2}$$

式（11-1）中，C、t、T 分别表示热容量，J/℃；时间，s；温度，℃；Q_{in}、Q_{out} 分别表示系统供热量和散热量，W。公式（11-1）阐述了储存于控制单元中的净热量为供热量和散热量之差。公式（11-2）表示动态方程中与温度相关的参数分别为：T_{s1}（热源出口供水温度）、T_{r1}（一次网回水温度）、T_{s2}（二次网供水温度）、T_{r2}（二次网回水温度）、T_{wl}（外墙温度）和 T_{z}（室内温度）。动态模型经校核后，可用于模拟系统特性、设定参数、控制策略仿真及能耗分析等。

11.2.5 工程实施及实时运行状态（2016～2017 年度）

1. 工程实施

本工程于 2015 年 9 月开工，2015 年 11 月供暖时按期投用，当年实现 178 万 m² 按时供热，基本上达到智慧供热平台建设要求。

2. 系统界面

图 11-20 显示了热源 2 天的实测运行数据（2017/1/12～2017/1/14）。如图所示，热源实际供热量和预测供热量除两个时间段（每天 9：00 左右）由于上煤导致供热量下降外，其余时间段均能满足供热量和供水温度的控制精度要求，验证了智慧供热平台的预测性、可控性、稳定性和经济性。

(a)

(b)

(c)

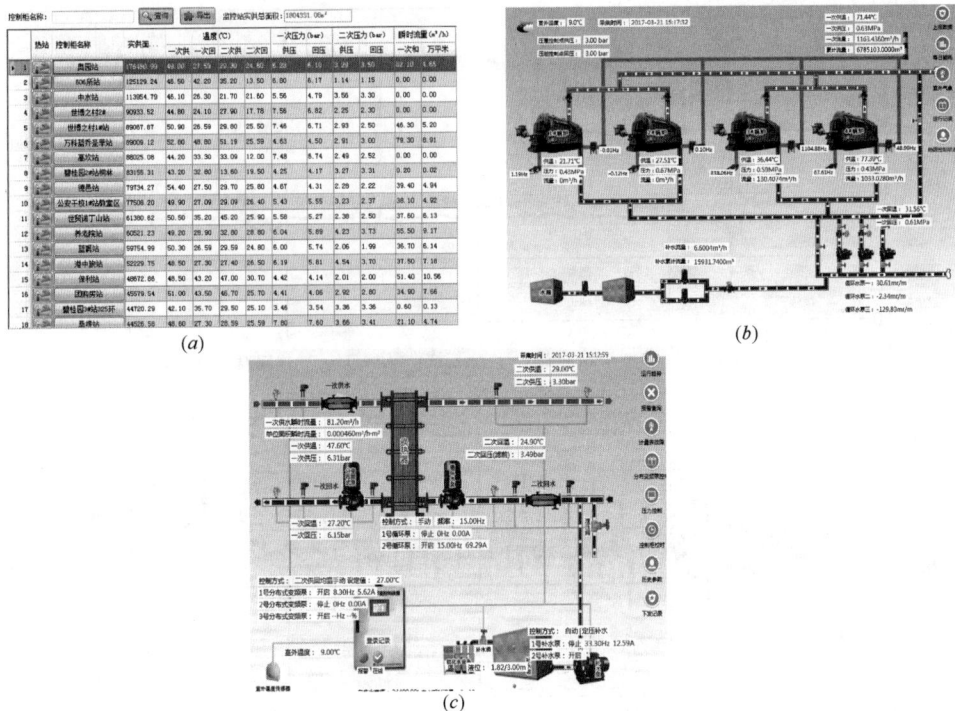

图 11-19　系统界面

(a) 实时数据界面；(b) 热源界面；(c) 换热站实时数据界面

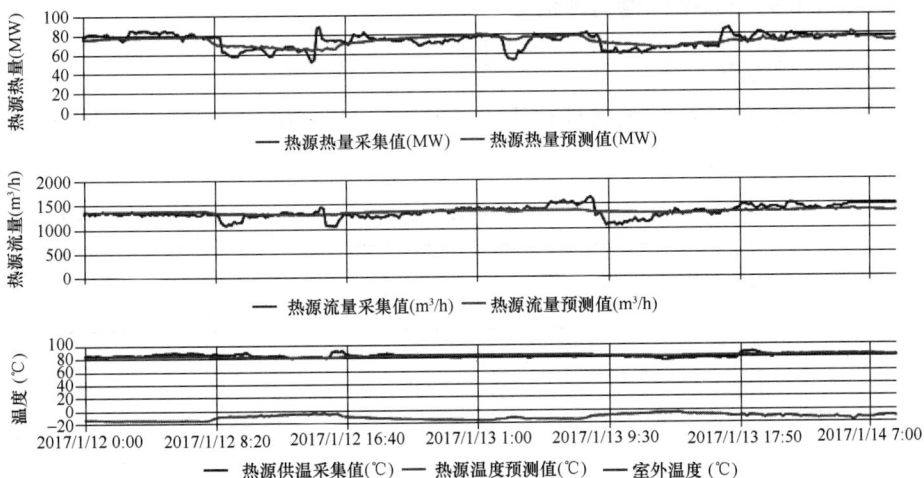

图 11-20　热源预测参数和实时运行参数比对

由图 11-21 可知，某换热站一次侧循环流量随时间而改变，其变化范围为 100～200t/h，说明换热站供热量的调节能力和智慧平台的调节性能。

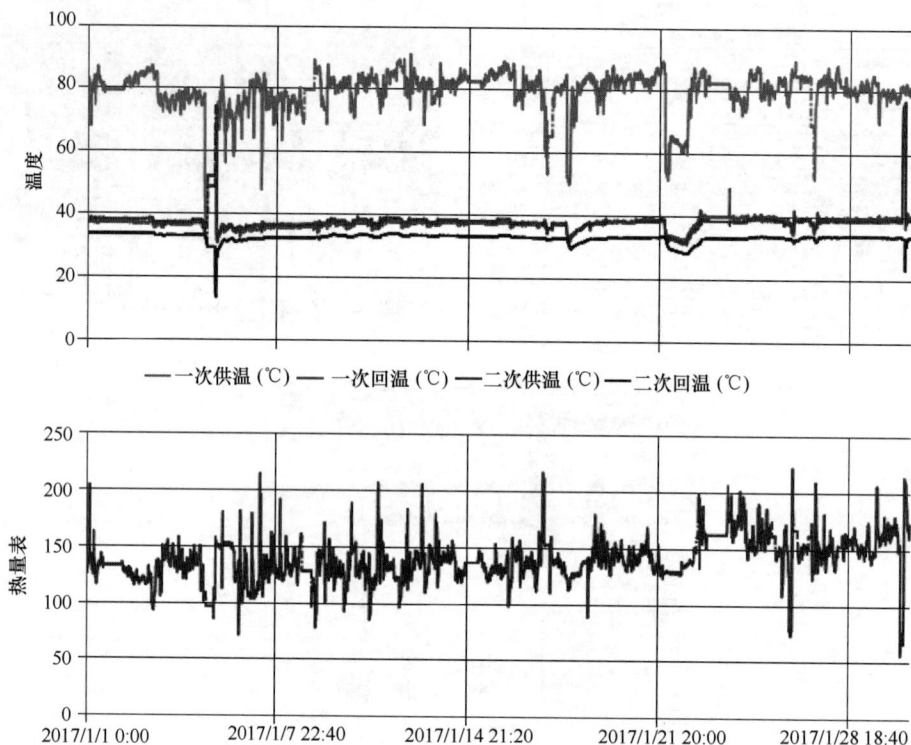

图 11-21 换热站一次/二次网温度及一次网循环流量

11.2.6 工程效果及节能潜力评估

1. 用户投诉率

区域供热最终目的是为保证热用户的热舒适性。2015～2017 年各供热年度用户投诉率及对比见表 11-1。

用户投诉率统计表 表 1-1

序号	平台	诉求件数			
		2014～2015 年度	2015～2016 年度	2016～2017 年度	2017～2018 年度
1	民心网	47	73	37	63
2	96191	154	102	84	84
3	96123		34	5	33
4	12345		24	6	0
5	12319	77	15	0	0
6	媒体		2	0	0
7	公用集团		0	1	0

序号	平台	诉求件数			
		2014～2015 年度	2015～2016 年度	2016～2017 年度	2017～2018 年度
8	22956666	271	155	56	96
9	棋盘山	319	171	173	
合计		868	576	362	276
件数比例%		100	66	42	32

分析 2016～2017 年度用户投诉情况，主要为：（1）采暖设施异物堵塞和存气等导致室内温度某段时间不达标，经报修维护后得以解决，此类投诉占总量约 91%；（2）因设计的进户管较细等问题，经局部改造后，室内温度达标，此类投诉占总量约 5%；有 1%～2% 的用户室温不达标需采暖期后处理。

2. 系统能耗分析

各年度能耗实测数据（耗煤量和耗电量），分别显示于表 11-2 和表 11-3。

各年度耗煤量　　　　　　　　　　　　　　　表 11-2

年度	实际供热面积	平均室外温度	平均室内温度	热源耗煤量	平均燃煤热值	耗煤指标	备注
	m²	℃	℃	T	kcal/kg	kg/m²	
2014～2015	1787900	−6.9	18	53078	4238	29.69	无室内温度测试数据，表中给出的是法定合格温度
2015～2016	1782820	−6.69	20.19	54566	4083	30.61	室内温度采集点较少，不具有代表性
2016～2017	1804331	−5.39	18.73	55710	4200	30.88	室内温度数据具有参考意义；本年度比上年度多供暖 3 天，多消耗 600t 煤
2017～2018	1809680	−6.8	19.3	60624	4200	33.56	室外温度降低，室内温度升高（120 点室内温度无线监测）

各年度耗电量　　　　　　　　　　　　　　　表 11-3

分类	系统		热源				换热站	
年度	总耗电量	总耗电量指标	耗电量（不含脱硫）	耗电量指标（不含脱硫）	脱硫耗电量	脱硫耗电量指标	总耗电量	总耗电量指标
	kWh	kWh/m²	kWh	kWh/m²	kWh	kWh/m²	kWh	kWh/m²
2015～2016	4760129	2.67	2340587	1.31	112800	0.06	2306742	1.29

续表

分类	系统		热源				换热站	
年度	总耗电量	总耗电量指标	耗电量(不含脱硫)	耗电量指标(不含脱硫)	脱硫耗电量	脱硫耗电量指标	总耗电量	总耗电量指标
	kWh	kWh/m²	kWh	kWh/m²	kWh	kWh/m²	kWh	kWh/m²
2016~2017	4454388	2.47	1592742	0.88	944388	0.52	1917258	1.06
前两年节电比例,%	6.42	7.49	31.95	32.72	−737.22	−727.72	16.88	17.83
2017~2018	4454447	2.46	2180920	1.21	429600	0.23	1843927	1.02

由表 12-2 可知,热源实际耗煤量近年来基本相当。因没有各年度可供参考的室内温度数据,系统煤耗对标无法合理计算。煤耗指标评估需综合考虑煤的热值、室外温度和室内温度的影响。

由此表可知,对比 2016~2017 年度和 2015~2016 年度,系统总耗电指标降低 7.49%,不考虑环保脱硫措施的电耗,热源节电 32.72%,换热站电耗指标降低 17.83%。一次网和二次网总耗电指标为 1.94kWh/m²,对比上一年度节省 25.34%,主要节电原因来源于一次网的变流量运行和降低二次网循环流量。

3. 运营效率提高

(1) 智慧供热平台建设项目实施前,热网运行人员在供暖期中由于用户投诉较多,频繁奔波于换热站、二次网和用户之间进行平衡调节,但往往收效甚微。

(2) 智慧供热平台建设项目实施后,系统运行调度人员管理方式和运行调控策略逐步改善,换热站逐步由有人驻守转换为无人值守,运维人员的劳动强度逐步降低,运营效率稳步上升。

11.2.7 结论

(1) 智慧供热平台建设,可有效解决系统扩容、源网联动、热源输送能力不足和一次网工况失调现象,满足用户舒适性和均匀性供热需求。

（2）通过运行调度、换热站管控、运维强度等方面的逐步改善，提高了系统运营效率，为精细化管理和精准供热创造了先决条件。

（3）在系统供热面积扩展或压力工况改变时，维持一次系统运行压力较小变化，降低安全运行风险。对地形标高差别较大的供热系统，既能有效降低管网前端运行供水压力，也能满足管网末端具有足够的资用压头。

（4）"阀泵联合"系统的设计、设备选型和运行方式均需根据水压图确定；压差临界点附近换热站的阀泵切换功能，可提高系统适应性和异常时的处置能力。

（5）为实现智慧供热系统的安全、平稳、长周期和优化运行，设备质量是实现功能的必要保证。

（6）室内温度补偿的控制策略既可实现按需精准供热，也可降低能耗。

（7）对比 2016～2017 年度以前的几个运行年度，智慧供热平台建成投用后，用户投诉率逐年降低，平台建成前后用户投诉率降低达 98%；实现一次网和换热站节电比例分别为 32.72% 和 17.83%；由数据分析可知，本系统满足室内温度 18℃的标准煤耗范围为 18～18.5kgce/m²。

11.3 热计量温控一体化系统及热计量平台

泰安市泰山城区热力有限公司 李更生 王 磊 田 鲁 朱艳丽

11.3.1 概况

1. 背景

泰安市泰山城区热力有限公司成立于 2003 年 10 月，国有独资企业，主要经营泰城集中供暖任务，现已实现供热面积 2000 万 m²。公司一直致力于利用先进的科技手段，提升公司生产和管理水平，依托信息化技术发展，提出实现"精准基础上的智慧化供热"。截至 2017 年，公司上线了热网指挥调度系统、热网监控系统、热网能耗管理系统、热网手机 APP 平台、热计量温控一体化、供热收费、客服经营等应用系统，大力推进供热生产和信息系统的深度融合，积极响应热源供给侧到用户需求侧的联动，建立形成"多源联网调度、智能调控、生产经营联动、精准服务反馈机制"模式的智慧供热系统。

自 2009 年起，公司开始实施温控一体化试点改造，不断完善系统管理平台，最大化实现热用户自动调节、均衡供热。截至 2017 年，已安装热计量装置共

233 个小区，建筑面积约 1042 万 m²，9 万余户。其中，既有建筑节能改造后加装热计量装置的 173 万 m²，新建建筑安装 869 万 m²。

2. 主要内容

(1) 项目技术方案

供热计量温控一体化是一种按热量表分户热计量和智能室温调控技术为一体的热计量节能系统方案[1]。在保证住户端供热质量的前提下，基于室内恒温控制的精准供热控制技术，主要是以住户端的室内温度为控制目标，通过流量的定向调配，实现均衡供热，最终实现提高供热效率、节能降耗的目的[2]。

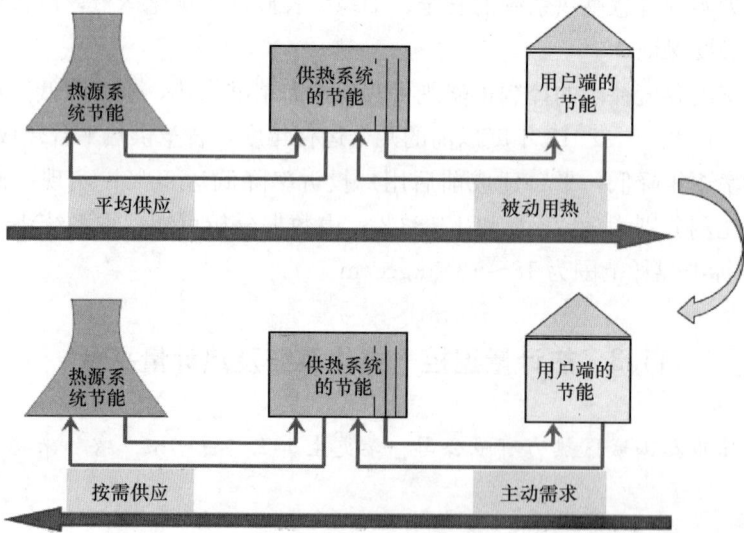

图 11-22 热计量温控一体化系统图

(2) 基本原理

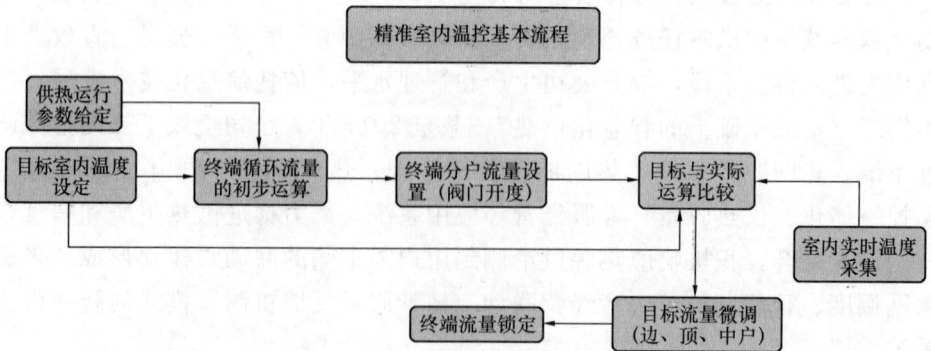

图 11-23 热计量温控一体化基本原理图

本系统是一种基于用户室内温度控制要求的热能输配和控制技术，即根据用户需求或供热公司控制要求设定目标室内温度，按照供热系统运行实际状况，对用户端的流量按实际需求进行定向配置，完成初始调节；同时系统自动采集用户端实时温度，并跟随室内温度控制目标进行微调，最终实现分户流量可控和室内温度的精准控制[3]。

调节阀配有电动执行机构，可同时实现现场手动调节和远程自动调节，满足用户供热温度要求，降低投诉率，结合楼栋调节可有效解决系统的水力失调，消除冷热不均，实现节能降耗。

3. 核心技术

热计量温控平台可覆盖供热管网及换热站的监控数据、楼栋设备的测量数据、室内外温度监测数据、计量装置的数据远传、用户收费数据、供热设备档案数据、客户服务数据，并对这些数据进行综合整理、分析集成，打破了以前多系统间的壁垒，实现了"数据共享"、"后台公用"，利用物联网和云计算等信息技术和供热运行的大数据，对供热运营过程进行全方面感知分析、逻辑辨别、计算总结、历史回顾、同步执行，使得热网不再是冷冰冰的管道和散热器，更是具备了类似于"人"的智慧。

4. 基本建设情况

从 2009 年开始，我公司开始进行热计量温控一体化试点改造，对既有建筑进行供热计量及节能改造，新建、改扩建民用建筑供热计量。硬件和软件设备如下：

（1）硬件设备

1）室内智能温控终端

完成室内温度的采集；室内温度设定；温度控制等功能。

2）户用电动流量控制阀：

具备阀门开关和开度的控制，可实现用户端的自动水力调节。

3）数据采集终端

运行参数的集中采集；数据的远程传输；热能表的数据远程集抄等。

4）供热执行终端

执行调控中心的控制指令，对分户流量进行调控；根据用户的实际需求，实现室内温度的精准控制；实现用户端的自动防泄漏监控。

（2）软件功能

系统功能架构如图 11-24 所示。

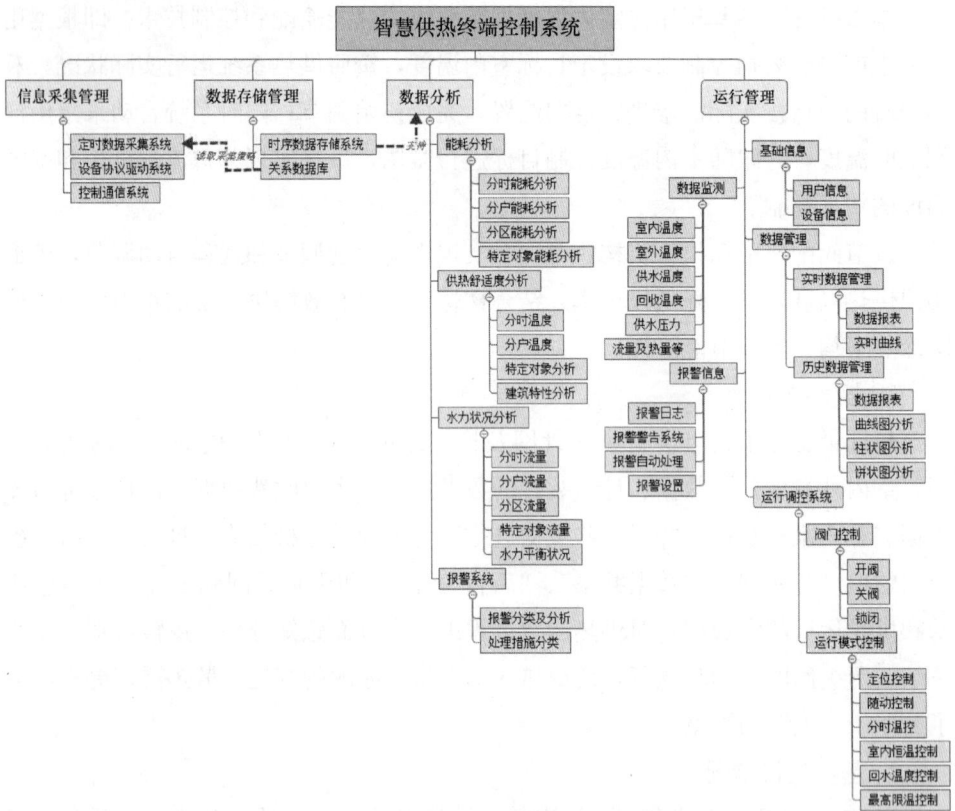

图 11-24　系统功能架构图

系统主界面如图 11-25 所示。

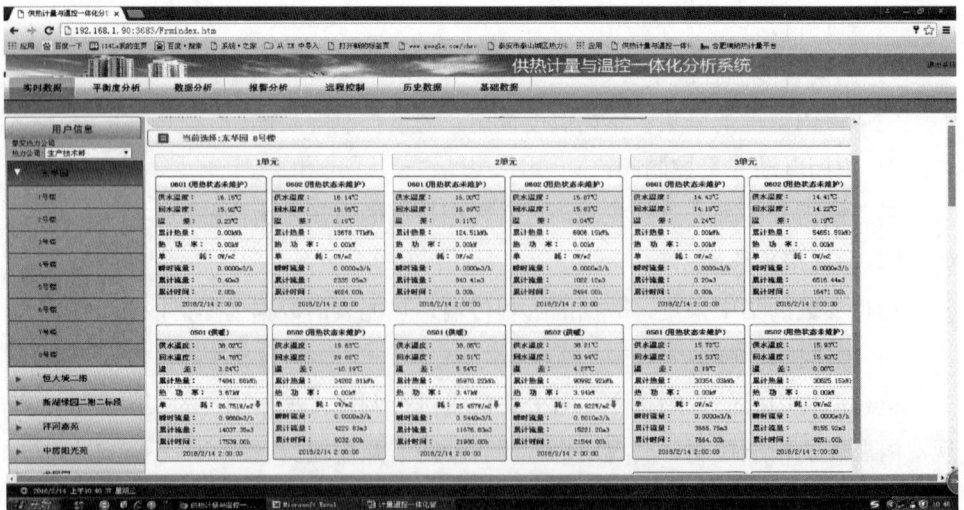

图 11-25　系统主界面图

系统数据分析界面如图 11-26 所示。

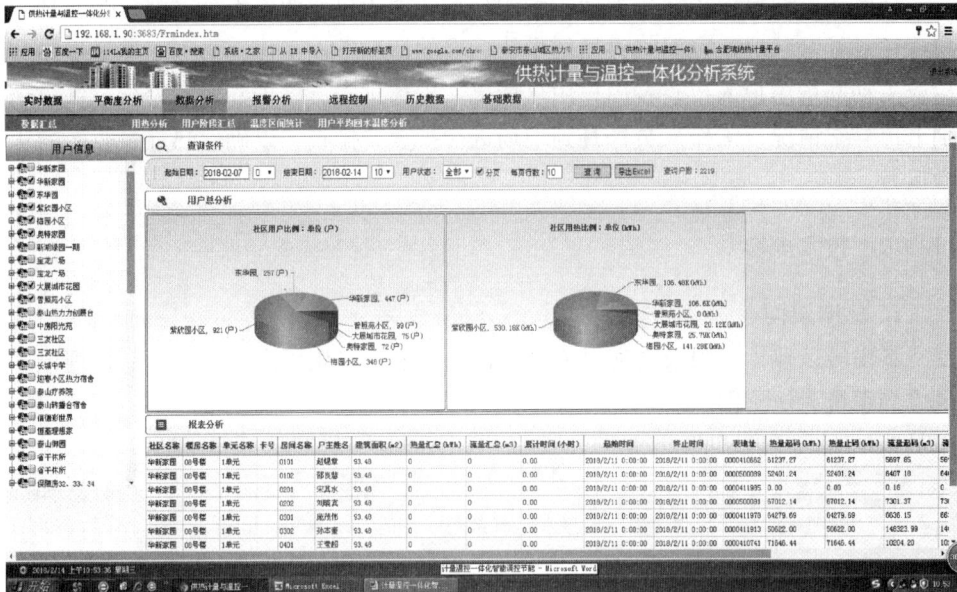

图 11-26　系统数据分析界面图

控制参数设置界面如图 11-27 所示。

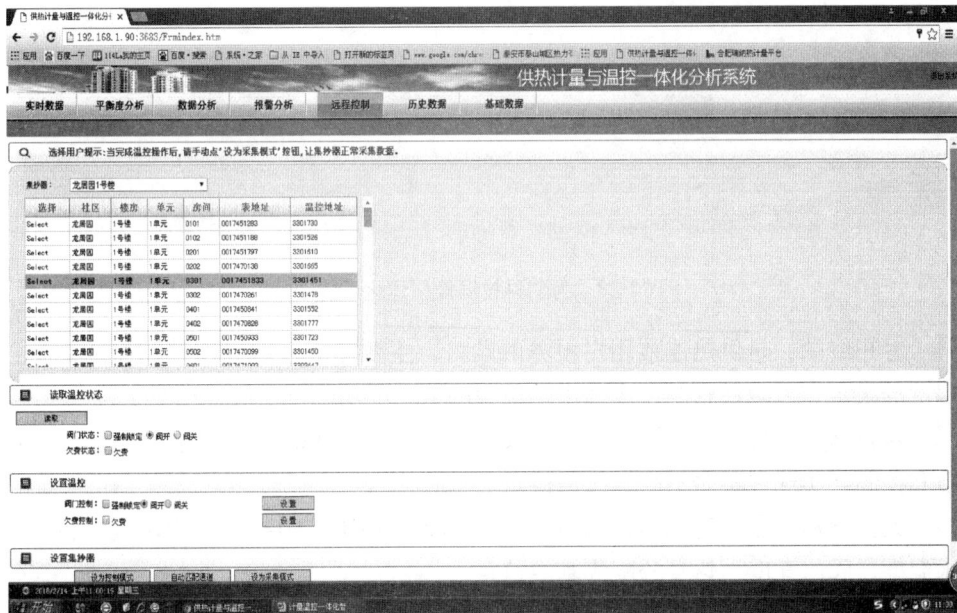

图 11-27　控制参数设置界面图

5. 运维情况

辖区人员通过温控计量平台看到用户的各项用热参数，包括室温。当发现用户用热有异常状况或室温临界最低供热标准的情况下，工作人员可以通过平台分析或主动联系用户入户查看用户用热情况，现场排查、维护并及时处理。针对个别上传异常情况，工作人员每月到现场进行抄表、排查，以确保热计量收费的正常运行。

11.3.2 技术内容

1. 总体架构

泰山城区热力有限公司通过方案、设备比选，采用了多家公司产品，现以某供应商系统为例（图11-28）。

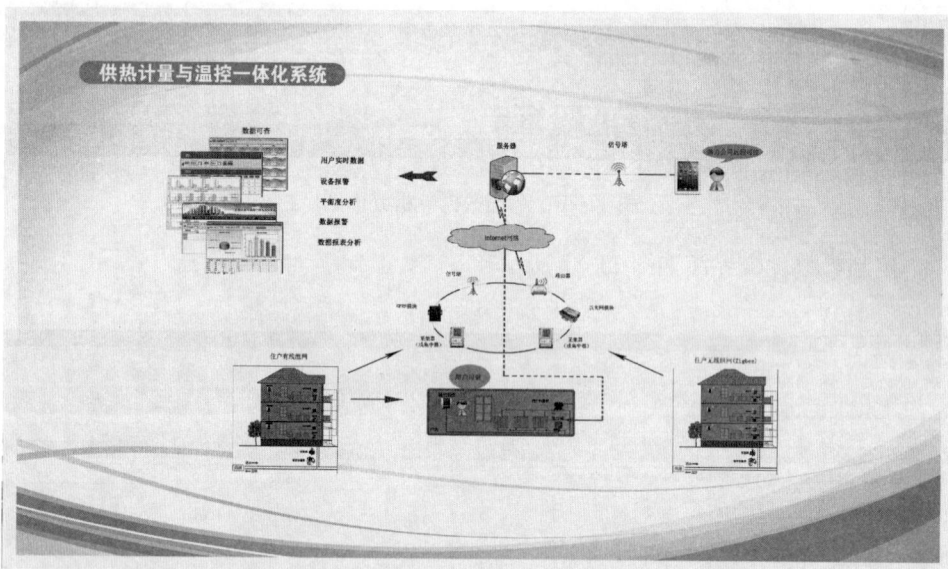

图 11-28 力创科技温控一体化系统图

客户终端：是供热连接用户服务的端口，主要完成室内温度等信息的采集、温度的设定、采暖模式的设定和供热服务的请求等功能。

执行终端：根据供热的要求，接收控制中心的控制指令，执行终端流量的调节和控制，实现"不多不少、按需供热"。

数据终端：主要完成运行信息的采集和远程传输，包括：室内温度、供/回水温度、阀门开度、热量分配等基本信息。

控制中心：主要完成热网运行的集中调控和大数据的分析统计功能。根据供热运行模式，结合热网运行参数、气候变化情况及建筑特性等，实现室内温度的精准控制。同时热网实行运行监控和安全监控，及时响应客户端的服务请求。

2. 功能特点

按需供热，节能降耗：根据运行管理要求，实现对住户室内温度的定值控制，避免过量供热带来的浪费，同时对低温用户进行针对性地调节和监测，有效控制用户的不热投诉。

定向分配，流量可调：根据供热运行工况和室内温度要求，并结合边户、顶户和中间户的实际情况，对户端流量进行定向分配，分户可调，避免冷热不均。

过量控制，泄露可防：自动检测和判断用户端的流量异常，给出报警，并可以对流量异常执行自动关断，有效防止用户端的异常泄露。

远程调试，投运简单：采用是可调式阀门，并配有电动执行机构，可同时实现现场手动调节和远程自动调节，调节设定简单方便，一次性调定后不需再动，简化了复杂的投运调试过程。

3. 控制策略（图 11-29）

（1）安装要点

1）每户入口安装电动平衡型流量调节阀；

2）每户室内安装室内温控器；

3）每栋楼安装数据采集终端；

4）建立远程监控平台。

（2）调节方式

根据每户的位置不同，定向配置流量，调控水力工况；根据供热要求，远程设置、监控每户的室内温度，恒温运行；对所有用户实现远程数据采集、远程监控；控制过热用户，避免浪费；监控冷端用户，降低投诉。

（3）控制结果（以已完工的同类项目指标为依据）

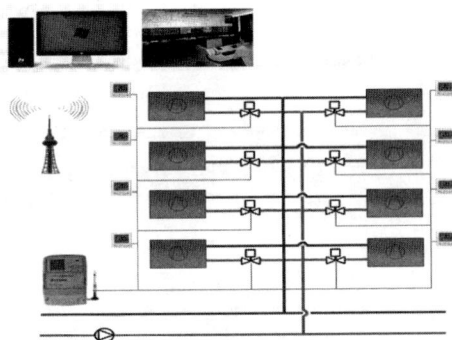

图 11-29　远程监控安装系统图

1）室内平均温度控制在 $20\pm2℃$；

2）平均单位面积流量下降，提高综合节能率；

3）消除冷热不均，限定最高温度不超过 $22℃$，与最低温度差不超过 $4℃$；

4）达到用户满意，降低投诉率。

实现对每户流量、室内温度的全自动监测和控制，选取典型用户模拟测算如图 11-30 所示。

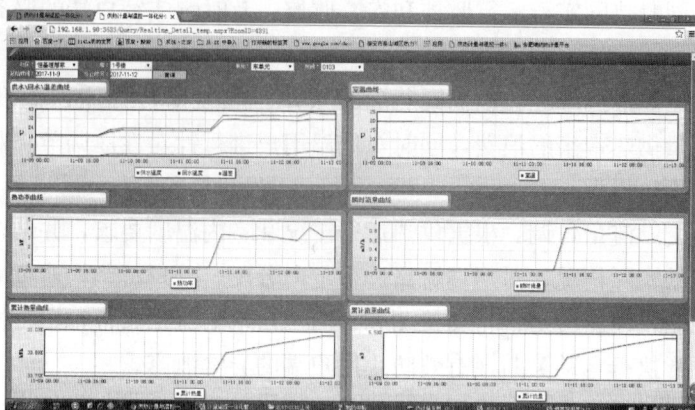

(a)

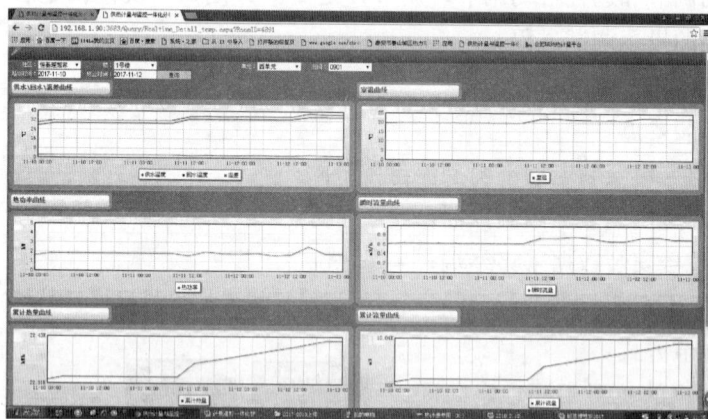

(b)

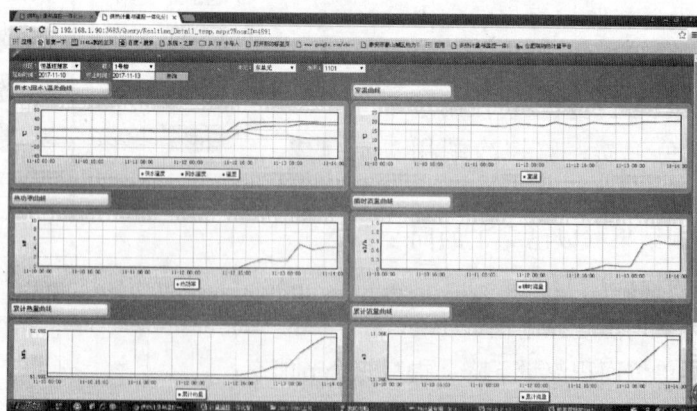

(c)

图 11-30　典型用户室内流量、温度监测图

(a) 1-1-103 底户；(b) 1-2-901 中间户；(c) 1-1-1101

474

11.3.3　项目运行或运营

1. 总体情况

本项目采用基于室内恒温控制的精准供热控制技术，在每户入户支管上安装流量调节装置，对每户进行定向流量分配，并能够实现流量控制，调节用户端水力平衡，从而实现对室内温度的恒定控制；通过对用户端流量进行定向分配，解决不同位置住户（边户、顶户和中间户）供热的不均问题；通过远程监控平台，实现对供热过量用户的有效控制，并能够及时监控冷端用户的室内温度，从而降低投诉率。

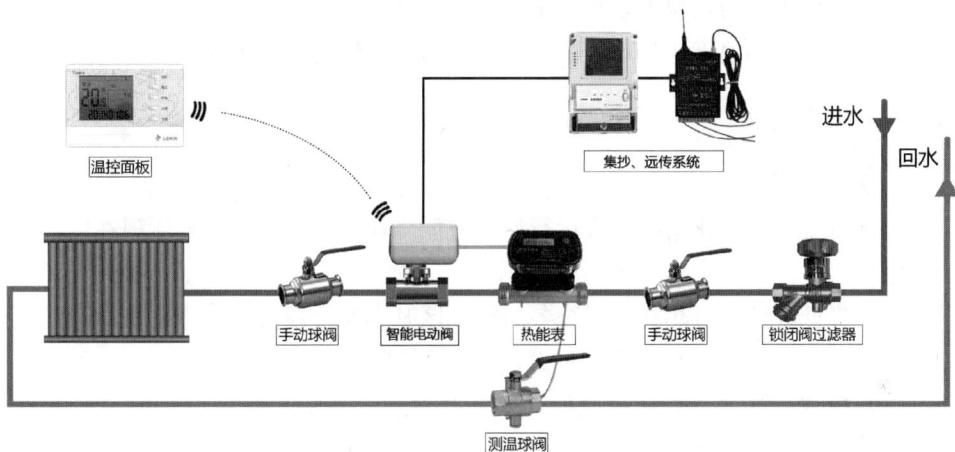

图 11-31　流量控制装置安装示意图

2. 分项目情况

项目结果：以泰安市供热小区恒基理想家为例。

（1）确定基本供热状况，如表 11-4 所示。

恒基理想家基本供热状况　　　　　　　　　　　　　表 11-4

供暖面积 （万 m²）	小区户数 （户）	室内采暖 方式	室内系统 方式	房屋建筑 类型	隶属站	楼栋数	距离 站房	站房系统 类型
0.44	55	地暖	并联	节能建筑	恒基 理想家	2	小区内	混水站

（2）不同楼层及住户实际供暖情况测量如表 11-5 所示。

不同楼层及住户实际供暖情况　　　　　　　　　　表 11-5

位置	建筑面积 （m²）	流量 （m³/h）	单位面积流量 （L/（h·m²））	热负荷指标 （W/m²）	室内平均温度 （℃）
1 单元 103 （底、中间户）	120.94	0.41	3.4	26.3	21

475

续表

位置	建筑面积 （m²）	流量 （m³/h）	单位面积流量 （L/（h·m²））	热负荷指标 （W/m²）	室内平均温度 （℃）
2单元901 （中间户）	99.35	0.30	3.0	19.0	22
1单元1101 （顶、边户）	136.13	0.45	3.3	28.2	21
平均值	118.81	0.39	3.2	24.5	21

从上表中可以看出，

（1）运行的平均流量小于设计流量 4L/（h·m²）；

（2）底层流量与顶层流量相差不大，不存在水力失调现象；

（3）室内平均温度比较均衡，最高温度与最低温度相差不大。

11.3.4 项目效果

1. 效果评价

热计量温控一体化系统投入运行后，节能降耗效果显著，主要体现在以下几个方面：

（1）降低系统运行热耗：系统各运行小区基本符合泰安市节能建筑设计能耗指标 32W/m²，采暖季平均热指标 21.6W/m² 的目标；

（2）控制系统运行流量：地板辐射采暖用户，按照二级网运行温差控制在 6~8℃的目标，系统运行流量控制为 3~3.4L/（h·m²），运行流量比未调整时下降约一半；散热器用户系统运行流量控制在 1.6~2.0L/（h·m²），降低了系统运行电耗。

（3）解决系统的冷热不均现象：通过对户端流量的有效控制，实现"恒温＋均温"的控制目标，达到舒适节能的目的。恒温：指的稳定用户端的室内温度，在达到住户温度设定目标的情况下，实现稳定运行；均温：指的是同一供热区域的室内温度均衡，同一栋楼不同位置的用户室内温度均衡，解决冷热不均的现象。

2. 存在的问题与不足

实行温控一体化虽然实现了一些目标，达到了部分效果，但因多家系统平台的独立存在不能满足热力调度中心整体的供热负荷控制需求，这就急需将这些系统平台进行有效的整合，采用统一标准，实现整体调度指挥，从而提高供热调度管理水平。

3. 解决方案—热计量信息化平台整合

（1）整合前的现状

智慧供热虽是近两年提出的概念，但实际供热企业都或多或少已经走在建设智慧供热这条道路上[4]。比如在系统建设方面许多热企已经建设并使用了热网控制及换热站无人值守系统、DCS 控制系统、收费系统、客服系统、热计量温控一体化系统等此类信息化系统，随着各系统出现与应用也都解决了供热管理运行中某一方面的问题，而在人员素质培养方面很多热力公司也都组建了专业的团队来运行维护各信息系统。随着这些举措的实施，供热企业已经取得了一定的成果，但这些系统的建立也渐渐暴露出了很多问题：

1）各系统构建的时间、所采用的技术等都不一样，软件系统也很难做到完全由一家供应商提供。

2）各系统运营原本就是一个独立的整体，建成以后都在自己的领域内独立运转，各类信息重复，数据孤岛严重，多个系统之间存在信息传递和数据交换无法正常进行的情况。

3）企业的信息系统建设主要集中在供热自动化控制和管理信息化上，解决具体工作人员日常工作电子化的问题，很少进行经营决策信息系统和战略决策信息系统的建设。

4）企业信息系统不能有效管理企业零散信息，不能使信息系统间协同工作，不能综合利用企业数年积累的运行数据资源，不能有效组织信息资源。诸如此类的问题，在供热企业信息化的建设中屡见不鲜。

目前就温控一体化系统而言，公司采用了多家供应商系统，每个远传厂家系统都有各自的数据库，多家数据库平台并存，数据标准不统一，因此也就导致了数据资源是分散的，形成了信息孤岛。随着应用系统热用户每年的不断增加，信息系统资源整合的要求也就显得更加迫切。针对以上问题，我公司对现有热计量信息化平台进行了整合。

（2）平台架构

本次公司热计量温控一体化系统平台整合采用的方式是首先建立公共信息库，将原本分散到各子系统中的信息在数据层进行整合，使基础信息能够数据同源，为后期建成的统一平台打下基础，避免由于信息的失真导致数据报警、分析不准确的情况出现，其次在整体设计上采用分层设计模型，降低系统间耦合性，提高可复用性[5]。各层设计功能如下：

底层为设备接口层，该层进行各种数据采集和处理，包括热表数据、阀数据、温度数据、流量数据、能耗数据等的远传采集；已建成系统的基础信息资源采集，包括住户信息、收费状态、热计量数据的资源采集；所有数据的采集都将在本层完成，同时开发设备控制接口，用来实现对终端设备的实时数据读取与控制功能。

中间层为应用层，以模块化的方式对各类数据分项按专题进行集中、管理、分析，划分为不同的系统功能模块，加强报警的自定义设置功能，可将已往的运营管理经验变成逻辑分析条件，大数据分析功能可将供热采集回来的室温、供回水温度与流量等信息加入到数据分析中，通过合理的数据模型进行有效分析，将结果转化为直观的图表样式，方便各级管理者使用，如报警、消息、通知都可以集中显示，同时所涉及的控制功能也在本层实现，包括远程对终端设备的控制及实时的运行监测等功能。在整体设计时要最大限度地保留现有系统，简化实施方案，在现有系统的基础上进行整合和新平台的开发工作，这样既可方便各对接厂家的实现，缩短整体开发时间，降低系统升级代价，也为系统能够最终实现打下坚实基础，并且在整合过程中要预留各种标准化的接口，方便后期的升级工作。

顶层为信息管理层，它依赖于服务器硬件条件及网络条件，通过 GIS、B/S、APP 等将各系统的分析结果呈现给各类管理控制人员。

系统架构图如下：

图 11-32　抄表整合架构图

（3）采用的整合方式

478

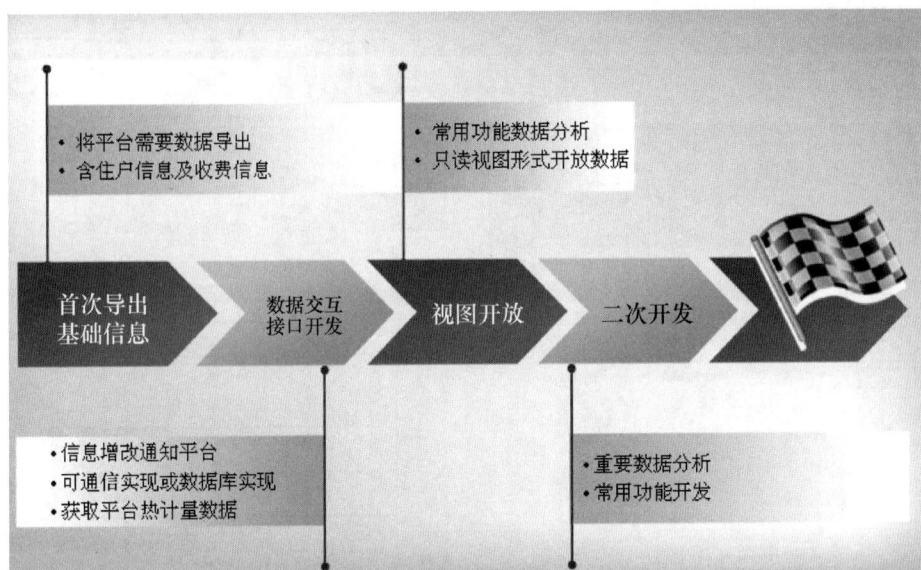

图 11-33　平台整合方式流程

首次导出基础信息，包括住户信息及收费信息；

数据交互接口开发，包括通信实现或数据库实现，获取平台热计量数据；

视图开放，包括常用数据分析，只读视图形式开放数据；

二次开发，包括重要数据分析及常用功能开发。

针对上述问题，采用信息平台整合方案，将现有四家供应商系统进行数据标准统一，由整合平台厂家提供统一数据对接接口标准格式，各远传厂家按照此标准格式，以开放数据库视图的形式，提供热用户基础信息以及实时数据信息，由整合平台厂家定时定点从各远传厂家数据库直接提取数据到整合平台软件，实现数据的统一管理，统一采集，统一存储。

（4）整合后平台介绍

平台首页可分为四部分：基本信息一览、典型用户室内温度、当地天气预报、一周室内平均温度。

系统菜单包括基础信息、数据查询、设备管理、数据采集、报警分析、统计分析、系统设置等模块。

统计某抄表点不同表厂、表型号的通信状况，用于考核评价热表质量及表坏判断。可查询统计出成功率、失败率和故障率，并可以查看成功、失败明细。

（5）整合后达到的效果

经过系统平台整合，可实现数据统一标准，统一管理，有效组织信息资源，管理方式得到很大改善，提高了工作效率，可及时准确掌握各系统的运行情况，

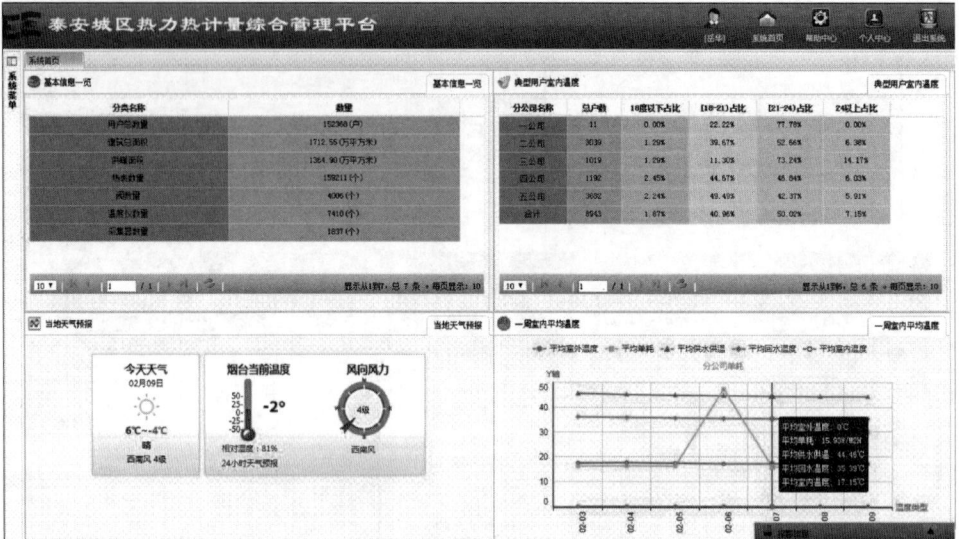

图 11-34　热计量综合管理平台

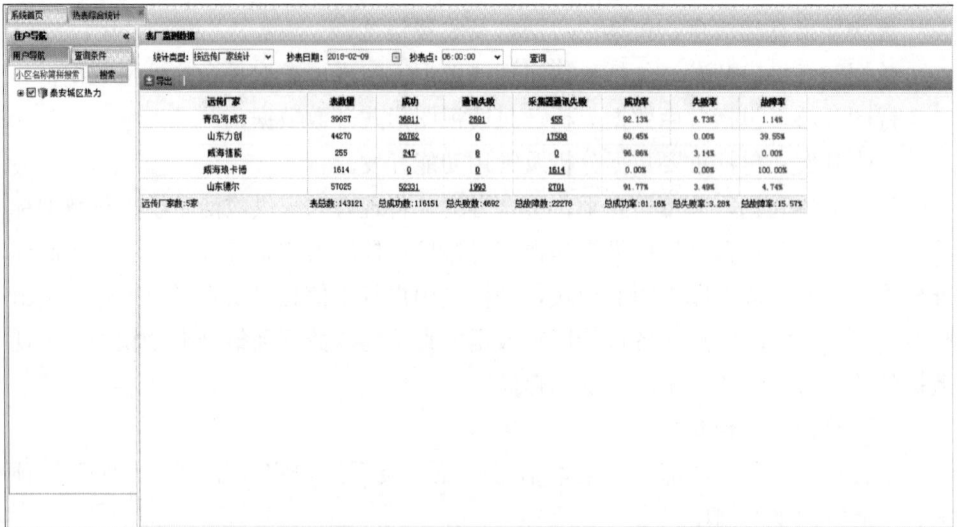

图 11-35　热表综合统计

供热质量和服务可以得到很大提高，采集数据资源可整合并深度应用，实现提前能耗分析及预警报警等功能。

能耗分析模块：

1) 对公司各个生产环节的能源消耗进行统计分析，从换热站、管网、楼栋到热用户，通过深入的分析找到既经济而又高质量的热网运行方式；

480

2）使用人员能第一时间全面了解整个管网的运行能耗，能够预知未来短期和长期能耗的整体需求，从而未雨绸缪，做好生产准备；

3）分析各小区间的不均匀度，提出优化调整方案；找出热耗的非正常损失点、水力失衡的原因和解决办法；

4）统计管网非正常能源消耗（水、电、煤、气、热），提出改进措施；

5）为供热公司管网维护改造、设备更新提供参考依据；

6）深挖管网节能潜力，发展新用户，扩大供热面积；

7）通过能耗、室温等数据的采集对供热能耗以及供热质量进行监管；

8）通过客户数据分析挖潜，为政府部门提供建筑能耗、空置率、室温达标率等民生信息参考。

11.3.5　总结与展望

实施热计量并不是进行节能建筑改造和安装热计量装置的主要目的。实现均衡供热、满足用户个性化需求，达到系统总体节能和提高用户舒适度的目的才是供热计量的核心。热计量温控一体化实现了采暖的分户温控和计量，通过流量的定向调配，实现均衡供热，达到了舒适节能的目的，满足了个体多样化的需求[6]。

根据当前节能减排的指导方向，综合政府主管部门、供热企业、居民用户、工程实践等多方面要求，以节能、降耗、节费为出发点，继续完善热计量温控一体化综合服务平台，实现居民用户自主的分户温控、分时段温控以及供热企业远程分户调控，实现"供热企业可控、居民用户可调、政府主管部门可管"的数字化远程监控要求，并将在各供应商系统平台整合的基础上，不断完善与经营收费系统等其他生产经营系统的对接，将温控一体化系统的作用充分发挥。

本 节 参 考 文 献

[1] 邹瑜，宋波，胡月波.《通断时间面积法热计量装置技术条件》(JG/T 379—2012)解读[J]. 建设科技，2012(18)：30-31.

[2] 李玉春. 温控一体化热计量系统探讨[J]. 计量与测试技术，2016，43(5)：52-53.

[3] 高长亚. 集中供热分户计量温控一体化实施方法研究与应用[D]. 山东大学，2016.

[4] 方修睦. 智慧供热对供热企业及相关企业的要求[J]. 煤气与热力，2018(3).

[5] CJ/T 188—2004. 用户计量仪表数据传输技术条件.

[6] 徐宝萍，狄洪发. 计量供热技术发展及研究综述[J]. 建筑科学，2007，23(2)：108-110.

11.4　智慧供热收费系统在北京市热力集团的应用

北京市热力集团有限责任公司　苏敬轩　李仲博　孙　波

大连海心信息有限公司　王延敏

11.4.1　概况

1. 项目背景

北京热力集团是全国最大的国有集中供热企业，具有六十年的光荣供热历史，隶属于北京能源集团，担负为北京市市民和中央党政军机关及各国驻华使馆、北京市党政机关、大型企事业单位的供热保障职责。北京热力集团集供热生产运营、供热规划设计、供热工程建设、供热技术研发、供热设备制造于一体，拥有供热运营企业 10 家，为供热运营提供保障的企业 7 家，员工 8000 多名。2016 年底，集团总资产 375 亿元，总收入 97 亿元；供热总面积 2.75 亿 m²，供热用户 150 万户；一级供热管线 1494km，热力站 3928 座。

热费是集团的命脉，做好热费管理工作是集团工作的重中之重。热力集团在热费管理业务的不断发展建设过程中，对应用系统的建设作了一定的工作。目前的热费管理信息系统管理着 150 万热用户，年热费收缴额超过 50 亿元。直接使用单位包括集团部室、分子公司、合格服务商及 100 多个网点/中心/所，直接使用人员超过 3000 人。另外还有若干个集团部室、银行等间接使用单位。

2. 建设情况

北京市热力集团有限责任公司热费管理信息系统于 2012 年 10 月上线，由大连海心信息工程有限公司开发，集团技术部负责业务技术对接以及后期的运行维护。近六年来，依据业务要求，系统一直在持续不断的升级，包括业务管理模式的完善、数据架构的优化和缴费渠道的扩充。

11.4.2　业务架构

热费管理信息系统的业务，完成了从面积台账建立，到应收的生成，再到费用的收缴，最后为财务结算四个总体的业务。基于管理思维和信息技术的发展，热费收缴业务的管理模式在不断的进步，总体来说是实现了集团化的管控模式。

1. 集团化分层次管理模式

北京热力集团热费管理业务，分为四个层级进行管理。集团各专业部室，基于业务分工，进行严格的业务管控。各个不同层级对业务的要求不同，基层业务人员要求业务办理灵活，包括业务开通、各种变更和调整、收退费、催费、上报等；中层管理人员要求业务管理严格，包括流程审批、业务监控、质量管理、绩效考核等；公司领导要满足数据统计分析要求，包括各种运营状况、对标管理、决策支持等。图 11-36 为面积调整业务流程示意。

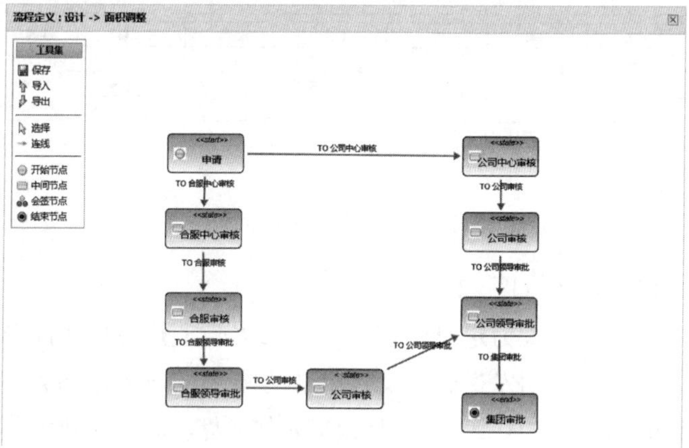

图 11-36　面积调整业务流程

为保证集团管控流程的严格和准确，热费管理信息系统采用了工作流程的处理方式。配置不同的业务流程和不同的配置环节，进行业务的审批。目前，系统中包括近 60 个电子化业务流程，自系统上线以来，共处理流程超过 100 万条。

2. 信息流与资金流一致

目前的热费收缴，大致有三种方式：窗口收缴；第三方代缴；主动汇款。

（1）窗口收费业务

窗口收费业务指热力集团收费人员直接收费的处理方式，包括收费员上门收费与固定网点收费两种途径。交款方式包括现金和支票两种。

收费员每日收费完成之后，到银行存储收缴的资金，收到银行的回单。此时，资金已经进入到了集团的账户，但是在应用系统中，数据并没有体现出哪笔钱。也就出现了财务人员发现有资金进入了集团账户，但是并不知道资金是哪里来的，对应应用系统中哪笔收费业务。

为解决这个问题，热费管理信息系统同银行系统做了直接连接。银行在存款前，先同热费系统核对批次单。核对成功的，银行进行录账处理；热费系统处理集团收费系统账，并按财务部的需求提供财务系统所需数据。参见图 11-37。

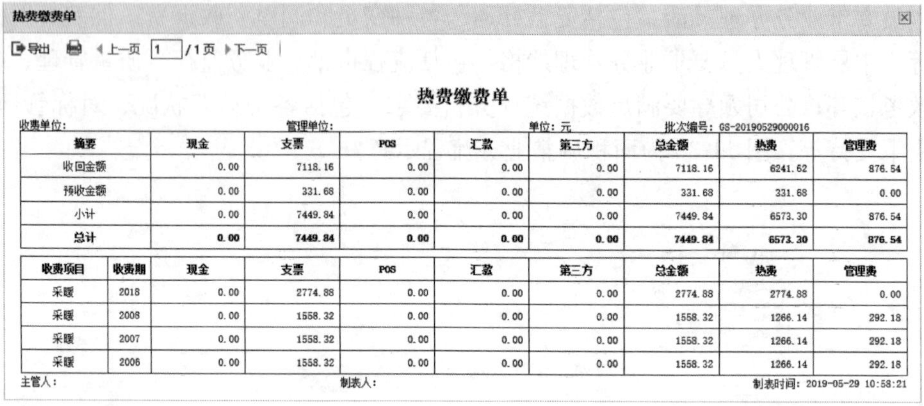

热费缴费单

导出　上一页　1 /1页　下一页

热费缴费单

收费单位:　管理单位:　单位：元　批次编号：GS-20190529000016

摘要	现金	支票	POS	汇款	第三方	总金额	热费	管理费
收回金额	0.00	7118.16	0.00	0.00	0.00	7118.16	6241.62	876.54
预收金额	0.00	331.68	0.00	0.00	0.00	331.68	331.68	0.00
小计	0.00	7449.84	0.00	0.00	0.00	7449.84	6573.30	876.54
总计	**0.00**	**7449.84**	**0.00**	**0.00**	**0.00**	**7449.84**	**6573.30**	**876.54**

收费项目	收费期	现金	支票	POS	汇款	第三方	总金额	热费	管理费
采暖	2018	0.00	2774.88	0.00	0.00	0.00	2774.88	2774.88	0.00
采暖	2008	0.00	1558.32	0.00	0.00	0.00	1558.32	1266.14	292.18
采暖	2007	0.00	1558.32	0.00	0.00	0.00	1558.32	1266.14	292.18
采暖	2006	0.00	1558.32	0.00	0.00	0.00	1558.32	1266.14	292.18

主管人:　制表人:　制表时间：2019-05-29 10:58:21

图 11-37　收费上报示意图

（2）第三方代缴业务（图 11-38）

目前的第三方代缴方式为定时处理方式，每天晚上热力集团向第三方发送应收文件，第三方向热力集团发送收回文件。热力集团的业务账同第三方的业务账可能存在不一致的情况，如在第三方已经体现为交费，但是在热力集团仍然体现为欠费，导致会发生重复交费等情况的发生。

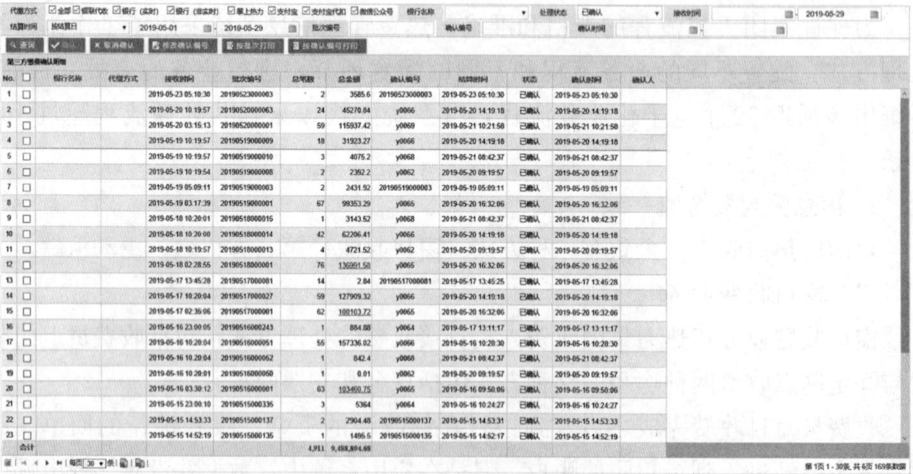

代缴方式 ☑全部 ☑银联代收 ☑银行（实时） ☑银行（非实时） ☑掌上热力 ☑支付宝 ☑支付宝代扣 ☑微信公众号　银行名称　处理状态 已确认　接收时间 - 2019-05-29

结算时间 按结算日 2019-05-01 - 2019-05-29　批次编号　确认编号　确认时间

查询　确认　取消确认　修改确认编号　按批次打印　按确认编号打印

第三方缴费确认明细

No.	☐	银行名称	代缴方式	接收时间	批次编号	总笔数	总金额	确认编号	结算时间	状态	确认时间	确认人
1	☐			2019-05-23 05:10:30	20190523000003	2	3585.6	20190523000003	2019-05-23 05:10:30	已确认	2019-05-23 05:10:30	
2	☐			2019-05-20 10:19:57	20190520000063	24	45270.84	y0066	2019-05-20 14:19:18	已确认	2019-05-20 14:19:18	
3	☐			2019-05-20 03:15:13	20190520000001	59	115937.42	y0069	2019-05-21 10:21:58	已确认	2019-05-21 10:21:58	
4	☐			2019-05-19 10:19:57	20190519000009	18	31923.27	y0066	2019-05-20 14:19:18	已确认	2019-05-20 14:19:18	
5	☐			2019-05-19 10:19:57	20190519000010	3	4075.2	y0068	2019-05-21 08:42:37	已确认	2019-05-21 08:42:37	
6	☐			2019-05-19 10:19:54	20190519000008	2	2392.2	y0062	2019-05-20 09:19:57	已确认	2019-05-20 09:19:57	
7	☐			2019-05-19 05:09:11	20190519000003	2	2431.92	20190519000003	2019-05-19 05:09:11	已确认	2019-05-19 05:09:11	
8	☐			2019-05-19 03:17:39	20190519000001	67	99353.29	y0065	2019-05-20 16:32:06	已确认	2019-05-20 16:32:06	
9	☐			2019-05-18 10:20:01	20190518000015	1	3143.52	y0068	2019-05-21 08:42:37	已确认	2019-05-21 08:42:37	
10	☐			2019-05-18 10:20:00	20190518000014	42	62206.41	y0066	2019-05-20 14:19:18	已确认	2019-05-20 14:19:18	
11	☐			2019-05-18 10:19:57	20190518000013	4	4721.52	y0062	2019-05-20 09:19:57	已确认	2019-05-20 09:19:57	
12	☐			2019-05-18 02:28:55	20190518000001	76	136991.50	y0065	2019-05-20 16:32:06	已确认	2019-05-20 16:32:06	
13	☐			2019-05-17 13:45:28	20190517000081	14	2.84	20190517000081	2019-05-17 13:45:25	已确认	2019-05-17 13:45:28	
14	☐			2019-05-17 10:20:04	20190517000027	59	127909.32	y0066	2019-05-20 14:19:18	已确认	2019-05-20 14:19:18	
15	☐			2019-05-17 02:35:06	20190517000001	62	100103.72	y0065	2019-05-20 16:32:06	已确认	2019-05-20 16:32:06	
16	☐			2019-05-16 23:00:05	20190516000243	1	884.88	y0064	2019-05-17 13:11:17	已确认	2019-05-17 13:11:17	
17	☐			2019-05-16 10:20:04	20190516000051	55	157336.02	y0066	2019-05-16 10:28:30	已确认	2019-05-16 10:28:30	
18	☐			2019-05-16 10:20:04	20190516000062	1	842.4	y0068	2019-05-21 08:42:37	已确认	2019-05-21 08:42:37	
19	☐			2019-05-16 10:20:01	20190516000050	1	0.01	y0062	2019-05-20 09:19:57	已确认	2019-05-20 09:19:57	
20	☐			2019-05-16 03:30:12	20190516000001	63	103460.75	y0065	2019-05-16 09:50:06	已确认	2019-05-16 09:50:06	
21	☐			2019-05-15 23:00:10	20190515000336	3	5364	y0064	2019-05-16 10:24:27	已确认	2019-05-16 10:24:27	
22	☐			2019-05-15 14:53:33	20190515000137	2	2904.48	20190515000137	2019-05-15 14:53:31	已确认	2019-05-15 14:53:33	
23	☐			2019-05-15 14:52:19	20190515000135	1	1496.5	20190515000135	2019-05-15 14:52:17	已确认	2019-05-15 14:52:19	
	合计					4,911	9,488,894.68					

每页 30 条

第1页 1-30条, 共6页 169条数据

图 11-38　第三方代缴确认示意图

为解决这种不一致的问题，第三方代缴调整为实时代缴方式，保持第三方和热力集团在业务账上保持一致。第三方在自身收费的同时，实时向热力传送收费信息，热力同时进行登账处理。第三方每日定时向热力集团发送当日代收明细，

同热力集团收费明细进行核对，代收明细以第三方数据为准。更重要的是，在第三方向热力集团发送纸面对账单之前，即认为这笔账已经核对完成，满足当天收缴业务当天处理完成账务，不再是 $T+1$ 甚至是 $T+n$ 的模式。

（3）主动汇款业务（图 11-39）

主动汇款业务是热用户直接将费用存到热力集团的账户，供热力集团匹配具体费用明细的过程。很多用户在向热力集团的账户存储资金时，并没有注明用户编号、用户名称等信息，导致资金和数据的匹配非常困难，这种业务状况其实在很多热力公司都存在。

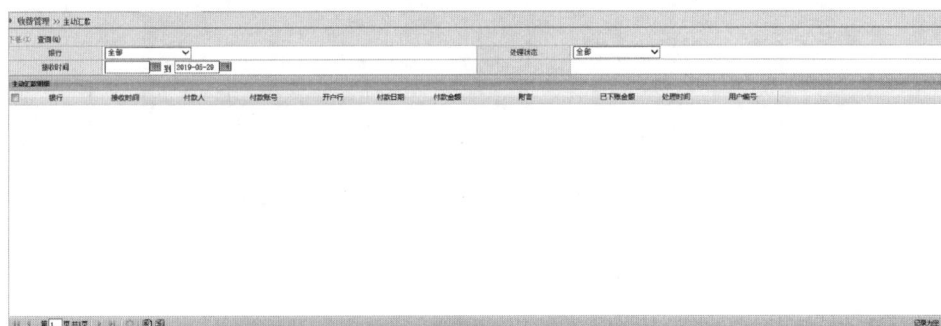

图 11-39　主动汇款示意图

为解决这个问题，热费管理信息系统和银行系统做了连接。首先是用户向热力集团账户存入费用，然后银行将到账通知发送给热力集团。热力集团的相关人员根据到账通知中的要件备注信息，匹配热用户的费用明细。匹配成功的进入集团收费系统账，并按财务部的需求提供财务系统所需数据。这里匹配采用了模糊匹配的方式，减少人为处理的难度，最大化发挥计算机的处理能力。

3.业务财务一体化

北京热力集团热费管理信息系统，包括财务管理内容，财务的数据要由业务数据自动生成，而不是再重新录入一遍。财务要求大致分为三个层面，一是财务科目的划分，二是财务摘要的处理，三是财务数据的处理。

北京热力集团的热费业务，负责采暖、生活热水、蒸汽、户用热计量等十多个收费项目，面积计费方式按采暖季收缴，计量计费方式按月收缴。而财务上，要求只有三个科目：采暖、智能卡和蒸汽。因此，在业务数据转化为财务数据时，需要进行严格的匹配。

财务摘要处理，指业务的数据表现方式，要转化为财务的数据表现方式。如收费的业务很多，包括收费、户用热计量收费、待核实欠费收费、退费、待核实欠费退费、预收退票等，同时还要根据当前采暖季和收退的费用所属的采暖季进行重新的匹配。财务只有四种：收回金额、收回退票、预收金额和预收退票。业务转化为财务数据时，也要考虑这方面的内容。

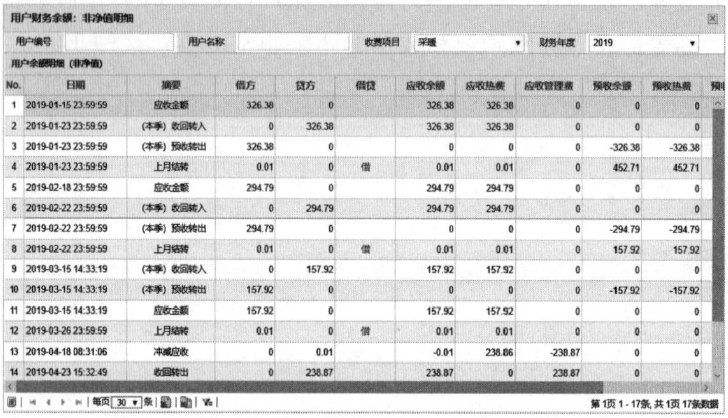

用户财务余额：非净值明细

用户编号　用户名称　收费项目 采暖　财务年度 2019

用户余额明细（非净值）

No.	日期	摘要	借方	贷方	借贷	应收余额	应收热费	应收管理费	预收余额	预收热费
1	2019-01-15 23:59:59	应收金额	326.38	0		326.38	326.38	0	0	0
2	2019-01-23 23:59:59	（本季）收回转入	0	326.38		326.38	326.38	0	0	0
3	2019-01-23 23:59:59	（本季）预收转出	326.38	0		0	0	0	-326.38	-326.38
4	2019-01-23 23:59:59	上月结转	0.01	0	借	0.01	0.01	0	452.71	452.71
5	2019-02-18 23:59:59	应收金额	294.79	0		294.79	294.79	0	0	0
6	2019-02-22 23:59:59	（本季）收回转入	0	294.79		294.79	294.79	0	0	0
7	2019-02-22 23:59:59	（本季）预收转出	294.79	0		0	0	0	-294.79	-294.79
8	2019-02-22 23:59:59	上月结转	0.01	0	借	0.01	0.01	0	157.92	157.92
9	2019-03-15 14:33:19	（本季）收回转入	0	157.92		157.92	157.92	0	0	0
10	2019-03-15 14:33:19	（本季）预收转出	157.92	0		0	0	0	-157.92	-157.92
11	2019-03-15 14:33:19	应收金额	157.92	0		157.92	157.92	0	0	0
12	2019-03-26 23:59:59	上月结转	0.01	0	借	0.01	0.01	0	0	0
13	2019-04-18 08:31:06	冲减应收	0	0.01		-0.01	238.86	-238.87	0	0
14	2019-04-23 15:32:49	收回转出	0	238.87		238.87	0	238.87	0	0

每页 30 条　第1页 1 - 17条, 共1页 17条数据

图 11-40　财务明细示意图

对于采暖、户用热计量等按采暖季收缴的费用，热用户只知道季应收和缴费金额即可。但是在财务上，需要按月进行拆分。根据北京区域的供热周期，季应收拆分为五个月，从 11 月到下一年的 3 月，根据天数进行拆分。相应的收回也要进行拆分。如 11 月收缴了整个采暖季的费用，只能有对应 11 月应收的部分进行收回金额，其余的要进入预收金额。12 月产生了应收之后，还要从预收金额中调整相应的金额为收回金额。如图 11-40 所示。

11.4.3　技术架构

北京热力集团的面积规模、热费收缴规模，远远高于其他热力企业，因此在对应用系统的数据处理能力、并发能力等方面的要求上，北京热力集团热费管理信息系统的技术架构需要更多参考其他行业的技术架构经验。

1. 技术架构的原则

北京热力集团热费管理信息系统技术架构的基本原则是高可用、高并发。

(1) 什么是高可用

高可用（High Availability）是分布式系统架构设计中必须考虑的因素之一，它通常是指，通过设计减少系统不能提供服务的时间。假设系统一直能够提供服务，我们说系统的可用性是 100%。如果系统每运行 100 个时间单位，会有 1 个时间单位无法提供服务，我们说系统的可用性是 99％。很多公司的高可用目标是 4 个 9，也就是 99.99％，这就意味着系统的年停机时间为 53 分钟。

如何保障系统的高可用？单点是系统高可用的大敌，单点往往是系统高可用最大的风险和敌人，应该尽量在系统设计的过程中避免单点。方法论上，高可用保证的原则是"集群化"，或者叫"冗余"：只有一个单点，挂了服务会受影响；如果有冗余备份，挂了还有其他备份能够顶上。保证系统高可用，架构设计的核心准则是：冗余。有了冗余之后，还不够，每次出现故障需要人工介入恢复势必会增加系统的不可服务实践。所以，又往往是通过"自动故障转移"来实现系统的高可用。

（2）什么是高并发

高并发（High Concurrency）是互联网分布式系统架构设计中必须考虑的因素之一，它通常是指，通过设计保证系统能够同时并行处理很多请求。高并发相关常用的一些指标有响应时间（Response Time），吞吐量（Throughput），每秒查询率（Query Per Second），并发用户数等。

响应时间：系统对请求做出响应的时间。例如系统处理一个 HTTP 请求需要 200ms，这个 200ms 就是系统的响应时间。吞吐量：单位时间内处理的请求数量。QPS：每秒响应请求数。在互联网领域，这个指标和吞吐量区分的没有这么明显。

并发用户数：同时承载正常使用系统功能的用户数量。例如一个即时通信系统，同时在线量一定程度上代表了系统的并发用户数。

如何提升系统的并发能力？互联网分布式架构设计，提高系统并发能力的方式，方法论上主要有两种：垂直扩展（Scale Up）与水平扩展（Scale Out）。

垂直扩展：提升单机处理能力。垂直扩展的方式又有两种：增强单机硬件性能，例如：增加 CPU 核数如 32 核，升级更好的网卡如万兆，升级更好的硬盘如 SSD，扩充硬盘容量如 2T，扩充系统内存如 128G；提升单机架构性能，例如：使用 Cache 来减少 10 次数，使用异步来增加单服务吞吐量，使用无锁数据结构来减少响应时间；

2. 分布式架构

集中式和分布式是两个对立的模式。当系统的处理能力不能满足业务的要求时，第一考虑的解决方法就是硬件环境的升级。

当硬件环境的升级达到一个瓶颈时，就需要从架构模式上进行一系列的调整，比如业务模块的分割，数据库的拆分等，这就是分布式架构产生的初衷。

本系统中的分布式架构基于消息模式，架构图如图 11-41 所示。

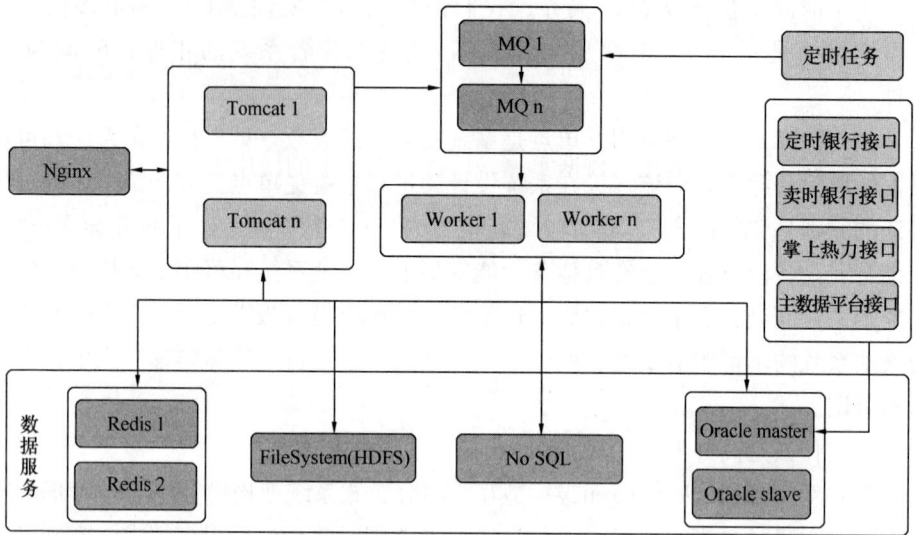

图 11-41　分布式架构框架图

（1）本系统的主要程序是两个。一个 Web 程序，位于图中的 Tomcat 中；另外一个是计算程序，位于图中的 Worker 中。

Web 程序用于处理比较实时的数据，处理完成之后，记录 log，并发送消息给消息队列；Worker 从消息队列取得消息，并进行其他实时性要求不高的数据处理。这就改变了以往所有数据都由 Web 程序实时处理的状况，实时数据能够得到保证，非实时数据也有汇总的途径，而不再针对实时数据做汇总、统计等操作。

从业务角度讲，实时数据保证的前提下，能够非常快速地得到汇总的数据，而不用再等 $T+1$ 才能得到。从性能的角度讲，减小了实时数据处理的工作量，保证了 Web 程序的运行速度。

（2）Web 程序中的实时数据的处理是在一个事务中，同时 log 的插入也是在这个事务中，保证了数据的一致性。

Worker 的处理和 Web 程序的处理不在一个事务中，由于消息队列异常等可能发生的问题，可能存在数据不一致的状况。为了避免这种不一致状况的发生，两个程序都是基于 log 进行处理。当 Web 发送给 Worker 的 logid 处理完成以后，将 log 数据从当前 log 表中清除掉。一旦发生了异常，log 数据将还保存在当前 log 表中。增加了一个定时任务的程序，定期检查 log 表中的数据，一旦发现有很长时间没有处理的数据，再调用 Worker 程序处理一遍。

（3）对于一些经常使用的数据，使用了缓存的方式，将这些数据存到数据库的同时，放在 Redis 中。使用时从 Redis 取，而不直接从数据库查询。如 Session

的数据、字典的数据等。

（4）对于系统中的一些数据量比较大、使用比较频繁的数据，采用了 solr 的检索方式。

这些数据，主要指几个数据实体。以往在系统中的使用方式，都是采用列表的方式。一些变更操作也是基于这个列表。需要同时满足查询和变更的要求。

这两个业务有不同的数据要求。查询要求，一般是查询的范围比较大，需要全部或按大的管理范围，一次检索的数据比较多。而变更要求，有两种，一种是针对单条数据的处理，另外一种是针对多条数据的批量变更，但范围也比较小。通过以上的考虑，将这个功能进行了拆分，一个满足变更要求，一次检索的数据范围比较小，为保证实时性的要求，直接从数据库提取。第二个满足查询的要求，一次检索的数据范围比较大，同时对实时性要求较低，从 solr 进行查询。

（5）数据库的架构，采用了读写分离的模式，分为 master 库和 slave 库。

master 库完成所有的写操作及数据量比较小的查询，如针对单个实体的查询。slave 库主要完成大量的查询。

（6）为保证系统的高可用、高负载，系统的大部分程序都采用了集群的部署方式。如 Active MQ、Redis 以 Zookeeper 做协调搭建集群，Web 程序以 tomcat ＋nginx 做集群。

11.4.4　项目效果

1. 建设效果

从收费业务的发展趋势来看，走收基本都取消了，坐收在逐渐减少，线上收费成为一种大趋势。相对应的管理结构、业务流程、业务量、业务种类在不断扩展，热费管理信息系统需要实现高效协同。通过热费管理信息系统的建设，借助技术管控手段，整合资源，提升管理水平，达到了"四个一"的目标。

（1）一个数据中心：实现热用户基础数据、变更数据、计量数据、收费数据、结算数据、财务数据的资源共享，保证数据的时效性和统一性。

（2）一个收费账套：整合了原来多个平台几十个账套的数据管理模式，改善了用户信息分账套分时间的繁琐查找及管理单位信息变更余额切转滞后等问题，实现收费管理业务财务一体化。

（3）一站全程服务：融合多个业务受理渠道，快捷受理用户各种业务，实现便民服务。

（4）一套管理体系：实现单业务多部门协同管理，多业务多部门协同优化，保证各项数据流程规范可控。

2. 后续展望

总体上来看，热费管理信息系统还是一套针对"管理"的系统，同时面向管理人员和客户，需要依据管理模式的发展和信息技术的进步而不断升级。系统在从创建到完成的全过程中，始终遵守集团提出的"管理制度化、制度流程化、流程信息化"的方针。

在未来的持续建设和完善过程中，基本业务准则是尊重事实、结合现状、加强管控，数据准则是整合资源、数据统一、规范标准，业务功能方面需要融合多渠道、业务流程简洁、依据痕迹清晰。遵守上述的三个准则，才能保证热费管理信息系统更好地服务管理要求。

本 节 参 考 文 献

[1] 王朔韬. 软件是这样"炼"成的：从软件需求分析到软件架构设计. 北京：清华大学出版社，2016.

[2] 郭树行. 企业架构与 IT 战略规划设计教程. 北京：清华大学出版社，2013.

[3] 杨开振，周吉文，梁华辉，谭茂华. JAVA EE 互联网轻量级框架整合开发. 北京：电子工业出版社，2017.

11.5 基于云平台智能热网监控系统

北明天时能源科技（北京）有限公司 韩向广 李 鹏 张 伟

11.5.1 引言

随着热力行业的规模发展及集中供热的推进，许多城市中的热力公司的供热面积都超过千万平方米，相对于如此规模的热网，现有的热网调控方式，无论是以单站调节为主的智能热力站控制模式，还是单纯的以一次网平衡为主的全网平衡控制模式都无法达到理想的控制效果。

大型热网的控制难点主要在于控制节点众多，管网情况复杂，现有的调控方式控制目标和调控手段过于单一，无法实现热网系统的灵活、精细控制，为此需要增加大量的修正手段，如用户室温统计、管网的动态水力分析、热源计划与调配（特别是多热源联网供热系统）、气象预测及管网水力模型等，来提高管理者对大型热网整体系统特性的掌握，增加优化调节手段，提升热网调控的精细程度。这种多输入、多输出的控制系统，除了涉及的数据规模急剧上升外，还涉及复杂的控制算法的引入以及各种修正项的权重和时延优化等因素，在传统的热网控制系统的架构中难以实现。

随着信息技术的发展，特别是云计算、大数据技术的发展，为热网行业安全、高效、节能生产运行和管理的实现带来契机。在大型热网系统的控制时，通过引入大数据及云技术等手段，可以方便地对热网调控中的所有参控量进行数据集中；通过建立动态的模型，利用历史数据及实时工况进行对比分析，进行热网系统的控制优化，从而实现大网系统的整体节能、经济和优质运行。供热系统的信息一体化管理即将迈入大数据时代。

11.5.2　项目背景

大同市热力公司热网自动化系统自 2003 年开始建设，当时正值我国城市化建设和集中供热的大发展阶段。经过近 15 年的高速发展，该热力公司的集中供热面积从最初的几百万平方米发展为近 6000 万 m² 的供热规模，拥有热力站近 400 座，供热系统近 700 套，市区 80% 以上的面积均已纳入到集中供热系统中。

该热网规模急剧发展的 15 年，也正是信息技术及控制技术高速发展的时期，因此该热网所应用的信息技术和控制技术也历经了多次技术更新和升级改造。网内现存控制器种类和品牌众多，不同的自控产品所主推的通信协议及通信接口也各不相同，导致系统整合非常困难，热网监控系统及热力站自控系统已经严重滞后于热网规模的发展。特别是近几年，该热力公司投入了大量资金进行了大量热网新技术及新工艺的应用和升级，如：供热主管网已经建成了多热源联网运行的城市级热力环网；进行了大面积的分户计量改造；网内有近 100 个系统改造为大温差机组；热力公司运营方面建立了在线客服、联网收费、用户室温采集等多个信息系统等。然而既有的监控系统及全网平衡控制软件，既无法适应源侧和网侧的工艺变化，又无法兼容热力站新技术的应用，对于用户侧的数据及客服数据也根本无法利用。监控手段上的落后与热网控制智能化需求之间的差距变得越来越明显，严重制约了热力公司的下一步发展。

11.5.3　技术方案

鉴于以上情况，我们制定了一套完整的智能热网监控系统升级方案。新方案的基本结构是"一个平台、两个中心"，即依托云技术建立一个基础的资源融合平台，将热力公司的各种业务系统分别融合为"生产调度中心"和"运营管理中心"；两个中心业务相对独立而又有机结合，通过信息平台的数据总线融合工具，打通热力公司管理的"信息壁垒"，以求达到"生产促进运营，运营指导生产"的最终目标。参见图 11-42。

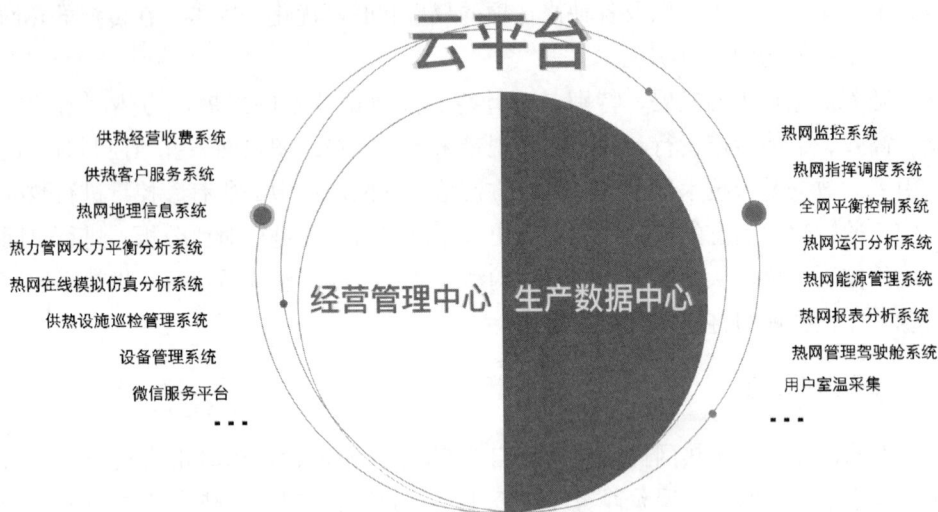

供热经营收费系统
供热客户服务系统
热网地理信息系统
热力管网水力平衡分析系统
热网在线模拟仿真分析系统
供热设施巡检管理系统
设备管理系统
微信服务平台

云平台

经营管理中心　生产数据中心

热网监控系统
热网指挥调度系统
全网平衡控制系统
热网运行分析系统
热网能源管理系统
热网报表分析系统
热网管理驾驶舱系统
用户室温采集

图 11-42　方案基本结构

1. 系统设计原则

对整个热网监控系统的改造，制定了以下几个基本原则：

（1）对于已有系统进行充分的利用，保证前期投资的价值；

（2）新建的热网监控系统平台要充分考虑延续性，保证满足 5～10 年内系统的扩展与升级需求；

（3）充分考虑热网工艺条件，控制综合多热源调度、环网调控、均匀性调节、分户计量及用户室温系统等；

（4）在智能化监控的基础上，需提供一系列管控及分析功能，体现对热网运行的系统性评价和优化控制。

基于以上 4 个基本原则，技术方案从搭建系统平台、建立热力站建设标准、丰富监控系统功能、完成信息资源整合等几个方面进行了统一的规划。

2. 搭建信息化云平台

基于"一个平台、两个中心"的系统构架，搭建信息化云平台是进行热力公司智能业务系统融合管理的基础和前提。

改造前项目业主除了热网 SCADA 系统外，还存在与生产、经营管理、财务、OA 办公自动化相关的各个系统，未来还准备增加指挥调度、应急、指挥系统、设备管理二次调控系统等系统。上述系统相对独立，每个系统有独立的服务器但无任何在线的数据交互，服务器资源应用情况严重不平衡。大量基础信息数据重复录入，严重影响了热网经营管理和生产调度的信息交互。

在充分考虑项目现有业务系统情况及未来热网智能化建设的发展需求的基础

上，本项目的信息平台选用了天时公司的 B-CLOUD 私有云平台。通过对现有数据中心机房的私有云平台建设，将企业信息中心的计算、存储及网络资源进行了充分的整合，将现有系统均迁移至私有云，通过云平台集中管理，大大提高系统的安全性和资源的利用率。

（1）数据中心计算虚拟化资源融合方案

数据中心主要的硬件基础为集中的服务器集群，信息平台在运行环境的搭建时将充分利用现有资源，建成计算虚拟化资源池。标准云平台的硬件基础配置需求如图 11-43 所示。

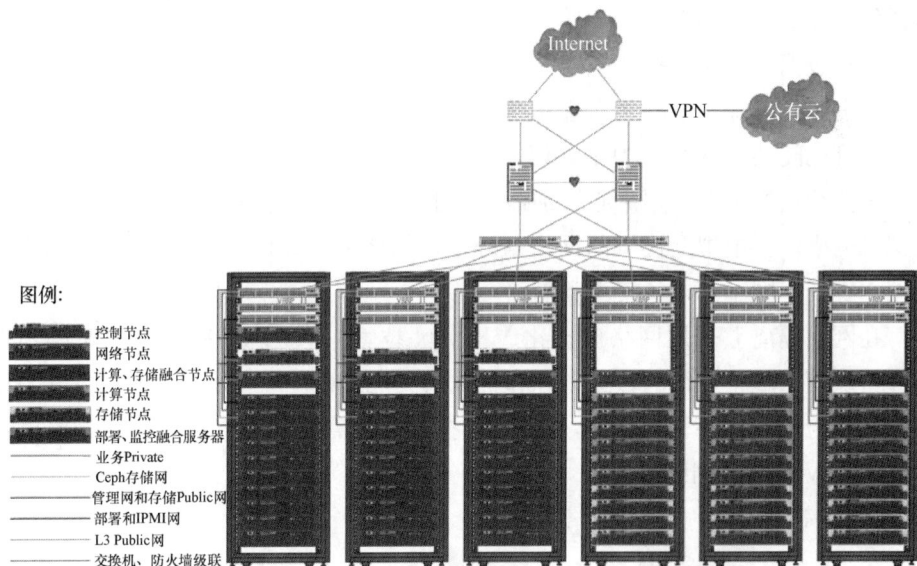

图 11-43　标准云平台硬件基础配置

设备规划：

设备按照用途、角色划分为：控制节点、网络节点、计算节点、存储节点及计算存储融合节点。

1）控制节点：B-CLOUD 控制器负责云平台的系统资源管理，配置 VRRP 实现网络冗余及负载均衡。

2）网络节点：B-CLOUD 在部署时可选择将网络节点集成至控制节点。也可以如图所示将网络节点单独部署在服务器上，支持配置 VRRP 实现高可用。

3）计算存储融合节点：B-CLOUD 支持将节点的本地磁盘作为 OSD 加入分布式、多副本的 Ceph 存储池。多个副本会放置在不同机柜的不同节点上，单一节点的故障不会导致副本数据的丢失。B-CLOUD 至少配置 4 台服务器作为基础的计算存储融合节点。

4）计算节点：不论是生产网络、存储网络还是管理网络故障，都会触发虚拟机秒级迁移至可用计算节点，保证业务高可用。计算节点可根据云平台的规模和计算需求进行扩展。

5）存储节点：Ceph 分布式存储可管理超大数量的存储节点，虚拟机的多个副本会放置在不同存储节点，单一存储节点故障不会导致副本数据的丢失。存储节点可按照平台信息存储和中转的需求进行配置。

在本项目中，考虑到现有的硬件资源条件及既有业务系统的应用需求，私有云平台共布置了 3 个控制节点（集成网络节点）及 5 个计算存储融合节点，形成虚拟化资源池。

（2）数据中心网络拓扑规划

在虚拟化资源池中的每台虚拟化 Hypervisor 节点上会运行多台虚拟机，多台虚拟机之间共享网络，为了方便，管理系统采用虚拟交换机来配置和管理网络。虚拟交换机可在数据中心级别提供集中和聚合的虚拟网络，从而简化并增强虚拟机网络。在虚拟交换机的网络划分上，仍然采用 VLAN 的方式划分不同的子网，实现不同子网段的安全和隔离。

在网络隔离上采用网络虚拟化 VXLAN 技术。VXLAN 网络可以跨越物理边界，从而跨越不连续的数据中心和集群来优化计算资源利用率。VXLAN 采用逻辑网络与物理拓扑相互分离，使用 IP 技术，无需重新配置底层物理网络设备即可扩展 VXLAN 网络。

图 11-44 为数据中心的网络拓扑图。

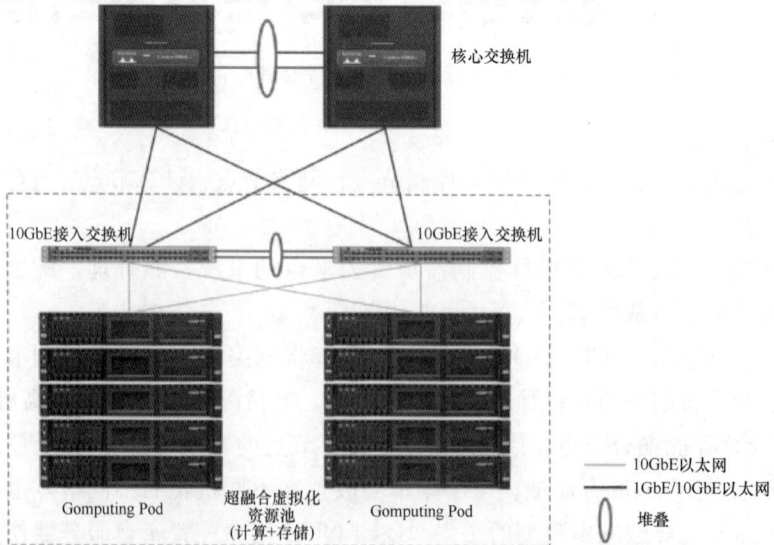

图 11-44　数据中心网络拓扑图

在每个物理节点上有多种网络需求,包括内部通信网络、管理网络、生产网络等,因此每个节点配置了多块网卡,各节点性能参数设计见表11-6。

各节点性能参数 表11-6

类型	设计	备注
物理节点之间的内部通信网络	10Gb 以太网双链路冗余	每个节点通过两条万兆链路分别连接两台万兆交换机,保证网络设备和链路的冗余度。 使用万兆网络互联物理节点,当发生密集的写IO时,万兆网络能保证提供足够带宽满足节点之间的IO同步流量
客户端与服务器虚拟机之间的通信网络,虚拟化服务器对外服务网络	1Gb/10Gb 以太网,双链路冗余	每个节点通过两条千/万兆链路分别连接两台千/万兆交换机,保证网络设备和链路的冗余度。 用户访问虚拟服务器对外提供服务时,通过千/万兆链路可以实现与后端存储流量隔离
硬件管理网络(IPMI)	1Gb 以太网	每个节点都有独立的千兆链路,用于连接专门的管理网络,实现管理网络与业务网络、存储网络分离。可以最大限度保证管理的灵活性和安全性

(3)数据中心基础信息安全系统建设

安全建设是网络建设的高级阶段,在传统的交换技术和路由技术基础上,增加了过滤和防御的理念,属于网络建设的高级层次。基础信息安全系统涉及出口防火墙、防病毒网关、上网行为管理、服务器区域防火墙等。

出口防火墙:采用高性能应用层防火墙连接多个ISP(互联网服务供应商)的链路,作为局域网接入Internet的最终网关,承载整个网络的出口流量。现代防火墙除具备安全特征外,还具备了部分负载均衡特性——针对不同的运营商网络,选择合理的转发路径。同时可采用VPN技术,方便出差人员或在家办公人员接入本地网络。

上网行为管理:主要用途是对网络流量进行清洗、整形,过滤或者减少非感兴趣数据流,同时保障正常的网络访问的畅通;对用户的上网流量加以控制,加强整体网络的可靠性和可用性;对互联网的访问内容进行控制,阻止对某些类别的网站访问,限制某些类型网站的访问时间和连接数等,是过滤互联网内容的好帮手。部署该设备,可以实现对互联网带宽的有效利用,过滤无关的网络流量,保持上网环境的清洁。

3. 建立统一的热力站建设标准

综合热力站的实际需求情况及热网控制的要求,我们共同制定了统一的热力站自控系统建设标准。

(1) 统一的热力站标识信息

热力站统一标识包括：热力站编号、热力站名称、热力站位置信息、热力站负荷面积及负荷类型（地暖、暖气片等形式；节能型建筑、非节能建筑；民用住宅、商用面积、学校、医院等等）、热力站管理信息（如：站长、联系人、所属分公司）等。热力站标识信息可以是来源于 GIS 系统或者收费系统的。

(2) 统一的热力站通信协议接口

既有系统的通信协议，因热力站建设年代及自控系统品牌的不同，差异很大。为了方便数据的整合及系统维护，本次改造通信介质统一改为联通光纤搭建的 VPN 网络，通信协议采用大多数 PLC 控制器均支持的 Modbus TCP 协议，统一建立热力站系统 IP 地址表，并规定开放的端口号。每个热力站控制器与 IP 地址唯一对应，可以很方便地进行系统添加和通信状态测试。

(3) 统一的热力站通信点表

建立一个标准系统的配置清单，各个热力站根据标准配置清单进行设备改造和仪表补充。在站内自控设备和仪表配置统一的基础上，建立统一的热力站通信点表，以标准化上下位数据通信接口。标准的热力站测点配置及热力站信息参见表 11-7。

标准热力站设计信息　　　　　　　　　　　　　　　表 11-7

站名	×××热力站		站号	※×××
所属分公司	×××分公司			
供热面积	××××m²			
热力站地址				
热力站联系人			电话	
IP 地址	10.10.×××.×××		端口号	××××
通信协议	MODBUS TCP			

序号	位号	描述	I/O 类型	电气特性	单位
1	PT-01	一次网供水管除污器前压力	AI	4-20mA	MPa
2	PT-02	一次网供水管除污器后压力	AI	4-20mA	MPa
3	TT-01	一次网供水温度	AI	4-20mA	℃
4	PT-03	一次网回水压力	AI	4-20mA	MPa
5	TT-02	一次网回水温度	AI	4-20mA	℃
6	PT-04	二次网供水压力	AI	4-20mA	MPa

序号	位号	描述	I/O类型	电气特性	单位
7	TT-03	二次网供水温度	AI	4-20mA	℃
8	PT-05	二次网回水管除污器前压力	AI	4-20mA	MPa
9	PT-06	二次网回水管除污器后压力	AI	4-20mA	MPa
10	TT-04	二次网回水温度	AI	4-20mA	℃
11	SV-01	一次网调节阀控制指令	AO	4-20mA	％
12	PV-01	一次网调节阀阀位反馈	AI	4-20mA	％
13	LT-01	水箱液位	AI	4-20mA	m
14	FT-01	水箱补水流量	AI	4-20mA	t/h
15	QQI-01	一次网供热量	RS485		
16	XHP-SV	循环泵频率给定	AO	4-20mA	％
17	XHP-PV	循环泵频率反馈	AI	4-20mA	％
18	XHP-IL	循环泵电流指示	AI	4-20mA	A
19	XHP-Q	循环泵起动	DO	干接点	
20	XHP-T	循环泵停止	DO	干接点	
21	XHP-R	循环泵运行状态	DI	干接点	
22	XHP-MA	循环泵就地/远方信号	DI	干接点	
23	XHP-AL	循环泵变频器故障	DI	干接点	
24	BSP-SV	补水泵频率给定	AO	4-20mA	％
25	BSP-PV	补水泵频率反馈	AI	4-20mA	％
26	BSP-IL	补水泵电流指示	AI	4-20mA	A
27	BSP-Q	补水泵起动	DO	干接点	
28	BSP-T	补水泵停止	DO	干接点	
29	BSP-R	补水泵运行状态	DI	干接点	
30	BSP-MA	补水泵就地/远方信号	DI	干接点	
31	BSP-AL	补水泵变频器故障	DI	干接点	
32	EL-01	电度表	RS485		
33	JS-01	地浸开关1	DI	干接点	
34	JS-02	地浸开关2	DI	干接点	
35	JS-03	地浸开关3	DI	干接点	

（4）统一的热力站功能要求

对于热力站的站内控制功能，本项目也建立了统一标准。标准换热站控制系统的基本控制功能包括：

1）站内自控系统 PLC 完成站内温度、压力、流量、热量、水位、电量等工况参数的采集工作，并且对于一次网调节阀、一次网回水加压泵、二次网循环泵、补水泵、泄压电磁阀等执行器进行状态采集和控制，与中控室上位系统通信，可以实现远程监控。

2）站内 PLC 柜设置触摸屏，实现对热力站仪表设备的工况进行监控功能，同时具有与中控室上位系统进行对时和记录巡站功能。

3）站内 PLC 控制器能实现一次网流量控制功能。PLC 的控制逻辑对于一次网调节阀至少提供三种控制模式：直接阀位给定（手动控制）、二次网供回水均温控制（全网平衡）、二次网供水温度控制（外温曲线控制）。

4）站内 PLC 控制器完成二次网循环泵 PID 控制。循环泵控制提供：定压差控制、定温差控制以及分时分段控制模式。

5）自动补水控制，站内 PLC 控制器可以实现根据二次网回水压力进行自动定压补水。

6）连锁与保护：站内控制系统提供多种连锁保护机制，如：超温、超压、水箱液位低、停电、设备故障、泄漏浸水等。

7）所有保护、连锁、报警等信息实时上传至上位监控系统，同时阈值可以在上位系统进行修改、设置。所有 PID 控制参数均可在中控室修改、设置，以便智能供热系统进行系统参数优化。

凡按标准建立的热力站系统，上位机监控系统组态时，都可以很方便地通过"一键加站"的方式进行添加。

4. 监控系统的功能

在云平台基础上，上位监控系统选用 PVSS＋XLink 软件。监控系统可以直接布置在云平台上，不会出现因受制于计算机硬件条件而造成数据吞吐量不足的问题，此举能充分发挥平台和监控软件的高安全性和保密性、高速率、高可靠性、高抗干扰能力，具有实施及运行成本低、易维护等特点。

（1）监控系统的体系结构

依托公共网络平台的特性，监控系统平台选用某高端监控系统解决方案——PVSS 监控系统软件开发平台。PVSS 是某公司在全球范围内针对大尺寸地理域伸展和分布式设计所开发的广域 SCADA 系统解决方案；其灵活和柔性的扩展与部署特性使其成为标准的 IT 平台。热网监控系统由三大系统组成：包括热网监控中心（MCC）、远程终端站和通信系统。监控系统的结构如图 11-45 所示。

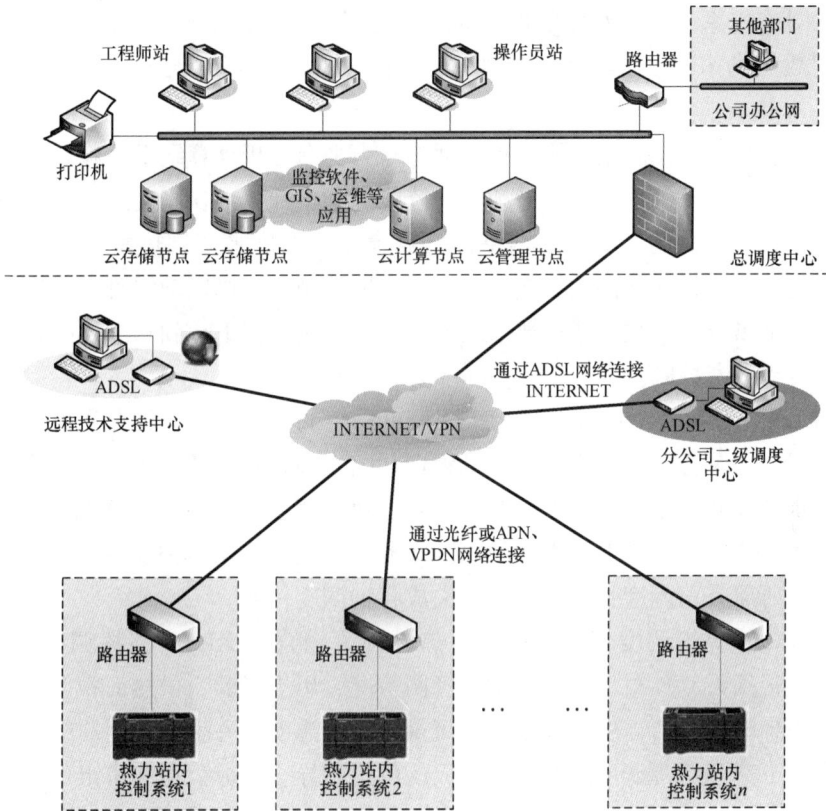

图 11-45　系统监控架构图

SCADA 系统采用 PVSS 作为上位机软件，具有系统稳定、数据安全、数据吞吐量大等优势。再加上云计算平台，为数据存储提供了资源池，大大加快了数据访问的实时性，且具备了下一步的二次网的海量数据采集的接口。

（2）监控系统的功能简介

热网生产调度中心软件平台包括热网监控系统、全网平衡优化系统、热网调度指挥系统、气候模型专家系统、热网能耗分析系统等模块。模块结构如图 11-46 所示。

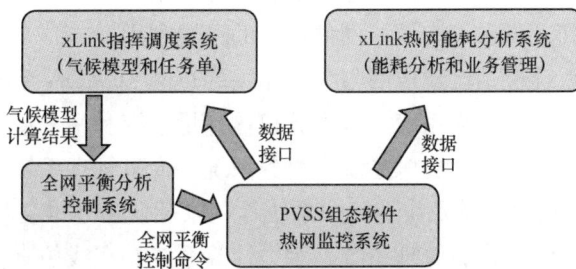

图 11-46　模块结构

热网监控系统（PVSS工程）为监控平台提供数据源，完成热力站单元的生产数据的采集、指令下发、数据入库、曲线、报警、分公司权限管理等功能。

全网平衡优化控制系统能够根据动态水力平衡分析计算结果，确定全网综合调节控制方案，保持系统水力平衡，系统能够分析计算出在当前热源输出条件下全网最佳的平衡控制方案，热网平衡计算模式：温度平衡、热量平衡、流量平衡。适用于不同状况条件的换热站，根据全网控制方案可以确定每个换热站和公共建筑的供热调节参数，通过通信系统自动将控制数据下达到每个控制器中，实现热网自动平衡控制。

XLink指挥调度系统作为热力公司调度系统的核心，贯穿热力公司生产调度的全过程，是融合了热源预测、值班管理、应急预案和任务上传下达的综合性的热网生产指挥调度系统。调度分为三级：一级调度主要管控整个调度指挥过程；二级调度主要负责完成上级下达的调度任务及处理本公司的调度事务；三级调度主要听从所属公司调度长的调遣执行完成各种调度任务。

为方便热源的调度管理，我们把热源预测融合到XLink指挥调度系统中。系统可以根据天气预报、建筑类型、管网情况、历史经验、供热面积等参数计算出各热源各时间段所需供热量或供水流量、供水温度等并生成调度曲线，以调度令的形式下达到热源调度班组作为每天的供热指导。各分公司和班组也可以以申请令进行任务申请。

XLink能耗管理系统平台可以通过互联网对各类能耗进行实行精细计量、实时监测、智能处理和动态管控，达到精细化管理的目标。系统采用云计算、精细计量、数字传感等先进技术，能够实时、全面、准确地采集水、电、热等各种能耗数据，动态分析能耗状况，辅助制定并不断优化节能方案、智能控制耗能设备的最佳运行状态、实时准确地核算节能量，为用热单位实施节能措施提供有效手段，是节能减排管理不可或缺的重要保障。

5. 信息资源的整合

云平台搭建完成后，可以着手进行信息资源的整合。热力公司现有的各个业务系统逐步迁移到云平台，实现了硬件资源的融合利用。

既有的业务系统包括已建成的与生产相关的热网SCADA系统、全网平衡优化控制系统、能耗分析管理系统，以及分户热计量系统和用户室温检测系统；与经营管理相关的收费系统、客服系统、财务系统、人事管理系统、购销库存管理系统、OA办公自动化系统及企业门户系统等；以及业主还准备增加的指挥调度系统、应急指挥系统、设备管理系统、水力计算系统、在线仿真系统、GIS系统及二次调控系统等；在未进行信息整合之前，传统的数据交互方式为各个系统间按需开发数据交互接口。此种信息传递模式，开发工作量巨大，数据交互接口繁杂，各个系统间数据耦合很强，任何一个系统的升级和更新都会造成所有与之相邻的系统的接口调整。因此此种模式的绝大部分在实际应用时，实际仅仅完成了关键系统间的接口开发，大部分的业务系统仍处于独立运行的状态，系统中存在大量的"信息孤岛"。如图 11-47 "传统架构"所示。

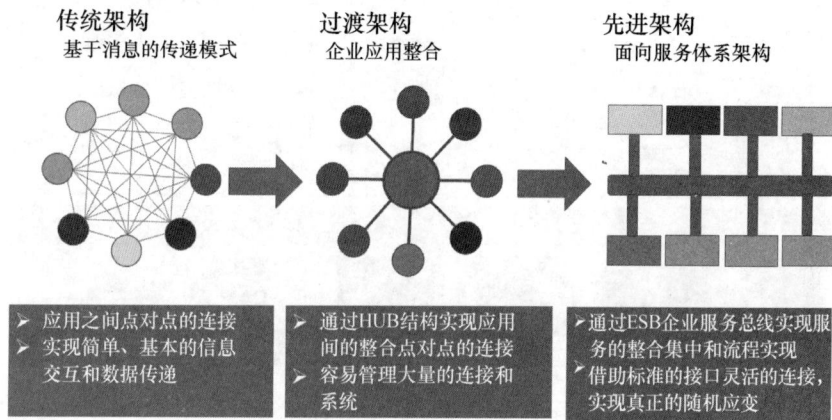

图 11-47　三种架构的比较

在某些信息化建设比较完善的企业，为解决"传统架构"中信息传递的需求和信息系统复杂度之间的矛盾，一般会选择"过渡架构"。"过渡架构"采用了中心数据库的方式，解决了"传统架构"中数据耦合性问题并简化了业务系统间的接口开发工作，但是随之而来的是对中心数据库的体量及安全性依赖上升了。

在各系统的云迁移完成基础上，我们推荐引入 ESB 企业服务总线来实现业务系统数据的整合（图 11-48）。ESB 数据总线（Enterprise Service Bus）即企业服务总线。它是传统中间件技术与 XML、Web 服务等技术结合的产物。ESB 提供了网络中最基本的连接中枢，是构筑企业神经系统的必要元素。ESB 的出现改变了传统的软件架构，可以提供比传统中间件产品更为廉价的解决方案，同时它还可以消除不同应用系统之间的技术差异，让不同的应用服务器协调运作，实现了不同服务之间的通信与整合。从功能上看，ESB 提供了事件驱动和文档导向的处理模式，以及分布式的运行管理机制，它支持基于内容的路由和过滤，具备了复杂数据的传输能力，并可以提供一系列的标准接口。采用 ESB 企业服务总线进行不同业务系统间数据的整合，能有效解决"传统架构"及"过渡架构"中的一系列数据耦合和数据库安全问题，通过总线形式，在各个业务系统间进行高效、安全的数据交互。

图 11-48 业务系统数据整合

11.5.4 项目实施情况及应用成果

本项目自 2016 年 8 月开始实施，通过热力站系统的标准化建设和"一键加站"工具，当年即完成了已有的 310 余座热力站的自控系统整合，并完成了新增的 80 座热力站的自控系统建设，建成了统一的热网监控及调度系统，完成了热网热力站数据的集中监控。自控改造充分利用了原有自控设备，对热力公司的前期资金投入进行最大限度的保护。

2017 年完成了企业私有云平台建设，并成功地将已建成的业务系统全部迁移到云平台上。实现了热网监控系统与室温采集、热计量等系统的关键数据交互。在 2017～2018 年供暖季，成功投运了全网平衡控制系统，消除了供热管网的水力失调，并通过负荷预测系统，有效地协调了 5 个热源的联网运行，实现了系统的节能降耗，进而提高热网的热负荷容量。

智能热网监控系统 PVSS＋Xlink 软件结构及云平台架构，经过了两个供暖季的稳定运行，充分展现了系统稳定、数据安全、数据吞吐量大等性能优势，高效地整合了下位多个供应商的热力站自控系统，实现了全网平衡均匀性控制。系统的控制策略，以先进完整的控制理论为基础，在本项目中运行效果优良，其主要的功能亮点包括：

（1）供热调度实现热源和热网双向负荷预测与规划，采集二次侧分支的温度和部分用户室温数据用于供热效果的评估。

（2）实现对关键参数及设备运行状况的采集，完成多个设备的联锁和运行分析，保证系统安全稳定。

（3）监控系统控制策略，具备一次侧的流量、热量限制功能，供回水均温均衡控制，热网水、电、热耗分析和节能考核措施。

（4）具有"分时控制"功能策略；对公共建筑物的热用户的供热负荷，可根据作息时间设置不同的热负荷输出，控制电动调节的开度以便节约能源。

（5）监控中心可及时对热力站的过程控制进行参数优化设定，使系统处于最佳经济运行状态，满足按需供热或均衡供热的要求。

（6）热力站的标准化建设及"一键加站"功能，有效解决了上位系统的整合问题，对于国内许多热力公司下位系统存在的"万国博览会"现状的解决，有很好的指导意义。

（7）私有云平台充分整合了热力公司的硬件及系统资源，通过弹性的资源管理和云漂移功能，提高了资源的有效利用率，加强了系统的安全性。

（8）引入 ESB 企业服务总线，为热力企业的业务系统数据融合提供全新的解决方案，打破各业务系统间的"信息壁垒"，解决热网智能化建设中普遍存在的"信息孤岛"问题，减少系统之间的耦合，实现统一框架下的信息服务平台。

11.5.5　结束语

基于云平台的智能热网监控系统和"一个平台、两个中心"的系统架构，是天时公司立足于热网行业智能化建设的需求，创新性推出的一体化解决方案。该方案在本项目的成功应用，充分体现了热力站标准化建设的优势及云平台对既有资源和系统强大的整合能力。

在通过 ESB 企业数据总线实现业务系统数据的高效整合后，智能热网控制系统可以广泛地收集来自生产调度系统及经营管理系统的相关数据，利用数据统计和分析工具，实时对现行的热网调度系统进行控制优化，进而完成智能热网的"源、网、站、户"一体化控制。

智能热网系统可以利用"源、网、站、户"各个环节的信息，对热网运营进行全方位的评价，真实的追踪热用户的供热需求，实现个性化按需供热与热网均衡供热相结合，提高热网精细化管控能力，保证热网的安全、节能、经济运行。

未来在智能热网管控系统及私有云平台的基础上，可以通过大数据分析，构建供热模型，动态的仿真和优化热网及热源的控制，对供热企业生产和运营数据进行综合分析和利用，实现集中供热的精细化按需供热，最终实现智慧供热的目标。

11.6 无人机双光热成像智能热网巡检专家系统

天津能源投资集团有限公司 刘焕志 童若冰 屈艳良

11.6.1 概况

1. 背景

天津能源投资集团有限公司是天津市能源项目投资建设与运行管理主体，以"四源"，即电源、气源、热源、新能源为主营业务，承担着保障天津市能源安全稳定供应和推动全市能源结构调整优化的重任。

在供热领域，形成了集规划设计、工程建设、管网运营、设备制造于一体的供热产业链；建成杨柳青、军粮城、东北郊、陈塘庄、北塘、临港、南疆热电厂配套供热管网，建成国内最大、环保设计标准最高、烟气处理效果最好的煤粉清洁供热锅炉；建成集热电联产、燃气锅炉、清洁煤粉锅炉、地热等多种常规热源和新型热源于一体的联网调峰供热系统。截至 2017 年底，集中供热能力达到 1.6 亿 m^2，直接集中供热面积 1.23 亿 m^2，承担全市 82 万户居民和企事业单位的供热任务，集中供热面积占主城区的 30%，占滨海新区核心区的 60%；通过提供天然气，参与全市 1.27 亿 m^2 燃气锅炉供热。

集团热力管道普遍采用直埋的方式敷设，部分管网运行年限已达 30 年，采暖季运行年限较长管网均发生不同程度泄漏，直接威胁到供热系统安全稳定、经济高效运行，给热用户正常稳定供热、工业生产带来直接影响，严重情况下易造成不良的社会影响和经济损失，因此为保证系统正常运行，须及时查找并排除缺陷、保障热力管网正常运行。

由于既有老旧管网未安装管网健康状态监测系统，目前仍采取"看、摸、听"的传统方法判断缺陷和漏点，无法做到全面、直观、高效。而分段定压检测热水管网泄漏的模式，无法准确定位泄漏点，只能针对一个片区进行检测，对确定泄漏位置带来了困难。

2. 主要内容

项目主要运用无人机、双光热成像、本地高清图传、4G 网络传输以及专家分析诊断等核心技术搭建无人机＋双光热成像智能巡检专家系统（如图 11-49 所示），具备红外图像自动化批处理、图谱综合分析诊断、检测图谱数据实时回传、疑似泄漏点位和保温缺失实时报警、现状图谱与历史健康图谱数据库比对分析判别、自主飞行等多项功能，研究无人机飞行检测续航时间、飞行检测适宜高度、

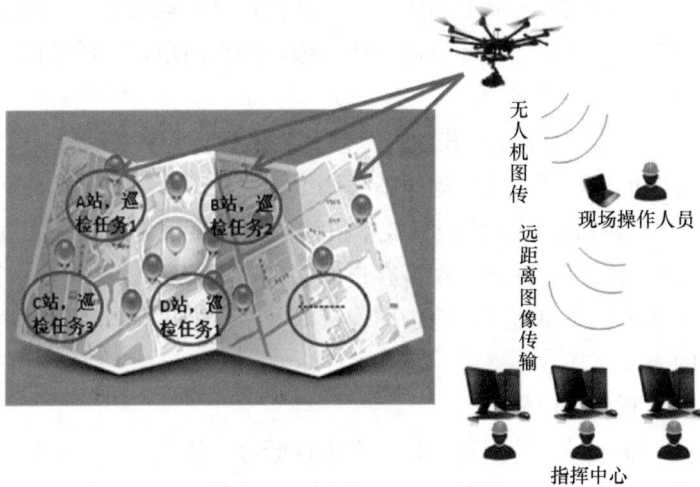

图 11-49　系统示意图

双光摄像机拍摄角度以及设定航线自主飞行等巡检操作内容，实现高效智能化的
管网健康巡视。

3. 核心技术

（1）无人机

由于无人机需要挂载热成像仪、图传、GPS 等模块，因此对于无人机的空中稳
定性、载重能力以及续航能力要求较高。且为了方便二次开发，无人机需包含各类开
源接口。此次研究选择了成熟品牌的轻型多旋翼无人机作为平台，可满足应用需求。

（2）双光热成像模块

由于供热管网大部分属于地埋管网，无法直接通过红外图像实时辨别管网位
置，需观察可见光图像辨别周边环境，因此选择双光摄像机作为检测设备。其中
红外部分采用全屏测温红外相机，成像速度、成像稳定性和热灵敏度等主要性能
参数较为优异，可见光部分采用高清相机，与红外部分集成为双光摄像机，实现
对拍摄现场的红外图像和可见光图像进行实时对比、分析，提高系统报警功能的
准确性。同时，双光摄像机满足画中画、纯红外和单可见光功能，便于操作人员
更加灵活地进行现场作业。

（3）本地高清图传模块

为满足应用需求，研发过程中将无人机原厂配置的可见光摄像机改装为双光
摄像机，为实现双光摄像机检测数据实时传输到现场识别诊断模块，系统集成了
无人机高清图传模块。由于双光摄像机拍摄的红外 H264 视频和可见光 1080P 高
清视频清晰度较高，且包含 GPS 坐标、温度矩阵信息等大量数据，普通图传设
备无法实现无延迟、无丢包传输。经过多次试装试飞，最终选择了抗信号干扰能

力优异、优化传输码流军工品质图传设备，其优点是发射稳定，传输距离远，低延迟，断线重链快，品质高，环境适应能力强，操作简单，方便快捷。

（4）4G 网络传输系统模块

通过搭载 4G 网络传输系统模块，系统实现了远方调度指挥中心与飞行现场的实时监测图像传输，便于进行远程指挥调度。经过多套方案的实际测试，现场诊断画面通过 4G 网络实时回传至云技术搭建的视频直播服务器，实现了高清晰度、低延迟的画面效果，并可实现多客户的实时观看（PC，手机，平板）。通过网络加密算法及黑白名单应用，保护图像资源安全性，不被其他网站盗链，满足了多种场景的应用需求。

（5）专家诊断分析模块

根据供热行业及供热管网特点研发专家诊断分析模块，对采集的红外和可见光照片进行自动诊断分析，识别出疑似故障点的图片，并通过 GIS 系统展示故障点精确位置。专家诊断分析模块可以实现，红外和可见光图片的批量导入及自动匹配，对红外图谱温度场进行分析、识别、诊断，自动辨别出画幅内所有高温疑似点位，通过红外图像分割剔除干扰源，学习干扰源剔除的行为和特征，完善自动剔除能力，标准正常图像与典型故障图像管理，建立管网历史数据库，采集数据与历史数据库对比分析等功能（如图 11-50 所示）。

图 11-50 识别诊断系统实物及系统主界面

（6）GIS 精确定位模块

为保证管网信息采集准确性以及诊断结果反馈及时性，系统集成了 GIS 精确定位模块，通过将集团地理信息系统管网内嵌入该系统，在实时监测系统上叠加管线的敷设线路图，保证采集飞行航线的绝对准确。同时将现场监测反馈的信息及无人机的飞行线路实时展现在 GIS 系统上，自动标注故障点的位置和检测结果的影像，便于调度中心远程精确掌握现场实际情况，提升应急工况下调度指挥的精确性、及时性。

4. 基本建设情况

系统于 2017 年 3 月开始项目调研，与设备厂家经过多次论证确定系统可行性，2017 年 8 月开始开发，并在 2017～2018 采暖季进行了系统调试、经验总结、功能拓展完善等工作，并在采暖季期间投入运行，效果显著。

11.6.2　技术内容

1. 总体架构

无人机＋双光热成像智能巡检专家系统将无人机、双光热成像模块、网络传输模块、专家分析诊断模块有机结合，实现了管网温度场实时监测、指挥中心远距离实时指挥以及管网健康状态管理等功能。其总体架构如图 11-51 所示。

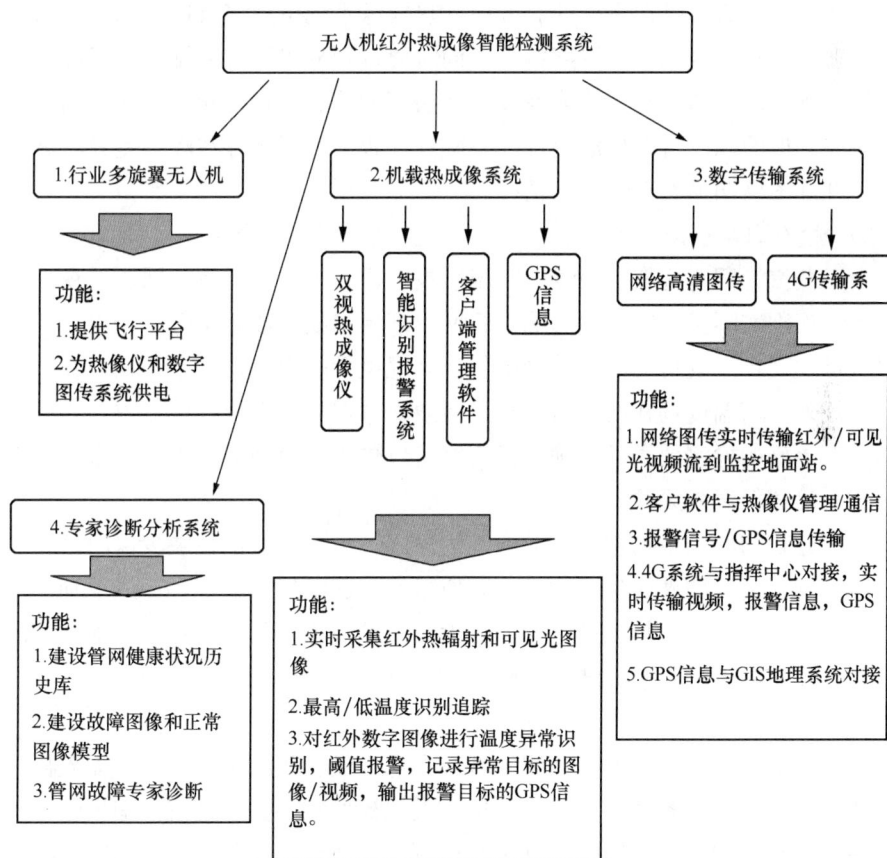

图 11-51　项目架构图

2. 功能

项目的主要功能为管线疑似泄漏点位实时侦测、管网保温性能检测、楼体保温效果检测以及通过历史图谱对比实现专家诊断分析。

（1）实时在线监测

1）准确判断漏点位置

针对已发现管网泄漏情况，一般存在漏点的区域面积较大，无法确定漏点位置的情况，系统利用无人机的高空视野、高机动性及实时在线分析优点，实现快速、大面积检测，通过拍摄、分析全区域红外图谱，迅速对温度场分布进行分析，判定异常区域内温度最高点，快速输出隐患发生准确位置，检测效率极高，为维修工作节省了大量的物力、人力以及工期。

2）地埋管网实时检测

此功能为实时在线监测核心功能，在地埋管网正上方操作无人机沿管线路由进行快速飞行，无人机在飞行的过程中，热成像系统可以实时追踪拍摄画面中地面的温度场以及管线范围的温度特征，同时通过划分兴趣区域排除干扰源，实现快速精准排查。但由于红外热成像技术无法穿透地表进行检测，存在泄漏点位热水未渗漏到地面以及管网保温层性能下降，导致地表温度存在较小差异，肉眼无法通过红外图谱明显发现异常的情况。

3）蒸汽管网健康监测

由于蒸汽管网普遍架空敷设，且温度高、压力大，受视野范围、巡视角度及肉眼无法识别实际温度等因素影响，管网出现保温缺失或弯头等节点出现焊接隐患时很难发现，系统检测蒸汽管网的保温状况以及隐患点位效果明显，在系统中通过对红外图谱温度场在线实时分析可有效发现保温缺失及隐患点位，相比地埋管网具有更好的检测效果且准确性极高，可以更加明显地展示管网健康水平。

（2）楼体保温效果检测

由于建筑物的围护结构设计或施工等原因，导致一些部位缺少保温材料、保温材料受潮或由于构件质量、构件安装质量而引起空气渗漏等，造成个别部位的热工性能与主体部位的热工性能差异较大，这种现象被称为建筑物围护结构的热工缺陷。建筑物围护结构的热工缺陷是影响建筑物节能效果和舒适性的重要因素。

红外图谱是目前建筑节能检测领域最先进、最有效的手段之一，无人机＋双光热成像智能巡检专家系统可以快速地对大规模住宅小区、建筑群围护结构进行红外热成像直观和量化相结合的分析和检测，迅速全面地判断建筑热工状况。

（3）图谱比对分析判别管网健康状态

由于巡视工作的长期性和时段不确定性，地埋管线实时监测仍存在时间长、效率低等问题，加之管网各段区域由于环境温度变化及管网埋深高度、地质情况和地面的红外光谱反射情况的不同，存在巨大的测量差异，肉眼难以快速识别。

因此，通过采集正常管线双光图谱，记录管线周边温度并与环境场温度进行差值运算，构建全网健康图谱模型库；在日常采集飞行过程中将实时检测图像与健康图谱库进行批量自动筛选对比，以实现管线健康状态的快速诊断。

3. 控制或运行策略

系统运行分为航线规划飞行、数据采集及专家分析诊断三部分。

在航线规划飞行中，首先，必须摸索细化飞行的各项参数及结合红外图谱分析特点确定飞行模式。为保障分析精度，自动拍照模块目前每秒钟拍摄 1 张图片，实际拍摄过程中发现无人机飞行速度过快会导致管网图片出现断点，而飞行高度过高会导致红外测量精度下降。（视频存储速率为 18M/s，过大，无法实时传输）经周密计算与实际检测，确定了无人机飞

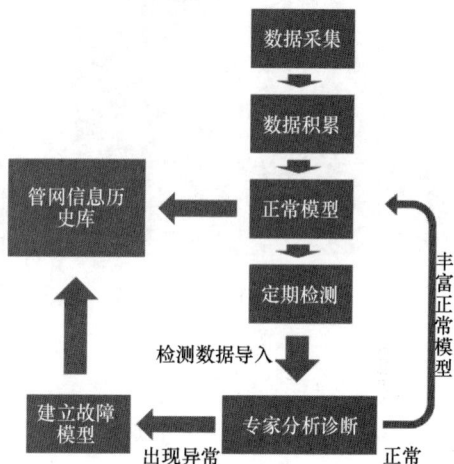

图 11-52　专家诊断分析系统运行原理图

行高度为≥30m，飞行速度为≤36km/h 的飞行要求，实现了保证测量精度的情况下，管网全覆盖，同时减少过多的冗余图片。通过规定拍摄高度、速度以及飞控云台拍摄的角度，拍摄视频时按照 GIS 模块管线路由飞行并记录航线，严格规范首次飞行。再次飞行时无人机按照系统记录的航线、拍摄高度、速度以及飞控云台拍摄的角度进行重复飞行检测（如图 11-52 所示）。

图 11-53　数据采集

在数据采集方面如图 11-53 所示，由于在自动分析诊断中规划采用场温度与管线周边温度进行图谱对比的分析算法，而采集的模式直接决定了分析效果。图 11-54、图 11-55 为一次管网 15 点与 20 点采集的管网红外图像，我们可以看出，图像采集过程中，阳光照射、地表吸热等因素会影响数据采集的准确性和有效性，背景噪声远远超出了测量目标。通过现场多次试验，确定滨海新区数据采集最佳时间段为每

天上午 6～8 时，地表温度较为均匀，且可见度满足无人机飞行需求，但部分人员、车辆密集区域数据采集需要在凌晨开展。

图 11-54　15 时阳光照射导致
干扰源过多

图 11-55　20 时地表散热较慢

在诊断分析方面，经过实时监测模块排查出隐患区域后，可以认为航线规划飞行采集的图像库为正常模型图像库，在完成管网红外图像重复飞行采集后，可以得到最新采集的图像库。专家诊断系统的核心技术就是两个图像库的对比分析。经过大量的试验与功能优化，最终确定了以图像过滤、图像匹配、判断逻辑设定的流程实现专家诊断功能。

第一步，实现可用图像筛选及重复无用图像剔除。通过采集红外图像携带的 GPS 坐标来判定是否为无用图像或重复图像，对采集信息进行第一层过滤。第二步，实现采集图像与正常模型进行配对。在采集的图像里筛选出所有包含该 GPS 信息的图像，与正常模型图像库中相同 GPS 信息的图像进行一一匹配。第三步，确定判断逻辑。由于供热期户外温度实时变化，而热力供热管网正上方地面温度也会相应增减，但管网与周边环境场温度的差异值基本不会随着环境温度的升高而产生较大变化。因此，我公司最终确定监测方案为管网路由上方地表温度与周围环境温度的差值作为检测依据。

11.6.3　项目效果

1. 效果评价

随着系统投入使用，目前已完成多处管网泄漏以及隐患的排查，为公司有效降低了经济损失。同时系统的灵活性以及应用广泛性等特点，为公司的管网巡视工作开辟了一条新的途径，有效解决了管网的运行、维护问题，有效提升管网巡视工作的管理水平，为供热管网全寿命技术管理体系构建提供了有力的技术支持。

2. 效果案例

下面通过几个案例展示系统的应用效果及运行状况。

案例一，此案例主要应用于漏点位置准确定位。图 11-56 是无人机搭载双光摄像机在 50m 高度拍摄的小区二次管网检测图片，可以看到明显的管网泄漏，泄漏面积较大，且无法发现泄漏的具体位置。应用该系统可以实时捕捉到拍摄画幅内最高点和最低点温度，精确判断泄漏点位，有效提高了检修的效率。

案例二，此案例为我集团对趸售区域供热计量过程中，在对图 11-57 该段管网进行全线检测时，发现供热图中井盖周边温度异常，此处经检修人员确定为地埋管线保温缺失点位，及时排除管网隐患。

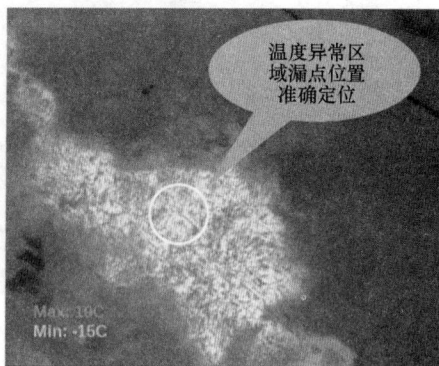

图 11-56　温度异常点位准确定位

图 11-57　地埋管网检测

案例三，图 11-58 是在线排查架空管网的健康状态，发现部分高点巡视盲区，保温变形热辐射增强，通过及时修复上述隐患点位，有效保障了管网健康水平，减少整体网损水平。

案例四，图 11-59 中是对集团所属区域房屋进行楼体保温效果检测，由无人机搭载双光摄像机可以快速、准确地检测楼梯保温效果，为解决因开发建设单位施工质量问题或房屋老化、私改引发的供热纠纷提供相关依据和解决问题的方向。

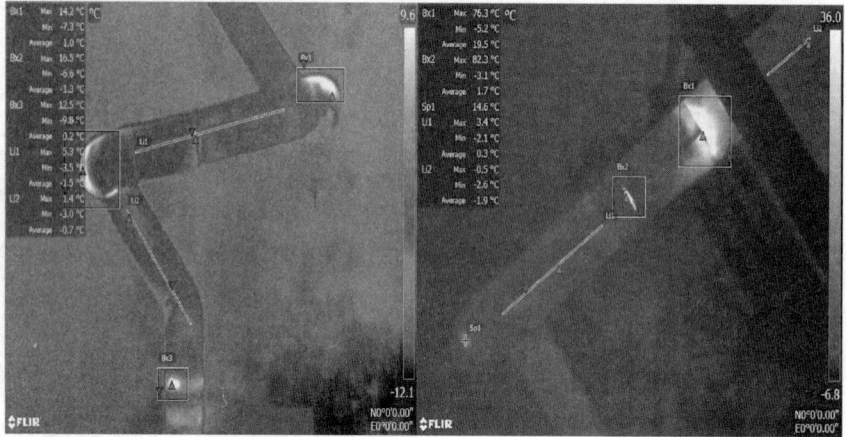

图 11-58　蒸汽管网检测

图 11-59　楼梯保温效果检测

3. 存在的问题与不足

系统在实施过程中，遇到了大量的问题困难。通过技术创新开发以及改进实施方式解决了大部分的问题，但仍有部分功能因政策问题以及核心技术限制有待进一步完善提升。

（1）无人机开源问题

专家诊断系统需进行航线规划保证检测的准确性，首次飞行将管网健康模型采集后，再次飞行应能够进行有人监控的自主巡航飞行，便于对同一区域进行重复飞行，实现飞行轨迹的精确重合。但由于涉及安全反恐等原因，采集航线规划功能基本为不开源功能，无法自主导入航线或对采集任务名称进行编辑与数据导出，飞行轨迹的历史记录只能存储在相关无人机飞控 APP 中，限制较大。

（2）观测效果问题

由于供热地埋管网普遍埋地较深，加上地表情况的多样性，部分管网散发热量传至地表时与周围地面温度差异较小，以目前的红外热成像技术水平无法达到全时段的明显观测，降低了系统的展示效果以及扩展性。

（3）干扰源问题

由于系统的核心技术是通过温度差异判断管网的健康状态，路面车辆、行人以及管网所处特殊环境存在的干扰源都会影响系统判断的准确性。为解决干扰问题，通过大量测算与实际效果分析，确定从技术角度采用划分兴趣区域方式，根据无人机高度、相机视场角大小、管线的尺寸，对图像进行分割，去除图像多余部分像素，只保留管线范围图像；对异常点进行特征点、形状提取，剔除不符合管线故障的干扰点。如图 11-60 所示，所划分兴趣区域外的干扰因素可以完全排除，但管网正上方的车辆无法排除。

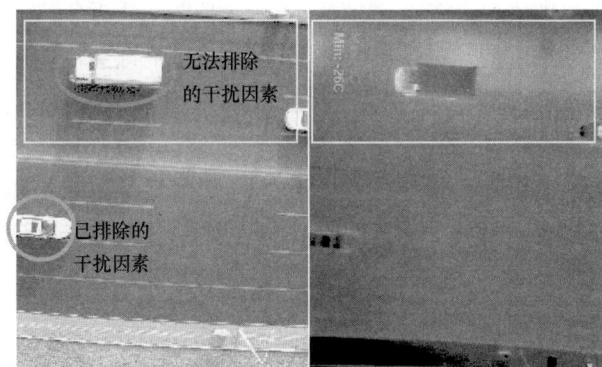

图 11-60　划分兴趣区域及干扰源排除

此外，供热管网普遍沿着公路敷设，部分管网位于公路正下方，无法通过划分兴趣区域的方式排除干扰。目前最好的解决方式是夜间作业，可以有效避开车流，但此方式检测的安全性无法保障且工作难度较大。

4. 总结与展望

综上所述，目前国内供热行业对于无人机和红外热成像设备的使用呈增长趋势，但尚无对管网红外图像进行分析检测的成熟模式支持。本文提出的漏点判断、健康状态分析、楼宇保温测量、建立供热管网健康信息历史库、智能诊断管网故障等应用新模式，会将供热行业管网健康管理工作提高到一个新的水平，对于无人机以及红外热成像技术在整个行业的发展起到突破作用。下一步计划探索红外图像智能分析排除干扰因素的可行性，参考智能相机人脸识别技术，结合常见的车辆、行人等干扰源图形形状特征进行建模，实现系统自动识别、自动剔除。

11.7　基于在线水力计算寻优的供热系统运行调度决策

李仲博　郭　伟　高庆伟　林小杰　谢金芳　方大俊

北京热力集团有限责任公司，三河新源供热有限公司，

浙江大学，常州英集动力科技有限公司

11.7.1　背景与问题

北方地区冬季供暖是我国的民生大事，年消耗约 4 亿 tce。同时，供热生产过程中的污染物排放也是冬季"雾霾"的成因之一。近年来，如何实现清洁供暖，处理好"保民生"与"减雾霾"的矛盾引起了社会高度重视。清洁供暖具有两方面重要内容：一方面严控燃煤散烧并采用因地制宜的清洁替代方案，进一步推进大型热电联产代替小型热水锅炉的供热能力；另一方面，积极利用生物质、风、光、地热等可再生能源，并通过多源互补技术保障供热。鉴于清洁供热系统热源侧生产方式的多样化，供热系统相应趋向于多源联网供热的结构形式。

多源联网供热系统一般由基础热源、可再生热源与调峰热源组成。为实现多源互补，供需动态平衡，需要制定多热源联网系统的优化调度方案。具体需要解决以下 3 个关键问题：多热源联网系统的优化解列问题、多热源负荷优化问题、调峰热源锅炉集群的参数优化问题。

11.7.2　技术方案

本案例采用信息物理系统技术架构解决多源联网供热系统运行调度问题，通过信息系统中建立在线水力计算模型来模拟物理供热系统的行为，再通过优化算

法对系统调度方案进行寻优。具体步骤包括：

（1）对供热管网、热源机组建立机理仿真模型，再结合运行数据辨识修正获得在线水力计算模型；

（2）以运行控制参数作为调度决策变量，综合考虑各种约束条件，建立多热源供热系统的运行调度寻优模型；

（3）采用优化算法和并行计算集群进行调度方案的实时寻优，并将优化方案应用于物理供热系统。

本案例提出的多热源联网供热系统运行调度方案优化方法，综合考虑了以下3方面因素：第一，是能源供应安全性与稳定性，即考虑每台机组的负荷调节能力、升降负荷速率等约束因素；第二，是管网的拓扑结构及输配能力的约束；第三，不同热源的燃料价格、机组效率各不相同，需要优化组合提升系统运行整体经济性。

本案例提出的多热源联网供热系统运行调度实时优化逻辑如图 11-61 所示。其中，监测与控制系统是物理供热系统的控制层，优化调度决策指挥系统是上层系统。控制层用于执行优化调度决策指挥系统生成的调控参数，即：执行多热源之间的负荷分配，各热力站的泵、阀门的调节参数等。

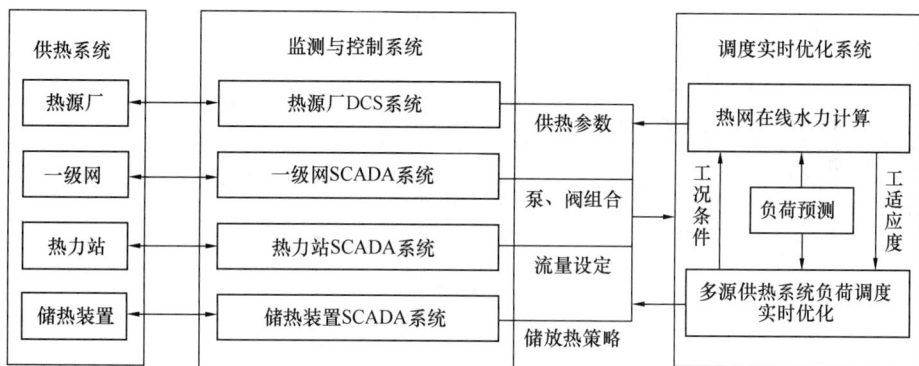

图 11-61　供热系统负荷调度实时优化

本案例研发的多源联网供热系统运行调度平台，首先通过物联感知接入供热系统的当前运行工况，然后基于在线水力计算模型对供热系统的调控方案进行分析寻优，给出优化的决策，最终通过优化控制模块精准执行到物理系统。这一运行模式如图 11-62 所示。

上述调度寻优过程均需要对在线水力计算过程进行反复迭代，消耗大量计算资源，且具有快速决策要求。本案例采用工程智能优化算法结合并行计算架构技术完成寻优计算，兼顾软硬件的投资成本。算法框架如图 11-63 所示。

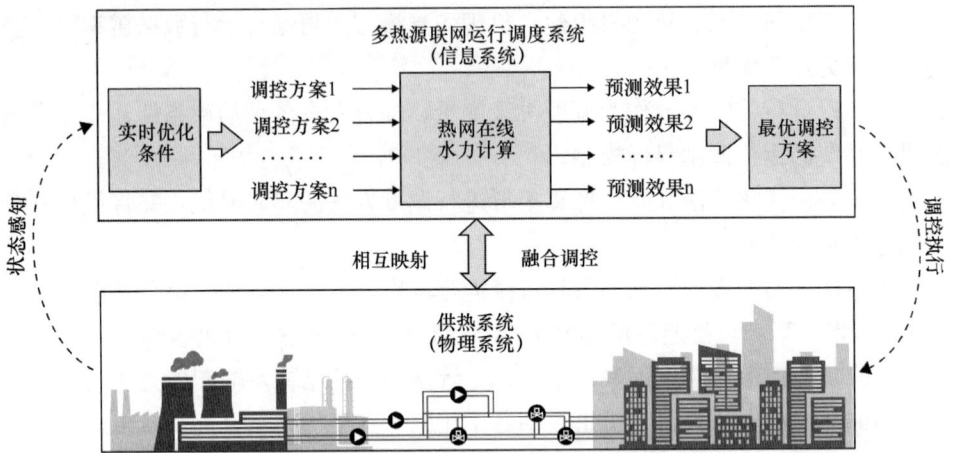

图 11-62　基于信息物理系统的运行方案寻优

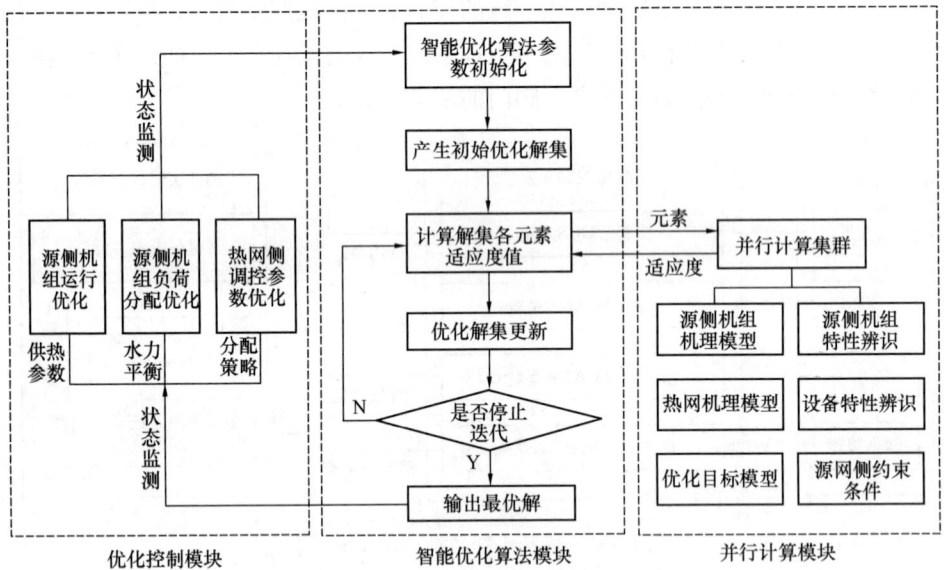

图 11-63　并行计算的寻优框架

11.7.3　系统功能

本案例是北京市"蓝点工程"重点项目，具体是以北京市热力集团有限公司下属的三河新源供热有限公司供热系统为示范区，自主研发了 viHeating 智慧供热系统的仿真分析与优化决策平台。

1. 管网建模仿真

管网建模仿真的主要功能是采用图形化手段建立管网的结构机理模型，基于一维热工水力过程数值模拟算法实现对大规模集中供热管网运行状态的在线水力计算与分析。以热源侧、热力站侧的参数为计算的边界条件，可模拟全网的流动状态、传热状态以及阻力特性，获取全网"软测量"的压力分布、温度分布与流量分布等状态数据，以及各热源的供热出力与用热费用，比较运行调度方案的优劣，如图 11-64 所示。

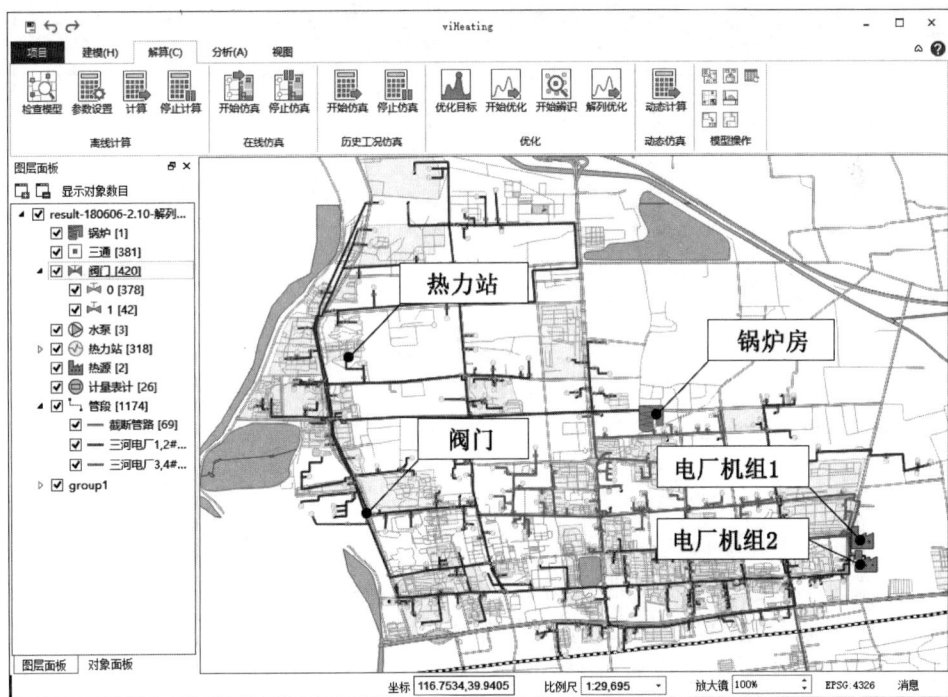

图 11-64　供热系统建模

2. 多热源负荷分配优化与机组参数优化

多热源负荷分配优化功能是针对不同热源燃料的价格差异并且实时波动、机组污染物排放等因素，来实现基于总负荷约束的条件下，动态优化各热源的负荷投入，提升系统整体运行的经济性或环保性。机组参数优化功能则针对多台锅炉机组运行参数提供优化控制方案。通过建立锅炉的性能特性模型，模拟锅炉不同的用热参数条件、锅炉的能耗费用，随后建立多台锅炉能耗最优模型，采用智能全局智能优化算法，实现对锅炉运行参数的在线寻优，如图 11-65 所示。

适应度趋势

最优指标趋势展示

优化过程数据展示

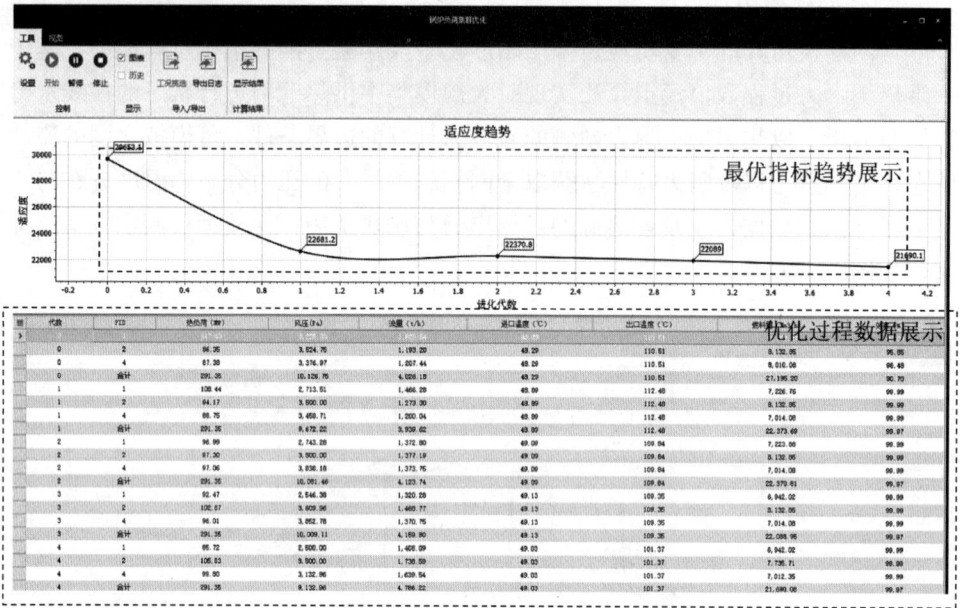

图 11-65　调度策略寻优计算过程

11.7.4　调度节能分析

1. 案例示范区热网基本情况

本案例中采用上述技术路线及优化调度决策平台，在示范区热网进行了应用验证。案例示范区热网为多热源联网供热系统，该热网由 3 座热源进行供热，其中 2 座热电联产热源，分别为行宫线热源（1 号热源）与海油线热源（2 号热源）。1 号热源最大热负荷为 500MW，可输出基本热负荷约 440MW，供水流量为 7500t/h；2 号热源设计热负荷 620MW，为北京通州地区与示范区热网供热，初期可提供热负荷约 240MW，严寒期为优先保证通州地区热网供热负荷，示范区热负荷降至 100MW 左右，最大负荷约 130MW，最大供水流量 2800t/h；3 号热源为尖峰热源，为燃气热水锅炉集群供热，由 4 台 116MW 锅炉组成，设计供水温度 130℃，最大供水流量为 6500t/h，扬程 90m。示范区入网面积约 3000 万 m^2，共 270 多座热力站。

2017～2018 年度采暖季供热方式如下：由 2 号热源带尖峰热源联网运行，向约 140 座热力站进行供热，为海油线供热区域；其他 130 座站点由 1 号热源进行供热，为行宫线供热区域。以采暖期 12 月 14 日的运行数据为例，示范区行宫线供热负荷为 464MW，海油线提供供热负荷 108MW，锅炉房提热负荷约 245.2MW，供水流量为 5155.1t/h，供水温度为 85.5℃，回水温度 44.5℃，其中尖峰锅炉房共开了 3 台供热机组，分配方式为 2 号机组 72.9MW，3 号机组 93.4MW，4 号机组 78.9MW，总消耗燃气量为 24767.22m³。

2. 运行方案的优化

案例中示范区供热系统为典型的多源供热系统，热网结构上相连，分 2 个子供热分区运行，分别由尖峰热源与热电联产供热，实时优化的具体问题如下：

供热系统在总需求负荷的约束条件下，通过尖峰与热电联产产热的成本不同，供热系统的运行调度需要最小化尖峰热源出力，最大化发挥热电联产用热，同时，总需求负荷与天气直接相关，因此，需要建立天气工况连续变化的条件下，多热源系统负荷的优化调度能力，始终保持供热企业生产成本最低。而当前的供热方式上，热电联产机组出力未得到最大化利用，在热网设备、管道输送、机组生产等约束条件下，可通过优化热网解列来加大热电联产的负荷投入量。

当前锅炉集群的方案均是依据人工经验决定，因为锅炉设备的特性在不断变化，在没有对各台锅炉机组负荷生产效率定量化的前提下，很难取得满足总负荷条件的最优方案。可采用系统对锅炉机组性能建模，跟随尖峰热源的出力不断变化时，量化搜索锅炉集群各台机组运行的负荷分配方案与最优运行参数，最大化锅炉产热效率，进一步减少尖峰热源的燃气消耗量。

（1）多源热网的优化解列与负荷调度

本案例中通过运用所研发的优化调度决策系统在运行中对示范区的负荷调度进行实时寻优。系统采用阀门方案搜索的方式，实现了对多源系统的优化解列。其具体操作步骤如下：

1）系统设定计算的边界条件，最大化热电联产的热负荷，分别将 1 号热源供热负荷设定为 115MW，2 号热源供热负荷设定为 500MW，尖峰热源作为补充。参数设置如图 11-66 所示。

序号	名称	是否为主热源	供水温度(℃)	热源出力值(MW)	供水压力(MPa)	回水压力(MPa)
1	1号热源	☑	98.000	115.000	4.000	1.000
2	2号热源	☑	105.000	500.000	1.300	0.400
3	神威锅炉房	☐	95.000	0.000	0.788	0.692

图 11-66　热源参数设置

2）将全网可能参与解列的阀门参数"是否参与阀门解列"置为"是"，如图 11-67 所示。累计确定全网解列阀门共 8 只，阀门明细见表 11-8 所示。

多源系统解列阀明细 表 11-8

序号	热网阀门名称	序号	热网阀门名称
1	202（4126）解列阀 1	5	136（1165）解列阀 5
2	194（4379）解列阀 2	6	140（1862）解列阀 6
3	199（3518）解列阀 3	7	112（695）解列阀 7
4	193（4657）解列阀 4	8	336（1000）解列阀 8

3）采用软件"解列优化"功能，寻找在各"解列阀门"不同的开关组合，计算获取不同解列运行方式下，最符合设定值的运行方案（图 11-67）。

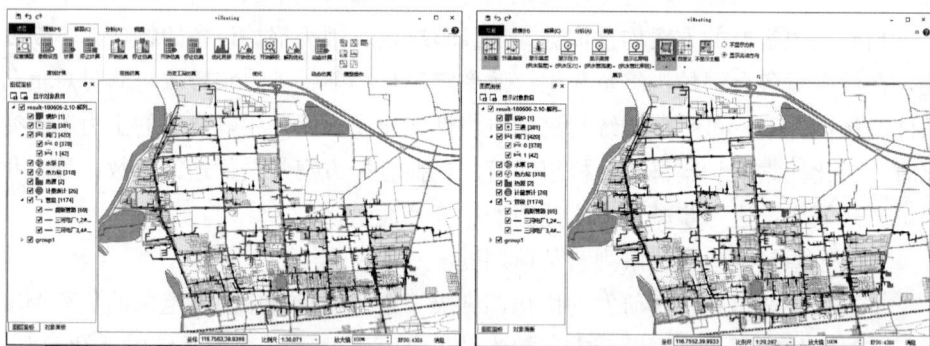

图 11-67 采暖季优化前后的解列方案

经过对比，在优化方案中，1 号热源出力为 500MW，2 号热源出力为 110.47MW，尖峰热源出力为 207.55MW。相比实际的运行方案，多使用热电联产负荷 38MW，每小时节省尖峰热源负荷 37.65MW，对应节省热费为 0.67 万元/h。

图 11-68 优化方案计算结果

（2）尖峰热源多锅炉机组的参数优化

本案例基于尖峰热源各台锅炉运行性能特性，可在计算总负荷一致的条件下，搜索出各台锅炉控制参数的优化方案，投入到实际运行中。其主要步骤为：

1）基于大数据算法，建立各锅炉的运行特性模型，计算不同工况条件下各锅炉的燃气消耗量；

2）确定优化的运行参数，本案例为：总供水流量、供水温度、各锅炉的负荷，并基于锅炉特性建立燃气量最优的目标模型；

3）基于后台优化算法，搜索最优的运行参数方案，输出优化结果。

示例优化工况下，获得的控制参数为：3 台机组的负荷分别为 77.00MW，84.40MW，85.16MW，总流量 5010.78t/h，供水温度为 86.44℃，消耗燃气总量为 23751m³，分别消耗 6999.7m³、8546.5m³ 与 8204.9m³。

11.7.5　总结

应用实践表明，基于信息物理系统技术研发的多源联网供热系统运行调度平台能够有效支撑复杂供热系统的运行调度决策，显著降低供热企业生产成本，提升供热生产管理技术水平。

521